- 高等学校水利类专业教学指导委员会
- 中国水利教育协会
- 中国水利水电出版社

共同组织编审

全国优秀教材二等奖

高等学校水利学科专业规范核心课程教材·水利水电工程
普通高等教育“十一五”国家级规划教材
全国水利行业规划教材
“十二五”江苏省高等学校重点教材（教材编号：2013-1-120）

水工钢筋混凝土结构学（第5版）

河海大学　武汉大学　大连理工大学　郑州大学　合编

中国水利水电出版社
www.waterpub.com.cn

内 容 提 要

本书是以电力系统《水工混凝土结构设计规范》（DL/T 5057—2009）为主线，水利系统《水工混凝土结构设计规范》（SL 191—2008）为辅线编写的。全书共有 12 章，主要内容为：绪论，钢筋与混凝土的物理力学性能，设计计算原理，受弯构件、受压构件、受拉构件与受扭构件的承载力计算，构件的抗裂与裂缝宽度验算，受弯构件的挠度验算，结构的耐久性要求；此外，还对钢筋混凝土构件的抗震设计与水工大体积混凝土结构设计中的若干问题分别进行了介绍。

本书除可作为水利类专业本科水工钢筋混凝土结构课程教材外，还可供其他相关专业的师生作为教学参考书和有关工程技术人员的参考用书。

图书在版编目（CIP）数据

水工钢筋混凝土结构学/河海大学等编．—5 版．—北京：中国水利水电出版社，2016.1（2023.12 重印）
高等学校水利学科专业规范核心课程教材．水利水电工程　普通高等教育“十一五”国家级规划教材　全国水利行业规划教材　“十二五”江苏省高等学校重点教材
ISBN 978-7-5170-3468-1

Ⅰ.①水…　Ⅱ.①河…　Ⅲ.①水工结构-钢筋混凝土结构-高等学校-教材　Ⅳ.①TV332

中国版本图书馆 CIP 数据核字（2015）第 181357 号

书　名	高等学校水利学科专业规范核心课程教材·水利水电工程 普通高等教育“十一五”国家级规划教材 全国水利行业规划教材　“十二五”江苏省高等学校重点教材 **水工钢筋混凝土结构学**（第 5 版）
作　者	河海大学　武汉大学　大连理工大学　郑州大学　合编
出版发行	中国水利水电出版社 （北京市海淀区玉渊潭南路 1 号 D 座　100038） 网址：www.waterpub.com.cn E-mail：sales@mwr.gov.cn 电话：(010) 68545888（营销中心）
经　售	北京科水图书销售有限公司 电话：(010) 68545874、63202643 全国各地新华书店和相关出版物销售网点
排　版	中国水利水电出版社微机排版中心
印　刷	天津嘉恒印务有限公司
规　格	184mm×260mm　16 开本　27.25 印张　646 千字
版　次	1979 年 6 月第 1 版　1979 年 6 月第 1 次印刷 2016 年 1 月第 5 版　2023 年 12 月第 8 次印刷
印　数	57001—60000 册
定　价	**69.50** 元

凡购买我社图书，如有缺页、倒页、脱页的，本社营销中心负责调换

版权所有·侵权必究

高等学校水利学科专业规范核心课程教材

编审委员会

主　任　姜弘道（河海大学）

副主任　王国仪（中国水利水电出版社）　谈广鸣（武汉大学）
　　　　李玉柱（清华大学）　吴胜兴（河海大学）

委　员

周孝德（西安理工大学）
刘　超（扬州大学）
任立良（河海大学）
杨金忠（武汉大学）
梅亚东（武汉大学）
姜　峰（大连理工大学）
王元战（天津大学）
张展羽（河海大学）
陈建康（四川大学）
孙明权（华北水利水电学院）
陈　楚（水利部人才资源开发中心）
李建林（三峡大学）
朝伦巴根（内蒙古农业大学）
余锡平（清华大学）
袁　鹏（四川大学）
胡　明（河海大学）
郑金海（河海大学）
康海贵（大连理工大学）
黄介生（武汉大学）
冯　平（天津大学）
侍克斌（新疆农业大学）
孙春亮（中国水利水电出版社）

秘　书　周立新（河海大学）

丛书总策划　王国仪

水利水电工程专业教材编审分委员会

主　任　余锡平（清华大学）

副主任　胡　明（河海大学）　　姜　峰（大连理工大学）

委　员

张社荣（天津大学）　　胡志根（武汉大学）
李守义（西安理工大学）　　陈建康（四川大学）
孙明权（华北水利水电学院）　　田　斌（三峡大学）
李宗坤（郑州大学）　　唐新军（新疆农业大学）
周建中（华中科技大学）　　燕柳斌（广西大学）
罗启北（贵州大学）

总　前　言

随着我国水利事业与高等教育事业的快速发展以及教育教学改革的不断深入，水利高等教育也得到很大的发展与提高。与1999年相比，水利学科专业的办学点增加了将近一倍，每年的招生人数增加了将近两倍。通过专业目录调整与面向新世纪的教育教学改革，在水利学科专业的适应面有很大拓宽的同时，水利学科专业的建设也面临着新形势与新任务。

在教育部高教司的领导与组织下，从2003年到2005年，各学科教学指导委员会开展了本学科专业发展战略研究与制定专业规范的工作。在水利部人教司的支持下，水利学科教学指导委员会也组织课题组于2005年年底完成了相关的研究工作，制定了水文与水资源工程，水利水电工程，港口、航道与海岸工程以及农业水利工程四个专业规范。这些专业规范较好地总结与体现了近些年来水利学科专业教育教学改革的成果，并能较好地适用不同地区、不同类型高校举办水利学科专业的共性需求与个性特色。为了便于各水利学科专业点参照专业规范组织教学，经水利学科教学指导委员会与中国水利水电出版社共同策划，决定组织编写出版“高等学校水利学科专业规范核心课程教材”。

核心课程是指该课程所包括的专业教育知识单元和知识点，是本专业的每个学生都必须学习、掌握的，或在一组课程中必须选择几门课程学习、掌握的，因而，核心课程教材质量对于保证水利学科各专业的教学质量具有重要的意义。为此，我们不仅提出了坚持“质量第一”的原则，还通过专业教学组讨论、提出，专家咨询组审议、遴选，相关院、系认定等步骤，对核心课程教材选题及其主编、主审和教材编写大纲进行了严格把关。为了把本套教材组织好、编著好、出版好、使用好，我们还成立了高等学校水利学科专业规范核心课程教材编审委员会以及各专业教材编审分委员会，对教材编纂与使用的全过程进行组织、把关和监督。充分依靠各学科专家发挥咨询、评审、决策等作用。

本套教材第一批共规划52种，其中水文与水资源工程专业17种，水利水电工程专业17种，农业水利工程专业18种，计划在2009年年底之前全部出齐。尽管已有许多人为本套教材作出了许多努力，付出了许多心血，但是，由于专业规范还在修订完善之中，参照专业规范组织教学还需要通过实践不断总结提高，加之，在新形势下如何组织好教材建设还缺乏经验，因此，这套教材一定会有各种不足与缺点，恳请使用这套教材的师生提出宝贵意见。本套教材还将出版配套的立体化教材，以利于教、便于学，更希望师生们对此提出建议。

高等学校水利学科教学指导委员会

中国水利水电出版社

2008年4月

第 5 版前言

本书第 1 版、第 2 版、第 3 版与第 4 版分别于 1979 年、1987 年、1996 年与 2009 年出版，出版后受到广大读者的欢迎，多次重印。第 2 版曾分别于 1988 年、1987 年获原国家教育委员会授予的全国高等学校优秀教材奖、原水利电力部授予的高等学校水利水电类专业优秀教材一等奖；第 3 版于 2000 年获江苏省高等教育教学成果二等奖；第 4 版于 2011 年被评为江苏省高等学校精品教材，同年获徐芝伦教材奖一等奖，2014 年被评为全国高等学校水利类专业优秀教材。

本书前 10 章为水工钢筋混凝土与预应力混凝土结构构件设计的基本理论及其应用，其中小字排印的内容可根据实际情况选学。第 11 章和第 12 章分别对钢筋混凝土构件的抗震设计与水工大体积混凝土结构设计中的若干问题进行了介绍，这部分内容可作为选修课《水工钢筋混凝土结构Ⅱ》的学习内容。

目前，在我国由于管理体制的不同，同样用于水利水电工程的《水工混凝土结构设计规范》有了两个版本：一本是电力系统的《水工混凝土结构设计规范》（DL/T 5057—2009）；一本是水利系统的《水工混凝土结构设计规范》（SL 191—2008）。这两本规范的大部分条文内容是基本相同或仅稍有差异，但在实用设计表达式的表达方式上却有着较大的不同。DL/T 5057—2009 规范完全继承了原《水工混凝土结构设计规范》（DL/T 5057—1996），采用概率极限状态设计原则，用 5 个分项系数的设计表达式进行设计。而 SL 191—2008 规范则在规定的材料强度和荷载取值条件下，采用在多系数分析基础上以安全系数 K 表达的方式进行设计。

本书先在第 2 章“钢筋混凝土结构设计计算原理”中讲清两本规范设计表达式的区别与内在联系，并在第 3 章“钢筋混凝土受弯构件正截面承载力计算”中以单筋截面为例分别将两本规范的设计表达式加以说明，其余章节则以 DL/T 5057—2009 规范为主线、SL 191—2008 规范为辅线编写，但对两本规范的差异进行了说明与比较。因此，本书也可按 SL 191—2008 规范进行讲授。通过本书的学习，同学不但可掌握水工钢筋混凝土与预应力混凝土结构构件设计的基本理论，而且可应用 DL/T 5057—2009 和 SL 191—2008 两本规范进行设计。

本书在编写时，尽量注意内容的编排和文字的表述，力求保持前 4 版的特色和风格，并期更趋完善。

本书除用作教材外，对帮助水利水电工程技术人员理解、掌握和运用现行《水工混凝土结构设计规范》也将起着积极的作用。本书的辅助用书《水工钢筋混凝土结构学习辅导及习题》（第 2 版）将随后出版，其主要内容分为学习辅导、综合练习与设计计算三个部分，其中综合练习附有参考答案。

本书 1979 年出版的第 1 版由华东水利学院、大连工学院、西北农学院及清华大学四校合编。华东水利学院周氐、彭天明、许庆尧、刘瑞、陈新纯、童保全、张静月，大连工学院赵国藩、徐积善、高俊升，西北农学院王从兴、张建和、史文田，清华大学李著璋等参加了编写。华东水利学院周氐担任主编，武汉水利电力学院俞富耕、贺采旭、何少溪、许维华、陈澄清审阅。

本书 1983 年出版的第 2 版是由华东水利学院周氐、刘瑞、陈新纯、童保全、张静月，大连工学院赵国藩、吴宗盛，陕西机械学院张建和、史文田，清华大学李著璋修订的。华东水利学院周氐担任主编，武汉水利电力学院钱国梁、贺采旭，郑州工学院丁自强审阅。

本书 1996 年出版的第 3 版由河海大学刘瑞、张志铁，大连理工大学王清湘、王瑞敏，西安理工大学史文田，清华大学叶知满编写。由河海大学刘瑞担任主编，郑州工业大学丁自强和华北水利水电学院李树瑶主审。

本书 2009 年出版的第 4 版由河海大学、武汉大学、大连理工大学、郑州大学四校合编，这四所高校正好是 DL/T 5057—2009 规范和 SL 191—2008 规范的参编单位。参加第 4 版编写工作的有河海大学汪基伟（第 2 章、第 12 章、附录）、吴胜兴（第 5 章）、丁晓唐（第 3 章），武汉大学侯建国（第 1 章、第 6 章）、安旭文（第 9 章），大连理工大学宋玉普（绪论、第 11 章）、王立成（第 10 章），郑州大学李平先（第 4 章、第 7 章）、韩菊红（第 8 章）。河海大学冷飞对书中的算例进行了核算。全书由河海大学汪基伟主编，周氐主审。

第 5 版的参编单位与参编人员、各参编人员编写的章节和第 4 版相同，仍由河海大学、武汉大学、大连理工大学、郑州大学四校合编，河海大学汪基伟担任主编，周氐主审。

第 4 版是以 SL 191—2008 规范为主线、DL/T 5057—2009 规范为辅线编写的。第 5 版章节安排和文字内容基本上与第 4 版保持一致，与第 4 版差别除以 DL/T 5057—2009 规范为主线、SL 191—2008 规范为辅线编写外，还根据我国当前的钢筋生产的实际情况，对钢筋品种作了适当调整，由此对例题进行了全面修改。

本书的出版除得到江苏省高等学校重点建设教材项目资助外，还得到江苏高校品牌专业建设工程一期项目（PPZY2015B142）的资助。

本书在编写过程中得到兄弟院校、中国水利水电出版社的大力支持，在此一并表示感谢。对于书中存在的错误和缺点，恳请读者批评指正。热忱希望有关院校在使用本书过程中将意见及时告知我们。

编者

2015 年 5 月

目　录

绪　　论

0.1　钢筋混凝土结构的特点及分类

钢筋混凝土结构是由钢筋和混凝土两种材料组成共同受力的结构。

混凝土是一种抗压能力较强而抗拉能力很弱的建筑材料，这就使得素混凝土结构的应用受到很大限制。例如，一根截面为200mm×300mm，跨长为2.5m，混凝土立方体强度为22.5N/mm^{2}的素混凝土简支梁，当跨中承受约13.5kN集中力时，就会因混凝土受拉而断裂，如图0-1（a）所示。这种素混凝土梁不仅承载能力低，而且破坏时是一种突然发生的脆性断裂。但是，如果在这根梁的受拉区配置两根直径20mm、屈服强度为318.2N/mm^{2}的钢筋［图0-1（b）］，用钢筋来代替开裂的混凝土承受拉力，则梁能承受的集中力可增加到72.3kN。由此说明，同样截面形状、尺寸及混凝土强度的钢筋混凝土梁比素混凝土梁可承受大得多的外荷载。而且钢筋混凝土梁破坏以前将发生较大的变形，破坏不再是脆性的。

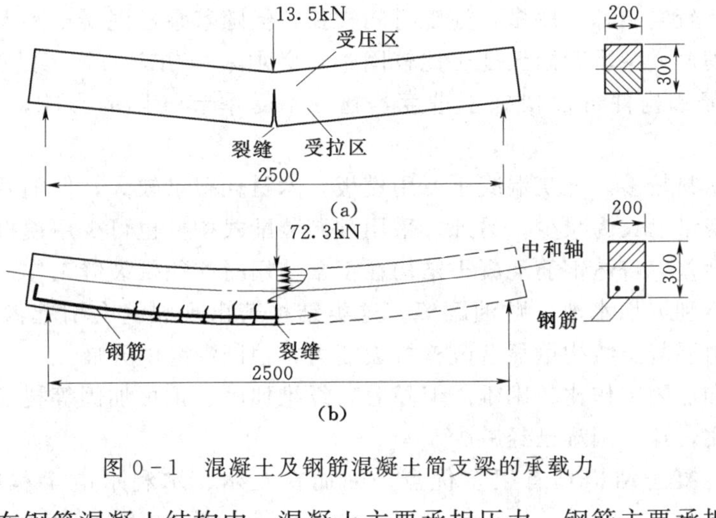

图0-1　混凝土及钢筋混凝土简支梁的承载力

一般来说，在钢筋混凝土结构中，混凝土主要承担压力，钢筋主要承担拉力，必要时也可承担压力。因此在钢筋混凝土结构中，两种材料的力学性能都能得到充分利用。

钢筋和混凝土这两种性能不同的材料能结合在一起共同工作，主要是由于它们之间有良好的粘结力，能牢固地粘结成整体。当构件承受外荷载时，钢筋和相邻混凝土能协调变形而共同工作。而且钢筋与混凝土的温度线膨胀系数较为接近，当温度变化时，这两种材料不致产生明显的相对温度变形而破坏它们之间的结合。

钢筋混凝土结构除了较合理地利用钢筋和混凝土两种材料的力学性能外，还有下列优点：

(1) 耐久性好。在钢筋混凝土结构中，钢筋因受到混凝土保护而不易锈蚀，且混凝土的强度随时间有所增长，因此钢筋混凝土结构在一般环境下是经久耐用的，不像钢、木结构那样需要经常的保养和维修。

(2) 整体性好。目前广泛采用的现浇整体式钢筋混凝土结构，整体性好，有利于抗震及抗爆。

(3) 可模性好。钢筋混凝土可根据设计需要浇制成各种形状和尺寸的结构，尤其适合于建造外形复杂的大体积结构、空间薄壁结构等。这一特点是砖石、钢、木等结构所不能代替的。

(4) 耐火性好。混凝土是不良导热体，遭火灾时，由传热性较差的混凝土作为钢筋的保护层，在普通的火灾下不致使钢筋达到变态点温度而导致结构的整体坍塌。因此，其耐火性比钢、木结构好。

(5) 可就地取材。钢筋混凝土结构中所用的砂、石材料一般可就地或就近取材，因而材料运输费用少，可显著降低工程造价。

(6) 节约钢材。钢筋混凝土结构合理地发挥了材料各自优良性能，在某些情况下可以代替钢结构，因而能节约钢材。

但是，事物总是一分为二的，钢筋混凝土结构也存在一些缺点，主要有：

(1) 自重大。这对于建造大跨度结构及高层抗震结构是不利的，但随着轻质、高强混凝土、预应力混凝土和钢-混凝土组合结构的应用，这一矛盾已得到缓解。

(2) 施工比较复杂，工序多，施工时间较长，但随着泵送混凝土和大模板的应用，施工时间已大大缩短。冬季和雨天施工比较困难，必须采用相应的施工措施才能保证质量，但采用预制装配式构件可加快施工进度，施工不受季节气候的影响，从而可缓解这一矛盾。

(3) 耗费木料较多。浇筑混凝土要用模板，木材耗费量较大，但随着钢模板的广泛应用，木材的耗费量已大为减少。另外，采用预制装配式构件也可少用模板。

(4) 抗裂性差。普通钢筋混凝土结构在正常使用时往往带裂缝工作，这对要求不出现裂缝的结构很不利，如水池、贮油罐等。这类结构若出现裂缝会引起渗漏，影响正常使用。采用预应力混凝土结构可显著改善抗裂能力，控制裂缝的开展。

(5) 修补和加固工作比较困难。但随着碳纤维加固、钢板加固等技术的发展和环氧树脂堵缝剂的应用，这一困难已经减少。

由于钢筋混凝土结构具有很多优点，因而在土木、水利水电工程中得到了广泛的应用。

在水利水电工程中，钢筋混凝土可以用来建造平板坝、连拱坝、隧洞衬砌、水电站厂房、机墩、蜗壳、尾水管、调压塔、压力水管、水闸、船闸、码头、渡槽、涵洞、倒虹吸管等。在土木工程中，可用来建造厂房、仓库、多高层楼房、水池、水塔、桥梁、电视塔、地下隧道等。

钢筋混凝土结构可作如下分类：

（1）按结构的构造外形可分为：杆件体系和非杆件体系。杆件体系如梁、板、柱、墙等，非杆件体系如空间薄壁结构、块体结构、与围岩接触的地下洞室等。在杆系结构中，按结构的受力状态可分为：受弯构件、受压构件、受拉构件、受扭构件等。

（2）按结构的制造方法可分为：整体式、装配式和装配整体式三种。整体式结构是在现场先架立模板、绑扎钢筋，然后浇捣混凝土而成的结构。它整体性好，刚度也较大，目前应用较多，但施工受气候的影响。装配式结构则是在工厂（或预制工场）预先制成各种构件（图 0-2），然后运往工地装配而成。采用装配式结构有利于实现建筑工业化（设计标准化、制造工业化、安装机械化）；制造不受季节限制，能加速施工进度；并可利用工厂较好的施工条件，提高构件质量；有利于模板重复使用，还可免去脚手架，节约木料或钢材。但装配式结构的接头构造较为复杂，整体性较差，对抗渗及抗震不利，目前应用有所减少。装配整体式结构是在结构内有一部分为预制的装配式构件，另一部分为现浇的混凝土，其中预制装配式部分常可作为现浇部分的模板和支架。它比整体式结构有较高的工业化程度，又比装配式结构有较好的整体性，近年来发展较快。

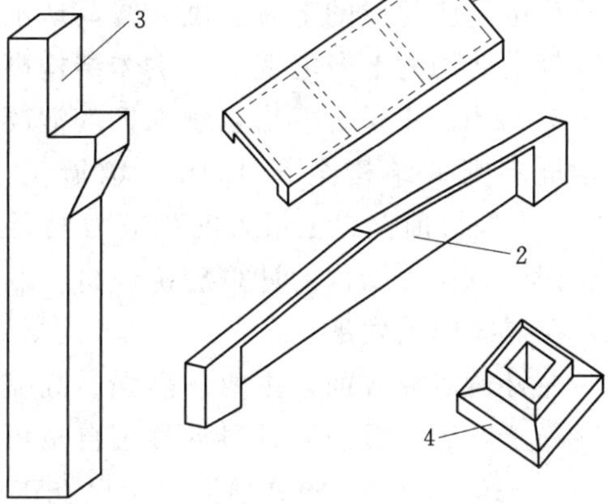

图 0-2 装配式构件

1—屋面板；2—梁；3—柱；4—基础

（3）按结构的初始应力状态可分为：普通钢筋混凝土结构和预应力混凝土结构。预应力混凝土结构是在结构承受荷载以前，预先对混凝土施加压力，造成人为的压应力状态，使产生的压应力可全部或部分地抵消荷载引起的拉应力。预应力混凝土结构的主要优点是控制裂缝的性能好，能充分利用高强度材料，可用来建造大跨度的承重结构，但施工较复杂。

0.2 钢筋混凝土结构的发展简史

钢筋混凝土从 19 世纪中叶开始采用以来，至今仅有 100 多年的历史，其发展极为迅速。1848 年法国人朗波（L. Lambot）制造了第一只钢筋混凝土小船，1854 年英国人威尔金生（W. B. Wilkinson）获得一种钢筋混凝土楼板的专利权，但通常认为钢筋混凝土是法国巴黎花匠蒙列（J. Monier）发明的，他用水泥制作花盆，内中配置钢筋网以提高其强度，并于 1867 年申请了专利。1875 年美国的沃德（W. E. Ward）在纽约建造了第一所钢筋混凝土房屋，1877 年哈特（T. Hyatt）发表了各种钢筋混凝土梁的试验结果，1905 年特奈（C. A. P. Turner）发明了无梁楼板。1925 年德国采用钢筋混凝土建造了薄壳结构，1928 年法国工程师弗列西涅（E. Freyssinet）利用高强钢丝和混凝土制成了预应力混凝土构件，开创了预应力混凝土应用的时代。目前一些标志性建筑有：德国法兰克福市的飞机库屋盖，它采用预应力轻骨料混凝土建造，结构跨度达 90m；加拿大的多伦多预应力混凝土电视塔，高达553m；马来西亚吉隆坡的双塔大厦，建筑高度达452m，它的内筒与外筒采用钢筋混凝土建造。

我国在1876年开始生产水泥，逐渐有了钢筋混凝土建筑物，最近十几年发展很快。据2013年统计，全国混凝土年产量达21.96亿m^3，建筑用钢材年产量达3.55亿t，居世界的首位。已建成的上海金茂大厦，地上88层，地下3层，建筑高度420.5m；采用预应力混凝土结构的上海电视塔，主体结构高350m，塔高468m；外形美观的上海杨浦大桥，全长7658m，主桥为双塔双索面钢筋混凝土与钢叠合斜拉桥结构，主桥跨径602m；三峡升船机上闸首结构全长125m，墩墙高44m，航槽宽18m，设计水头34m，校核水头39.4m，是目前世界上最大的预应力混凝土坞式结构。

钢筋混凝土结构的计算理论、材料制造及施工技术等方面都已经历了很大的发展，并且还在继续向前发展。

在材料研究方面，主要向高强、高流动性、自密实、轻质、耐久及具备特异性能方向的混凝土发展。目前轻骨料混凝土自重可仅为14～18kN/m^3，强度可达50N/mm^2；强度为100～200N/mm^2的高强混凝土已在工程上应用。各种轻质混凝土、绿色混凝土、纤维混凝土、聚合物混凝土、耐腐蚀混凝土、微膨胀混凝土，水下不分散混凝土以及品种繁多的外加剂在工程中的应用和发展，已使大跨度结构、高层建筑、高耸结构和具备某种特殊性能的钢筋混凝土结构的建造成为现实。另外，有专家预计，到21世纪末纤维混凝土的抗拉与抗压强度比可提高到1/2，并具有早强、收缩徐变小等特点，将使混凝土的性能得到极大地改善。

采用高强度的材料，是发展钢筋混凝土结构的重要途径。目前我国建筑结构安全度总体上低于欧美发达国家，但材料用量并没有相应降低。这是因为我国建筑工程上采用的钢筋和混凝土平均强度等级，就全国而言，均低于欧美发达国家。欧美发达国家较高的安全度是建立在较高强度材料的基础上的，而我国较低的安全度是由于采用的材料强度偏低。为此，用于工业与民用建筑的混凝土结构设计规范已将混凝土的最高强度等级由C60提高到C80，对普通钢筋混凝土结构优先推广强度为400N/mm^2级的钢筋，对预应力混凝土结构则优先推广高强钢丝和钢绞线。

在计算理论方面，钢筋混凝土结构经历了容许应力法、破坏阶段法和极限状态法三个阶段。目前国内大多数混凝土结构设计规范已采用基于概率理论和数理统计分析的可靠度理论，它以可靠指标度量结构构件的可靠度，采用分项系数的设计表达式进行设计，使极限状态计算体系在理论上向更完善、更科学的方向发展。但由于水利水电工程中大多数荷载还无法得出可靠的统计参数，因而也有学者与工程设计人员认为，目前在水利水电工程设计中应用可靠度理论尚不够成熟。

混凝土的强度理论、钢筋混凝土非线性有限单元法和极限分析的计算理论等方面也有很大进展。有限单元法和现代测试技术的应用，使得钢筋混凝土结构的计算理论和设计方法正在向更高的阶段发展。

在结构和施工方面，随着预拌混凝土（或称商品混凝土）、泵送混凝土及滑模施工新技术的应用，已显示出它们在保证混凝土质量、节约原材料和能源、实现文明施工等方面的优越性，所以我国目前工业与民用建筑中广泛采用现浇整体式结构。采用预先在模板内填实粗骨料，再将水泥浆用压力灌入粗骨料空隙中形成的压浆混凝土，以及用于大体积混凝土结构（如水工大坝、大型基础）、公路路面与厂房地面的碾压混凝土，它们的浇筑过程都采用机械化施工，浇筑工期可大为缩短，并能节约大量材料，从而获得经济效益。值得注意的是，近年来钢-混组合结构、外包钢混凝土结构及钢管混凝土等结构已在工程中推广应用。这些组合结构具有充分利用材料强度、较好的适应变形能力（延性）、施工较简单等特点。在预应力混凝土结构中，横向张拉技术是一种值得推广的施工方法，它既不需要锚具，也不需要灌浆。另外，缓粘结预应力混凝土不需要后续灌浆，避免了后张法预应力混凝土结构灌浆不密实的问题，从而可保证质量，也是值得推广的技术。

0.3 本课程的特点

钢筋混凝土结构是水利水电工程中最基本的结构形式。本课程也是水利水电类专业中最为重要的技术基础课程。学习本课程的主要目的是：掌握水工钢筋混凝土结构构件设计计算的基本理论和构造知识，为学习有关专业课程和顺利地从事钢筋混凝土建筑物的结构设计打下牢固的基础。学习本课程需要注意以下几个方面的问题：

（1）从某种意义上来说，钢筋混凝土结构学是研究钢筋混凝土的材料力学，它与材料力学有相同之处，又有不同之处，学习时要注意两者之间的异同。材料力学研究的线弹性体做成的构件，而钢筋混凝土结构学是研究钢筋和混凝土两种材料组成的构件。由于混凝土为非弹性材料，且拉应力很小就会开裂，因而材料力学的许多公式不能直接应用于钢筋混凝土构件。但材料力学中分析问题的基本思路，即由材料的物理关系、变形的几何关系和受力的平衡关系建立计算公式的分析方法，同样适用于钢筋混凝土构件。

（2）钢筋混凝土结构的计算公式是在大量实验基础上经理论分析建立起来的，学习时要重视实验在建立计算公式中的地位与作用，注意每个计算公式的适用范围和条件，在实际工程设计中正确运用这些计算公式，不要盲目地生搬硬套。

（3）构造规定是长期科学实验和工程经验的总结。在设计结构和构件时，构造与计算是同样重要的。因此，要充分重视对构造知识的学习。在学习过程中不必死记硬背构造的具体规定，但应注意弄懂其中的道理，即要明白为什么要有这个构造要求，这个构造要求的作用是什么。通过平时的作业和课程设计逐步掌握一些基本构造知识。

（4）钢筋混凝土构件的受力性能取决于钢筋和混凝土两种材料的力学性能及两种材料间的相互作用。两种材料的配比关系（数量和强度）会引起构件受力性能的改变，当两者配比关系超过一定界限时，构件受力性能会有显著差别，这是在单一材料构件中所没有的，在学习中对此应给予充分的重视。

（5）本课程同时又是一门结构设计课程，有很强的实践性。要搞好工程结构设计，除了要有坚实的基础理论知识以外，还须综合考虑材料、施工、经济、构造细节等各方面的因素。因而，同学应努力参加实践工作，逐步提高对各种因素的综合分析能力。此外，整理编写设计书、绘制施工图纸是结构设计的基本功，同学也应注重这方面的训练。

（6）为保证工程质量，设计时必须遵循国家颁布的有关工程结构设计规范要求，特别是规范中的强制性条文。目前在我国水利水电工程中，水利系统与电力系统分别有自己的

《水工混凝土结构设计规范》。这两本规范的设计理论基本相同，但计算表达式却不同，构造规定也略有差异。本教材是以电力系统的《水工混凝土结构设计规范》（DL/T 5057—2009）为主线、水利系统的《水工混凝土结构设计规范》（SL 191—2008）为辅线编写的，给出了两本规范之间内在的关系、相同点与不同点。同学应在理解两本规范之间内在关系的基础上，掌握这两本规范的异同点，做到课程学习结束后能正确应用两本规范进行设计。

第1章　混凝土结构材料的物理力学性能

1.1　钢筋的品种和力学性能

1.1.1　钢筋的品种

在我国，混凝土结构中所采用的钢筋有热轧钢筋、钢丝、钢绞线、预应力螺纹钢筋及钢棒等。

按其在结构中所起作用的不同，钢筋可分为普通钢筋和预应力筋两大类。普通钢筋是指用于钢筋混凝土结构中的钢筋以及用于预应力混凝土结构中的非预应力筋；预应力筋是指用于预应力混凝土结构中预先施加预应力的钢筋。热轧钢筋主要用作普通钢筋，而钢丝、钢绞线、预应力螺纹钢筋及钢棒主要用作预应力筋。

按化学成分的不同，钢筋可分为碳素钢和普通低合金钢两大类。碳素钢的机械性能与含碳量的多少有关。含碳量增加，能使钢材强度提高，性质变硬，但也将使钢材的塑性和韧性降低，焊接性能也会变差。碳素钢按其碳的含量分为低碳钢（含碳量<0.25%）、中碳钢（含碳量0.25%～0.60%）和高碳钢（含碳量0.60%～1.4%）。用作钢筋的碳素钢主要是低碳钢和中碳钢。如果炼钢时在碳素钢的基础上加入少量（一般不超过3.5%）合金元素，就成为普通低合金钢。合金元素锰、硅、钒、钛等可使钢材的强度、塑性等综合性能提高。磷、硫则是有害杂质，其含量超过约0.045%后会使钢材变脆，塑性显著降低，且不利于焊接。普通低合金钢钢筋具有强度高、塑性及可焊性好的特点，因而应用广泛。

热轧钢筋按其外形分为热轧光圆钢筋和热轧带肋钢筋两类，光圆钢筋的表面是光面的；带肋钢筋亦称变形钢筋，有螺旋纹、人字纹和月牙肋三种，见图1-1。螺旋纹和人字纹钢筋以往称为等高肋钢筋，等高肋钢筋由于基圆面积率小，锚固延性差，疲劳性能差，已被逐渐淘汰。目前常用的是月牙肋钢筋，它与同样公称直径的等高肋钢筋相比，强度稍有提高，凸缘处应力集中也得到改善；它与混凝土之间的粘结强度虽略低于等高肋钢筋，但仍具有良好的粘结性能。

下面分别把各种钢筋作一简介。

1.1.1.1　热轧钢筋

热轧钢筋是低碳钢或普通低合金钢在高温状态下轧制而成。按照其强度的高低，分为HPB235、HPB300、HRB335、HRB400、HRB500等几种。符号中的H表示热轧（hot rolled），P表示光面的（plain），R表示带肋的（ribbed），B表示钢筋（bar），数字300、400等则表示该级别钢筋的屈服强度值（N/mm^2）。可以看出HPB235和HPB300钢筋为光圆钢筋，HRB335、HRB400和HRB500为带肋钢筋。

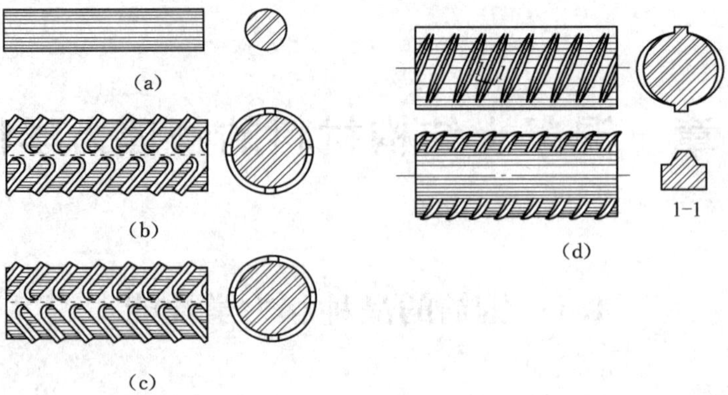

图 1-1　钢筋表面及截面形状

(a) 光圆钢筋；(b) 螺旋纹钢筋；(c) 人字纹钢筋；(d) 月牙肋钢筋

1. 热轧光圆钢筋

热轧光圆钢筋（HPB235、HPB300）钢筋的公称直径范围为 6～22mm，冶标❶推荐采用的直径有：6mm、8mm、10mm、12mm、16mm、20mm 等几种。热轧光圆钢筋属于低碳钢，质量稳定，塑性及焊接性能良好，但强度稍低，而且由于其表面为光面的，与混凝土的黏结锚固性能较差，控制裂缝开展的能力很弱，在绑扎骨架中用作受拉钢筋时末端需要加弯钩，给施工带来不便，一般只用于受力不大的薄板或用作为箍筋、架立筋、分布筋及吊环等。HPB235 钢筋应用历史很长，以往在薄板和梁的箍筋中应用较多，由于其强度低，即将被淘汰。HPB300 钢筋是近年来新推出的钢筋品种，在《混凝土结构设计规范》（GB 50010—2010）中已用 HPB300 钢筋代替 HPB235 钢筋。在图纸与计算书中，HPB300 用符号Φ表示。

2. 热轧带肋钢筋

水工结构采用的热轧带肋钢筋包括 HRB335、HRB400、HRB500，公称直径范围为 6～50mm，冶标❷推荐采用的直径有 6mm、8mm、10mm、12mm、16mm、20mm、25mm、32mm、40mm、50mm 等几种。热轧带肋钢筋的强度、塑性及可焊性都较好。由于强度比较高，为增加钢筋与混凝土之间的黏结力，保证两者能共同工作，钢筋表面轧制成月牙肋。

在过去，HRB335 钢筋在水利工程中应用最为广泛，目前由于其强度较低，将渐趋淘汰，而 HRB400 将成为主导的钢筋品种。HRB500 钢筋是我国新生产的热轧钢筋品种，其特点是强度高，强度价格比好。电力系统的《水工混凝土结构设计规范》（DL/T 5057—2009）已将其列入规范，但在水利系统的《水工混凝土结构设计规范》（SL 191—2008）中则暂未列入，其原因是尚缺乏大量使用的实践经验，特别是在水利水电工程中，使用这类强度较高的钢筋时，有无限制性条件，如何在充分发挥其强度时又能控制混凝土裂缝开展，如何采取适当的构造措施以保证其锚固及连接等方面尚需积累必要的工程

❶ 《钢筋混凝土用钢　第 1 部分：热轧光圆钢筋》(GB 1499.1—2008)．北京：中国标准出版社，2008.

❷ 《钢筋混凝土用钢　第 2 部分：热轧带肋钢筋》(GB 1499.2—2007)．北京：中国标准出版社，2007.

经验。

在图纸与计算书中，HRB335、HRB400、HRB500 这三种钢筋分别用符号Φ、Φ、Φ表示。

1.1.1.2 余热处理钢筋

余热处理钢筋的牌号为 RRB400，用符号$Φ^R$表示，它是在钢筋热轧后淬火以提高其强度，再利用芯部余热回火处理而保留一定延性的钢筋。在一般情况下，它可以作为强度 400N/mm^2 级的钢筋使用，但在焊接时焊接处因受热可能会降低其强度，且其高强部分集中在钢筋表面，抗疲劳的性能会受到影响，钢筋机械连接表面切削加工时也会削弱其强度，因此应用受到一定的限制。一般可用于对钢筋变形性能及加工性能要求不高的构件中，如基础、大体积混凝土、楼板、墙体以及次要的结构构件中。

1.1.1.3 钢丝

我国预应力混凝土结构采用的钢丝都是消除应力钢丝。消除应力钢丝是将钢筋拉拔后，经中温回火消除应力并进行稳定化处理的钢丝。按照消除应力时采用的处理方式不同，消除应力钢丝又可分为低松弛和普通松弛两种，普通松弛钢丝用作预应力筋时应力松弛损失较大，现行国家标准《预应力混凝土用钢丝》（GB/T 5223—2002）不推荐采用普通松弛钢丝。

钢丝以其表面形状可分为光圆、螺旋肋及刻痕三种。

光圆钢丝的公称直径有 3mm、4mm、5mm、6mm、6.25mm、7mm、8mm、9mm、10mm、12mm 等几种。

螺旋肋钢丝是以普通低碳钢或普通低合金钢热轧的圆盘条为母材，经冷轧减径后在其表面冷轧成两面或三面有月牙肋的钢丝。其公称直径有 4mm、4.8mm、5mm、6mm、6.25mm、7mm、8mm、9mm、10mm 等几种。

刻痕钢丝是在光圆钢丝的表面上进行机械刻痕处理，以增加与混凝土的粘结能力，其公称直径分为≤5mm 和>5mm 两种。

1.1.1.4 钢绞线

钢绞线是由多根高强光圆或刻痕钢丝捻制在一起经过低温回火处理清除内应力后而制成，分为 2 股、3 股和 7 股三种。对 7 根钢丝捻制的钢绞线还可再经模拔而制成型号为（1×7）C 的钢绞线。钢绞线的公称直径有许多种，详见本教材附录 3 表 3。

1.1.1.5 预应力螺纹钢筋

过去习惯上将这种钢筋称为"高强精轧螺纹钢筋"，目前称为"预应力混凝土用螺纹钢筋"。它以屈服强度划分级别，无明显屈服时用规定的"条件屈服强度"来代替。预应力螺纹钢筋的直径有 18mm、25mm、32mm、40mm、50mm 等几种，主要用作为预应力锚杆。在我国的桥梁工程及水电站地下厂房的预应力岩壁吊车梁中，预应力螺纹钢筋已有较多的应用。

1.1.1.6 钢棒

预应力混凝土用钢棒按表面形状分为光圆钢棒、螺旋槽钢棒、螺旋肋钢棒、带肋钢棒四种。由于光圆钢棒和带肋钢棒的粘结锚固性能较差，故现行水工混凝土结构设计规范仅列入了螺旋槽钢棒和螺旋肋钢棒两种。其公称直径为 6～14mm。

预应力混凝土用钢棒的主要优点为强度高、延性好，具有可焊性与镦锻性，可盘卷。主要应用于预应力混凝土离心管桩、电杆、铁路轨枕、桥梁、码头基础、地下工程、污水处理工程及其他建筑预制构件中。

除上述热轧钢筋和预应力钢丝、钢绞线等外，在过去我国还有用于钢筋混凝土结构的冷拉Ⅰ级钢筋和用于预应力混凝土结构的冷拉Ⅱ、Ⅲ、Ⅳ级钢筋，以及细直径的冷轧带肋钢筋等。钢筋经过冷拉或冷轧等冷加工后，屈服强度得到提高，但钢材性质变硬变脆，延性大大降低，这对于承受冲击荷载和抗震都是不利的。冷加工钢筋在我国经济困难、物质匮乏时代曾起到过节约钢筋的作用，但在目前细直径的热轧钢筋、高强度的预应力钢丝和钢棒等已能充分供应的情况下，冷加工钢筋在我国已基本不再采用。

1.1.2　钢筋的力学性能

上节所述的各种钢筋与钢丝，由于化学成分及制造工艺的不同，力学性能有显著差别。按力学的基本性能来分，则有两种类型：①热轧钢筋，其力学性质相对较软，称之为软钢；②预应力钢丝、钢绞线、预应力螺纹钢筋及钢棒，其力学性质高强而硬，称之为硬钢。

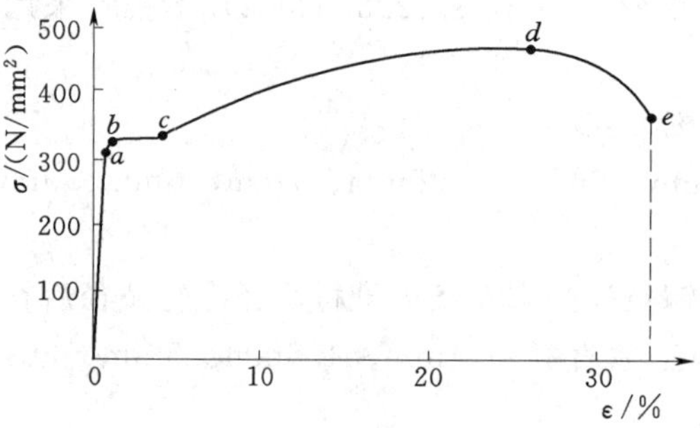

图 1-2　HPB300 钢筋的应力-应变曲线

1.1.2.1　软钢的力学性能

软钢从开始加载到拉断，有 4 个阶段，即弹性阶段、屈服阶段、强化阶段与破坏阶段。下面以 HPB300 钢筋的受拉应力-应变曲线为例来说明软钢的力学特性，如图 1-2 所示。

自开始加载至应力达到 a 点以前，应力应变呈线性关系，a 点称比例极限，$0a$ 段属于线弹性工作阶段。应力达到 b 点后，钢筋进入屈服阶段，产生很大的塑性变形，应力-应变曲线呈现一水平段，称为流幅；b 点应力称为屈服强度（流限）。超过 c 点后，应力应变关系重新表现为上升的曲线，为强化阶段。曲线最高点 d 点的应力称为抗拉强度。此后钢筋试件产生颈缩现象，应力应变关系成为下降曲线，应变继续增大，到 e 点钢筋被拉断。

e 点所对应的横坐标称为伸长率，它标志钢筋的塑性。伸长率越大，塑性越好。钢筋塑性除用伸长率标志外，还可用冷弯试验来检验。冷弯就是把钢筋围绕直径为 D 的钢辊弯转 α 角而要求不发生裂纹。钢筋塑性越好，冷弯角 α 就可越大，钢辊直径 D 也可越小。

软钢的强度指标有屈服强度和抗拉强度，屈服强度（流限）是软钢的主要强度指标。混凝土结构构件中的钢筋，当应力达到屈服强度后，荷载不增加，应变会继续增大，使得混凝土裂缝开展过宽，构件变形过大，结构构件不能正常使用。所以软钢的受拉强度限值以屈服强度为准，其强化阶段只作为一种安全储备考虑。

钢材中含碳量越高，屈服强度和抗拉强度就越高，伸长率就越小，流幅也相应缩短。图 1-3 表示了不同强度软钢的应力-应变曲线的差异。

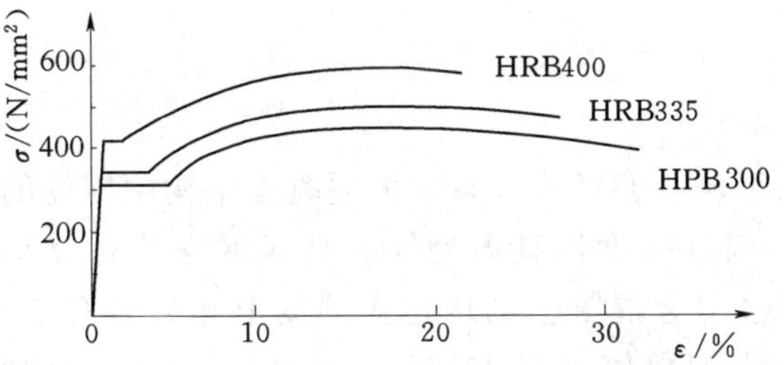

图 1-3　不同强度软钢的应力-应变曲线

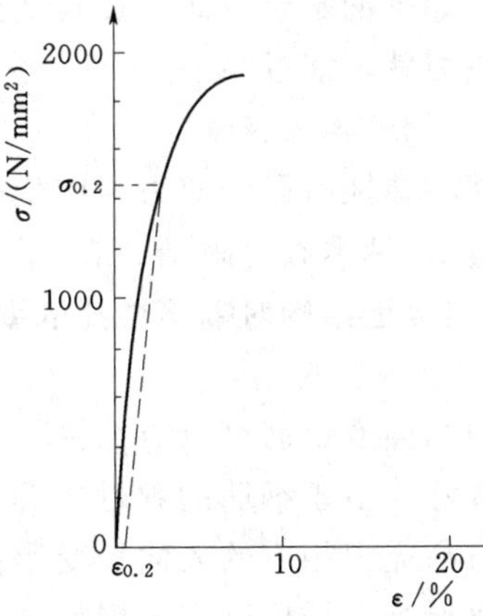

图 1-4　硬钢的应力-应变曲线

1.1.2.2　硬钢的力学性能

硬钢强度高，但塑性差，脆性大。从加载到拉断，不像软钢那样有明显的阶段，基本上不存在屈服阶段（流幅）。图 1-4 为硬钢的应力-应变曲线。

硬钢没有明确的屈服台阶（流幅），所以设计中一般以“协定流限”作为强度标准，所谓协定流限是指经过加载及卸载后尚存有 0.2%永久残余变形时的应力，用 $\sigma_{0.2}$表示。$\sigma_{0.2}$亦称“条件屈服强度”或“非比例延伸强度”，一般相当于极限抗拉强度的 70%～90%。对钢丝、钢绞线和钢棒，规范取极限抗拉强度的 85%作为条件屈服强度；对预应力螺纹钢筋，规范取极限抗拉强度的 80%作为条件屈服强度。

硬钢塑性差，伸长率小。因此，用硬钢配筋的混凝土构件，受拉破坏时往往突然断裂，不像用软钢配筋的构件那样，在破坏前有明显的预兆。

1.1.2.3　钢筋的疲劳

钢筋的疲劳是指钢筋在承受重复、周期性的动荷载作用下，经过一定次数的循环重复后，突然脆断的现象。一些承受重复荷载的钢筋混凝土构件在正常使用期间会由于疲劳发生破坏，如门机轨道梁。

钢筋的疲劳一般认为是由于钢材内部有杂质和气孔，外表面有斑痕缺陷，以及表面形状突变引起的应力集中造成的。应力集中过大时，钢筋晶粒滑移，使钢材发生微裂纹，在重复应力作用下，钢筋会因裂纹扩展而发生突然断裂。因此钢筋的疲劳强度小于静荷载作用下的极限强度。

试验表明，影响疲劳强度的主要因素为钢筋的疲劳应力幅 Δf_y^f，Δf_y^f 为一次循环应力中同一层钢筋的最大应力 $\sigma_{s,\max}^f$与最小应力 $\sigma_{s,\min}^f$的差值，即 $\Delta f_y^f=\sigma_{s,\max}^f-\sigma_{s,\min}^f$。

《混凝土结构设计规范》（GB 50010—2010）给出了不同等级钢筋的疲劳应力幅 Δf_y^f 的限值，并规定该限值与疲劳应力比值 $\rho_s^f=\dfrac{\sigma_{s,\min}^f}{\sigma_{s,\max}^f}$有关。$\Delta f_y^f$ 的限值除与 ρ_s^f 有关外，还与循环重复次数有关。循环重复次数要求越高，Δf_y^f 的限值越小，我国要求满足的循环重复次数为 200 万次。

在水工建筑中，很少遇到数百万次的周期性重复荷载，所以一般可不验算材料的疲劳强度。但如采油平台等海工建筑受到波浪的冲击，就应考虑这一问题，其使用荷载作用下的材料应力就不能过高。

1.1.2.4　钢筋弹性模量

钢筋在弹性阶段的应力与应变的比值，称为弹性模量，用符号 E_s 表示，常用钢筋的弹性模量 E_s 见本教材附录 2 表 5。

1.1.3　混凝土结构对钢筋性能的要求

1. 钢筋的强度

采用高强度钢筋可以节约钢材，取得较好的经济效果，但混凝土结构中钢筋的强度并非越高越好。由于钢筋的弹性模量并不因其强度提高而增大，高强钢筋若充分发挥其强度，则与高应力相应的大伸长变形势必会引起混凝土结构过大的变形和裂缝宽度。因此，对于普通混凝土结构而言，钢筋的设计强度限值宜在 $400N/mm^2$ 左右。预应力混凝土结构较好地解决了这个矛盾，但又带来钢筋与混凝土之间的锚固与协调受力的问题，过高的强度仍然难以充分发挥作用，故目前预应力筋的最高强度限值约为 $2000N/mm^2$ 左右。

2. 钢筋的塑性

要求钢筋有一定的塑性是为了使钢筋在断裂前有足够的变形，能给出构件裂缝开展过宽将要破坏的预兆信号。钢筋的伸长率和冷弯性能是施工单位验收钢筋塑性是否合格的主要指标。

3. 钢筋的可焊性

在很多情况下，钢筋之间需通过焊接来连接，可焊性是评定钢筋焊接接头性能的指标。可焊性好，就是要求在一定的工艺条件下钢筋焊接后不产生裂纹及过大的变形，焊接处的钢材强度不降低过多。我国的 HPB300、HRB335 及 HRB400 的可焊性均较好，应注意高强钢丝、钢绞线等则是不可焊的。

4. 钢筋与混凝土之间的粘结力

为了保证钢筋与混凝土共同工作，要求钢筋与混凝土之间必须有足够的粘结力，粘结力良好的钢筋方能使裂缝宽度控制在合适的限值内。钢筋的表面形状是影响粘结力的主要因素，带肋钢筋与混凝土之间的粘结性能明显优于光圆钢筋与混凝土之间的粘结性能，因此构件中的纵向受力钢筋应优先选用带肋钢筋。

1.2　混凝土的物理力学性能

混凝土是由水泥、水及骨料按一定配合比组成的人造石材。水泥和水在凝结硬化过程中形成水泥胶块把骨料粘结在一起。混凝土内部有液体和孔隙存在，是一种不密实的混合体，主要依靠由骨料和水泥胶块中的结晶体组成的弹性骨架来承受外力。弹性骨架使混凝土具有弹性变形的特点，同时水泥胶块中的凝胶体又使混凝土具有塑性变形的性质。由于混凝土内部结构复杂，因此，它的力学性能也极为复杂。

1.2.1　混凝土的强度

1.2.1.1　混凝土的立方体抗压强度和强度等级

混凝土立方体试件的抗压强度比较稳定，我国混凝土结构设计规范把混凝土立方体试件的抗压强度作为混凝土各种力学指标的基本代表值，并把立方体抗压强度作为评定混凝土强度等级的依据。混凝土立方体抗压强度与水泥强度等级、水泥用量、水灰比、配合比、龄期、施工方法及养护条件等因素有关；试验方法及试件形状尺寸也会影响所测得的强度数值。

在国际上，用于确定混凝土抗压强度的试件有圆柱体和立方体两种，我国规范规定用150mm×150mm×150mm的立方体试件作为标准试件。由标准立方体试件所测得的抗压强度，称为标准立方体抗压强度，用 f_{cu} 表示。

试验方法对立方体抗压强度有较大的影响。试块在压力机上受压，纵向发生压缩而横向发生鼓胀。当试块与压力机垫板直接接触，试块上下表面与垫板之间有摩擦力存在，使试块横向不能自由扩张，就会提高混凝土的抗压强度。此时，靠近试块上下表面的区域内，好像被箍住一样，试块中部由于摩擦力的影响较小，混凝土仍可横向鼓张。随着压力的增加，试块中部先发生纵向裂缝，然后出现通向试块角隅的斜向裂缝。破坏时，中部向外鼓胀的混凝土向四周剥落，使试块只剩下如图1-5（a）所示的角锥体。

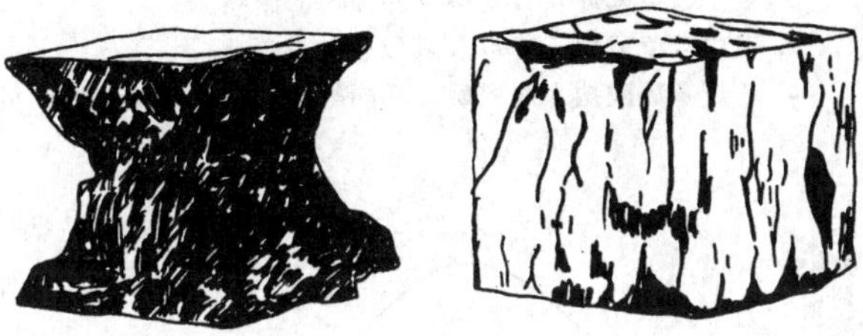

(a)　　(b)

图1-5　混凝土立方体试块的破坏情况

当试块上下表面涂有油脂或填以塑料薄片以减少摩擦力时，则所测得的抗压强度就较不涂油脂者为小。破坏时，试块出现垂直裂缝，如图1-5（b）所示。

为了统一标准，规定在试验中均采用不涂油脂、不填塑料薄片的试件。

当采用不涂油脂的试件时，若立方体试件尺寸小于150mm，则试验时两端摩擦的影响较大，测得的强度就较高。反之，当试件尺寸大于150mm时则测得的强度就较低。用非标准尺寸的试件进行试验，其结果应乘以换算系数，换算成标准试件的立方体抗压强度：200mm×200mm×200mm的试件，换算系数取1.05；100mm×100mm×100mm的试件，换算系数取0.95。

试验时加载速度对强度也有影响，加载速度越快则强度越高。通常的加载速度是每秒钟压应力增加0.3～0.5N/mm^2。

由于混凝土中水泥胶块的硬化过程需要若干年才能完成，混凝土的强度也随龄期的增长而增长，开始增长得很快，以后逐渐变慢。试验观察得知，混凝土强度增长可延续到15年以上，保持在潮湿环境中的混凝土，强度的增长会延续得更久。

混凝土不同龄期的抗压强度取值应通过试验确定。当无试验资料时，在一般情况下，抗压强度随龄期的增长率可参考表1-1选用。

我国混凝土结构设计规范规定以边长为150mm的立方体，在温度为（20±3）℃、相对湿度不小于95%的条件下养护28d，用标准试验方法测得的具有95%保证率的立方体抗压强度标准值 f_{cuk}（图1-6）作为混凝土强度等级，以符号C表示，单位为N/mm^2。例如C25混凝土，就表示混凝土立方体抗压强度标准值为25N/mm^2。

表 1-1　混凝土抗压强度随龄期相对增长率

水泥品种	混凝土龄期/d			
	7	28	60	90
普通硅酸盐水泥	0.55～0.65	1.0	1.10	1.20
矿渣硅酸盐水泥	0.45～0.55	1.0	1.20	1.30
火山灰质硅酸盐水泥	0.45～0.55	1.0	1.15	1.25

注　1. 对于蒸汽养护的构件，不考虑抗压强度随龄期的增长。
2. 表中数值未计入掺合料及外加剂的影响。
3. 表中数值适用于 C30 及其以下的混凝土。
4. 粉煤灰硅酸盐水泥混凝土不同龄期的抗压强度比值，可按火山灰质硅酸盐水泥混凝土采用。

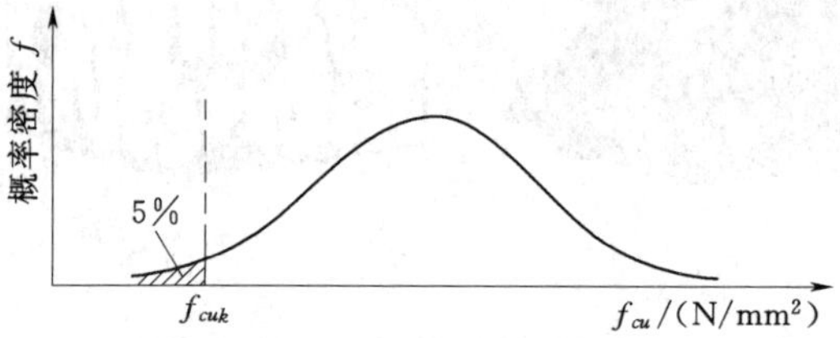

图 1-6　混凝土立方体抗压强度概率分布曲线及强度等级 f_{cuk} 的确定

水利水电工程中所采用的混凝土强度等级分为 C15、C20、C25、C30、C35、C40、C45、C50、C55、C60，共 10 个等级。

水利水电工程中，素混凝土结构受力部位的混凝土强度等级不宜低于 C15；钢筋混凝土结构构件的混凝土强度等级不应低于 C15；当采用 HRB335 钢筋时，混凝土强度等级不宜低于 C20；当采用 HRB400、RRB400 钢筋或承受重复荷载时，混凝土强度等级不应低于 C20。预应力混凝土结构构件的混凝土强度等级不应低于 C30；当采用钢绞线、钢丝作预应力筋时，混凝土强度等级不宜低于 C40。当建筑物有耐久性，以及抗渗、抗冻、抗磨、抗腐蚀等要求时，混凝土的强度等级尚需根据具体技术条件确定。

水工建筑中常因工程量巨大，混凝土浇筑后经过较长时期后才承受设计荷载。所以在设计时也可以根据开始承受荷载和投入正常运行的时间，采用 60d 或 90d 龄期的后期抗压强度。但对于混凝土的后期抗拉强度，由于其影响因素较多，离散性极大，一般情况均不予利用。

美国、日本、加拿大等国家的混凝土结构设计规范，采用圆柱体标准试件（直径 150mm，高 300mm）测定的抗压强度来作为强度的标准，用符号 f'_c 表示。对不超过 C50 的混凝土，圆柱体抗压强度与我国立方体抗压强度的实测平均值之间的换算关系为：

$$f'_c=(0.79\sim0.81)f_{cu} \tag{1-1}$$

立方体和圆柱体抗压强度都不能用来代表实际构件中混凝土真实的强度，只是作为在同一标准条件下表示混凝土相对强度水平和品质的标准。

1.2.1.2　棱柱体抗压强度——轴心抗压强度 f_c

钢筋混凝土受压构件的实际长度常比它的截面尺寸大得多，因此采用棱柱体试件比采用立方体试件能更好地反映混凝土实际的抗压能力。用棱柱体试件测得的抗压强度称为轴心抗压强度，又称为棱柱体抗压强度，用符号 f_c 表示。

棱柱体抗压强度低于立方体强度，即 $f_c<f_{cu}$，这是因为当试件高度增大后，两端接触面摩擦力对试件中部的影响逐渐减弱所致。f_c 随试件高度与宽度之比 h/b 而异，当 h/b

>3 时，f_c 趋于稳定。我国混凝土结构设计规范规定棱柱体标准试件的尺寸为 150mm×150mm×300mm。

f_c 与 f_{cu} 大致呈线性关系，根据国内 120 组棱柱体试件与立方体试件抗压强度的对比试验，两者比值 f_c/f_{cu} 的平均值为 0.76。考虑到实际工程中的结构构件与试验室试件之间，制作及养护条件、尺寸大小及加载速度等因素的差异，对实际结构的混凝土轴心抗压强度还应乘以折减系数 0.88，故实际结构中混凝土轴心抗压强度与标准立方体抗压强度的关系为：

$$f_c = 0.88\times0.76f_{cu} = 0.67f_{cu} \tag{1-2}$$

1.2.1.3　轴心抗拉强度 f_t

混凝土轴心抗拉强度 f_t 远低于立方体抗压强度 f_{cu}，f_t 仅相当于 f_{cu} 的 1/9～1/18，当混凝土强度等级越高时，f_t/f_{cu} 的比值越低。凡影响抗压强度的因素，一般对抗拉强度也有相应的影响。然而，不同因素对抗压强度和抗拉强度的影响程度却不同。例如水泥用量增加，可使抗压强度增加较多，而抗拉强度则增加较少。用碎石拌制的混凝土，其抗拉强度比用卵石的为大，而骨料形状对抗压强度的影响则相对较小。

各国测定混凝土抗拉强度的方法不尽相同。我国近年来采用的直接受拉法，但各行业采用的试件形状与尺寸不完全相同，图 1-7 为《水工混凝土试验规程》（DL/T 5150—2017）采用试件中的一种。试件是用钢模浇筑成型的 100mm×100mm×500mm 的棱柱体试件，两端设有埋深为 100mm 对中的直径为 16mm 的拉杆。

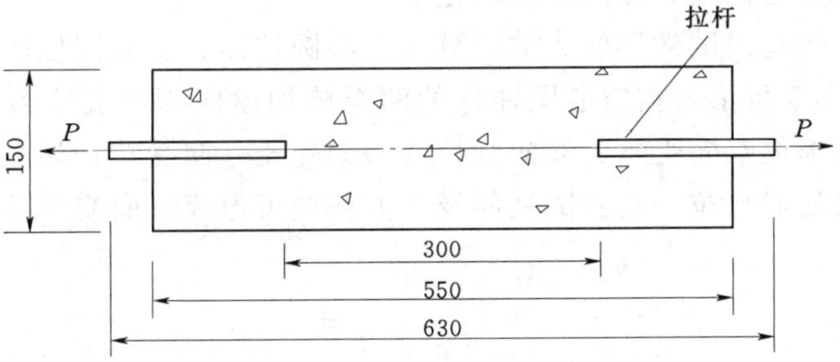

图 1-7　混凝土轴心拉伸试验及埋件

试验时张拉两端钢筋，使试件受拉，直至混凝土试件的中部产生断裂。这种试验方法由于不易将拉力对中，会形成偏心影响。而且由于拉杆端部处有应力集中，常使断裂出现在埋入拉杆尽端的截面处。这些因素都对 f_t 的正确量测有影响。

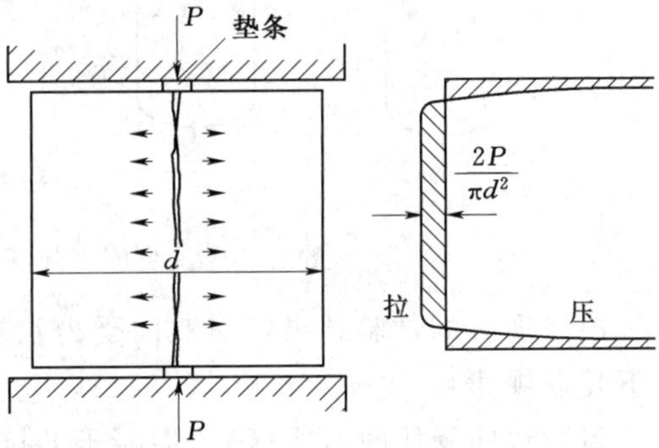

图 1-8　用劈裂法测定混凝土的抗拉强度

国内外也常用劈裂法测定混凝土的抗拉强度。这是通过垫条在立方体试件（或平放的圆柱体试件）上施加线荷载 P（图 1-8），除垫条附近极小部分外，试件中间的垂直截面上将产生均匀的拉应力。当拉应力达到混凝土的抗拉强度 f_t 时，试件就对半劈裂。根据弹性力学可计算出其抗拉强度为：

$$f_t=\frac{2P}{\pi d^2} \tag{1-3}$$

式中　P——破坏荷载；

d——立方体边长。

由劈裂法测定的 f_t 值，一般比直接受拉法测得的为低，但也有相反的情况。这主要是由于试件与垫条接触处有应力集中，如果垫条太细，应力集中影响就很大，所测得的抗拉强度就比直接受拉法测得的低❶。

根据国内 72 组轴心抗拉强度与立方体试件抗压强度的对比试验，两者的关系为：

$$f_t=0.26f_{cu}^{2/3}\quad (N/mm^2) \tag{1-4}$$

根据与轴心受压强度相同的理由，引入相应的折减系数，实际结构中混凝土轴心抗拉强度与标准立方体抗压强度的关系为：

$$f_t=0.88\times 0.26f_{cu}^{2/3}=0.23f_{cu}^{2/3}\quad (N/mm^2) \tag{1-5}$$

1.2.1.4　复合应力状态下的混凝土强度

上面所讲的混凝土抗压强度和抗拉强度，均是指单轴受力条件下所得到的混凝土强度。但实际上，结构物很少处于单向受压或单向受拉状态。工程上经常遇到的都是一些双向或三向受力的复合应力状态。研究复合应力状态下的混凝土强度，对于进行混凝土结构的合理设计是极为重要的。但这方面的研究在 20 世纪 50 年代后才开始，加上问题比较复杂，目前还未能建立起比较完善的强度理论。

复合应力强度试验的试件形状大体可分为空心圆柱体、实心圆柱体、正方形板、立方体等几种。如图 1-9 所示，在空心圆柱体的两端施加纵向压力或拉力，并在其内部或外部施加液压，就可形成双向受压、双向受拉或一向受压一向受拉；如在两端施加一对扭转力矩，就可形成剪压或剪拉；实心圆柱体及立方体则可形成三向受力状态。

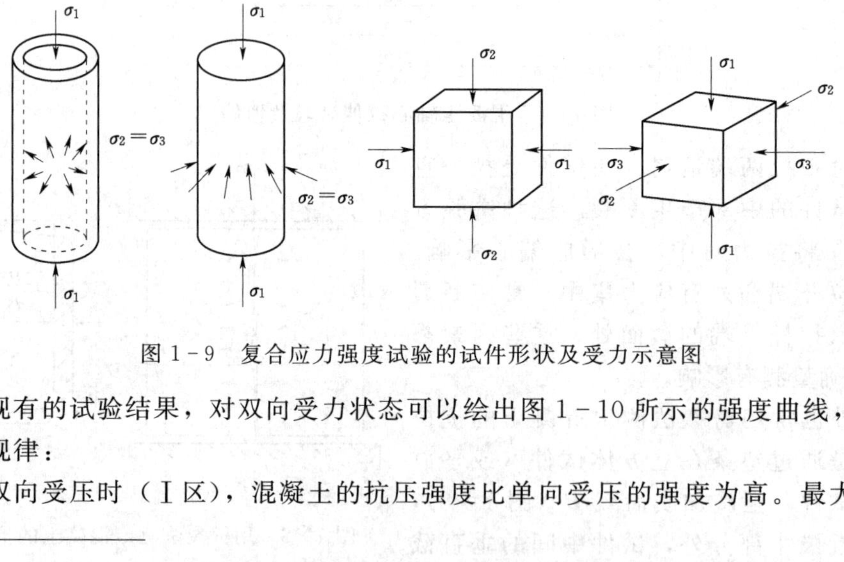

图 1-9　复合应力强度试验的试件形状及受力示意图

根据现有的试验结果，对双向受力状态可以绘出图 1-10 所示的强度曲线，从中得出以下几点规律：

(1) 双向受压时（Ⅰ区），混凝土的抗压强度比单向受压的强度为高。最大抗压强度

❶　过去常用 5mm×5mm 方钢垫条，所测得的抗拉强度一般均小于直接受拉法测得的强度。有的研究单位建议垫条改用 18mm 的扁铁。国际材料与结构试验研究协会（RILEM）建议垫条采用胶合板或硬纸板，宽 15mm 厚 4mm。当采用立方体试块时，垫条与试验机上下压板之间再安放有曲面的钢块，曲面直径为 75mm。

为 $(1.25\sim1.60)f_c$，发生在应力比 $\sigma_1/\sigma_2=0.3\sim0.6$ 时。

(2) 双向受拉时（Ⅱ区），混凝土一向抗拉强度基本上与另一向拉应力的大小无关。也就是说，双向受拉时的混凝土抗拉强度与单向受拉强度基本相同。

(3) 一向受拉一向受压时（Ⅲ区），混凝土抗压强度随另一向的拉应力的增加而降低。或者说，混凝土的抗拉强度随另一向的压应力的增加而降低。

由于复合应力状态下的试验方法很不统一，影响强度的因素很多，所得出的试验数据有时相差可达 300%，根据各自的试验资料所提出的强度公式也多种多样，具体公式可参见有关文献❶。

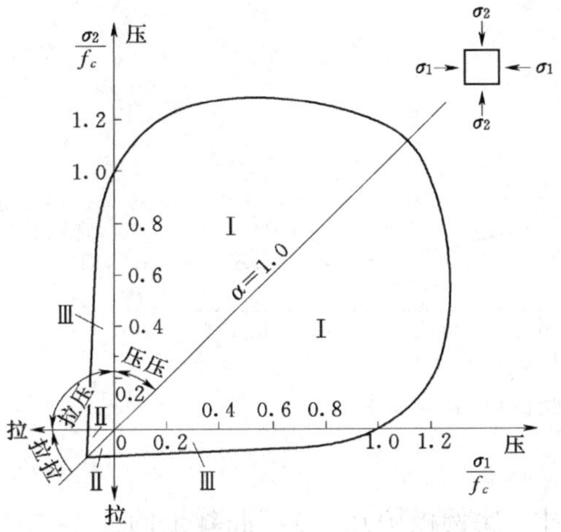

图 1-10　混凝土双向应力下的强度曲线

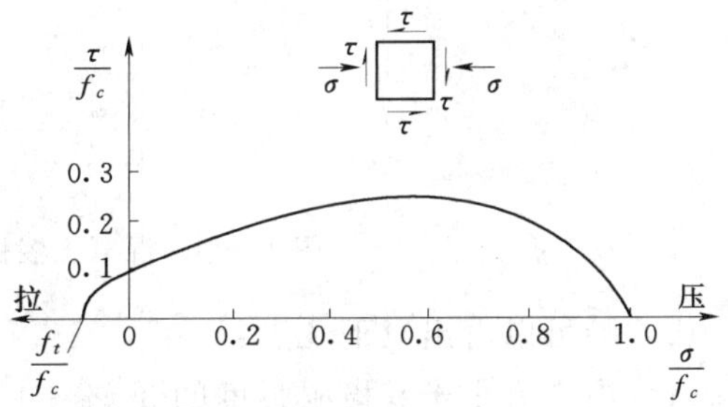

图 1-11　混凝土的复合受力强度曲线

在单轴向压应力 σ 及剪应力 τ 共同作用下，混凝土的破坏强度曲线也可采用 σ 及 τ 为坐标来表示，如图 1-11 所示。图中曲线表示当有压应力存在时，混凝土的抗剪强度有所提高，但当压应力过大时，混凝土的抗剪强度反而有所降低；当有拉应力存在时，混凝土的抗剪强度随拉应力的增大而降低。

三向受压时，混凝土一向抗压强度随另二向压应力的增加而增加，并且极限压应变也可以大大提高，图 1-12 为一组三向受压的试验曲线。

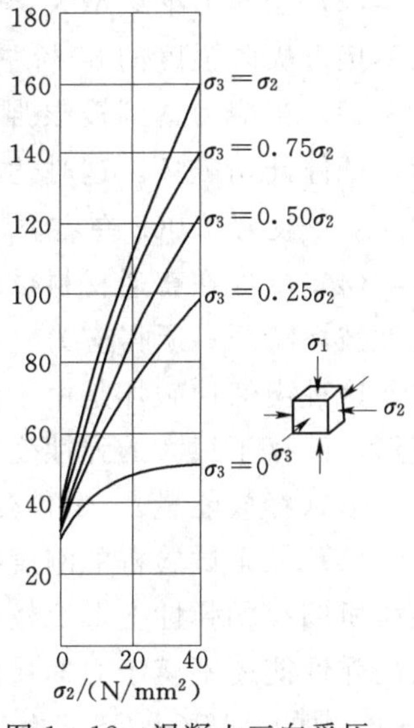

图 1-12　混凝土三向受压的试验曲线

复合受力时混凝土的强度理论是一个难度较大的理论问题，目前尚未能完满解决，一旦有所突破，则将会对钢筋混凝土结构的计算方法带来根本性的改变。

1.2.2　混凝土的变形

混凝土的变形有两类：一类是由外荷载作用而产生的受力变形，另一类是由温度和干湿变化引起的体积变形。

❶ 如参考文献 [25]、[26]。

由外荷载产生的变形与加载的方式、荷载作用的持续时间有关。下面分别予以简介。

1.2.2.1　混凝土在一次短期加载时的应力-应变曲线

混凝土的应力-应变关系是混凝土力学特征的一个重要方面，它是钢筋混凝土结构构件的承载力计算、变形验算和有限元非线性计算等方面必不可少的依据。混凝土一次短期加载时变形性能一般采用棱柱体试件测定，由试验得出的一次短期加载的应力-应变曲线如图 1-13 所示。

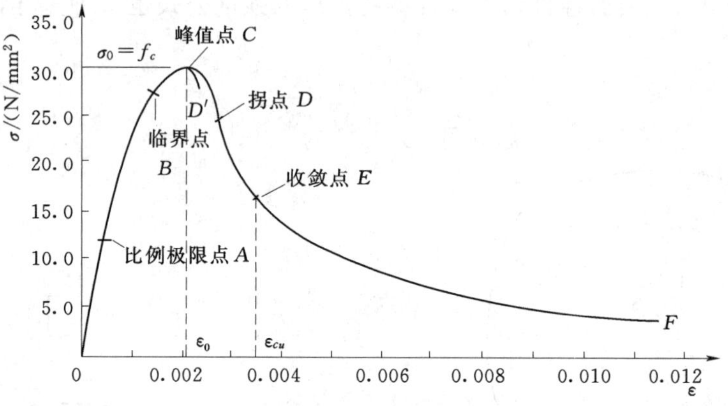

图 1-13　混凝土棱柱体受压应力-应变曲线

从试验可以看出以下几点：

(1) 当应力小于其极限强度的 30%～40%时（比例极限点 A），混凝土的变形主要是骨料和水泥结晶体的弹性变形，应力应变关系接近直线。

(2) 当应力继续增大，应力-应变曲线就逐渐向下弯曲，呈现出塑性性质。当应力增大到接近极限强度的 80%左右时（临界点 B），应变就增长得更快。

(3) 当应力达到极限强度（峰值点 C）时，试件表面出现与加压方向平行的纵向裂缝，试件开始破坏。这时达到的最大应力 σ_0 就为混凝土轴心抗压强度 f_c，相应的应变为 ε_0。ε_0 一般为 0.002 左右。

(4) 试件在普通材料试验机上进行抗压试验时，达到最大应力后试件就立即崩碎，呈脆性破坏特征。所得应力-应变曲线如图 1-13 中的 $0ABCD'$，下降段曲线 CD'无一定规律。这种突然性破坏是由于试验机的刚度不足所造成的。因为试验机在加载过程中也发生变形，储存了很大的弹性变形能，当试件达到最大应力以后，试验机因荷载减小而很快回弹变形（释放能量），试件受到试验机的冲击而急速破坏。

(5) 如果试验机的刚度极大或在试验机上增设了液压千斤顶之类的刚性元件，使得试验机所储存的弹性变形比较小或回弹变形得以控制，当试件达到最大应力后，试验机所释放的弹性能还不至于立即将试件破坏，则可以测出混凝土的应力-应变全过程曲线，如图 1-13 中的 $0ABCDEF$。也就是随着缓慢的卸载，试件还能承受一定的荷载，应力逐渐减小而应变却持续增加。曲线中的 $0C$ 段称为上升段，$CDEF$ 段称为下降段。当曲线下降到拐点 D 后，应力-应变曲线凸向应变轴发展。在拐点 D 之后应力-应变曲线中曲率最大点 E 称为“收敛点”。E 点以后试件中的主裂缝已很宽，内聚力已几乎耗尽，对于无侧向约束的混凝土已失去了结构的意义。

应力-应变曲线中应力峰值 σ_0 与其相应的应变值 ε_0，以及破坏时的极限压应变 ε_{cu}（E 点）是曲线的三大特征。ε_{cu} 越大，表示混凝土的塑性变形能力越大，也就是延性（指构件最终破坏之前经受非弹性变形的能力）越好。

不同强度的混凝土的应力-应变曲线有着相似的形状，但也有实质性的区别。图 1-14 的试验曲线表明，随着混凝土强度的提高，曲线上升段和峰值应变 ε_0 的变化不是很显著，而下降段形状有较大的差异。强度越高，下降段越陡，材料的延性越差。

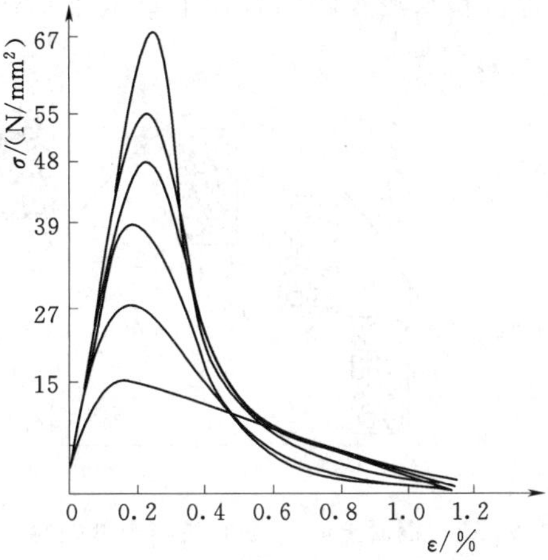

图 1-14 不同混凝土强度的应力-应变曲线

如果混凝土试件侧向受到约束，不能自由变形时（例如在混凝土周围配置了较密的箍筋，使混凝土在横向不能自由扩张），则混凝土的应力-应变曲线的下降段还可有较大的延伸，ε_{cu} 增大很多。

在过去，人们习惯于从强度的观点来考虑问题，对混凝土力学性能的研究主要集中在混凝土的最大应力及弹性模量方面，也就是应力-应变曲线的上升段范围内。目前，随着结构抗震理论的发展，有必要深入了解材料达到极限强度后的变形性能。因此，研究的范围就扩展到应力-应变曲线的全过程。

混凝土的应力-应变曲线的表达式是钢筋混凝土结构学科中的一个基本问题，在许多理论问题中都要用到它。但由于影响因素复杂，所提出的表达式各种各样。一般来说，曲线的上升段比较相近，对于中低强度的混凝土大体上可用下式表示：

$$\sigma=\sigma_0\left[2\frac{\varepsilon}{\varepsilon_0}-\left(\frac{\varepsilon}{\varepsilon_0}\right)^2\right] \tag{1-6}$$

式中 σ_0——应力峰值；

ε_0——峰值应变，相应于应力峰值时的应变值，一般可取为 0.002。

曲线的下降段则相差很大，有的假定为一直线段，有的假定为曲线或折线，有的还考虑配筋的影响，这些众多的表达式可参阅有关文献❶。

混凝土受拉时的应力应变关系与受压时类似，但它的极限拉应变比受压时的极限压应变小得多，应力-应变曲线的弯曲程度也比受压时来得小，在受拉极限强度的 50% 范围内，应力应变关系可认为是一直线。曲线下降段的坡度随混凝土强度的提高而更加陡峭。

从混凝土的应力应变关系，可以得知混凝土是一种弹塑性材料。但为什么混凝土有这种非弹性性质呢？就混凝土的基本成分而言，石子的应力应变关系直到破坏都是直线；硬化了的水泥浆其应力应变关系也近似直线；砂浆的应力应变关系虽为曲线，但弯曲的程度仍比同样水灰比的混凝土的应力-应变曲线为小。从这一现象可以得知，混凝土的非弹性

❶ 如参考文献 [25]、[26]。

性质并非其组成材料本身性质所致，而是它们之间的结合状态造成的，也就是说在骨料与水泥石的结合面上存在着薄弱环节。

近代试验研究已表明：在混凝土拌和过程中，石子的表面吸附了一层水膜；成型时，混凝土中多余的水分上升，在粗骨料的底面停留形成水囊；加上凝结时水泥石的收缩，使得骨料和水泥石的结合面上形成了局部的结合面微细裂缝（界面裂缝）。

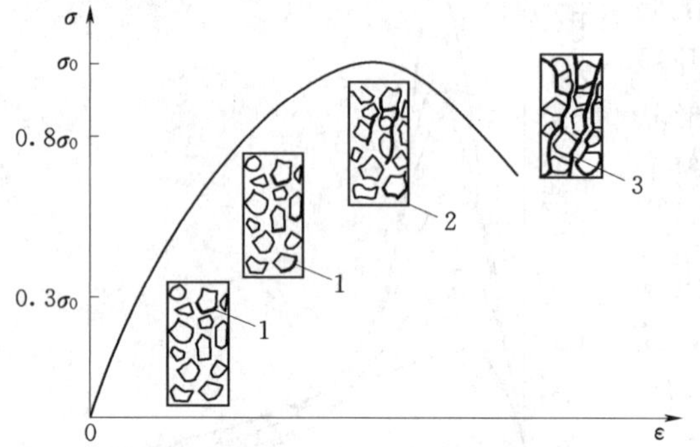

图 1-15　混凝土的 $\sigma-\varepsilon$ 曲线与内部裂缝扩展过程
1—结合面裂缝；2—裂缝扩展入水泥石；
3—形成连贯裂缝

棱柱体试件受压时，这些结合面裂缝就会扩展和延伸。当应力小于极限强度的30%～40%时，混凝土的应变主要取决于由骨料和水泥胶块中的结晶体组成的骨架的弹性变形，结合面裂缝的影响可以忽略不计，所以应力应变关系接近于直线。当应力逐步增大后，一方面由于水泥胶块中的凝胶体的粘性流动，而更主要的在于这些结合面裂缝的扩展和延伸，使得混凝土应变的增长比应力的增长要快，造成了塑性变形。当应力达到极限强度的 80%左右时，这些裂缝快速扩展延伸入水泥石中，并逐步连贯起来，表现为应变的剧增。当裂缝全部连贯形成平行于受力方向的纵向裂缝并在试件表面呈现时，试件也就达到了它的最大承载力（图 1-15）。

混凝土的这种内部裂缝逐步扩展而导致破坏的机理说明，即使在轴向受压的情况下，混凝土的破坏也是因为开裂而引起的，破坏的过程本质上是由连续材料逐步变成不连续材料的过程。混凝土这种内部裂缝的存在和扩展的机理也可以用试件的体积变化来加以证实。在加载初期试件的体积因受到纵向压缩而减少，其压缩量大致与所加荷载成比例。但当荷载增大到极限荷载的 80%左右后，试件的表观体积反随荷载的增加而增大，这说明内部裂缝的扩展使体积增大的影响已超过了纵向压缩使体积减小的影响。

1.2.2.2　混凝土在重复荷载下的应力-应变曲线

混凝土在多次重复荷载作用下，其应力-应变的性质与短期一次加载有显著不同。由于混凝土是弹塑性材料，初次卸载至应力为零时，应变不能全部恢复。可恢复的那一部分称之为弹性应变 ε_{ce}，不可恢复的残余部分称之为塑性应变 ε_{cp}（图 1-16）。因此，在一次加载卸载过程中，混凝土的应力-应变曲线形成一个环状。但随着加载卸载重复次数的增加，残余应变会逐渐减小，一般重复 5～10 次后，加载和卸载的应力-应变环状曲线就会越来越闭合并接近一直线，此时混凝土如同弹性体一样工作（图 1-17）。试验表明，这条直线与一次短期加载时的曲线在 0 点的切线基本平行。

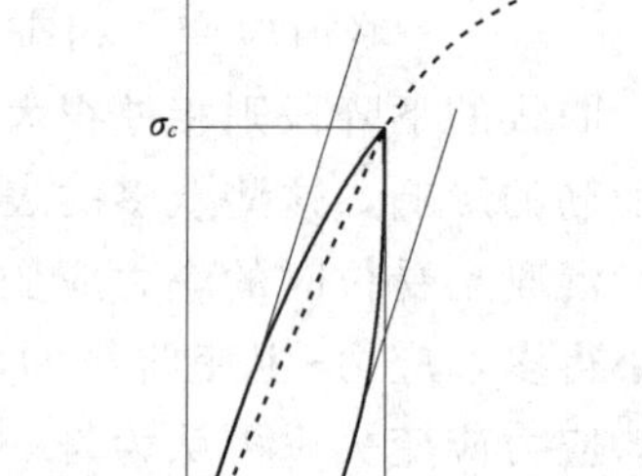

图 1-16　混凝土在短期一次加载卸载过程中的 $\sigma-\varepsilon$ 曲线

当应力超过某一限值，则经过多次循环，应力应变关系成为直线后，又会很快重新变弯，这时加载段曲线也凹向应力轴，且随循环次数的增加应变越来越大，试件很快破坏（图1-17）。这个限值也就是混凝土能够抵抗周期重复荷载的疲劳强度 f_c^f。

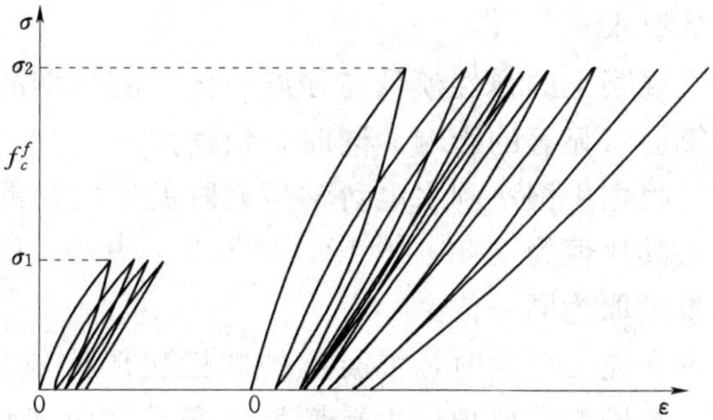

图1-17　混凝土在重复荷载下的 σ-ε 曲线

混凝土的疲劳强度与疲劳应力比值 ρ_c^f 有关，ρ_c^f 为截面同一纤维上的混凝土受到的最小应力 $\sigma_{c,\min}^f$ 与最大应力 $\sigma_{c,\max}^f$ 的比值，$\rho_c^f=\sigma_{c,\min}^f/\sigma_{c,\max}^f$。$\rho_c^f$ 越小，疲劳强度越低。疲劳强度还与荷载重复的次数有关，重复次数越多，疲劳强度越低。例如当 $\rho_c^f=0.15$，荷载重复次数为200万次时，受压疲劳强度约为 $(0.55\sim0.65)f_c$，当荷载重复次数增至700万次时，疲劳强度则降为 $(0.50\sim0.60)f_c$。

1.2.2.3　混凝土的弹性模量

计算超静定结构内力、温度应力以及构件在使用阶段的截面应力时，为了方便，常近似地将混凝土看作弹性材料进行分析，这时，就需要用到混凝土的弹性模量。对于弹性材料，应力应变为线性关系，弹性模量为一常量。但对于混凝土来说，应力应变关系实为一曲线，因此，就产生了怎样恰当地规定混凝土的这项“弹性”指标的问题。

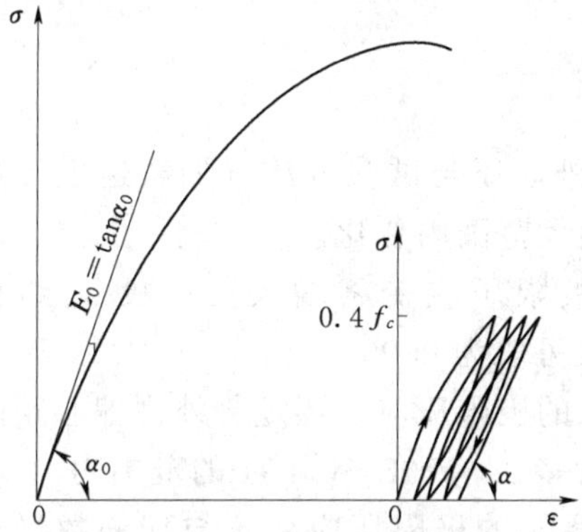

图1-18　混凝土应力-应变曲线与弹性模量

在图1-18所示的受压混凝土应力-应变曲线中，通过原点的切线斜率为混凝土的初始弹性模量 E_0，但它的稳定数值不易从试验中测得。目前规范采用的弹性模量 E_c 是利用多次重复加载卸载后的应力-应变关系趋于直线的性质来确定的（图1-18）。即加载至 $0.4f_c$，然后卸载至零，重复加载卸载5次，应力-应变曲线渐趋稳定并接近于一直线，该直线的正切 $\tan\alpha$ 即为混凝土的弹性模量。

中国建筑科学研究院等单位曾对混凝土弹性模量做了大量试验，得出了经验公式：

$$E_c=\frac{10^5}{2.2+\dfrac{34.7}{f_{cuk}}}\quad(\mathrm{N/mm^2})\tag{1-7}$$

该公式被现行水工混凝土结构设计规范采用，按上式计算的 E_c 值列于本教材附录2表2。

实际上弹性模量的变化规律仅仅用强度 f_{cuk} 来反映是不够确切的。例如采用增加水泥用量而得到的高强度等级的混凝土与同等级的干硬性混凝土相比，其弹性模量值往往偏低，所以按式（1-7）计算得出的弹性模量值，其误差有时可达20%。有些文献建议的弹性模量计算公式中就包括了骨料性质、胶凝材料的含量等因素在内；有的国家的规范中则包括了混凝土重力密度的因素在内。但总的说来，按式（1-7）计算基本上能满足工程上的要求。

混凝土的弹性模量与强度一样，随龄期的增长而增长。这对大体积混凝土的温度应力计算会有显著的影响。同时，快速加载时，测到的混凝土的弹性模量和强度均会提高。

根据中国水利水电科学研究院的试验，混凝土的受拉弹性模量与受压弹性模量大体相等，其比值为 0.82～1.12，平均为 0.995。所以在设计计算中，混凝土受拉与受压的弹性模量可取为同一值。

在应力较大时，混凝土的塑性变形比较显著，此时再用式（1-7）计算就不再合适了，特别是需要把应力转换为应变或把应变转换为应力时，就不能再用常值 E_c，此时应该由应力-应变曲线［参阅式（1-6）］直接求解。

应力 σ_c 较大时的混凝土的应力与应变之比称为变形模量，常用 E_c'表示，$E_c'=\sigma_c/\varepsilon_c$，$E_c'$与弹性模量 E_c 的关系可用弹性系数 ν 来表示：

$$E_c'=\nu E_c \tag{1-8}$$

ν 是小于 1 的变数，随着应力增大，ν 值逐渐减小。

混凝土的泊松比 ν_c 随应力大小而变化，并非一常值。但在应力不大于 $0.5f_c$ 时，可以认为 ν_c 为一定值，一般取等于 1/6。当应力大于 $0.5f_c$ 时，则内部结合面裂缝剧增，ν_c 值就迅速增大。

混凝土的剪切模量 G_c，目前还不易通过试验得出，可由弹性理论求得

$$G_c=\frac{E_c}{2(1+\nu_c)} \tag{1-9}$$

1.2.2.4　混凝土的极限变形

混凝土的极限压应变 ε_{cu} 除与混凝土本身性质有关外，还与试验方法（加载速度、量测标距等）有关。因此，极限压应变的实测值可以在很大范围内变化。

加载速度较快时，极限压应变将减小；反之，极限压应变将增大。一般 ε_{cu} 约在 0.0008～0.003 之间变化。计算时，均匀受压的 ε_{cu} 一般可取为 0.002。

混凝土偏心受压试验表明，试件截面最大受压边缘的极限压应变还随着外力偏心距的增加而增大。受压边缘的 ε_{cu} 可为 0.0025～0.005，而大多在 0.003～0.004 的范围内。

钢筋混凝土受弯及偏心受压试件的试验表明，混凝土的极限压应变还与配筋数量有关。国外一些规范规定，在计算钢筋混凝土梁及偏心受压柱时，ε_{cu} 取为 0.003（美国 ACI 318 规范）或 0.0035（英国、德国及欧洲规范等）。我国四川省建筑科学研究院等单位进行了 299 个钢筋混凝土偏心受压柱的试验，得出偏心小时 ε_{cu} 为 0.00312；偏心大时为 0.00335，平均可取 ε_{cu} 为 0.0033。

混凝土的极限拉应变 ε_{tu}（极限拉伸值）比极限压应变小得多，实测值也极为分散，约在 0.00005～0.00027 的大范围内变化。计算时一般可取为 0.0001。

混凝土的极限拉应变值的大小对水工建筑物的抗裂性能有很大影响，提高混凝土的极限拉伸值在水利工程中有重要的意义。

极限拉伸值随着抗拉强度的增加而增加。除抗拉强度以外，影响极限拉伸值的因素还有很多；经潮湿养护的混凝土的 ε_{tu} 可比干燥存放的大 20％～50％；采用强度等级高的水

泥可以提高极限拉伸值；用低弹性模量骨料拌制的混凝土或碎石及粗砂拌制的混凝土，ε_{tu}值也较大；水泥用量不变时，增大水灰比，会减小ε_{tu}值。

应注意，混凝土的抗裂性能并非只取决于极限拉伸值一种性能，还与混凝土的收缩、徐变等其他因素有关。因此，如何获得抗裂性能最好的混凝土，需从各方面综合考虑。

1.2.2.5 混凝土在长期荷载作用下的变形——徐变

混凝土在荷载长期持续作用下，应力不变，变形也会随着时间的增长而增长，这种现象称为混凝土的徐变。

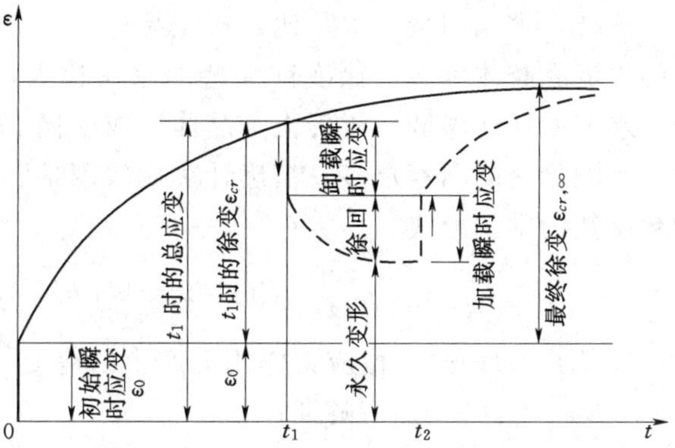

图1－19 混凝土的徐变（应变与时间增长关系）

图1－19是混凝土试件在持续荷载作用下，应变与时间的关系曲线。在加载的瞬间，试件就有一个变形，这个应变称为混凝土的初始瞬时应变ε_0。当荷载保持不变并持续作用，应变就会随时间增长。试验指出，中小结构混凝土的最终徐变$\varepsilon_{cr,\infty}$可为瞬时应变的2～3倍。如果在时间t_1时把荷载卸去，变形就会恢复一部分，如图1－19中虚线所示。在卸载的瞬间，应变急速减少的部分是混凝土弹性影响引起的，它属于弹性变形；在卸载之后一段时间内，应变还可以逐渐恢复一部分，称为徐回；剩下的应变不再恢复，为永久变形。如果在以后又重新加载，则瞬时应变和徐变又发生，如图1－19所示。

徐变与塑性变形不同。塑性变形主要是混凝土中结合面裂缝的扩展延伸引起的，只有当应力超过了材料的弹性极限后才发生，而且是不可恢复的。徐变不仅部分可恢复，而且在较小的应力时就能发生。

一般认为产生徐变的原因主要有两个：一个原因是混凝土受力后，水泥石中的凝胶体产生的粘性流动（颗粒间的相对滑动）要延续一个很长的时间，因此沿混凝土的受力方向会继续发生随时间而增长的变形。另一原因是混凝土内部的微裂缝在荷载长期作用下不断发展和增加，从而导致变形的增加。在应力较小时，徐变以第一种原因为主；应力较大时，以第二种原因为主。

试验表明，影响混凝土徐变的因素很多，主要有下列三个：

（1）徐变与加载应力大小的关系。一般认为，应力低于$0.5f_c$时，徐变与应力为线性关系，这种徐变称为线性徐变。它的前期徐变较大，在6个月中已完成了全部徐变的70%～80%，一年后变形即趋于稳定，二年以后徐变就基本完成。

当应力在$0.5f_c$～$0.8f_c$范围内时，徐变与应力不成线性关系，徐变比应力增长要快，这种徐变称为非线性徐变。

当应力大于$0.8f_c$时，徐变的发展是非收敛的，最终将导致混凝土破坏。因此，在正常使用阶段混凝土应避免经常处于高应力状态，一般取$0.8f_c$作为混凝土的长期抗压强度。

（2）徐变与加载龄期的关系。加载时混凝土龄期越长，水泥石晶体所占的比重越大，凝胶体的粘性流动就越少，徐变也就越小。

（3）周围湿度对徐变的影响。混凝土周围的湿度是影响徐变大小的主要因素之一。外界相对湿度越低，混凝土的徐变就越大。这是因为在总徐变值中还包括由于混凝土内部水分受到外力后，向外逸出而造成的徐变在内。外界湿度越低，水分越易外逸，徐变就越大，反之亦然。同理，大体积混凝土（内部湿度接近饱和）的徐变比小构件的徐变来得小。

此外，水泥用量、水灰比、水泥品种、养护条件等也对徐变有影响。水泥用量多，形成的水泥凝胶体也多，徐变就大些。水灰比大，使水泥凝胶体的粘滞度降低，徐变就增大。水泥的活性越低，混凝土结晶体形成得慢而少，徐变就越大。

影响徐变的因素众多，精确计算比较困难。常用的表达式是指数函数形式或幂函数与指数函数的乘积形式：

$$C(t,\tau)=(a+b\tau^{-c})[1-e^{-d(t-\tau)}] \tag{1-10}$$

式中　$C(t,\tau)$——单位应力作用下产生的徐变，称为徐变度；

τ——加荷龄期；

$t-\tau$——持荷时间；

a、b、c、d——均为试验常数，取决于混凝土的级配与材料性质。

混凝土的徐变会显著影响结构物的应力状态。可以从另一角度来说明徐变特性：如果结构受外界约束而无法变形，则结构的应力将会随时间的增长而降低，这种应力降低的现象称为应力松弛。松弛与徐变是一个事物的两种表现方式。

因混凝土徐变引起的应力变化，对于水工结构来说在不少情况下是有利的。例如，局部的应力集中可以因徐变而得到缓和；支座沉陷、温度与湿度变化引起的应力也可由于徐变而得到松弛。

混凝土的徐变还能使钢筋混凝土结构中的混凝土应力与钢筋应力发生重分布。以钢筋混凝土受压柱为例，在任何时刻，柱所承受的总荷载等于混凝土承担的力与钢筋承担的力之和。在开始受载时，混凝土与钢筋的应力大体与它们的弹性模量成比例。当荷载持久作用后，混凝土发生徐变，好像变“软”了一样，就导致混凝土应力的降低与钢筋应力的增大。

混凝土徐变的一个不利作用是它会使结构的变形增大。另外，在预应力混凝土结构中，它还会造成较大的预应力损失，是极为不利的，详见本教材第 10 章。

1.2.2.6　混凝土的温度变形和干湿变形

除了荷载引起的变形外，混凝土还会因温度和湿度的变化而引起体积变化，称为温度变形及干湿变形。

温度变形一般来说是很重要的。尤其是水工中的大体积混凝土结构，当变形受到约束时，温度变化所引起的应力常可能超过外部荷载引起的应力。有时，仅温度应力就可能形成贯穿性裂缝，进而导致渗漏、钢筋锈蚀、结构整体性能下降，使结构承载力和混凝土的耐久性显著降低。

混凝土的温度线膨胀系数 α_c 约在 $7\times10^{-6}\sim11\times10^{-6}$ 1/℃之间。它与骨料性质有关，骨料为石英岩时 α_c 最大，其次为砂岩、花岗岩、玄武岩以及石灰岩。一般计算时，也可取 $\alpha_c=10\times10^{-6}$ 1/℃。

大体积混凝土结构常需要计算温度应力。混凝土内的温度变化取决于混凝土的浇筑温度、水泥结硬过程中产生的水化热引起的绝热温升以及外界介质的温度变化。

混凝土失水干燥时会产生收缩（干缩），已经干燥的混凝土再置于水中，混凝土又会重新发生膨胀（湿胀），这说明外界湿度变化时混凝土会产生干缩与湿胀。湿胀系数比干缩系数小得多，而且湿胀常产生有利的影响，所以在设计中一般不考虑湿胀的影响。当干缩变形受到约束时，结构会产生干缩裂缝，则应加以注意。如果构件是能够自由伸缩的，则混凝土的干缩只是引起构件的缩短而不会导致干缩裂缝。但不少结构构件都程度不同地受到边界的约束作用，例如板受到四边梁的约束，梁受到支座的约束，大体积混凝土的表面混凝土受到内部混凝土的约束等。对于这些受到约束不能自由伸缩的构件，混凝土的干缩就会使构件产生有害的干缩应力，导致裂缝的产生。

混凝土的干缩是由于混凝土中水分的散失或湿度降低所引起。混凝土内水分扩散的规律与温度的传播规律一样，但是干燥过程比降温冷却过程慢得多。所以对于大体积混凝土，干燥实际上只限于很浅的表面。有试验指出：一面暴露在50%相对湿度空气中的混凝土，干燥深度达到70mm需时一个月，达到700mm则需时将近10年。但干缩会引起表面广泛发生裂缝，这些裂缝向内延伸一定距离后，在湿度平衡区内消失。在不利条件下，表面裂缝还会发展成为危害性的裂缝。对于薄壁结构来说，干缩的有害影响就应予以足够的关注。

外界相对湿度是影响干缩的主要因素，此外，水泥用量越多，水灰比越大，干缩也越大。因此，应尽可能加强养护不使其干燥过快，并增加混凝土密实度，减小水泥用量及水灰比。混凝土的干缩应变一般在 $2\times10^{-4}\sim6\times10^{-4}$ 之间。ACI 及 CEB—FIP 都提出了具体计算混凝土干缩应变的经验公式，可参考相关文献❶。

在大体积混凝土结构中，企图用钢筋来防止温度裂缝或干缩裂缝的“出现”是不可能的。但在不配钢筋或配筋过少的混凝土结构中，一旦出现裂缝，则裂缝数目虽不多但往往开展得很宽。布置适量钢筋后，能有效地使裂缝分散（增加裂缝条数），从而限制裂缝的开展宽度，减轻危害。所以在水利工程中，对于遭受剧烈气温或湿度变化作用的混凝土结构表面，常配置一定数量的钢筋网。

为减少温度及干缩的有害影响，应对结构形式、施工工艺及施工程序等方面加以研究。措施之一就是间隔一定距离设置伸缩缝，大多数混凝土结构设计规范都规定了伸缩缝的最大间距。

1.2.3 混凝土的其他性能

除了上节所介绍的力学性能以外，水工混凝土还有一些特性需要在设计和施工中加以考虑。

1. 重力密度（或重度）

混凝土的重力密度与所用的骨料及振捣的密实程度有关。对于一般的骨料，在缺乏实

---

❶ 如参考文献［27］。

际试验资料时，可按如下数值采用：

以石灰岩或砂岩为粗骨料的混凝土，经人工振捣的：$23kN/m^3$；机械振捣的：$24kN/m^3$。

以花岗岩、玄武岩等为粗骨料的混凝土，按上列标准再加 $1.0kN/m^3$。

设计水工建筑物时，如其稳定性需由混凝土自重来保证时，则混凝土重力密度应由试验确定。

设计一般的钢筋混凝土结构或预应力混凝土结构时，其重力密度可近似地取为 $25kN/m^3$。

2. 混凝土的耐久性

混凝土的耐久性在一般环境条件下是较好的。但混凝土如果抵抗渗透能力差，或受冻融循环的作用、侵蚀介质的作用，都会使混凝土可能遭受碳化、冻害、腐蚀等，给结构的使用寿命造成严重影响。

水工混凝土的耐久性，与其抗渗、抗冻、抗冲刷、抗碳化和抗腐蚀等性能有密切关系。水工混凝土对抗渗性、抗冻性要求很高。在本教材第 8 章中将结合我国的混凝土结构设计规范讨论混凝土结构耐久性的若干问题。

1.3　钢筋与混凝土的粘结

1.3.1　钢筋与混凝土之间的粘结力

钢筋与混凝土之间的粘结是这两种材料能组成复合构件共同受力的基本前提。一般来说，外力很少直接作用在钢筋上，钢筋所受到的力通常都要通过周围的混凝土来传给它，这就要依靠钢筋与混凝土之间的粘结力来传递。钢筋与混凝土之间的粘结力如果遭到破坏，就会使构件变形增加、裂缝剧烈开展甚至提前破坏。在重复荷载特别是强烈地震作用下，很多结构的毁坏都是由于粘结破坏及锚固失效引起的。

为了加强与混凝土的粘结，钢筋需轧制成有凸缘（肋）的表面。在我国，这种带肋钢筋常轧成月牙肋。

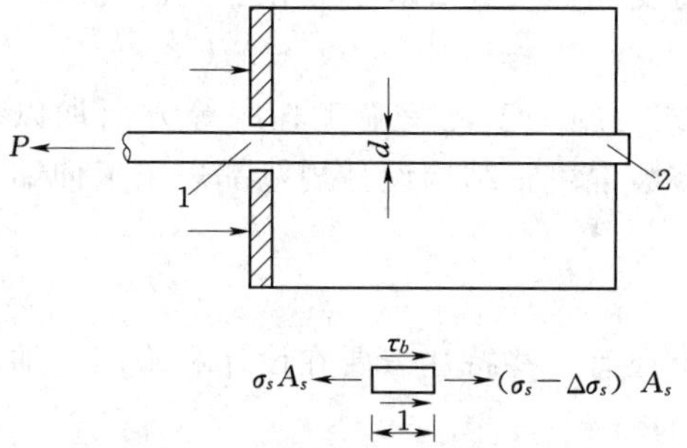

图 1-20　钢筋拉拔试验
1—加荷端；2—自由端

钢筋与混凝土之间的粘结应力可用拉拔试验来测定，即在混凝土试件的中心埋置钢筋（图 1-20），在加荷端拉拔钢筋。沿钢筋长度上的粘结应力 τ_b 可由两点之间的钢筋拉力的变化除以钢筋与混凝土的接触面积来计算。即

$$\tau_b=\frac{\Delta\sigma_s A_s}{u\times 1}=\frac{d}{4}\Delta\sigma_s \quad (1-11)$$

式中　$\Delta\sigma_s$——单位长度上钢筋应力变化值；
A_s——钢筋截面面积；
u——钢筋周长；
d——钢筋直径。

测量钢筋沿长度方向各点的应变，就可得到钢筋应力 σ_s 图及粘结应力 τ_b 图，图 1-21

为一拉拔试验的实测结果。

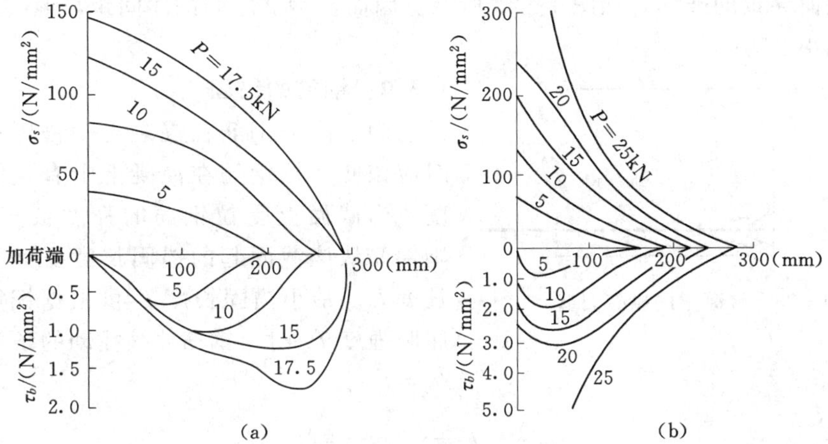

图 1-21 钢筋应力及粘结应力图

(a) Φ13 光圆钢筋；(b) Φ13 带肋钢筋

从试验可以看出，对于光圆钢筋，随着拉拔力的增加，τ_b 图形的峰值位置由加荷端向内移动，临近破坏时，移至自由端附近，同时 τ_b 图形的长度（有效埋长）也达到了自由端。对于带肋钢筋，τ_b 图形的峰值位置始终在加荷端附近，有效埋长增加得也很缓慢。这说明带肋钢筋的粘结强度大得多，钢筋中的应力能够很快向四周混凝土传递。

试验表明，光圆钢筋的粘结力由三部分组成：①水泥凝胶体与钢筋表面之间的胶结力；②混凝土收缩，将钢筋紧紧握固而产生的摩擦力；③钢筋表面不平整与混凝土之间产生的机械咬合力。带肋钢筋的粘结力除了胶结力与摩擦力等以外，更主要的是钢筋表面凸出的横肋对混凝土的挤压力（图 1-22）。

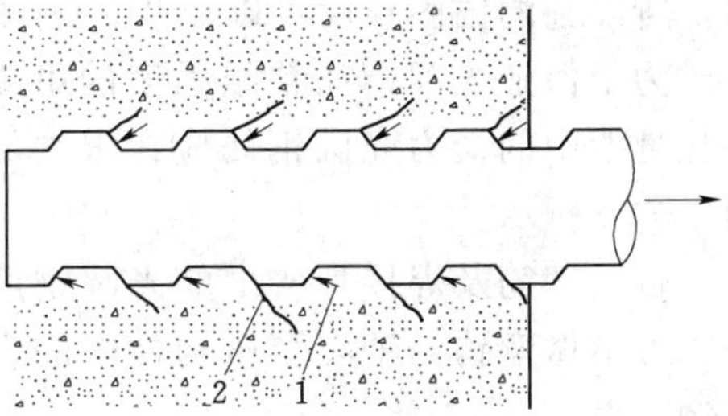

图 1-22 钢筋横肋对混凝土的挤压力

1—钢筋凸肋上的挤压力；2—内部裂缝

影响粘结强度的因素除了钢筋的表面形状以外，还有混凝土的抗拉强度、浇筑混凝土时钢筋的位置、钢筋周围的混凝土厚度等：

(1) 光圆钢筋与带肋钢筋的粘结强度都随混凝土强度的提高而提高，大体上与混凝土的抗拉强度成正比。

(2) 浇筑混凝土时钢筋的位置不同，其周围的混凝土的密实性不一样，也会影响到粘结强度的大小。如浇筑层过深，钢筋底面的混凝土会出现沉淀和离析泌水，气泡逸出，使混凝土与水平放置的钢筋之间产生强度较低的疏松空隙层，从而削弱钢筋与混凝土之间的粘结。

(3) 试验表明，当钢筋的埋长（锚固长度）不足时，有可能发生拔出破坏。带肋钢筋与混凝土的粘结强度比光圆钢筋的大得多，只要带肋钢筋是埋在大体积混凝土中，而且有一定的埋长，就不至于发生拔出破坏。但带肋钢筋受力时，在钢筋凸肋的角端上，混凝土会发生内部裂缝（图 1-22），如果钢筋周围的混凝土层过薄，就会发生由于混凝土撕裂裂缝的延展而导致的破坏，如图 1-23 所示。因而，钢筋之间的净间距与混凝土保护层厚度都不能太小。

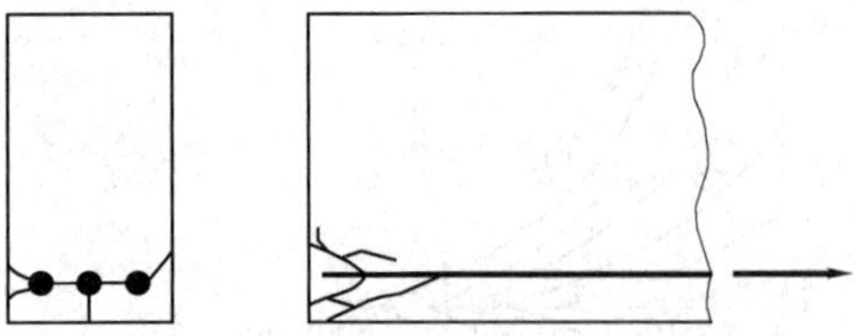

图 1-23　混凝土的撕裂裂缝

1.3.2　钢筋的锚固

为了保证钢筋在混凝土中锚固可靠，设计时应该使受拉钢筋在混凝土中有足够的锚固长度。当截面上受拉钢筋的强度被充分利用时，则钢筋从该截面起的锚固长度要大于最小锚固长度 l_a。最小锚固长度 l_a 可根据钢筋应力达到屈服强度 f_y 时，钢筋才被拔动的条件确定。即

$$f_y A_s = l_a \bar{\tau}_b u$$
$$l_a = \frac{f_y A_s}{\bar{\tau}_b u} = \frac{f_y d}{4\bar{\tau}_b} \qquad (1-12)$$

式中　$\bar{\tau}_b$——锚固长度范围内的平均粘结应力，与混凝土强度及钢筋表面形状有关。

从式（1-12）可知，钢筋强度越高，直径越粗，混凝土强度越低，则锚固长度要求越长。根据式（1-12）的原则，水工混凝土结构设计规范给出了最小锚固长度 l_a 取值，见本教材附录 4 表 2，它和钢筋种类、钢筋直径及混凝土强度等级有关。

如截面上受拉钢筋的强度未被充分利用，则钢筋从该截面起的锚固长度可小于最小锚固长度 l_a。对于受压钢筋，由于钢筋受压时会侧向鼓胀，对混凝土产生挤压，增加了粘结力，所以它的锚固长度可以短些。

为了保证光圆钢筋粘结强度的可靠性，规范还规定绑扎骨架中的受力光圆钢筋应在末端做成 180°弯钩，如图 1-24 所示。

带肋钢筋及焊接骨架中的光圆钢筋由于其粘结力较好，可不做弯钩。轴心受压构件中的光圆钢筋也可不做弯钩。

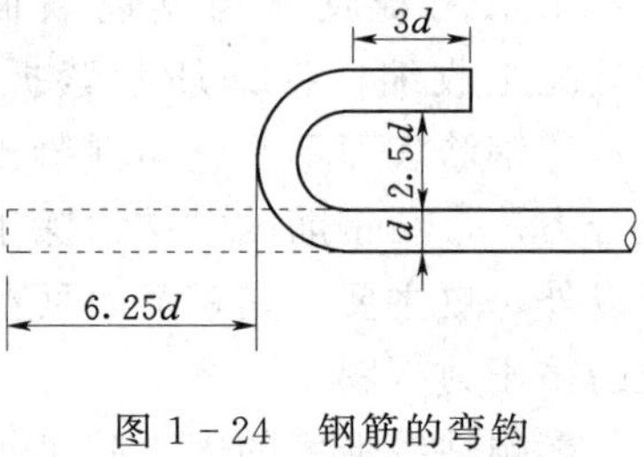

图 1-24　钢筋的弯钩

1.3.3　钢筋的接头

出厂的钢筋，为了便于运输，除小直径的盘条外，一般为长约 10～12m 左右的直条。在实际使用过程中，往往会遇到钢筋长度不足，这时就需要把钢筋接长至设计长度。

接长钢筋有三种办法：绑扎搭接、焊接、机械连接。

钢筋的接头位置宜设置在构件受力较小处，并宜相互错开。

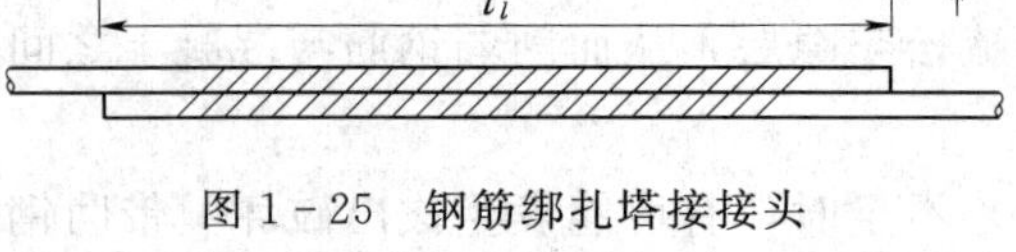

图 1-25　钢筋绑扎塔接接头

绑扎接头是在钢筋搭接处用铁丝绑扎而成（图 1-25）。采用绑扎搭接接头时，钢筋间力的传递是依靠钢筋与混凝土之间的粘结力，因此必须有足够的搭接长度。与锚固长度一样，钢筋强度越高和直径越大，要求的搭接长度就越长。规范规定纵向受拉钢筋搭接长度 l_l 应满足 $l_l \geqslant \zeta l_a$ 及 $l_l \geqslant 300$mm，其中，l_a 为受拉钢筋的最小锚固长度，ζ 为纵向

受拉钢筋搭接长度修正系数，按表 1－2 取值。受压钢筋的搭接长度应满足 $l_l' \geqslant 0.7\zeta l_a$ 及 $l_l' \geqslant 200\text{mm}$。

表 1－2　　纵向受拉钢筋搭接长度修正系数

纵向钢筋搭接接头面积百分率/%	≤25	50	100
ξ	1.2	1.4	1.6

轴心受拉或小偏心受拉以及承受振动的构件中的钢筋接头，不得采用绑扎搭接。当受拉钢筋直径 $d>28\text{mm}$ 或受压钢筋 $d>32\text{mm}$ 时，不宜采用绑扎搭接接头。

焊接接头是在两根钢筋接头处焊接而成。钢筋直径 $d\leqslant 28\text{mm}$ 的焊接接头，最好用对焊机将两根钢筋直接对头接触电焊（即闪光对焊）如图 1－26（a）所示或用手工电弧焊搭接如图 1－26（b）所示。$d\geqslant 28\text{mm}$ 且直径相同的钢筋，可采用将两根钢筋对头外加钢筋帮条的电弧焊接方式如图 1－26（c）所示。焊接接头的长度及帮条截面面积必须符合混凝土结构设计规范的规定。

粗钢筋的连接还可采用气压焊或电渣压力焊。气压焊是先用夹具把两根钢筋定位固定，然后用梅花状多嘴环管喷射的液化石油气火焰对两根钢筋端头进行加热使钢筋端头熔化，再用液压千斤顶顶压使两根钢筋对接起来，该方法的不足之处在于仅适用横向钢筋的焊接。电渣压力焊是我国首创的、适用于竖向钢筋连接的一种焊接方法，它利用电流通过两根钢筋端部之间所产生的电弧热和通过焊接渣池产生的电阻热，将钢筋端部熔化，待到达一定程度，施加压力，使两根钢筋紧密地结合在一起，如图 1－26（d）所示。

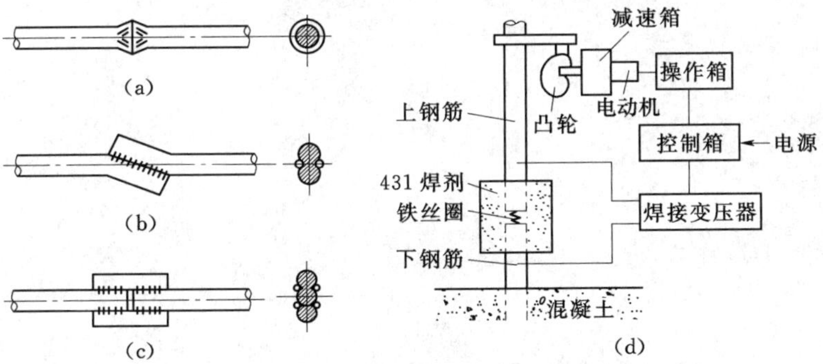

图 1－26　钢筋焊接接头

机械连接接头可分为挤压套筒接头和螺纹套筒接头两大类。钢筋挤压套筒接头可适用于直径 18～40mm 各种类型的带肋钢筋，其连接方法是在两根待连接的钢筋端部套上钢套管，然后用大吨位便携式钢筋挤压机挤压钢套管，使之与带肋钢筋紧紧地咬合在一起，形成牢固接头。螺纹套筒接头是由专用套丝机在钢筋端部套成螺纹，然后在施工作业现场用螺纹套筒旋接，并采用专用测力扳手拧紧。螺纹套筒接头又可分为锥螺纹接头、镦粗直螺纹接头、滚压直螺纹接头等。图 1－27 为一锥螺纹接头，可连接直径 16～40mm 的 HPB300、HRB335、HRB400 同径或异径钢筋。

机械连接接头具有工艺操作简单，接头性能可靠，连接速度快，施工安全等特点。特别是用于大型水工混凝土结构中的过缝钢筋连接时，钢筋不会像焊接接头那样出现残余温度应力。机械连接接头目前已在实际工程中得到了较多的应用。

机械连接接头按力学性能可分为Ⅰ级、Ⅱ级和Ⅲ级，其选用及布置应符合有关规范的规定。

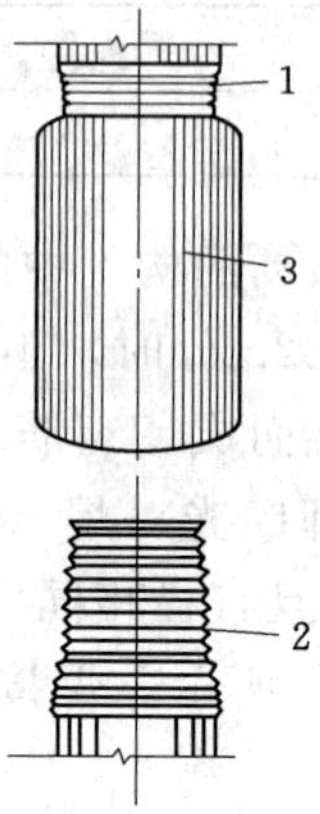

图 1-27　锥螺纹钢筋的连接示意图

1—上钢筋；2—下钢筋；3—套筒（内有凹螺纹）

第 2 章　钢筋混凝土结构设计计算原理

2.1　钢筋混凝土结构设计理论的发展

钢筋混凝土结构在土木工程中应用以来，随着实践经验的积累，其设计理论也不断发展，大体上可分为三个阶段。

2.1.1　按许可应力法设计

最早的钢筋混凝土结构设计理论是采用以材料力学为基础的许可应力计算方法。它假定钢筋混凝土结构为弹性材料，要求在规定的使用阶段荷载作用下，按材料力学计算出的构件截面应力 σ 不大于规定的材料许可应力 $[\sigma]$。由于钢筋混凝土结构是由混凝土和钢筋两种材料组合而成的，因此就分别规定了：

$$\sigma_c \leqslant [\sigma_c] = \frac{f_c}{K_c} \tag{2-1}$$

$$\sigma_s \leqslant [\sigma_s] = \frac{f_s}{K_s} \tag{2-2}$$

式中　σ_c、σ_s——使用荷载作用下构件截面上的混凝土最大压应力和受拉钢筋的最大拉应力；

$[\sigma_c]$、$[\sigma_s]$——混凝土的许可压应力和钢筋的许可拉应力，它们是由混凝土的抗压强度 f_c、钢筋的抗拉屈服强度 f_y 除以相应的安全系数 K_c、K_s 确定的，而安全系数则是根据经验判断取定的。

由于钢筋混凝土并不是弹性材料，因此以弹性理论为基础的许可应力设计方法不能如实地反映构件截面的应力状态，它所规定的“使用荷载”也是凭经验取值的。依据它所设计出的钢筋混凝土结构构件的截面承载力是否安全也无法用实验来加以佐证。

但许可应力计算方法的概念比较简明，只要相应的许可应力取得比较恰当，它也可在结构设计的安全性和经济性两方面取得很好的协调，因此许可应力法曾在相当长的时间内为工程界所采用。至今，在某些场合，如预应力混凝土构件等设计中仍采用它的一些计算原则。

2.1.2　按破坏阶段法设计

20 世纪 30 年代出现了能考虑钢筋混凝土塑性性能的“破坏阶段承载力计算方法”。这种方法着眼于研究构件截面达到最终破坏时的应力状态，从而计算出构件截面在最终破坏时能承载的极限内力（对梁、板等受弯构件，就是极限弯矩 M_u）。为保证构件在使用时有必要的安全储备，规定由使用荷载产生的内力应不大于极限内力除以安全系数 K。对受弯构件，就是使用弯矩 M 应不大于极限弯矩 M_u 除以安全系数 K，即：

$$M \leqslant \frac{M_u}{K} \tag{2-3}$$

安全系数 K 仍是由工程实践经验判断取定的。

破坏阶段法的概念非常清楚，计算假定符合钢筋混凝土的特性，计算得出的极限内力可由实验得到确证，计算也非常简便，因此被迅速推广应用。其缺点是它只验证了构件截面的最终破坏，而无法得知构件在正常使用期间的使用情况，如构件的变形和裂缝开展等。

2.1.3　按极限状态法设计

随着科学研究的不断深入，在 20 世纪 50 年代，钢筋混凝土构件变形和裂缝开展宽度的计算方法得到实现，从而使破坏阶段法迅速发展成为极限状态法。

极限状态法规定了结构构件的两种极限状态：承载能力极限状态（用于计算结构构件最终破坏时的极限承载力）和正常使用极限状态（用于验算构件在正常使用时的裂缝开展宽度和挠度变形是否满足适用性的要求）。显然，极限状态法比破坏阶段法更能反映钢筋混凝土结构的全面性能。

同时，极限状态法还把单一安全系数 K 改为多个分项系数，对不同的荷载，不同的材料，以及不同工作条件的结构采用不同量值的分项系数，以反映它们对结构安全度的不同影响，这对于安全度的分析就更深入了一步。目前国际上几乎所有国家的混凝土结构设计规范都采用了多个系数表达的极限状态设计法。

20 世纪 80 年代，应用概率统计理论来研究工程结构可靠度（安全度）的问题进入了一个新的阶段，它把影响结构可靠度的因素都视作为随机变量，形成了以概率理论为基础的“概率极限状态设计法”。它以失效概率或可靠指标来度量结构构件的可靠度，并采用以分项系数表达的实用设计表达式进行设计。有关这方面的内容见本章 2.3～2.5 节。

2.2　结构的功能要求、荷载效应与结构抗力

2.2.1　结构的功能要求

工程结构设计的基本目的是，使结构在预定的使用期限内能满足设计所预定的各项功能要求，做到安全可靠和经济合理。

工程结构的功能要求主要包括三个方面：

（1）安全性。安全性是指结构在正常施工和正常使用时能承受可能出现的施加在结构上的各种“作用”（荷载），以及在设计规定的偶然事件（如校核洪水位、地震等）发生时，结构仍能保持必要的整体稳定，即要求结构仅产生局部损坏而不致发生整体倒塌。

（2）适用性。适用性是指结构在正常使用时具有良好的工作性能，如不发生影响正常使用的过大变形和振幅，不发生过宽的裂缝等。

（3）耐久性。耐久性是指结构在正常维护条件下具有足够的耐久性能，即要求结构在规定的环境条件下，在预定的设计使用年限内，材料性能的劣化（如混凝土的风化、脱落、腐蚀、渗水，钢筋的锈蚀等）不会导致结构正常使用的失效。

上述三方面的功能要求统称为结构的可靠性。

要得到符合要求的可靠性，就要妥善处理好结构中对立的两个方面的关系。这两个方面就是施加在结构上的作用（荷载）所引起的“荷载效应”和由构件截面尺寸、配筋数量及材料强度构成的“结构抗力”。

2.2.2　作用（荷载）与荷载效应

“作用”是指直接施加在结构上的力（如自重、楼面活荷载、风载、水压力等）和引起结构外加变形、约束变形的其他原因（如温度变形、基础沉降、地震等）的总称。前者称为“直接作用”，通常也称为荷载；后者则称为“间接作用”。但从工程习惯和叙述简便起见，本教材今后的章节中，将两者不作区分，一律称之为荷载。

荷载在结构构件内所引起的内力、变形和裂缝等反应，统称为“荷载效应”，常用符号 S 表示。荷载与荷载效应在线弹性结构中一般可近似按线性关系考虑。

荷载可作如下分类：

1. 随时间的变异分类

（1）永久荷载。永久荷载是指在设计基准期[1]内其量值不随时间变化，或其变化与平均值相比可以忽略不计的荷载，也称为恒载，常用符号 G、g 表示。如结构的自重、土压力、围岩压力、预应力等。

（2）可变荷载。可变荷载是指在设计基准期内其量值随时间变化，且其变化与平均值相比不可忽略的荷载，也称为活载，常用符号 Q、q 表示。如安装荷载、楼面活载、水压力、浪压力、风荷载、雪荷载、吊车轮压、温度作用等。

其中，G、Q 表示集中荷载，g、q 表示分布荷载。

（3）偶然荷载。偶然荷载是指在设计基准期内不一定出现，但一旦出现其量值很大且持续时间很短的荷载，常用符号 A 表示。如地震、爆炸等，在水利工程中把校核洪水也列入偶然荷载。

2. 随空间位置的变异分类

（1）固定荷载。固定荷载是指在结构上具有固定位置的荷载，如结构自重、固定设备重等。

（2）移动荷载。移动荷载是指在结构空间位置的一定范围内可任意移动的荷载。如吊车荷载、汽车轮压、楼面人群荷载等，设计时应考虑它的最不利的分布。

3. 按结构的反应特点分类

（1）静态荷载。静态荷载是指不会使结构产生加速度，或产生的加速度可以忽略不计的荷载。如自重、楼面人群荷载等。

（2）动态荷载。动态荷载是指使结构产生不可忽略的加速度的荷载。如地震、机械设备振动等。动态荷载所引起的荷载效应不仅与荷载有关，还与结构自身的动力特征有关。设计时应考虑它的动力效应。

结构上的荷载都是不确定的随机变量，甚至是与时间有关的随机过程，因此，宜用概

---

[1] 设计基准期是一个为了确定可变荷载（其最大量值与时间有关）及材料性能（材料的某些性能会随时间而变）的取值而选定的时间参数。我国取用的设计基准期一般为 50 年。需说明的是，当结构的使用年限达到或超过设计基准期后，并不意味结构会立即失效报废，而只意味着结构的可靠度将逐渐降低。

率统计理论加以描述。

荷载效应除了与荷载数值的大小、荷载分布的位置，结构的尺寸及结构的支承约束条件等有关外，还与荷载效应的计算模式有关。而这些因素都具有不确定性，因此荷载效应也是一个随机变量或随机过程。

2.2.3　结构抗力

结构抗力是结构或结构构件承受荷载效应 S 的能力，指的是构件截面的承载力、构件的刚度、截面的抗裂度等。常用符号 R 表示。

结构抗力主要与结构构件的几何尺寸、配筋数量、材料性能以及抗力的计算模式与实际的吻合程度等有关，由于这些因素都是随机变量，因此结构抗力显然也是一个随机变量。

2.3　概率极限状态设计的概念

2.3.1　极限状态的定义与分类

结构的极限状态是指结构或结构的一部分超过某一特定状态就不能满足设计规定的某一功能要求，此特定状态就称为该功能的极限状态。

根据功能要求，通常把钢筋混凝土结构的极限状态分为承载能力极限状态和正常使用极限状态两类。

1. 承载能力极限状态

这一极限状态对应于结构或结构构件达到最大承载力或达到不适于继续承载的变形。

出现下列情况之一时，就认为已达到承载能力极限状态：

（1）结构或结构的一部分丧失稳定。

（2）结构形成机动体系丧失承载能力。

（3）结构发生滑移、上浮或倾覆。

（4）构件截面因材料强度不足而破坏。

（5）结构或构件产生过大的塑性变形而不适于继续承载。

满足承载能力极限状态的要求是结构设计的头等任务，因为这关系到结构的安全，所以对承载能力极限状态应有较高的可靠度（安全度）水平。

2. 正常使用极限状态

这一极限状态对应于结构或构件达到影响正常使用或耐久性能的某项规定限值。

出现下列情况之一时，就认为已达到正常使用极限状态：

（1）产生过大的变形，影响正常使用或外观。

（2）产生过宽的裂缝，影响正常使用（渗水）或外观；使人们心理上产生不能接受的感觉；对耐久性也有一定的影响。

（3）产生过大的振动，影响正常使用。

结构或构件达到正常使用极限状态时，会影响正常使用功能及耐久性，但还不会造成生命财产的重大损失，所以它的可靠度水平允许比承载能力极限状态的可靠度水平有所降低。

2.3.2 极限状态方程、失效概率和可靠指标

2.3.2.1 极限状态方程

结构的极限状态可用极限状态函数（或称功能函数）Z 来描述。设影响结构极限状态的有 n 个独立变量 $X_i(i=1,2,\cdots,n)$，函数 Z 可表示为：

$$Z=g(X_1,X_2,\cdots,X_n) \tag{2-4}$$

X_i 代表了各种不同性质的荷载、混凝土和钢筋的强度、构件的几何尺寸、配筋数量、施工的误差以及计算模式的不定性等因素。从概率统计理论的观点，这些因素都不是“确定的值”而是随机变量，具有不同的概率特性和变异性。

为叙述简明起见，下面用最简单的例子加以说明，即将影响极限状态的众多因素用荷载效应 S 和结构抗力 R 两个变量来代表，则

$$Z=g(R,S)=R-S \tag{2-5}$$

显然，当 $Z>0$（即 $R>S$）时，结构安全可靠；当 $Z<0$（即 $R<S$）时，结构就失效。当 $Z=0$（即 $R=S$）时，则表示结构正处于极限状态。所以公式 $Z=0$ 就称为极限状态方程。

2.3.2.2 失效概率

在概率极限状态设计法中，认为结构抗力和荷载效应都不是“定值”，而是随机变量，因此应该用概率论的方法来描述它们。

由于 R、S 都是随机变量，故 Z 也是随机变量。

出现 $Z<0$ 的概率，也就是出现 $R<S$ 的概率，称为结构的失效概率，用 p_f 表示。p_f 值等于图 2-1 所示 Z 的概率密度分布曲线的阴影部分的面积。

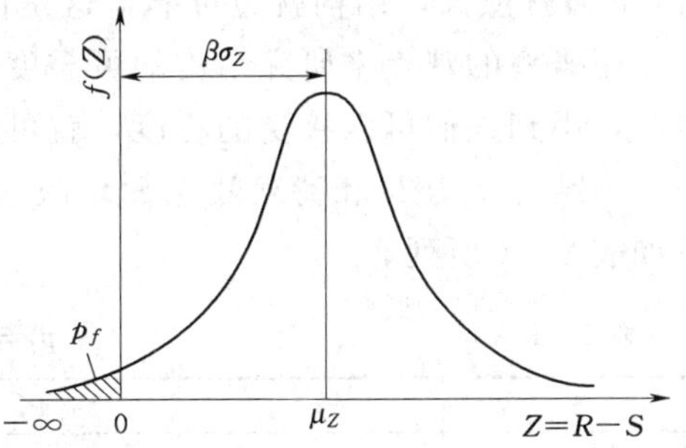

图 2-1 Z 的概率密度分布曲线及 β 与 p_f 的关系

从理论上讲，用失效概率 p_f 来度量结构的可靠度，当然比用一个完全由工程经验判定的安全系数 K 来得合理，它能比较确切地反映问题的本质。

如果假定结构抗力 R 和荷载效应 S 这两个随机变量均服从正态分布，它们的平均值和标准差分别为 μ_R、μ_S 和 σ_R、σ_S，则由概率论可知，功能函数 Z 也服从正态分布，Z 的平均值和标准差分别为 μ_Z 和 σ_Z。

Z 的正态分布的概率密度函数为：

$$f(z)=\frac{1}{\sqrt{2\pi}\sigma_Z}\exp\left[-\frac{(z-\mu_Z)^2}{2\sigma_Z{}^2}\right] \tag{2-6}$$

则由图 2-1 可知，失效概率 p_f 可由下式求得：

$$p_f=\int_{-\infty}^{0}\frac{1}{\sqrt{2\pi}\sigma_Z}\exp\left[-\frac{(z-\mu_Z)^2}{2\sigma_Z{}^2}\right]\mathrm{d}z \tag{2-7}$$

由式（2-7）可知，p_f 计算是相当复杂的。

2.3.2.3　可靠指标

在图 2-1 中，随机变量 Z 的平均值 μ_Z 可用它的标准差 σ_Z 来度量，即令

$$\mu_Z=\beta\sigma_Z \tag{2-8}$$

不难看出，β 与 p_f 之间存在着一一对应的关系。β 小时，p_f 就大；β 大时，p_f 就小。所以 β 和 p_f 一样，也可作为衡量结构可靠度的一个指标，我们把 β 称为可靠指标。

根据 $Z=R-S$ 的函数关系，由概率论可得：

$$\left.\begin{aligned}\mu_Z&=\mu_R-\mu_S\\ \sigma_Z&=\sqrt{\sigma_R^{\ 2}+\sigma_S^{\ 2}}\end{aligned}\right\} \tag{2-9}$$

将式（2-9）代入式（2-8），可求得可靠指标：

$$\beta=\frac{\mu_R-\mu_S}{\sqrt{\sigma_R^{\ 2}+\sigma_S^{\ 2}}} \tag{2-10}$$

式（2-10）与式（2-7）相比，可见可靠指标 β 的计算比直接求失效概率 p_f 来得方便。

由式（2-10）可见，可靠指标 β 不仅与结构抗力 R 和荷载效应 S 的平均值 μ_R、μ_S 有关，还与它们的标准差 σ_R、σ_S 有关。R 和 S 的平均值 μ_R 与 μ_S 相差愈大，β 也愈大，结构就愈可靠，这与传统的采用定值的安全系数在概念上是一致的。当 R 和 S 的平均值 μ_R、μ_S 不变的情况下，它们的标准差 σ_R、σ_S 愈小，也就是说它们的变异性（离散程度）愈小时，β 值就愈大，结构就愈可靠，这是传统的安全系数 K 所无法反映的。

用概率的观点来研究结构的可靠度，绝对可靠的结构是不存在的，但只要其失效概率很小，小到人们可以接受的程度，就可认为该结构是安全可靠的。

当结构抗力 R 和荷载效应 S 均服从正态分布时，失效概率 p_f 和可靠指标 β 的对应关系如表 2-1 所列。

表 2-1　p_f 与 β 的对应关系

β	p_f	β	p_f	β	p_f
1.0	1.59×10^{-1}	2.7	3.47×10^{-3}	3.7	1.08×10^{-4}
1.5	6.68×10^{-2}	3.0	1.35×10^{-3}	4.0	3.17×10^{-5}
2.0	2.28×10^{-2}	3.2	6.87×10^{-4}	4.2	1.33×10^{-5}
2.5	6.21×10^{-3}	3.5	2.33×10^{-4}	4.5	3.40×10^{-6}

应该知道，式（2-10）只是两个变量的最简单的情况。在实际工程设计中，影响结构可靠度的变量可能不下十几个，它们有的服从正态分布，大部分却是非正态的，在计算中要先转化为“当量正态分布”后再投入运算，因此，可靠指标 β 就不能用式（2-10）那样的简单公式计算了，它的计算就会变得非常复杂，无法在一般设计工作中直接应用。

有关结构可靠度设计理论的进一步探讨可参阅相关文献❶。

2.3.2.4　目标可靠指标与结构安全级别

为使所设计的结构构件既安全可靠又经济合理，必须确定一个大家能接受的结构允许失效概率 [p_f]。要求在设计基准期内，结构的失效概率 p_f 不大于允许失效概率 [p_f]。

❶ 如参考文献 [25]。

当采用可靠指标β表示时，则要确定一个“目标可靠指标β_T”，要求在设计基准期内，结构的可靠指标β不小于目标可靠指标β_T。即

$$\beta \geqslant \beta_T \tag{2-11}$$

目标可靠指标β_T理应根据结构的重要性、破坏后果的严重程度以及社会经济等条件，以优化方法综合分析得出的。但由于大量统计资料尚不完备或根本没有，目前只能采用“校准法”来确定目标可靠指标。

校准法的实质就是认为：由原有的设计规范所设计出来的大量结构构件反映了长期工程实践的经验，其可靠度水平在总体上是可以接受的，所以可以运用前述“概率极限状态理论”（或称为近似概率法）反算出由原有设计规范设计出的各类结构构件在不同材料和不同荷载组合下的一系列可靠指标β_i，再在分析的基础上把这些β_i综合成一个较为合理的目标可靠指标β_T。

承载能力极限状态的目标可靠指标与结构的安全级别、构件的破坏性质有关。结构安全级别要求愈高，目标可靠指标就应愈大。钢筋混凝土受压、受剪等构件，破坏时发生的是突发性的脆性破坏，与受拉、受弯构件破坏前有明显变形或预兆的延性破坏相比，其破坏后果要严重许多，因此脆性破坏的目标可靠指标应高于延性破坏。

根据校准法，我国《建筑结构可靠度设计统一标准》（GB 50068—2001）将建筑物划分为三个安全级别，规定了它们各自的承载能力极限状态的目标可靠指标（表2-2）。

表2-2　建筑结构的安全级别和承载能力极限状态的目标可靠指标β_T

建筑结构的安全级别	破坏后果	建筑物类型	承载能力极限状态的目标可靠指标β_T	
			延性破坏	脆性破坏
Ⅰ	很严重	重要建筑	3.7	4.2
Ⅱ	严重	一般建筑	3.2	3.7
Ⅲ	不严重	次要建筑	2.7	3.2

在水利水电工程中，《水利水电工程结构可靠度设计统一标准》（GB 50199—94）也将水工建筑物的安全级别分为Ⅰ、Ⅱ、Ⅲ三个级别，对于不同安全级别采用与表2-2相同的目标可靠指标。但水工中的Ⅰ级安全级别所对应的建筑物是1级水工建筑物；Ⅱ级安全级别对应的建筑物是2级、3级水工建筑物；Ⅲ级安全级别所对应的建筑物是4级、5级水工建筑物，详细情况可查阅《水利水电工程等级划分及洪水标准》（SL 252—2000）或《水电枢纽工程等级划分及设计安全标准》（DL 5180—2003）。

正常使用极限状态的目标可靠指标显然可以比承载能力极限状态的目标可靠指标来得低，这是因为正常使用极限状态只关系到使用的适用性，而不涉及结构构件的安全性这一根本问题。目前，正常使用极限状态的目标可靠指标研究得还很不成熟，在我国，只笼统地认为可取为1～2。

2.4　荷载代表值和材料强度标准值

我国各行业的混凝土结构设计规范基本上都采用以概率为基础的极限状态设计法，并

以可靠指标 β 来度量结构的可靠度水平。但如前所述，β 的计算是十分复杂的，对每个因素（随机变量 X_i）都需得知它的平均值 μ_{X_i} 和标准差 σ_{X_i}，以及它的概率分布类型，这就需要大量统计信息和进行十分繁琐的计算。所以在实际工作中，直接由式（2-11）来进行设计，是极不方便甚至是完全不可能的。

因此，设计规范都采用了实用的设计表达式。在表达式中除了规定荷载和材料强度的取值外，还规定了若干个分项系数。设计人员不必直接计算可靠指标 β 值，而只要采用规范规定的各个分项系数按实用设计表达式对结构构件进行设计，则认为设计出的结构构件所隐含的 β 值就可满足式（2-11）的要求。

分项系数主要有荷载分项系数、材料分项系数、结构重要性系数、设计状况系数和结构系数等等。应予注意，不同设计规范所取用的分项系数的个数和其取值是有所不同的，例如用于房屋建筑设计的国家标准《混凝土结构设计规范》（GB 50010—2010）只用了 3 个分项系数（荷载分项系数、材料分项系数和结构重要性系数），而原《水工混凝土结构设计规范》（DL/T 5057—1996）则用了 5 个分项系数（结构系数、设计状况系数、荷载分项系数、材料分项系数、结构重要性系数），它们的取值是完全不同的。所以，不能将不同规范的系数相互混用。

在实用设计表达式中，首先要定出荷载的代表值和材料的强度值。所以，在此先将这两个问题作一交代。

2.4.1　荷载代表值

结构设计时，对不同的荷载效应，应采用不同的荷载代表值。荷载代表值主要有永久荷载或可变荷载的标准值，可变荷载的组合值、频遇值和准永久值等。

2.4.1.1　荷载标准值

荷载标准值是指荷载在设计基准期内可能出现的最大值，理论上它应按荷载最大值的概率分布的某一分位值确定。但由于目前能对其概率分布给出估计的荷载还只是很小一部分，特别在水利工程中，大部分荷载，如渗透压力、土压力、围岩压力、水锤压力、浪压力、冰压力等，都缺乏或根本无法取得正确的实测统计资料，所以其标准值主要还是根据历史经验确定或由理论公式推算得出。

荷载标准值是荷载的基本代表值，荷载的其他代表值都是以它为基础再乘以相应的系数后得出的。

2.4.1.2　荷载组合值

当结构构件承受两种或两种以上的可变荷载时，考虑到这些可变荷载不可能同时以其最大值（标准值）出现，因此除了一个主要的可变荷载取为标准值外，其余的可变荷载都可以取为“组合值”。使结构构件在两种或两种以上可变荷载参与的情况与仅有一种可变荷载参与的情况具有大致相同的可靠指标。

荷载组合值可以由可变荷载的标准值 Q_k 乘以组合值系数 ψ_c 得出，即荷载组合值就是乘积 $\psi_c Q_k$。

目前尚无足够的资料能确切地得出不同荷载组合时的组合值系数 ψ_c，ψ_c 值还是凭工程经验由专家拍板定出的。《建筑结构荷载规范》（GB 50009—2012）对一般楼面活载，规定了 $\psi_c=0.7$；对书库、档案库、储藏室、密集柜书库、通风机房和电梯机房的楼面活载，规定了 $\psi_c=0.9$。在水工结构设计中，习惯上不考虑可变荷载组合时的折减，即对荷载组合中的所有的可变荷载都取 $\psi_c=1.0$。所以在水工设计规范中，就不存在“荷载组合值”这一术语。

2.4.1.3　荷载准永久值与频遇值

可变荷载的量值是随时间变化的，有时出现得大些，有时出现得小些，有时甚至不出现，见图 2-2。所谓荷载准永久值是指可变荷载在结构设计基准期 T 内，其超越的总时间约为设计基准期 1/2 的荷载值，即在图 2-2 中，若$(t_1+t_2+t_3+t_4)/T\approx0.5$，则 Q_x 就为荷载准永久值。荷载准永久值由可变荷载标准值 Q_k 乘以准永久值系数 ψ_q 得到，即荷载准永久值就是乘积 $\psi_q Q_k$。

所谓荷载频遇值是指可变荷载在结构设计基准期 T 内，其超越的总时间为规定的较小比率的荷载值，一般规定 $(t_1+t_2+t_3+t_4)/T\leqslant0.1$。它由可变荷载标准值 Q_k 乘以频遇值系数 ψ_f 得到，即荷载频遇值就是乘积 $\psi_f Q_k$。

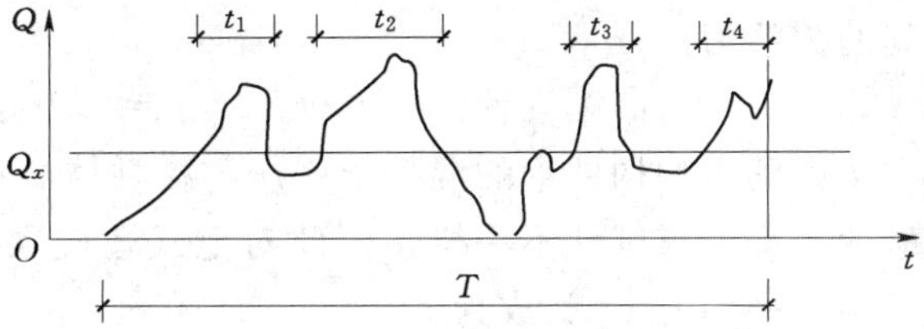

图 2-2　可变荷载随时间的变化

不同规范对准永久值系数 ψ_q 和频遇值系数 ψ_f 的规定有所不同，如《建筑结构荷载规范》（GB 50009—2012）规定了每一种可变荷载的 ψ_q 和 ψ_f 值，而《港口工程混凝土结构设计规范》（JTJ 267—98）则对可变荷载取固定的 ψ_q 和 ψ_f 值，ψ_q 和 ψ_f 分别取 0.6 和 0.8。

变形（挠度）大小和裂缝开展宽度与荷载作用的时间长短有关，所以在按正常使用极限状态验算时，有些设计规范就规定了必须按荷载效应的标准组合、频遇组合及准永久组合分别进行验算。

所谓荷载效应的标准组合是指在正常使用极限状态验算时，永久荷载和可变荷载均取为标准值的荷载效应组合；荷载效应的频遇组合是指可变荷载取为荷载频遇值时的荷载效应组合；荷载效应的准永久组合是指可变荷载取为荷载准永久值时的荷载效应组合。

由于目前设计规范中的裂缝宽度验算公式只局限于外力荷载引起的裂缝的计算，而水工结构中大多数裂缝却是由温度、干缩和支座沉降等因素引起的，因此设计规范中的裂缝控制验算并不完全符合工程实际，过分细致地进行正常使用极限状态验算也就没有太大的工程实际意义。同时，由于水工荷载的复杂性和多样性，《水工建筑物荷载设计规范》（DL/T 5077—1977）未能给出水工结构设计时荷载的频遇值系数 ψ_f 和准永久值系数 ψ_q，故而现行水工混凝土结构设计规范就规定：对正常使用极限状态只验算荷载效应的标准组合，而不再进行频遇组合和准永久组合验算。因此，在水工混凝土结构设计规范中，也就不存在“荷载频遇值”“荷载准永久值”“荷载效应频遇组合”“荷载效应准永久组合”这类术语。

2.4.2　材料强度标准值

2.4.2.1　混凝土强度标准值

1. 混凝土强度等级

如前章所述，混凝土的强度等级就是混凝土标准立方体试件用标准试验方法测得的具有 95%保证率的立方体抗压强度标准值 f_{cuk}。其值可由下式决定：

$$
\begin{aligned}
f_{cuk} &= \mu_{f_{cu}} - 1.645\sigma_{f_{cu}} \\
&= \mu_{f_{cu}}(1 - 1.645\delta_{f_{cu}})
\end{aligned}
\tag{2-12}
$$

式中　$\mu_{f_{cu}}$——混凝土立方体抗压强度的统计平均值；

$\sigma_{f_{cu}}$——混凝土立方体抗压强度的统计标准差；

$\delta_{f_{cu}}$——混凝土立方体抗压强度的变异系数，$\delta_{f_{cu}} = \sigma_{f_{cu}} / \mu_{f_{cu}}$。

根据国内部分水利水电工程的调查统计，对 C15、C20、C25 及 C30 等级的水工混凝土，混凝土立方体抗压强度的变异系数 $\delta_{f_{cu}}$ 分别为 0.20、0.18、0.16 及 0.14。

2. 混凝土轴心抗压强度标准值 f_{ck}

从前一章得知，混凝土棱柱体轴心抗压强度平均值 μ_{f_c} 与立方体抗压强度平均值 $\mu_{f_{cu}}$ 之间的关系为：

$$
\mu_{f_c} = 0.76\mu_{f_{cu}} \tag{2-13}
$$

考虑到实际构件中的混凝土受压与棱柱体试件的受压情况有一定差异，构件的尺寸和加载的速度也与试件不一样，因此对上式还应乘以折减系数 0.88，这样，构件中的轴心抗压强度平均值 μ_{f_c} 就成为：

$$
\mu_{f_c} = 0.88 \times 0.76\mu_{cu} = 0.67\mu_{f_{cu}} \tag{2-14}
$$

由此，轴心抗压强度标准值则为：

$$
\begin{aligned}
f_{ck} &= \mu_{f_c}(1 - 1.645\delta_{f_c}) \\
&= 0.67\mu_{f_{cu}}(1 - 1.645\delta_{f_c}) \\
&= 0.67 \frac{f_{cuk}}{1 - 1.645\delta_{f_{cu}}}(1 - 1.645\delta_{f_c})
\end{aligned}
\tag{2-15}
$$

假定 $\delta_{f_c} = \delta_{f_{cu}}$，则

$$
f_{ck} = 0.67 f_{cuk} \tag{2-16}
$$

考虑到强度等级比较高的混凝土，其脆性破坏特征有所增长，为安全计，对 C45、C50、C55 及 C60 等级的混凝土，其轴心抗压强度标准值按上式计算得出后再分别乘以修正系数 0.98、0.97、0.965 及 0.96。保留一位小数后，即得出混凝土不同强度等级时的轴心抗压强度标准值 f_{ck}，如本教材附录 2 表 6 所示。

3. 混凝土轴心抗拉强度标准值 f_{tk}

试验表明，混凝土轴心抗拉强度平均值 μ_{f_t} 与立方体抗压强度平均值 $\mu_{f_{cu}}$ 之间的关系为：

$$
\mu_{f_t} = 0.26\mu_{f_{cu}}^{2/3} \tag{2-17}
$$

同样考虑实际构件与试件的强度差异，引入折减系数 0.88，则构件中的混凝土轴心抗拉强度平均值 μ_{f_t} 为：

$$
\mu_{f_t} = 0.88 \times 0.26\mu_{f_{cu}}^{2/3} = 0.23\mu_{f_{cu}}^{2/3} \tag{2-18}
$$

同样假定轴心抗拉强度的变异系数 δ_{f_t} 与立方体抗压强度的变异系数 $\delta_{f_{cu}}$ 相同，则可得混凝土轴心抗拉强度标准值 f_{tk} 为：

$$
\begin{aligned}
f_{tk} &= \mu_{f_t}(1 - 1.645\delta_{f_t}) = 0.23\mu_{f_{cu}}^{2/3}(1 - 1.645\delta_{f_t}) \\
&= 0.23\left(\frac{f_{cuk}}{1 - 1.645\delta_{f_{cu}}}\right)^{2/3}(1 - 1.645\delta_{f_t})
\end{aligned}
$$

$$=0.23f_{cuk}^{2/3}(1-1.645\delta_{f_{cu}})^{1/3} \quad (2-19)$$

同样考虑到较高强度等级混凝土的脆性性质，对 C45 以上等级混凝土的轴心抗拉强度标准值乘以修正系数，保留两位小数后得混凝土轴心抗拉强度标准值 f_{tk}，见本教材附录 2 表 6。

2.4.2.2 钢筋强度标准值

为了使钢筋强度标准值与钢筋的检验标准统一起见，对于有明显物理流限的普通热轧钢筋，采用国家标准规定的钢筋屈服强度作为其强度标准值，用符号 f_{yk} 表示。国标规定的屈服强度即钢筋出厂检验的废品限值，其保证率不小于 95%。本教材附录 2 表 7 给出了热轧钢筋的标准值。

对于无明显物理流限的预应力钢丝、钢绞线、预应力螺纹钢筋和钢棒等，则采用国标规定的极限抗拉强度作为强度标准值，用符号 f_{ptk} 表示，其值见本教材附录 2 表 8。

2.5 《水工混凝土结构设计规范》的实用设计表达式

目前，在我国由于管理体制的不同，同样用于水利水电工程的《水工混凝土结构设计规范》有了两个版本：一本是电力系统的《水工混凝土结构设计规范》（DL/T 5057—2009）；另一本是水利系统的《水工混凝土结构设计规范》（SL 191—2008）。这两本规范是用来替代 1996 年版的《水工混凝土结构设计规范》的[1]。

这两本规范的大部分条文内容是基本相同或仅稍有差异，但在实用设计表达式的表达方式上却有着较大的不同。DL/T 5057—2009 规范完全继承了原《水工混凝土结构设计规范》（DL/T 5057—1996），按照概率极限状态设计原则，用 5 个分项系数的设计表达式进行设计。SL 191—2008 规范则在规定的材料强度和荷载取值条件下，采用在多系数分析基础上以安全系数 K 表达的方式进行设计。

下面分别介绍这两本规范的实用设计表达式，请注意它们之间的异同点。

2.5.1 DL/T 5057—2009 规范

2.5.1.1 承载能力极限状态设计时采用的分项系数

电力系统的 DL/T 5057—2009 规范在承载能力极限状态实用设计表达式中，采用了 5 个分项系数，它们是结构重要性系数 γ_0、设计状况系数 ψ、结构系数 γ_d、荷载分项系数 γ_G 和 γ_Q、材料分项系数 γ_c 和 γ_s。规范用这 5 个分项系数构成并保证结构的可靠度。

1. 结构重要性系数 γ_0

建筑物的结构构件安全级别不同，所要求的目标可靠指标也不同，为反映这种要求，可在计算出的荷载效应值上再乘以结构重要性系数 γ_0。

2. 设计状况系数 ψ

结构在施工、安装、运行、检修等不同阶段可能出现不同的结构体系、不同的荷载及不同的环境条件，所以在设计时应分别考虑不同的设计状况：

[1] 1996 年颁布的《水工混凝土结构设计规范》（SL/T 191—96）和《水工混凝土结构设计规范》（DL/T 5057—1996）虽然编号不同，但具体条文和内容是完全相同的。

(1) 持久状况——结构在长期运行过程中出现的设计状况。

(2) 短暂状况——结构在施工、安装、检修期出现的设计状况或在运行期短暂出现的设计状况。

(3) 偶然状况——结构在运行过程中出现的概率很小且持续时间极短的设计状况，如遭遇地震或校核洪水位。

不同设计状况的可靠度水平要求不同，在设计表达式中就用设计状况系数 ψ 来表示。

3. 荷载分项系数 γ_G 和 γ_Q

结构构件在其运行使用期间，实际作用的荷载仍有可能超过规定的荷载标准值。为考虑这一超载的可能性，在承载能力极限状态设计中规定对荷载标准值还应乘以相应的荷载分项系数。在水工规范中这个荷载分项系数实质上就是“超载系数”。显然，对变异性较小的永久荷载，荷载分项系数就可小一些；对变异性较大的可变荷载，荷载分项系数就应大一些。

荷载标准值乘以相应的荷载分项系数后，称为荷载的设计值。

4. 材料分项系数 γ_c 和 γ_s

为了充分考虑材料强度的离散性及不可避免的施工误差等因素带来的使材料实际强度低于材料强度标准值的可能，在承载能力极限状态计算时，规定对混凝土与钢筋的强度标准值还应分别除以混凝土材料分项系数 γ_c 与钢筋材料分项系数 γ_s。规范规定：在承载能力极限状态计算时，混凝土材料分项系数 γ_c 取为 1.4；普通热轧钢筋的材料分项系数 γ_s 取为 1.1，用于预应力混凝土结构的高强钢筋（钢丝、钢绞线等）的材料分项系数 γ_s 取为 1.2。

混凝土的轴心抗压强度和轴心抗拉强度标准值除以混凝土材料分项系数 1.4 后，就得到混凝土轴心抗压和轴心抗拉的强度设计值 f_c 与 f_t；普通热轧钢筋的强度标准值除以钢筋的材料分项系数 1.1 后，就得到热轧钢筋的抗拉强度设计值 f_y；预应力用的高强钢筋的抗拉强度设计值 f_{py} 则是由钢筋的条件屈服点除以钢筋的材料分项系数 1.2 后得出的。

钢筋的抗压强度设计值 f'_y 由混凝土的极限压应变 ε_{cu}（偏安全取 $\varepsilon_{cu}=0.002$）与钢筋弹性模量 E_s 的乘积确定的，同时规定 f'_y 不大于钢筋的抗拉强度设计值 f_y。

由此得出的材料强度设计值见本教材附录 2 表 1、表 3 及表 4，设计时可直接查用。所以，在承载能力极限状态实用设计表达式中就不再出现材料强度标准值及材料分项系数。

5. 结构系数 γ_d

DL/T 5057—2009 规范在承载能力极限状态计算时，还引入了一个结构系数 γ_d 来反映上述 4 个分项系数未能涵盖到的其他因素对结构可靠度的影响，例如荷载效应计算时的计算模式与实际的差异、结构抗力计算时的计算模式与实际的差异，以及尚未被人们认知和掌握的其他一些对可靠度有关的因素。结构系数实质上就是 4 个分项系数以外保留下来的一个“小安全系数”。

在荷载分项系数、材料分项系数等 4 个分项系数已事先设定的条件下，就可用概率极限状态理论，依据可靠指标 β 尽可能接近目标可靠指标 β_T 的原则，对各类构件分别算出在不同材料、不同荷载组合时所需要的结构系数，然后通过加权平均，得出一个合适

的 γ_d。

2.5.1.2 承载能力极限状态的设计表达式

规范规定，对于持久、短暂和偶然这三种设计状况，均必须进行承载能力极限状态的计算。因而，在承载能力极限状态计算时，应按荷载效应的基本组合和偶然组合分别进行。

1. 基本组合

基本组合是指在持久设计状况和短暂设计状况计算时，作用在结构上的永久荷载和可变荷载产生的荷载效应的组合。

对于基本组合，其承载能力极限状态设计表达式为：

$$\gamma_0 \psi S \leqslant \frac{1}{\gamma_d} R \tag{2-20}$$

$$S = \gamma_G S_{Gk} + \gamma_{Q1} S_{Q1k} + \gamma_{Q2} S_{Q2k} \tag{2-21}$$

$$R = R(f_y, f_c, a_k) \tag{2-22}$$

式中 γ_0——结构重要性系数，规范规定 γ_0 应不小于表 2-3 所列数值；

ψ——设计状况系数，规范规定，对应于持久状况和短暂状况分别取为 1.0 和 0.95；

S——荷载效应组合设计值，按式（2-21）计算；

S_{Gk}——永久荷载标准值产生的荷载效应；

S_{Q1k}——一般可变荷载标准值产生的荷载效应；

S_{Q2k}——可控制的可变荷载标准值产生的荷载效应，可控制的可变荷载是指可以严格控制其不超出规定限值的荷载，如水电站厂房设计中由制造厂家提供的吊车最大轮压值；设备重力按实际铭牌确定，堆放位置有严格规定的安装间楼面堆放设备荷载等；

γ_G、γ_{Q1}、γ_{Q2}——永久荷载、一般可变荷载、可控制的可变荷载的荷载分项系数，规范规定荷载分项系数应按《水工建筑物荷载设计规范》（DL 5077—1997）的规定取值，但应不小于表 2-4 所列数值；为便于查用，表 2-5 列出了 DL 5077—1997 规范规定的部分荷载的分项系数；

R——结构构件抗力设计值，按各类结构构件的承载力公式计算，计算公式见以后各章；

$R(\cdot)$——结构构件的抗力函数；

f_y、f_c——钢筋、混凝土的强度设计值，按本教材附录 2 表 1、表 3 及表 4 查用。

a_k——结构构件几何尺寸的标准值；

γ_d——结构系数，规范规定的结构系数如表 2-6 所示。

表 2-3　水工建筑物结构安全级别及结构重要性系数 γ_0

水工建筑物级别	水工建筑物结构安全级别	γ_0
1	Ⅰ	1.1
2，3	Ⅱ	1.0
4，5	Ⅲ	0.9

表 2-4　　荷载分项系数 γ_G、γ_{Q1}、γ_{Q2} 的最小取值

荷载类型	永久荷载	一般可变荷载	可控制的可变荷载
荷载分项系数的符号	γ_G	γ_{Q1}	γ_{Q2}
荷载分项系数的取值	1.05 (0.95)	1.20	1.10

注　当永久荷载对结构起有利作用时，取用表中括号内的数值。

表 2-5　《水工建筑物荷载设计规范》(DL 5077—1997) 规定的主要的荷载分项系数

荷　　载		荷载分项系数	荷载	荷载分项系数
自重	其作用对结构不利时	1.05	静止土压力、主动土压力	1.20
	其作用对结构有利时	0.95	地应力、围岩压力	1.00
静水压力、浮托力		1.00	水锤压力	1.10
浪压力		1.20	静冰压力、动冰压力、冻胀力	1.10
灌浆压力		1.30	楼面活荷载	1.20
雪荷载		1.30	风荷载	1.30
桥机与门机荷载		1.10	温度作用	1.10

表 2-6　　承载能力极限状态计算时的结构系数 γ_d

素混凝土结构		钢筋混凝土及预应力混凝土结构
受拉破坏	受压破坏	
2.00	1.30	1.20

注　1. 承受永久荷载为主的构件，结构系数应按表中数值增加 0.05。
2. 对于新型结构或荷载不能准确估计时，结构系数应适当提高。

以上就是 DL/T 5057—2009 规范按承载能力极限状态计算时的设计表达式。

对承载能力极限状态来说，它的荷载效应 S 就是荷载在结构构件上产生的内力，也就是构件截面上承受的弯矩 M、轴力 N、剪力 V 或扭矩 T 等。

对承载能力极限状态来说，它的结构抗力 R 就是构件截面的极限承载力。具体对于某一截面，就是截面的极限弯矩值 M_u、极限轴力值 N_u、极限剪力值 V_u 或极限扭矩值 T_u 等。

2. 偶然组合

对于偶然组合，其承载能力极限状态设计表达式与基本组合相同。

偶然组合属于偶然设计状况，规范规定其表达式中的设计状况系数 $\psi=0.85$。

同时其荷载效应组合设计值 S 应按下式计算：

$$S=\gamma_G S_{Gk}+\gamma_{Q1} S_{Q1k}+\gamma_{Q2} S_{Q2k}+S_{Ak} \tag{2-23}$$

式中　S_{Ak}——偶然荷载代表值产生的荷载效应，偶然荷载代表值按《水工建筑物抗震设计规范》(DL 5073—2000) 或《水工建筑物荷载设计规范》(DL/T 5077—1997) 确定。在偶然组合中每次只考虑一种偶然荷载；

式中其余符号同式 (2-21)。

在计算偶然组合的荷载效应 S 时，对其中某些可变荷载可适当折减其标准值。

2.5.1.3 正常使用极限状态的设计表达式

对正常使用极限状态，DL/T 5057—2009 规范采用如下的表达式：

$$\gamma_0 S_k \leqslant c \tag{2-24}$$

$$S_k = S_k(G_k, Q_k, f_k, a_k) \tag{2-25}$$

式中 S_k——正常使用极限状态的荷载效应标准组合值；

$S_k(\cdot)$——正常使用极限状态的荷载效应标准组合值函数；

c——结构构件达到正常使用要求所规定的变形、裂缝宽度或应力等限值；

G_k、Q_k——永久荷载、可变荷载标准值；

f_k——材料强度标准值。

由上两式可见，正常使用极限状态验算时，分项系数 γ_d、ψ、γ_G 和 γ_Q 都取为 1.0，荷载和材料强度均取用为标准值。其原因是正常使用极限状态验算时，它的可靠度水平要求可以低一些。但在 DL/T 5057—2009 规范中，还保留了一个结构重要性系数 γ_0[❶]。

规范还规定：对于持久设计状况，应进行正常使用极限状态的验算；对于短暂状况，可根据具体情况决定是否需要进行正常使用极限状态验算；对于偶然设计状况，则可不进行正常使用极限状态的验算。

2.5.2 SL 191—2008 规范

2.5.2.1 确定安全系数的原则

水利系统的 SL 191—2008 规范也是在规定的材料强度和荷载取值条件下，采用极限状态设计法进行设计，但它是在多系数分析基础上，将几个系数合并为一个安全系数，采用安全系数 K 表达的方式进行设计的。它确定安全系数的原则有下列几点：

(1) 它不像 DL/T 5057—2009 规范那样突出“概率”两字，也不再像原《水工混凝土结构设计规范》(DL/T 5057—1996) 的条文说明中那样强调“以可靠指标度量结构构件的可靠度水平”。因为在水利水电工程中，除了材料强度及少数几种荷载能得到实测的统计资料外，大多数荷载还无法得出可靠的统计参数，不少主要荷载（如土压力、围岩压力、浪压力、水锤压力等）还只能采用理论公式推算得出，因此还谈不上真正意义上的概率分析。特别是可变荷载的组合值，百年一遇或千年一遇洪水的荷载系数等主要问题尚未能妥善解决前，失效概率和可靠指标就失去了它真实的意义。

(2) 但 SL 191—2008 规范仍是以多个分项系数作为分析基础的，因为多个分项系数，特别是不同的荷载分项系数和不同的材料分项系数能反映它们的不同变异性对结构构件安全度影响的差异。

(3) 在 SL 191—2008 规范中，材料强度标准值与材料强度设计值的取值与 DL/T 5057—2009 规范完全相同，见本教材附录 2。它的结构抗力 R 的表达式也与式 (2-22) 完全一样。

---

❶ 正常使用极限状态验算时是否还要保留结构重要性系数 γ_0，在工程界是有不同看法的。不少人认为：正常使用极限状态的抗裂或裂缝宽度验算主要与所处的环境条件有关，而与结构安全级别基本无关；挠度变形则只与人的感觉和机器使用要求有关，与结构的安全级别就更无关了。在国际主流混凝土结构设计规范及我国国标《混凝土结构设计规范》(GB 50010—2010) 中，正常使用极限状态验算都不考虑结构重要性系数 γ_0。

(4)《水工建筑物荷载设计规范》(DL 5077—1997)对各种荷载规定了相应的不同的荷载分项系数，应用时显得比较繁琐。因而，SL 191—2008 规范只采用《水工建筑物荷载设计规范》(DL 5077—1997)对荷载标准值的规定，而不采用其分项系数的规定。

在 SL 191—2008 规范中，根据变异性的差异，将永久荷载分成两类：一类是自重、设备等永久荷载 G_{1k}，它们的变异性最小，所需的分项系数 γ_{G1} 也最小；另一类是土压力、淤沙压力及围岩压力等，它们的标准值 G_{2k} 是由公式推算出的，与实际会有较大的误差，所需的分项系数 γ_{G2} 就应大一些。

SL 191—2008 规范把可变荷载也分成两类：一类为一般可变荷载 Q_{1k}，它的变异性最大，所需的分项系数 γ_{Q1} 也最大；一类为可控制其不超出规定限值的可变荷载 Q_{2k}，相应的分项系数 γ_{Q2} 就可小些。

由此，荷载效应组合设计值 S 可表示为：

$$S=\gamma_{G1}S_{G1k}+\gamma_{G2}S_{G2k}+\gamma_{Q1}S_{Q1k}+\gamma_{Q2}S_{Q2k} \tag{2-26}$$

上式右侧的 4 个 S_k 是 4 种不同性质的荷载的标准值产生的荷载效应。

在式(2-26)中，荷载分项系数按原《水工混凝土结构设计规范》(DL 5057—1996)的规定及工程经验，分别取为：$\gamma_{G1}=1.05$；$\gamma_{G2}=1.20$；$\gamma_{Q1}=1.20$；$\gamma_{Q2}=1.10$。

如此，对某些荷载，SL 191—2008 规范与 DL/T 5057—2009 规范所采用的荷载分项系数会有些差别。如雪荷载与风荷载，SL 191—2008 规范将其归纳于一般可变荷载，$\gamma_{Q1}=1.20$；而 DL/T 5057—2009 规范是按《水工建筑物荷载设计规范》(DL 5077—1997)取用，$\gamma_Q=1.30$。但对大多数荷载，两本规范荷载分项系数的取值是相同的。

(5)与式(2-20)～式(2-22)相同，可以把承载能力极限状态的设计表达式写成为：

$$\gamma_0\psi S\leqslant\frac{1}{\gamma_d}R \tag{2-27}$$

令

$$K=\gamma_d\gamma_0\psi \tag{2-28}$$

式(2-27)就成为：

$$KS\leqslant R \tag{2-29}$$

K 即为 SL 191—2008 规范的安全系数，代入各有关分项系数的具体数值后，就可得出 K 值。

(6)在 SL 191—2008 规范中，钢筋混凝土结构与预应力混凝土结构的结构系数 γ_d 与 DL/T 5057—2009 规范一样，取等于 1.20。

结构重要性系数 γ_0 的取值则与 DL/T 5057—2009 规范有所不同。在 DL/T 5057—2009 规范中，对应于 1 级水工建筑(Ⅰ级安全级别)，2、3 级水工建筑(Ⅱ级安全级别)与 4、5 级水工建筑(Ⅲ级安全级别)，γ_0 分别取为 1.10，1.0 与 0.90；在 SL 191—2008 规范中相应的 γ_0 分别取为 1.10，1.0 与 0.95。其原因是 DL/T 5057—2009 规范所采用的 γ_0 是沿用《混凝土结构设计规范》(GB 50010—2002)的。但在 GB 50010—2002 中，Ⅲ级安全级别的建筑是指次要建筑及使用年限不超过 5 年的临时性房屋，而在水利工程中，Ⅲ级安全级别的建筑是指装机容量在 50MW 以下的水电站厂房，这两者的重要性显然是不相当的。对这样一座水电站厂房的上部结构，若用《混凝土结构设计规范》设计，则属于“一般建筑”，安全级别为Ⅱ级，$\gamma_0=1.0$；若用 DL/T 5057—2009 规范设计，则属于Ⅲ级，$\gamma_0=0.90$，安全度就下降了 10%，这显然是不妥的。SL 191—2008 规范对此稍作调整，将Ⅲ级的 γ_0 提高为 0.95，应该是比较恰当的。

在 SL 191—2008 规范中，对于持久设计状况和短暂设计状况，设计状况系数 ψ 均取为 1.0。这是考虑到在实际工程中，施工期（短暂设计状况）失事的概率反而高，故其安全度不宜降低。对偶然设计状况，则按传统仍取 ψ 为 0.85。

将这些分项系数具体数值代入式（2-28），就得出安全系数的计算值。将安全系数计算值保留两位小数，并考虑到安全系数不宜小于 1.0，就得到了表 2-7 所示的承载力安全系数 K。

表 2-7 钢筋混凝土或预应力混凝土结构构件的承载力安全系数 K

水工建筑物级别	1		2，3		4，5	
水工建筑物结构安全级别	Ⅰ		Ⅱ		Ⅲ	
荷载效应组合	基本组合	偶然组合	基本组合	偶然组合	基本组合	偶然组合
K	1.35	1.15	1.20	1.00	1.15	1.00

注 1. 水工建筑物的级别应根据《水利水电工程等级划分及洪水标准》（SL 252—2000）确定。
2. 结构在使用、施工、检修期的承载力计算，安全系数 K 应按表中基本组合取值；对地震及校核洪水位的承载力计算，安全系数 K 应按表中偶然组合取值。
3. 当荷载效应组合由永久荷载控制时，承载力安全系数 K 应增加 0.05。
4. 当结构的受力情况较为复杂、施工特别困难、荷载不能准确计算、缺乏成熟的设计方法或结构有特殊要求时，承载力安全系数 K 宜适当提高。

2.5.2.2 承载能力极限状态的设计表达式

根据上述原则，SL 191—2008 规范采用的承载能力极限状态的设计表达式为：

$$KS \leqslant R \tag{2-30}$$

式中 K——承载力安全系数，应不小于表 2-7 所列数值；

S——荷载效应组合设计值；

R——结构抗力，即结构构件的截面承载力，由材料强度设计值及截面尺寸等因素计算得出。

承载能力极限状态计算时，结构构件截面上的荷载效应设计值 S 按下列规定计算。

1. 基本组合

（1）当永久荷载对结构起不利作用时：

$$S=1.05S_{G1k}+1.20S_{G2k}+1.20S_{Q1k}+1.10S_{Q2k} \tag{2-31}$$

（2）当永久荷载对结构起有利作用时：

$$S=0.95S_{G1k}+0.95S_{G2k}+1.20S_{Q1k}+1.10S_{Q2k} \tag{2-32}$$

2. 偶然组合

$$S=1.05S_{G1k}+1.20S_{G2k}+1.20S_{Q1k}+1.10S_{Q2k}+1.0S_{Ak} \tag{2-33}$$

所有符号和前面相同。式（2-33）中，某些可变荷载的标准值可作适当的折减。

将上列 SL 191—2008 规范的公式与 DL/T 5057—2009 规范的公式相比较，很明显，如果两本规范所用的分项系数取值全部相同，则 $\gamma_0\psi\gamma_d S$ 与 KS 相等。但由于两本规范对分项系数的取值不完全一致，加上安全系数列表取整的影响，两者之间在某些情况下是稍有差异的。

2.5.2.3　正常使用极限状态的设计表达式

正常使用极限状态验算时，应按荷载效应的标准组合进行，并采用下列设计表达式：

$$S_k(G_k, Q_k, f_k, a_k) \leqslant c \tag{2-34}$$

式中符号同式（2-24）、式（2-25）。

SL 191—2008 规范的正常使用极限状态设计表达式与 DL/T 5057—2009 规范的式（2-24）、式（2-25）相比较，不同之处仅在于它不再列入结构重要性系数 γ_0，其理由见本教材第 45 页的页下注。

还应强调两点：①规范所规定的分项系数或安全系数是可靠度要求所采用的最低限度的数值；②我国工程结构设计规范因过去长期受经济发展不快，物资较为匮乏的制约，所规定的承载能力可靠度是偏低的，与发达国家的设计规范相比有一定的差距。工程实践也证实，我国工程结构抵御意外事故或自然灾害能力较弱。因此，在遇到新型结构缺乏成熟设计经验时，或结构受力较为复杂、施工特别困难时，或荷载标准值较难正确确定时，以及失事后较难修复或会引起巨大次生灾害后果时的等情况，设计时适当提高荷载的取值或适当提高分项系数（安全系数）的取值，是必要的和明智的。

在式（2-20）和式（2-30）所示的承载能力极限状态的设计表达式中，两本规范的荷载效应设计值 S 的含义是相同的，都为荷载设计值产生的内力。但 DL/T 5057—2009 规范将式（2-20）应用于具体构件设计时，为表达式的简洁，将 $\gamma_0\psi$ 并入荷载效应设计值 S，并仍称为内力设计值，这使得两本规范的内力设计值的含义有所不同。

下面以承受弯矩 M 的受弯构件承载力计算为例加以说明，按 DL/T 5057—2009 规范计算时，式（2-20）变为：

$$M^D \leqslant \frac{1}{\gamma_d} M_u \tag{2-35}$$

而式（2-21）变为：

$$M^D = \gamma_0 \psi(\gamma_G M_{Gk} + \gamma_{Q1} M_{Q1k} + \gamma_{Q2} M_{Q2k}) \tag{2-36}$$

式中　M^D——弯矩设计值。上标“D”表示它是按电力系统 DL/T 5057—2009 规范规定的公式计算的；

M_u——截面能承受的极限弯矩值；

M_{Gk}、M_{Q1k}、M_{Q2k}——分别为永久荷载标准值、一般可变荷载标准值与可控制的可变荷载标准值在该计算截面上产生的弯矩值；

其余符号同前。

按 SL 191—2008 规范计算时，式（2-30）变为：

$$KM^S \leqslant M_u \tag{2-37}$$

式（2-31）变为：

$$M^S = 1.05M_{G1k} + 1.20M_{G2k} + 1.20M_{Q1k} + 1.10M_{Q2k} \tag{2-38}$$

式（2-32）变为：

$$M^S = 0.95M_{G1k} + 0.95M_{G2k} + 1.20M_{Q1k} + 1.10M_{Q2k} \tag{2-39}$$

式中 M^S——弯矩设计值。上标“S”表示它是按水利系统 SL 191—2008 规范的规定公式计算的。

其余符号同前。

比较式（2-36）和式（2-38）可清楚看到：**SL 191—2008 规范的内力设计值是指荷载设计值产生的内力，DL/T 5057—2009 规范的内力设计值是指荷载设计值产生的内力与 $\gamma_0\psi$ 乘积。当荷载分项系数相同时，两本规范的内力设计值相差 $\gamma_0\psi$ 倍。**

下面，再用一些算例来说明 DL/T 5057—2009 规范与 SL 191—2008 规范在计算内力值时的异同，请认真加以比较。

【例 2-1】 某悬臂式挡土墙，3 级水工建筑物，尺寸、土层及水位高程如图 2-3 所示。墙后回填砂土的容重 18.5kN/m³，浮容重 10.0kN/m³。试用 DL/T 5057—2009 规范和 SL 191—2008 规范分别算出该挡土墙运用期立板根部单位宽度上的弯矩设计值 M^D 和 M^S，以及 $\gamma_d M^D$ 及 KM^S。

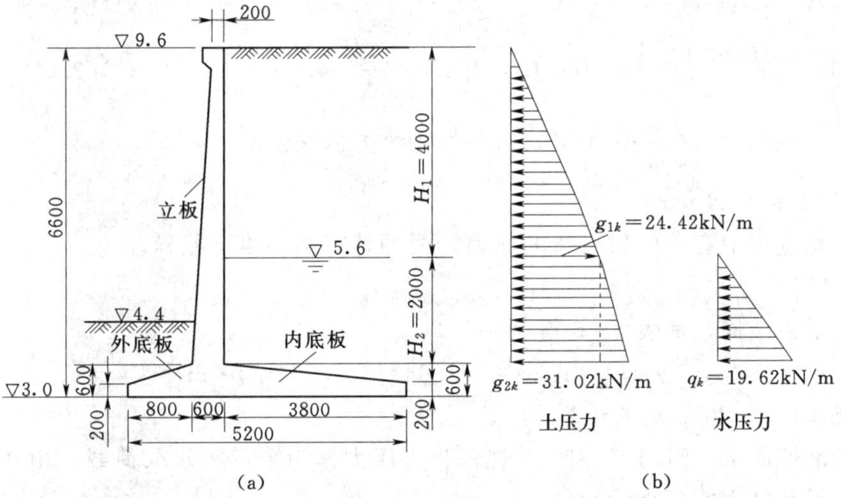

图 2-3 悬臂式挡土墙尺寸与荷载分布

解：

1. 按 DL/T 5057—2009 规范计算

（1）结构重要性系数与设计状况系数

3 级水工建筑物，结构安全级别为Ⅱ级，由表 2-3 查得结构重要性系数 $\gamma_0=1.0$；运用期为持久状况，设计状况系数 $\psi=1.0$。

（2）荷载标准值

墙前土压力很小，一般忽略不计。墙后土压力按静止土压力计算，取静止土压力系数 $K_0=0.33$，水的容重 9.81kN/m³，得墙后土压力、水压力分布如图 2-3（b）所示。

（3）立板根部截面的弯矩设计值 M^D

查表 2-5 得静止土压力和静水压力的分项系数分别为 1.20 和 1.0。静止土压力为永久荷载，表 2-5 查得的分项系数不小于表 2-4 所列的相应数值，故取其分项系数 $\gamma_G=1.20$；地下水位是变化的，且不是可控制的，因此产生的静水压为一般可变荷载，其分项系数按表 2-4 取 $\gamma_{Q1}=1.20$。由式（2-36）得立板根部截面的弯矩设计值：

$$M^D=\gamma_0\psi\left[\frac{1}{2}\gamma_G g_{1k}H_1\left(H_2+\frac{1}{3}H_1\right)+\frac{1}{2}\gamma_G g_{1k}H_2^2+\frac{1}{6}\gamma_G(g_{2k}-g_{1k})H_2^2+\frac{1}{6}\gamma_{Q1}q_kH_2^2\right]$$

$$=1.0\times1.0\left[\frac{1}{2}\times1.20\times24.42\times4.0\times\left(2.0+\frac{1}{3}\times4.0\right)+\frac{1}{2}\times1.20\times24.42\times2.0^2\right.$$

$$\left.+\frac{1}{6}\times1.20\times(31.02-24.42)\times2.0^2+\frac{1}{6}\times1.20\times19.62\times2.0^2\right]$$

$$=274.94(\text{kN}\cdot\text{m})$$

也可以先计算出荷载设计值，再求弯矩设计值，即

土压力：$g_1=\gamma_G g_{k1}=1.20\times24.42=29.30(\text{kN/m})$

$g_2=\gamma_G g_{k2}=1.20\times31.02=37.22(\text{kN/m})$

水压力：$q=\gamma_{Q1}q_k=1.20\times19.62=23.54(\text{kN/m})$

$$M^D=\gamma_0\psi\left[\frac{1}{2}g_1H_1\left(H_2+\frac{1}{3}H_1\right)+\frac{1}{2}g_1H_2^2+\frac{1}{6}(g_2-g_1)H_2^2+\frac{1}{6}qH_2^2\right]$$

$$=1.0\times1.0\left[\frac{1}{2}\times29.30\times4.0\times\left(2.0+\frac{1}{3}\times4.0\right)+\frac{1}{2}\times29.30\times2.0^2\right.$$

$$\left.+\frac{1}{6}\times(37.22-29.30)\times2.0^2+\frac{1}{6}\times23.54\times2.0^2\right]$$

$$=274.91(\text{kN}\cdot\text{m})$$

由于计算过程中有效位数保留的原因，两种计算结果略有差异。

（4）γ_dM^D

钢筋混凝土结构，查表 2-6 得 $\gamma_d=1.20$。

$$\gamma_dM^D=1.20\times274.94=329.93(\text{kN}\cdot\text{m})$$

2. 按 SL 191—2008 规范计算

荷载标准值同上。SL 191—2008 规范将土压力作为第二类永久荷载，由式（2-38），可求得立板根部截面的弯矩设计值：

$$M^S=1.20M_{G2k}+1.20M_{Q1k}$$

$$=\frac{1}{2}\times1.20g_{1k}H_1\left(H_2+\frac{1}{3}H_1\right)+\frac{1}{2}\times1.20g_{1k}H_2^2+\frac{1}{6}\times1.20(g_{2k}-g_{1k})H_2^2$$

$$+\frac{1}{6}\times1.20q_kH_2^2$$

$$=\frac{1}{2}\times1.20\times24.42\times4.0\times\left(2.0+\frac{1}{3}\times4.0\right)+\frac{1}{2}\times1.20\times24.42\times2.0^2$$

$$+\frac{1}{6}\times1.20\times(31.02-24.42)\times2.0^2+\frac{1}{6}\times1.20\times19.62\times2.0^2$$

$$=274.94(\text{kN}\cdot\text{m})$$

3 级水工建筑物，结构安全级别为Ⅱ级，由表 2-7 查得安全系数 $K=1.20$。

$$KM^S=1.20\times274.94=329.93(\text{kN}\cdot\text{m})$$

可见：对于常用的土压力和水荷载，两本规范的荷载分项系数取值相同，这时，对于 2、3 级建筑物（Ⅱ级安全级别），$\gamma_0=1.0$ 和 $\psi=1.0$，两本规范的内力设计值相同，γ_dM^D

与 KM^S 也相同。

【例 2-2】 一水工泵房（3 级水工建筑物），有一矩形截面简支屋面大梁，梁宽 $b=$ 200mm；梁高 $h=500$mm；计算跨度 $l_0=5.40$m。承受屋面传来的屋面自重标准值 8.84kN/m 及屋面传来的雪荷载标准值 2.50kN/m。试用 DL/T 5057—2009 规范和 SL 191—2008 规范分别算出该梁运用期跨中截面的弯矩设计值。

解：

1. 按 DL/T 5057—2009 规范计算

(1) 结构重要性系数与设计状况系数

3 级水工建筑物，结构安全级别为Ⅱ级，由表 2-3 查得结构重要性系数 $\gamma_0=1.0$；运用期为持久状况，设计状况系数 $\psi=1.0$。

(2) 荷载标准值

永久荷载标准值

梁自重　　$0.2\times0.5\times25=2.50$(kN/m)

楼板自重　　8.84kN/m

$g_k=11.34$kN/m

可变荷载标准值

雪荷载　　$q_k=2.50$kN/m

(3) 跨中截面的弯矩设计值

查表 2-5 得自重（永久荷载）的分项系数 $\gamma_G=1.05$，雪荷载（一般可变荷载）的分项系数 $\gamma_{Q1}=1.30$，均不小于表 2-4 所列的相应数值，则由式（2-36）得跨中截面的弯矩设计值：

$$M^D=\gamma_0\psi\frac{1}{8}(\gamma_G g_k+\gamma_{Q1}q_k)l_0^2$$

$$=1.0\times1.0\times\frac{1}{8}(1.05\times11.34+1.30\times2.50)\times5.40^2=55.25(\text{kN}\cdot\text{m})$$

也可以先计算出荷载设计值，再求弯矩设计值，即

梁与板自重：　$g=\gamma_G g_k=1.05\times11.34=11.91(\text{kN/m})$

雪荷载：　$q=\gamma_{Q1}q_k=1.30\times2.5=3.25(\text{kN/m})$

$$M^D=\gamma_0\psi\frac{1}{8}(g+q)l_0^2$$

$$=1.0\times1.0\times\frac{1}{8}(11.91+3.25)\times5.40^2=55.26(\text{kN}\cdot\text{m})$$

2. 按 SL 191—2008 规范计算

同上，$g_k=11.34$kN/m（第一类永久荷载）；$q_k=2.50$kN/m（一般可变荷载）

由式（2-38），可求得跨中截面的弯矩设计值：

$$M^S=\frac{1}{8}(1.05g_k+1.20q_k)l_0^2$$

$$=\frac{1}{8}(1.05\times11.34+1.20\times2.50)\times5.40^2=54.34(\text{kN}\cdot\text{m})$$

可见，即使 $\gamma_0=1.0$ 和 $\psi=1.0$，由于两本规范对某些荷载的分项系数取值不同，使得计算得出的内力设计值有些差异。

【例 2-3】 一水工泵房（4 级建筑物），有一矩形截面简支楼面大梁，计算跨度 $l_0=5.40\text{m}$，承受的永久荷载（自重）标准值同［例 2-2］，承受的可变荷载为楼板传来的人群均布荷载，其标准值为 7.20kN/m。试用 DL/T 5057—2009 规范和 SL 191—2008 规范分别算出该梁运用期跨中截面的弯矩设计值。

解：

1. 按 DL/T 5057—2009 规范计算

（1）结构重要性系数与设计状况系数

4 级水工建筑物，结构安全级别为Ⅲ级，由表 2-3 查得结构重要性系数 $\gamma_0=0.9$；运用期为持久状况，设计状况系数 $\psi=1.0$。

（2）荷载标准值

永久荷载标准值　　　　$g_k=11.34\text{kN/m}$

可变荷载标准值　　　　$q_k=7.20\text{kN/m}$（人群荷载）

（3）弯矩设计值

查表 2-5 得结构自重的分项系数 $\gamma_G=1.05$，楼面人群荷载的分项系数 $\gamma_{Q1}=1.20$，均不小于表 2-4 所列的相应数值。由式（2-36）得跨中截面的弯矩设计值：

$$M^D=\gamma_0\psi\frac{1}{8}(\gamma_G g_k+\gamma_{Q1}q_k)l_0^2$$

$$=0.9\times1.0\times\frac{1}{8}(1.05\times11.34+1.20\times7.20)\times5.40^2=67.40(\text{kN}\cdot\text{m})$$

2. 按 SL 191—2008 规范计算

同上，$g_k=11.34\text{kN/m}$；$q_k=7.20\text{kN/m}$

由式（2-38），可求得跨中截面的弯矩设计值：

$$M^S=\frac{1}{8}(1.05g_k+1.20q_k)l_0^2$$

$$=\frac{1}{8}(1.05\times11.34+1.20\times7.20)\times5.40^2=74.89(\text{kN}\cdot\text{m})$$

可见：即使荷载分项系数相同，但由于 $\gamma_0\neq1$，使得两本规范计算得出的内力设计值有些差异。

【例 2-4】 ［例 2-3］中两本规范用于运用期间承载力计算和正常使用验算的跨中截面弯矩值各为多少？

解：

1. 按 DL/T 5057—2009 规范计算

由表 2-3，查得 4 级水工建筑物，结构安全级别为Ⅲ级，结构重要性系数 $\gamma_0=0.9$；由表 2-6，查得钢筋混凝土结构 $\gamma_d=1.20$。

同上例，弯矩设计值　$M^D=67.40\text{kN}\cdot\text{m}$

用于承载力计算的弯矩值：

$$\gamma_d M^D=1.20\times67.40=80.88(\text{kN}\cdot\text{m})$$

荷载标准值产生的弯矩：

$$M_k=\frac{1}{8}(g_k+q_k)l_0^2=\frac{1}{8}\times(11.34+7.2)\times5.4^2=67.58(\text{kN}\cdot\text{m})$$

用于正常使用验算的弯矩值：

$$M_k^D=\gamma_0 M_k=0.9\times67.58=60.82(\text{kN}\cdot\text{m})$$

2. 按 SL 191—2008 规范计算

4 级水工建筑物基本组合，结构安全级别为Ⅲ级，查表 2-7，得安全系数 $K=1.15$。

同［例 2-3］，弯矩设计值 $M^S=74.89\text{kN}\cdot\text{m}$。荷载标准值产生的弯矩 $M_k=67.58\text{kN. m}$。

用于承载力计算的弯矩值：

$$KM^S=1.15\times74.89=86.12(\text{kN}\cdot\text{m})$$

用于正常使用验算的弯矩值：

$$M_k^S=M_k=67.58\text{kN}\cdot\text{m}$$

可见：

（1）对于 4 级、5 级建筑物（Ⅲ级安全级别），SL 191—2008 用于承载力计算的弯矩值大于 DL/T 5057—2009 规范，这是因为 SL 191—2008 规范的安全系数 K 中所包含的结构重要性系数 γ_0 已由 0.9 提升为 0.95 的缘故。

（2）两本规范所得出的弯矩标准值是相同的，但由于 DL/T 5057—2009 规范用于正常使用极限状态验算的弯矩值为 $\gamma_0 M_k$，且Ⅲ级安全级别的结构重要性系数 $\gamma_0=0.9$，故 $\gamma_0 M_k=60.82\text{kN}\cdot\text{m}$；而 SL 191—2008 规范正常使用极限状态验算与建筑物级别无关，用于正常使用极限状态验算的弯矩值为 $M_k^S=M_k=67.58\text{kN}\cdot\text{m}$。因而对于 4 级、5 级水工建筑物，DL/T 5057—2009 规范用于正常使用极限状态验算的弯矩值，要比 SL 191—2008 规范小 10.0%。

可见对 4 级、5 级水工建筑物而言，DL/T 5057—2009 规范规定的承载能力和正常使用极限状态可靠度水准都低于 SL 191—2008 规范。

若如果该例的泵房属于 1 级水工建筑，则两本规范用于承载力计算和用于正常使用验算的跨中截面弯矩值又各为多少？请读者自行计算与比较。

第3章　钢筋混凝土受弯构件正截面承载力计算*

典型的受弯构件是板和梁。图 3-1 所示的水电站厂房屋面板、屋面梁和供吊车行驶的吊车梁，以及图 3-2 所示的闸坝工作桥的面板和纵梁都是受弯构件。水闸的底板和胸墙、公路桥的面板及其纵横梁、悬臂式挡土墙的立板和底板等，也都是受弯构件。还有些结构，从表面上看并不像一般的梁，然而根据它们的受力特点和变形特征，仍可按梁一样计算。如图 3-3 所示的渡槽，沿着水流方向，可近似地将一节槽身作为支承在排架上的 U 形梁来计算。

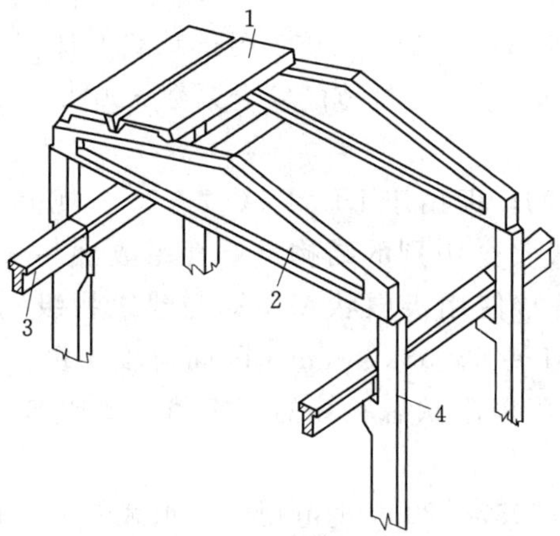

图 3-1　水电站厂房上部结构

1—屋面板；2—屋面梁；3—吊车梁；4—柱

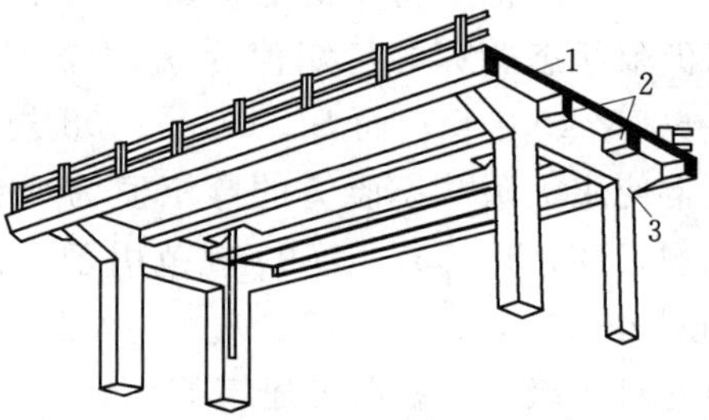

图 3-2　闸坝工作桥

1—面板；2—纵梁；3—排架

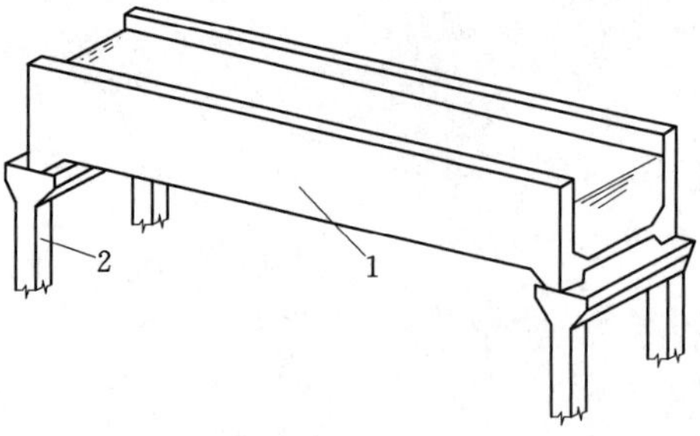

图 3-3　渡槽

1—槽身；2—排架

受弯构件的特点是在荷载作用下截面上承受弯矩 M 和剪力 V，它可能发生两种破坏：一种是沿弯矩最大的截面破坏，如图 3-4 (a) 所示；另一种破坏是沿剪力最大或弯矩和剪力都较大的截面破坏，如图 3-4 (b) 所示。当受弯构件沿弯矩最大的截面破坏时，破坏截面与构件的轴线垂直，称为正截面破坏；当受弯构件沿剪力最大或弯矩和剪力都较大的截面破坏，破坏截面与构件的轴线斜交，称为斜截面破坏。

* 本章所指受弯构件为跨高比 $l_0/h \geqslant 5$ 的一般受弯构件。对于 $l_0/h < 5$ 的构件，应按深受弯构件计算，具体可参阅规范。

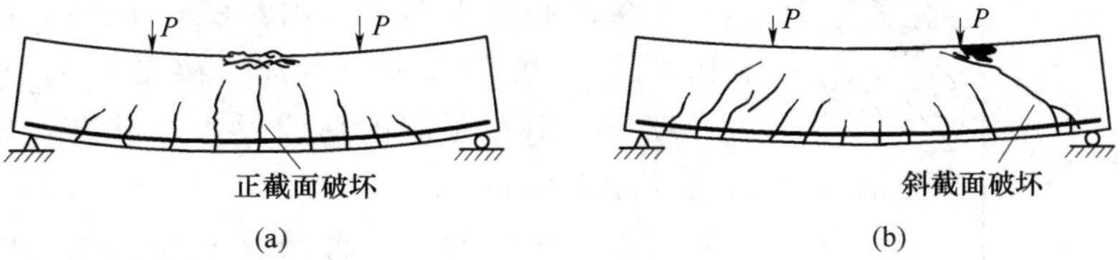

图 3-4 受弯构件的破坏形式

受弯构件设计时，既要保证构件不得沿正截面发生破坏，又要保证构件不得沿斜截面发生破坏，因此要进行正截面承载力与斜截面承载力的计算。本章介绍受弯构件的正截面承载力计算和有关构造规定，斜截面承载力计算及其构造规定将在第 4 章中介绍。

3.1 受弯构件的截面形式和构造

钢筋混凝土构件的截面尺寸与受力钢筋数量是由计算决定的。但在构件设计中，还需要满足许多构造上的要求，以照顾到施工的便利和某些在计算中无法考虑到的因素，这是必须予以充分重视的。

下面列出水工钢筋混凝土受弯构件正截面的一般构造规定，以供参考。

3.1.1 截面形式与截面尺寸

梁的截面最常用的是矩形、T 形和 I 形截面。在装配式构件中，为了减轻自重及增大截面惯性矩，也常采用 I 形、Ⅱ形、箱形及空心形等截面［图 3-5（a)］。板的截面一般是实心矩形，也有采用槽形和空心的，如码头的空心大板等［图 3-5（b)］。

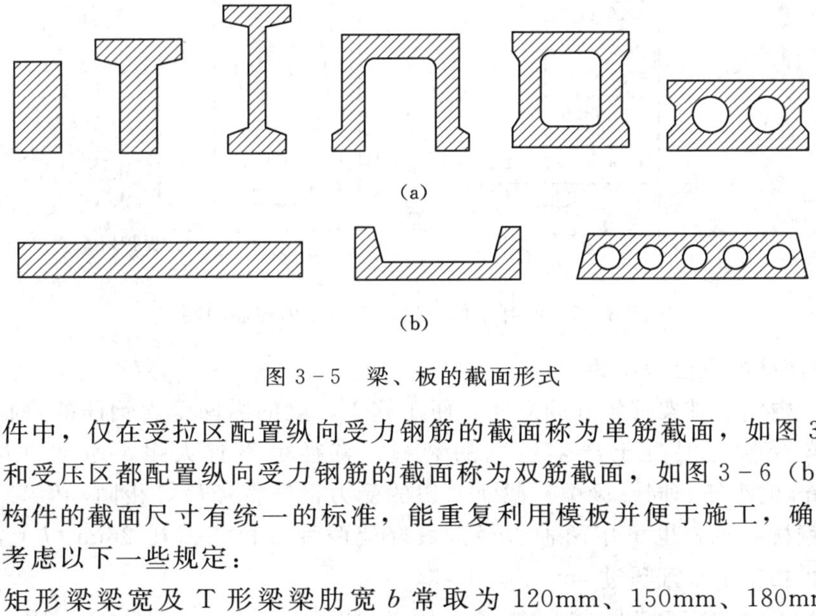

图 3-5 梁、板的截面形式

受弯构件中，仅在受拉区配置纵向受力钢筋的截面称为单筋截面，如图 3-6（a）所示；受拉区和受压区都配置纵向受力钢筋的截面称为双筋截面，如图 3-6（b）所示。

为了使构件的截面尺寸有统一的标准，能重复利用模板并便于施工，确定截面尺寸时，通常要考虑以下一些规定：

现浇的矩形梁梁宽及 T 形梁梁肋宽 b 常取为 120mm、150mm、180mm、200mm、220mm、250mm，250mm 以上者以 50mm 为模数递增。梁高 h 常取为 250mm、300mm、350mm、400mm、…、800mm，以 50mm 递增；800mm 以上则可以 100mm 递增。

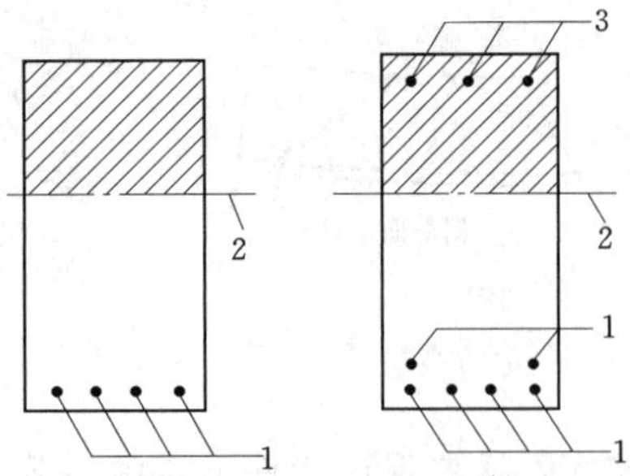

图 3-6　梁的单筋及双筋截面
1—受拉钢筋；2—中和轴；3—受压钢筋

梁的高度 h 通常可由跨度 l_0 决定，简支梁的高跨比 h/l_0 一般为 1/8～1/12。梁的高宽比 h/b 一般为 2～3.5。但在预制的薄腹梁中，其高宽比 h/b 有时可达 6 左右。

在水工建筑中，板的厚度变化范围很大，薄的可为 100mm 左右，厚的则可达几米。对于实心板，其厚度一般不宜小于 100mm。板的厚度以 10mm 递增，板厚在 250mm 以上者可以 50mm 为模数递增。

厚度不大的板，如工作桥、公路桥的面板，水电站主厂房楼板，其厚度约为板跨度的 1/12～1/35。

对预制构件，为了减轻自重，其截面尺寸可根据具体情况决定，级差模数不受上列规定限制。

某些厚度较大的板，如水闸底板、尾水管底板等，板厚则常由稳定或运行条件确定。

3.1.2　混凝土保护层厚度

在钢筋混凝土构件中，为防止钢筋锈蚀，并保证钢筋和混凝土牢固黏结在一起，钢筋外面必须有足够厚度的混凝土保护层（图 3-7）。这种必要的保护层厚度主要与钢筋混凝土结构构件的种类、所处环境条件等因素有关。纵向受力钢筋的混凝土保护层厚度（从钢筋外边缘算起）不应小于钢筋直径及本教材附录 4 表 1 所列的数值，同时也不应小于粗骨料最大粒径的 1.25 倍。

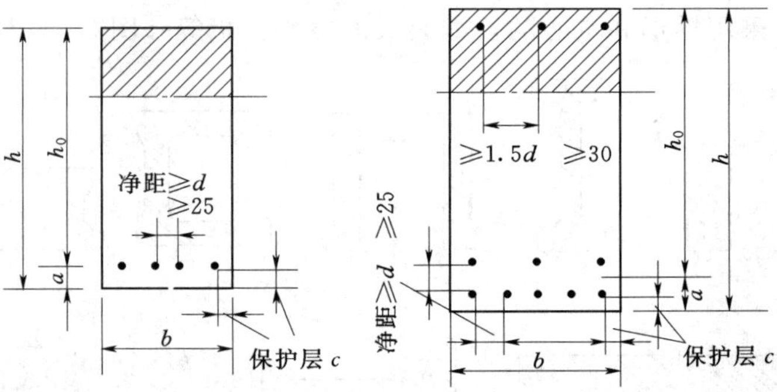

图 3-7　混凝土保护层厚度与梁内钢筋净距

3.1.3　梁内钢筋的直径和净距

为保证梁内钢筋骨架有较好的刚度并便于施工，梁的纵向受力钢筋的直径不能太细；同时为了避免受拉区混凝土产生过宽的裂缝，直径也不宜太粗，通常可选用直径为 12mm～28mm 的钢筋。同一梁中，截面一边的受力钢筋直径最好相同，但为了选配钢筋方便和节约钢材起见，也可用两种直径。最好使两种直径相差在 2mm 以上，以便于识别，两种直径相差也不宜超过 4mm。

热轧钢筋的直径应选用常用直径，例如 12mm、14mm、16mm、18mm、20mm、22mm、25mm、28mm 等，当然也需根据材料供应的情况决定。

梁跨中截面受力钢筋的根数一般不少于 3～4 根。截面尺寸特别小且不需要弯起钢筋的小梁，受力钢筋也可少到2根。梁中钢筋的根数也不宜太多，太多会增加浇灌混凝土的困难。

为了便于混凝土的浇捣并保证混凝土与钢筋之间有足够的粘结力。梁内下部纵向钢筋的净距不应小于钢筋直径d，也不应小于25mm和最大骨料粒径的1.25倍；上部纵向钢筋的净距不应小于1.5d，也应不小于30mm及最大骨料粒径的1.5倍（图3-7）。下部纵向受力钢筋尽可能排成一层，当根数较多时，也可排成两层，但因钢筋重心向上移，内力臂减小，对承载力有一定影响。当两层还布置不开时，也允许将钢筋成束布置（每束以2根为宜）。在受力钢筋多于两层的特殊情况，第三层及以上各层的钢筋水平方向的间距应比下面两层的间距增大一倍。钢筋排成两层或两层以上时，应避免上下层钢筋互相错位，同时各层钢筋之间的净间距应不小于25mm和最大钢筋直径，否则将使混凝土浇灌发生困难。

3.1.4　板内钢筋的直径与间距

一般厚度的板，其受力钢筋直径常用6mm、8mm、10mm、12mm；厚板（如水闸、船闸的底板）的受力钢筋直径常用12～25mm，也有用到32mm、36mm甚至40mm的。同一板中受力钢筋可以用两种不同直径，但两种直径宜相差在2mm以上。

为传力均匀及避免混凝土局部破坏，板中受力钢筋的间距（中距）不能太稀，最大间距可取为：

板厚　　$h \leqslant 200$mm时：200mm

$200\text{mm} < h \leqslant 1500$mm时：250mm

$h > 1500$mm时：300mm

为便于施工，板中钢筋的间距也不要过密，最小间距为70mm，即每米板宽中最多放14根钢筋。

在板中，垂直于受力钢筋方向还要布置分布钢筋（图3-8）。分布钢筋的作用是将板面荷载更均匀地传布给受力钢筋，同时在施工中用以固定受力钢筋，并起抵抗混凝土收缩和温度应力的作用。分布钢筋布置在受力钢筋的内侧，且每米板宽中分布钢筋的截面面积不少于受力钢筋截面面积的15%（集中荷载时为25%）。

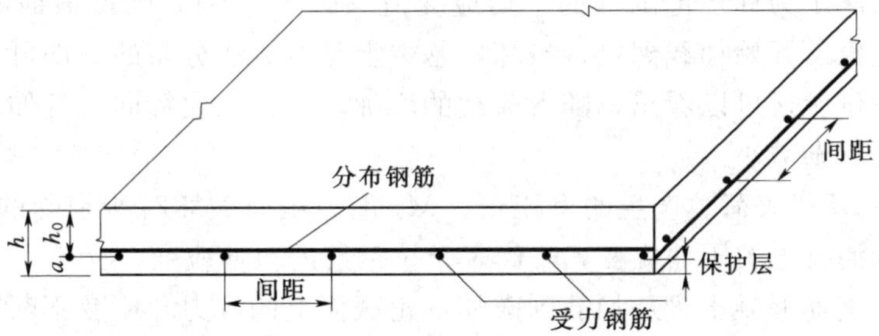

图3-8　板内钢筋布置

一般厚度的板中，分布钢筋的直径不宜小于6mm，间距不宜大于250mm，当承受的集中荷载较大时，分布钢筋间距不宜大于200mm。承受分布荷载的厚板，分布钢筋的配置可不受上述规定的限制，此时，分布钢筋的直径可采用10～16mm，间距可为200～

400mm。当板处于温度变幅较大或处于不均匀沉陷的复杂条件，且在与受力钢筋垂直的方向所受约束很大时，分布钢筋宜适当增加。分布钢筋主要起构造作用，可采用光圆钢筋。

3.2　受弯构件正截面的试验研究

3.2.1　梁的试验和应力-应变阶段

钢筋混凝土构件的计算理论是建立在大量试验的基础之上的。因此，在计算钢筋混凝土受弯构件以前，应该对它从开始受力直到破坏为止整个受力过程中的应力应变变化规律有充分的了解。

为了着重研究正截面的应力和应变规律，钢筋混凝土梁受弯试验常采用两点对称加载，使梁的中间区段处于纯弯曲状态，试验梁的布置如图 3－9 所示。试验时按预计的破坏荷载分级加载。采用仪表量测“纯弯段”内沿梁高两侧布置的测点的应变（梁的纵向变形），利用安装在跨中和两端的千分表测定梁的跨中挠度，并用读数放大镜观察裂缝的出现与开展。

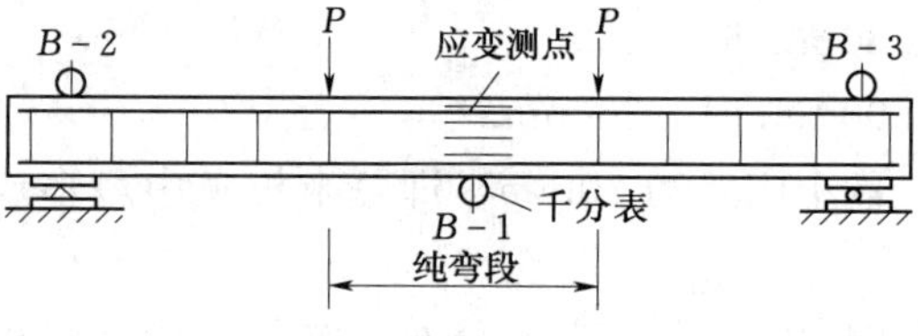

图 3－9　试验梁

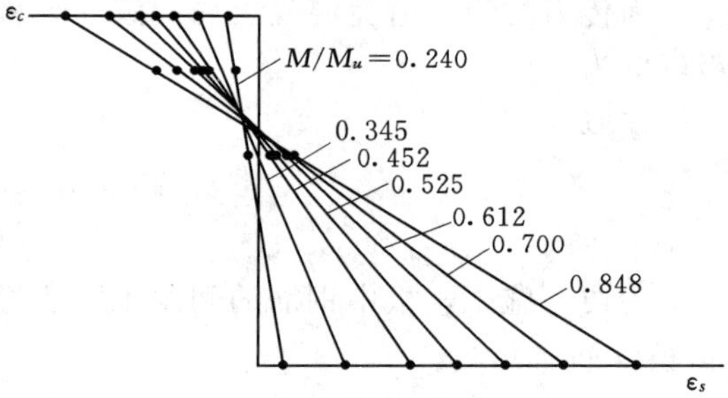

图 3－10　梁的截面应变实测结果

由试验可知，在受拉区混凝土开裂之前，截面在变形后仍保持为平面。在裂缝发生之后，对裂缝截面来说，截面不再保持为绝对平面。但只要测量应变的仪表有一定的标距，所测得的应变实际上为标距范围内的平均应变值（图 3－10），则沿截面高度测得的各纤维层的平均应变值从开始加载到接近破坏，基本上是按直线分布的，即可以认为始终符合平截面假定。由试验还可以看出，随着荷载的增加，受拉区裂缝向上延伸，中和轴不断上移，受压区高度逐渐减小。

图 3－10 中 M 代表荷载产生的弯矩值，M_u 代表截面破坏时所承受的实测极限弯矩，ε_c 代表受压边缘混凝土的压缩应变，ε_s 代表受拉钢筋的拉伸应变。

实验表明，钢筋混凝土梁从加载到破坏，正截面上的应力和应变不断变化，整个过程可以分为三个阶段（图 3－11）。

1. 第Ⅰ阶段——未裂阶段

荷载很小时，梁的截面在弯曲后仍保持为平面。截面上混凝土应力 σ_c 与钢筋应力 σ_s 都不大，变形基本上是弹性的，应力与应变之间保持线性关系，混凝土受拉及受压区的应力分布均为线性，见图 3－11（a），图中 A_s 为受拉钢筋截面面积。

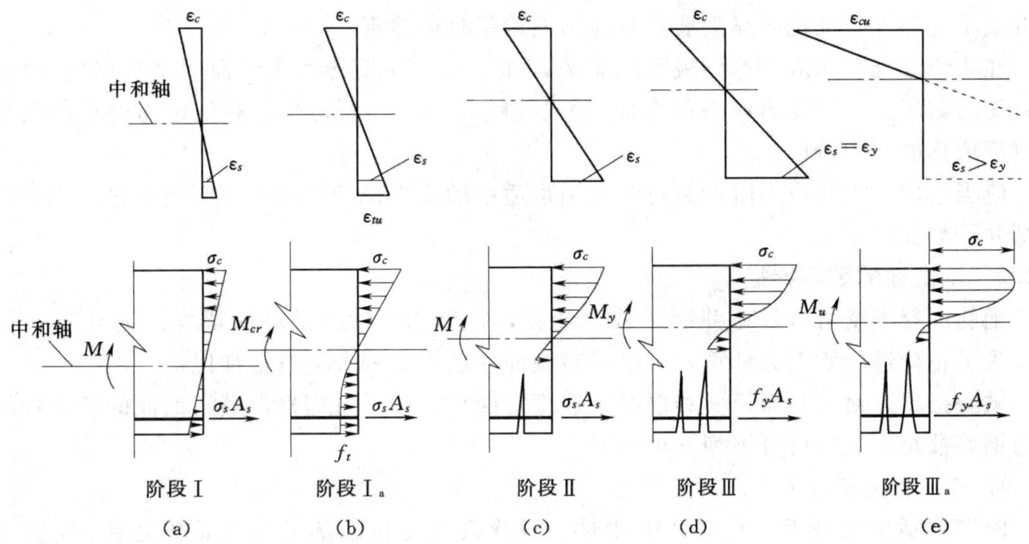

图 3-11 梁的应力-应变阶段

当荷载逐渐增加到这个阶段的末尾时，混凝土受拉应力大部分达到混凝土抗拉强度 f_t[1]。此时受拉区混凝土呈现出很大的塑性变形，拉应力图形表现为曲线状，若荷载再稍有增加，受拉区混凝土就将发生裂缝。但在受压区，由于压应力还远小于混凝土抗压强度，混凝土的力学性质基本上还处于弹性范围，应力图形仍接近三角形。这一受力状态称为Ⅰ$_a$阶段［图 3-11（b）］，是计算受弯构件抗裂时所采用的应力阶段。

在未裂阶段中，拉力是由受拉混凝土与受拉钢筋共同负担的，两者应变相同，所以钢筋应力很低，一般只达到 20～30N/mm^2。

2. 第Ⅱ阶段——裂缝阶段

当荷载继续增加，混凝土受拉边缘的应变超过受拉极限变形，受拉区混凝土就出现裂缝，进入第Ⅱ阶段，即“裂缝阶段”。裂缝一旦出现，裂缝截面的受拉区混凝土大部分退出工作，拉力几乎全部由受拉钢筋承担，受拉钢筋的应力和第Ⅰ阶段相比有突然的增大。

随着荷载增加，裂缝扩大并向上延伸，中和轴也向上移动，受拉钢筋的应力和受压区混凝土的压应变不断增大。这时受压区混凝土也有一定的塑性变形发展，压应力图形呈平缓的曲线形［图 3-11（c）］。

第Ⅱ阶段相当于一般不要求抗裂的构件在正常使用时的情况，是计算受弯构件正常使用阶段的变形和裂缝宽度时所依据的应力阶段。

3. 第Ⅲ阶段——破坏阶段

随着荷载继续增加，钢筋拉应力不断增大，最终达到屈服强度 f_y［图 3-11（d）］，即认为梁已进入“破坏阶段”。此时钢筋应力不增加而应变迅速增大，促使裂缝急剧开展

[1] 本教材在构件受力试验研究分析中，所有符号 f_t、f_c、f_y、f'_y 均表示为各自强度的实际值，并非它们的设计值。

并向上延伸。随着中和轴的上移，迫使混凝土受压区面积减小，混凝土的压应力增大，受压混凝土的塑性特征也明显发展，压应力图形呈现曲线形。

在边缘纤维受压应变达到极限压应变 ε_{cu} 时，受压混凝土发生纵向水平裂缝而被压碎，梁就随之破坏。这一受力状态称为Ⅲ$_a$ 阶段［图 3－11（e）］，是计算受弯构件正截面承载力时所依据的应力阶段。

应当指出，上述应力阶段是对钢筋用量适中的梁来说的，对于钢筋用量过多或过少的梁则并不如此。

3.2.2　正截面的破坏特征

钢筋混凝土受弯构件正截面承载力计算，是以构件截面破坏阶段的应力状态为依据的。为了正确进行承载力计算，有必要对截面在破坏时的破坏特征加以研究。

试验指出，对于截面尺寸和混凝土强度等级相同的受弯构件，其正截面的破坏特征主要与钢筋数量有关，可分下列三种情况。

1. 第 1 种破坏情况——适筋破坏

配筋量适中的截面，在开始破坏时，裂缝截面受拉钢筋的应力首先达到屈服强度，发生很大的塑性变形，有一根或几根裂缝迅速开展并向上延伸，受压区面积大大减小，迫使混凝土边缘应变达到极限压应变 ε_{cu}，混凝土被压碎，构件即告破坏［图 3－12（a）］，这种配筋情况称为“适筋”。适筋梁在破坏前，构件有显著的裂缝开展和挠度，即有明显的破坏预兆。在破坏过程中，虽然最终破坏时构件所能承受的荷载仅稍大于钢筋刚达到屈服时承受的荷载，但挠度的增长却相当的大（参见图 3－13）。这意味着构件在截面承载力无显著变化的情况下，具有较大的变形能力，也就是构件的延性较好，属于延性破坏。

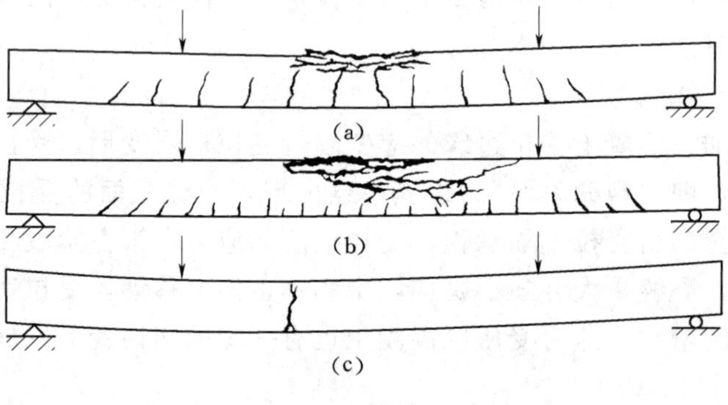

图 3－12　梁的正截面破坏情况

2. 第 2 种情况——超筋破坏

若钢筋用量过多，加载后受拉钢筋应力尚未达到屈服强度前，受压混凝土却已先达到极限压应变而被压坏，致使整个构件也突然破坏［图 3－12（b）］，这种配筋情况称为“超筋”。由于承载力控制于混凝土受压区，所以虽然配置了很多受拉钢筋，也不能增加截面承载力，钢筋未能发挥其应有的作用。超筋梁在破坏时裂缝根数较多，裂缝宽度比较细，挠度也比较小。但超筋构件由于混凝土压坏前无明显预兆，破坏突然发生，属于脆性破坏，对结构的安全很不利，因此，在设计中必须加以避免。

3. 第 3 种破坏情况——少筋破坏

若配筋量过少，受拉区混凝土一旦出现裂缝，裂缝截面受拉钢筋的应力很快达到屈服强度，并可能经过流幅段而进入强化阶段，这种配筋情况称为"少筋"。少筋梁在破坏时往往只出现一条裂缝，但裂缝开展很宽，挠度也很大［图 3-12（c）］。虽然受压混凝土还未压碎，但对于一般的板、梁，实用上认为已不能使用。因此，可以认为它的开裂弯矩就是它的破坏弯矩。少筋构件的破坏基本上属于脆性破坏，在设计中也应避免采用。

图 3-13 为适筋、超筋及少筋构件的弯矩-挠度（$M-f$）关系曲线。由图可见，对于适筋构件，在裂缝出现前（第Ⅰ阶段）和裂缝出现后（第Ⅱ阶段），挠度随荷载的增加大致按线性变化增长。但在裂缝出现后，由于截面受拉混凝土退出工作，截面刚度显著降低，因此挠度的增长远较裂缝出现前为大。在第Ⅰ阶段与第Ⅱ阶段过渡处，挠度曲线有一转折。当受拉钢筋达到屈服（进入第Ⅲ阶段）时，挠度增加更为剧烈，曲线出现第二个转折点。以后在弯矩变动不大的情况下，挠度持续增加，表现出良好的延性性质。

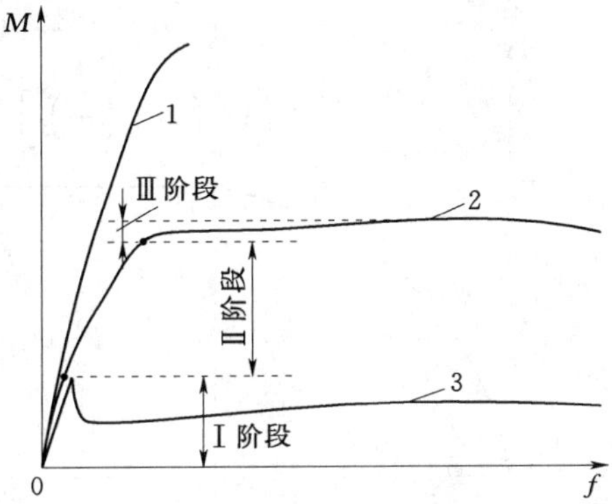

图 3-13　三种配筋构件的弯矩-挠度曲线

1—超筋构件；2—适筋构件；3—少筋构件

对于超筋构件，由于直到破坏时钢筋应力还未达到屈服强度，因此挠度曲线没有第二个转折点，呈现出突然的脆性破坏性质，延性极差。

对于少筋构件，在达到开裂弯矩后，由钢筋承担拉力，但此时截面能承受的弯矩还不及开裂前由混凝土承担的弯矩大，因而曲线有一下降段，此后挠度急剧增加。

综上所述，当受弯构件的截面尺寸、混凝土强度等级相同时，正截面的破坏特征随配筋量多少而变化，其规律是：①配筋量太少时，破坏弯矩接近于开裂弯矩，其大小取决于混凝土的抗拉强度及截面尺寸大小；②配筋量过多时，配筋不能充分发挥作用，构件的破坏弯矩取决于混凝土的抗压强度及截面尺寸大小；③配筋量适中时，构件的破坏弯矩取决于配筋量、钢筋的强度等级及截面尺寸。合理的配筋应配筋量适中，避免发生超筋或少筋的破坏情况。因此，在下面计算公式推导中所取用的应力图形也仅是指配筋量适中的截面来说的。

3.3　正截面受弯承载力计算原则

3.3.1　计算方法的基本假定

（1）平截面假定。多年来，国内外对用各种钢材配筋（包括各种形状截面）的受弯构件所进行的大量试验表明，在各级荷载作用下，一定的标距范围内的平均应变值沿截面高度线性分布，基本上符合平截面假定（参见图 3-10）。根据平截面假定，截面上任意点的应变与该点到中和轴的距离成正比，所以平截面假定提供了变形协调的几何关系。

（2）不考虑受拉区混凝土的工作。对于极限状态下的承载力计算来说，受拉区混凝土的作用相对很小，完全可以忽略不计。

(3) 受压区混凝土的应力应变关系采用理想化的应力-应变曲线（图 3-14）。当混凝土压应变 $\varepsilon_c \leqslant 0.002$ 时，应力应变关系为抛物线，其抛物线方程可取为 $\sigma_c = f_c\left[1-\left(1-\frac{\varepsilon_c}{0.002}\right)^2\right]$，此处 f_c 为混凝土轴心抗压强度设计值；而当混凝土压应变 $\varepsilon_c > 0.002$ 时，应力应变关系为水平线，$\sigma_c = f_c$。在计算时，混凝土的极限压应变 ε_{cu} 取为 0.0033。

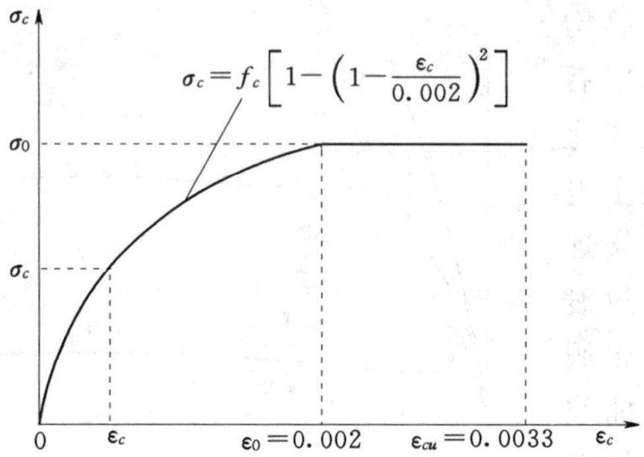

图 3-14　混凝土的 σ_c - ε_c 设计曲线

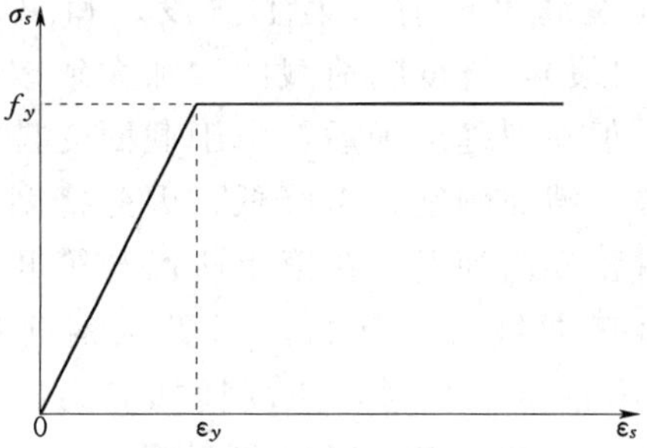

图 3-15　有明显屈服点钢筋的 σ_s - ε_s 设计曲线

(4) 有明显屈服点的钢筋（热轧钢筋），其应力应变关系可简化为理想的弹塑性曲线（图 3-15）。当 $0 \leqslant \varepsilon_s \leqslant \varepsilon_y$ 时，$\sigma_s = \varepsilon_s E_s$；而当 $\varepsilon_s > \varepsilon_y$ 时，$\sigma_s = f_y$，f_y 为钢筋抗拉强度设计值。

3.3.2　适筋和超筋破坏的界限

如前所述，适筋破坏的特点是受拉钢筋的应力首先达到屈服强度 f_y，经过一段流幅变形后，受压区的混凝土边缘的压应变也达到其极限压应变 ε_{cu}，构件随即破坏。此时，$\varepsilon_s > \varepsilon_y = f_y/E_s$，而 $\varepsilon_c = \varepsilon_{cu} = 0.0033$。超筋破坏的特点是在受拉钢筋的应力尚未达到屈服强度时，受压区混凝土边缘的压应变已达到其极限压应变，构件破坏。此时，$\varepsilon_s < \varepsilon_y = f_y/E_s$，而 $\varepsilon_c = \varepsilon_{cu} = 0.0033$。显然，在适筋破坏和超筋破坏之间必定存在着一种界限状态。这种状态的特征是在受拉钢筋的应力达到屈服强度的同时，受压区混凝土边缘的压应变恰好达到极限压应变 ε_{cu} 而破坏，即为界限破坏。此时，$\varepsilon_s = \varepsilon_y = f_y/E_s$；$\varepsilon_c = \varepsilon_{cu} = 0.0033$（图 3-16）。

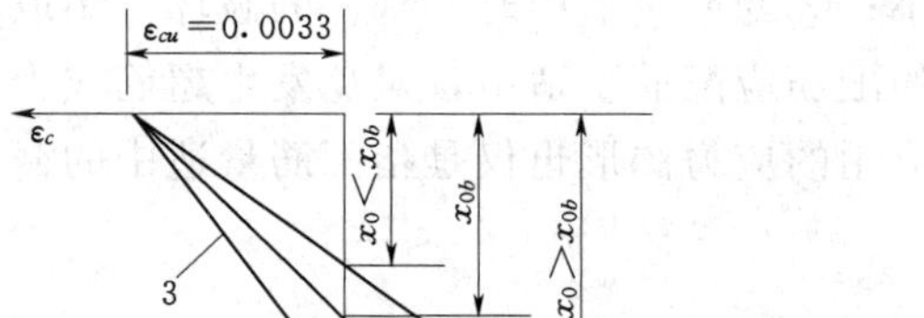

图 3-16　适筋、超筋、界限破坏时的截面平均应变图

1—适筋破坏；2—界限破坏；3—超筋破坏

利用平截面假定所提供的变形协调条件，可以建立判别适筋或超筋破坏的界限条件。下面以单筋矩形截面为例加以说明（图 3-17）。

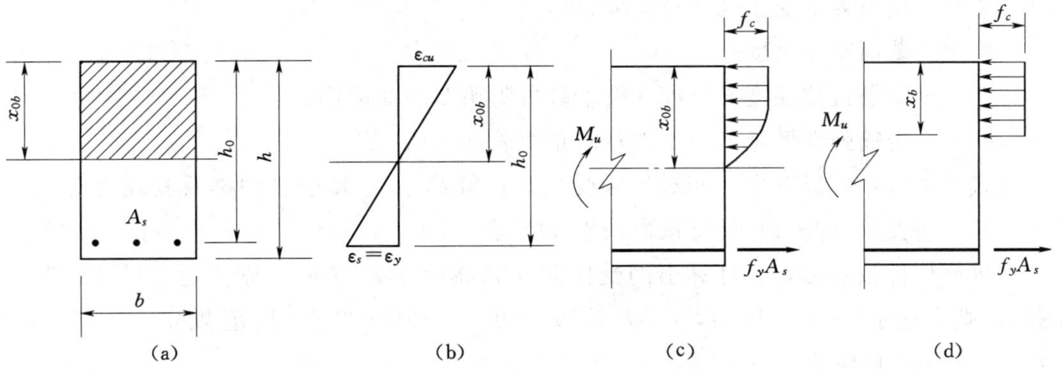

图 3-17 界限破坏时的截面受压区高度及混凝土应力图形

矩形截面有效高度为 h_0（自受拉钢筋合力点至截面受压区边缘的距离），钢筋的截面面积为 A_s。在界限破坏状态，截面的界限受压区实际高度为 x_{0b}。由于在界限破坏时，$\varepsilon_s=\varepsilon_y=f_y/E_s$，$\varepsilon_c=\varepsilon_{cu}=0.0033$；根据平截面假定，截面应变为直线分布，所以可按比例关系求出界限破坏时截面的界限受压区实际高度 x_{0b} 或相对受压区实际高度 ξ_{0b}，在此 $\xi_{0b}=x_{0b}/h_0$。

$$\xi_{0b}=\frac{x_{0b}}{h_0}=\frac{\varepsilon_{cu}}{\varepsilon_{cu}+\varepsilon_y}=\frac{0.0033}{0.0033+\frac{f_y}{E_s}}=\frac{1}{1+\frac{f_y}{0.0033E_s}}$$

非界限破坏时，截面受压区实际高度为 x_0，相对受压区实际高度为 ξ_0，$\xi_0=x_0/h_0$。从图 3-16 可明显看出，当 $\xi_0<\xi_{0b}$（即 $x_0<x_{0b}$）时，$\varepsilon_s>\varepsilon_y=f_y/E_s$，钢筋应力可以达到其屈服强度，因此，为适筋破坏。而当 $\xi_0>\xi_{0b}$（即 $x_0>x_{0b}$）时，$\varepsilon_s<\varepsilon_y=f_y/E_s$，钢筋应力达不到屈服强度，因此，为超筋破坏。

当已知混凝土的应力-应变曲线，同时也已知截面的应变规律时，则可根据截面各点的应变从混凝土的应力-应变曲线上求得相应的应力值，来确定截面上的混凝土应力图形。如此，根据受压区混凝土应力应变关系的假定（图 3-14）和平截面假定，可以得出截面受压区混凝土的应力图形 [图 3-17（c）]。但采用图 3-17（c）所示的曲线应力图形进行计算仍比较烦琐，为了简化计算，便于应用，在进行正截面承载力计算时，采用等效的矩形应力图形代替曲线应力图形，如图 3-17（d）所示，矩形应力图中的应力取为混凝土轴心抗压强度 f_c。根据两个应力图形合力相等和合力作用点位置不变的原则，可以求得矩形应力图形的受压区计算高度 $x=0.824x_0$，为方便计算，近似取 $x=0.8x_0$。

在实际设计计算时，常用矩形应力图形的受压区计算高度 x 代替 x_0，用相对受压区计算高度 ξ 代替 ξ_0。对于界限状态，则也用 x_b 代替 x_{0b}，用 ξ_b 代替 ξ_{0b}。因 $x_b=0.8x_{0b}$，$\xi_b=0.8\xi_{0b}$。故可得

$$\xi_b=\frac{x_b}{h_0}=\frac{0.8}{1+\frac{f_y}{0.0033E_s}} \tag{3-1}$$

式中 x_b——界限受压区计算高度；

ξ_b——相对界限受压区计算高度；

h_0——截面有效高度；

f_y——钢筋抗拉强度设计值，按本教材附录 2 表 3 取用；

E_s——钢筋弹性模量，按本教材附录 2 表 5 取值。

从式（3－1）可以看出，相对界限受压区计算高度 ξ_b 和钢筋种类及其强度有关。为方便计算，将按式（3－1）计算得出的 ξ_b 列于表 3－1。

在进行构件设计时，若计算出的受压区计算高度 $x \leqslant \alpha_1 \xi_b h_0$，则为适筋破坏；若 $x > \alpha_1 \xi_b h_0$，则为超筋破坏。其中，α_1 为系数，DL/T 5057—2009 规范规定 $\alpha_1 = 1.0$，SL 191—2008 规范则规定 $\alpha_1 = 0.85$。

表 3－1　ξ_b、$0.85\xi_b$ 及 α_{sb} 值（热轧钢筋）

钢筋种类	HPB300	HRB335	HRB400	RRB400
ξ_b	0.576	0.550	0.518	0.518
$0.85\xi_b$	0.489	0.468	0.440	0.440
$\alpha_{sb}^D = \xi_b(1-0.5\xi_b)$	0.410	0.399	0.384	0.384
$\alpha_{sb}^S = 0.85\xi_b(1-0.425\xi_b)$	0.369	0.358	0.343	0.343

DL/T 5057—2009 规范延用原《水工混凝土结构设计规范》（DL/T 5057—1996）的规定，仍采用 $x \leqslant \xi_b h_0$ 作为适筋破坏的控制条件，即取系数 $\alpha_1 = 1.0$。采用 $x \leqslant \xi_b h_0$，实质上是容许混凝土受压区计算高度 x 达到 $\xi_b h_0$ 这一临界值，此时受弯构件将发生界限破坏，将是一种无预警的脆性破坏，相应的安全度就显得不够了。

SL 191—2008 规范将 $x \leqslant \xi_b h_0$ 改为 $x \leqslant 0.85\xi_b h_0$，即取系数 $\alpha_1 = 0.85$，是为了更有效地防止发生超筋破坏，以保证结构的延性[1]。这一改动对一般梁没有什么影响，只有对截面尺寸受到限制需配置受压钢筋的双筋截面梁，才会对总的用钢量产生一些影响，增加约 2%左右。

3.3.3　最小配筋率

从 3.2 节知道，钢筋混凝土构件不应采用少筋截面，以避免一旦出现裂缝后，构件因裂缝宽度或挠度过大而失效。在混凝土结构设计规范中，是通过规定配筋率 ρ 必须大于最小配筋率 ρ_{min} 来避免构件出现少筋破坏的，即

$$\rho \geqslant \rho_{min} \tag{3-2}$$

式中　ρ——受拉区纵向钢筋配筋率（钢筋截面面积与截面有效面积的比值，以百分率表示），$\rho = A_s/(bh_0)$；

ρ_{min}——受弯构件纵向受拉钢筋最小配筋率。一般梁、板可按本教材附录 4 表 3 取用；对于水工中截面尺寸较大的底板和墩墙，有关 ρ_{min} 的规定另见本教材第 12 章。

[1] 国际上的一些主流规范也有此类似规定，例如美国规范和日本规范均规定 $x \leqslant 0.75\xi_b h_0$；英国规范则相当于规定 $x \leqslant 0.79\xi_b h_0$。

3.4 单筋矩形截面构件正截面受弯承载力计算

3.4.1 计算简图与基本公式

根据受弯构件适筋破坏特征，在进行受弯构件单筋矩形截面正截面受弯承载力计算时，忽略受拉区混凝土的作用；受压区混凝土的应力图形采用等效矩形应力图形，应力值取为混凝土的轴心抗压强度设计值 f_c；受拉钢筋应力达到钢筋的抗拉强度设计值 f_y。计算简图如图 3-18 所示。

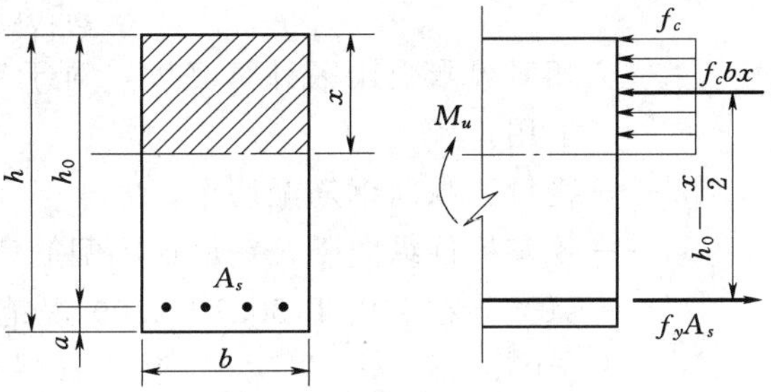

图 3-18 单筋矩形截面受弯构件正截面承载力计算简图

根据计算简图和截面内力的平衡条件，并满足承载能力极限状态的计算要求，可得两个下列基本公式。

1. 按 DL/T 5057—2009 规范

$$\gamma_d M^D \leqslant M_u = f_c bx\left(h_0 - \frac{x}{2}\right) \tag{3-3}$$

$$f_c bx = f_y A_s \tag{3-4}$$

式中 M^D——弯矩设计值，为式（2-21）（荷载效应基本组合）或式（2-23）（荷载效应偶然组合）计算值与 $\gamma_0\psi$ 的乘积；γ_0 为结构重要性系数，ψ 为设计状况系数，按本教材第 2 章有关规定取用；

M_u——截面极限弯矩值；

γ_d——结构系数，按表 2-6 采用；

f_c——混凝土轴心抗压强度设计值，按本教材附录 2 表 1 取用；

b——矩形截面宽度；

x——混凝土受压区计算高度；

h_0——截面有效高度，$h_0=h-a$，h 为截面高度，a 为纵向受拉钢筋合力点至截面受拉边缘的距离；

f_y——钢筋抗拉强度设计值，按本教材附录 2 表 3 取用；

A_s——受拉区纵向钢筋截面面积。

2. 按 SL 191—2008 规范

$$KM^S \leqslant M_u = f_c bx\left(h_0 - \frac{x}{2}\right) \tag{3-5}$$

$$f_c bx = f_y A_s \tag{3-6}$$

式中 M^S——弯矩设计值，按式（2-31）与式（2-32）（荷载效应基本组合）或式（2-33）（荷载效应偶然组合）计算；

K——承载力安全系数，按表 2-7 采用；

其余符号意义与 DL/T 5057—2009 规范相同。

由于 DL/T 5057—2009 规范与 SL 191—2008 规范的材料强度取值相同，因而式（3-6）与式（3-4）是完全相同的。式（3-5）与式（3-3）的右端项（抗力 M_u）也完全相同，只是左端项（$\gamma_d M^D$ 与 KM^S）有所差异。

为了保证构件是适筋破坏，应用基本公式时应满足下列两个适用条件：

$$x \leqslant \alpha_1 \xi_b h_0 \tag{3-7}$$

$$\rho \geqslant \rho_{\min} \tag{3-8}$$

式中 ξ_b——相对界限受压区计算高度，对于热轧钢筋，按式（3-1）计算或按表 3-1 取用；

ρ——受拉区纵向钢筋配筋率；

$\rho_{\min}$——受弯构件纵向受拉钢筋最小配筋率，按本教材附录 4 表 3 取用；

α_1——系数，在 DL/T 5057—2009 规范中 $\alpha_1=1.0$，在 SL 191—2008 规范中 $\alpha_1=0.85$。

式（3-7）是为了防止配筋过多而发生超筋破坏。式（3-8）是为了防止配筋过少而发生少筋破坏。如计算出的配筋率 ρ 小于 $\rho_{\min}$ 时，则应按 $\rho_{\min}$ 配筋。

在已知材料强度、截面尺寸等条件下，可联立求解基本公式（3-3）和式（3-4）或式（3-5）和式（3-6），得出受压区计算高度 x 及受拉钢筋截面面积 A_s 值，其计算步骤见本章［例 3-1］。

但利用基本公式求解时，必须解一元二次联立方程组，比较麻烦，为了计算方便可将基本公式作如下处理。

1. 按 DL/T 5057—2009 规范

将 $\xi=x/h_0$（即 $x=\xi h_0$）代入式（3-3）、式（3-4），并令

$$\alpha_s=\xi(1-0.5\xi) \tag{3-9}$$

则有

$$\gamma_d M^D \leqslant M_u=\alpha_s f_c b h_0^2 \tag{3-10}$$

$$f_c b \xi h_0 = f_y A_s \tag{3-11}$$

此时，其适用条件相应为：

$$\xi \leqslant \alpha_1 \xi_b \tag{3-12}$$

$$\rho \geqslant \rho_{\min} \tag{3-13}$$

式中 α_s——截面抵抗矩系数，按式（3-9）计算；

ξ——相对受压区计算高度；

α_1——系数，在 DL/T 5057—2009 规范中 $\alpha_1=1.0$。

设计时应满足 $M_u \geqslant \gamma_d M^D$，但为经济起见一般取 $M_u=\gamma_d M^D$。具体计算时，可先由式（3-10）求 α_s

$$\alpha_s=\frac{\gamma_d M^D}{f_c b h_0^2} \tag{3-14}$$

再由式（3-9）求解 ξ

$$\xi=1-\sqrt{1-2\alpha_s} \tag{3-15}$$

将 ξ 代入式（3-11）即可求得钢筋截面面积 A_s

$$A_s=\frac{f_c b\xi h_0}{f_y} \tag{3-16}$$

2. 按 SL 191—2008 规范

按 SL 191—2008 规范设计时，同样可作相同的处理，即只需将上述公式中的 $\gamma_d M^D$ 用 KM^S 代替，取系数 $\alpha_1=0.85$ 即可得到按 SL 191—2008 规范设计所需的计算公式。

在确定截面有效高度 h_0 时，a 值可由混凝土保护层厚度 c 和钢筋直径 d 计算得出。钢筋单层布置时，$a=c+\frac{d}{2}$；钢筋双层布置时，$a=c+d+\frac{e}{2}$，其中 e 为两层钢筋间的净距。一般情况下，a 值也可取下列近似值。

梁：　一层钢筋　$a=c+10$（mm）　(3-17a)

　　　二层钢筋　$a=c+35$（mm）　(3-17b)

板：　薄板　$a=c+5$（mm）　(3-18a)

　　　厚板　$a=c+10$（mm）　(3-18b)

混凝土保护层厚度 c 可根据构件性质及构件所处的环境条件类别定出，其值应不小于本教材附录 4 表 1 所列数值，表中的环境条件类别具体划分参见附录 1。

在基本公式中，是假定受拉钢筋的应力达到 f_y，受压混凝土的应力达到 f_c 的。由前一节可知，这种应力状态只在配筋量适中的构件中才会发生，所以基本公式只适用于适筋构件，而不适用于超筋构件和少筋构件。

3.4.2 截面设计

截面设计时，一般可先根据建筑物使用要求、外荷载（弯矩设计值）大小及所选用的混凝土等级与钢筋种类，凭设计经验或参考类似结构定出构件的截面尺寸 $b\times h$，然后计算受拉钢筋截面面积 A_s。

在设计中，可有多种不同截面尺寸供选择。显然，截面尺寸定得大，配筋量就可小一些。截面尺寸定得小，配筋量就会大一些。截面尺寸的选择应使计算得出的配筋率 ρ 处在常用配筋率范围之内，对一般板和梁，其常用配筋率范围是：

板	0.4%～0.8%	
矩形截面梁	0.6%～1.5%	
T形截面梁	0.9%～1.8%	（相对于梁肋来说）

应当指出，对于有特殊使用要求的构件，则应灵活处理。例如为了减轻预制构件的自重，可采用比上述常用配筋率略高的数值；对有抗裂要求的构件，其配筋率必将低于上列数值。

正截面抗弯配筋的设计步骤如下。

1. 作出板或梁的计算简图

计算简图中应表示支座和荷载的情况，以及板或梁的计算跨度。

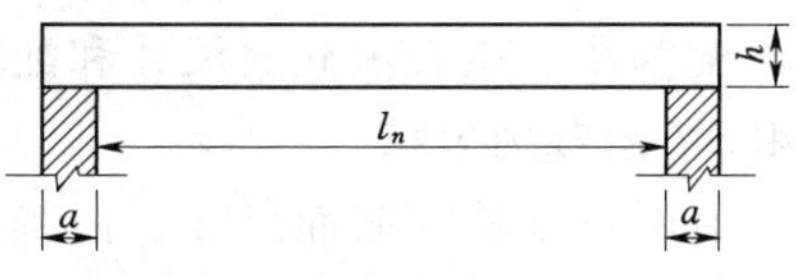

图 3-19　简支板（梁）

简支板、梁（图 3-19）的计算跨度 l_0 可取下列各相应 l_0 值中的较小者：

实心板
$$\begin{cases} l_0 = l_n + a \\ l_0 = l_n + h \\ l_0 = 1.1 l_n \end{cases}$$

空心板和简支梁
$$\begin{cases} l_0 = l_n + a \\ l_0 = 1.05 l_n \end{cases}$$

式中　l_n——板或梁的净跨度；

a——板或梁的支承长度；

h——板厚。

2. 内力计算

按 DL/T 5057—2009 规范设计时，可根据板梁的安全级别由表 2 - 3 查得 γ_0，并由相应的设计状况确定 ψ。

对图 3 - 19 所示的简支板或梁，可按作用在板或梁上的全部荷载（永久荷载及可变荷载），求出跨中最大弯矩设计值。现浇板的宽度一般都比较大，其计算宽度 b 可取单位宽度（1.0m）。

3. 配筋计算

（1）按 DL/T 5057—2009 规范设计时，由表 2 - 6 查得 γ_d；按 SL 191—2008 规范设计时，可根据板梁的安全级别由表 2 - 7 查得 K。

（2）按 DL/T 5057—2009 规范设计时，由式（3 - 14）计算出 α_s；按 SL 191—2008 规范设计时，则需将式（3 - 14）中的 $\gamma_d M^D$ 改为 KM^S。

（3）根据 α_s 值，由式（3 - 15）计算出相对受压区计算高度 ξ，并检查 ξ 值是否满足适用条件 $\xi \leqslant \alpha_1 \xi_b$。对 DL/T 5057—2009 规范，$\alpha_1 = 1.0$；对 SL 191—2008 规范，$\alpha_1 = 0.85$。如不满足，则应加大截面尺寸、提高混凝土强度等级或采用双筋截面重新计算。ξ_b 或 $0.85\xi_b$ 可直接由表 3 - 1 查出。

（4）再由式（3 - 16）计算出所需要的钢筋截面面积 A_s。

（5）计算配筋率 ρ，$\rho = A_s/(bh_0)$，并检查是否满足适用条件 $\rho \geqslant \rho_{\min}$。如不满足，则应按最小配筋率 $\rho_{\min}$ 配筋，即取 $A_s = \rho_{\min} b h_0$。

最好使求得的 ρ 处在常用配筋率范围内，如不在范围内，可修改截面尺寸，重新计算。经过一、二次计算后，就能够确定出合适的截面尺寸和钢筋数量。

（6）由本教材附录 3 表 1 选择合适的钢筋直径及根数。对板，也可由附录 3 表 2 选择合适的钢筋直径及间距。实际采用的钢筋截面面积一般应等于或略大于计算需要的钢筋截面面积，如若小于计算所需的面积，则相差不应超过 5%。钢筋的直径和间距等应符合 3.1 节所述有关构造的规定。

4. 绘制截面配筋图

配筋图上应表示截面尺寸和配筋情况，注意应按适当比例正规绘制。

3.4.3　承载力复核

有时已知构件截面尺寸、混凝土强度等级、钢筋种类和受拉钢筋的截面面积，需要复核该构件正截面受弯承载力的大小，可按下列步骤进行：

（1）由式（3 - 11）计算相对受压区计算高度 ξ，并检查是否满足适用条件式 $\xi \leqslant \alpha_1 \xi_b$。

如不满足，表示截面配筋属于超筋，承载力控制于混凝土受压区，则取 $\xi=\alpha_1\xi_b$ 计算。这里，按 DL/T 5057—2009 规范校核时，$\alpha_1=1.0$；按 SL 191—2008 规范校核时，$\alpha_1=0.85$。

(2) 根据 ξ 值由式 (3-9) 计算 α_s。

(3) 由式 (3-10) 计算出截面受弯承载力 M_u^D 或 M_u^S。

(4) 当已知截面承受的弯矩设计值 M^D 或 M^S 时，按承载能力极限状态计算要求，应满足 $M^D\leqslant\frac{M_u^D}{\gamma_d}$ (DL/T 5057—2009 规范) 或 $M^S\leqslant\frac{M_u^S}{K}$ (SL 191—2008 规范)。

【例 3-1】 某灌溉渠控制闸（5 级水工建筑物）的闸门用螺杆启闭机启闭，如图 3-20 (a) 所示，启闭机支承在两根梁上，试按 DL/T 5057—2009 规范与 SL 191—2008 规范计算其中一根矩形梁跨中截面所需的纵向钢筋截面面积。

资料：闸门提升时启门力 80.0kN，启闭机及机墩重 10.0kN，由两根梁承受，则每根梁承受作用于跨中的集中荷载标准值为 $Q_k=40.0$kN（启门力）和 $G_k=5.0$kN（启闭机及机墩重）。对单孔小闸，启闭机梁承受的人群荷载主要为启闭机操作人员和管理人员，取其标准值为 $q_k=1.20$kN/m。

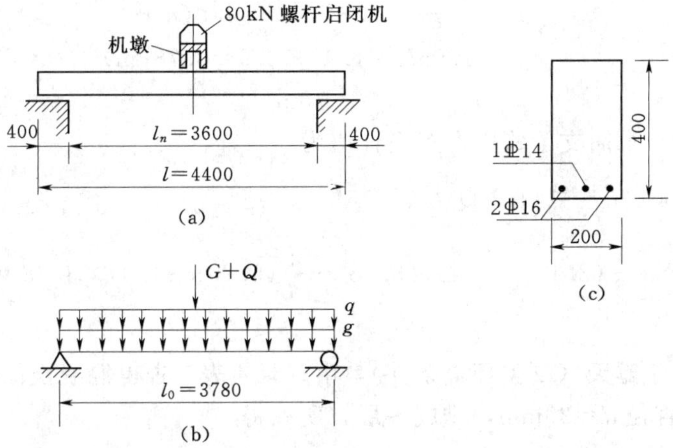

图 3-20　启闭机支承梁、内力计算简图及截面配筋图

取梁宽 $b=200$mm，梁高 $h=400$mm。

采用 C25 混凝土及 HRB400 钢筋。

由本教材附录 2 表 1 及表 3 查得材料强度设计值 $f_c=11.9\text{N/mm}^2$，$f_y=360\text{N/mm}^2$；钢筋混凝土重力密度 $\gamma=25\text{kN/m}^3$。

解：

1. 按 DL/T 5057—2009 规范计算

(1) 分项系数

由表 2-3，5 级水工建筑物的结构安全级别为Ⅲ级，结构重要性系数 $\gamma_0=0.9$。正常使用期为持久状况，设计状况系数 $\psi=1.0$。

由表 2-4 和表 2-5 查得荷载分项系数为：梁自重、启闭机及机墩重等永久荷载，γ_G

$=1.05$；人群荷载，$\gamma_{Q1}=1.20$（一般可变荷载）；启门力，$\gamma_{Q2}=1.10$（采用制造厂家提供的最大启门力，属于可控制的可变荷载）。

由表 2-6 查得结构系数 $\gamma_d=1.20$。

(2) 荷载

梁自重　　标准值 $g_k=bh\gamma=0.2\times0.4\times25=2.0$ (kN/m)

　　　　　设计值 $g=\gamma_G g_k=1.05\times2.0=2.10$ (kN/m)

启闭机及机墩重 标准值 $G_k=5.0$kN

　　　　　设计值 $G=\gamma_G G_K=1.05\times5.0=5.25$ (kN)

启门力　　标准值 $Q_k=40.0$kN

　　　　　设计值 $Q=\gamma_{Q2}Q_k=1.10\times40.0=44.0$ (kN)

人群荷载　标准值 $q_k=1.20$kN/m

　　　　　设计值 $q=\gamma_{Q1}q_k=1.20\times1.20=1.44$ (kN/m)

(3) 内力计算

启闭机梁两端搁置在墩子上，可按简支梁计算。计算简图如图 3-20 (b) 所示。

梁的计算跨度 l_0 可取下列两者中的较小者：

$$l_0=l_n+a=3.6+0.4=4.0(\text{m})$$

$$l_0=1.05l_n=1.05\times3.6=3.78(\text{m})$$

取计算跨度　　$l_0=3.78$m

由式 (2-36)，求简支梁跨中弯矩设计值为

$$M^D=\gamma_0\psi\left[\frac{1}{8}(g+q)l_0^2+\frac{1}{4}(G+Q)l_0\right]$$

$$=0.9\times1.0\times\left[\frac{1}{8}(2.10+1.44)\times3.78^2+\frac{1}{4}(5.25+44.0)\times3.78\right]=47.58(\text{kN}\cdot\text{m})$$

(4) 配筋计算

该启闭机梁处于露天（二类环境条件），由附录 4 表 1 查得混凝土保护层最小厚度 $c=35$mm，估计钢筋直径 $d=20$mm，排成一层，所以得

$$a=c+\frac{d}{2}=35+\frac{20}{2}=45(\text{mm})$$

则截面有效高度 $h_0=h-a=400-45=355$ (mm)。

$$\gamma_d M^D=1.20\times47.58=57.10(\text{kN}\cdot\text{m})$$

将各已知数值代入基本设计公式 (3-3) 和式 (3-4)，可得

$$57.10\times10^6=11.9\times200\times x\times\left(355-\frac{x}{2}\right) \tag{a}$$

$$11.9\times200\times x=360\times A_s \tag{b}$$

由式 (a)、式 (b) 联立求解，可得

$$x=76\text{mm}<\xi_b h_0=184\text{mm}$$

$$A_s=502\text{mm}^2$$

上述解一元二次方程的计算比较麻烦，下面再利用系数 α_s 进行计算。

按式 (3-14) 求得

$$\alpha_s=\frac{\gamma_d M^D}{f_c b h_0^2}=\frac{57.10\times10^6}{11.9\times200\times355^2}=0.190$$

按式（3－15）求得

$\xi=1-\sqrt{1-2\alpha_s}=1-\sqrt{1-2\times0.190}=0.213<\xi_b=0.518$（查表3－1），满足要求。

按式（3－16）求得

$$A_s=\frac{f_c b\xi h_0}{f_y}=\frac{11.9\times200\times0.213\times355}{360}=500(\text{mm}^2)$$

与解联立方程式计算结果相同。

$\rho=\frac{A_s}{bh_0}=\frac{500}{200\times355}=0.70\%>\rho_{min}=0.20\%$（查附录4表3），满足要求。

可以看出，对设计截面，利用系数 α_s 计算比解方程式运算简便，因此截面设计一般都采用系数 α_s 进行计算。

查附录3表1，选用2 ⌀ 16＋1 ⌀ 14（实际 $A_s=556\text{mm}^2$）。钢筋配置如图3－20（c）所示。

选用钢筋2 ⌀ 16＋1 ⌀ 14排成一层，需要的宽度为2×35（侧保护层厚度）＋（2×16＋14）（钢筋直径）＋2×25（钢筋净距）＝166mm，小于梁宽200mm，所以可排成一层。

2. 按SL 191—2008规范计算

（1）内力计算

荷载标准值同按DL/T 5057—2009规范计算：$g_k=2.0\text{kN/m}$；$q_k=1.20\text{kN/m}$；$G_k=5.0\text{kN}$；$Q_k=40.0\text{kN}$。

由式（2－38），可求得跨中弯矩设计值

$$\begin{aligned}M^S&=\frac{1}{8}(1.05g_k+1.20q_k)l_0^2+\frac{1}{4}(1.05G_k+1.10Q_k)l_0\\&=\frac{1}{8}(1.05\times2.0+1.20\times1.20)\times3.78^2+\frac{1}{4}(1.05\times5.0+1.10\times40.0)\times3.78\\&=52.86(\text{kN}\cdot\text{m})\end{aligned}$$

（2）配筋计算

由表2－7，查得5级水工建筑物基本组合时的安全系数 $K=1.15$。

由式（3－14）（式中 γ_d 用 K 代替，M^D 用 M^S 代替）得

$$\alpha_s=\frac{KM^S}{f_c bh_0^2}=\frac{1.15\times52.86\times10^6}{11.9\times200\times355^2}=0.203$$

按式（3－15）求得

$\xi=1-\sqrt{1-2\alpha_s}=1-\sqrt{1-2\times0.203}=0.229<0.85\xi_b=0.440$，满足要求。

$$A_s=\frac{f_c b\xi h_0}{f_y}=\frac{11.9\times200\times0.229\times355}{360}=537(\text{mm}^2)$$

$$\rho=\frac{A_s}{bh_0}=\frac{537}{200\times355}=0.76\%>\rho_{\min}=0.20\%$$

查附录3表1，选用2 ⌀ 16＋1 ⌀ 14（实际 $A_s=556\text{mm}^2$）。钢筋配置仍如图3－20（c）

所示。

【讨论】

(1) 从上面的计算可见，对 5 级水工建筑物（Ⅲ级安全级别）按 SL 191—2008 规范得出的钢筋用量比按 DL/T 5057—2009 规范得出的多 7.4%。

若将该灌溉渠控制闸提高到 3 级建筑物（Ⅱ级安全级别），则按 DL/T 5057—2009 规范与 SL 191—2008 规范得到的钢筋用量皆为 $563mm^2$。若将该灌溉渠控制闸提高到 1 级建筑物（Ⅰ级安全级别），则按 DL/T 5057—2009 规范与 SL 191—2008 规范得到的钢筋用量分别为 $631mm^2$ 和 $648mm^2$。

可见，对 4、5 级建筑物，SL 191—2008 规范得出的钢筋用量较 DL/T 5057—2009 规范提高较多，这是因为在 SL 191—2008 规范中，安全系数中所包含的结构重要性系数 γ_0，对 4、5 级建筑物（Ⅲ级安全级别）已从 DL/T 5057—2009 规范所取的 0.9 提高到 0.95。对 1～3 级建筑物，两本规范得出的钢筋用量相差很小或相等。这是因为对 1～3 级建筑物，两本规范 γ_0 取值相同，其钢筋用量的稍微差异仅是由于安全系数列表取整所引起的。

(2) 如将本例混凝土强度等级改用 C30，仍采用 HRB400 钢筋，按 DL/T 5057—2009 规范计算，钢筋截面面积 $A_s=488mm^2$。与前面计算结果相比较，混凝土强度等级由 C25 提高到 C30，f_c 值提高了 20.17%，但钢筋用量仅减少 2.40%。可见，在配筋适量的受弯构件中，承载力主要决定于受拉钢筋用量及钢筋强度，而混凝土强度等级对正截面受弯承载力的影响并不敏感。但对混凝土率先受压破坏的超筋梁来说，混凝土强度等级大小对正截面受弯承载力 M_u 的影响就很大了。

【例 3-2】 图 3-21 (a) 所示的某重力坝坝顶的人行道，横向由两块预制实心板铺设在坝体伸出的悬臂梁上而成，试按 DL/T 5057—2009 规范配置该人行道板的钢筋。

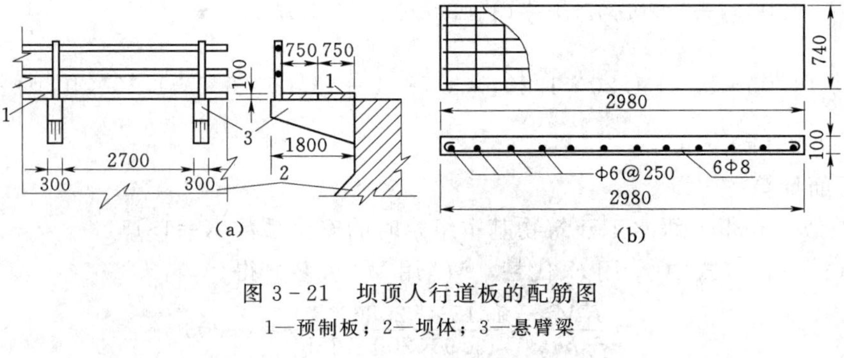

图 3-21　坝顶人行道板的配筋图

1—预制板；2—坝体；3—悬臂梁

资料：每块板的标志长度（悬臂梁中距）为 3.0m，标志宽度为 0.75m；在正常使用期，板上人群荷载标准值为 $3.0kN/m^2$。采用 C25 混凝土与 HPB300 钢筋。由附录 2 表 1 和表 3 查得 $f_c=11.9N/mm^2$，$f_y=270N/mm^2$。该人行道的结构安全级别定为Ⅲ级。

解：

1. 分项系数

由表 2-3，Ⅲ级结构安全级别，结构重要性系数 $\gamma_0=0.9$。正常使用期为持久状况，设计状况系数 $\psi=1.0$。

由表 2－4 和表 2－5 查得荷载分项系数为：板自重 $\gamma_G=1.05$（永久荷载）；人群荷载，$\gamma_{Q1}=1.20$（一般可变荷载）。

由表 2－6 查得结构系数 $\gamma_d=1.20$。

2. 荷载标准值

参考类似结构，估计板的厚度 $h=100\text{mm}$。

在正常使用时板承受的荷载标准值为：

均布永久荷载（板自重）：$g_k=0.10\times0.75\times25=1.88(\text{kN/m})$

均布可变荷载（人群荷载）：$q_k=3.0\times0.75=2.25(\text{kN/m})$

3. 内力计算

板的两端搁置在坝体挑出的悬臂梁上，所以板是简支的。板的计算跨度为：

$$l_0=l_n+a=2.70+0.15=2.85(\text{m})$$

$$l_0=l_n+h=2.70+0.10=2.80(\text{m})$$

$$l_0=1.1l_n=1.1\times2.70=2.97(\text{m})$$

因此取计算跨度 $l_0=2.80\text{m}$

由式（2－36），可求得跨中最大弯矩设计值：

$$M^D=\gamma_0\psi\frac{1}{8}(\gamma_G g_k+\gamma_{Q1}q_k)l_0^2$$

$$=0.9\times1.0\times\frac{1}{8}\times(1.05\times1.88+1.20\times2.25)\times2.80^2=4.12(\text{kN}\cdot\text{m})$$

4. 配筋计算

由附录 4 表 1，取混凝土保护层厚度 $c=25\text{mm}$（二类环境条件），初估钢筋直径 $d=10\text{mm}$，则 $a=c+\frac{d}{2}=25+\frac{10}{2}=30$（mm），$h_0=h-a=100-30=70$（mm），板计算宽度采用一块预制板宽 $b=750\text{mm}$。

由式（3－14）得

$$\alpha_s=\frac{\gamma_d M^D}{f_c b h_0^2}=\frac{1.20\times4.12\times10^6}{11.9\times750\times70^2}=0.113$$

由式（3－15）得

$$\xi=1-\sqrt{1-2\alpha_s}=1-\sqrt{1-2\times0.113}=0.120<\xi_b=0.576\text{（查表 3－1）}$$

由式（3－16）得

$$A_s=\frac{f_c b\xi h_0}{f_y}=\frac{11.9\times750\times0.120\times70}{270}=278(\text{mm}^2)$$

$$\rho=\frac{A_s}{bh_0}=\frac{278}{750\times70}=0.53\%>\rho_{min}=0.20\%\text{（查附录 4 表 3）}$$

查附录 3 表 1，选用 6Φ8（$A_s=302\text{mm}^2$）。

在受力钢筋的内侧应布置与受力钢筋相垂直的分布钢筋，其直径和间距可按 3.1 节所述的构造要求来确定。分布钢筋选用Φ6@250（@250 表示每两根钢筋中心间的距离为 250mm）。

5. 绘制施工图

为了便于板的安装铺设和接头填缝，板的构造长度比标志长度减小 20mm；构造宽度比标志宽度减小 10mm。预制板的施工图如图 3-21（b）所示。

【例 3-3】 某抽水站泵房内一矩形截面简支梁（Ⅱ级安全级别），截面尺寸为 250mm ×500mm。混凝土强度等级选用 C25，采用 HRB400 钢筋。按 DL/T 5057—2009 规范得到的跨中截面弯矩设计值 M^D=195.0kN·m，试按 DL/T 5057—2009 规范计算该截面所需的钢筋截面面积。

解：由附录 2 表 1 和表 3 查得 $f_c=11.9\text{N/mm}^2$，$f_y=360\text{N/mm}^2$；由表 2-6 查得结构系数 $\gamma_d=1.20$。

一类环境条件，保护层厚度 $c=30$mm；估计需配置双层钢筋，由式（3-17b）取 $a=65$mm，$h_0=h-a=500-65=435$（mm）。

$$\alpha_s=\frac{\gamma_d M^D}{f_c b h_0^2}=\frac{1.20\times195.0\times10^6}{11.9\times250\times435^2}=0.416$$

$$\xi=1-\sqrt{1-2\alpha_s}=1-\sqrt{1-2\times0.416}=0.590>\xi_b=0.518(\text{查表 3-1})$$

说明截面属于超筋破坏情况，所以将混凝土强度等级改用 C30 进行设计，$f_c=14.3\text{N/mm}^2$。

$$\alpha_s=\frac{\gamma_d M^D}{f_c b h_0^2}=\frac{1.20\times195.0\times10^6}{14.3\times250\times435^2}=0.346$$

$$\xi=1-\sqrt{1-2\alpha_s}=1-\sqrt{1-2\times0.346}=0.445<\xi_b=0.518$$

$$A_s=\frac{f_c b\xi h_0}{f_y}=\frac{14.3\times250\times0.445\times435}{360}=1922(\text{mm}^2)$$

查附录 3 表 1 选用 4 ⌀ 22+2 ⌀ 18（$A_s=2029\text{mm}^2$），钢筋布置符合构造要求，见图 3-22。

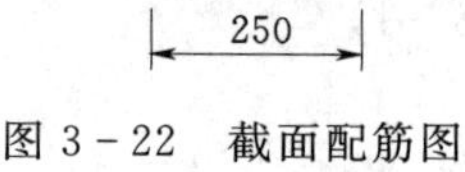

图 3-22　截面配筋图

此题也可不提高混凝土强度等级，而将截面尺寸改为 250mm ×600mm，读者可自行计算。

【例 3-4】 某现浇简支板（Ⅱ级安全级别），板厚 $h=120$mm，计算跨度 $l_0=3.10$m。采用 C25 混凝土及配有⌀ 8@140 钢筋。施工期承受的施工荷载标准值为 3.0kN/m^2。试验算此简支板在施工期是否安全?

解：由附录 2 表 1 和表 3 查得 $f_c=11.9\text{N/mm}^2$，$f_y=300\text{N/mm}^2$；取板宽 $b=1000$mm 计算，由附录 3 表 2 查得 $A_s=359\text{mm}^2$（⌀ 8@140）。

1. 荷载标准值

在施工期板承受的荷载标准值为：

均布永久荷载（板自重）：　　　$g_k=0.12\times1.0\times25=3.0$（kN/m）

均布可变荷载（施工荷载）：　　$q_k=3.0\times1.0=3.0$（kN/m）

2. 按 DL/T 5057—2009 规范计算

由表 2-3，Ⅱ级安全级别的结构重要性系数 $\gamma_0=1.0$。施工期为短暂状况，设计状况系数 $\psi=0.95$。由表 2-4 及表 2-5 查得荷载分项系数为：板自重 $\gamma_G=1.05$，施工荷载

$\gamma_{Q1}=1.20$。由表 2-6 查得结构系数 $\gamma_d=1.20$。

二类环境条件，保护层厚度 $c=25\text{mm}$，单层钢筋，$a=c+\dfrac{d}{2}=25+\dfrac{8}{2}=29$（mm），$h_0=h-a=120-29=91$（mm）。

（1）内力计算

永久荷载设计值（板自重）：　　$g=\gamma_G g_k=1.05\times3.0=3.15$（kN/m）

可变荷载设计值（施工荷载）：　　$q=\gamma_{Q1} q_k=1.20\times3.0=3.60$（kN/m）

由式（2-36）得跨中最大弯矩设计值：

$$M^D=\gamma_0\psi\frac{1}{8}(g+q)l_0^2$$

$$=1.0\times0.95\times\frac{1}{8}(3.15+3.60)\times3.10^2=7.70(\text{kN}\cdot\text{m})$$

（2）正截面受弯承载力 M_u 计算

由式（3-11）得

$$\xi=\frac{f_yA_s}{f_cbh_0}=\frac{300\times359}{11.9\times1000\times91}=0.099<\xi_b=0.550\text{（查表 3-1）}$$

由式（3-9）得

$$\alpha_s=\xi(1-0.5\xi)=0.099\times(1-0.5\times0.099)=0.094$$

由式（3-10）得

$$M_u=\alpha_sf_cbh_0^2=0.094\times11.9\times1000\times91^2=9.26\times10^6(\text{N}\cdot\text{mm})=9.26\text{kN}\cdot\text{m}$$

（3）实际能承受的弯矩设计值计算

$$M^{D'}=\frac{M_u}{\gamma_d}=\frac{9.26}{1.20}=7.72\ (\text{kN}\cdot\text{m})>M^D=7.70\text{kN}\cdot\text{m}\text{，故安全。}$$

3. 按 SL 191—2008 规范计算

（1）内力计算

由式（2-38）得跨中最大弯矩设计值：

$$M^S=\frac{1}{8}(1.05g_k+1.20q_k)l_0^2$$

$$=\frac{1}{8}(1.05\times3.0+1.20\times3.0)\times3.1^2=8.11(\text{kN}\cdot\text{m})$$

（2）正截面受弯承载力 M_u 计算

ξ、α_s 及 M_u 计算过程及结果同按 DL/T 5057—2009 规范计算，只是用 $\xi\leqslant0.85\xi_b$ 判别构件是否超筋。

（3）实际能承受的弯矩设计值计算

由表 2-7，查得Ⅱ级安全级别、基本组合时的安全系数 $K=1.20$。

$$M^{S'}=\frac{M_u}{K}=\frac{9.26}{1.20}=7.72\ (\text{kN}\cdot\text{m})<M^S=8.11\text{kN}\cdot\text{m}\text{，故稍欠安全（差 5\%）。}$$

可见，两本规范得出的结论不同。这是因为对Ⅱ级安全级别的结构，虽然 DL/T 5057—2009 规范的重要性系数 γ_0 与 SL 191—2008 规范的安全系数中所包含的结构重要

性系数 γ_0 是相等的，但对设计状况系数 ψ 的规定却不同。DL/T 5057—2009 规范保留了《水工混凝土结构设计规范》（DL/T 5057—1996）的规定，认为短暂状况的可靠度要求可低于持久状况，取短暂状况的设计状况系数 $\psi=0.95$。而 SL 191—2008 规范考虑到施工期（短暂设计状况）失事的概率反而高，安全度不宜降低，对持久状况和短暂状况的设计状况系数 ψ 均取为 1.0。即对施工期，SL 191—2008 规范所要求的可靠度大于 DL/T 5057—2009 规范。

3.5　双筋矩形截面构件正截面受弯承载力计算*

如果截面承受的弯矩很大，而截面尺寸受到建筑设计的限制不能增大，混凝土强度等级又不便于提高，以致采用单筋截面已无法满足 $\xi\leqslant\alpha_1\xi_b$ 的适用条件时，就需要在受压区配置受压钢筋来帮助混凝土受压，此时就成为双筋截面，应按双筋截面公式计算。或者当截面既承受正向弯矩又可能承受反向弯矩，截面上下均应配置受力钢筋，而在计算中又考虑受压钢筋作用时，亦应按双筋截面计算。

用钢筋来帮助混凝土受压是不经济的，但对构件的延性有利。因此，在抗震地区，一般都宜配置必要的受压钢筋。

3.5.1　计算简图和基本公式

由于钢筋和混凝土共同工作时两者之间具有粘结力，因而受压区钢筋和混凝土有相同的变形，即 $\varepsilon_s=\varepsilon_c$。当构件破坏时，受压边缘纤维混凝土的变形达到极限压应变 ε_{cu}，此时受压钢筋应力最多可达到 $\sigma_s=\varepsilon_s E_s=\varepsilon_c E_s\approx\varepsilon_{cu}E_s$。$\varepsilon_{cu}$ 值约在 0.002～0.004 范围内变化，为安全计，计算受压钢筋应力时，取 $\varepsilon_{cu}=0.002$，而 E_s 值为 $1.95\times10^5\sim2.05\times10^5\mathrm{N/mm^2}$，所以 $\sigma_s=0.002\times(1.95\times10^5\sim2.05\times10^5)=390\sim410$（$\mathrm{N/mm^2}$）。由此可见，在破坏时，对一般强度的受压钢筋来说，其应力均能达到屈服强度，计算时可直接采用钢筋的抗拉强度设计值作为抗压强度设计值 f'_y，但当采用高强度钢筋作为受压钢筋时，由于受到受压区混凝土极限压应变的限制，钢筋的强度不能充分发挥，这时只能取用 $390\sim410\mathrm{N/mm^2}$ 作为钢筋的抗压强度设计值 f'_y，见本教材附录 2 表 3 和表 4。

双筋构件破坏时截面应力图形与单筋构件相似，不同之处仅在于受压区增加了受压钢筋承受的压力（图 3-23）。试验表明，只要保证 $\xi\leqslant\alpha_1\xi_b$，双筋构件仍为适筋破坏。

根据计算简图和内力平衡条件，可列出两个基本公式：

$$\gamma_d M\leqslant M_u=f_c bx\left(h_0-\frac{x}{2}\right)+f'_y A'_s(h_0-a') \tag{3-19}$$

$$f_c bx=f_y A_s-f'_y A'_s \tag{3-20}$$

为了计算方便，将 $x=\xi h_0$ 代入式（3-19）和式（3-20），可得

$$\gamma_d M\leqslant M_u=\alpha_s f_c bh_0^2+f'_y A'_s(h_0-a') \tag{3-21}$$

* 从本节开始，本教材以 DL/T 5057—2009 规范为主编写，只列出 DL/T 5057—2009 规范中的有关公式，公式中的内力（M、N、V、T）指 DL/T 5057—2009 规范中的设计值，为荷载设计值产生的内力、结构重要性系数 γ_0 与设计状况系数 ψ 三者的乘积，如弯矩 M 即为前面的 M^D。

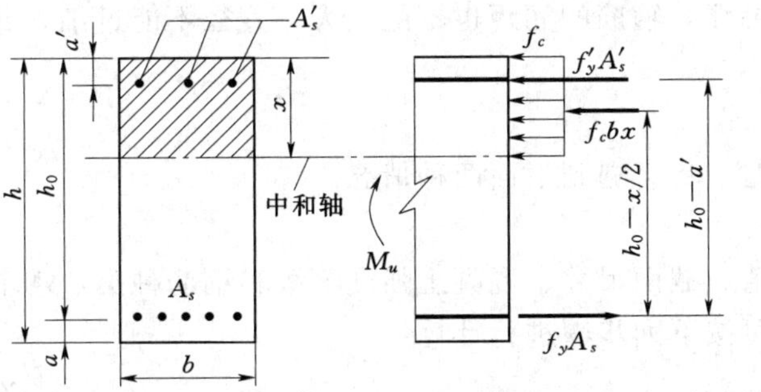

图 3-23　双筋矩形截面受弯构件正截面承载力计算简图

$$f_cb\xi h_0=f_yA_s-f'_yA'_s \tag{3-22}$$

式中　f'_y——钢筋抗压强度设计值，按附录 2 表 3 取用；

A'_s——受压区纵向钢筋截面面积；

a'——受压钢筋合力点至受压区边缘的距离；

其余符号同前。

基本公式的适用条件有两个，分别为：

$$\xi\leqslant\alpha_1\xi_b \tag{3-23}$$

$$x\geqslant 2a' \tag{3-24}$$

上列第一个条件的意义与单筋截面一样，即避免发生超筋情况。第二个条件的意义是保证受压钢筋应力能够达到抗压强度设计值。因为受压钢筋如太靠近中和轴，将得不到足够的变形，应力就无法达到抗压强度设计值，基本公式式（3-19）及式（3-20）便不能成立。只有当受压钢筋布置在混凝土压应力合力点之上，才认为受压钢筋的应力能够达到抗压强度设计值。

如果计算中不计受压钢筋的作用，则条件 $x\geqslant 2a'$就可取消。

对于 $x<2a'$的情况，受压钢筋应力达不到 f'_y，截面的破坏是由于受拉钢筋应力达到 f_y 所引起。对此情况，在计算中可近似地假定受压钢筋的压力和受压混凝土的压力，其作用点均在受压钢筋重心位置上（图 3-24），以受压钢筋合力点为矩心取矩，可得：

$$\gamma_dM\leqslant M_u=f_yA_s(h_0-a') \tag{3-25}$$

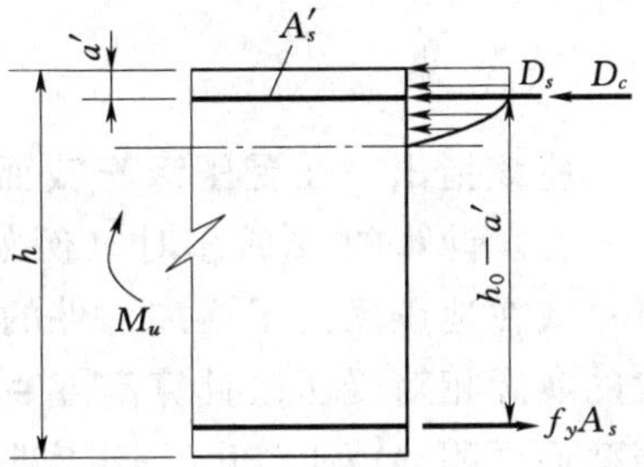

图 3-24　$x<2a'$时的双筋截面计算简图

上式是双筋截面当 $x<2a'$时的唯一基本公式，受拉钢筋数量可用此式确定。

条件 $x\geqslant 2a'$及式（3-25）的计算，都是由试验得出的近似假定。如果采用平截面假定，则可比较正确地求出截面破坏时受压钢筋的实际应力，但计算就没有近似假定那么简便了。

双筋截面承受的弯矩较大，相应的受拉钢筋配置较多，均能满足最小配筋率的要求，故可不再进行 $\rho_{\min}$条件的验算。

双筋截面中的受压钢筋在压力作用下，可能产生纵向弯曲而向外凸出，这样就不能充分利用钢筋强度，而且会使受压区混凝土保护层过早崩裂。因此，在设计时必须采用封闭式箍筋将受压钢筋箍住，箍筋的间距也不能太大，直径不能过细，其构造规定详见本教材 4.5 节。

3.5.2 截面设计

双筋截面设计时，将会遇到下面两种情况。

1. 第一种情况

已知弯矩设计值、截面尺寸、混凝土强度等级和钢筋种类，需求受压钢筋和受拉钢筋截面面积。此时，可按下列步骤进行计算：

(1) 先由单筋截面的式 (3-21) 计算 α_s (设 $A_s'=0$)，即 $\alpha_s=\dfrac{\gamma_d M}{f_c bh_0^2}$。

(2) 根据 α_s 值由式 (3-15) 计算相对受压区计算高度 ξ，并检查是否满足适用条件 $\xi\leqslant\alpha_1\xi_b$。也可检查 α_s 是否满足条件 $\alpha_s\leqslant\alpha_{sb}^D$，$\alpha_{sb}^D$ 可直接由表 3-1 查得。如满足，则可按单筋矩形截面进行配筋计算，而不必配置受压钢筋或根据情况按构造配置适量受压钢筋。

(3) 如不满足适用条件 $\xi\leqslant\alpha_1\xi_b$，则应按双筋截面设计。此时可根据充分利用受压区混凝土受压而使总的钢筋用量 (A_s+A_s') 为最小的原则，取 $\xi=\alpha_1\xi_b$ (即 $x=\alpha_1\xi_b h_0$)，并根据 $\alpha_1\xi_b$ 由式 (3-9) 计算 α_s，此时的 α_s 称 α_{sb}。即

$$\alpha_{sb}=\alpha_1\xi_b(1-0.5\alpha_1\xi_b) \tag{3-26}$$

为便于区别，当按 DL/T 5057—2009 规范设计取 $\alpha_1=1.0$ 时称 α_{sb} 为 α_{sb}^D；当按 SL 191—2008 规范设计取 $\alpha_1=0.85$ 时称 α_{sb} 为 α_{sb}^S。对于热轧钢筋，按式 (3-26) 计算得出的 α_{sb}^D 及 α_{sb}^S 值已列于表 3-1，以便直接查用。

(4) 将 α_{sb}^D 代入式 (3-21)，计算受压钢筋截面面积 A_s'：

$$A_s'=\frac{\gamma_d M-\alpha_{sb}^D f_c bh_0^2}{f_y'(h_0-a')} \tag{3-27}$$

(5) 将 $\alpha_1\xi_b$ 及求得的 A_s' 值代入式 (3-22)，计算受拉钢筋截面面积 A_s：

$$A_s=\frac{f_c b\alpha_1\xi_b h_0+f_y'A_s'}{f_y} \tag{3-28}$$

应该指出，在受压钢筋截面面积 A_s' 未知的第一种情况中，若实际选配 A_s' 超过按式 (3-27) 计算的 A_s' 较多时（例如，按公式算出的 A_s' 很小，而按构造要求配置的 A_s' 较多时；或在地震区为了增加构件的延性有利于结构抗震，适当多配受压钢筋 A_s' 时），由于此时的实际相对受压区计算高度 ξ 将小于相对界限受压区计算高度 $\alpha_1\xi_b$ 较多，则应按受压钢筋截面面积 A_s' 为已知（等于实际选配的 A_s'）的下述第二种情况重新计算受拉钢筋截面面积 A_s，以减少钢筋总用量。

2. 第二种情况

已知弯矩设计值、截面尺寸、混凝土强度等级和钢筋种类，并已知受压钢筋截面面积 A_s'，需求受拉钢筋截面面积 A_s。由于受压钢筋截面面积 A_s' 已知，此时不能再用 $x=\alpha_1\xi_b h_0$ 公式，必须按下列步骤进行计算。

(1) 由式 (3-21) 求 α_s：

$$\alpha_s=\frac{\gamma_d M-f_y'A_s'(h_0-a')}{f_c bh_0^2} \tag{3-29}$$

(2) 根据 α_s 值由式 (3-15) 计算相对受压区计算高度 ξ，并检查是否满足适用条件 ξ

$\leqslant\alpha_1\xi_b$。如不满足，则表示已配置的受压钢筋 A_s'数量还不够，应增加其数量，此时可看作受压钢筋未知的情况（即前述第一种情况）重新计算 A_s'和 A_s。

（3）如满足适用条件 $\xi\leqslant\alpha_1\xi_b$，则计算 $x=\xi h_0$，并检查是否满足适用条件 $x\geqslant 2a'$。如满足，则由式（3-22）计算受拉钢筋截面面积 A_s：

$$A_s=\frac{f_cb\xi h_0+f_y'A_s'}{f_y} \tag{3-30}$$

如不满足 $x\geqslant 2a'$的条件，表示受压钢筋 A_s'的应力达不到抗压强度，此时可改由式（3-25）计算受拉钢筋截面面积 A_s：

$$A_s=\frac{\gamma_d M}{f_y(h_0-a')} \tag{3-31}$$

为便于记忆，下面列出矩形截面（包括单筋与双筋）的配筋设计框图，以供参考，见图 3-25。

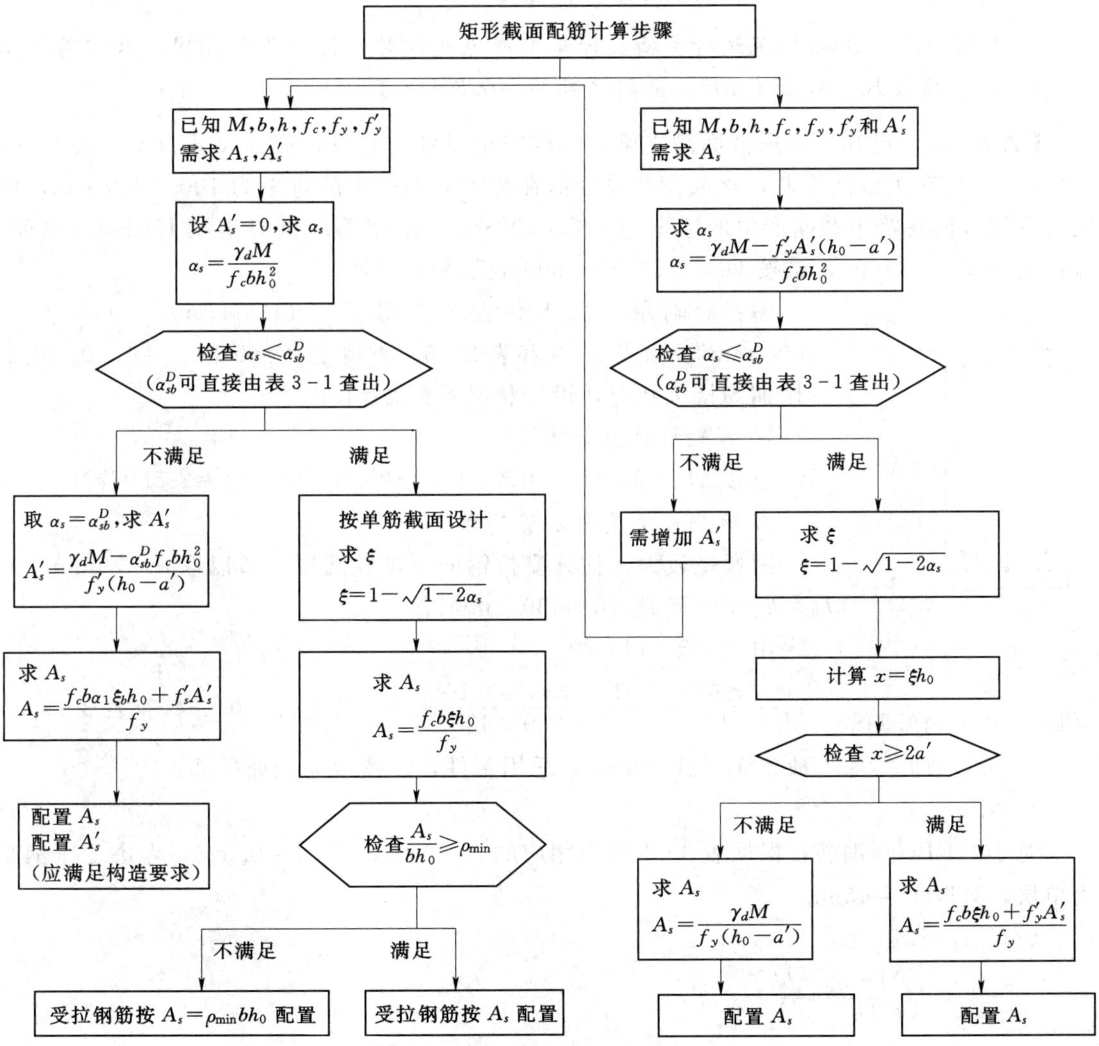

图 3-25　矩形截面配筋计算步骤图

3.5.3　承载力复核

已知构件截面尺寸、混凝土强度等级、钢筋种类、受拉钢筋和受压钢筋的截面面积，需要复核构件正截面受弯承载力的大小，可按下列步骤进行。

（1）由式（3-22）计算相对受压区计算高度 ξ，并检查是否满足适用条件式 $\xi \leqslant \alpha_1 \xi_b$。如不满足，则取 $\xi = \alpha_1 \xi_b$，再代入式（3-21）计算 M_u。

（2）如满足条件 $\xi \leqslant \alpha_1 \xi_b$，则计算 $x = \xi h_0$，并检查是否满足条件 $x \geqslant 2a'$。如不满足，则应由式（3-25）计算正截面受弯承载力 M_u

（3）如满足条件 $x \geqslant 2a'$，则根据 ξ 由式（3-9）计算 α_s，再由式（3-21）计算正截面受弯承载力 M_u。

（4）当已知截面承受的弯矩设计值 M 时，应满足 $M \leqslant \dfrac{M_u}{\gamma_d}$。

当按 DL/T 5057—2009 规范进行截面设计与承载力复核时，取系数 $\alpha_1 = 1.0$。

当按 SL 191—2008 规范进行截面设计与承载力复核时，计算步骤相同，只需将基本公式中的 γ_d 换成 K，M 换成 M^S，并取系数 $\alpha_1 = 0.85$ 即可。

【例 3-5】 已知一矩形截面简支梁，结构安全级别为Ⅱ级，截面尺寸为 $b=250\text{mm}$，$h=500\text{mm}$。在正常使用期，永久荷载设计值在跨中截面产生的弯矩为 100.0 kN·m，可变荷载设计值在跨中截面产生的弯矩为 135.0kN·m。采用 C30 混凝土及 HRB400 钢筋，保护层厚度 $c=35\text{mm}$，试按 DL/T 5057—2009 规范配置钢筋。

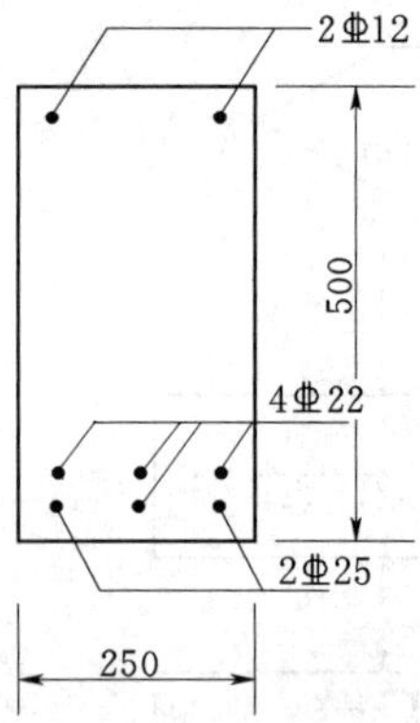

图 3-26　截面配筋图

解： 由附录 2 表 1 和表 3 查得 $f_c = 14.3\text{N/mm}^2$，$f_y = f'_y = 360\text{N/mm}^2$。由表 2-3 和表 2-6，查得 $\gamma_0 = 1.0$ 和 $\gamma_d = 1.20$。正常使用期为持久状况，设计状况系数 $\psi = 1.0$。

1. 弯矩设计值计算

$$M = \gamma_0 \psi (M_G + M_Q) = 1.0 \times 1.0 \times (100.0 + 135.0) = 235.0(\text{kN} \cdot \text{m})$$

2. 判别是否需要双筋截面

因弯矩较大，估计受拉钢筋要排成两层，所以取 $a=70\text{mm}$，则 $h_0 = h - a = 500 - 70 = 430$（mm）。

由式（3-14）得

$$\alpha_s = \frac{\gamma_d M}{f_c b h_0^2} = \frac{1.20 \times 235.0 \times 10^6}{14.3 \times 250 \times 430^2} = 0.427 > \alpha_{sb}^D = 0.384 \text{(查表 3-1)}$$

$\alpha_s > \alpha_{sb}^D$，即 $\xi > \xi_b$，故不满足式（3-7）适用条件，须按双筋截面配筋。

3. 配筋计算

对于 HRB400 钢筋，根据表 3-1 查得相应的 $\xi_b = 0.518$ 及 $\alpha_{sb}^D = 0.384$，考虑受压钢筋为单层，故取 $a' = 45\text{mm}$。

由式（3-27）得

$$A'_s = \frac{\gamma_d M - \alpha_{sb}^D f_c b h_0^2}{f'_y (h_0 - a')}$$

$$= \frac{1.20 \times 235.0 \times 10^6 - 0.384 \times 14.3 \times 250 \times 430^2}{360 \times (430 - 45)} = 203(\text{mm}^2)$$

由式（3-28）得

$$A_s=\frac{f_c b\alpha_1\xi_b h_0+f_y'A_s'}{f_y}$$

$$=\frac{14.3\times250\times1.0\times0.518\times430+360\times203}{360}=2415(\text{mm}^2)$$

由此，计算得总用钢量 $A_s+A_s'=203+2415=2618$（mm^2）。

受拉钢筋选用 2 ⌀ 25 + 4 ⌀ 22（$A_s=2502\text{mm}^2$）；受压钢筋选用 2 ⌀ 12（$A_s'=226\text{mm}^2$），见图 3-26。

如按 SL 191—2008 规范设计，可得 $A_s'=399\text{mm}^2$，$A_s=2278\text{mm}^2$，$A_s+A_s'=399+2278=2677\text{mm}^2$。SL 191—2008 规范和 DL/T 5057—2009 规范相比，总用钢量 A_s+A_s'稍有增大，但仅相差 2.3%。这是由于 SL 191—2008 规范取系数 $\alpha_1=0.85$，即用 $\xi\leqslant0.85\xi_b$ 代替了 $\xi\leqslant\xi_b$ 的缘故。

【例 3-6】 一矩形截面梁（Ⅱ级安全级别），截面尺寸 $b\times h=200\text{mm}\times500\text{mm}$，已配有 2 ⌀ 18 受压钢筋，选用 C30 混凝土及 HRB400 钢筋。在正常使用期，梁承受永久荷载设计值产生的最大弯矩为 70.0kN·m，可变荷载设计值产生的最大弯矩为 90.0 kN·m，试按 DL/T 5057—2009 规范计算受拉钢筋截面面积 A_s。

解：已知受压钢筋 2 ⌀ 18，查附录 3 表 1 可得 $A_s'=509\ \text{mm}^2$。由附录 2 表 1 和表 3 查得材料强度设计值 $f_c=14.3\text{N/mm}^2$，$f_y=f_y'=360\text{N/mm}^2$。由表 2-3 和表 2-6，查得 $\gamma_0=1.0$ 和 $\gamma_d=1.20$。正常使用期为持久状况，设计状况系数 $\psi=1.0$。

1. 计算弯矩设计值

$$M=\gamma_0\psi(M_G+M_Q)=1.0\times1.0\times(70.0+90.0)=160.0(\text{kN}\cdot\text{m})$$

2. 计算 ξ，验算已配 A_s'是否足够

估计为单层钢筋，取 $a=a'=45\text{mm}$（二类环境），$h_0=h-a=500-45=455$（mm）。

由式（3-21）得

$$\alpha_s=\frac{\gamma_d M-f_y'A_s'(h_0-a')}{f_c b h_0^2}$$

$$=\frac{1.20\times160.0\times10^6-360\times509\times(455-45)}{14.3\times200\times455^2}=0.197$$

由式（3-15）计算 ξ 得

$$\xi=1-\sqrt{1-2\alpha_s}=1-\sqrt{1-2\times0.197}=0.222<\xi_b=0.518(\text{查表 3-1})$$

满足 $\xi\leqslant\xi_b$ 适用条件，表明已配的 A_s'足够。

3. 计算 A_s

$$x=\xi h_0=0.222\times455=101(\text{mm})>2a'=2\times45=90(\text{mm})$$

满足 $x \geqslant 2a'$ 适用条件。

由式（3－30）得

$$A_s = \frac{f_c b \xi h_0 + f'_y A'_s}{f_y}$$

$$= \frac{14.3 \times 200 \times 0.222 \times 455 + 360 \times 509}{360} = 1311(\text{mm}^2)$$

受拉钢筋可选用 2 ⏀ 25＋1 ⏀ 22（$A_s = 1362\text{mm}^2$）。

如按 SL 191—2008 规范设计，$\alpha_s = 0.197$，$\xi = 0.222 < 0.85\xi_b = 0.440$，$A_s = 1311\text{mm}^2$，与 DL/T 5057—2009 规范计算的相同。

【例 3－7】 上例简支梁，若受压区配置受压钢筋 2 ⏀ 20（$A'_s = 628\text{mm}^2$），试求受拉钢筋截面面积 A_s（取 $a = a' = 45\text{mm}$）。

解：

1. 计算弯矩设计值

同上例　$M = 160.0\text{kN} \cdot \text{m}$

2. 计算 ξ，验算已配 A'_s 是否足够

$$\alpha_s = \frac{\gamma_d M - f'_y A'_s (h_0 - a')}{f_c b h_0^2}$$

$$= \frac{1.20 \times 160.0 \times 10^6 - 360 \times 628 \times (455 - 45)}{14.3 \times 200 \times 455^2} = 0.168$$

$$\xi = 1 - \sqrt{1 - 2\alpha_s} = 1 - \sqrt{1 - 2 \times 0.168} = 0.185 < \xi_b = 0.518$$

满足 $\xi \leqslant \xi_b$ 适用条件，表明已配的 A'_s 足够。

3. 计算 A_s

$$x = \xi h_0 = 0.185 \times 455 = 84(\text{mm}) < 2a' = 2 \times 45 = 90(\text{mm})$$

不满足条件 $x \geqslant 2a'$，由式（3－31）求受拉钢筋截面面积 A_s：

$$A_s = \frac{\gamma_d M}{f_y (h_0 - a')} = \frac{1.20 \times 160 \times 10^6}{360 \times (455 - 45)} = 1300(\text{mm}^2)$$

受拉钢筋可选用 2 ⏀ 25＋1 ⏀ 22（$A_s = 1362\text{mm}^2$）。

如按 SL 191—2008 规范设计，结果与按 DL/T 5057—2009 规范设计相同。

【例 3－8】 某水电站厂房中的一简支矩形梁，结构安全级别为Ⅰ级，计算跨度 $l_0 = 6.50\text{m}$，从原设计图纸上得知：该梁截面尺寸为 $b = 250\text{mm}$，$h = 600\text{mm}$，配置受拉钢筋 6 ⏀ 20（双层，$A_s = 1884\text{mm}^2$）及受压钢筋 3 ⏀ 18（$A'_s = 763\text{mm}^2$）；采用 C30 混凝土及 HRB400 钢筋。在正常使用期，跨中承受一集中力 $Q_k = 80.0\text{kN}$，同时承受梁与铺板传来的自重 $g_k = 12.0\text{kN/m}$，试按 DL/T 5057—2009 规范校核是否安全。

解： 由附录 2 表 1 和表 3 查得材料强度设计值，$f_c = 14.3\text{N/mm}^2$，$f_y = f'_y = 360\text{N/mm}^2$。由表 2－3 和表 2－6，查得 $\gamma_0 = 1.1$ 和 $\gamma_d = 1.2$。正常使用期为持久状况，$\psi = 1.0$。由

表2-4及表2-5查得荷载分项系数为：梁板自重 $\gamma_G=1.05$，集中力 $\gamma_{Q1}=1.20$（一般可变荷载）。

取 $a=65$mm（一类环境条件，双层钢筋），$h_0=h-a=600-65=535$mm；$a'=40$mm。

1. 跨中弯矩设计值 M 计算

由式（2-36）得

$$M=\gamma_0\psi\left(\frac{1}{8}\times\gamma_G g_k l_0^2+\frac{1}{4}\times\gamma_{Q1}Q_k l_0\right)$$

$$=1.1\times1.0\left(\frac{1}{8}\times1.05\times12.0\times6.50^2+\frac{1}{4}\times1.20\times80.0\times6.50\right)=244.80(\text{kN}\cdot\text{m})$$

2. 正截面受弯承载力 M_u 计算

由式（3-22）得

$$\xi=\frac{f_yA_s-f'_yA'_s}{f_cbh_0}=\frac{360\times1884-360\times763}{14.3\times250\times535}=0.211<\xi_b=0.518$$

满足条件 $\xi\leqslant\xi_b$。

$$x=\xi h_0=0.211\times535=113(\text{mm})>2a'=2\times40=80(\text{mm})$$

满足条件 $x\geqslant2a'$。

由式（3-9）得

$$\alpha_s=\xi(1-0.5\xi)=0.211\times(1-0.5\times0.211)=0.189$$

由式（3-21）得

$$M_u=\alpha_s f_c bh_0^2+f'_yA'_s(h_0-a')$$

$$=0.189\times14.3\times250\times535^2+360\times763\times(535-40)$$

$$=329.36\times10^6(\text{N}\cdot\text{mm})=329.36(\text{kN}\cdot\text{m})$$

3. 实际能承担的弯矩计算

$$M'=\frac{M_u}{\gamma_d}=\frac{329.36}{1.20}=274.47(\text{kN}\cdot\text{m})>M=244.80\text{kN}\cdot\text{m}，所以安全。$$

3.6　T形截面构件正截面受弯承载力计算

3.6.1　一般说明

矩形截面的受拉区混凝土在承载力计算时由于开裂而不计其作用，若去掉其一部分，将钢筋集中放置，就成为T形截面（图3-27），这样并不降低它的受弯承载力，却能节省混凝土并减轻自重，显然较矩形截面有利。特别是整体式的肋形结构，梁与板整浇在一起，板就成为梁的翼缘，在纵向与梁共同受力。渡槽槽身、闸门启闭机的工作平台、桥梁与码头的上部结构以及厂房整体式楼盖等的主梁与次梁，均为 T 形梁。独立梁亦常采用 T 形截面，例如吊车梁。

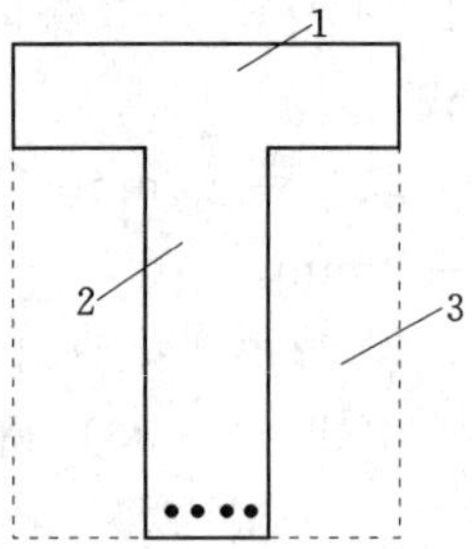

图 3-27　T 形截面
1—翼缘；2—梁肋；3—去掉的混凝土

T 形梁由梁肋和位于受压区的翼缘所组成。决定是否属于 T 形截面，要看混凝土的受压区形状而定。如图 3-28 所示 T 形外伸梁，跨中截面 1-1 承受正弯矩，截面上部受压下部受拉，翼缘位于受压区，即混凝土的受压区为 T 形，所以应按 T 形截面计算；支座截面 2-2 承受负弯矩，截面上部受拉下部受压，翼缘位于受拉区，由于翼缘受拉后混凝土会发生裂缝，不起受力作用，所以仍应按矩形截面计算。

I 形、Π 形、空心形等截面（图 3-29），它们的受压区与 T 形截面相同，因此均可按 T 形截面计算。

T 形梁受压区很大，混凝土足够承担压力，不必再加受压钢筋，一般都是单筋截面。

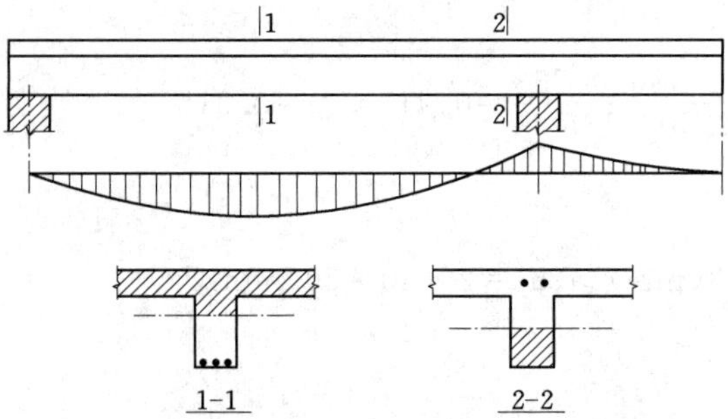

图 3-28　T 形外伸梁跨中截面与支座截面

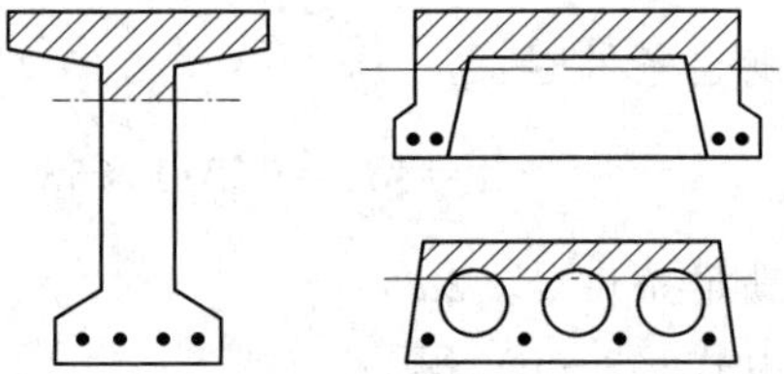

图 3-29　I 形、Π 形、空心形截面

根据试验和理论分析可知，当 T 形梁受力时，沿翼缘宽度上压应力的分布是不均匀的，压应力由梁肋中部向两边逐渐减小，如图 3-30（a）所示。当翼缘宽度很大时，远离梁肋的一部分翼缘几乎不承受压力，因而在计算中不能将离梁肋较远受力很小的翼缘也算为 T 形梁的一部分。为了简化计算，将 T 形截面的翼缘宽度限制在一定范围内，称为翼缘计算宽度 b_f'。在这个范围以内，认为翼缘上所受的压应力是均匀的，最终均可达到混凝土的轴心抗压强度设计值 f_c。在这个范围以外，认为翼缘已不起作用，如图 3-30（b）所示。

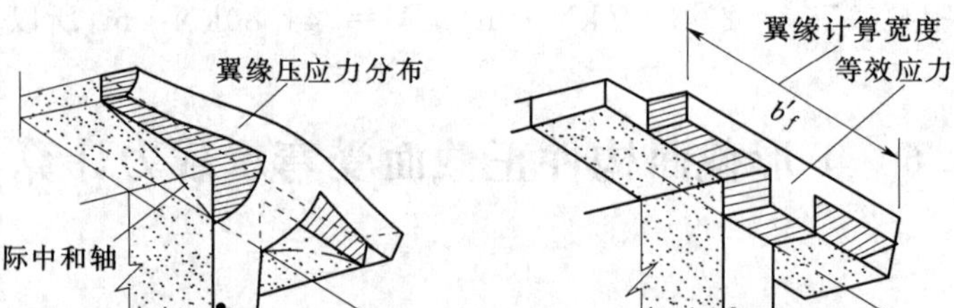

图 3-30　T 形梁受压区实际应力和计算应力图

实验和理论计算表明，翼缘的计算宽度 b'_f 主要与梁的工作情况（是整体肋形梁还是独立梁）、梁的跨度以及翼缘高度与截面有效高度之比（h'_f/h_0）有关。规范中规定的翼缘计算宽度 b'_f 列于表 3-2（表中符号见图 3-31）。计算时，取所列各项中的最小值，但 b'_f 应不大于受压翼缘的实有宽度。

表 3-2　T形、I形及倒L形截面受弯构件翼缘计算宽度 b'_f

项次	情况		T形、I形截面		倒L形截面
			肋形梁（板）	独立梁	肋形梁（板）
1	按计算跨度 l_0 考虑		$l_0/3$	$l_0/3$	$l_0/6$
2	按梁（肋）净距 s_n 考虑		$b+s_n$	—	$b+s_n/2$
3	按翼缘高度 h'_f 考虑	当 $h'_f/h_0\geqslant 0.1$	—	$b+12h'_f$	—
		当 $0.1>h'_f/h_0\geqslant 0.05$	$b+12h'_f$	$b+6h'_f$	$b+5h'_f$
		当 $h'_f/h_0<0.05$	$b+12h'_f$	b	$b+5h'_f$

注　1. 表中 b 为梁的腹板宽度。
2. 如肋形梁在梁跨内设有间距小于纵肋间距的横肋时，则可不遵守表列项次 3 的规定。
3. 对加腋的T形、I形和倒L形截面，当受压区加腋的高度 $h_h\geqslant h'_f$ 且加腋的宽度 $b_h\leqslant 3h_h$ 时，其翼缘计算宽度可按表中项次 3 的规定分别增加 $2b_h$（T形、I形截面）和 b_h（倒L形截面）。
4. 独立梁受压区的翼缘板在荷载作用下经验算沿纵肋方向可能产生裂缝时，其计算宽度应取用腹板宽度 b。

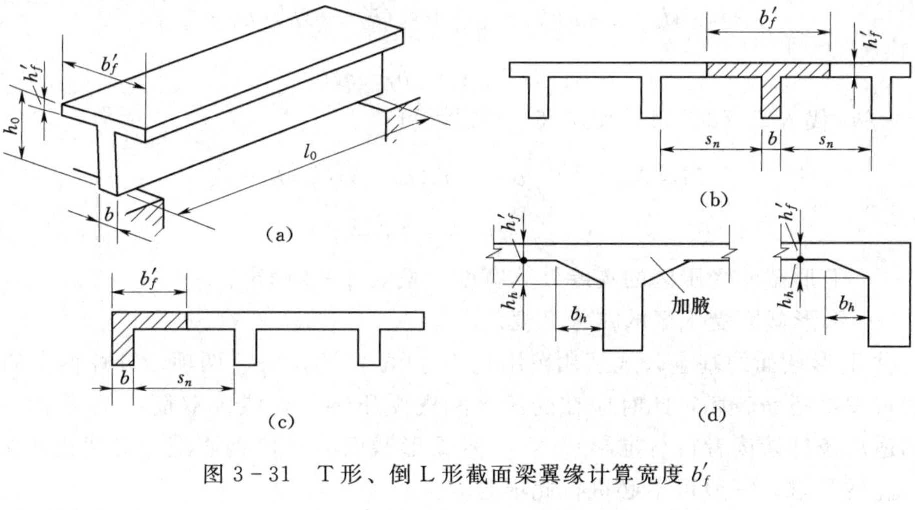

图 3-31　T形、倒L形截面梁翼缘计算宽度 b'_f

3.6.2　计算简图和基本公式

T形梁的计算，按受压区计算高度 x 与受压区翼缘高度 h'_f 的大小关系分为两种情况。

1. 第一种T形截面

受压区计算高度不大于受压区翼缘高度，即 $x\leqslant h'_f$，受压区为矩形（图 3-32）。因受拉混凝土不起作用，所以这样的T形截面与宽度为 b'_f 的矩形截面完全一样。因而单筋矩形截面的基本公式及适用条件在此都能应用。但应注意截面的计算宽度为翼缘计算宽度 b'_f，而不是梁肋宽 b。

应当指出，第一种T形截面显然不会发生超筋破坏，所以可不必验算 $\xi\leqslant\alpha_1\xi_b$ 的条件。还应指出，在验算 $\rho\geqslant\rho_{\min}$ 时，T形截面的配筋率仍然用公式 $\rho=A_s/(bh_0)$ 计算，其

中 b 按梁肋宽取用。这是因为 ρ_{min} 主要是根据钢筋混凝土梁控制裂缝宽度的条件得出的，而 T 形截面梁的受压区对控制裂缝宽度的作用不大，因此，T 形截面的 ρ_{min} 仍按 $b\times h$ 矩形截面的数值采用。

2. 第二种 T 形截面

受压区计算高度大于受压区翼缘高度，即 $x>h'_f$，受压区为 T 形，计算简图如图 3－33所示。

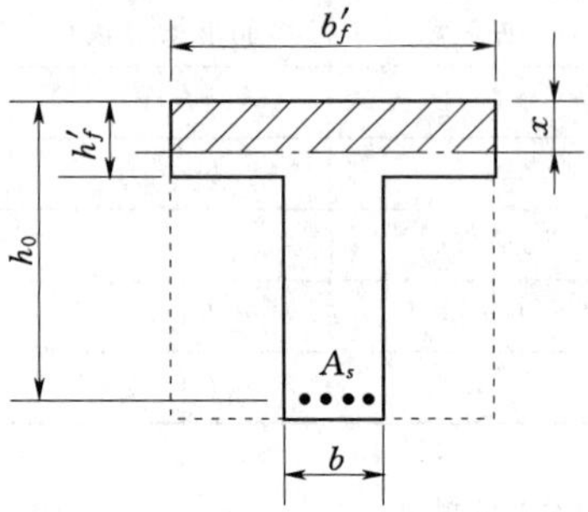

图 3－32　第一种 T 形截面

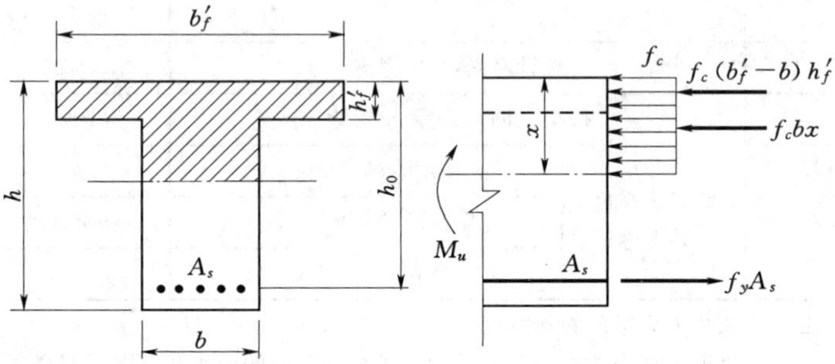

图 3－33　第二种 T 形截面受弯构件正截面承载力计算简图

根据计算简图和内力平衡条件，可列出第二种 T 形截面的两个基本公式：

$$\gamma_d M\leqslant M_u=f_cbx\left(h_0-\frac{x}{2}\right)+f_c(b'_f-b)h'_f\left(h_0-\frac{h'_f}{2}\right) \quad (3-32)$$

$$f_yA_s=f_cbx+f_c(b'_f-b)h'_f \quad (3-33)$$

将 $x=\xi h_0$ 代入式（3－32）及式（3－33），可得

$$\gamma_d M\leqslant M_u=\alpha_s f_c bh_0^2+f_c(b'_f-b)h'_f\left(h_0-\frac{h'_f}{2}\right) \quad (3-34)$$

$$f_yA_s=f_cb\xi h_0+f_c(b'_f-b)h'_f \quad (3-35)$$

式中　b'_f——T 形截面受压区的翼缘计算宽度，按表 3－2 确定；

h'_f——T 形截面受压区的翼缘高度。

第二种 T 形截面的基本公式适用范围仍为 $\xi\leqslant\alpha_1\xi_b$ 及 $\rho\geqslant\rho_{min}$ 两项。计算得出的 $\xi>\alpha_1\xi_b$ 时，说明将发生超筋破坏，此时应在受压区配置受压钢筋，成为双筋 T 形截面（它的基本公式和适用条件请读者自行推导）。第二种 T 形截面的受拉钢筋配置必然比较多，均能满足 $\rho\geqslant\rho_{min}$ 的要求，一般可不必进行此项验算。

鉴别 T 形截面属于第一种还是第二种，可按下列办法进行：因为受压计算高度刚好等于受压区翼缘高度（即 $x=h'_f$）时为两种情况的分界，所以当

$$\gamma_d M\leqslant f_cb'_fh'_f\left(h_0-\frac{h'_f}{2}\right) \quad (3-36)$$

或

$$f_yA_s\leqslant f_cb'_fh'_f \quad (3-37)$$

时，属于第一种 T 形截面；反之属于第二种 T 形截面。

3.6.3　截面设计

T 形梁的截面尺寸一般可预先假定或参考类同的结构取用（梁高 h 取为梁跨长 l_0 的

1/8～1/12，梁的高宽比 h/b 取为 2.5～5）。

截面尺寸决定后，先判断受压区计算高度是否大于受压区翼缘高度。由于 A_s 未知，不能用式（3-37），而应该用式（3-36）来鉴别。

若 $x \leqslant h'_f$，则为第一种 T 形截面，按梁宽为 b'_f 的矩形截面计算。

若 $x > h'_f$，则为第二种 T 形截面。此时可先由式（3-34）求出 α_s，然后根据 α_s 由式（3-15）求得相对受压区计算高度 ξ，再由式（3-35）求得受拉钢筋截面面积 A_s。

有关 T 形截面的配筋设计框图，读者可自行列出。

在独立 T 形梁中，除受拉区配置纵向受力钢筋以外，为保证受压区翼缘与梁肋的整体性，一般在翼缘板的顶面配置横向构造钢筋，其直径不小于 8mm，间距取为 $5h'_f$，且每米跨长内不少于 3 根钢筋（图 3-34）。当翼缘板外伸较长而厚度又较薄时，则应按悬臂板计算翼缘的承载力，板顶面钢筋数量由计算决定。

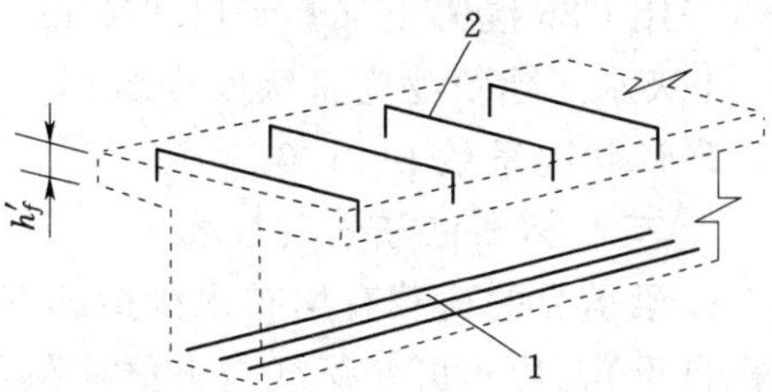

图 3-34　翼缘顶面构造钢筋
1—纵向受力钢筋；2—翼缘板横向钢筋

3.6.4　承载力复核

首先用式（3-37）鉴别构件属于第一种还是第二种 T 形截面。若为第一种 T 形截面，则应按宽度为 b'_f 的矩形截面复核；若为第二种，则由式（3-35）计算相对受压区计算高度 ξ，然后代入式（3-9）求得 α_s，再由式（3-34）计算正截面受弯承载力 M_u。当已知截面弯矩设计值 M 时，应满足 $M \leqslant \dfrac{M_u}{\gamma_d}$。

当按 DL/T 5057—2009 规范进行截面设计与承载力复核时，取系数 $\alpha_1 = 1.0$。

当按 SL 191—2008 规范进行截面设计与承载力复核时，计算步骤相同，只需将基本公式中的 γ_d 换成 K，M 换成 M^s，取系数 $\alpha_1 = 0.85$ 即可。

【例 3-9】 某水闸（4 级水工建筑物）用绳鼓式启闭机启闭，如图 3-35（a）所示，试按 DL/T 5057—2009 规范计算在正常使用期间左边 T 形梁跨中截面所需的钢筋截面面积。

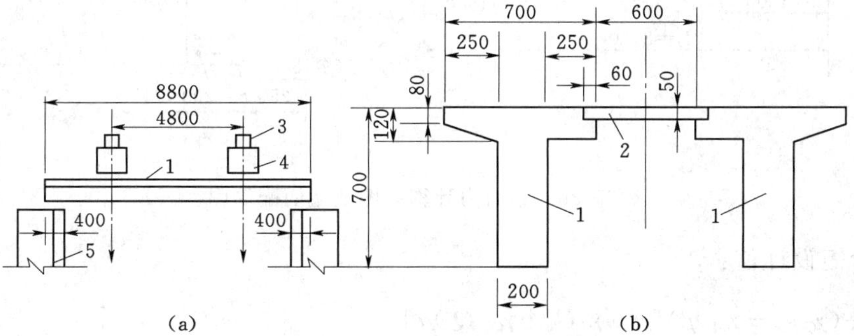

图 3-35　支承启闭机的 T 形梁
1—T 形梁；2—活动铺板；3—绳鼓式启闭机；4—机墩；5—闸墩墩墙

解：

1. 资料

T 形梁截面如图 3-35（b）所示，$b=200\text{mm}$，$h=700\text{mm}$，上翼缘实有宽度 $b'_f=640\text{mm}$，$h'_f=100\text{mm}$（为偏于安全，取平均值）；梁总长 8.80m，支座支承宽 400mm。

左边梁支承启闭机传来的启门力标准值为 2×70.0kN，桥面人群荷载标准值 3.0kN/m²，机墩及启闭机重 10.0kN。

采用 C25 混凝土（$f_c=11.9\text{N/mm}^2$）及 HRB400 钢筋（$f_y=360\text{N/mm}^2$）。

4 级水工建筑物为Ⅲ级安全级别，结构重要性系数 $\gamma_0=0.9$；正常使用期间为持久状况，设计状况系数 $\psi=1.0$。

2. 荷载标准值与分项系数

该梁承受的荷载有均布永久荷载（梁自重及活动铺板重）、集中永久荷载（机墩及启闭机自重）、均布可变荷载（人群荷载）、集中可变荷载（启门力，为可控制的可变荷载），下面分别进行计算：

梁自重及铺板重标准值：

$$g_k=(0.20\times0.70+0.25\times0.10+0.25\times0.12+0.30\times0.05)\times25=5.25(\text{kN/m})$$

机墩及启闭机重标准值：　　$G_k=10.0\text{kN}$

启门力（以额定最大值计算）标准值：　　$Q_k=70.0\text{kN}$

人群荷载标准值：　　$q_k=(0.7+0.3)\times3.0=3.0(\text{kN/m})$

其中，梁自重及铺板重、机墩及启闭机重为永久荷载，$\gamma_G=1.05$；人群荷载为一般可变荷载 $\gamma_{Q1}=1.20$；启门力为可控制的可变荷载 $\gamma_{Q2}=1.10$。

3. 内力计算

T 形梁搁在闸墩墩墙上，为一以墩墙为支座的简支梁，如图 3-36（a）所示。计算跨度 l_0 取两支座中心间的距离和 $1.05l_n$ 两者中的较小值，$l_0=8.40\text{m}$。

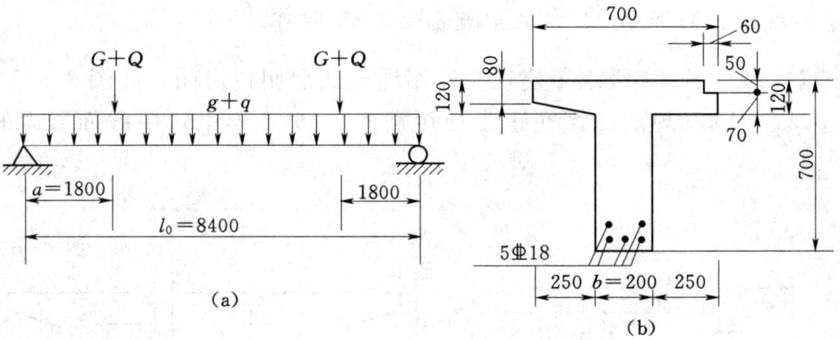

图 3-36　梁内力计算简图及截面配筋图

跨中弯矩设计值：

$$M=\gamma_0\psi\left[\frac{1}{8}(\gamma_G g_k+\gamma_{Q1}q_k)l_0^2+(\gamma_G G_k+\gamma_{Q2}Q_k)a\right]$$

$$=0.9\times1.0\times\left[\frac{1}{8}\times(1.05\times5.25+1.20\times3.0)\times8.40^2+(1.05\times10.0+1.10\times70.0)\times1.80\right]$$

$=214.08(kN\cdot m)$

4. 配筋计算

(1) 确定翼缘计算宽度

受拉钢筋估计为双层钢筋，取 $a=70mm$，则 $h_0=h-a=700-70=630$ (mm)。

按表 3-2 确定翼缘计算宽度：

$h'_f=100mm$（平均），$h'_f/h_0=100/630=0.159>0.1$，独立 T 形梁，所以

$$b'_f=l_0/3=8400/3=2800(mm)$$

$$b'_f=b+12h'_f=200+12\times100=1400(mm)$$

上述两值均大于翼缘实有宽度（640mm），故取 $b'_f=640mm$。

(2) 鉴别 T 形梁所属情况

按式（3-36）鉴别 T 形梁所属情况：

$$\gamma_d M=1.20\times214.08=256.90(kN\cdot m)$$

$$f_c b'_f h'_f(h_0-h'_f/2)=11.9\times640\times100\times(630-100/2)=441.73(kN\cdot m)$$

$$\gamma_d M<f_c b'_f h'_f(h_0-h'_f/2)$$

所以属于第一种 T 形截面（$x\leqslant h'_f$），按宽度为 640mm 的单筋矩形截面计算。

(3) 计算 A_s

$$\alpha_s=\frac{\gamma_d M}{f_c b'_f h_0^2}=\frac{256.90\times10^6}{11.9\times640\times630^2}=0.085$$

$$\xi=1-\sqrt{1-2\alpha_s}=1-\sqrt{1-2\times0.085}=0.089<\xi_b=0.518$$

$$A_s=\frac{f_c b'_f \xi h_0}{f_y}=\frac{11.9\times640\times0.089\times630}{360}=1186(mm^2)$$

$$\rho=\frac{A_s}{bh_0}=\frac{1186}{200\times630}=0.94\%>\rho_{min}=0.20\%\text{(查附录 4 表 3)，满足要求。}$$

选用 5 ⌀ 18（$A_s=1272mm^2$），配筋见图 3-36（b）。

如按 SL 191—2008 规范规范计算，仍为第一种 T 形截面，$\alpha_s=0.090$，$\xi=0.094<0.85\xi_b=0.440$，$A_s=1253mm^2$。

【例 3-10】 已知一简支吊车梁的结构安全级别为Ⅱ级，计算跨度 $l_0=6.0m$，梁的截面尺寸如图 3-37 所示。正常使用期，永久荷载设计值在跨中截面产生的弯矩为 300kN·m，可变荷载设计值在跨中截面产生的弯矩为 250kN·m。混凝土为 C30（$f_c=14.3N/mm^2$），采用 HRB400 钢筋（$f_y=360N/mm^2$），试按 DL/T 5057—2009 规范求正常使用期该梁跨中截面所需的钢筋截面面积。

解：

1. 弯矩设计值

$$M=\gamma_0\psi(M_G+M_Q)=1.0\times1.0\times(300.0+250.0)=550.0(kN\cdot m)$$

2. 确定翼缘的计算宽度

吊车梁为独立 T 形梁；取 $a=65mm$（因弯矩较大，考虑受拉钢筋排成双层，梁处于室内正常环境），$h_0=h-a=800-65=735$ (mm)。

独立 T 形梁，$h'_f/h_0=100/735=0.136>0.1$，查表 3-2 得

$$b'_f=b+12h'_f=300+12\times100=1500(\text{mm})$$

$$b'_f=l_0/3=6000/3=2000(\text{mm})$$

上述数值均大于翼缘的实有宽度，所以按 $b'_f=650\text{mm}$ 计算。

3. 鉴别 T 形梁所属情况

按式（3-36）鉴别 T 形梁所属情况：

$$\gamma_d M=1.20\times550=660.0(\text{kN}\cdot\text{m})$$

$$f_c b'_f h'_f(h_0-h'_f/2)=14.3\times650\times100\times(735-100/2)$$

$$=636.71\times10^6(\text{N}\cdot\text{mm})=636.71\text{kN}\cdot\text{m}$$

$$\gamma_d M>f_c b'_f h'_f(h_0-h'_f/2)$$

所以属于第二种 T 形截面（$x>h'_f$）。

4. 计算 A_s

由式（3-34）得：

$$\alpha_s=\frac{\gamma_d M-f_c(b'_f-b)h'_f(h_0-h'_f/2)}{f_c bh_0^2}$$

$$=\frac{1.20\times550.0\times10^6-14.3\times(650-300)\times100\times(735-100/2)}{14.3\times300\times735^2}=0.137$$

由式（3-15）得：

$$\xi=1-\sqrt{1-2\alpha_s}=1-\sqrt{1-2\times0.137}=0.148<\xi_b=0.518(\text{由表 3-1})$$

由式（3-35）得：

$$A_s=\frac{f_c b\xi h_0+f_c(b'_f-b)h'_f}{f_y}$$

$$=\frac{14.3\times300\times0.148\times735+14.3\times(650-300)\times100}{360}$$

$$=2687(\text{mm}^2)$$

选用 4 ⌀ 25+2 ⌀ 22（$A_s=2724\text{mm}^2$），钢筋排列见图 3-37。

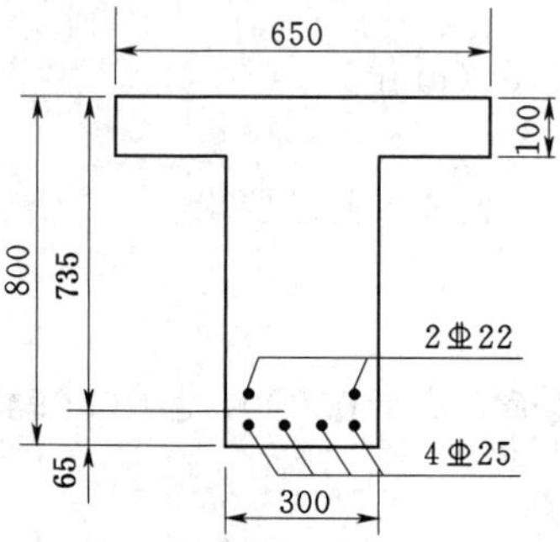

图 3-37　截面配筋

如按 SL 191—2008 规范计算，计算结果相同，也为第二种 T 形截面，$\alpha_s=0.137$，$\xi=0.148<0.85\xi_b$，$A_s=2687\text{mm}^2$。

在实际工程中，有时也会遇到环形、圆形截面受弯构件和双向受弯构件，其正截面受弯承载力计算可按现行水工混凝土结构设计规范的有关公式进行。

3.7　受弯构件的延性

3.7.1　延性的意义

结构构件在设计时，除了考虑承载力以外，还应满足一定的延性要求。所谓延性是指结构构件或截面在受力钢筋应力超过屈服强度后，在承载力无显著变化的情况下的后期

变形能力，也就是最终破坏之前经受非弹性变形的能力。延性好的结构，它的破坏过程比较长，破坏前有明显的预兆，因此，能及早采取措施，避免发生伤亡事故及建筑物的全面崩溃。延性差的结构，破坏时会突然发生脆性破坏，破坏后果较为严重。延性好的结构还可使超静定结构发生内力重分布，从而增加结构的极限荷载。特别是延性好的结构能以残余的塑性变形来吸收地震的巨大能量，这对地震区的建筑物来说是极为重要的。可以说，对抗震结构，延性至少是与承载能力同等重要的。

对于截面来说，截面延性指的是截面性质（材料和尺寸）所定义的后期变形能力，通常以曲率的比值（ϕ_u/ϕ_y）表示，称为曲率延性。

图 3－38 可以概括地说明截面曲率延性的概念。在图中，ϕ_y 相当于受拉钢筋刚屈服时的截面曲率；ϕ_u 相当于混凝土最终被压碎时的截面曲率，即构件最终破坏时的截面曲率。ϕ_y 与 ϕ_u 可以由相应阶段的截面应变梯度求得，即 $\phi_y=\varepsilon_y/(h_0-x_{0y})$，$\phi_u=\varepsilon_{cu}/x_{0u}$，式中 ε_y 为钢筋受拉达到屈服强度时的应变；ε_{cu} 为混凝土极限压应变。显然，曲率延性系数 $\mu_\phi=\phi_u/\phi_y$ 越大，截面延性越好，在图 3－38 中，对比了脆性破坏和延性破坏的不同变形能力。

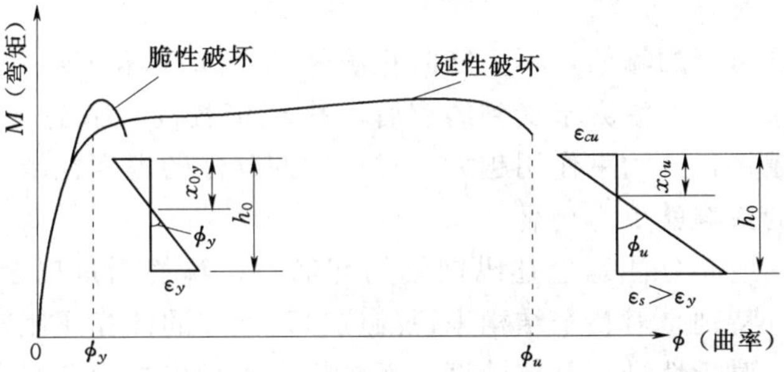

图 3－38 弯矩与截面曲率的关系曲线

对于整个结构来说，延性应该用整个结构的变形来衡量，通常以位移延性系数 $\mu_\Delta=\Delta_u/\Delta_y$ 来表示。对于钢筋混凝土结构，为抵抗强震，常要求 μ_Δ 不小于3～5。应注意 μ_Δ 在数值上与截面的曲率延性系数 μ_ϕ 是完全不同的。为了弄懂初步概念，本节只限于说明曲率延性。

3.7.2 影响受弯构件曲率延性的因素

通过理论分析和试验证明，受弯构件的曲率延性主要与下列因素有关：

1. 纵向钢筋用量

由钢筋刚开始屈服时的曲率 $\phi_y=\varepsilon_y/(h_0-x_{0y})$ 与混凝土最终压碎时的 $\phi_u=\varepsilon_{cu}/x_{0u}$ 可知，增加受拉钢筋配筋率 ρ，则两式中相应的受压区高度 x_{0y} 及 x_{0u} 均增加，从而 ϕ_y 增大而 ϕ_u 减小，于是曲率延性系数 μ_ϕ 就减小，延性降低。因此，为了使受弯构件破坏时具有足够的延性，受拉钢筋配筋率不宜太大。

配置受压钢筋 A_s' 可使延性增大。因为增加受压钢筋配筋率 ρ'，可使 x_{0y} 减小，因而 ϕ_y 减小 ϕ_u 增大，延性明显提高。

图 3－39 和图 3－40 表示了纵向钢筋配筋率 ρ 和 ρ' 对受弯构件截面延性的影响。

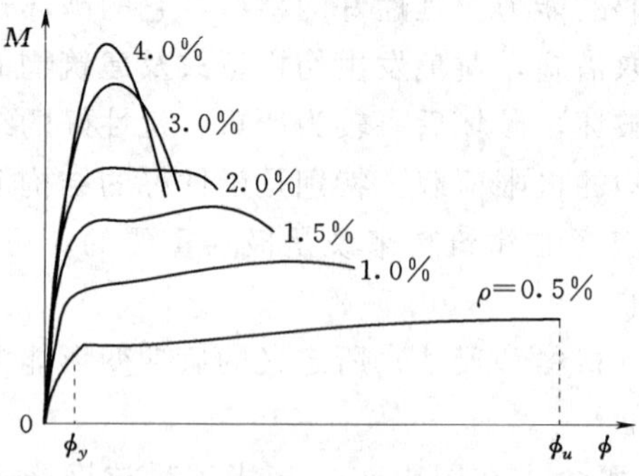

图 3-39　配筋率 ρ 对截面延性的影响

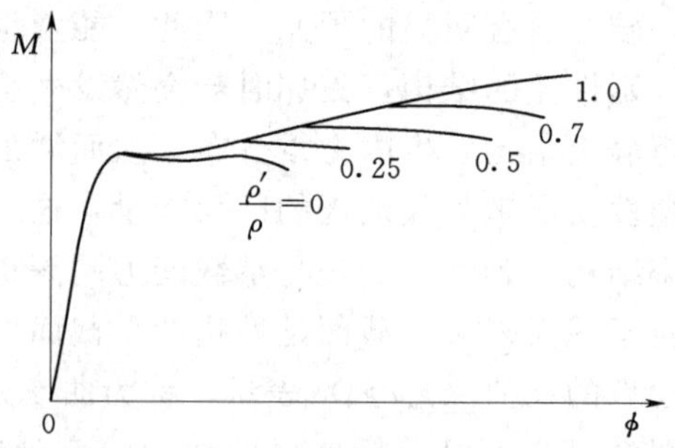

图 3-40　配筋率 ρ' 对截面延性的影响

2. 材料强度

混凝土强度提高或钢筋强度降低时，延性增大。反之，延性减小。因此，为了保证有足够的延性，不宜采用高强度钢筋及强度等级过低的混凝土。但混凝土强度过高时，材性会变脆，即其 ε_{cu} 降低，也会使延性减小，故对抗震结构，混凝土等级不宜大于 C60。

3. 箍筋用量

沿梁的纵向配置封闭的箍筋，不但能防止脆性的剪切破坏（见第 4 章），而且可以对受压区混凝土起约束作用。混凝土受到约束后，其 ε_{cu} 能提高。箍筋（特别是螺旋形箍筋）布置得越密，直径越粗，其约束作用越大，对构件的延性的提高也越大。特别是在超筋情况下，箍筋对延性的影响就更为显著。

当设计构件时，应充分注意上述纵向钢筋配筋率、箍筋用量以及材料强度等级等要求。由于延性指标（特别是对整个结构来说的位移延性）的计算还比较复杂，目前抗震规范对一般建筑不要求对延性进行具体计算，而是规定了相应的构造规定，认为只要遵循这些规定就可以满足抗震对延性的要求。因此，在设计抗震结构时应特别注意有关抗震的构造要求（见第 11 章）。

第 4 章　钢筋混凝土受弯构件斜截面承载力计算*

上一章已指出，承受弯矩 M 和剪力 V 的受弯构件有可能发生两种破坏：一种是沿弯矩最大的截面破坏，此时破坏截面与构件的轴线垂直，称为正截面破坏；另一种破坏是沿剪力最大或弯矩和剪力都较大的截面破坏，此时破坏截面与构件的轴线斜交，称为斜截面破坏。受弯构件设计时，既要保证构件不沿正截面发生破坏，又要保证构件不沿斜截面发生破坏，因此要同时进行正截面承载力与斜截面承载力的计算。

斜截面破坏的原因，可以用受弯构件在弯矩与剪力共同作用下的应力状态加以简要说明。

由材料力学可知，在弯矩和剪力共同作用下，匀质弹性材料梁中任意一微小单元体上作用有由弯矩引起的正应力 σ 和由剪力引起的剪应力 τ（图 4-1），而 σ 与 τ 在单元体上产生主拉应力 σ_{tp} 及主压应力 σ_{cp}。分析任一截面 Ⅰ-Ⅰ 上三个微小单元体 1、2、3 的应力状态，可得知主拉应力的方向各不相同：在中和轴处（单元体 2）$\sigma=0$，主拉应力 σ_{tp} 与梁轴线成 45°；在中和轴以下的受拉区（单元体 3），σ 为拉应力，主拉应力 σ_{tp} 的方向与梁轴线的夹角小于 45°；在中和轴以上的受压区（单元体 1），σ 为压应力，主拉应力 σ_{tp} 的方向与梁轴线的夹角大于 45°。因此，主拉应力的轨迹线，除支座处受集中反力的影响外，大体如图 4-1 中虚线所示，与主拉应力成正交的主压应力的轨迹线则如图中实线所示。

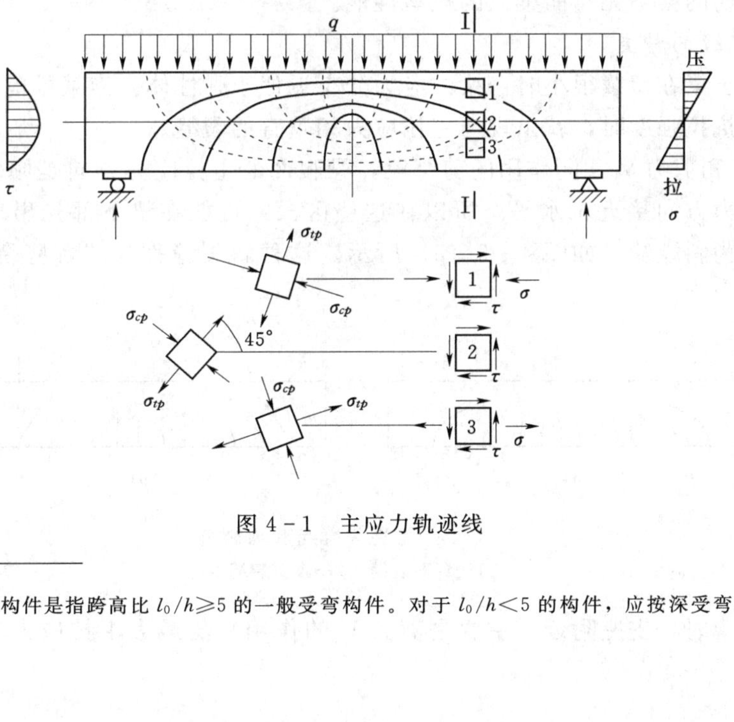

图 4-1　主应力轨迹线

* 本章所指受弯构件是指跨高比 $l_0/h \geqslant 5$ 的一般受弯构件。对于 $l_0/h<5$ 的构件，应按深受弯构件计算，具体计算公式可参阅规范。

对钢筋混凝土梁来说，当荷载很小，材料尚处于弹性阶段时，梁内应力分布近似于图 4－1。但当主拉应力接近于混凝土的抗拉强度时，由于塑性变形的发展，沿主应力轨迹上的主拉应力分布将逐渐均匀。当在一段范围内的主拉应力达到混凝土的抗拉强度时，就会出现大体上与主拉应力轨迹线相垂直的斜裂缝（参见图 4－3）。斜裂缝的出现和发展使梁内应力发生变化，最终导致在剪力较大区域的混凝土被剪压破碎或拉裂，发生斜截面受剪破坏。

为防止斜截面破坏，就要进行斜截面承载力设计，即要配置抗剪钢筋。抗剪钢筋也称作腹筋。腹筋的形式可以采用垂直于梁轴的箍筋或由纵向钢筋弯起的斜筋（也称为弯起钢筋，简称弯筋）。纵筋、箍筋、弯筋和固定箍筋所需的架立筋（一般不考虑它参与受力）组成了构件的钢筋骨架，如图 4－2 所示。

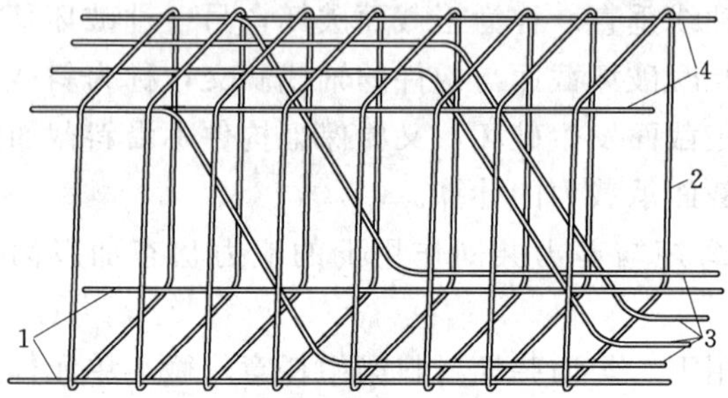

图 4－2　梁的钢筋骨架

1—纵筋；2—箍筋；3—弯起钢筋；4—架立筋

上一章介绍了钢筋混凝土受弯构件正截面的破坏形态、正截面受弯承载力计算方法和有关构造规定，本章将介绍斜截面的破坏形态、斜截面承载力计算方法及其构造规定。

4.1　受弯构件斜截面受力分析与破坏形态

4.1.1　无腹筋梁斜截面受力分析

为了更好地了解钢筋混凝土梁的抗剪性能以及腹筋的作用，有必要先研究仅配有纵向钢筋而没有腹筋的梁（无腹筋梁）的抗剪性能。

4.1.1.1　斜裂缝的种类

钢筋混凝土梁在荷载很小时，梁内应力分布近似于弹性体。当某段范围内的主拉应力超过混凝土的抗拉强度时，就出现与主拉应力相垂直的裂缝。

在弯矩 M 和剪力 V 共同作用的剪跨段，梁腹部的主拉应力方向是倾斜的，而在梁的下边缘主拉应力方向接近于水平。所以在这些区段，可能在梁下部先出现较小的垂直裂缝，然后延伸为斜裂缝，如图 4－3（a）所示。这种斜裂缝称为“弯剪裂缝”，它是一种常见的斜裂缝。

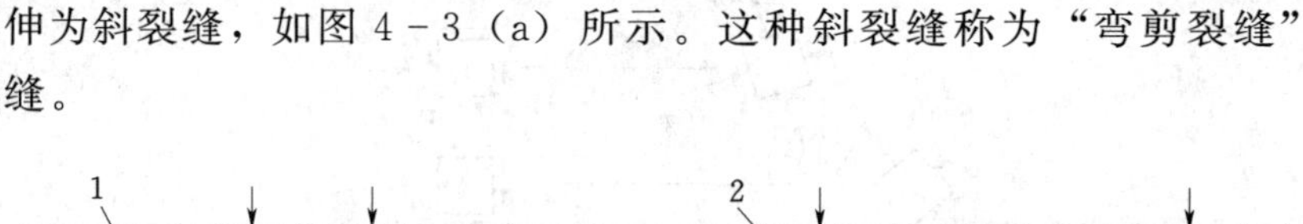

图 4－3　弯剪裂缝与腹剪裂缝

1—弯剪裂缝；2—腹剪裂缝

当梁腹很薄时，支座附近（主要是剪力 V 的作用）的最大主拉应力出现于梁腹中和轴周围，就可能在此处先出现斜裂缝，然后向上、下方延伸，如图 4-3（b）所示，这种斜裂缝称为“腹剪裂缝”。

试验表明，斜裂缝可能发生若干条，但荷载增加到一定程度时，在若干斜裂缝中总有一条开展得特别宽，并很快向集中荷载作用点处延伸的斜裂缝。这条斜裂缝常称为“临界斜裂缝”。在无腹筋梁中，临界斜裂缝的出现预示着斜截面受剪破坏即将来临。

4.1.1.2 斜裂缝出现后的梁内受力状态

一承受两个对称集中荷载作用的无腹筋简支梁，在弯矩 M 和剪力 V 共同作用下出现了斜裂缝 BA，如图 4-4（a）所示，现取支座到斜裂缝之间的梁段为隔离体来分析它的应力状态。

在如图 4-4（b）所示的隔离体上，外荷载在斜截面 BA 上引起的最大弯矩为 M_A，最大剪力为 V_A。斜截面上平衡 M_A 和 V_A 的力有：①纵向钢筋的拉力 T；②斜截面端部余留的混凝土剪压面（AA'）上混凝土承担的剪力 V_c 及压力 C；③在梁的变形过程中，斜裂缝的两侧发生相对剪切位移产生的骨料咬合力 V_a；④纵筋的销栓力 V_d[❶]。

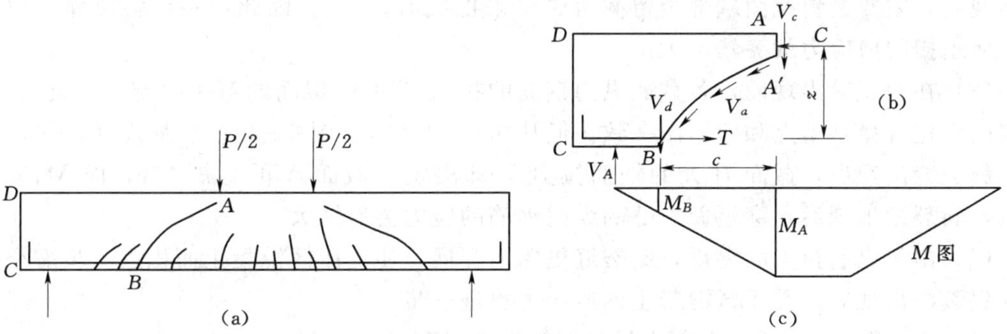

图 4-4 无腹筋梁的斜裂缝及隔离体受力图

在这些力中能与 V_A 保持平衡的为 V_c、V_y 及 V_d 三个力，其中 V_y 为咬合力 V_a 的竖向分力。即

$$V_A=V_c+V_y+V_d \quad (4-1)$$

在无腹筋梁中，纵筋的销栓作用很弱，因为能阻止纵向钢筋发生垂直位移的只有纵筋下面的混凝土保护层。在 V_d 作用下，钢筋两侧的混凝土产生垂直的拉应力（图 4-5），很容易沿纵向钢筋将混凝土撕裂。混凝土产生撕裂裂缝后，销栓作用就随之降低。同时，钢筋就会失去和混凝土的粘结而发生滑动，使斜裂缝迅速增大，V_a 也相应减少。在梁接近破坏时，V_c 渐渐增加到它的最大值，此时梁内剪力主要由 V_c 承担，V_a 与 V_d 仅承担很小一部分。

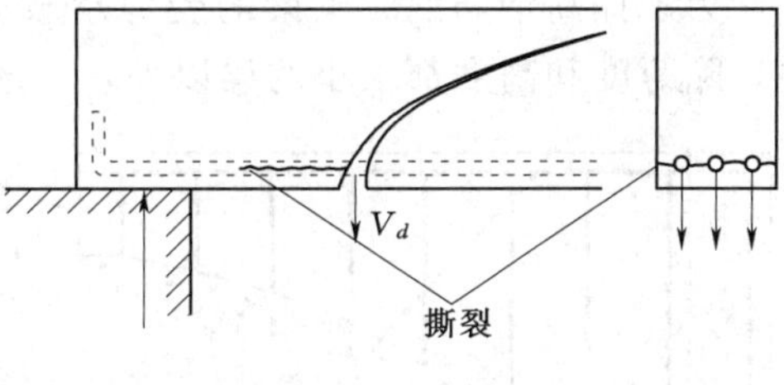

图 4-5 纵筋销栓力作用下混凝土发生撕裂

同时，由于剪力传递机理的复杂性，要分别定量地确定 V_c、V_y 及 V_d 各自的大小还

❶ 由于斜裂缝的两边有相对的上下错动，使穿过斜裂缝的纵向钢筋也传递一定的剪力，称为纵筋的销栓力 V_d。

有相当的困难，因此目前常把三者笼统地全部归入 V_c，一并计算，即

$$V_A = V_c \tag{4-2}$$

现在再看截面上的内力又是如何平衡弯矩 M_A 的。如图 4-4（b）所示，对压力 C 的作用点求矩，并假定 V_a 的合力通过压力 C 的作用点，则平衡 M_A 的内力矩为：

$$M_A = Tz + V_d c \tag{4-3}$$

式中　T——纵向钢筋承受的拉力；

z——钢筋拉力到混凝土压应力合力点的力臂；

c——斜裂缝的水平投影长度。

在无腹筋梁中，纵筋销栓力 V_d 数值较小且不可靠，为安全计可近似认为：

$$M_A = Tz \tag{4-4}$$

4.1.1.3　斜裂缝出现前后梁内应力状态的变化

由以上分析可见，斜裂缝发生前后，构件内的应力状态有如下变化：

（1）在斜裂缝出现前，梁的整个混凝土截面均能抵抗外荷载产生的剪力 V_A。在斜裂缝出现后，主要是斜截面端部余留截面 AA' 来抵抗剪力 V_A。因此，一旦斜裂缝出现，混凝土所承担的剪应力就突然增大。

（2）在斜裂缝出现前，各截面纵向钢筋的拉力 T 由该截面的弯矩决定，因此 T 沿梁轴线的变化规律基本上和弯矩图一致。但从图 4-4（b）、图 4-4（c）及式（4-4）可看到，斜裂缝出现后，截面 B 处的钢筋拉力 T 却决定于截面 A 的弯矩 M_A，而 $M_A > M_B$。所以，斜裂缝出现后，穿过斜裂缝的纵向钢筋的应力突然增大。

（3）由于纵筋拉力的突增，斜裂缝更向上开展，使受压区混凝土面积进一步缩小。所以在斜裂缝出现后，受压区混凝土的压应力更进一步上升。

（4）由于 V_d 的作用，混凝土沿纵向钢筋还受到撕裂力。

如果构件能适应上述这些应力的变化，就能在斜裂缝出现后重新建立平衡，否则构件会立即破坏，呈现出脆性。

4.1.2　有腹筋梁斜截面受力分析

为了提高钢筋混凝土梁的受剪承载力，防止梁沿斜截面发生脆性破坏，在实际工程中，除跨度和高度都很小的梁以外，一般梁内都应配置腹筋。

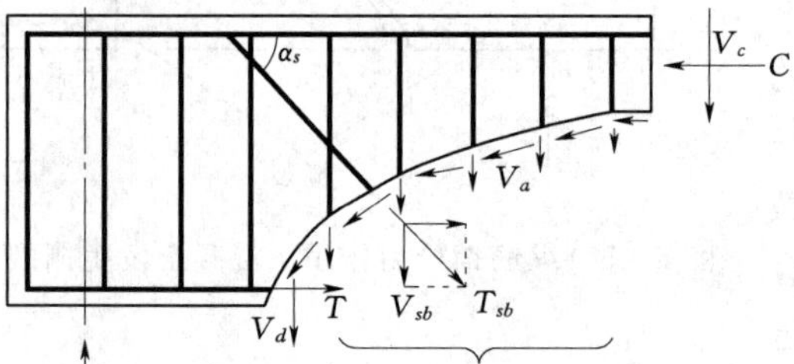

图 4-6　有腹筋梁的斜截面隔离体受力图

对有腹筋梁，在斜裂缝出现之前，混凝土在各方向的应变都很小，所以腹筋的应力也很低，对斜截面开裂荷载的影响很小。因此，在斜裂缝出现前，有腹筋梁的受力状态与无腹筋梁没有显著差异。但是当斜裂缝出现之后，与无腹筋梁相比，斜截面上增加了箍筋承担的剪力 V_{sv} 和弯起钢筋的拉力 T_{sb}（图 4-6），由此有腹筋梁通过以下几个方面大大地加强了斜截面受剪承载力：

（1）与斜裂缝相交的腹筋本身就能承担很大一部分剪力。

(2) 腹筋能阻止斜裂缝开展过宽，延缓斜裂缝向上伸展，保留了更大的混凝土余留截面，从而提高了混凝土的受剪承载力 V_c。

(3) 腹筋能有效地减少斜裂缝的开展宽度，提高了斜裂缝上的骨料咬合力 V_a。

(4) 箍筋可限制纵向钢筋的竖向位移，有效地阻止了混凝土沿纵筋的撕裂，从而提高了纵筋的销栓力 V_d。

因此，可以认为从斜裂缝的产生直至腹筋屈服之前，有腹筋梁的受剪承载力由 V_c、V_d、V_y、V_{sv} 及 $V_{sb}=T_{sb}\sin\alpha_s$ 构成。图 4-7 给出了仅配箍筋的有腹筋梁，各分量之间的大致分配情况。

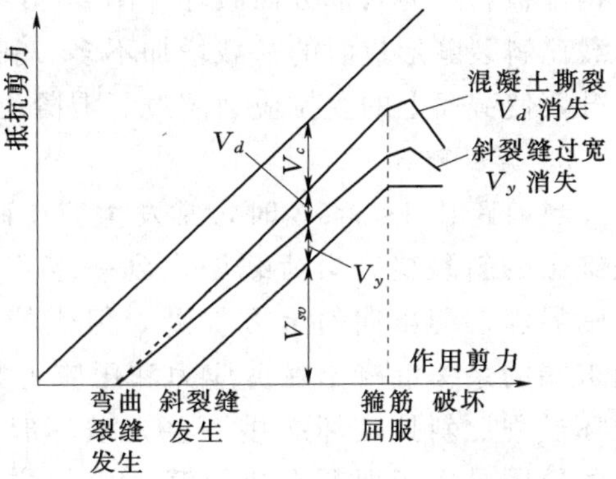

图 4-7 V_c、V_d、V_y、V_{sv} 之间的分配

弯起钢筋差不多和斜裂缝正交，因而传力直接，但弯起钢筋是由纵筋弯起而成，一般直径较粗，根数较少，使梁的内部受力不很均匀；箍筋虽不与斜裂缝正交，但分布均匀，因而对斜裂缝宽度的遏制作用更为有效。在配置腹筋时，一般总是先配一定数量的箍筋，需要时再加配适量的弯筋。

4.1.3 受弯构件斜截面破坏形态

4.1.3.1 无腹筋梁斜截面受剪破坏形态与发生条件

根据试验观察，无腹筋梁的受剪破坏形态，大致可分为斜拉破坏、剪压破坏和斜压破坏三种，其发生的条件主要与剪跨比 λ 有关。

所谓剪跨比 λ，对梁顶只作用有集中荷载的梁，是指剪跨 a 与截面有效高度 h_0 的比值（图 4-8），即 $\lambda=\frac{a}{h_0}=\frac{Va}{Vh_0}=\frac{M}{Vh_0}$。

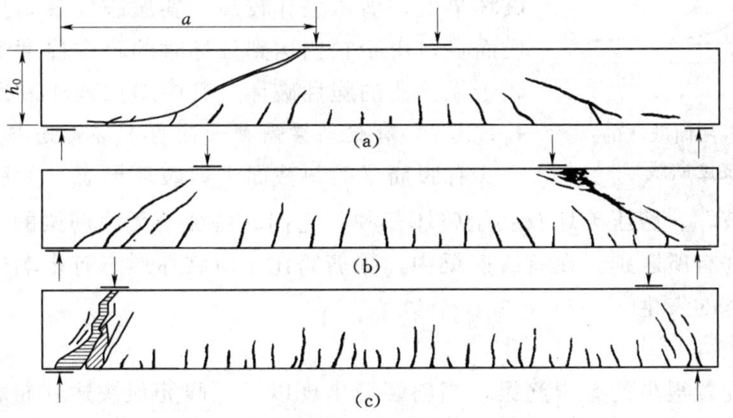

图 4-8 无腹筋梁的剪切破坏形态

(a) 斜拉破坏；(b) 剪压破坏；(c) 斜压破坏

对于承受分布荷载或其他多种荷载的梁，剪跨比可用无量纲参数 $\frac{M}{Vh_0}$ 表达，一般也称

$\frac{M}{Vh_0}$为广义剪跨比。

1. 斜拉破坏

当剪跨比 $\lambda>3$ 时，无腹筋梁常发生斜拉破坏。在这种破坏形态中，斜裂缝一出现就很快形成临界斜裂缝，并迅速向上延伸到梁顶的集中荷载作用点处，将整个截面裂通，整个构件被斜拉为两部分而破坏［图 4-8 (a)］。其特点是整个破坏过程急速而突然，破坏荷载比斜裂缝形成时的荷载增加不多。斜拉破坏的原因是由于混凝土余留截面上剪应力的上升，使截面上的主拉应力超过了混凝土抗拉强度。

2. 剪压破坏

当剪跨比 $1<\lambda\leqslant3$ 时，常发生剪压破坏。在这种破坏形态中，先出现垂直裂缝和几条细微的斜裂缝。当荷载增大到一定程度时，其中一条斜裂缝发展成临界斜裂缝。这条临界斜裂缝虽向斜上方伸展，但仍能保留一定的压区混凝土截面不裂通，直到斜裂缝末端的余留混凝土在剪应力和压应力共同作用下被压碎而破坏［图 4-8 (b)］。它的破坏过程比斜拉破坏缓慢一些，破坏时的荷载明显高于斜裂缝出现时的荷载。剪压破坏的原因是由于混凝土余留截面上的主压应力超过了混凝土在压力和剪力共同作用下的抗压强度。

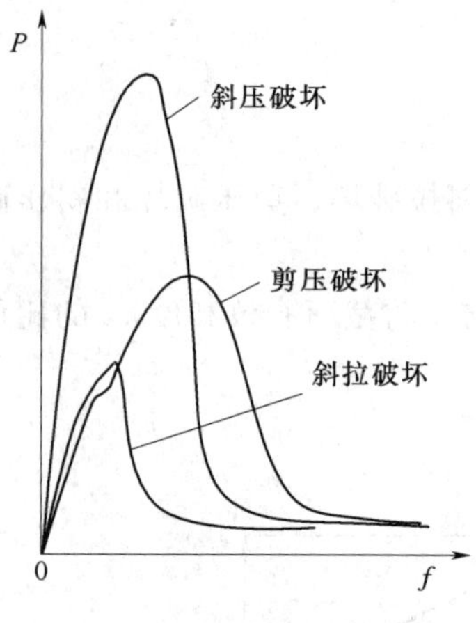

图 4-9　斜截面破坏的荷载-挠度曲线

3. 斜压破坏

当剪跨比 $\lambda\leqslant1$ 时，常发生斜压破坏。在这种破坏形态中，在靠近支座的梁腹部首先出现若干条大体平行的斜裂缝，梁腹被分割成几条倾斜的受压柱体，随着荷载的增大，过大的主压应力将梁腹混凝土压碎［图 4-8 (c)］。

图 4-9 为三根受弯构件的荷载一挠度曲线，它们尺寸相同，由于剪跨比的不同而发生斜拉破坏、剪压破坏与斜压破坏。从图中曲线可见，就其受剪承载力而言，斜拉破坏最低，剪压破坏较高，斜压破坏最高。但就其破坏性质而言，由于它们达到破坏时的跨中挠度都不大，因而均属于无预兆的脆性破坏，其中斜拉破坏最为脆性。

4.1.3.2　有腹筋梁斜截面受剪破坏形态与发生条件

有腹筋梁的斜截面受剪破坏形态与无腹筋梁相似，也可归纳为斜拉破坏、剪压破坏及斜压破坏三种。它们的特征与无腹筋梁的三种破坏特征相同，但发生条件有所区别。在有腹筋梁中，除剪跨比 λ 对破坏形态有影响外，腹筋数量也影响着破坏形态的发生。

1. 斜拉破坏

腹筋数量配置很少的有腹筋梁，当斜裂缝出现以后，腹筋很快达到屈服，所以不能起到限制斜裂缝的作用，此时梁的破坏与无腹筋梁类似。因而，腹筋数量配置很少且剪跨比较大的有腹筋梁，将发生斜拉破坏。

2. 剪压破坏

腹筋配置比较适中的有腹筋梁大部分发生剪压破坏。这种梁在斜裂缝出现后，由于腹筋的存在，延缓和限制了斜裂缝的开展和延伸，使荷载仍能有较大的增长，直到腹筋屈服不能再控制斜裂缝开展，最终使斜裂缝末端余留截面混凝土在剪、压复合应力作用下达到极限强度而破坏。此时梁的受剪承载力主要与混凝土的强度和腹筋数量有关。

腹筋数量配置少但剪跨比不大的有腹筋梁，仍将发生剪压破坏。

3. 斜压破坏

当腹筋配置得过多或剪跨比很小，尤其梁腹较薄（例如T形或I形薄腹梁）时，将发生斜压破坏。这种梁在箍筋屈服以前，斜裂缝间的混凝土因主压应力过大而被压坏，此时梁的受剪承载力取决于构件的截面尺寸和混凝土的强度，与无腹筋梁斜压破坏时的受剪承载力相近。

4.2 影响受弯构件斜截面受剪承载力的主要因素

影响钢筋混凝土梁斜截面受剪承载力的因素很多，主要有剪跨比、混凝土强度、纵筋配筋率及其强度、腹筋配筋率及其强度、截面形状及尺寸、加载方式（直接、间接）和结构类型（简支梁、连续梁）等。

4.2.1 剪跨比 λ

剪跨比 λ 之所以能影响破坏形态是因为 λ 反映了截面所承受的弯矩和剪力的相对大小，也就是正应力 σ 和剪应力 τ 的相对关系，而正应力 σ 和剪应力 τ 的相对关系影响着主拉应力的大小与方向。同时还由于梁顶集中荷载及支座反力的局部作用，使受压区混凝土除受有剪应力 τ 及梁轴方向的正应力 σ_x 外，还受有垂直向的正应力 σ_y，这就减小了压区的主拉应力，有可能阻止斜拉破坏的发生。当 $\lambda=a/h_0$ 值增大，集中荷载的局部作用不能影响到支座附近的斜裂缝时，斜拉破坏就会发生。

图 4-10 表示集中荷载作用下无腹筋梁的 $\dfrac{V_u}{f_t b h_0}-\lambda$ 的试验资料。由图可见，受剪承

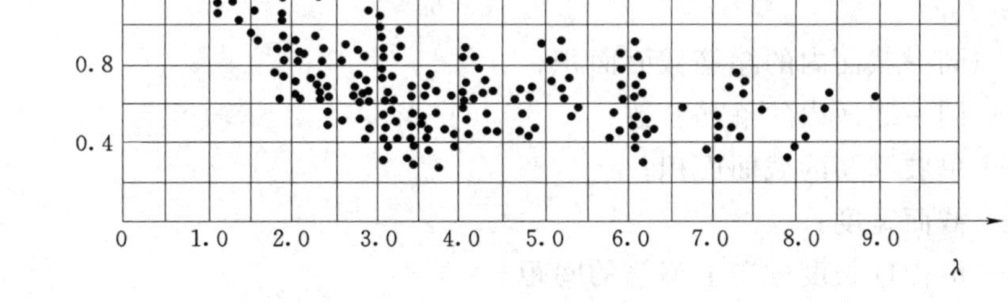

图 4-10 剪跨比对梁受剪承载力的影响

载力的试验值甚为离散，但可明显看出，当 $\lambda \leqslant 3$ 时随着 λ 的减小，斜截面受剪承载力有增大的趋势。

对于有腹筋梁，λ 对梁的受剪承载力的影响与腹筋多少有关。腹筋较少时，λ 的影响较大；随着腹筋的增加，λ 对受剪承载力的影响就有所降低。

4.2.2　混凝土强度

图 4－11 为 5 组不同剪跨比的试验，它们的截面尺寸及纵向钢筋配筋率相同，混凝土立方体抗压强度 f_{cu} 由 17N/mm^2 变化至 110N/mm^2。从图中可见，梁的受剪承载力随 f_{cu} 的提高而提高，两者基本呈线性关系。小剪跨比梁的受剪承载力随 f_{cu} 提高而增加的速率高于大剪跨比的情况。当 $\lambda=1.0$ 时，梁发生斜压破坏，梁的受剪承载力取决于混凝土的抗压强度 f_c；当 $\lambda=3.0$ 时，发生斜拉破坏，其受剪承载力取决于混凝土的抗拉强度 f_t。f_c 与 f_{cu} 基本上成正比，故直线的斜率较大；而 f_t 与 f_{cu} 并不成正比关系，当 f_{cu} 越大时 f_t 的增加幅度越小，故当近似取为线性关系时，其直线的斜率较小；当 $1.0<\lambda<3.0$ 时，一般发生剪压破坏，其直线的斜率介于上述两者之间。

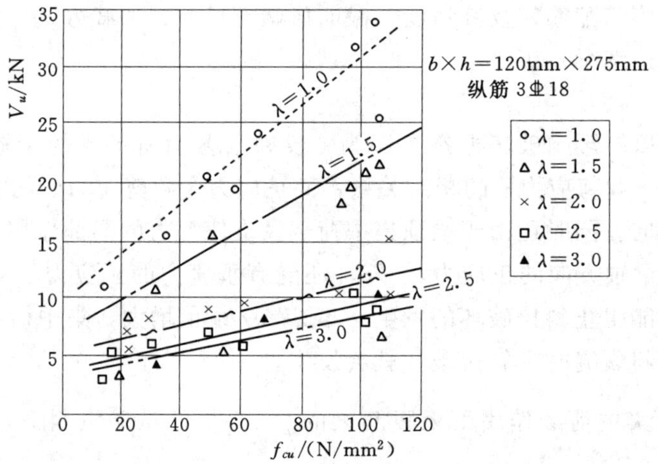

图 4－11　混凝土立方体抗压强度对梁受剪承载力的影响

4.2.3　箍筋配筋率及其强度

试验表明，在配箍量适当的情况下，梁的受剪承载力随配箍量的增多、箍筋强度的提高而有较大幅度的增长。配箍量大小一般用箍筋配筋率（又称配箍率）ρ_{sv} 表示，即

$$\rho_{sv}=\frac{A_{sv}}{bs}=\frac{nA_{sv1}}{bs} \tag{4-5}$$

式中　A_{sv}——同一截面内的箍筋截面面积；

n——同一截面内的箍筋肢数；

A_{sv1}——单肢箍筋的截面面积；

b——截面宽度；

s——沿构件长度方向上箍筋的间距。

图 4－12 表示构件的受剪承载力 $\frac{V_u}{bh_0}$ 与 $\rho_{sv}f_{yv}$ 的关系，当其他条件不变时，两者大致呈

线性关系。

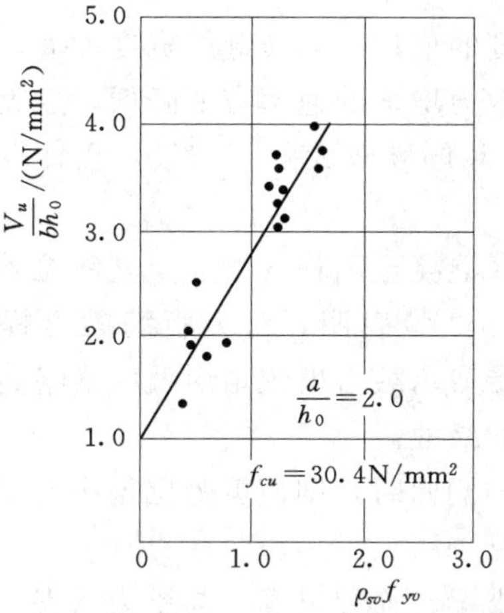

图 4-12 箍筋对梁受剪承载力的影响

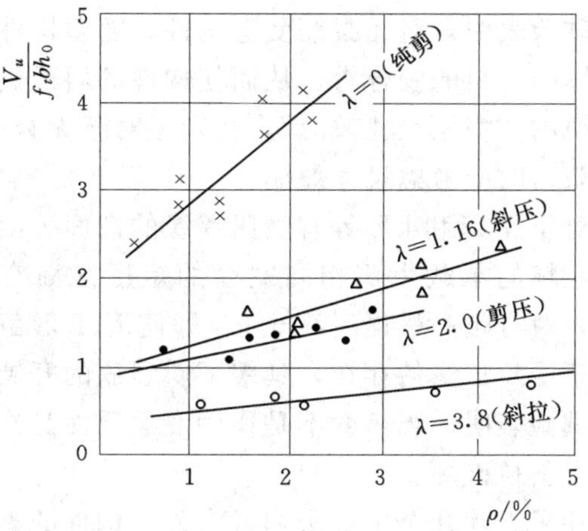

图 4-13 纵筋配筋率对梁受剪承载力的影响

4.2.4 纵筋配筋率及其强度

斜截面破坏的直接原因是剪压区混凝土被压碎（剪压）或拉裂（斜拉），增加纵筋配筋率 ρ 一方面可抑制斜裂缝向剪压区的伸展，增大剪压区混凝土余留高度，从而提高了骨料咬合力和剪压区混凝土的抗剪能力；另一方面，纵筋数量的增加也提高了纵筋的销栓作用。因而，梁的受剪承载力随纵向钢筋配筋率 ρ 的提高而增大。

试验表明，梁的受剪承载力与纵向钢筋配筋率 ρ 大致呈线性关系（图 4-13），但增幅不太大。从图中可以看出，各直线的斜率随剪跨比的不同而变化，小剪跨比时，纵筋的销栓作用较强，ρ 对受剪承载力的影响也较大；剪跨比较大时，纵筋的销栓作用减弱，ρ 对受剪承载力的影响减小。

一般来说，在相同配筋率情况下，梁的受剪承载力随纵向钢筋强度的提高而有所增大，但其影响程度不如纵向钢筋配筋率明显。

纵向钢筋配筋率对无腹筋梁的受剪承载力影响比较明显，对有腹筋梁的受剪承载力的影响就很小了，并随配箍率的增大而减弱。

4.2.5 弯起钢筋及其强度

图 4-14 为纵向钢筋配筋率相同时，配有弯起钢筋梁的受剪承载力 $\frac{V_u}{f_tbh_0}$ 与 $\rho_{sb}\frac{f_y}{f_t}$ 的试验曲线，其中 ρ_{sb} 和 f_y 为弯起钢筋的配筋率和强度，$\rho_{sb}=\frac{A_{sb}}{bh_0}$，$A_{sb}$ 为弯起钢筋的截面面积。由图可见，$\frac{V_u}{f_tbh_0}$ 与 $\rho_{sb}\frac{f_y}{f_t}$ 大致呈线性关系，即梁的受剪承载力随弯起钢筋截面面积的增大、强

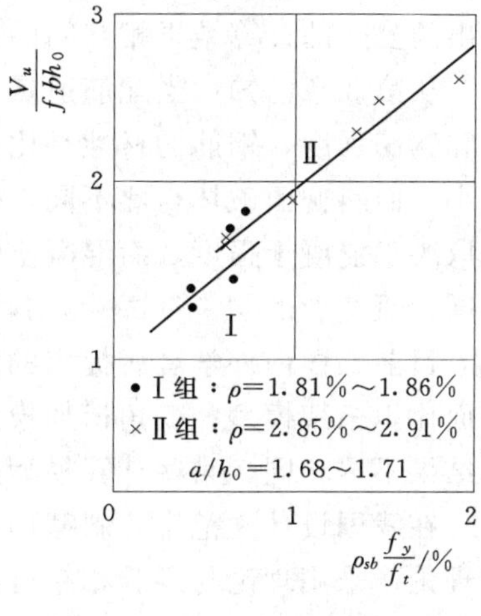

图 4-14 弯起钢筋对梁受剪承载力的影响

度的提高而线性增大。

4.2.6　其他因素

试验表明，对无腹筋受弯构件，随着构件截面高度的增加，斜裂缝的宽度加大，降低了裂缝间骨料的咬合力，从而使构件的斜截面受剪承载力增加的速率有所降低，这就是通常所说的“截面尺寸效应”，特别是对于无腹筋的厚板和厚度较大的基础板，在计算斜截面承载力时应考虑尺寸效应。

对于T形和I形等有受压翼缘的截面，由于剪压区混凝土面积的增大，其斜拉破坏和剪压破坏的承载力比相同宽度的矩形截面有所提高。试验表明，对无腹筋梁可提高约20%，对有腹筋梁提高约5%。即使倒T形截面梁的受剪承载力也较矩形截面梁略高，这是由于受拉翼缘的存在，延缓了斜裂缝的开展和延伸的缘故。

试验表明，当荷载不是作用在梁顶而是作用在梁的侧面时，即使剪跨比很小的梁也可能发生斜拉破坏。

除了上述几个主要影响因素外，构件的类型（简支梁、连续梁等）与受力状态（是否同时作用有轴向力、扭矩等）等因素，都将影响梁的受剪承载力。

4.3　受弯构件斜截面受剪承载力计算

4.3.1　受剪承载力计算理论概况

受剪承载力计算是一个极为复杂的问题。虽然各类构件的受剪承载力试验在国内外已累计进行了几千个，发表的论文已达数百篇，但至今仍未能提出一个被普遍认可的能适用于各种情况的破坏机理、破坏模式和计算理论。

造成受剪承载力计算理论复杂性的原因是因为影响受剪承载力的因素太多。各研究者给出的计算公式都是依据一定范围条件下的试验结果提出的，只能计及其中若干主要因素，而不可能把所有因素都考虑在内。加上各研究者的试验条件和试验方法不同，因此所提出的公式的计算结果相互间的差异是相当大的。

从第3章已知，当配筋适量时，受弯构件的正截面受弯承载力主要取决于纵向钢筋数量和钢筋强度，钢筋的材性是比较匀质的，因此正截面受弯承载力的试验结果离散性相对较小。而斜截面破坏与此不同，斜截面临界斜裂缝的产生与最终破坏时的受剪承载力，主要取决于混凝土强度，而混凝土强度的离散性是很大的（特别是抗拉强度），因此，即便是同一研究者的同一批试验，其试验结果的离散程度也相当大。

目前，国内外学者所提出的斜截面受剪的破坏机理和计算理论主要有：拉杆拱模型、平面比拟桁架模型、变角桁架模型、拱-梳状齿模型、极限平衡理论等等。各种理论的计算结果不尽相同，某些计算模型过于复杂，还无法在工程设计中实际应用。

在我国设计规范中，斜截面受剪承载力计算公式是在大量试验的基础上，依据极限平衡理论，采用理论与经验相结合的方法建立起来的。其特点是考虑的因素较少，公式形式简单，计算比较方便。计算公式基本上能保证必需的截面尺寸和配筋用量，但与国际上一些主流规范相比，其安全度水平是不高的。

从前面已得知，斜截面受剪有斜拉破坏、斜压破坏和剪压破坏三种破坏形态。其中，斜拉破坏的脆性最为严重，它类似于正截面受弯时的“少筋破坏”，在设计中应该控制腹筋数量不能太少，即箍筋的配筋率不能小于它的最小配筋率，以防止斜拉破坏的发生。斜压破坏时的承载力主要取决于混凝土的抗压强度，破坏性质类似于正截面受弯时的“超筋破坏”，在设计时应限制箍筋用量不能过多，也就是必须控制构件的截面尺寸不能过小，以防止斜压破坏的发生。

斜拉破坏和斜压破坏采用配筋构造规定予以避免后，下面所述的斜截面受剪承载力基本计算公式实质上只是针对剪压破坏而言的。

4.3.2 基本计算公式

对配有箍筋和弯筋的梁，当发生剪压破坏时，可取图 4-15 所示的隔离体进行分析。隔离体由梁靠近支座的一端与临界斜裂缝及上部余留的混凝土截面所围成。为方便设计，骨料咬合力的竖向分力 V_y 及纵筋销栓力 V_d 已并入余留混凝土截面所承担的受剪承载力 V_c 之中。

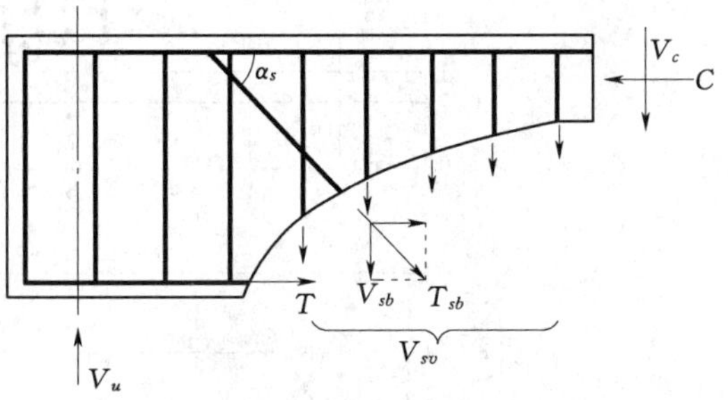

图 4-15 有腹筋梁的斜截面受剪承载力计算图

由隔离体竖向力的平衡，可认为梁的斜截面极限受剪承载力 V_u 是由混凝土承担的剪力 V_c、箍筋承担的剪力 V_{sv} 及弯筋承担的剪力 V_{sb}（即弯筋屈服时承担的拉力 T_{sb} 的竖向分力）三个独立部分所组成的，即梁的斜截面受剪承载力的基本计算公式为：

$$V_u = V_c + V_{sv} + V_{sb} \tag{4-6}$$

式中 V_u——斜截面极限受剪承载力；

V_c——混凝土的受剪承载力；

V_{sv}——箍筋的受剪承载力；

V_{sb}——弯筋的受剪承载力。

按 DL/T 5057—2009 规范设计时，为保证斜截面受剪的安全，应满足条件：

$$\gamma_d V \leqslant V_u \tag{4-7}$$

式中 V——剪力设计值，按荷载效应基本组合或偶然组合计算，为荷载设计值产生的剪力与结构重要性系数 γ_0、设计状况系数 ψ 三者的乘积、γ_0 和 ψ 按第 2 章有关规定取用；

γ_d——结构系数，按本教材表 2-6 采用。

4.3.3 仅配箍筋梁的斜截面受剪承载力计算

对于仅配箍筋的梁，可以认为其受剪承载力是由混凝土的受剪承载力 V_c 和箍筋的受剪承载力 V_{sv} 两部分组成的。

1. 混凝土的受剪承载力 V_c

混凝土的受剪承载力 V_c 是通过无腹筋梁的大量试验资料（不同荷载形式、不同剪跨比或跨高比、不同混凝土强度、不同结构形式）得出的，即认为混凝土的受剪承载力 V_c 就是无腹筋梁的极限受剪承载力 V_u。

由于试验资料的离散性很大，V_c 是按试验值的偏下线取值的（图 4-16），而且为了设计的方便，DL/T 5057—2009 规范将 V_c 取为定值，对一般荷载作用下受弯构件取 $V_c=0.7f_tbh_0$；对集中荷载为主的矩形截面独立梁（单独集中荷载作用，或有多种荷载作用但集中荷载对支座截面或节点边缘所产生的剪力值占总剪力 75%以上），取 $V_c=0.5f_tbh_0$[❶]。

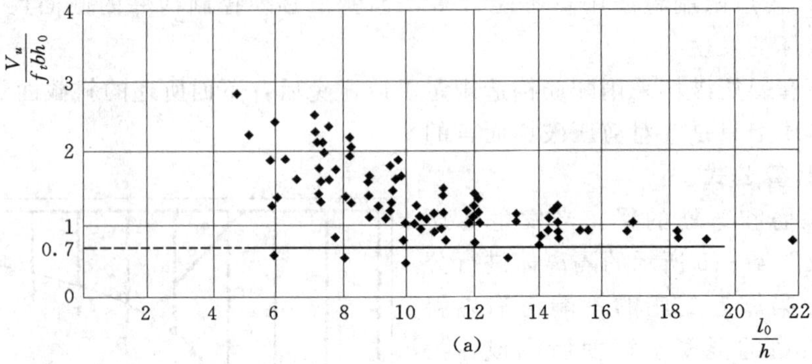

(a)

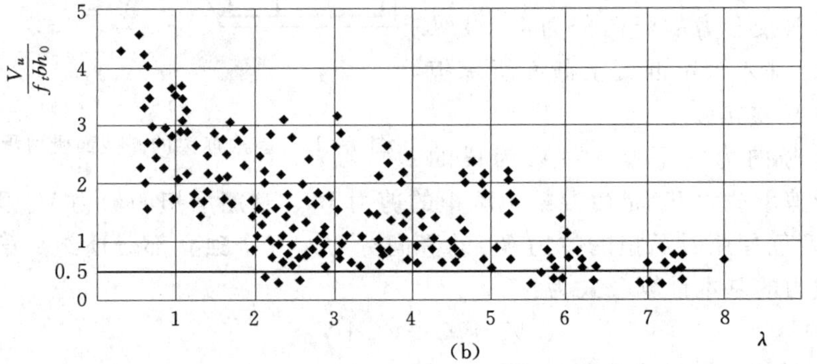

(b)

图 4-16　无腹筋梁受剪承载力计算公式与试验结果的比较

(a) 均布荷载；(b) 集中荷载

2. 箍筋的受剪承载力 V_{sv}

箍筋的受剪承载力 V_{sv} 取决于配箍率 ρ_{sv}、箍筋强度 f_{yv} 和斜裂缝水平投影长度。图 4-17 为仅配置箍筋的简支梁（包括 22 根承受分布荷载的梁和 200 根承受集中荷载的梁）在荷载作用下的受剪承载力实测数据，采用无量纲的 $\frac{V_u}{f_tbh_0}$ 和 $\rho_{sv}\frac{f_{yv}}{f_t}$ 来表示实测的受剪承载力与箍筋用量及箍筋强度之间的关系。

由试验可知，梁的受剪承载力随箍筋数量的增加、强度的提高而提高。同时可看出，实测出的 V_u 离散性是很大的，为此，规范取实测值的偏下线作为计算受剪承载力的依据。不同的规范对偏下线的取法有所不同，从而得出的计算公式也有差异。DL/T 5057—2009 规范取偏下线①，而 SL 191—2008 规范沿用《水工混凝土结构设计规范》（SL/T 191—1996）的做法，取偏下线②。

由此，DL/T 5057—2009 规范规定，对仅配置箍筋的矩形、T 形和 I 形截面的受弯构

❶　在我国《混凝土结构设计规范》（GB 50010—2010）等规范中，对一般受弯构件，取用 $V_c=0.7f_cbh_0$；而对于承受集中力为主的独立梁，则考虑剪跨比 λ 的影响，取 $V_c=\frac{1.75}{\lambda+1}f_tbh_0$。

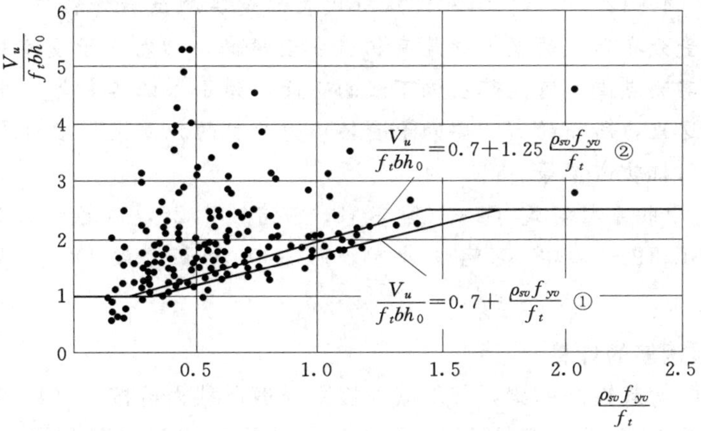

图 4-17　仅配箍筋简支梁的受剪承载力

件，其斜截面受剪承载力应符合下列规定：

$$\gamma_d V \leqslant V_c + V_{sv} \tag{4-8}$$

对于一般荷载作用下的受弯构件：

$$V_c = 0.7 f_t b h_0 \tag{4-9a}$$

对于集中荷载为主的矩形截面独立梁（单独集中荷载作用，或有多种荷载作用但集中荷载对支座截面或节点边缘所产生的剪力值占总剪力75%以上）：

$$V_c = 0.5 f_t b h_0 \tag{4-9b}$$

$$V_{sv} = f_{yv}\frac{A_{sv}}{s}h_0 \tag{4-10}$$

式中　b——矩形截面的宽度，T形或I形截面的腹板宽度；

h_0——截面的有效高度；

f_t——混凝土轴心抗拉强度设计值，按本教材附录2表1取用；

f_{yv}——箍筋抗拉强度设计值，按本教材附录2表3中的 f_y 值确定。

设计时，如能符合 $\gamma_d V \leqslant V_c$，则可不进行斜截面受剪承载力计算，仅需按构造要求配置箍筋。

水利系统的《水工混凝土结构设计规范》（SL 191—2008）规定的斜截面受剪承载力计算公式与DL/T 5057—2009规范有所不同，它根据图4-17中的偏下线②，规定对于水工建筑物中的一般受弯构件，不论其承受什么荷载，仅配置箍筋的矩形、T形和I形截面的受弯构件，其斜截面受剪承载力应符合下列规定：

$$KV \leqslant V_c + V_{sv} \tag{4-11}$$

$$V_c = 0.7 f_t b h_0 \tag{4-12}$$

$$V_{sv} = 1.25 f_{yv}\frac{A_{sv}}{s}h_0 \tag{4-13}$$

但对于重要的承受集中力为主的独立梁，式（4-12）中的系数0.7应降为0.5，式（4-13）中的系数1.25应降为1.0，即式（4-12）和式（4-13）变为式（4-9b）和式（4-10）。

这是因为式（4-12）和式（4-13）所代表的是实测试验资料中的偏下线②，根据分析，这对于承受分布荷载的梁来说是有相当安全度的，但对于承受集中荷载的梁来说，其受剪承载力的实测点尚有可能落在偏下线的下面，为了保证其安全，将公式中的系数作了相应调整。在这里，所谓的"重要的承受集中力为主的独立梁"指的是水电站厂房中的吊车梁、大坝的门机轨道梁等。

式（4-13）中的系数与式（4-10）不同，前者为 1.25，后者为 1.0，因此对于一般受弯构件，按 SL 191—2008 规范设计时，箍筋用量要比按 DL/T 5057—2009 规范少 25%。

4.3.4　抗剪弯起钢筋的计算

既配箍筋又配弯起钢筋的梁，其斜截面极限受剪承载力可按式（4-6）计算。式中弯起钢筋的受剪承载力 V_{sb} 为弯筋拉力 T_{sb} 竖向分力（图 4-15）。若在同一弯起平面内弯筋的截面面积为 A_{sb}，假定斜截面破坏时弯筋的应力可达到钢筋的抗拉强度设计值，则 $T_{sb}=f_yA_{sb}$，于是：

$$V_{sb}=f_yA_{sb}\sin\alpha_s \tag{4-14}$$

式中　A_{sb}——同一弯起平面内弯起钢筋的截面面积；

f_y——弯起钢筋的抗拉强度设计值，按本教材附录 2 表 3 采用；

α_s——斜截面上弯起钢筋与构件纵向轴线的夹角。

由此得出，矩形、T 形和 I 形截面的受弯构件，当同时配有箍筋和弯起钢筋时的斜截面受剪承载力计算公式为：

$$\gamma_dV\leqslant V_u=V_c+V_{sv}+f_yA_{sb}\sin\alpha_s \tag{4-15}$$

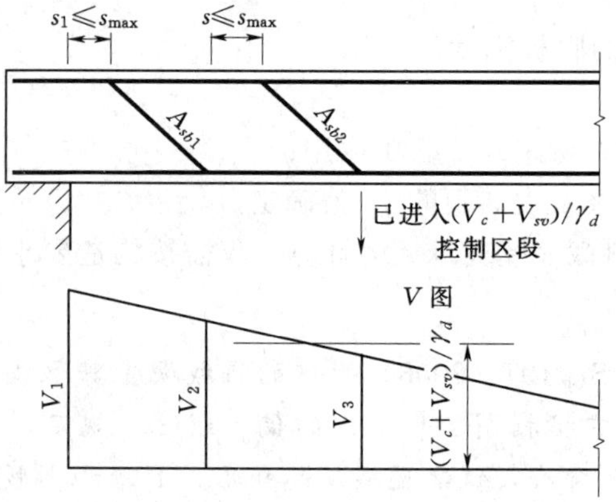

图 4-18　计算弯起钢筋时 V 的取值规定及弯筋间距要求

按式（4-15）设计抗剪弯起钢筋时，剪力设计值的取值按以下规定采用（图 4-18）：

当计算支座截面第一排（对支座而言）弯起钢筋时，取支座边缘处的最大剪力设计值 V_1；当计算以后每排弯起钢筋时，取用前一排（对支座而言）弯起钢筋弯起点处的剪力设计值 V_2…。弯起钢筋的计算一直要进行到最后一排弯起钢筋已进入$\dfrac{V_c+V_{sv}}{\gamma_d}$的控制区段为止。

4.3.5　在顶面直接作用分布荷载的受弯构件

在计算构件支座截面的箍筋和第一排弯起钢筋时，斜截面上的剪力设计值 V 是取用支座边缘处的剪力设计值（即图中 4-19 中的 V_1）的，但对于承受直接作用在构件顶面的分布荷载的受弯构件，也可以取距支座边缘为 $0.5h_0$ 处的截面的剪力值代替支座边缘处的剪力值进行计算。

这是因为，由斜截面隔离体（图 4-19）上竖向力的平衡可知，对仅承受直接作用在梁顶面分布荷载的受弯构件，需要由混凝土和箍筋承担的剪力理应为 V_1-gc。其中，V_1

为支座剪力，g 为分布荷载的强度，c 为斜裂缝的水平投影长度。

以 V_1-gc 代替 V_1 作为剪力设计值将取得一定的经济效益，但斜裂缝的水平投影长度 c 尚不清楚。为了方便且偏于安全，规范规定暂取离支座边缘为 $0.5h_0$ 处的截面剪力，即取 $V=V_1-0.5gh_0$ 作为斜截面的剪力设计值。

需注意的是，采用这一规定计算时必须具备两个条件：①荷载必须是分布荷载，在距支座边缘范围内没有集中荷载；②分布荷载必须是直接作用在梁顶且荷载方向指向梁顶的永久荷载。

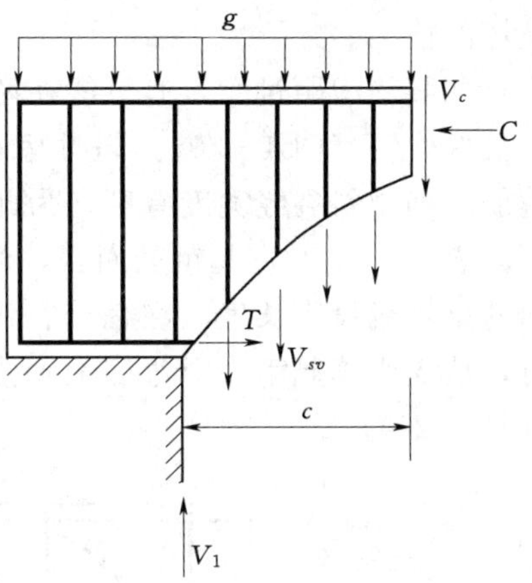

图 4-19 斜截面隔离体

4.3.6 梁截面尺寸或混凝土强度等级的下限

从式（4-10）及式（4-14）来看，似乎只要增加箍筋 A_{sv}/s 或弯起钢筋 A_{sb}，就可以将构件的抗剪承载力提高到任何所需要的程度。但事实并非如此，当构件截面尺寸较小而荷载又过大时，就会在支座上方产生过大的主压应力，使构件端部发生斜压破坏，这种破坏形态的受剪承载力基本上取决于混凝土的抗压强度及构件的截面尺寸，而腹筋的数量影响甚微。为了防止发生斜压破坏和避免构件在使用阶段过早地出现斜裂缝及斜裂缝开展过大，DL/T 5057—2009 规范规定，构件截面尺寸应符合下列要求：

当 $\frac{h_w}{b}\leqslant 4.0$ 时 $\qquad \gamma_d V\leqslant 0.25f_cbh_0 \qquad$ (4-16a)

当 $\frac{h_w}{b}\geqslant 6.0$ 时 $\qquad \gamma_d V\leqslant 0.2f_cbh_0 \qquad$ (4-16b)

当 $4.0<\frac{h_w}{b}<6.0$ 时，按直线内插法取用。

式中 V——支座边缘截面的最大剪力设计值；

f_c——混凝土的轴心抗压强度设计值；

b——矩形截面的宽度，T 形截面或 I 形截面的腹板宽度；

h_w——截面的腹板高度：矩形截面，取有效高度 h_0；T 形截面取有效高度减去翼缘高度；I 形截面取腹板净高。

对 T 形或 I 形截面简支梁，当有实践经验时，式（4-16a）中的系数 0.25 可改为 0.3。

对截面高度较大，控制裂缝开展宽度要求较严的构件，即使 $h_w/b<6.0$，其截面仍应符合式（4-16b）的要求。

式（4-16）表示梁在相应情况下斜截面受剪承载力的上限值，相当于规定了梁必须具有的最小截面尺寸和不可超过的最大配箍率。若上述条件不能满足，则必须加大截面尺寸或提高混凝土强度等级。

4.3.7 防止腹筋过稀过少

上面讨论的腹筋抗剪作用的计算，只是在箍筋和斜筋（弯起钢筋）具有一定密度和一定数量时才有效。如腹筋布置得过少过稀，即使计算上满足要求，仍可能出现斜截面受剪破坏的情况。

如腹筋间距过大，有可能在两根腹筋之间出现不与腹筋相交的斜裂缝，这时腹筋便无从发挥作用（图 4-20）。同时箍筋分布的疏密对斜裂缝开展宽度也有影响。采用较密的箍筋对抑制斜裂缝宽度有利。为此有必要对腹筋的最大间距 s_{max} 加以限制，s_{max} 值列于 4.5 节的表 4-1。对弯起钢筋而言，间距是指前一根弯筋的下弯点到后一根弯筋的上弯点之间的梁轴线投影长度。在任何情况下，腹筋的间距 s 不得大于表 4-1 中的 s_{max} 数值；同时，从支座算起第一根弯筋上弯点或第一根箍筋离开支座边缘的距离 s_1 也不得大于 s_{max}（图 4-20）。

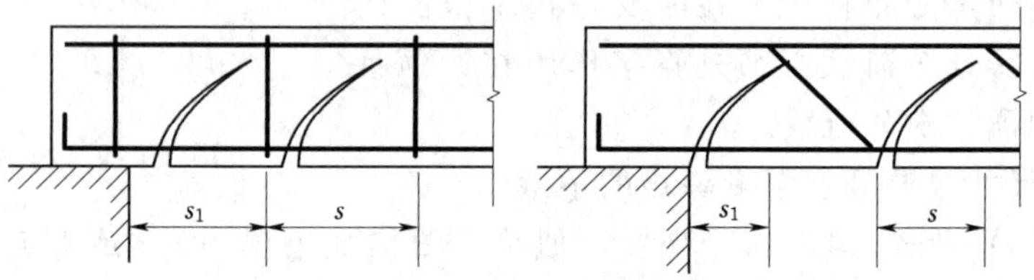

图 4-20　腹筋间距过大时产生的影响

s_1—支座边缘到第一根箍筋的距离或支座边缘到第一根弯起钢筋上弯点的距离；

s—箍筋或斜筋的间距

箍筋配置过少，一旦斜裂缝出现，由于箍筋的抗剪作用不足以代替斜裂缝发生前混凝土原有的作用，就会发生突然性的斜拉破坏。为了防止这种危险的脆性破坏，DL/T 5057—2009 规范规定当 $\gamma_d V > V_c$ 时，箍筋的配置应满足它的最小配箍率 ρ_{svmin} 要求：

对 HPB300 钢筋，配箍率应满足

$$\rho_{sv}=\frac{A_{sv}}{bs}\geqslant\rho_{svmin}=0.12\% \tag{4-17a}$$

对 HRB335 钢筋，配箍率应满足

$$\rho_{sv}=\frac{A_{sv}}{bs}\geqslant\rho_{svmin}=0.10\% \tag{4-17b}$$

对 HRB400 钢筋，水工混凝土结构设计规范未给出其最小配箍率的规定，这里建议取 $\rho_{svmin}=0.09\%$。

按 SL 191—2008 规范设计时，最小配箍率 ρ_{svmin} 也按以上规定取值。

4.3.8　斜截面抗剪配筋计算步骤

设计斜截面抗剪配筋的步骤如下：

(1) 作梁的剪力图。计算剪力时，计算跨度取构件的净跨度。

(2) 确定斜截面承载力计算的截面位置。斜截面受剪承载力计算时，需对下列截面进行计算：

1) 支座边缘处的截面（图 4-21 中截面 1-1）。

2) 受拉区弯起钢筋弯起点处的截面［图 4-21 (a) 中截面 2-2、3-3］。

3) 箍筋数量或间距改变处的截面［图 4-21 (b) 中截面 4-4］。

4) 腹板宽度改变处的截面。

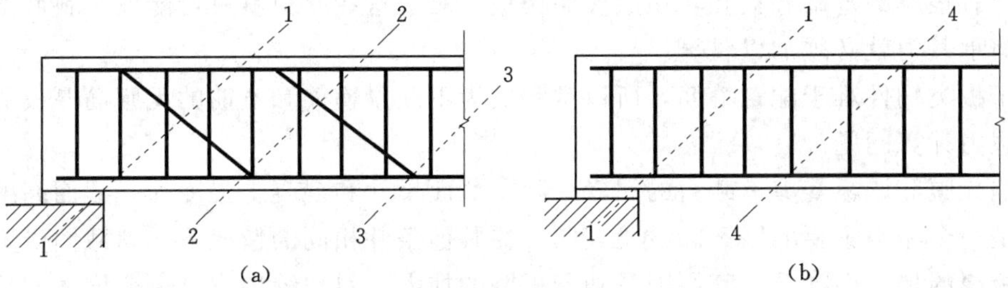

图 4-21 斜截面受剪承载力的计算位置
(a) 弯起钢筋；(b) 箍筋
1-1—支座边缘处的斜截面；2-2、3-3—受拉区弯起钢筋弯起点的斜截面；
4-4—箍筋截面面积或间距改变处的斜截面

(3) 梁截面尺寸复核。以式 (4-16) 验算构件截面尺寸是否满足要求。如不满足，则必须加大截面尺寸或提高混凝土强度等级。

(4) 确定是否需进行斜截面承载力计算。对于矩形、T形及I形截面的受弯构件，如能符合下式

$$\gamma_d V \leqslant V_c \tag{4-18}$$

则不需进行斜截面抗剪配筋计算，按构造要求配置腹筋。如果式 (4-18) 不满足，说明需要按计算配置腹筋。

(5) 腹筋计算。当拟定只配箍筋时，可根据 $\gamma_d V = V_c + V_{sv}$ 的条件，以式 (4-9) 和式 (4-10) 计算箍筋用量 A_{sv}/s，然后选配箍筋的直径、肢数与间距。也可先选定箍筋数量 (n、A_{sv1}、s)，然后按式 (4-8) ～式 (4-10) 验算所选箍筋是否满足构件的受剪承载力要求。若不满足，说明选配的箍筋尚不能满足构件受剪承载力要求，这时可另选较粗或较密的箍筋重算。

当拟定同时配置箍筋与弯筋时，则应根据所选配的纵筋情况，选择弯筋的直径、根数与弯起位置，由式 (4-14) 计算出弯筋的受剪承载力 V_{sb}，然后再由式 (4-9)、式 (4-10) 与式 (4-15) 计算箍筋的用量。

当按 SL 191—2008 规范进行斜截面受剪承载力计算时，计算步骤相同。只需将式 (4-8)、式 (4-15)、式 (4-16)、式 (4-18) 中的 γ_d 换成 K，对于一般受弯构件 V_c、V_{sv} 分别按式 (4-12) 与式 (4-13) 计算，对于重要的承受集中力为主的独立梁 V_c、V_{sv} 分别按式 (4-9b) 与式 (4-10) 即可。

还应注意，两本规范有关剪力设计值 V 的定义不同，SL 191—2008 规范中的剪力设计值就是荷载设计值产生的剪力值，而 DL/T 5057—2009 规范中的剪力设计值是荷载设计值产生的剪力值与 $\gamma_0 \psi$ 的乘积。

4.3.9 实心板的斜截面受剪承载力计算

对于普通薄板，由于其截面高度甚小，承载力主要取决于正截面受弯。因此对于普通薄板，斜截面受剪不会发生问题，一般均可不作验算。

但在水工建筑中，常有截面高度达到几米的尾水管底板、蜗壳顶板等，在高层房屋建

筑中也会有很厚的基础底板和转换层实心楼板。对于这些厚板就有可能发生斜截面受剪破坏，受剪承载力就必须加以验算。

由于板类构件难于配置箍筋，所以常常成为不配置箍筋和弯筋的无腹筋厚板的斜截面受剪承载力计算问题。

影响无腹筋厚板受剪承载力的因素，除了截面尺寸和混凝土强度外，截面高度的尺寸效应也是一个相当重要的因素。试验表明，在其他条件相同的情况下，斜截面受剪承载力会随着板厚的加大而降低。其原因是随着板厚的加大，斜裂缝的宽度也会增大，从而会使混凝土的骨料咬合力相应减弱。因此规范规定，对于不配置箍筋和弯筋的实心板，其斜截面受剪承载力应按下列公式计算：

$$\gamma_d V \leqslant V_c \tag{4-19}$$

$$V_c = 0.7\beta_h f_t b h_0 \tag{4-20}$$

$$\beta_h = \left(\frac{800}{h_0}\right)^{1/4} \tag{4-21}$$

式中 β_h——截面高度影响系数，当 $h_0 < 800$mm 时取 $h_0 = 800$mm，当 $h_0 > 2000$mm 时取 $h_0 = 2000$mm。

式（4－21）所表示的截面高度影响系数只适用于 h_0 在 800～2000mm 之间。当 h_0 小于 800mm 时，不宜考虑受剪承载力的提高；当 h_0 超过 2000mm 时，其承载力还当有所下降，但因缺乏试验资料，规范未能作出进一步的规定。有文献指出：当板厚超过 2000mm 后，除在板底和板顶配置纵筋网片外，如能在板的中部也配置钢筋网片，则能较好地改善其受剪承载力。

必须指出，式（4－19）只能用于无腹筋的实心板，绝不意味着对于梁也允许按无腹筋梁设计。

当板所受剪力很大，不能满足式（4－19）的要求时，也可考虑配置弯起钢筋，使之与混凝土共同承受剪力。此时，实心板的受剪承载力可按下式计算❶：

$$\gamma_d V \leqslant V_c + V_{sb} \tag{4-22}$$

此时，式中 V_c 可按式（4－9a）计算，即不再考虑尺寸效应的影响。V_{sb} 则按式（4－14）计算。为了限制弯起钢筋的数量和控制斜裂缝不开展过宽，还应控制 $V_{sb} \leqslant 0.8 f_t b h_0$。

当板上作用的是均布荷载时，截面宽度 b 可取单位宽度；当作用的是集中荷载时，b 为计算宽度，计算宽度的确定可参阅有关规范❷。

【例 4－1】 已知某水闸工作桥纵梁，梁截面尺寸及计算简图如图 4－22（a）。梁为 2 级建筑物，承受基本荷载组合，梁上荷载标准值为自重 g_k、桥面人群荷载 q_k 及启门力 Q_k。已知在正常使用期 $g_k = 5.40$kN/m，$q_k = 2.50$kN/m，$Q_k = 160.0$kN（额定值）；梁中已配有抗弯纵向钢筋 2 ⌀ 28＋2 ⌀ 25（$A_s = 2214\text{mm}^2$），混凝土强度等级为 C25，箍筋采

❶ 如厚板的板厚较大，属于深受弯构件范围时，其受剪承载力计算可参阅规范。

❷ 如我国港口工程混凝土结构设计规范。

用 HPB300 钢筋。试按 DL/T 5057—2009 规范配置抗剪腹筋。

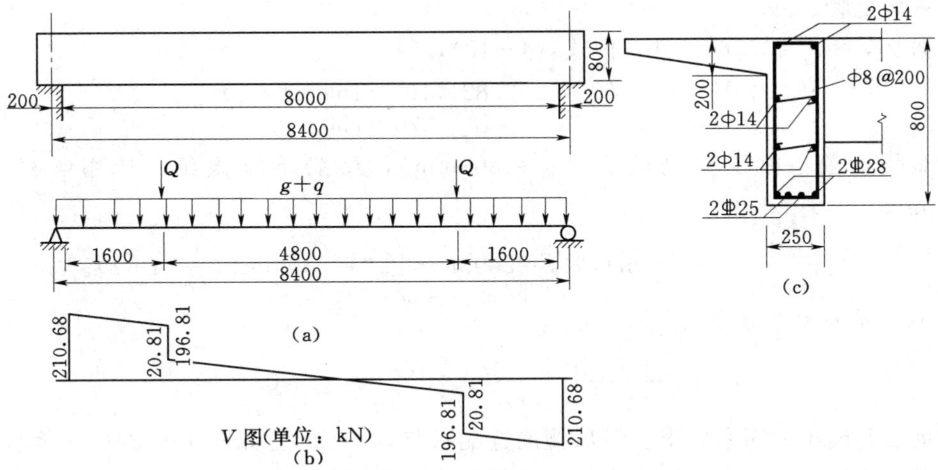

图 4-22 梁截面尺寸、计算简图及截面配筋图

解： 已知 $\gamma_d=1.20$，$\gamma_0=1.0$，$\psi=1.0$；$f_t=1.27\text{N/mm}^2$，$f_c=11.9\text{N/mm}^2$，$f_{yv}=270\text{N/mm}^2$；$l_n=8.0\text{m}$，$b=250\text{mm}$，$h=800\text{mm}$；取 $a=50\text{mm}$，$h_0=h-a=800-50=750\text{mm}$。

自重 g_k 为永久荷载、桥面人群荷载 q_k 为一般可变荷载、启门力 Q_k 为可控制的可变荷载，他们的荷载分项系数分别为 $\gamma_G=1.05$、$\gamma_{Q1}=1.20$、$\gamma_{Q2}=1.10$。

1. 支座边缘截面剪力设计值

$$V=\gamma_0\psi\left[\frac{1}{2}(\gamma_G g_k+\gamma_{Q1}q_k)l_n+\gamma_{Q2}Q_k\right]$$

$$=1.0\times1.0\left[\frac{1}{2}\times(1.05\times5.40+1.20\times2.50)\times8.0+1.10\times160.0\right]=210.68(\text{kN})$$

由此作出剪力图如图 4-22（b）所示。

2. 截面尺寸验算

$$h_w=800-200-50=550(\text{mm}),\frac{h_w}{b}=\frac{550}{250}=2.2<4.0$$

由式（4-16）得

$$0.25f_cbh_0=0.25\times11.9\times250\times750=557.81\times10^3(\text{N})=557.81\text{kN}$$

$$>\gamma_dV=1.20\times210.68=252.82(\text{kN})$$

截面尺寸满足抗剪要求。

3. 抗剪腹筋计算

集中力 $\gamma_{Q2}Q_k$ 产生的剪力为 176kN，大于总剪力 75%，但该例纵梁为 T 形截面，故仍采用式（4-9a）计算 V_c。

以支座边缘截面为验算截面，由式（4-9a）得

$$V_c=0.7f_tbh_0=0.7\times1.27\times250\times750=166.69\times10^3(\text{N})=166.69\text{kN}$$

$$<\gamma_d V=252.82\text{kN}$$

应由计算确定腹筋。

根据 $\gamma_d V=V_c+V_{sv}$ 的条件，由式（4-10），得

$$\frac{A_{sv}}{s}=\frac{\gamma_d V-0.7f_t bh_0}{f_{yv}h_0}=\frac{252.82\times10^3-166.69\times10^3}{270\times750}=0.425$$

选双肢箍筋，由于梁高较大（$h=800\text{mm}$），箍筋不宜太细，选用Φ 8，即 $A_{sv}=101\text{mm}^2$。

$$s=\frac{101}{0.425}=238(\text{mm})，取\ s=200\text{mm}<s_{\max}=250\text{mm}（查表 4-1）。$$

4. 箍筋最小配筋率复核

$$\rho_{sv}=\frac{A_{sv}}{bs}=\frac{101}{250\times200}=0.20\%>\rho_{sv\min}=0.12\%$$

满足箍筋最小配筋率要求。最后箍筋选配双肢Φ 8@200，如图 4-22（c）所示。

由以上计算来看，本例题工作桥纵梁可不必配置弯起钢筋，但为增加纵梁的受剪承载力，可以考虑仍将跨中纵筋弯起 2 ⏀ 25。

如按 SL 191—2008 规范规范计算，$K=1.20$，剪力设计值仍为 $V=210.68\text{kN}$，用式（4-11）～式（4-13）计算，得$\frac{A_{sv}}{s}=0.340$，比 DL/T 5057—2009 规范计算出的$\frac{A_{sv}}{s}=0.425$ 少 25%。经计算，当箍筋配双肢Φ 8@200 时，能满足斜截面抗剪要求。

【例 4-2】 某矩形截面简支梁（图 4-23），Ⅱ级安全级别，处于室内正常环境，在正常使用期承受均布荷载设计值 $g+q=45.0\text{kN/m}$（包括自重）。混凝土强度等级为 C30，纵向钢筋为 HRB400 钢筋，箍筋为 HPB300 钢筋，梁截面中已配有抗弯的纵向钢筋 3 ⏀ 25+2 ⏀ 22（$A_s=2233\text{mm}^2$），试按 DL/T 5057—2009 规范配置抗剪腹筋。

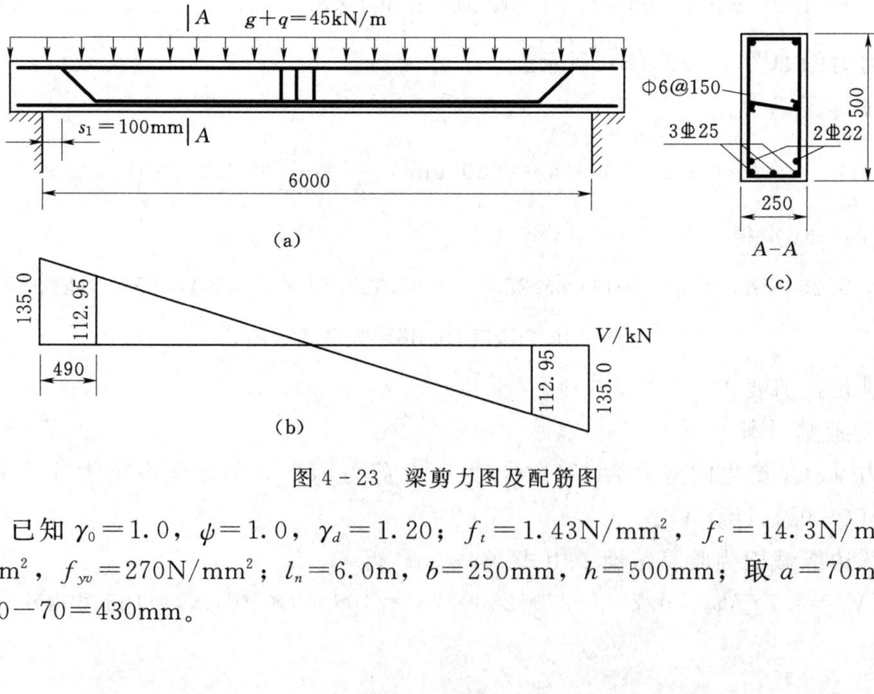

图 4-23　梁剪力图及配筋图

解： 已知 $\gamma_0=1.0$，$\psi=1.0$，$\gamma_d=1.20$；$f_t=1.43\text{N/mm}^2$，$f_c=14.3\text{N/mm}^2$，$f_y=360\text{N/mm}^2$，$f_{yv}=270\text{N/mm}^2$；$l_n=6.0\text{m}$，$b=250\text{mm}$，$h=500\text{mm}$；取 $a=70\text{mm}$，$h_0=h-a=500-70=430\text{mm}$。

1. 支座边缘截面剪力设计值

$$V=\gamma_0\psi\frac{1}{2}(g+q)l_n=1.0\times1.0\times\frac{1}{2}\times45.0\times6.0=135.0(\text{kN})$$

以此作出剪力图如图 4-23（b）所示。

2. 截面尺寸复核

$h_w=h_0=430\text{mm}$，$\frac{h_w}{b}=\frac{430}{250}=1.72<4.0$。由式（4-16）得

$$0.25f_cbh_0=0.25\times14.3\times250\times430=384.31\times10^3(\text{N})=384.31\text{kN}$$
$$>\gamma_dV=1.20\times135.0=162.0(\text{kN})$$

故截面尺寸满足抗剪条件。

3. 验算是否需按计算确定腹筋

$V_c=0.7f_tbh_0=0.7\times1.43\times250\times430=107608(\text{N})=107.61\text{kN}<\gamma_dV=162.0\text{kN}$

应由计算确定腹筋。

4. 腹筋计算

初选双肢箍筋Φ 6@150，$A_{sv}=57\text{mm}^2$，$s=150\text{mm}<s_{\max}=200\text{mm}$（表 4-1）

$$\rho_{sv}=\frac{A_{sv}}{bs}=\frac{57}{250\times150}=0.15\%\geqslant\rho_{sv\min}=0.12\%$$

由式（4-9a）和式（4-10），得

$$V_c+V_{sv}=0.7f_tbh_0+f_{yv}\frac{A_{sv}}{s}h_0$$

$$=107608+270\times\frac{57}{150}\times430=151.73\times10^3(\text{N})=151.73\text{kN}<\gamma_dV=162.0\text{kN}$$

应增设弯起钢筋帮助抗剪，取弯起钢筋角度为 45°，按式（4-15）

$$A_{sb}=\frac{\gamma_dV-(V_c+V_{sv})}{f_y\sin45^0}=\frac{(162.0-151.73)\times10^3}{360\times0.707}=40(\text{mm}^2)$$

由纵筋弯起 2 Φ 22（$A_{sb}=760\text{mm}^2$），满足计算要求。第一排弯起钢筋的起弯点离支座边缘的距离为 $s_1+h-a-a'$，其中 $s_1=100\text{mm}<s_{\max}$，$a=70\text{mm}$，$a'=40\text{mm}$，$s_1+h-a-a'=100+500-70-40=490$（mm），该截面上剪力设计值为 $V=135.0-0.49\times45.0=112.95$（kN）$<\frac{V_c+V_{sv}}{\gamma_d}=\frac{151.73}{1.20}=126.44$（kN），不需再弯第二排弯筋。

5. 绘制截面配筋图

如图 4-23（c）所示。

【例 4-3】 均布荷载设计值 q 作用下的简支梁，Ⅱ级安全级别，处于一类环境条件；$b\times h=200\text{mm}\times400\text{mm}$，梁的净跨 $l_n=4.50\text{m}$。混凝土采用 C25，箍筋用 HPB300 钢筋，梁截面中配有双肢箍筋Φ 8@200。试求该梁在正常使用期间（基本组合）按斜截面受剪承载力要求能承担的荷载设计值 q。

解： 已知 $\gamma_0=1.0$，$\psi=1.0$，$\gamma_d=1.20$；$f_c=11.9\text{N/mm}^2$，$f_t=1.27\text{N/mm}^2$，$f_{yv}=270\text{N/mm}^2$，$A_{sv}=101\text{mm}^2$，$s=200\text{mm}$；$h_0=h-a=400-40=360\text{mm}$。

1. 箍筋最小配筋率复核

$$s=200\leqslant s_{max}=200mm$$

$$\rho_{sv}=\frac{A_{sv}}{bs}=\frac{101}{200\times200}=0.25\%>\rho_{svmin}=0.12\%,满足要求。$$

2. 由受剪承载力条件确定最大的均布荷载设计值 q

对仅配箍筋的梁，当 $\gamma_d V=V_c+V_{sv}$ 时，相应的均布荷载设计值即为最大值。由式（4－9a）和式（4－10）得：

$$\begin{aligned}V_c+V_{sv}&=0.7f_tbh_0+f_{yv}\frac{A_{sv}}{s}h_0\\&=0.7\times1.27\times200\times360+270\times\frac{101}{200}\times360\\&=113.09\times10^3(N)=113.09kN\end{aligned}$$

由 $\gamma_d V=V_c+V_{sv}$，得

$$V=\frac{V_c+V_{sv}}{\gamma_d}=\frac{113.09}{1.20}=94.25(kN)$$

为防止发生斜压破坏，须对截面尺寸进行复核：

$$h_w=h_0=360mm,\frac{h_w}{b}=\frac{360}{200}=1.8<4.0$$

由式（4－16）得

$$\begin{aligned}0.25f_cbh_0=0.25\times11.9\times200\times360=214.20\times10^3(N)=214.20kN\\>\gamma_d V=113.09kN,满足要求。\end{aligned}$$

由于 $V=\gamma_0\psi\frac{ql_n}{2}$，则

$$q=\frac{2V}{\gamma_0\psi l_n}=\frac{2\times94.25}{1.0\times1.0\times4.5}=41.89(kN/m)$$

该梁按斜截面受剪承载力要求能承担的均布荷载设计值 q 为 41.89kN/m。

如按 SL 191—2008 规范计算，该梁按斜截面受剪承载力要求能承担的均布荷载设计值 q 为 46.43kN/m，大于按 DL/T 5057—2009 规范计算得到的值，这是因为 SL 191—2008 规范的式（4－13）与 DL/T 5057—2009 规范的式（4－10）有所不同的缘故。

4.4　钢筋混凝土梁的正截面与斜截面受弯承载力

4.4.1　问题的提出

在讨论正截面与斜截面受弯承载力之前，首先来研究按梁内最大弯矩 M_{max} 配置受弯纵向钢筋后，为什么正截面与斜截面受弯承载力还会成为问题。

图 4－24 表示一承受均布荷载的简支梁和它的弯矩图，其中任一截面 A 的弯矩 M_A 是根据图 4－24（c）所示的隔离体计算得出的。

设取一斜截面 AB，要计算作用在斜截面上的弯矩 M_{AB}，所取隔离体如图 4－24（d）所示，很明显，$M_{AB}=M_A$，所以，按跨中截面的最大弯矩 M_{max} 配置的钢筋，只要在梁全长内不切断也不弯起，则必然可以满足承受任何斜截面上的弯矩 M_{AB}。但是，如果一部分

纵筋在截面 B 之前被弯起或被切断，则所余的纵筋可能出现下面两种情况：

（1）所余的纵筋不能抵抗截面 B 的正截面弯矩 M_B。

（2）所余的纵筋虽能抵抗截面 B 上的正截面弯矩 M_B，但抵抗斜截面 AB 上的弯矩 M_{AB} 仍有可能不足，因为 $M_{AB}=M_A>M_B$。

因此，在纵筋被切断或被弯起时，沿梁轴线各正截面抗弯及斜截面抗弯就有可能成为问题。

下面将分别讨论在切断或弯起纵筋时，如何保证正截面与斜截面受弯承载力。在讨论之前，先有必要弄清楚怎样根据正截面弯矩确定切断或弯起纵筋的数量及位置。这个问题在设计中一般是通过画正截面的抵抗弯矩图的方法来解决的。抵抗弯矩图也称材料图，为了方便，下面简称 M_R 图。

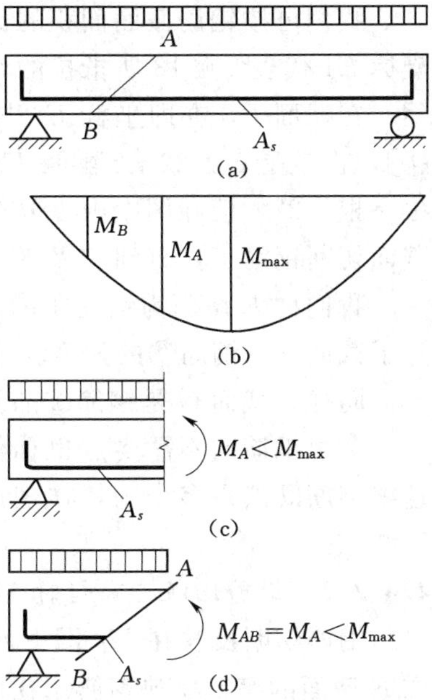

图 4-24　弯矩图与斜截面上的弯矩 M_{AB}

4.4.2　抵抗弯矩图的绘制

所谓抵抗弯矩图或 M_R 图，就是各截面实际能抵抗的弯矩图形。图形上的各纵坐标就是各个截面实际能够抵抗的弯矩值，它可根据截面实有的纵筋截面面积求得。作 M_R 图的过程也就是对钢筋布置进行图解设计的过程。现在以某梁中的负弯矩区段为例，说明 M_R 图的作法。

4.4.2.1　纵筋的理论切断点与充分利用点

图 4-25 表示某梁的负弯矩区段的配筋情况（为清晰起见未画箍筋）。按支座最大负弯矩计算需配置 3 Φ 22＋2 Φ 18，纵筋的布置及编号见剖面图。

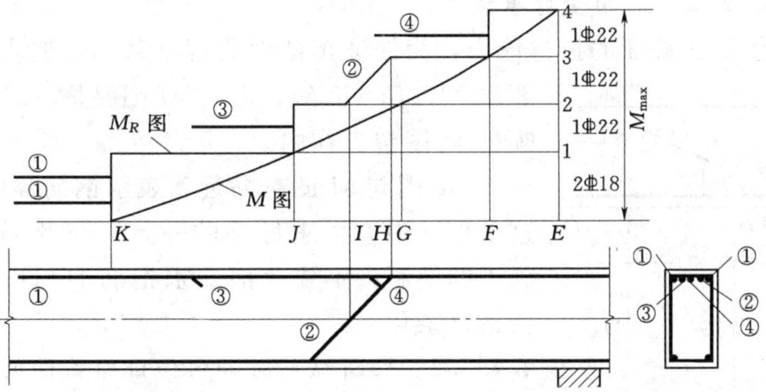

图 4-25　抵抗弯矩图（M_R 图）

支座 E 截面的配筋是按 E 点的 M_{max} 计算出来的，所以在 M_R 图上 E 点的纵坐标 $E4$ 就等于 M_{max}[1]。在纵筋无变化的截面，M_R 图的纵坐标都和 E 截面相同（图中 EF 段）。

[1] 实际配置的钢筋截面面积与计算所需的值相差较大时，$E4$ 坐标可根据实有的配筋面积 A_s 反算得到，即 $M_R=\frac{f_c bx(h_0-x/2)}{\gamma_d}$，其中 $x=\frac{f_y A_s}{f_c b}$；也可采用公式 $M_R=M_{max}\frac{A_{s实配}}{A_{s计算}}$ 简化计算得到。

我们可按钢筋截面面积的比例将坐标 $E4$ 近似划分为每根钢筋各自抵抗的弯矩，例如坐标 $E1$ 代表 2 ⌀ 18 所抵抗的弯矩，坐标 $E2$ 代表 1 ⌀ 22＋2 ⌀ 18 所抵抗的弯矩……。显然，在截面 F，亦即坐标 $E3$ 与 M 图相交处的截面，可以减去（切断）一根⌀ 22［钢筋④］，也就是 2 ⌀ 22＋2 ⌀ 18 已可满足正截面的抗弯要求。同样，在截面 G 处，又可再减去一根⌀ 22，但在图中由于要在 H 截面弯下一根⌀ 22 钢筋［钢筋②］，因此就不能再在 G 截面切断钢筋了。直到 J 及 K 截面才可切断钢筋③及两根钢筋①。

我们称 F 截面为钢筋④的“不需要点”，同时 F 又是钢筋②的“充分利用点”，因为过了截面 F，钢筋②的强度就不再需要充分发挥了。

同样，截面 G 是钢筋②的不需要点，同时又是钢筋③的充分利用点；其他可类推。

一根钢筋的不需要点也称作该钢筋的“理论切断点”，因为对正截面抗弯要求来说，这根钢筋既然是多余的，在理论上便可予以切断，但实际切断点还将伸过一定长度，见下节。

4.4.2.2　钢筋切断与弯起时 M_R 图的表示方法

钢筋切断反映在 M_R 图上便是截面抵抗弯矩能力的突变，例如在图 4－25 中，M_R 图在 F 截面的突变反映钢筋④在该截面被切断。

图 4－25 中纵筋②在截面 H 处被弯下，这必然也要影响构件的 M_R 图。在截面 F、H 之间，M_R 的坐标值还是 $E3$，弯下 1 ⌀ 22［钢筋②］后，M_R 的坐标值应降为 $E2$。但是由于在弯下的过程中，弯筋还多少能起一些正截面的抗弯作用，所以 M_R 的下降不是像切断钢筋时那样突然，而是逐渐下降。在截面 I 处，弯起钢筋穿过了梁的截面重心轴，基本上进入受压区，它的正截面抗弯作用才被认为完全消失。因此在截面 I 处，M_R 的坐标降为 $E2$。在截面 H、I 之间，M_R 假设为直线（斜线）变化，如图 4－25 所示。

4.4.3　如何保证正截面与斜截面的受弯承载力

4.4.3.1　如何保证正截面的受弯承载力

M_R 图代表梁的正截面的抗弯能力，为保证正截面受弯承载力，要求在各个截面上都要求 M_R 不小于 M，即与 M 图是同一比例尺的 M_R 图必须将 M 图包含在内。

M_R 图与 M 图越贴近，表示钢筋强度的利用越充分，这是设计中应力求做到的一点。与此同时，也要照顾到施工的便利，不要片面追求钢筋的利用程度以致使钢筋构造复杂化。

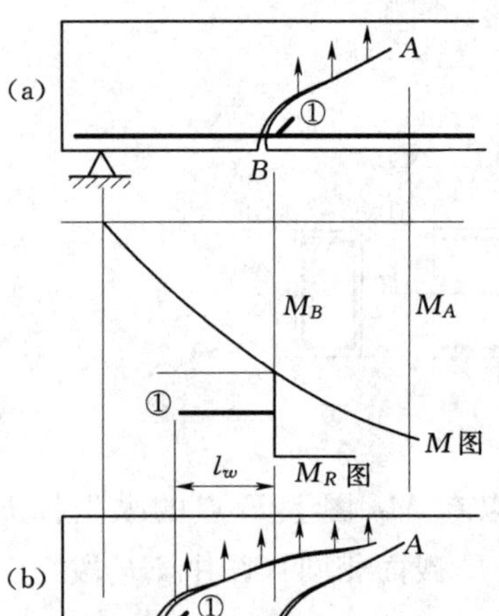

图 4－26　纵向钢筋的切断

4.4.3.2　切断纵筋时如何保证斜截面的受弯承载力

以图 4－26 所示钢筋①为例，在截面 B 处，按正截面弯矩 M_B 来看已不需要钢筋①。但如果将钢筋①就在截面 B 处切断，见图 4－26（a），则若发生斜裂缝 AB 时，余下的钢筋就不足以抵抗斜截面上的弯矩 M_A（$M_A>M_B$）。这时只有当斜裂缝范围内箍筋承担的拉力对 A 点取矩，能代偿所切断的钢筋①的抗弯作用时，才能保证斜截面受弯承载力。这只有在斜裂缝具有一定长度，可以与足够的箍筋相交才有可能。

因此，在正截面受弯承载力已不需要某一根钢筋时，我们应将该钢筋伸过其理论切断点（不需要点）一定长度 l_w 后才能将它切断。如图 4-26（b）所示的钢筋①，它伸过其理论切断点 l_w 才被切断，这就可以保证在出现斜裂缝 AB 时，钢筋①仍起抗弯作用；而在出现斜裂缝 AC 时，钢筋①虽已不再起作用，但却已有足够的箍筋穿越斜裂缝 AC，这些穿越斜裂缝箍筋的拉力对 A 点取矩时，已能代偿钢筋①的抗弯作用。

所需 l_w 的大小显然与所切断的钢筋的直径 d、箍筋间距 s、箍筋的配筋率等因素有关。但在设计中，为简单起见，根据试验分析和工程经验，规范作出如下规定（图 4-27）：

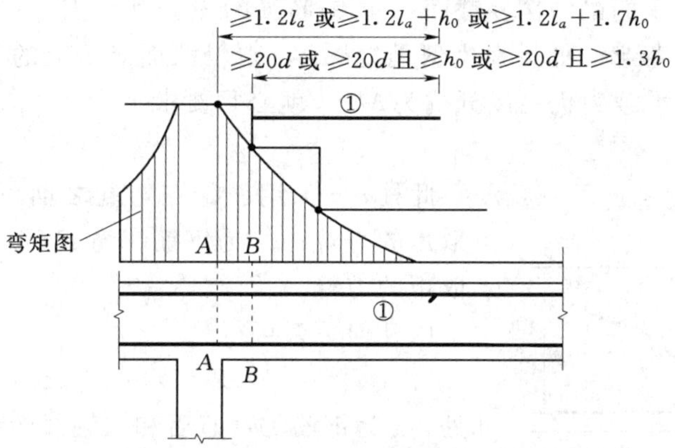

图 4-27　纵筋切断点及延伸长度要求

A-A—钢筋①的强度充分利用截面；B-B—按计算不需要钢筋①的截面

（1）为保证钢筋强度的充分发挥，该钢筋实际切断点至充分利用点的距离 l_d 应满足下列要求：

当 $\gamma_d V \leqslant 0.7 f_t b h_0$ 时　　$l_d \geqslant 1.2 l_a$

当 $\gamma_d V > 0.7 f_t b h_0$ 时　　$l_d \geqslant 1.2 l_a + h_0$ ❶

式中　l_a——切断钢筋的最小锚固长度，按本教材附录 4 表 2 采用；

h_0——截面的有效高度。

（2）为保证理论切断点处出现裂缝时钢筋强度的发挥，该钢筋实际切断点至理论切断点的距离 l_w 应满足：

当 $\gamma_d V \leqslant 0.7 f_t b h_0$ 时　　$l_w \geqslant 20d$

当 $\gamma_d V > 0.7 f_t b h_0$ 时　　$l_w \geqslant 20d$ 且 $l_w \geqslant h_0$

式中　d——切断钢筋直径。

（3）若按上述规定确定的截断点仍位于负弯矩受拉区内，则钢筋还应延长。钢筋实际

❶　$\gamma_d V > 0.7 f_t b h_0$，相当于有斜裂缝的情况。考虑斜裂缝的出现将使钢筋应力重分布，在斜裂缝范围内纵筋的应力可能接近于充分利用点处的纵筋应力值。因而，其延伸长度应考虑斜裂缝水平投影长度这一距离（一般可取为 h_0），即应满足 $l_d \geqslant 1.2 l_a + h_0$。

切断点至理论切断点的距离 l_w 应满足 $l_w \geqslant 20d$ 且 $l_w \geqslant 1.3h_0$，且该钢筋实际切断点至充分利用点的距离 l_d 应满足 $l_d \geqslant 1.2l_a + 1.7h_0$。

必须说明一点，纵向受拉钢筋不宜在正弯矩受拉区切断，因为钢筋切断处钢筋面积骤减，引起混凝土拉应力突增，导致在切断钢筋截面过早出现斜裂缝。此外，纵向受拉钢筋在受拉区锚固也不够可靠，如果锚固不好，就会影响斜截面受剪承载力。所以图 4－26 中简支梁的纵向受拉钢筋①就应直通入支座。至于图 4－27 中的支座处承受负弯矩的纵向受拉钢筋（例如悬臂梁、伸臂简支梁和连续梁），为节约钢筋，必要时可按弯矩图的变化将理论上不需要的钢筋切断。

4.4.3.3 纵筋弯起时如何保证斜截面的受弯承载力

试以图 4－28 所示的梁为例，截面 A 是钢筋①的充分利用点。在伸过截面 A 一段距离 a 以后，钢筋①被弯起。如果发生斜裂缝 AB，则斜截面 AB 上的弯矩仍为 M_A。若要求斜截面 AB 的受弯承载力仍足以抵抗为 M_A，就必须要求

$$z_b \geqslant z$$

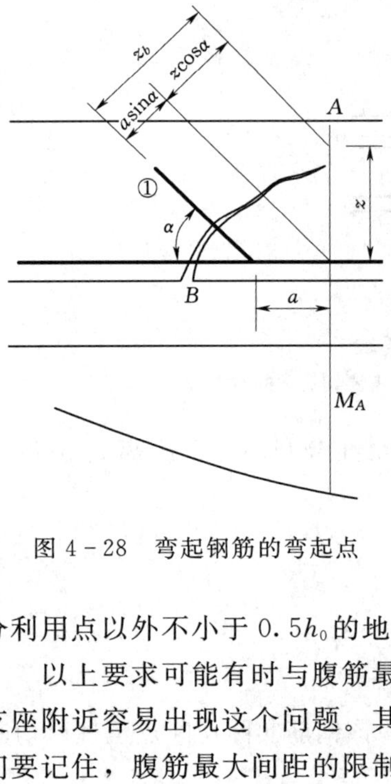

图 4－28 弯起钢筋的弯起点

此处，z 为钢筋①在弯起之前对混凝土压应力合力点取矩的力臂；z_b 为钢筋①弯起后对混凝土压应力合力点取矩的力臂。

由几何关系可得

$$z_b = a\sin\alpha + z\cos\alpha$$

此处，α 为钢筋①弯起后和梁轴线的夹角。代入 $z_b \geqslant z$ 得

$$a\sin\alpha + z\cos\alpha \geqslant z$$

或

$$a \geqslant \frac{1-\cos\alpha}{\sin\alpha} z$$

α 通常为 45°或 60°；$z \approx 0.9h_0$，所以 a 大约在（0.37～0.52）h_0 之间。在设计时，可取

$$a \geqslant 0.5h_0 \tag{4-23}$$

为此，在弯起纵筋时，弯起点必须设在该钢筋的充分利用点以外不小于 $0.5h_0$ 的地方。

以上要求可能有时与腹筋最大间距的限值（表 4－1）相矛盾，尤其在承受负弯矩的支座附近容易出现这个问题。其原因是由于用一根弯筋同时抗弯又抗剪而引起的。这时我们要记住，腹筋最大间距的限制是为了保证斜截面受剪承载力而设的，而 $a \geqslant 0.5h_0$ 的条件是为保证斜截面受弯承载力而设的。当两者发生矛盾时，可以在保证斜截面受弯承载力的前提下（即纵筋的弯起满足 $a \geqslant 0.5h_0$），用单独另设斜钢筋的方法来满足斜截面受剪承载力的要求。

4.5 钢筋骨架的构造

为了使钢筋骨架适应受力的需要以及具有一定的刚度以便施工，规范对钢筋骨架的构造做出了相应规定，现将一些主要要求列述如下。

4.5.1 箍筋构造

1. 箍筋的形状

箍筋除提高梁的抗剪能力之外，还能固定纵筋的位置。箍筋常采用封闭式箍筋。它能固定梁的上下钢筋及提高梁的抗扭能力。配有计算需要的纵向受压钢筋的梁，则必须采用封闭式箍筋。箍筋可按需要采用双肢或四肢（图 4-29)。当梁宽大于 400mm 且一层内的纵向受压钢筋多于 3 根时，或当梁的宽度不大于 400mm 但一层内的受压钢筋多于 4 根时，应采用复合箍筋（四肢箍筋）。

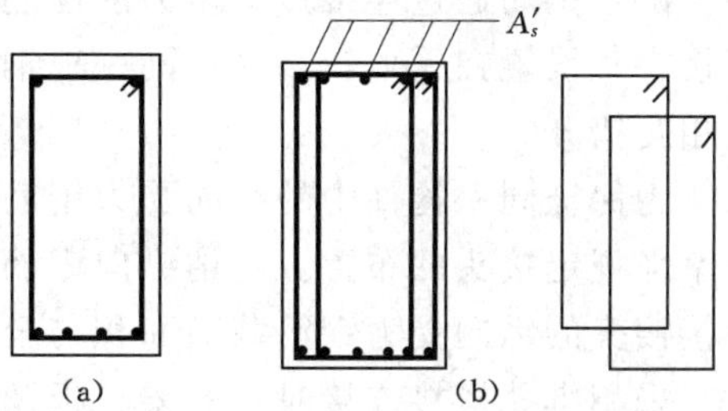

图 4-29 箍筋的肢数

(a) 双肢箍筋；(b) 四肢箍筋

2. 箍筋最小直径

高度 $h>800$mm 的梁，箍筋直径不宜小于 8mm；高度 $h\leqslant800$mm 的梁，箍筋直径不宜小于 6mm。当梁中配有计算需要的受压钢筋时，箍筋直径尚不应小于 $d/4$（d 为受压钢筋中的最大直径）。从箍筋加工成型的难易来看，最好不用直径大于 10mm 的箍筋。

3. 箍筋的布置

如按计算需要设置箍筋时，一般可在梁的全长均匀布置箍筋，也可以在梁两端剪力较大的部位布置得密一些。如按计算不需设置箍筋时，对高度 $h\geqslant300$mm 的梁，仍应沿全梁设置箍筋；对高度 $h<300$mm 的梁，可仅在构件端部各 1/4 跨度范围内设置箍筋，但当在构件中部 1/2 跨度范围内有集中荷载作用时，箍筋仍应沿梁全长布置。

在绑扎纵筋的搭接中，当受压钢筋直径 $d>25$mm 时，尚应在搭接接头两个端面外 100mm 范围内各设置两个箍筋。

4. 箍筋的最大间距

箍筋的最大间距不得大于表 4-1 所列的数值。

表 4-1　梁中箍筋的最大距离 s_{max}（mm）

项次	梁高 h/mm	$\gamma_d V>V_c$	$\gamma_d V\leqslant V_c$
1	$h\leqslant300$	150	200
2	$300<h\leqslant500$	200	300
3	$500<h\leqslant800$	250	350
4	$h>800$	300	400

注　薄腹梁的箍筋间距宜适当减小。

当梁中配有计算需要的纵向受压钢筋时，箍筋间距在绑扎骨架中不应大于 $15d$，在焊接骨架中不应大于 $20d$（d 为受压钢筋中的最小直径），同时在任何情况下均不应大于 400mm；当一层内纵向受压钢筋多于 5 根且直径大于 18mm 时，箍筋间距不应大于 $10d$。

在绑扎纵筋的搭接长度范围内，当钢筋受拉时，其箍筋间距不应大于 $5d$，且不应大于 100mm；当钢筋受压时，箍筋间距不应大于 $10d$，且不应大于 200mm。在此，d 为搭接钢筋中的最小直径。

4.5.2 纵向钢筋的构造❶

4.5.2.1 纵向受力钢筋的接头

当构件太长而现有钢筋长度不够，需要接头时，可采用绑扎搭接、机械连接或焊接接头。由于钢筋通过连接接头传力的性能不如整根钢筋，因此设置钢筋连接的原则应为：钢筋接头宜设置在受力较小处；同一根钢筋上宜少设接头；同一构件中的纵向受力钢筋接头应相互错开。

为保证同一构件中的纵向受力钢筋接头能有效错开，规范用纵向钢筋搭接接头面积百分率来规定接头的布置。所谓纵向钢筋搭接接头面积百分率，就是在同一连接区段内，有搭接接头的纵向受力钢筋截面面积与全部纵向受力钢筋截面面积的比值。

采用绑扎搭接连接时，对梁、板及墙等构件受拉钢筋的搭接接头面积百分率不宜大于25%。当工程中确有必要增大受拉钢筋搭接接头面积百分率时，对梁类构件，不应大于50%；对板、墙类构件，可根据实际情况放宽。其中，连接区段的长度为 $1.3l_l$（l_l 为搭接长度❷），凡搭接接头中点位于该连接区段长度内的搭接接头均属于同一连接区段（图 4-30）。纵向受压钢筋的搭接接头面积百分率不宜超过 50%。

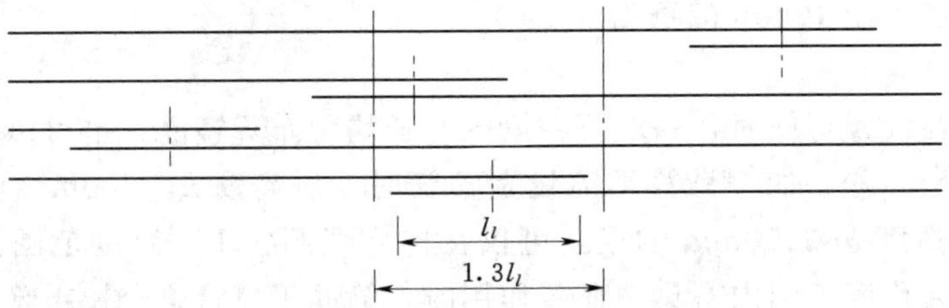

图 4-30　同一连接区段内的纵向受拉钢筋绑扎搭接接头

当采用钢筋机械连接与焊接接头连接时，连接区段的长度为 $35d$（d 为纵向受力钢筋的较大直径）且不小于 500mm，纵向受拉钢筋的接头面积百分率不宜大于 50%，受压钢筋可不受限制。

直接承受动力荷载的结构构件中，纵向受拉钢筋不应采用绑扎搭接连接，也不宜采用焊接接头。

4.5.2.2 纵向受力钢筋在支座中的锚固

1. 下部纵向受力钢筋锚固

（1）简支端。在构件的简支端，弯矩 M 等于零。按正截面抗弯要求，受力筋适当伸入支座即可。但当在支座边缘发生斜裂缝时，支座边缘处的纵筋受力会突然增加，如无足够的锚固，纵筋将从支座拔出而导致破坏。为此，简支梁下部纵向受力钢筋伸入支座的锚固长度 l_{as}，应符合下列条件（图 4-31）：

当 $\gamma_d V \leqslant V_c$ 时：　$l_{as} \geqslant 5d$

当 $\gamma_d V > V_c$ 时：　$l_{as} \geqslant 12d$（带肋钢筋）

---

❶ SL 191—2008 规范和 DL/T 5057—2009 规范对纵向钢筋的构造规定略有差异，这里仅列出 SL 191—2008 规范的规定，读者可自行查阅 DL/T 5057—2009 规范，比较两本规范对纵向钢筋的接头、锚固等规定的区别。

❷ 搭接长度的确定方法见本教材 1.3 节。

$$l_{as} \geqslant 15d \text{（光圆钢筋）}$$❶

如下部纵向受力钢筋伸入支座的锚固长度不能符合上述规定时，可在梁端将钢筋向上弯［图 4－31（b）］，或采用贴焊锚筋、镦头、焊锚板、将钢筋端部焊接在支座的预埋件上等有效锚固措施。当采用贴焊锚筋时，其规定见规范。

如焊接骨架中采用光圆钢筋作为纵向受力钢筋时，则应在锚固长度 l_{as} 内应加焊横向钢筋：当 $\gamma_d V \leqslant V_c$ 时，至少 1 根；当 $\gamma_d V > V_c$ 时，至少 2 根。横向钢筋直径不应小于纵向受力钢筋直径的一半。同时，加焊在最外边的横向钢筋应靠近纵向钢筋的末端。

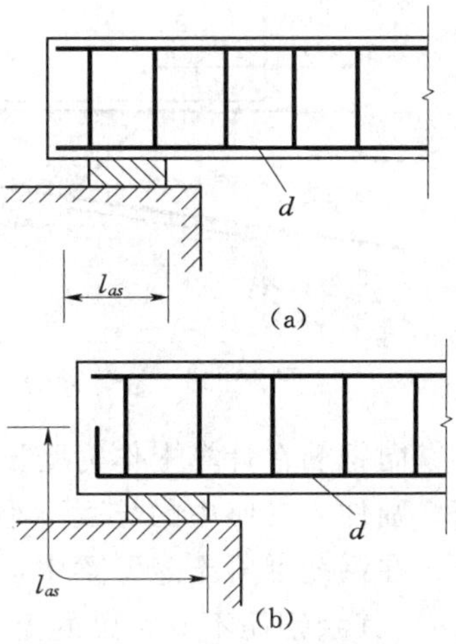

图 4－31 纵向受力钢筋在支座内的锚固

（2）中间节点与中间支座。连续梁中间支座或框架梁中间节点处的下部纵向钢筋在支座或节点中的锚固应符合下列要求：

1）当计算中不利用该钢筋的强度时，其伸入支座或节点的锚固长度 l_{as} 应不小于 $12d$（带肋钢筋）或 $15d$（光圆钢筋）。

2）当计算中充分利用该钢筋的抗拉强度时，下部纵向钢筋应锚固在支座或节点内，此时可采用直线锚固形式［图 4－32（a）］，伸入支座或节点内的长度不应小于受拉钢筋锚固长度 l_a；也可采用带 90°弯折的锚固形式［图 4－32（b）］，其中锚固端的水平投影长度不应小于 $0.4l_a$，竖直段应向上弯折，弯折后的垂直投影长度为 $15d$；下部纵向钢筋也可伸过支座（节点）范围，并在梁中弯矩较小处设置搭接接头［图 4－32（c）］，其搭接长度不应小于 l_l。

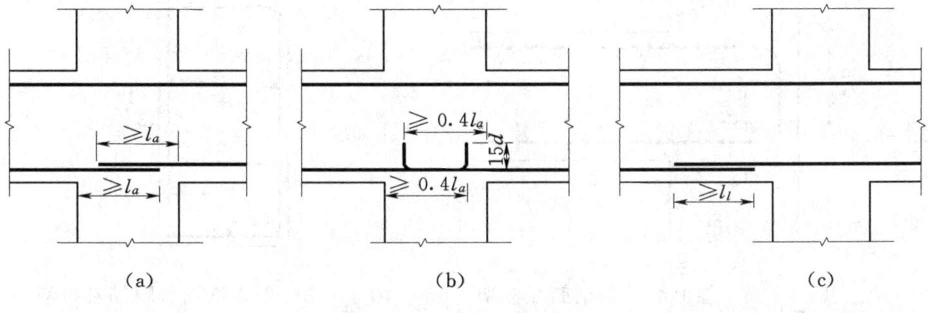

图 4－32 梁下部纵向钢筋在中间节点或中间支座范围的锚固与搭接

（a）节点中的直线锚固；（b）节点中的弯折锚固；（c）节点或支座范围外的搭接

3）当计算中充分利用该钢筋的抗压强度时，下部纵向钢筋应按受压钢筋锚固在中间支座或中间节点内，此时，其直线锚固长度不应小于 $0.7l_a$。下部纵向钢筋也可伸过节点或支座范围，并在梁中弯矩较小处设置搭接接头。

（3）框架梁端节点。框架梁下部纵向钢筋在端节点的锚固要求与中间节点处梁下部纵

❶ 应注意，在一般构件中，为控制裂缝开展纵向受力钢筋不宜采用光圆钢筋。

向钢筋的锚固要求相同。

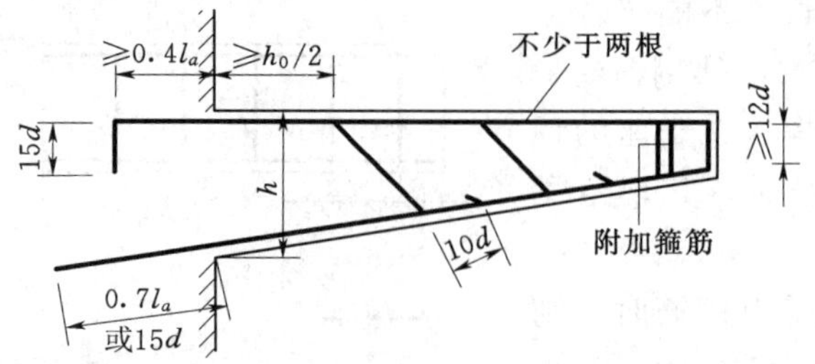

图 4-33　悬臂梁的受力筋锚固

2. 上部纵向受力钢筋锚固

（1）悬臂梁。悬臂梁上部纵向受力钢筋从钢筋强度被充分利用的截面（即支座边缘截面）起伸入支座中的长度应满足：当采用直线锚固时不小于钢筋的锚固长度 l_a；当采用带 90°弯折锚固时，其伸入支座的水平长度不应小于 $0.4l_a$，弯折后的竖直段长度为 $15d$；如梁的下部纵向钢筋在计算上作为受压钢筋时，伸入支座中的长度不小于 $0.7l_a$，若不作为受压钢筋，则伸入支座中的长度不小于 $15d$，如图 4-33 所示。

在钢筋混凝土悬臂梁中，应至少有两根上部钢筋伸至悬臂梁外端，并向下弯折不小于 $12d$；其余钢筋不应在梁的上部截断，而应在满足式（4-23）规定的弯起点位置向下弯折，并应在梁的下边满足锚固要求。

（2）框架梁中间层端节点。框架中间层端节点处，上部纵向钢筋在节点内的锚固长度不应小于受拉钢筋锚固长度 l_a，并应伸过节点中心线。当钢筋在节点内的水平锚固长度不够时，应伸至对面柱边后再向下弯折，经弯折后的水平投影长度不应小于 $0.4l_a$，垂直投影长度等于 $15d$（图 4-34）。d 为纵向钢筋直径。

（3）框架中间节点和中间支座。连续梁中间支座或框架梁中间节点处的上部纵向钢筋应贯穿支座或节点（图 4-32），且自节点或支座边缘伸向跨中的截断位置应符合 4.4 节的要求。

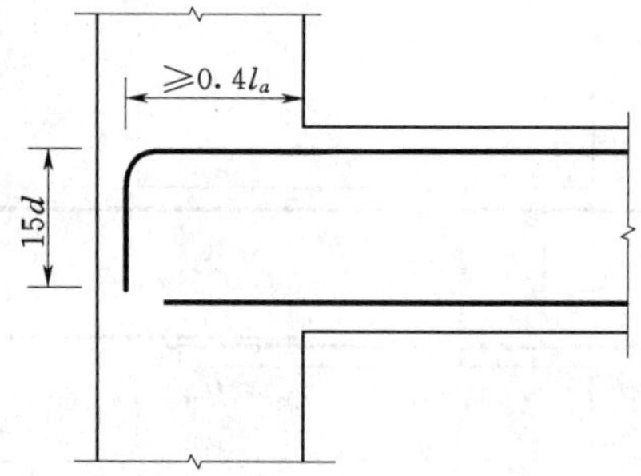

图 4-34　梁上部纵向钢筋在框架中间层端节点内的锚固

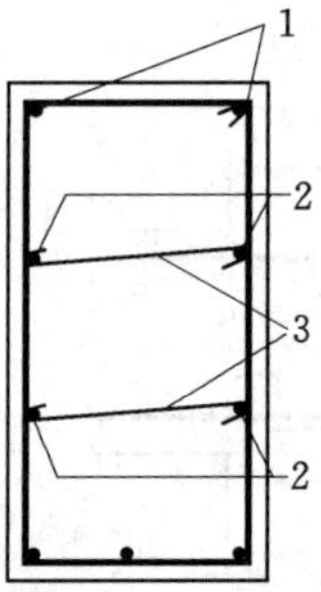

图 4-35　架立钢筋、腰筋及拉筋

1—架立钢筋；2—腰筋；3—拉筋

4.5.2.3　架立钢筋的配置

为了使纵向受力钢筋和箍筋能绑扎成骨架，在箍筋的四角必须沿梁全长配置纵向钢筋，在没有纵向受力筋的区段，则应补设架立钢筋（图 4-35）。

当梁跨 $l<4$m 时，架立钢筋直径 d 不宜小于 8mm；当 $l=4\sim6$m 时，d 不宜小于 10mm；当 $l>6$mm 时，d 不宜小于 12mm。

4.5.2.4　腰筋及拉筋的配置

当梁的腹板高度 $h_w>450$mm 时，为防止由于温度变形及混凝土收缩等原因使梁中部产生竖向裂缝，在梁的两侧应沿高度设置纵向构造钢筋，称为“腰筋”（图 4-35）。每侧纵向构造钢筋（不包括梁上、下部受力钢筋或架立钢筋）的截面面积不应小于腹板截面面积 bh_w 的 0.1%，且其间距不宜大于 200mm。两侧腰筋之间用拉筋连系起来，拉筋的直径可取与箍筋相同，拉筋的间距常取为箍筋间距的倍数，一般在 500～700mm 之间。

对薄腹梁，应在下部 1/2 梁高的腹板内沿两侧配置纵向构造钢筋，其直径为 10～14mm，间距为 100～150mm，并按上疏下密的方式布置。

4.5.2.5 弯起钢筋的构造

按抗剪设计需设置弯起钢筋时，弯筋的最大间距同箍筋一样，不应大于表 4-1 所列的数值。

梁中弯起钢筋的起弯角一般为 45°，当梁高 $h \geqslant 700$mm 时也可用 60°。当梁宽较大时，为使弯起钢筋在整个宽度范围内受力均匀，宜在一个截面内同时弯起两根钢筋。

在采用绑扎骨架的钢筋混凝土梁中，当设置弯起钢筋时，弯起钢筋的弯折终点应留有足够长的直线锚固长度（图 4-36），其长度在受拉区不应小于 $20d$，在受压区不应小于 $10d$。对光圆钢筋，其末端应设置弯钩（图 4-36）。

梁底排位于箍筋转角处的纵向受力钢筋不应弯起，而应直通至梁端部，以便和箍筋扎成钢筋骨架。

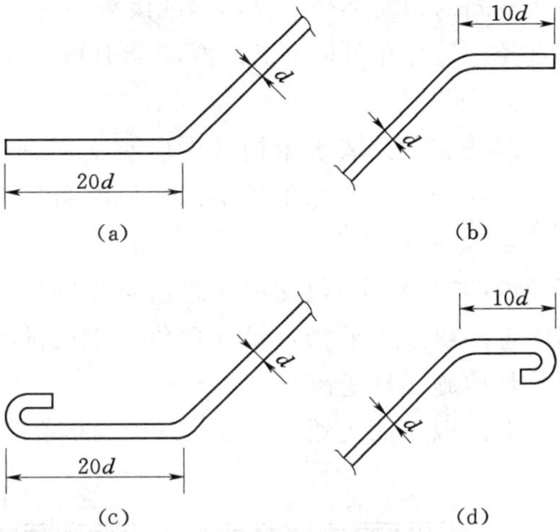

图 4-36 弯起钢筋的直线锚固段
(a) 带肋弯起钢筋在受拉区直线锚固段；(b) 带肋弯起钢筋在受压区直线锚固段；(c) 光圆弯起钢筋在受拉区直线锚固段；(d) 光圆弯起钢筋在受压区直线锚固段

当弯起纵筋抗剪后不能满足抵抗弯矩图 M_R 图的要求时，可单独设置斜筋来抗剪。此时应将斜筋布置成吊筋型式如图 4-37（a）所示，俗称“鸭筋”，而不应采用“浮筋”如图 4-37（b）所示。浮筋在受拉区只有不大的水平长度，其锚固的可靠性差，一旦浮筋发生滑移，将使裂缝开展过大。为此，应将斜筋焊接在纵筋上或者将斜筋两端均锚固在受压区内。

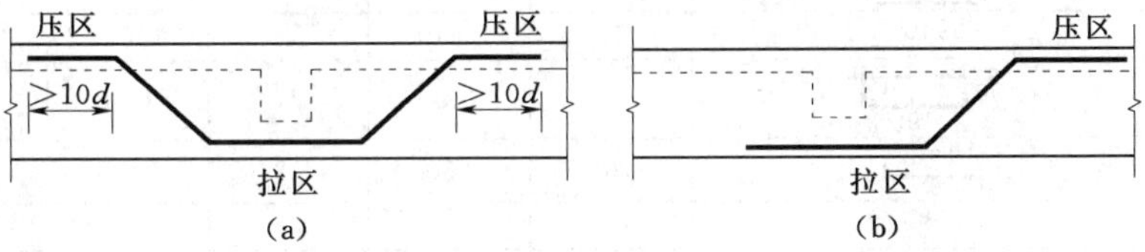

图 4-37 吊筋及浮筋

4.6 钢筋混凝土构件施工图

为了满足施工要求，钢筋混凝土构件结构施工图一般包括下列内容。

1. 模板图

模板图主要在于注明构件的外形尺寸，以制作模板之用，同时用它来计算混凝土方量。模板图一般比较简单，所以比例尺不要太大，但尺寸一定要全。构件上的预埋铁件一般可表示在模板图上。对简单的构件，模板图可与配筋图合并。

2. 配筋图

配筋图表示钢筋骨架的形状以及在模板中的位置，主要为绑扎骨架用。凡规格、长度或形状不同的钢筋必须编以不同的编号，写在小圆圈内，并在编号引线旁注上这种钢筋的根数及直径。最好在每根钢筋的两端及中间都注上编号，以便于查清每根钢筋的来龙去脉。

3. 钢筋表

钢筋表是列表表示构件中所有不同编号的钢筋种类、规格、形状、长度、根数、重量等，主要为下料及加工成型用，同时可用来计算钢筋用量。

4. 说明或附注

说明或附注中包括说明之后可以减少图纸工作量的内容以及一些在施工过程中必须引起注意的事项。例如：尺寸单位、钢筋的混凝土保护层厚度、混凝土强度等级、钢筋种类以及其他施工注意事项。

下面以一简支梁（图 4－38）为例介绍钢筋长度的计算方法。

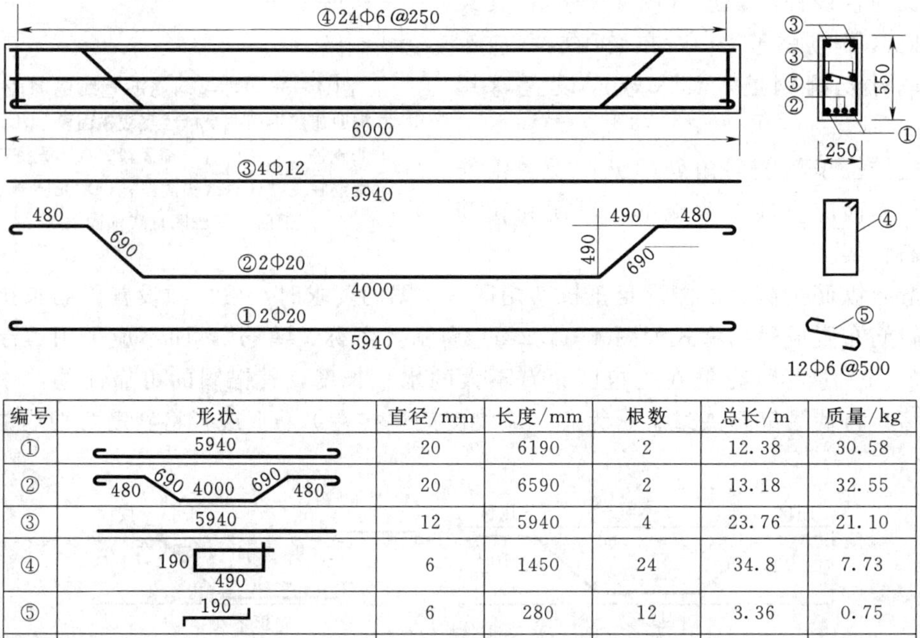

编号	形状	直径/mm	长度/mm	根数	总长/m	质量/kg
①	5940	20	6190	2	12.38	30.58
②	480 690 4000 690 480	20	6590	2	13.18	32.55
③	5940	12	5940	4	23.76	21.10
④	190 490	6	1450	24	34.8	7.73
⑤	190	6	280	12	3.36	0.75
合计						92.61

图 4－38　钢筋长度的计算

（1）直钢筋。图中钢筋①为直钢筋，由于它是 HPB300 的光圆钢筋❶，两端要加弯钩。直段上所注尺寸 5940mm 是指钢筋两端弯钩外缘之间的距离，即为全梁长 6000mm

❶　在一般构件中，为控制裂缝宽度受力纵向钢筋不宜采用光圆钢筋，这里采用光圆钢筋是为了说明带弯钩钢筋长度的算法。

减去两端钩外保护层各 30mm。此长度再加上两端弯钩长即可得出钢筋全长，每个弯钩长度为 6.25d，则钢筋①的全长为 5940＋2×6.25×20＝6190（mm）。钢筋③是架立钢筋和腰筋，虽也为 HPB300 光圆钢筋，但它不是受力钢筋不需加弯钩，全长为 5940mm。

（2）弓铁。图中钢筋②的形状如弓，俗称弓铁，也叫元宝筋。所注尺寸中弯起部分的高度以弓铁外皮计算，即由梁高 550mm 减去上下混凝土保护层，550－60＝490mm。由于弯折角 $\alpha_s=45°$，故弯起部分的底宽及斜边各为 490mm 及 690mm❶。钢筋②的中间水平直段长可由图量出为 4000mm，而弯起后的水平直段长度可由计算求出，即（6000－2×30－4000－2×490)/2＝480(mm)。最后可得弯起钢筋②的全长为 4000＋2×690＋2×480＋2×6.25×20＝6590（mm）。

（3）箍筋。箍筋尺寸标注方法各工地不完全统一，大致分为标注箍筋外缘尺寸及标注箍筋内口尺寸两种。前者的好处在于与其他钢筋一致，即所注尺寸均代表钢筋的外皮到外皮的距离；注内口尺寸的好处在于便于校核，箍筋内口尺寸即构件截面外形尺寸减去主筋混凝土保护层，箍筋内口高度也即是弓铁的外皮高度。在注箍筋尺寸时，最好注明所注尺寸是内口还是外缘。

箍筋的弯钩大小与纵筋的粗细、构件受力形式、纵筋的配筋率、结构是否要求抗震等有关❷，这里为无抗震要求的非受扭构件，箍筋弯钩角度取 135°，弯钩末端平直段长度取 5d（d 为箍筋直径），如此，箍筋两个弯钩的增加长度可取为 90mm。

图 4－38 中箍筋④的长度为 2×（490＋190）＋90＝1450（mm）(内口)。

拉筋做法有拉筋同时钩住纵筋和箍筋、紧靠箍筋并钩住纵筋、紧靠纵筋并钩住箍筋三种，这里为第 2 种，拉筋弯钩的弯角仍取 135°，两个弯钩的增加长度为 90mm。

图 4－38 中拉筋⑤的长度为 190＋90＝280（mm）。

此简支梁的钢筋表见图 4－38。

钢筋长度的计算和钢筋表的制作是一项细致而重要的工作，必须仔细运算及认真校核，方可无误。

必须注意，钢筋表内的钢筋长度还不是钢筋加工时的断料长度。由于钢筋在弯折及弯钩时要伸长一些，因此断料长度应等于计算长度扣除钢筋伸长值。伸长值和弯折角度大小等有关，具体可参阅有关施工手册。箍筋长度如注内口，则计算长度即为断料长度。

4.7 钢筋混凝土伸臂梁设计例题

【例 4－4】 某水电站副厂房砖墙上支承一受均布荷载作用的外伸梁，该梁为 3 级建筑物，处于一类环境条件，其跨长、截面尺寸如图 4－39 所示。在基本荷载组合下该梁所承受的荷载设计值为：$g_1+q_1=53$kN/m，$g_2+q_2=106$kN/m（均包括自重）。采用 C25

❶ 这是指从底层纵筋弯起而言的，如果是从离底的第二层纵筋弯起时，则弓铁的高度还要扣去第一层纵筋直径及上下两层纵筋间的净距。

❷ 《混凝土结构施工图平面整体表示方法制图规则与构造详图》(国家建筑标准设计图集 11G101－1) 详细规定了箍筋与拉筋的构造要求，DL/T 5057—2009 规范和 SL/ 191—2008 规范中也有相应的规定，箍筋与拉筋的具体做法可查阅该图集和相应规范。

混凝土，纵向受力钢筋为 HRB400 钢筋，箍筋为 HPB300 钢筋，试按 DL/T 5057—2009 规范设计该梁并进行钢筋布置。

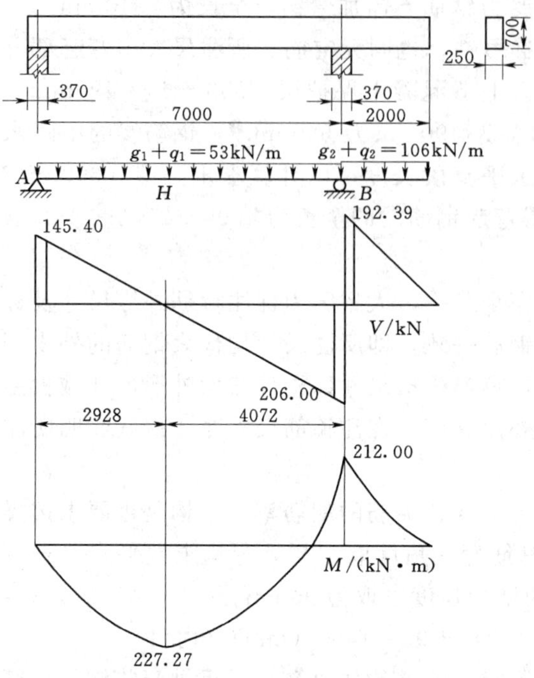

图 4-39　梁的计算简图及内力图

解：已知 $f_c=11.9\text{N/mm}^2$，$f_t=1.27\text{N/mm}^2$，$f_y=360\text{N/mm}^2$，$f_{yv}=270\text{N/mm}^2$；$b=250\text{mm}$，$h=700\text{mm}$；$\gamma_0=1.0$，$\psi=1.0$，$\gamma_d=1.20$。

1. 内力计算

荷载作用下的弯矩图及剪力图如图 4-39所示。支座边缘截面剪力设计值[❶]：

$$V_A=145.40\text{kN};\ V_B^l=206.00\text{kN};$$

$$V_B^r=192.39\text{kN};\ V_{\max}=V_B^l=206.00\text{kN}$$

跨中截面最大弯矩设计值

$$M_H=227.27\text{kN}\cdot\text{m}$$

支座截面最大负弯矩设计值

$$M_B=212.0\text{kN}\cdot\text{m}$$

2. 验算截面尺寸

由于弯矩较大，估计纵筋需排两排，取 $a=65\text{mm}$，则 $h_0=h-a=700-65=635\ (\text{mm})$，$h_w=h_0=635\text{mm}$。

$$\frac{h_w}{b}=\frac{635}{250}=2.54<4.0$$

由式（4-16）计算

$$0.25f_cbh_0=0.25\times11.9\times250\times635=472.28\times10^3(\text{N})=472.28\text{kN}$$

$$>\gamma_dV_{\max}=1.20\times206.0=247.20(\text{kN})$$

故截面尺寸满足抗剪要求。

3. 计算纵向钢筋

计算过程及结果见表 4-2。

表 4-2　　**纵向受拉钢筋计算表**

计算内容	跨中 H 截面	支座 B 截面
$M/(\text{kN}\cdot\text{m})$	227.27	212.0
$\gamma_dM/(\text{kN}\cdot\text{m})$	272.72	254.40
$\alpha_s=\dfrac{\gamma_dM}{f_cbh_0^2}$	0.227	0.212
$\xi=1-\sqrt{1-2\alpha_s}$	0.261	0.241
$A_s=\dfrac{f_cb\xi h_0}{f_y}/\text{mm}^2$	1370	1265
选配钢筋	2 ⌀ 20+4 ⌀ 16	6 ⌀ 16
实配钢筋面积 A_s/mm^2	1432	1206

❶　此处剪力 V 的下标表示某支座，上标 l、r 分别表示该支座左边与右边截面的剪力。

4. 计算抗剪钢筋

$0.7f_tbh_0=0.7\times1.27\times250\times635=141129(\text{N})=141.13\text{kN}<\gamma_dV_{max}=247.20\text{kN}$

必须由计算确定抗剪腹筋。

试在全梁配置双肢箍筋Φ 6@180，则 $A_{sv}=57\text{mm}^2$，$s=180\text{mm}<s_{max}=250\text{mm}$（表 4-1）。

$$\rho_{sv}=\frac{A_{sv}}{bs}=\frac{57}{250\times180}=0.13\%>\rho_{svmin}=0.12\%$$

满足最小配箍率的要求。

由式（4-8）、式（4-9a）、式（4-10），得

$$V_c+V_{sv}=0.7f_tbh_0+f_{yv}\frac{A_{sv}}{s}h_0$$

$$=141129+270\times\frac{57}{180}\times635=195.42\times10^3(\text{N})=195.42\text{kN}$$

（1）支座 B 左侧

$$\gamma_dV_B^l=1.20\times206.0=247.20(\text{kN})>V_c+V_{sv}=195.42\text{kN}。$$

需加配弯起钢筋帮助抗剪。

取 $\alpha_s=45°$，并取 $V_1=V_B^l$，按式（4-15）计算第一排弯起钢筋：

$$A_{sb1}=\frac{\gamma_dV_1-(V_c+V_{sv})}{f_y\sin\alpha_s}=\frac{(247.20-195.42)\times10^3}{360\times\sin45°}=203(\text{mm}^2)$$

由跨中承担正弯矩的纵筋弯起 2 Φ 16（$A_{sb1}=402\text{mm}^2$）。第一排弯起钢筋的上弯点安排在离支座边缘 200mm 处，即 $s_1=200\text{mm}<s_{max}=250\text{mm}$。

由图 4-40 可见，第一排弯起钢筋的下弯点离支座边缘的距离为：$700-2\times85+200=730$（mm），该处 $\gamma_dV_2=1.20\times(206.0-53\times0.73)=200.77(\text{kN})>V_c+V_{sv}$，故还需弯起第二排钢筋抗剪。

$$A_{sb2}=\frac{\gamma_dV_2-(V_c+V_{sv})}{f_y\sin\alpha_s}=\frac{(200.77-195.42)\times10^3}{360\times\sin45°}=21(\text{mm}^2)$$

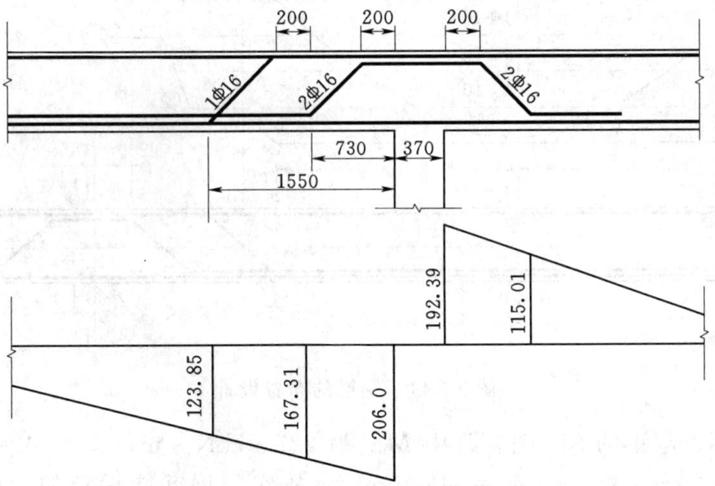

图 4-40 弯起钢筋的确定

因此，第二排弯起钢筋只需弯起 1 ⌀ 16 （$A_{sb2}=201\text{mm}^2$） 即可。

第二排弯起钢筋的下弯点离支座边缘的距离为：730＋200＋(700－2×40)＝1550(mm)，此处，$\gamma_d V_3=1.20\times(206.00-53\times1.55)=148.62(\text{kN})<V_c+V_{sv}$，故不需要弯起第三排钢筋。

（2） 支座 B 右侧

$$\gamma_d V_B^r=1.20\times192.39=230.87(\text{kN})>V_c+V_{sv}=195.42\text{kN}$$

故需配置弯起钢筋。又因为 $\gamma_d V_B^l>\gamma_d V_B^r$，故可同样弯下 2 ⌀ 16 即可满足要求，不必再进行计算。第一排弯起钢筋的下弯点距支座边缘的距离为 730mm，此处的 $\gamma_d V_2=1.20\times(192.39-106\times0.73)=138.01(\text{kN})<V_c+V_{sv}$，故不必再弯起第二排钢筋。

（3） 支座 A

$$\gamma_d V_A=1.20\times145.40=174.48\text{kN}<V_c+V_{sv}$$

理论上可不配弯起钢筋，但为了加强梁端的受剪的受剪承载力，仍由跨中弯起 2 ⌀ 16 至梁顶再伸入支座。

5. 钢筋的布置设计

钢筋的布置设计要利用抵抗弯矩图（M_R 图）进行图解。为此，先将弯矩图（M 图）、梁的纵剖面图按比例画出（图 4－41），再在 M 图上作 M_R 图。

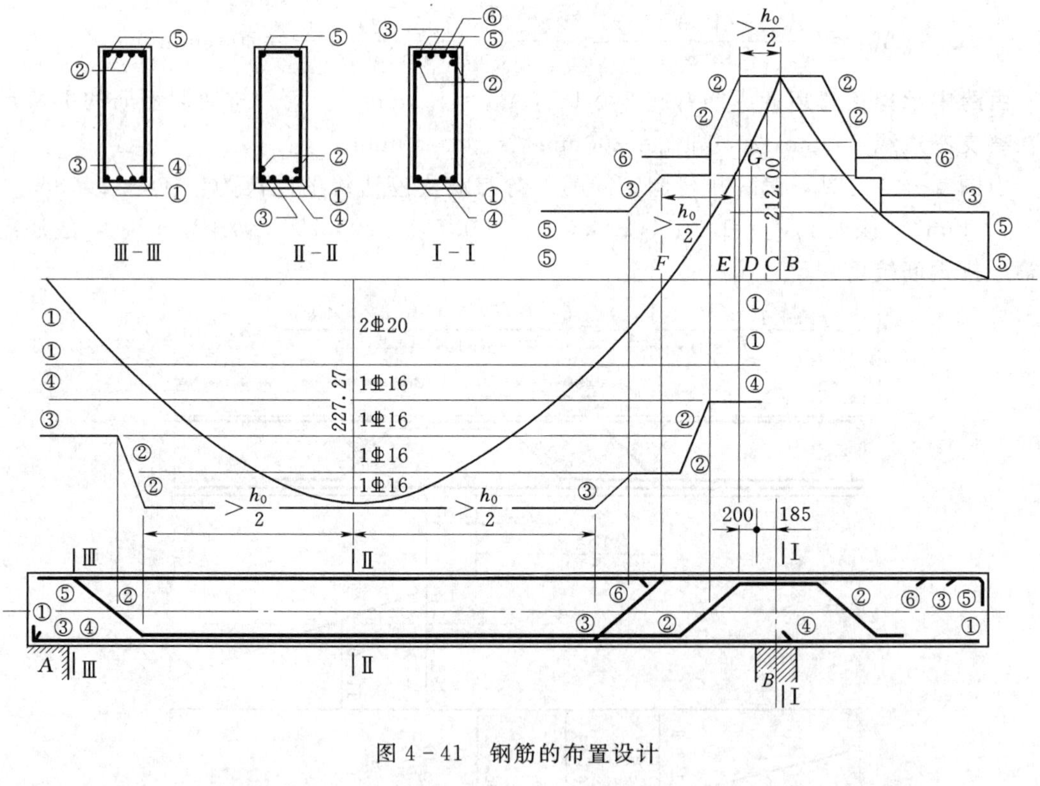

图 4－41　钢筋的布置设计

先考虑跨中正弯矩的 M_R 图。跨中 $M_{\max}$ 为 227.27kN·m，需配 $A_s=1370\text{mm}^2$ 的纵筋，现实配 2 ⌀ 20＋4 ⌀ 16 （$A_s=1432\text{mm}^2$），故实配钢筋能承担的弯矩为：227.27×1432/1370＝237.56kN·m，在图上绘出最大承担的弯矩（237.56kN·m），并以此按各

钢筋面积的比例划分出 2 ⌀ 20 及 1 ⌀ 16 钢筋能抵抗的弯矩值，这就可确定出各根钢筋各自的充分利用点。按预先布置（图 4-41），要从跨中弯起 1 ⌀ 16（钢筋③）及 2 ⌀ 16（钢筋②）至支座 B；另弯起 2 ⌀ 16（钢筋②）至支座 A，其余钢筋④及①将直通而不再弯起。这样，根据前述钢筋弯起时的 M_R 图的绘制方法可容易地画出跨中的 M_R 图。由图 4-41 可以看出跨中钢筋的弯起点至充分利用点的距离 a 均大于 $0.5h_0=318\text{mm}$ 的条件。

再考虑支座 B 负弯矩区的 M_R 图。支座 B 需配纵筋 1265mm^2，实配 6 ⌀ 16（$A_s=1206\text{mm}^2$，相差－4.66%，可以），因两者钢筋截面积相近，故可直接在 M 图上的支座 B 处六等分，每一等分即为 1 ⌀ 16 所能承担的弯矩。在支座 B 左侧要弯下 2 ⌀ 16（钢筋②）及 1 ⌀ 16（钢筋③）；另两根放在角隅的钢筋⑤因要绑扎箍筋形成骨架，故必须全梁直通；还有一根钢筋⑥可根据 M 图加以切断。在支座 B 右侧只需弯下 2 ⌀ 16，故可切断钢筋⑥及钢筋③。

考察支座 B 左侧，在截面 C 本可切断 1 根钢筋（钢筋⑥）。但应考虑到如果在 C 截面切断了 1 根钢筋，C 截面就成为钢筋②的充分利用点，这时，当钢筋②下弯时，其弯起点（D 截面）和充分利用点之间的距离 DC 就小于 $0.5h_0=318\text{mm}$，这就不满足斜截面受弯承载力的要求。所以不能在 C 截面切断钢筋⑥而应先在 D 截面弯下钢筋②，这时钢筋②的充分利用点在 B 截面，而 $DB=200+370/2=385\ (\text{mm})>0.5h_0=318\text{mm}$，这满足了斜截面受弯承载力的条件。同时 D 截面（即钢筋②的下弯点）距支座 B 边缘为 200mm，也满足不大于 $s_{\max}=250\text{mm}$ 的条件。

绘制出了钢筋②（即 2 ⌀ 16）的 M_R 图后，可发现在 E 截面还可切断 1 根钢筋（钢筋⑥），E 截面即为钢筋⑥的理论切断点，由于在该截面上 $\gamma_d V>V_c$，故⑥号钢筋应从充分利用点 G 延伸 l_d（对 HRB400 钢筋和 C25 混凝土，$l_a=40d$），$l_d=1.2l_a+h_0=1.2\times40\times16+635=1403\ (\text{mm})$，且应自其理论切断点 E 伸 $l_w=\max(20d,h_0)=(20\times16,635)=635(\text{mm})$，由图 4-41 可知，$GE$ 的水平投影距离为 290mm，综上所述，以上两种情况取大者，故钢筋⑥应从理论切断点 E 至少延伸 $1403-290=1113\ (\text{mm})$。从图 4-41 看到，钢筋⑥的实际切断点已进入负弯矩受压区，因而取 $l_d=1.2l_a+h_0$ 及 $l_w=\max(20d,\ h_0)$ 已满足要求。然后在 F 截面弯下钢筋③，剩下 2 根钢筋⑤直通，并兼作架立钢筋。

同样方法绘制 B 支座右侧的 M_R 图。

从图 4-41 还看到，M 图在 M_R 图内部，即每个截面上 $M_R>M$，因而该梁的正截面抗弯承载力满足要求。

作 M_R 图时还需注意以下两点：

（1）在本例中跨中钢筋③或④从抵抗正截面弯矩来讲，也可以在跨中某部位切断，但是考虑到跨中钢筋并不多，而且在受拉区切断钢筋会影响纵筋的锚固作用，减弱受剪承载力。为此仍将钢筋③、④直通支座。

（2）在既有正弯矩，又有负弯矩的构件中，钢筋布置的矛盾比较集中在支座附近的截面，原因是由于在那里的 M 和 V 都比较大，这样，弯起钢筋往往既要抗剪又要抗弯，在布置时要加以综合研究。例如在本例中支座 B 左侧，钢筋②弯下来是为了抗剪，因此要求其弯起点距支座边缘不大于 $s_{\max}$。同时钢筋②又是支座抵抗负弯矩的配筋之一，其充分利用点就是支座截面，这样从斜截面受弯承载力的角度来看，其弯起点距支座截面的距离

应不小于 $0.5h_0$。当然在本例中这两个要求都能得到满足。但当这两个要求发生矛盾时，则应首先在满足斜截面受弯承载力要求的前提下，可单独另加斜筋，以满足受剪承载力要求。或多配一根支座负弯矩钢筋，而钢筋②单纯作抗剪之用。

（3）将钢筋②弯到支座 A，从理论上只要满足水平锚固长度要求即可切断，但按工程上的习惯做法是将钢筋②弯起后直伸到梁端。

还须指出，图 4－41 是以教学目的而作的，以反映钢筋布置设计时常遇到的问题。在实际设计时，钢筋布置还可简化些，例如在 B 支座左侧，在弯起第二排抗剪钢筋时，可以同时弯起 2 ⌀ 16，即将钢筋④和钢筋③一样弯起，与钢筋③合并为一个编号，并直通梁端，这样就可不设短钢筋⑥了。

钢筋布置设计图作好后，就为施工图提供了依据。施工图中钢筋的某些区段的长度就可以在布置设计图中量得，但必须核算各根钢筋的梁轴投影总长及总高是否符合模板内侧尺寸。

配筋图见图 4－42。

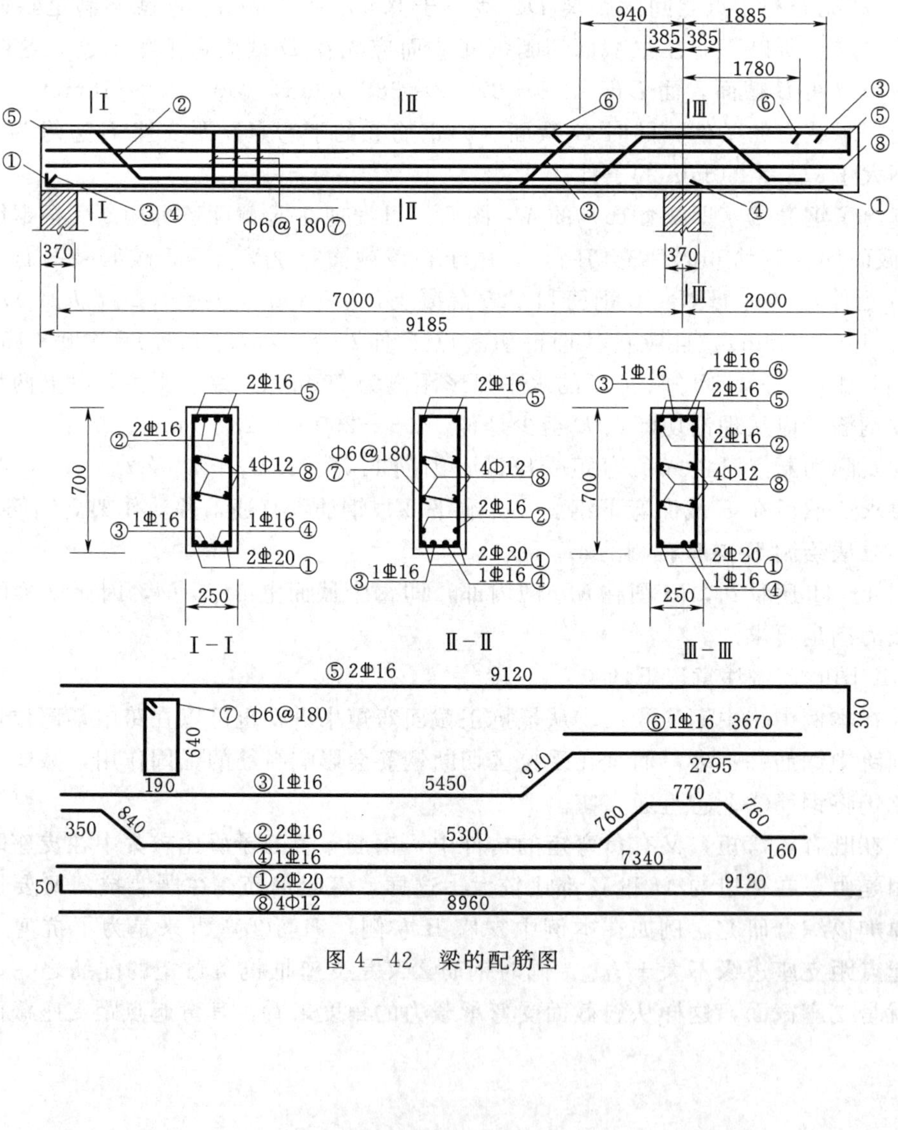

图 4－42　梁的配筋图

第 5 章　钢筋混凝土受压构件承载力计算

水工钢筋混凝土结构中，除了板、梁等受弯构件外，另一种主要的构件就是受压构件。

受压构件可分为两种：轴向压力通过构件截面重心的受压构件称为轴心受压构件；轴向压力不通过构件截面重心，而与截面重心有一偏心距 e_0 的称为偏心受压构件。截面上同时作用有通过截面重心的轴向压力 N 及弯矩 M 的压弯构件，也是偏心受压构件，因为轴向压力 N 及弯矩 M 可以换算成具有偏心距 $e_0=M/N$ 的偏心轴向压力。

水电站厂房中支承吊车梁的柱子是一个典型的偏心受压构件（图 5－1）。它承受屋架传来的垂直力 P_1 及水平力 H_1、吊车轮压 P_2、吊车横向制动力 T_H、风荷 W、自重 G_1、G_2 等外力，使截面同时受到通过截面重心的轴向压力和弯矩的作用。

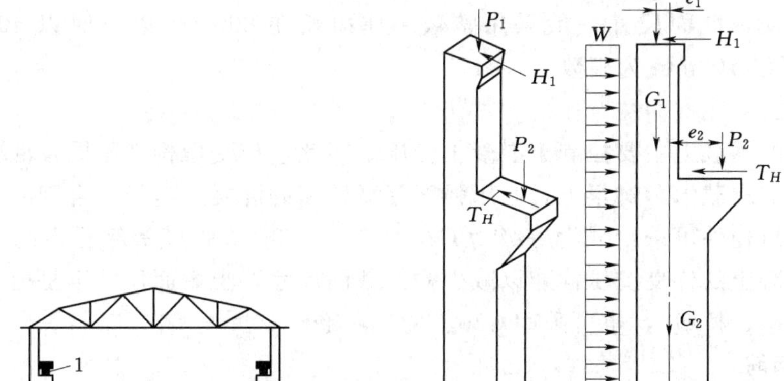

图 5－1　水电站厂房柱

1—吊车梁；2—柱

渡槽的支承刚架、闸墩、桥墩、箱形涵洞以及拱式渡槽的支承拱圈等，在某些荷载组合下也都是偏心受压构件。

严格地说，实际工程中真正的轴心受压构件是没有的。因为实际的荷载合力对构件截面重心来说总是或多或少存在着偏心，例如混凝土浇筑的不均匀、构件尺寸的施工误差、钢筋的偏位、装配式构件安装定位的不准确等因素都会导致轴向压力产生偏心。

因此，不少国家的设计规范中规定了一个最小偏心距值，从而所有受压构件均按偏心受压构件设计。在我国，规范目前仍把这两种构件分别计算，并认为等跨柱网的内柱、桁架的压杆、码头中的桩等结构，当偏心很小在设计中可略去不计时，就可当作轴心受压构件计算。

5.1　受压构件的构造要求

5.1.1　截面形式和尺寸

为了模板制作方便，受压构件一般均采用方形或矩形截面。偏心受压构件采用矩形截面时，截面长边布置在弯矩作用方向，长边与短边的比值一般为 1.5～2.5。

为了减轻自重，预制装配式受压构件也可能做成 I 形截面。某些水电站厂房的框架立柱及拱结构中也有采用 T 形截面的。灌注桩、预制桩、预制电杆等受压构件则常采用圆形和环形截面。

受压构件的截面尺寸不宜太小，因为构件越细长，纵向弯曲的影响越大，承载力降低越多，不能充分利用材料强度。水工建筑中现浇的立柱其边长不宜小于 300mm，否则施工缺陷所引起的影响就较为严重。在水平位置浇筑的装配式柱则可不受此限制。顶部承受竖向荷载的承重墙，其厚度不应小于无支承高度的 1/25；也不宜小于 150mm。

为施工方便，截面尺寸一般采用整数。柱边长在 800mm 以下时以 50mm 为模数，800mm 以上者以 100mm 为模数。

5.1.2　混凝土

受压构件的承载力主要控制于混凝土受压。因此，与受弯构件不同，混凝土的强度等级对受压构件的承载力影响很大，取用强度等级较高的混凝土是经济合理的。通常排架立柱、拱圈等受压构件可采用强度等级为 C25、C30、C35 或强度等级更高的混凝土，目的是充分利用混凝土的优良抗压性能以减少构件截面尺寸。当截面尺寸不是由承载力条件确定时（例如闸墩、桥墩），也可采用 C20、C25 混凝土。

5.1.3　纵向钢筋

受压构件的纵向钢筋一般可用 HRB335 和 HRB400 钢筋。对受压钢筋来说，不宜采用高强度钢筋，因为它的抗压强度受到混凝土极限压应变的限制，不能充分发挥其高强度作用。

纵向受力钢筋的直径不宜小于 12mm。过小则钢筋骨架柔性大，施工不便，工程中常用的钢筋直径为 12～32mm。受压构件承受的轴向压力很大而弯矩很小时，钢筋大体可沿周边布置，每边不少于 2 根；承受弯矩大而轴向压力小时，钢筋则沿垂直于弯矩作用平面的两个边布置。为了顺利地浇筑混凝土，现浇时纵向钢筋的净距不应小于 50mm，水平浇筑（装配式柱）时净距可参照关于梁的规定。同时纵向受力钢筋的间距也不应大于 300mm。偏心受压柱边长大于或等于 600mm 时，沿长边中间应设置直径为 10～16mm 的纵向构造钢筋，其间距不大于 400mm。

承重墙内竖向钢筋的直径不应小于 10mm，间距不应大于 300mm。当按计算不需配置竖向受力钢筋时，则在墙体截面两端应各设置不少于 4 根直径为 12mm 或 2 根直径为

16mm 的竖向构造钢筋。

纵向钢筋混凝土保护层的规定见本教材附录 4 表 1。

受压构件的纵向钢筋，其用量不能过少。纵向钢筋太少，构件破坏时呈脆性，这对抗震很不利。同时钢筋太少，在荷载长期作用下，由于混凝土的徐变，容易引起钢筋的过早屈服。当受压构件的截面尺寸由承载力条件确定时，其纵向钢筋最小配筋率的规定见本教材附录 4 表 3。截面厚度较大的墩墙，有关纵向钢筋最小配筋率的规定见第 12 章。

纵向钢筋也不宜过多，配筋过多既不经济，施工也不方便。在柱子中全部纵向钢筋的合适配筋率为 0.8%～2.0%，荷载特别大时，也不宜超过 5%。

5.1.4 箍筋

受压构件中除了平行于轴向压力配置纵向钢筋外，还应配置箍筋。箍筋能阻止纵向钢筋受压时的向外弯凸，从而防止混凝土保护层横向胀裂剥落。受压构件的箍筋都应做成封闭式，与纵筋绑扎或焊接成一整体骨架。在墩墙类受压构件（如闸墩）中，则可用水平钢筋代替箍筋，但应设置联系拉筋拉住墩墙两侧的钢筋。

柱中箍筋直径不应小于 0.25 倍纵向钢筋的最大直径，且不应小于 6mm。

箍筋间距 s 应符合下列三个条件（图 5-2）：

$s\leqslant 15d$（绑扎骨架）或 $s\leqslant 20d$（焊接骨架），d 为纵向钢筋的最小直径；

$s\leqslant b$，b 为截面的短边尺寸；

$s\leqslant 400$mm。

当纵向钢筋的接头采用绑扎搭接时，则在搭接长度范围内箍筋应加密。当钢筋受压时，箍筋间距 s 不应大于 $10d$（d 为搭接钢筋中的最小直径），且不大于 200mm。当钢筋受拉时，箍筋间距 s 不应大于 $5d$，且不大于 100mm。

当全部纵向受力钢筋的配筋率超过 3%时，箍筋直径不宜小于 8mm，间距不应大于 $10d$（d 为纵向钢筋的最小直径），且不应大于 200mm；箍筋末端应做成 135°弯钩且弯钩末端平直段长度不应小于箍筋直径的 10 倍；箍筋也可焊成封闭环式。

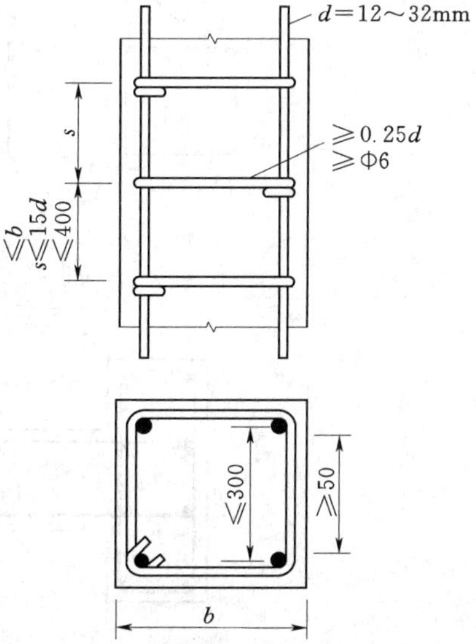

图 5-2 受压构件构造要求

当截面短边尺寸大于 400mm 且各边纵向钢筋多于 3 根时，或当柱截面短边尺寸不大于 400mm 但各边纵向钢筋多于 4 根时，必须设置复合箍筋（除上述基本箍筋外，为了防止中间纵向钢筋的曲凸，还需添置附加箍筋或连系拉筋），如图 5-3 所示。原则上希望纵向钢筋每隔一根就置于箍筋的转角处，使该纵向钢筋能在两个方向受到固定。当偏心受压柱截面长边设置纵向构造钢筋时，也要相应地设置复合箍筋或连系拉筋。

当纵向钢筋按构造配置，钢筋强度未充分利用时，箍筋的配置要求可适当放宽。

不应采用有内折角的箍筋［图 5-4（b）］，内折角箍筋受力后有拉直的趋势，易使转角处混凝土崩裂。遇到截面有内折角时，箍筋可按图 5-4（a）的方式布置。

箍筋除了固定纵向钢筋防止纵向钢筋弯凸外，还有抵抗剪力及增加受压构件延性的作

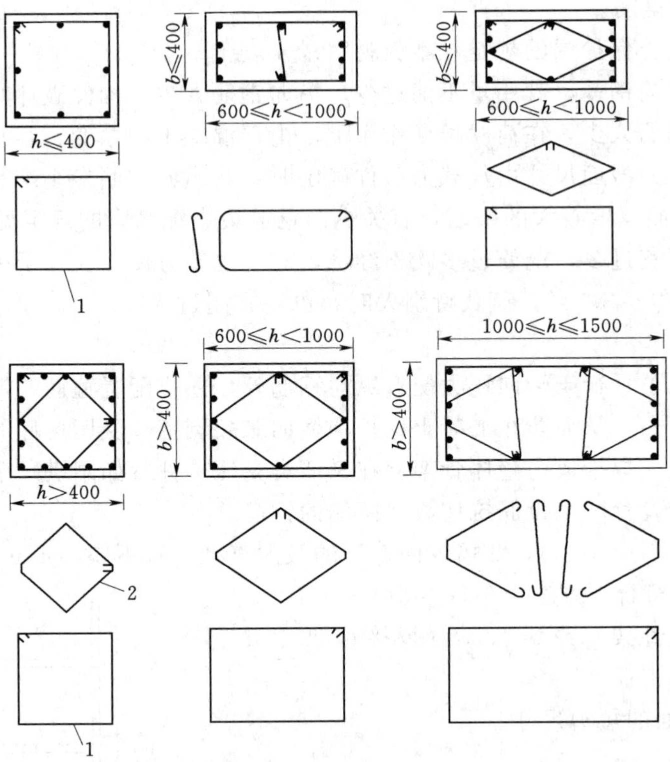

图 5-3　基本箍筋与附加箍筋

1—基本箍筋；2—附加箍筋

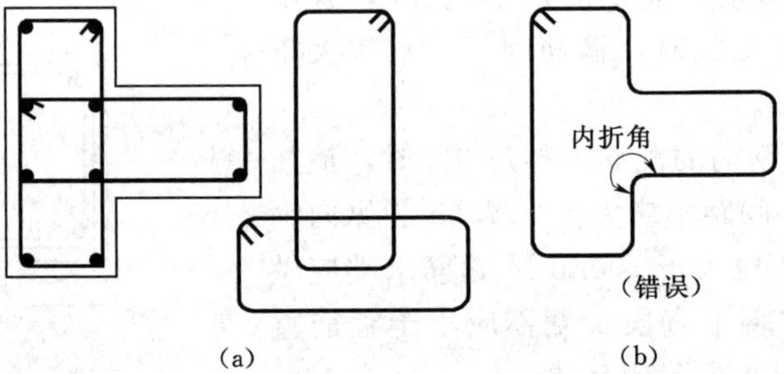

图 5-4　截面有内折角时箍筋的布置

用，对抗震有利，因此设计中适当加强箍筋的配置是十分必要的。

除了上述普通箍筋外，轴心受压构件中也有采用螺旋形或焊环式箍筋的。间距紧密的螺旋箍或焊环箍，对提高混凝土的受压强度和延性有很大的作用，常用于抗震结构中。

5.2　轴心受压构件正截面承载力计算

5.2.1　试验结果

轴心受压构件试验时，采用配有纵向钢筋和箍筋的短柱体为试件。在整个加载过程中，可以观察到短柱全截面受压，其压应变是均匀的。由于钢筋与混凝土之间存在粘结力，从加载到破坏，钢筋与混凝土共同变形，两者的压应变始终保持一样。

在荷载较小时，材料处于弹性状态，所以混凝土和钢筋两种材料应力的比值基本上符合它们的弹性模量之比。

随着荷载逐步加大，混凝土的塑性变形开始发展，其变形模量降低。因此，当柱子变形越来越大时，混凝土的应力却增加得越来越慢。而钢筋由于在屈服之前一直处于弹性阶段，因此其应力增加始终与其应变成正比。在此情况下，混凝土和钢筋两者的应力之比不再符合弹性模量之比，见图5-5。如果荷载长期持续作用，混凝土还有徐变发生，此时混凝土与钢筋之间更会引起应力的重分配，使混凝土的应力有所减少，而钢筋的应力增大（图5-5中的实线）。

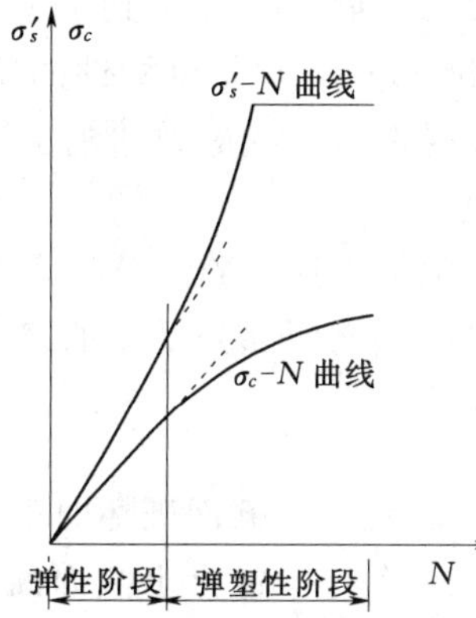

图5-5 轴心受压柱的应力-荷载曲线

当纵向荷载达到柱子破坏荷载的90%左右时，柱子由于横向变形达到极限而出现纵向裂缝如图5-6（a）所示，混凝土保护层开始剥落，最后，箍筋间的纵向钢筋发生屈折向外弯凸，混凝土被压碎，整个柱子也就破坏了，如图5-6（b）所示。

图5-7是混凝土和钢筋混凝土理想轴心受压短柱在短期荷载作用下的荷载与纵向压应变的关系示意图。所谓理想的轴心受压是指轴向压力与截面物理中心重合。其中曲线A代表不配筋的素混凝土短柱，其曲线形状与混凝土棱柱体受压的应力-应变曲线相同。曲线B代表配置普通箍筋的钢筋混凝土短柱（其中B_1、B_2表示不同箍筋用量），曲线C则代表配置螺旋箍筋的钢筋混凝土短柱，其中C_1、C_2、C_3分别表示不同螺距的螺旋箍筋。

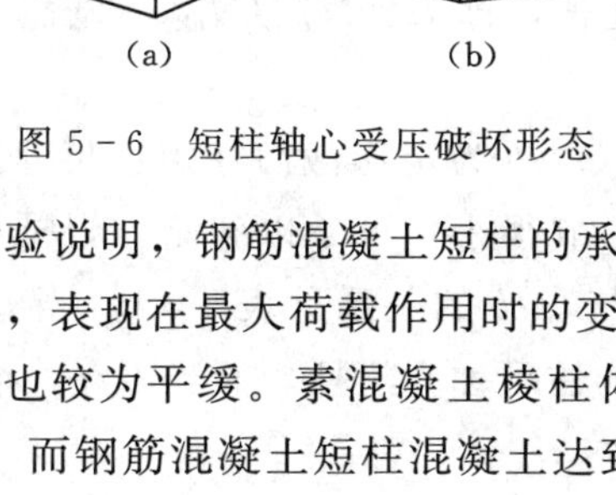

图5-6 短柱轴心受压破坏形态

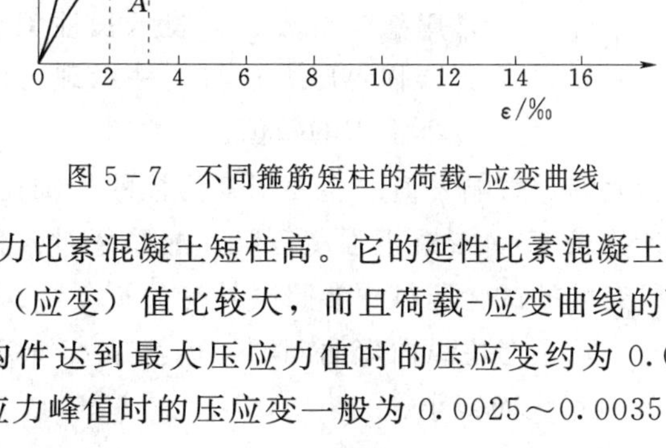

图5-7 不同箍筋短柱的荷载-应变曲线

试验说明，钢筋混凝土短柱的承载力比素混凝土短柱高。它的延性比素混凝土短柱也好得多，表现在最大荷载作用时的变形（应变）值比较大，而且荷载-应变曲线的下降段的坡度也较为平缓。素混凝土棱柱体构件达到最大压应力值时的压应变约为0.0015～0.002，而钢筋混凝土短柱混凝土达到应力峰值时的压应变一般为0.0025～0.0035。试验还表明，柱子延性的好坏主要取决于箍筋的数量和形式。箍筋数量越多，对柱子的侧向约束程度越大，柱子的延性就越好。特别是螺旋箍筋，对增加延性的效果更为有效。

短柱破坏时，一般是纵向钢筋先达到屈服强度，此时可继续增加一些荷载。最后混凝土达到极限压应变，构件破坏。当纵向钢筋的屈服强度较高时，可能会出现钢筋没有达到屈服强度而混凝土达到了极限压应变的情况。但由于热轧钢筋的抗压强度设计值 $f'_y \leqslant 400\text{N/mm}^2$，它是以构件的压应变达到 0.002 为控制条件确定的。因而，可以认为，短柱破坏时混凝土的应力达到了混凝土轴心抗压强度设计值 f_c，钢筋应力达到了抗压强度设计值 f'_y。

根据上述试验的分析，配置普通箍筋的钢筋混凝土短柱的正截面极限承载力由混凝土及纵向钢筋两部分受压承载力组成，即

$$N_u = f_c A_c + f'_y A'_s \tag{5-1}$$

式中　N_u——截面破坏时的极限轴向压力；

A_c——混凝土截面面积；

A'_s——全部纵向受压钢筋截面面积。

上述破坏情况只是对比较粗的短柱而言的。当柱子比较细长时，则发现它的破坏荷载小于短柱，且柱子越细长破坏荷载小得越多。

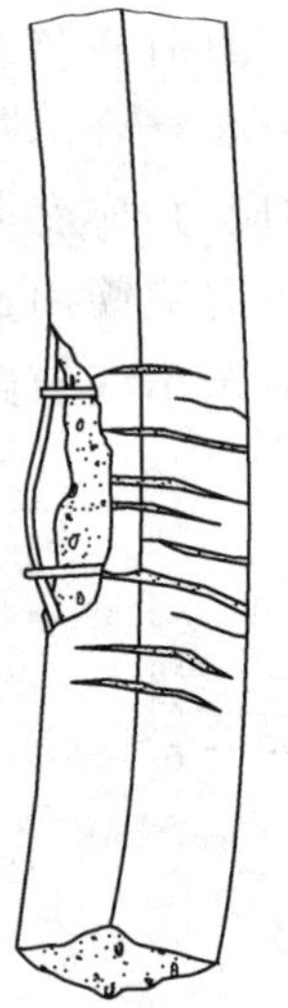

图 5-8　长柱轴心受压破坏形态

由试验得知，长柱在轴向压力作用下，不仅发生压缩变形，同时还发生纵向弯曲，产生横向挠度。在荷载不大时，长柱截面也是全部受压的。但由于发生纵向弯曲，内凹一侧的压应力就比外凸一侧来得大。在破坏前，横向挠度增加得很快，使长柱的破坏来得比较突然。破坏时，凹侧混凝土被压碎，纵向钢筋被压弯而向外弯凸；凸侧则由受压突然变为受拉，出现水平的受拉裂缝（图 5-8）。

这一现象的发生是由于钢筋混凝土柱不可能为理想的轴心受压构件，而轴向压力多少存在一个初始偏心，这一偏心所产生的附加弯矩对于短柱来说，影响不大，可以忽略不计。但对长柱来说，会使构件产生横向挠度，横向挠度又加大了初始偏心，这样互为影响，使得柱子在弯矩及轴力共同作用下发生破坏。很细长的长柱还有可能发生失稳破坏，失稳时的承载力也就是临界压力。

因此，在设计中必须考虑由于纵向弯曲对柱子承载力降低的影响。常用稳定系数 φ 来表示长柱承载力较短柱降低的程度。φ 是长柱承载力（临界压力）与短柱承载力的比值，即 $\varphi = N_{u长}/N_{u短}$，显然 φ 是一个小于 1 的数值。

试验表明，影响 φ 值的主要因素为柱的长细比 l_0/b（b 为矩形截面柱短边尺寸，l_0 为柱子的计算长度），混凝土强度等级和配筋率对 φ 值影响很小，可予以忽略。根据中国建筑科学研究院的试验资料并参照国外有关资料，φ 值与 l_0/b 的关系见表 5-1。当 $l_0/b \leqslant 8$ 时，$\varphi \approx 1$，可不考虑纵向弯曲问题，也就是 $l_0/b \leqslant 8$ 的柱可称为短柱。而当 $l_0/b > 8$ 时，φ 值随 l_0/b 的增大而减小。

表 5-1 钢筋混凝土轴心受压构件的稳定系数 φ

l_0/b	≤8	10	12	14	16	18	20	22	24	26	28
l_0/i	≤28	35	42	48	55	62	69	76	83	90	97
φ	1.0	0.98	0.95	0.92	0.87	0.81	0.75	0.70	0.65	0.60	0.56
l_0/b	30	32	34	36	38	40	42	44	46	48	50
l_0/i	104	111	118	125	132	139	146	153	160	167	174
φ	0.52	0.48	0.44	0.40	0.36	0.32	0.29	0.26	0.23	0.21	0.19

注 l_0 为构件计算长度，按表 5-2 计算；b 为矩形截面的短边尺寸；i 为截面最小回转半径。

受压构件的计算长度 l_0 与其两端的约束情况有关，可由表 5-2 查得。实际工程中，柱子两端的约束情况常不是理想的完全固定或完全铰接，因此对具体情况应进行具体分析。规范针对单层厂房及多层房屋柱的计算长度均作了具体规定。

表 5-2 受压构件的计算长度 l_0

杆件	两端约束情况	l_0
直杆	两端固定	$0.5l$
	一端固定，一端为不移动的铰	$0.7l$
	两端为不移动的铰	l
	一端固定，一端自由	$2.0l$
拱	三铰拱	$0.58S$
	两铰拱	$0.54S$
	无铰拱	$0.36S$

注 l 为构件支点间长度；S 为拱轴线长度。

必须指出，采用过分细长的柱子是不合理的，因为柱子越细长，受压后越容易发生纵向弯曲而导致失稳，构件承载力降低越多，材料强度不能充分利用。因此，对一般建筑物中的柱，常限制长细比 $l_0/b\leqslant30$ 及 $l_0/h\leqslant25$（b 为矩形截面的短边尺寸，h 为长边尺寸）。

5.2.2 普通箍筋柱的计算

5.2.2.1 基本公式

根据以上受力性能分析，普通箍筋柱的正截面受压承载力，可按下列公式计算（图 5-9）：

$$\gamma_d N\leqslant N_u=\varphi(f_cA+f'_yA'_s) \tag{5-2}$$

式中 γ_d——结构系数，按本教材第 2 章表 2-6 采用；

N——轴向压力设计值，为荷载设计值产生的轴向压力与结构重要性系数 γ_0、设计状况系数 ψ 三者的乘积；γ_0 和 ψ 按本教材第 2 章有关规定取用；

N_u——截面破坏时的极限轴向压力；

φ——钢筋混凝土轴心受压构件稳定系数，见表 5-1；

f_c——混凝土的轴心抗压强度设计值，见本教材附录 2

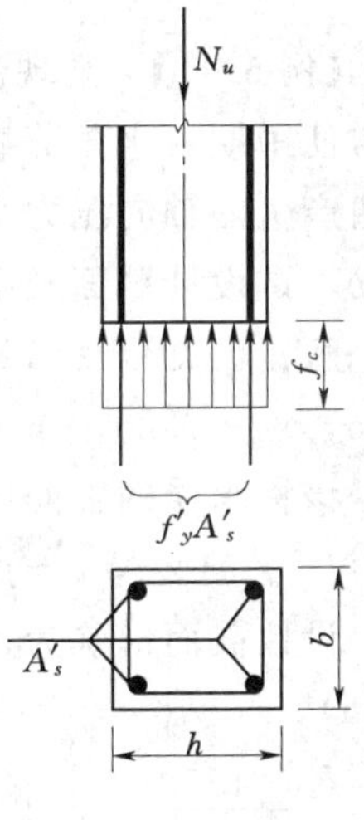

图 5-9 轴心受压柱正截面受压承载力计算图

表 1；

A——构件截面面积（当配筋率 $\rho'>3\%$ 时，需扣去纵向钢筋截面面积，$\rho'=A'_s/A$）；

f'_y——纵向钢筋的抗压强度设计值，见本教材附录 2 表 3；

A'_s——全部纵向钢筋的截面面积。

5.2.2.2 截面设计

柱的截面尺寸可根据构造要求或参照同类结构确定。然后根据 l_0/b 或 l_0/i 由表 5-1 查出 φ 值，再按式（5-2）计算所需要钢筋截面面积：

$$A'_s=\frac{\gamma_d N-\varphi f_c A}{\varphi f'_y} \tag{5-3}$$

求得钢筋截面面积 A'_s 后，验算配筋率 $\rho'=A'_s/A$ 是否适中（柱子的合适配筋率为 0.8%～2.0%）。如果 ρ' 过大或过小，说明截面尺寸选择不当，可另行选定，重新进行计算。若 ρ' 小于最小配筋率 $\rho'_{\min}$，且柱截面尺寸由建筑要求确定无法改变时，要求 $\rho'\geqslant\rho'_{\min}$。$\rho'_{\min}$ 取值见附录 4 表 3。

5.2.2.3 承载力复核

轴心受压柱的承载力复核，是已知截面尺寸、钢筋截面面积和材料强度后，验算截面承受某一轴向压力时是否安全，即计算截面能承担多大的轴向压力。

可根据 l_0/b 查表 5-1 得 φ 值，然后按式（5-2）计算所能承受的轴向压力 N。

若柱的截面做成八角形或圆形，并配置纵向钢筋和横向螺旋筋，则称为螺旋箍筋柱。螺旋箍筋柱能增加柱的纵向承载力及极大地提高结构的延性，常用于抗震的框架柱中。但由于施工较为复杂，在水工建筑中不常采用。这类柱的正截面承载力计算可参照《混凝土结构设计规范》（GB 50010—2010）进行。

当按 SL 191—2008 规范进行轴心受压构件的截面设计与承载力复核时，计算步骤相同，只需将公式中的 γ_d 换成 K，内力 N 采用荷载设计值产生的轴向压力即可。

【例 5-1】 某现浇的轴心受压柱，柱底固定，顶部为不移动铰接，柱高 6500mm。在正常使用期，永久荷载标准值产生的轴向压力 $N_{Gk}=480.0$kN（包括自重），可变荷载标准值产生的轴向压力 $N_{Qk}=520.0$kN。该柱安全级别为Ⅱ级，采用 C25 混凝土，HRB400 钢筋，试设计截面及配筋。

解：已知 $f_c=11.9\text{N/mm}^2$，$f'_y=360\text{N/mm}^2$；$\gamma_d=1.20$，$\psi=1.0$，$\gamma_0=1.0$；$\gamma_G=1.05$，$\gamma_Q=1.20$。

该柱承受的轴向压力设计值为：

$$N=\gamma_0\psi(\gamma_G N_{Gk}+\gamma_Q N_{Qk})=1.0\times1.0\times(1.05\times480.0+1.20\times520.0)=1128.0(\text{kN})$$

设柱截面形状为正方形，边长 $b=300$mm；由表 5-2，$l_0=0.7l=0.7\times6500=4550$(mm)。

$\frac{l_0}{b}=\frac{4550}{300}=15.17>8$，需考虑纵向弯曲的影响，由表 5-1 查得 $\varphi\approx0.89$。

按式（5-3）计算 A'_s

$$A'_s=\frac{\gamma_d N-\varphi f_c A}{\varphi f'_y}=\frac{1.20\times1128.0\times10^3-0.89\times11.9\times300\times300}{0.89\times360}=1250(\text{mm}^2)$$

$$\rho'=\frac{A'_s}{A}=\frac{1250}{300\times300}=1.39\%>\rho'_{\min}=0.50\%(\text{见附录 4 表 3})$$

可以选用 4 ⌀ 20 钢筋（$A'_s=1256\text{mm}^2$），排列于柱子四角。箍筋选用Φ 8@250。

如按 SL 191—2008 规范计算，$K=1.20$，轴向压力设计值仍为 $N=1128.0\text{kN}$，$A'_s=1250\text{mm}^2$。

5.3 偏心受压构件正截面承载力计算

5.3.1 试验结果

试验结果表明，偏心受压短柱试件的破坏可归纳为两类情况。

1. 第一类破坏情况——受拉破坏（图 5-10）

当轴向压力的偏心距较大时，截面部分受拉、部分受压。如果受拉区配置的受拉钢筋数量适中（即不是超筋情况时），则试件在受力后，受拉区先出现横向裂缝。随着荷载增加，裂缝不断开展延伸，受拉钢筋应力首先达到受拉屈服强度 f_y。此时受拉应变的发展大于受压应变，中和轴向受压边缘移动，使混凝土受压区很快缩小，压区应变很快增加，最后混凝土压应变达到极限压应变而被压碎，构件也就破坏了。破坏时混凝土压碎区的外轮廓线大体呈三角形，压碎区段较短。受压钢筋应力一般也达到其抗压强度。因为这种破坏发生于轴向压力偏心距较大的场合，因此，也称为“大偏心受压破坏”。它的破坏特征是受拉钢筋应力先达到屈服强度，然后压区混凝土被压碎，与配筋量适中的双筋受弯构件的破坏相类似。

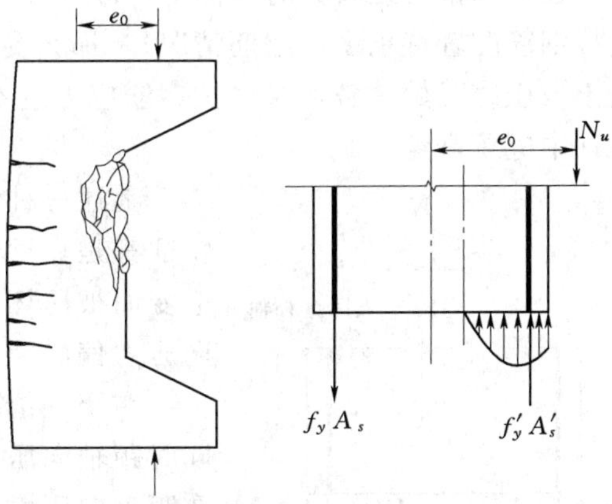

图 5-10　偏心受压短柱受拉破坏

2. 第二类破坏情况——受压破坏（图 5-11）

这类破坏可包括下列三种情况：

(1) 当偏心距很小时［图 5-11 (a)］，截面全部受压。一般是靠近轴向压力一侧的压应力较大一些，当荷载增大后，这一侧的混凝土先被压碎（发生纵向裂缝），受压钢筋应力也达到受压强度。而另一侧的混凝土应力和钢筋应力在构件破坏时均未能达到受压强度。

(2) 当偏心距稍大时［图 5-11 (b)］，截面也会出现小部分受拉区。但由于受拉钢筋很靠近中和轴，应力很小。受压应变的发展大于受拉应变的发展，破坏发生在受压一侧。破坏时受压一侧混凝土的应变达到极限压应变，并发生纵向裂缝，压碎区段较长。破坏无明显预兆，混凝土强度等级越高，破坏越带突然性。破坏时在受拉区一侧可能出现一些微细裂缝，也可能没有裂缝，受拉钢筋应力达不到屈服强度。

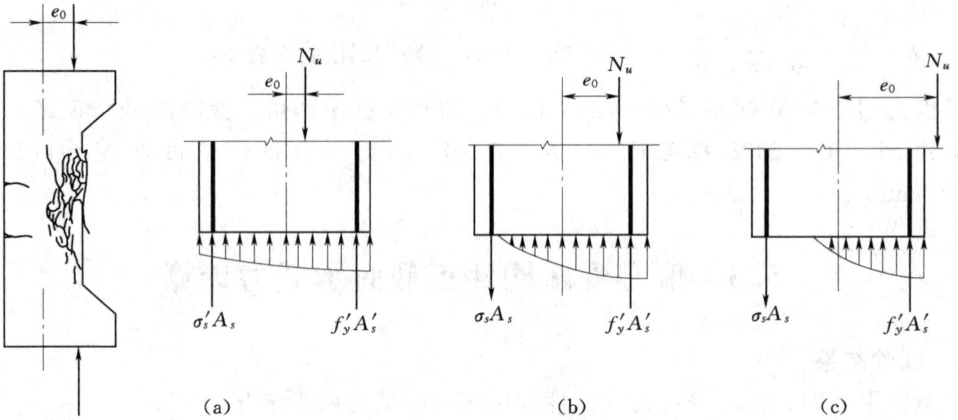

图 5 - 11　偏心受压短柱受压破坏

(3) 当偏心距较大时 [图 5 - 11 (c)]，原来应发生第一类大偏心受压破坏，但如果受拉钢筋配置特别多（超筋情况），那么受拉一侧的钢筋应变仍很小，破坏仍由受压区混凝土被压碎开始。破坏时受拉钢筋应力达不到屈服强度。这种破坏性质与超筋梁类似，在设计中应予避免。

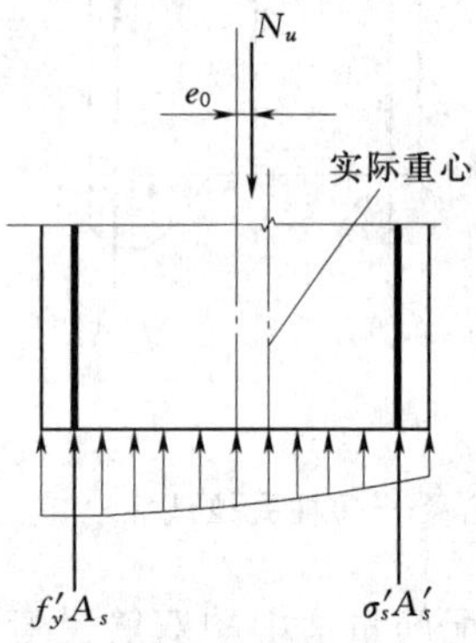

图 5 - 12　小偏压构件的个别破坏情况

上述三种情况，破坏时的应力状态虽有所不同，但破坏特征都是靠近轴向压力一侧的受压混凝土应变先达到极限压应变而被压坏，所以称为“受压破坏”。前二种破坏发生于轴向压力偏心距较小的场合，因此也称为“小偏心受压破坏”。

在个别情况，由于轴向压力的偏心距极小（图 5 - 12），同时距轴向压力较远一侧的钢筋 A_s 配置过少时，破坏也可能在距轴向压力较远一侧发生。这是因为当偏心距极小时，如混凝土质地不均匀或考虑钢筋截面面积后，截面的实际重心（物理中心）可能偏到轴向压力的另一侧。此时，离轴向压力较远的一边压应力就较大，靠近轴向压力一边的应力反而较小。破坏也就可能从离轴向压力较远的一边开始。

试验还说明，偏心受压构件的箍筋用量越多时，其延性也越好，但箍筋阻止混凝土横向扩张的作用不如在轴心受压构件中那样有效。

5.3.2　矩形截面偏心受压构件的计算

5.3.2.1　基本假定

与钢筋混凝土受弯构件相类似，钢筋混凝土偏心受压构件的正截面承载力计算采用下列基本假定：

(1) 平截面假定（即构件的正截面在构件受力变形后仍保持为平面）。

(2) 不考虑截面受拉区混凝土参加工作。

(3) 混凝土非均匀受压区的压应力图形可简化为等效的矩形应力图形，其高度等于按平截面假定所确定的中和轴高度乘以系数 0.8，矩形应力图形的应力值取为 f_c。

5.3.2.2　构件承载力计算的基本公式

计算简图如图 5 - 13 所示。根据计算简图和截面内力的平衡条件，并满足承载能力极限状态的计算要求，可得出矩形截面偏心受压构件正截面承载力计算的两个基本公式：

$$\gamma_d N \leqslant N_u = f_c bx + f_y' A_s' - \sigma_s A_s \tag{5-4}$$

$$\gamma_d Ne \leqslant N_u e = f_c bx\left(h_0 - \frac{x}{2}\right) + f_y' A_s'(h_0 - a') \tag{5-5}$$

$$e = e_0 + \frac{h}{2} - a \tag{5-6}$$

式中　γ_d——结构系数，按本教材第 2 章表 2 - 6 采用；

N——轴向压力设计值，为荷载设计值产生的轴向压力与结构重要性系数 γ_0、设计状况系数 ψ 三者的乘积；γ_0 和 ψ 按本教材第 2 章有关规定取用；

x——混凝土受压计算高度，当 $x>h$ 时，在计算中应取 $x=h$；

σ_s——受拉边或受压较小边钢筋的应力；

e——轴向压力作用点至钢筋 A_s 的距离；

e_0——轴向压力对截面重心的偏心距，$e_0=M/N$。

5.3.2.3　偏压构件中受拉钢筋应力 σ_s 的计算

在偏心受压构件承载力计算时，必须确定受拉钢筋或受压应力较小边的钢筋应力 σ_s 值。根据前述的平截面假定，可先确定受拉钢筋或受压应力较小边的钢筋应变 ε_s，然后再按钢筋的应力应变关系求得 σ_s 值，由图 5 - 14 可知：

$$\frac{\varepsilon_c}{\varepsilon_c + \varepsilon_s} = \frac{x_0}{h_0}$$

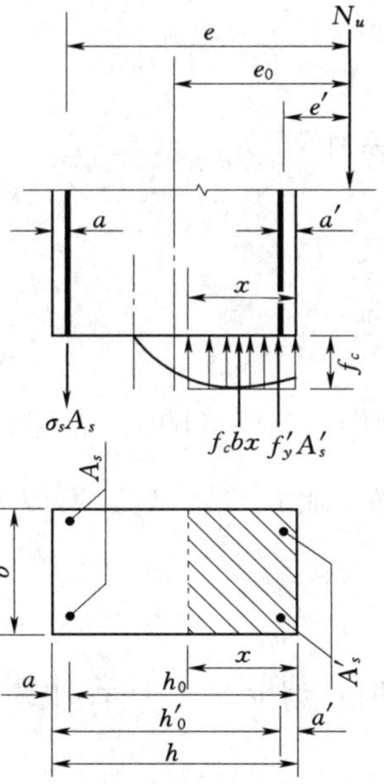

图 5 - 13　矩形截面偏心受压构件正截面受压承载力计算图

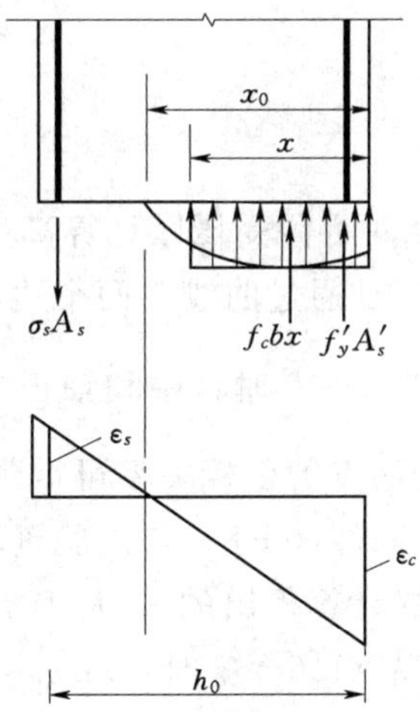

图 5 - 14　偏心受压构件应力应变分布图

所以

$$\varepsilon_s=\varepsilon_c\left(\frac{1}{x_0/h_0}-1\right),\sigma_s=\varepsilon_s E_s=\varepsilon_c\left(\frac{1}{x_0/h_0}-1\right)E_s$$

根据基本假定，取 $x=0.8x_0$，构件破坏时取 $\varepsilon_c=0.0033$，相对受压区计算高度 $\xi=x/h_0$，则得

$$\sigma_s=0.0033\left(\frac{0.8}{\xi}-1\right)E_s \tag{5-7}$$

由式（5－7）可见，σ_s 与 ξ 呈双曲线关系，如将此关系代入基本公式计算正截面承载力时，必须求解 ξ 的三次方程式，使计算十分麻烦。另外，该式在 $\xi>1$ 时偏离试验值较大［图 5－15（a）］。试验结果表明，实测的钢筋应力 σ_s 与 ξ 接近于直线分布。因而，为了计算的方便，规范将 σ_s 与 ξ 之间的关系取为式（5－8）表示的线性关系。

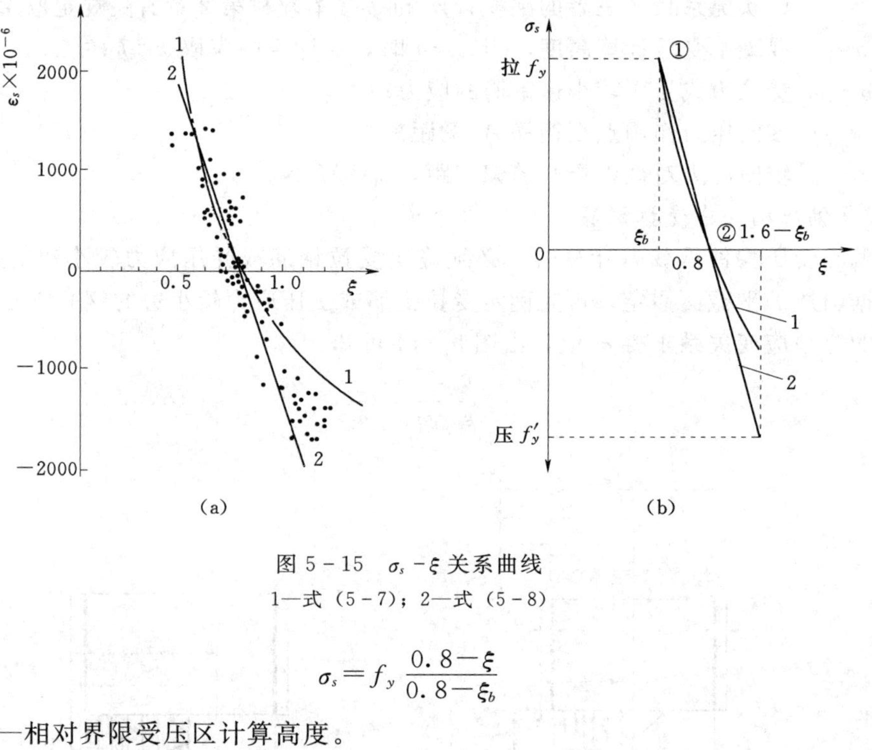

图 5－15　σ_s－ξ 关系曲线

1—式（5－7）；2—式（5－8）

$$\sigma_s=f_y\frac{0.8-\xi}{0.8-\xi_b} \tag{5-8}$$

式中　ξ_b——相对界限受压区计算高度。

式（5－8）是通过曲线 1 两个边界点确定的［图 5－15（b）］：点①，当 $\xi=\xi_b$ 时，$\sigma_s=f_y$；点②，当 $\sigma_s=0$ 时，中和轴正好通过 A_s 位置，此时 $x_0=h_0$，所以 $\xi=\dfrac{x}{h_0}=\dfrac{0.8x_0}{h_0}=0.8$。由①、②两点的坐标关系可得到求 σ_s 的式（5－8）。

试验表明，式（5－8）与试验资料符合良好。

若利用上式计算得出的 σ_s 大于 f_y，即 $\xi\leqslant\xi_b$ 时，取 $\sigma_s=f_y$；若计算得出的 σ_s 受压，且大于 f'_y，即 $\xi>1.6-\xi_b$ 时，取 $\sigma_s=-f'_y$。

5.3.2.4　相对界限受压区计算高度 ξ_b

按式（5－8）求解 σ_s 时，必须知道相对界限受压区计算高度 ξ_b。与受弯构件相类似，利用平截面假定可推导出相对界限受压区计算高度 ξ_b 的计算公式为：

$$\xi_b=\frac{0.8}{1+\dfrac{f_y}{0.0033E_s}} \tag{5-9}$$

根据以上试验研究可知，当 $\xi\leqslant\xi_b$ 时为受拉钢筋达到屈服的大偏心受压情况，当 $\xi>\xi_b$ 时为受拉钢筋未达到屈服的小偏心受压情况。

5.3.3　偏心受压构件纵向弯曲影响

细长的偏心受压构件在荷载作用下，将发生结构侧移和构件的纵向弯曲，由于侧向挠曲变形（图 5-16），轴向压力产生二阶效应，引起附加弯矩。

图 5-16 为两端铰支的偏心受压柱，轴向压力 N 在柱上下端的偏心距为 e_0，柱中截面侧向挠度为 f。因此，对柱跨中截面来说，轴向压力 N 的实际偏心距为 e_0+f，即柱跨中截面的弯矩为 $M=N(e_0+f)$，$\Delta M=Nf$ 为柱中截面因侧向挠度引起的附加弯矩。在材料、截面配筋和偏心距 e_0 相同的情况下，随柱的长细比 l_0/h 增大，侧向挠度 f 与附加弯矩 ΔM 也随之增大，从而使构件承载力 N_u 降低；显然，长细比越大，其附加挠度也越大，承载力 N_u 降低也就越多。因此，在计算长细比较大的钢筋混凝土偏心受压构件时，轴向压力产生的二阶效应对承载力 N_u 降低的影响是不能忽略的。

偏心受压构件在二阶效应影响下的破坏类型可分为材料破坏与失稳破坏两类，材料破坏是构件临界截面上的材料达到其极限强度而引起的破坏，失稳破坏则是构件纵向弯曲失去平衡而引起的破坏，这时材料并未达到其极限强度。

图 5-17 为截面尺寸、配筋、材料强度、支承情况和轴向压力的偏心矩等完全相同的三个偏心受压构件，从加载至破坏的 $N-M$ 曲线及其截面破坏时所能承担的 N_u-M_u 曲线（$ABCD$）。在 5.5 节将给出 N_u-M_u 曲线公式的推导。

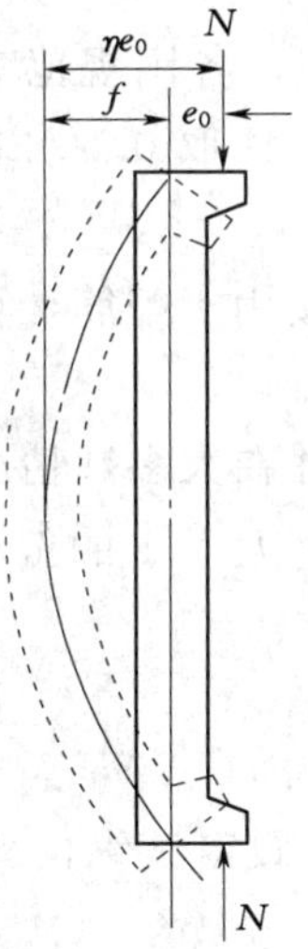

图 5-16　偏心受压长柱的纵向弯曲影响

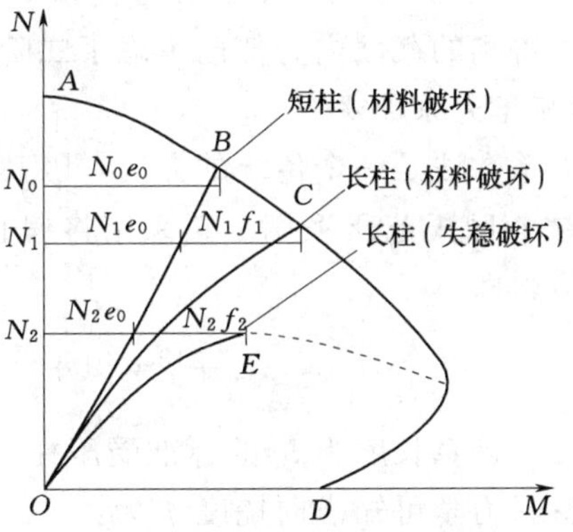

图 5-17　不同长细比从加载到破坏的 $N-M$ 关系

对于理想短柱，可认为其偏心矩保持不变，$N-M$ 关系线为直线 OB。当 N 达到最大值时，直线 OB 与 N_u-M_u 曲线相交，这表明当轴向压力达到最大值时，截面发生破坏，即构件的破坏是由于临界截面上的材料达到其极限强度而引起，为材料破坏。对于长细比在某一范围内的长柱（或称中长柱），$N-M$ 关系线如 OC 所示。由于实际偏心矩随轴向压力的增大而增大，$N-M$ 关系线 OC 为曲线。当 N 达到最大值时，曲线 OC 与 N_u-M_u 曲线相交，也为材料破坏。对于长细比更大的细长柱，$N-M$ 关系线如 OE 所示，曲线 OE 和曲线 OC 相比弯曲程度更大。当 N 达到最大值时，曲线 OE 不与 N_u-M_u 曲线相交。这表明当 N 达到最大值时，构件临界截面上的材料并未达到其极限强度，为失稳破坏。在建筑与水利工程中，钢筋混凝土偏心受压构件一般发生材料破坏。

考虑二阶效应的计算方法目前主要有非线性有限单元法和偏心距增大系数法两种，可根据设计要求选择采用。

5.3.3.1　非线性有限单元法

非线性有限单元法考虑结构的材料非线性和几何非线性（侧移与纵向弯曲），对结构进行有限元计算，求得结构在承载能力极限状态下各截面的内力。由于计算同时考虑了材料非线性和几何非线性，因而所得到的截面内力包括了一阶内力和二阶效应引起的附加内力在内。该方法被认为是一个理论上比较合理、计算结果比较准确的方法，但它必须借助软件与计算机进行，计算工作量大，实际应用不方便，只有在某些有特别要求的杆系结构分析二阶效应时才采用。

为了减小计算难度，上述非线性有限单元法可简化为“考虑二阶效应的弹性分析方法”。该方法考虑钢筋混凝土结构的几何非线性，但假定材料为弹性。为反映承载能力极限状态下由于混凝土受拉开裂、受压进入塑性引起截面刚度的减小，计算时采用折减刚度。折减刚度的确定原则是，使用折减刚度计算所得出的内力和变形与考虑材料非线性和几何非线性的有限单元法计算结果接近。

折减刚度取为弹性抗弯刚度 E_cI_0 与折减修正系数的乘积，各国规范对折减修正系数的规定略有不同。我国混凝土结构设计规范规定：梁取 0.4，柱取 0.6，未开裂的剪力墙及核心筒取 0.7，已开裂的剪力墙和核心筒取 0.45。

由于该方法得到的截面内力值已考虑了二阶效应，可直接用于配筋计算。

5.3.3.2　偏心距增大系数法

偏心距增大系数法是一个传统的方法，因其使用方便，并在大多数情况下具有足够的精度，至今仍被各国规范所采用。它采用将偏心距 e_0 乘一个大于 1 的偏心距增大系数 η 来考虑二阶效应，即

$$e_0+f=\left(1+\frac{f}{e_0}\right)e_0=\eta e_0 \tag{5-10}$$

对两端铰支、计算长度为 l_0 的标准受压柱（图 5－16），假定其纵向弯曲变形曲线为正弦曲线，由材料力学可知横向挠度 f 为：

$$f=\phi\frac{l_0^2}{\pi^2} \tag{a}$$

所以

$$\eta=1+\frac{f}{e_0}=1+\frac{1}{e_0}\left(\phi\frac{l_0^2}{\pi^2}\right) \tag{b}$$

上式中的 ϕ 为计算截面达到破坏时的曲率，见图 5－18。当大、小偏心受压界限破坏

时，受拉钢筋达到屈服，钢筋应变为 $\varepsilon_y=f_y/E_s$；受压混凝土边缘极限压应变为 ε_{cu}，由平截面假定（图 5-18）得

$$\phi=\frac{\varepsilon_{cu}+\varepsilon_y}{h_0} \tag{c}$$

将 ϕ 代入式（b），可得

$$\eta=1+\frac{1}{e_0}\left(\frac{\varepsilon_{cu}+\varepsilon_y}{h_0}\right)\left(\frac{l_0^2}{\pi^2}\right) \tag{d}$$

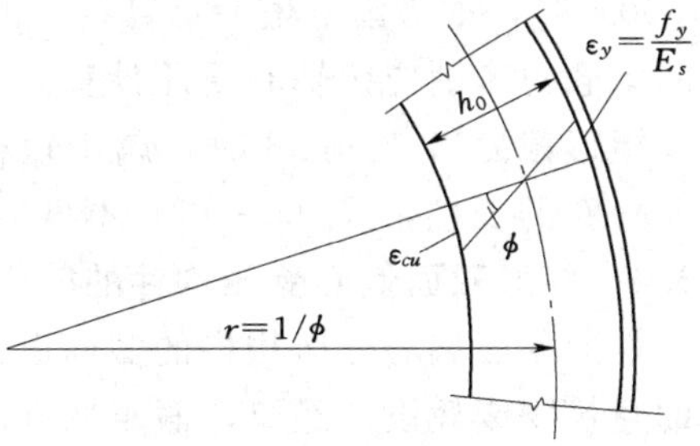

图 5-18 由纵向弯曲变形曲线推求 η

取 $\varepsilon_{cu}=1.25\times0.0033$，其中 1.25 是徐变系数，用于考虑荷载长期作用下混凝土受压徐变对极限压应变的影响；以 HRB335 钢筋代表，取 $\varepsilon_y=\frac{f_y}{E_s}=\frac{335}{2\times10^5}\approx0.0017$，并取 $\pi^2\approx10$、$h=1.1h_0$ 代入式（d），得

$$\eta=1+\frac{1}{1400\frac{e_0}{h_0}}\left(\frac{l_0}{h}\right)^2 \tag{e}$$

考虑到小偏心受压时，钢筋应变达不到 f_y/E_s，以及构件十分细长时，式（e）计算得到的 η 值偏大，故将式（e）再乘以两个修正系数，得

$$\eta=1+\frac{1}{1400\frac{e_0}{h_0}}\left(\frac{l_0}{h}\right)^2\zeta_1\zeta_2 \tag{5-11}$$

$$\zeta_1=\frac{0.5f_cA}{\gamma_dN} \tag{5-12}$$

$$\zeta_2=1.15-0.01\frac{l_0}{h} \tag{5-13}$$

式中 e_0——轴向压力对截面重心的偏心距；在式（5-11）中，当 $e_0<h_0/30$ 时，取 $e_0=h_0/30$；

l_0——构件的计算长度，按表 5-2 计算；

h——截面高度；

h_0——截面的有效高度；

A——构件的截面面积；

ζ_1——考虑截面应变对截面曲率的影响系数，当 $\zeta_1>1$ 时，取 $\zeta_1=1$；

ζ_2——考虑构件长细比对截面曲率的影响系数；当 $l_0/h\leqslant15$ 时，取 $\zeta_2=1$。

式（5-11）是由两端铰支的标准受压柱（图 5-16）得到的。对实际工程中的受压构件，规范根据实际受压柱的挠度曲线与标准受压柱挠度曲线相当的原则，通过调整计算长度 l_0，将实际受压柱转化为两端铰支、计算长度为 l_0 的标准受压柱来考虑二阶效应。因而，偏心矩增大系数法也称为 $l_0-\eta$ 法。

考虑二阶效应后，所有偏心受压构件的受压承载力基本计算公式仍完全适用，仅需将公式中的 e_0 改为 ηe_0。但若因纵向弯曲引起的偏心距增长，使得原先为小偏心受压的构件进入了大偏心受压范围，则应按大偏心受压计算。当偏心受压构件的偏心距很小（如 $e_0\leqslant$

$l_0/500$）时，如考虑 η 值后计算得出的偏心受压构件的承载力反而大于按轴心受压计算得出的承载力，则应按轴心受压计算。

矩形截面当 $l_0/h \leqslant 8$ 时，属于短柱范畴，可不考虑纵向弯曲的影响，取 $\eta=1$；对于 $l_0/h>30$ 的长柱，式（5－11）不再适用，它的纵向弯曲问题应专门研究。

5.3.4　矩形截面偏心受压构件的截面设计及承载力复核[1]

矩形截面偏心受压构件的截面设计，一般总是首先通过对结构受力的分析，并参照同类的建筑物或凭设计经验，假定构件的截面尺寸和选用材料。截面设计主要决定钢筋截面积 A_s 及 A_s' 的用量和布置。当计算出的结果不合理时，则可对初拟的截面尺寸加以调整，然后再重新进行设计。

在截面设计时，首先遇到的问题是如何判别构件属于大偏心受压还是小偏心受压，以便采用不同的公式进行配筋计算。在设计之前，由于钢筋截面面积 A_s 及 A_s' 为未知数，构件截面的混凝土相对受压区高度 ξ 无从计算，因此无法利用 ξ_b 判断截面属于大偏心受压还是小偏心受压。实际设计时常根据偏心距的大小来加以判定。根据对设计经验的总结和理论分析，如果截面每边配置了不少于最小配筋率的钢筋，则：

（1）若 $\eta e_0>0.3h_0$ 时，可按大偏心受压构件设计。即当 $\eta e_0>0.3h_0$ 时，在正常配筋范围内一般均属于大偏心受压破坏。

（2）若 $\eta e_0 \leqslant 0.3h_0$ 时，可按小偏心受压构件设计。即当 $\eta e_0 \leqslant 0.3h_0$ 时，在正常配筋范围内一般均属于小偏心受压破坏。

5.3.4.1　矩形截面大偏心受压构件截面设计

（1）对于大偏心受压构件，受拉区钢筋的应力可以达到受拉屈服强度 f_y，取 $\sigma_s=f_y$。从基本公式（5－4）、式（5－5）可知，共有 A_s、A_s' 及 x 三个未知数，由两个基本公式可得出无数解答，其中最经济合理的解答应该是能使钢筋用量最少，要达到这个目的，即应充分利用受压区混凝土的抗压作用。因此，与双筋受弯构件一样，补充 $x=\xi_b h_0$ 这一条件。x 既为已知值，代入式（5－5）得

$$\gamma_d Ne=\alpha_{sb} f_c bh_0^2+f_y'A_s'(h_0-a')$$

式中，$\alpha_{sb}=\xi_b(1-0.5\xi_b)$，其值如本教材第 3 章表 3－1 所列。

所以

$$A_s'=\frac{\gamma_d Ne-\alpha_{sb} f_c bh_0^2}{f_y'(h_0-a')} \tag{5-14}$$

其中

$$e=\eta e_0+\frac{h}{2}-a$$

再将 $x=\xi_b h_0$ 及求得的 A_s' 值代入式（5－4）可求得：

$$A_s=\frac{f_c b\xi_b h_0+f_y'A_s'-\gamma_d N}{f_y} \tag{5-15}$$

（2）按式（5－14）计算出的受压钢筋截面面积 A_s' 若小于按规范规定的最小配筋率配置的钢筋截面面积（$A_s'=\rho_{\min}'bh_0$），则按最小配筋率和构造要求来配置 A_s'。此时 A_s' 为已知，所以由两个基本公式正好解出 x 及 A_s 两个未知数。也可利用双筋受弯构件的截面设

[1] T形、I形、环形及圆形截面偏心受压构件的正截面受压承载力计算公式可参见现行水工混凝土结构设计规范。

计步骤进行计算。

为了便于计算，将 $x=\xi h_0$ 代入式（5－4）、式（5－5），则

$$\gamma_d N \leqslant N_u = f_c b \xi h_0 + f_y' A_s' - f_y A_s \tag{5-16}$$

$$\gamma_d Ne \leqslant N_u e = \alpha_s f_c b h_0^2 + f_y' A_s' (h_0 - a') \tag{5-17}$$

其中

$$\alpha_s = \xi(1-0.5\xi)$$

由式（5－17）可求得

$$\alpha_s = \frac{\gamma_d Ne - f_y' A_s' (h_0 - a')}{f_c b h_0^2} \tag{5-18}$$

根据 α_s 值，由第 3 章式（3－15）计算 ξ

$$\xi = 1 - \sqrt{1-2a_s}$$

若所得的 $\xi \leqslant \xi_b$，可保证构件破坏时受拉钢筋应力先达到 f_y，因而符合大偏心受压破坏情况；若 $x=\xi h_0 \geqslant 2a'$，则保证构件破坏时受压钢筋有足够的变形，其应力能达到 f_y'。此时，由式（5－16）计算

$$A_s = \frac{f_c b \xi h_0 + f_y' A_s' - \gamma_d N}{f_y} \tag{5-19}$$

若受压区高度 $x<2a'$，则受压钢筋的应力达不到 f_y'。此时与双筋受弯构件一样，可取以 A_s' 为矩心的力矩平衡公式计算（设混凝土压应力合力点与受压钢筋压力作用点重合），得

$$\gamma_d Ne' = f_y A_s (h_0 - a') \tag{5-20}$$

所以

$$A_s = \frac{\gamma_d Ne'}{f_y (h_0 - a')} \tag{5-21}$$

$$e' = \eta e_0 - \frac{h}{2} + a' \tag{5-22}$$

式中　e'——轴向压力作用点至钢筋 A_s' 的距离。

当式（5－22）中 e' 为负值时（即轴向压力 N 作用在钢筋 A_s 与 A_s' 之间），则 A_s 一般可按最小配筋率和构造要求来配置[1]。

应当指出，在以上（1）、（2）两种情况下算得的受拉钢筋配筋量 A_s 如小于最小配筋率（本教材附录 4 表 3）的要求，均需按最小配筋率配置 A_s。

5.3.4.2　矩形截面小偏心受压构件截面设计

分析研究表明，小偏心受压情况下，离轴向压力较远一侧的钢筋可能受拉也可能受压，构件破坏时其应力 σ_s 一般均达不到屈服强度。

在构件截面设计时，可以利用计算 σ_s 的公式（5－8）与构件承载力计算的基本公式（5－4）、式（5－5）联合求解，此时，共有四个未知数 ξ、A_s、A_s'、σ_s，因此，设计时需要补充一个条件才能求解。

由于构件破坏时 A_s 的应力 σ_s 一般达不到屈服强度。因此，为节约钢材，可按最小配筋率及构造要求配置 A_s，即取 $A_s=\rho_{\min} b h_0$ 或按构造要求配置。

[1] 当轴向压力作用在 A_s 与 A_s' 之间，计算出的 x 又小于 $2a'$，说明构件截面尺寸很大，而轴向压力 N 很小，截面上远离轴向压力一边和靠近轴向压力一边均不会发生破坏。

由以上条件首先确定出 A_s 后，剩下 ξ、A'_s及 σ_s 三个未知数，即可直接利用式（5－4）、式（5－5）、式（5－8）三个方程式进行截面设计。

若求得 ξ 满足 $\xi<1.6-\xi_b$，求得 A'_s，计算完毕。

若求得 $\xi>1.6-\xi_b$，可取 $\sigma_s=-f'_y$及 $\xi=1.6-\xi_b$（当 $\xi>\frac{h}{h_0}$时，取 $\xi=\frac{h}{h_0}$）代入式（5－4）和式（5－5）求得 A_s 和 A'_s值。A_s 和 A'_s必须满足最小配筋率的要求。

此外，对小偏心受压构件，当 $\gamma_d N>f_c bh$ 时，由于偏心距很小，而轴向压力很大，全截面受压，远离轴向压力一侧的钢筋 A_s 如配得太少，该侧混凝土的压应变就有可能先达到极限压应变而破坏（图 5－12）。为防止此种情况发生，还应满足对 A'_s的外力矩小于或等于截面诸力对 A'_s的抵抗力矩，按此力矩方程可对 A_s 用量进行核算。

$$A_s\geqslant\frac{\gamma_d Ne'-f_c bh\left(h'_0-\frac{h}{2}\right)}{f'_y(h'_0-a)} \tag{5-23}$$

式中，$e'=\frac{h}{2}-a'-e_0$，$h'_0=h-a'$，此时为偏于安全起见，在计算 e'时，取 $\eta=1$。

5.3.4.3　矩形截面偏心受压构件承载力复核

进行偏心受压构件的承载力复核时，不像截面设计那样按偏心距 e_0 的大小来作为两种偏心受压情况的分界。因为在截面尺寸、钢筋截面面积及偏心距 e_0 均已确定的条件下，受压区高度 x 即已确定。所以应该根据 x 的大小来判别是大偏心受压还是小偏心受压。此时的 x，可先按大偏心受压的截面应力计算图形，对 N_u 作用点取矩直接求得（图 5－19）：

$$f_c bx\left(e-h_0+\frac{x}{2}\right)=f_y A_s e\pm f'_y A'_s e' \tag{5-24}$$

式中，$e=\eta e_0+\frac{h}{2}-a$，$e'=\eta e_0-\frac{h}{2}+a'$。

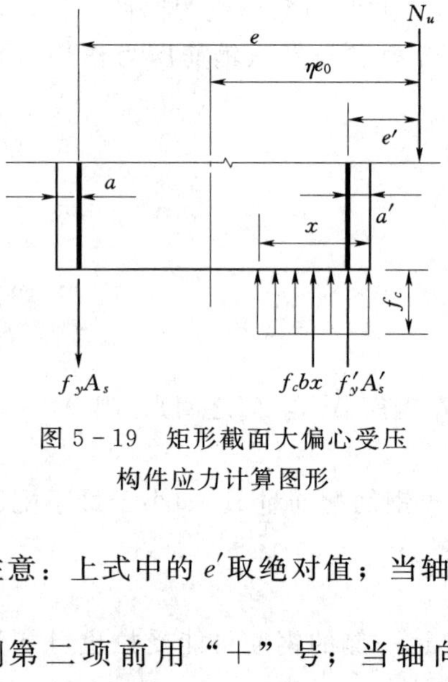

图 5－19　矩形截面大偏心受压构件应力计算图形

注意：上式中的 e'取绝对值；当轴向压力作用在 A_s 和 A'_s之间$\left(\eta e_0<\frac{h}{2}-a'\right)$时，式中右侧第二项前用“＋”号；当轴向压力作用在 A_s 和 A'_s之外$\left(\eta e_0\geqslant\frac{h}{2}-a'\right)$时，则用“－”号。

（1）求出的 $x\leqslant\xi_b h_0$ 时，为大偏心受压。此时，当 $x\geqslant 2a'$时，将 x 及 $\sigma_s=f_y$ 代入式（5－4）可求得构件的承载力 N_u，

$$N_u=f_c bx+f'_y A'_s-f_y A_s$$

当 $x<2a'$时，则由式（5－20）得

$$N_u=\frac{f_y A_s(h_0-a')}{e'}$$

式中，$e'=\eta e_0-\frac{h}{2}+a'$。

若已知轴向压力设计值 N，则应满足 $\gamma_d N\leqslant N_u$。

（2）求出的 $x>\xi_b h_0$ 时，为小偏心受压。此时需按小偏心受压构件承载力计算公式重新计算。与推导式（5-24）类似可以得到

$$f_c bx\left(e-h_0+\frac{x}{2}\right)=\sigma_s A_s e+f_y' A_s' e' \tag{5-25}$$

以 $\sigma_s=f_y\frac{0.8-\xi}{0.8-\xi_b}$代入上式，可解得混凝土受压计算高度 x。

当 $\xi=\frac{x}{h_0}<1.6-\xi_b$，则将 x 代入式（5-5）可求得 N_u

$$N_u=\frac{f_c bx(h_0-\frac{x}{2})+f_y' A_s'(h_0-a')}{e}$$

式中，$e=\eta e_0+\frac{h}{2}-a$。

当 $\xi=\frac{x}{h_0}\geqslant 1.6-\xi_b$ 时，则取 $\sigma_s=-f_y'$，代入式（5-25）求得 x，再代入式（5-4）计算 N_u

$$N_u=f_c bx+f_y' A_s'+f_y' A_s$$

若已知轴向压力设计 N，则应满足 $\gamma_d N\leqslant N_u$。

有时构件破坏也可能在远离轴向压力一侧的钢筋 A_s 一边开始，所以还须用式（5-23）计算 N_u，并应满足 $\gamma_d N\leqslant N_u$。

5.3.5 垂直于弯矩作用平面的承载力复核

当偏心受压构件长细比较大，特别是当截面高宽比 h/b 较大，使得 l_0/b 比 l_0/h 大许多时，柱子还可能会因在与弯矩作用平面相垂直的平面内发生纵向弯曲而破坏。在这个平面内是没有弯矩作用的，因此尚应按轴心受压构件进行承载力复核，计算时须考虑稳定系数 φ 的影响。对于大偏心受压构件，由于轴向压力 N 相对较小，若柱子长细比与截面高宽较小，可不进行复核；对于小偏心受压构件，则一般需要复核。

当按 SL191—2008 规范进行偏压构件的截面设计与承载力复核时，计算步骤相同，只需将公式中的 γ_d 换成 K，内力 N 采用荷载设计值产生的轴力即可。

为更好地理清计算步骤，也便于记忆，读者可仿照本教材第 3.5 节的双筋截面计算框图，列出受压构件的配筋设计和承载力复核的计算框图。

【例 5-2】 某钢筋混凝土偏心受压柱，Ⅱ级安全级别，$b=400$mm，$h=600$mm，$a=a'=40$mm，计算长度 $l_0=5200$mm。在正常使用期，永久荷载设计值产生的内力 $M_G=54.0$kN·m、$N_G=99.0$kN，可变荷载设计值产生的内力 $M_Q=107.0$kN·m、$N_Q=199.0$kN。采用 C30 混凝土，HRB400 钢筋，试按 DL/T 5057—2009 规范求钢筋截面面积 A_s 和 A_s'，并画出截面配筋图。

解： 已知 $\gamma_0=1.0$，$\psi=1.0$，$\gamma_d=1.20$；$f_c=14.3\text{N/mm}^2$，$f'_y=f_y=360\text{N/mm}^2$。$h_0=h-a=600-40=560\text{mm}$。

1. 计算内力设计值

$$M=\gamma_0\psi(M_G+M_Q)=1.0\times1.0\times(54.0+107.0)=161.0(\text{kN}\cdot\text{m})$$

$$N=\gamma_0\psi(N_G+N_Q)=1.0\times1.0\times(99.0+199.0)=298.0(\text{kN})$$

2. 计算 η

$$\frac{l_0}{h}=\frac{5200}{600}=8.67>8\text{，故应考虑纵向弯曲影响。}$$

$$e_0=\frac{M}{N}=\frac{161.0\times10^6}{298.0\times10^3}=540(\text{mm})>\frac{h_0}{30}=\frac{560}{30}=19(\text{mm})$$

故按实际偏心距 $e_0=540\text{mm}$ 进行计算。

由式（5-12）得

$$\zeta_1=\frac{0.5f_cA}{\gamma_dN}=\frac{0.5\times14.3\times400\times600}{1.20\times298.0\times10^3}=4.8>1$$

故应取 $\zeta_1=1$。

因为 $l_0/h=8.67<15$，故取 $\zeta_2=1$。代入式（5-11），得

$$\eta=1+\frac{1}{1400\dfrac{e_0}{h_0}}\left(\frac{l_0}{h}\right)^2\zeta_1\zeta_2=1+\frac{1}{1400\times\dfrac{540}{560}}\times8.67^2\times1\times1=1.06$$

3. 判别大小偏心

因为 $\eta e_0=1.06\times540=572$（mm）$>0.3h_0=0.3\times560=168$（mm），所以按大偏心受压构件进行计算。

4. 计算 A'_s

$$e=\eta e_0+\frac{h}{2}-a=572+300-40=832(\text{mm})$$

HRB400 钢筋，查表 3-1 得 $\xi_b=0.518$，$\alpha_{sb}=0.384$

$$A'_s=\frac{\gamma_dNe-\alpha_{sb}f_cbh_0^2}{f'_y(h_0-a')}=\frac{1.20\times298.0\times10^3\times832-0.384\times14.3\times400\times560^2}{360\times(560-40)}<0$$

$$A'_s=\rho_{\min}bh_0=0.20\%\times400\times560=448(\text{mm}^2)$$

选用 3 ⌀14（$A'_s=461\text{mm}^2$）。

5. 计算 A_s

$$\alpha_s=\frac{\gamma_dNe-f'_yA'_s(h_0-a')}{f_cbh_0^2}$$

$$=\frac{1.20\times298.0\times10^3\times832-360\times461\times(560-40)}{14.3\times400\times560^2}=0.118$$

$$\xi=1-\sqrt{1-2\alpha_s}=1-\sqrt{1-2\times0.118}=0.126<\xi_b=0.518$$

$$x=\xi h_0=0.126\times560=71(\text{mm})<2a'=80\text{mm}$$

$$e'=\eta e_0-\frac{h}{2}+a'=572-\frac{600}{2}+40=312(\text{mm})$$

$$A_s=\frac{\gamma_d Ne'}{f_y(h_0-a')}=\frac{1.20\times298.0\times10^3\times312}{360\times(560-40)}=596(\text{mm}^2)>\rho_{\min}bh_0=448\text{mm}^2$$

选用 3 ⏀ 16（$A_s=603\text{mm}^2$）。箍筋选用Φ 8@200（图 5-20）。

由于 $h=600\text{mm}$，截面长边应放置 2 ⏀ 12 构造钢筋，并相应放置Φ 8@600 拉筋。

如按 SL 191—2008 规范计算，$K=1.20$，计算结果与 DL/T 5057—2009 规范的计算结果相同。

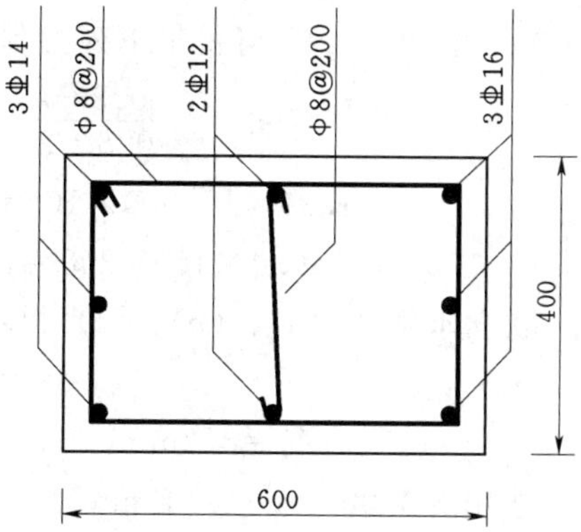

图 5-20 柱截面配筋图

【例 5-3】 某钢筋混凝土柱采用 C30 混凝土，HRB400 钢筋；Ⅱ级安全级别；在使用阶段，永久荷载标准值对该柱产生的弯矩 $M_{Gk}=30.0\text{kN}\cdot\text{m}$ 及轴向压力 $N_{Gk}=800.0\text{kN}$，可变荷载标准值对该柱产生的弯矩 $M_{Qk}=50.0\text{kN}\cdot\text{m}$ 及轴向压力 $N_{Qk}=750.0\text{kN}$；柱截面尺寸为 $b\times h=350\text{mm}\times500\text{mm}$；柱在弯矩作用平面的计算长度 $l_0=7200\text{mm}$。在垂直于弯矩作用平面的计算长度 $l_0'=3600\text{mm}$。试计算该柱所需钢筋。

解： 已知 $\gamma_d=1.20$，$\gamma_0=1.0$，$\psi=1.0$；$\gamma_G=1.05$，$\gamma_Q=1.20$；$f_c=14.3\text{N/mm}^2$，$f_y=f_y'=360\text{N/mm}^2$；取 $a=a'=45\text{mm}$（一类环境条件），$h_0=h-a=500-45=455$（mm）。

1. 计算内力设计值

$$M=\gamma_0\psi(\gamma_G M_{Gk}+\gamma_Q M_{Qk})=1.0\times1.0\times(1.05\times30.0+1.20\times50.0)=91.50(\text{kN}\cdot\text{m})$$

$$N=\gamma_0\psi(\gamma_G N_{Gk}+\gamma_Q N_{Qk})=1.0\times1.0\times(1.05\times800.0+1.20\times750.0)=1740.0(\text{kN})$$

2. 计算 η

$\frac{l_0}{h}=\frac{7200}{500}=14.4>8$，需考虑纵向弯曲的影响。

$e_0=\frac{M}{N}=\frac{91.50\times10^6}{1740.0\times10^3}=53$（mm）$>\frac{h_0}{30}=\frac{455}{30}=15$（mm），故按实际偏心距 $e_0=53\text{mm}$ 计算。

$$\zeta_1=\frac{0.5f_cA}{\gamma_d N}=\frac{0.5\times14.3\times350\times500}{1.20\times1740\times1000}=0.599$$

因 $\frac{l_0}{h}<15$，取 $\zeta_2=1.0$。

$$\eta=1+\frac{1}{1400\frac{e_0}{h_0}}\left(\frac{l_0}{h}\right)^2\zeta_1\zeta_2=1+\frac{1}{1400\times\frac{53}{455}}\times14.4^2\times0.599\times1=1.76$$

3. 判别大小偏心

$\eta e_0=1.76\times53=93$（mm）$<0.3h_0=0.3\times455=136$（mm），故应按小偏心受压构件计算。

4. 计算 A_s 和 A_s'

$$e=\eta e_0+\frac{h}{2}-a=93+250-45=298(\text{mm})$$

按最小配筋率配置 $A_s=\rho_{min}bh_0=0.20\%\times350\times455=319$（$\text{mm}^2$），选用 2 ⏀ 16（$A_s$

$=402\text{mm}^2$)。

根据求 σ_s 的公式 (5-8) 并将 $x=\xi h_0$ 代入基本公式 (5-4) 及式 (5-5)，并由表 3-1 查得 $\xi_b=0.518$，可得出下列方程式：

$$\sigma_s=f_y\frac{0.8-\xi}{0.8-\xi_b}=360\times\frac{0.8-\xi}{0.8-0.518}=1021-1277\xi \qquad (a)$$

$$1.20\times1740.0\times10^3=14.3\times350\times455\xi+360\times A_s'-402\times\sigma_s \qquad (b)$$

$$1.20\times1740.0\times10^3\times298=14.3\times350\times455^2\times\xi(1-0.5\xi)+360\times410\times A_s' \qquad (c)$$

联立求解式 (a)、(b)、(c) 得：

$$\xi=0.782<1.6-\xi_b=1.08$$

$$A_s'=872\text{mm}^2>\rho_{\min}bh_0=0.20\%\times350\times455=319(\text{mm}^2)$$

选用 3 ⌀ 22 ($A_s'=1140\text{mm}^2$)

$$\gamma_d N=1.20\times1740.0=2088.0(\text{kN})<f_c bh=14.3\times350\times500=2502.50(\text{kN})$$

不需要复核 A_s 值。

5. 复核垂直于弯矩作用平面的承载力

$$\frac{l_0'}{b}=\frac{3600}{350}=10.29\text{，查表 5-1 得 }\varphi=0.976$$

$$\begin{aligned}N_u&=\varphi[f_cA+f_y'(A_s+A_s')]\\&=0.976\times[14.3\times350\times500+360\times(1140+402)]\\&=3057.62\times10^3(\text{N})=3057.62\text{kN}\end{aligned}$$

$$N=1740.0\text{kN}<\frac{N_u}{\gamma_d}=\frac{3057.62}{1.20}=2548.02(\text{kN})\text{，满足要求。}$$

如按 SL 191—2008 规范计算，$K=1.20$，弯矩设计值仍为 $M=91.50\text{kN}\cdot\text{m}$，轴向压力设计值 $N=1740.0\text{kN}$，配筋计算结果与 DL/T 5057—2009 的计算结果相同。

【例 5-4】 某钢筋混凝土偏心受压构件，Ⅰ级安全级别。在正常使用期，永久荷载设计值产生的内力 $M_G=23.0\text{kN}\cdot\text{m}$、$N_G=100.0\text{kN}$，可变荷载设计值产生的内力 $M_Q=46.0\text{kN}\cdot\text{m}$、$N_Q=200.0\text{kN}$。截面尺寸 $b=300\text{mm}$，$h=400\text{mm}$，柱计算高度为 $l_0=5.0\text{m}$，配有受压拉钢筋 2 ⌀ 16 ($A_s'=402\text{mm}^2$)，受拉钢筋 2 ⌀ 18＋2 ⌀ 16 ($A_s=911\text{mm}^2$)，采用混凝土强度等级 C30。试复核柱截面的承载力是否满足要求？

解： 已知 $\gamma_0=1.1$，$\psi=1.0$，$\gamma_d=1.20$；$f_y=f_y'=360\text{N/mm}^2$，$f_c=14.3\text{N/mm}^2$；取 $a=45\text{mm}$，$h_0=400-45=355$ (mm)。

1. 计算内力设计值

$$M=\gamma_0\psi(M_G+M_Q)=1.1\times1.0\times(23.0+46.0)=75.9(\text{kN}\cdot\text{m})$$

$$N=\gamma_0\psi(N_G+N_Q)=1.1\times1.0\times(100.0+200.0)=330.0(\text{kN})$$

2. 计算 η

$\frac{l_0}{h}=\frac{5000}{400}=12.5>8$，故应计算 η

$e_0=\frac{M}{N}=\frac{75.9\times10^6}{330.0\times10^3}=230$ (mm) $>\frac{h_0}{30}=\frac{355}{30}=12$ (mm)，按实际偏心矩 $e_0=230\text{mm}$

计算。

$$\zeta_1=\frac{0.5f_cA}{\gamma_dN}=\frac{0.5\times14.3\times300\times400}{1.20\times330.0\times10^3}=2.17\text{，取 }\zeta_1=1$$

$$\frac{l_0}{h}=\frac{5000}{400}=12.5<15\text{，取 }\zeta_2=1$$

$$\eta=1+\frac{1}{1400\times\frac{e_0}{h_0}}\left(\frac{l_0}{h}\right)^2\zeta_1\zeta_2=1+\frac{1}{1400\times\frac{230}{355}}\times12.5^2\times1\times1=1.17$$

3. 计算 N_u

$$e=\eta e_0+\frac{h}{2}-a=1.17\times230+\frac{400}{2}-45=424(\text{mm})$$

$$e'=\eta e_0-\frac{h}{2}+a'=1.17\times230-\frac{400}{2}+45=114(\text{mm})$$

由式（5－24）得

$$14.3\times300\times\left(424-355+\frac{x}{2}\right)x=360\times911\times424-360\times402\times114$$

解之得，$x=180\text{mm}>2a'=2\times45=90$（mm）

$$\xi=\frac{x}{h_0}=\frac{180}{355}=0.507<\xi_b=0.518$$

$$N_u=f_cbx+f_y'A_s'-f_yA_s$$
$$=14.3\times300\times180+360\times402-360\times911=588.96\times10^3(\text{N})=588.96\text{kN}$$

$$N=330.0\text{kN}<\frac{N_u}{\gamma_d}=\frac{588.96}{1.20}=490.80(\text{kN})\text{，满足要求。}$$

如按 SL 191—2008 规范计算，$K=1.35$，极限轴力值仍为 $N_u=588.96\text{kN}$，$N=330.0\text{kN}<\frac{N_u}{K}=\frac{588.96}{1.35}=436.27(\text{kN})$，满足要求。

5.4 对称配筋的矩形截面偏心受压构件

从 5.3 节可以看出，不论大、小偏心受压构件，两侧的钢筋截面面积 A_s 和 A_s' 都是由各自的计算公式得出的，其数量一般不相等，这种配筋方式称为不对称配筋。不对称配筋比较经济，但施工不够方便。

在工程实践中，常在构件两侧配置相等的钢筋，称为对称配筋。对称配筋虽然要多用一些钢筋，但构造简单、施工方便，特别是构件在不同的荷载组合下，同一截面可能承受数量相近的正负弯矩时，更应采用对称配筋。例如厂房（或渡槽）的排（刚）架立柱在不同方向的风荷载作用时，同一截面就可能承受数值相差不大的正负弯矩，此时就应该设计成对称配筋。

对称配筋偏心受压构件的计算公式如下。

1. 大偏心受压

因为 $A_s=A_s'$，同时 $f_y=f_y'$，所以由式（5－16）可得

$$\xi=\frac{\gamma_d N}{f_c b h_0} \tag{5-26}$$

如 $x=\xi h_0 \geqslant 2a'$，则由式（5-17）得

$$A_s=A_s'=\frac{\gamma_d Ne-\alpha_s f_c b h_0^2}{f_y'(h_0-a')} \tag{5-27}$$

式中，$e=\eta e_0+\frac{h}{2}-a$，$\alpha_s=\xi(1-0.5\xi)$。

如 $x<2a'$，则由式（5-21）得

$$A_s=A_s'=\frac{\gamma_d Ne'}{f_y(h_0-a')} \tag{5-28}$$

式中，$e'=\eta e_0-\frac{h}{2}+a'$。

实际配置的 A_s 及 A_s' 均必须大于 $\rho_{\min} b h_0$。

2. 小偏心受压

将 $A_s=A_s'$、$x=\xi h_0$ 及 $\sigma_s=f_y\frac{0.8-\xi}{0.8-\xi_b}$ 代入基本公式（5-4）及式（5-5）得

$$\gamma_d N\leqslant N_u=f_c b\xi h_0+f_y A_s\frac{\xi-\xi_b}{0.8-\xi_b} \tag{5-29}$$

$$\gamma_d Ne\leqslant N_u e=f_c b h_0^2\xi(1-0.5\xi)+f_y' A_s'(h_0-a') \tag{5-30}$$

将上列方程式联立求解可得出相对受压区高度 ξ 及钢筋截面面积 A_s'。但在联立求解上述方程式时，需求解 ξ 的三次方程，求解十分困难，必须简化。考虑到在小偏心受压范围内 ξ 在 ξ_b～1.1 之间，ξ_b 在 0.518～0.576 之间，相应 $\xi(1-0.5\xi)$ 在 0.4～0.5 之间，平均值为 0.45。因此在关于 ξ 的三次方程式中，以 $\xi(1-0.5\xi)=0.45$ 代入，可得到近似公式

$$\xi=\frac{\gamma_d N-f_c b\xi_b h_0}{\dfrac{\gamma_d Ne-0.45 f_c b h_0^2}{(0.8-\xi_b)(h_0-a')}+f_c b h_0}+\xi_b \tag{5-31}$$

由式（5-31）求出 ξ，代入式（5-30）得

$$A_s=A_s'=\frac{\gamma_d Ne-\xi(1-0.5\xi)f_c b h_0^2}{f_y'(h_0-a')} \tag{5-32}$$

实际配置的 A_s 及 A_s' 均必须大于 $\rho_{\min} b h_0$。

采用对称配筋时，偏心距增大系数 η 值仍按式（5-11）计算。

采用对称配筋时，大、小偏心的区别可先用偏心距来区分，如，$\eta e_0\leqslant 0.3h_0$ 就用小偏心受压公式计算；如 $\eta e_0>0.3h_0$，则用大偏心受压公式计算，但此时如果算出的 $\xi>\xi_b$，则仍按小偏心受压计算。

对称配筋截面在构件承载力复核时，计算方法和步骤与不对称配筋截面基本相同，不再重述。

对称配筋和非对称配筋的矩形截面小偏心受压构件，也可按《水工混凝土结构设计规范》有关附录中的简化方法计算。

当按 SL 191—2008 规范进行对称配筋偏压构件的截面设计与承载力复核时，计算步骤相同，只需将公式中的 γ_d 换成 K，内力 N 采用荷载设计值产生的轴力即可。

【例 5-5】 某抽水站钢筋混凝土铰接排架柱，对称配筋，截面尺寸 $b \times h=400\text{mm}\times 500\text{mm}$，$a=a'=50\text{mm}$，计算长度 $l_0=7600\text{mm}$，采用 C30 混凝土及 HRB400 钢筋。若已知该柱为Ⅱ级安全级别，在使用期间截面承受内力设计值有下列两组：①$N=556.0\text{kN}$，$M=275.0\text{kN}\cdot\text{m}$；②$N=1359.0\text{kN}$，$M=220.0\ \text{kN}\cdot\text{m}$。试配置该柱钢筋。

解：已知 $\gamma_d=1.20$，$f_c=14.3\text{N/mm}^2$，$f_y=f_y'=360\text{N/mm}^2$；取 $a=a'=50\text{mm}$，$h_0=h-a=500-50=450\text{mm}$。

$\dfrac{l_0}{h}=\dfrac{7600}{500}=15.2>8$，需考虑纵向弯曲的影响。

1. 第一组内力：$N=556.0\text{kN}$，$M=275.0\ \text{kN}\cdot\text{m}$

(1) 计算 η 值

$e_0=\dfrac{M}{N}=\dfrac{275.0\times10^6}{556.0\times10^3}=495\ (\text{mm})>\dfrac{h_0}{30}=\dfrac{450}{30}=15\ (\text{mm})$，故按实际偏心距 $e_0=495\text{mm}$ 计算。

由式（5-12）、式（5-13）得

$$\zeta_1=\frac{0.5f_cA}{\gamma_dN}=\frac{0.5\times14.3\times400\times500}{1.20\times556.0\times10^3}=2.14,\text{取}\ \zeta_1=1$$

$$\zeta_2=1.15-0.01\frac{l_0}{h}=1.15-0.01\times15.2=0.998$$

代入式（5-11）得

$$\eta=1+\frac{1}{1400\dfrac{e_0}{h_0}}\left(\frac{l_0}{h}\right)^2\zeta_1\zeta_2=1+\frac{1}{1400\times\dfrac{495}{450}}\times15.2^2\times0.998=1.15$$

(2) 判断大小偏心

$\eta e_0=1.15\times495=569(\text{mm})>0.3h_0=0.3\times450=135(\text{mm})$，故按大偏心受压计算。

(3) 计算 A_s (A_s') 值

由式（5-26）得：

$$\xi=\frac{\gamma_dN}{f_cbh_0}=\frac{1.20\times556.0\times10^3}{14.3\times400\times450}=0.259<\xi_b=0.518$$

$$x=\xi h_0=0.259\times450=117(\text{mm})>2a'=100\text{mm}$$

$$\alpha_s=\xi(1-0.5\xi)=0.259\times(1-0.5\times0.259)=0.225$$

$$e=\eta e_0+\frac{h}{2}-a=569+250-50=769(\text{mm})$$

由式（5-27）得：

$$A_s=A_s'=\frac{\gamma_dNe-\alpha_sf_cbh_0^2}{f_y'(h_0-a')}=\frac{1.20\times556.0\times10^3\times769-0.225\times14.3\times400\times450^2}{360\times(450-50)}$$

$$=1753(\text{mm}^2)>\rho_{\min}bh_0=0.20\%\times400\times450=360(\text{mm}^2)$$

2. 第二组内力：$N=1359.0\text{kN}$，$M=220.0\text{kN}\cdot\text{m}$

(1)计算 η 值

$e_0=\dfrac{M}{N}=\dfrac{220.0\times10^6}{1359.0\times10^3}=162(\text{mm})>\dfrac{h_0}{30}=\dfrac{450}{30}=15(\text{mm})$，故按实际偏心距 $e_0=162\text{mm}$

计算。

$$\zeta_1=\frac{0.5f_cA}{\gamma_dN}=\frac{0.5\times14.3\times400\times500}{1.20\times1359.0\times10^3}=0.877$$

$$\zeta_2=1.15-0.01\frac{l_0}{h}=1.15-0.01\times15.2=0.998$$

$$\eta=1+\frac{1}{1400\frac{e_0}{h_0}}\left(\frac{l_0}{h}\right)^2\zeta_1\zeta_2=1+\frac{1}{1400\times\frac{162}{450}}\times15.2^2\times0.877\times0.998=1.40$$

（2）判断大小偏心

$$\eta e_0=1.40\times162=227(\mathrm{mm})>0.3h_0=135\mathrm{mm}$$

$$\xi=\frac{\gamma_dN}{f_cbh_0}=\frac{1.20\times1359.0\times10^3}{14.3\times400\times450}=0.634>\xi_b=0.518$$

虽 $\eta e_0>0.3h_0$，但此时的 $\xi>\xi_b$，故仍按小偏心受压计算。

（3）计算 A_s（A_s'）值

按小偏心受压重新计算 ξ 值：

$$e=\eta e_0+\frac{h}{2}-a=227+250-50=427(\mathrm{mm})$$

由式（5－31）得：

$$\xi=\frac{\gamma_dN-f_cb\xi_bh_0}{\frac{\gamma_dNe-0.45f_cbh_0^2}{(0.8-\xi_b)(h_0-a')}+f_cbh_0}+\xi_b$$

$$=\frac{1.20\times1359.0\times10^3-14.3\times400\times0.518\times450}{\frac{1.20\times1359.0\times10^3\times427-0.45\times14.3\times400\times450^2}{(0.8-0.518)\times(450-50)}+14.3\times400\times450}+0.518$$

$$=0.590$$

由式（5－32）得：

$$A_s=A_s'=\frac{\gamma_dNe-\xi(1-0.5\xi)f_cbh_0^2}{f_y'(h_0-a')}$$

$$=\frac{1.20\times1359.0\times10^3\times427-0.590\times(1-0.5\times0.590)\times14.3\times400\times450^2}{360\times(450-50)}$$

$$=1490(\mathrm{mm}^2)$$

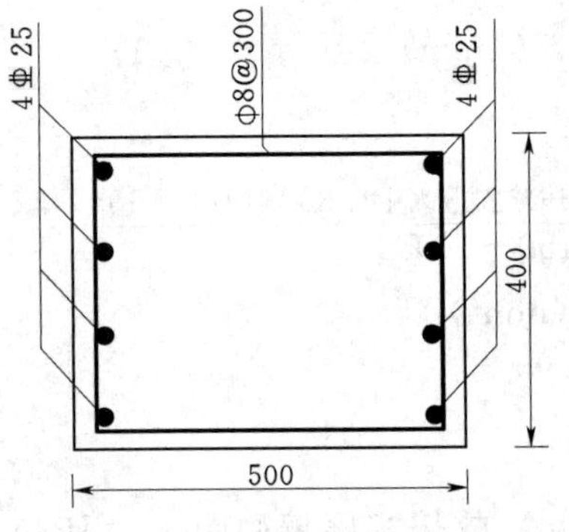

图 5－21　柱截面配筋图

经以上计算可知，该柱配筋控制于第一组内力，柱截面两侧沿短边方向应各配置钢筋 4 ⌀ 25，$A_s=A_s'=1964\ (\mathrm{mm})^2>\rho_{\min}bh_0=360\mathrm{mm}^2$。配筋图如图 5－21 所示。箍筋选用Φ 8@300。

（4）复核垂直于弯矩作用平面的承载力

$\frac{l_0}{b}=\frac{7600}{400}=19$，由表 5－1 查得 $\varphi=0.78$

$$N_u=\varphi[f_cA+f_y'(A_s+A_s')]$$

$$=0.78\times[14.3\times400\times500+360\times(1964+1964)]=3333.78(\mathrm{kN})$$

$N=1359.0\text{kN}<\frac{N_u}{\gamma_d}=\frac{3333.78}{1.20}=2778.15(\text{kN})$，满足要求。

5.5 偏心受压构件截面承载能力 N 与 M 的关系

同样材料、同样截面尺寸与配筋的偏心受压构件，当轴向压力的偏心距 e_0 不同时，将会得到不同的破坏轴向压力，这从实验也可完全得到证实。也就是说，构件截面将在不同的 N_u 及 M_u 组合下发生破坏。在设计中，同一截面会遇到不同的内力组合（即不同的 N 与 M 组合）。因此，必须能够判断哪一种组合是最危险的，以用来进行配筋设计。为了简单起见，下面用对称配筋的公式为例来加以说明（非对称配筋也是同样的）。

大偏心受压时，由式（5-26）及式（5-27）可得

$$\xi=\frac{\gamma_d N}{f_c b h_0} \tag{a}$$

$$A_s=A_s'=\frac{N_u e-\xi(1-0.5\xi)f_c b h_0^2}{f_y'(h_0-a')} \tag{b}$$

将 $e=e_0+\frac{h}{2}-a$ 和 ξ 代入式（b），得

$$N_u e=N_u(e_0+0.5h-a)=h_0 N_u\left(1-0.5\frac{N_u}{f_c b h_0}\right)+f_y' A_s'(h_0-a') \tag{c}$$

整理上式可得

$$M_u=N_u e_0=0.5hN_u-\frac{N_u^2}{2f_c b}+f_y' A_s'(h_0-a') \tag{d}$$

由上式可见，在大偏心范围内，M_u 与 N_u 为二次函数关系。对一已知材料、尺寸与配筋的截面，可作出 M_u 与 N_u 的关系曲线如图 5-22 中的 AB 段所示。

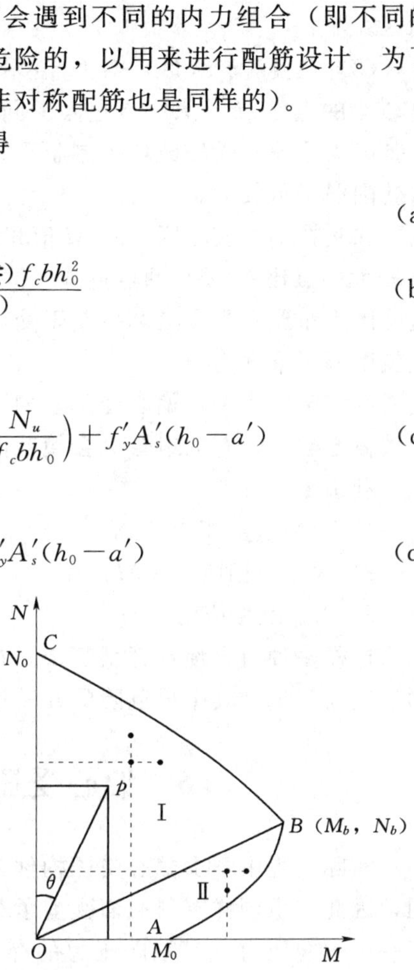

图 5-22 N-M 关系曲线

小偏心受压时，若 $\xi>\xi_b$，取 $\sigma_s=f_y\frac{0.8-\xi}{0.8-\xi_b}$，并取 $f_y'A_s'=f_yA_s$，代入式（5-4），整理后可得受压区高度 x 的计算公式如下：

$$x=\frac{\gamma_d(0.8-\xi_b)N+f_yA_s\xi_b}{(0.8-\xi_b)f_c b+\frac{f_yA_s}{h_0}}$$

若 $\xi\geqslant 1.6-\xi_b$ 时，取 $\sigma_s=-f_y'$，并取 $f_y'A_s'=f_yA_s$，则由式（5-4）可得

$$x=\frac{\gamma_d N-2f_yA_s}{f_c b}$$

将 $e=e_0+\frac{h}{2}-a$ 及 x 代入式（5-5），并令 $N_u e_0=M_u$，可知 M_u 与 N_u 也是二次函数关系。但与大偏心范围不同的是，随着 N 的增大，M 却减小，如图 5-22 中的曲线 BC 段所示。

从图5-22可看出如下几点：

（1）图中C点为构件承受轴心压力时的承载力N_0；A点为构件承受纯弯曲时的承载力M_0；B点则为大、小偏心的分界。曲线ABC表示偏心受压构件在一定的材料、一定的截面尺寸及配筋下所能承受的M_u与N_u关系的规律。当外荷载使得截面承受的设计内力组合（$\gamma_d M$与$\gamma_d N$）的坐标位于曲线ABC的外侧时，就表示构件承载力已经不足。

（2）图上任何一点p代表一组内力（$\gamma_d M$、$\gamma_d N$），pO与N轴的夹角为θ，则$\tan\theta$代表偏心距$e_0=M/N$。OB线把图形分为两个区域，Ⅰ区表示偏心较小区；Ⅱ区表示偏心较大区。

（3）在偏心较大区，对M值相同的两点，N较小的点比N较大的点靠近AB线，即N较小的点比N较大的点危险。同样，当内力组合中N值相同，则M值越大就越危险。这是因为大偏心受压破坏控制于受拉区，轴向压力越小或弯矩越大就使受拉区应力增大，这就削弱了承载力。

（4）在偏心较小区，对M值相同的两点，N较大的点比N较小的点靠近BC线，即N较大的点比N较小的点危险。同样，当内力组合中N值相同，则M值越大就越危险。这是因为小偏心受压破坏控制于受压区，轴向压力越大或弯矩越大就使受压区应力增大，这就削弱了承载力。

在实际工程中，偏心受压柱的同一截面可能遇到许多种内力组合，有的组合使截面发生大偏心破坏，有的组合又会使截面发生小偏心破坏。在理论上常需要考虑下列组合作为最不利组合：

1）$\pm M_{max}$及相应的N。

2）N_{max}及相应的$\pm M$。

3）N_{min}及相应的$\pm M$。

这样多种组合使计算很复杂，在实际设计中应该利用图5-22所示的规律性来具体地加以判断，选择其中最危险的几种情况进行设计计算。

5.6　偏心受压构件斜截面受剪承载力计算

实际工程中不少偏心受压构件在承受轴向压力N和弯矩M的同时还承受剪力V的作用，因此，也同样有斜截面受剪承载力计算的问题。偏心受压构件相当于对受弯构件增加了一个轴向压力N。轴向压力的存在能限制斜裂缝的开展，增强骨料间的咬合力，扩大混凝土剪压区高度，因而提高了混凝土的受剪承载力。

偏心受压构件斜截面受剪承载力的计算公式，是在受弯构件斜截面受剪承载力计算公式的基础上，加上由于轴向压力N的存在引起的混凝土受剪承载力提高值得到的。根据试验资料，从偏于安全考虑，混凝土受剪承载力提高值取为$0.07N$。

DL/T 5057—2009规范规定，偏心受压构件的斜截面受剪承载力应按下式计算：

$$\gamma_d V \leqslant V_u = 0.5 f_t b h_0 + f_{yv}\frac{A_{sv}}{s}h_0 + f_y A_{sb}\sin\alpha_s + 0.07\gamma_d N \tag{5-33}$$

式中　γ_d——结构系数，按本教材第2章表2-6采用；

V——剪力设计值，为荷载设计值产生的剪力与结构重要性系数 γ_0、设计状况系数 ψ 三者的乘积，γ_0 和 ψ 按本教材第 2 章有关规定取用；

N——与剪力设计值 V 相应的轴向压力设计值；当 $N>\frac{1}{\gamma_d}(0.3f_cA)$ 时，取 $N=\frac{1}{\gamma_d}(0.3f_cA)$，$A$ 为构件的截面面积。

偏心受压构件的截面也应满足 $\gamma_d V\leqslant 0.25f_cbh_0$，以防止产生斜压破坏。此外，如果能满足 $\gamma_d V\leqslant 0.5f_tbh_0+0.07\gamma_d N$ 时，可不进行斜截面受剪承载力计算而按构造要求配置箍筋。

偏心受压构件受剪承载力的计算步骤和受弯构件受剪承载力计算步骤类似，可参照进行。

在 SL191—2008 规范中，偏心受压构件的斜截面受剪承载力公式为：

$$KV\leqslant V_u=0.7f_tbh_0+1.25f_{yv}\frac{A_{sv}}{s}h_0+f_yA_{sb}\sin\alpha_s+0.07N \tag{5-34}$$

式中 K——承载力安全系数，按本教材第 2 章表 2-7 采用；

V——剪力设计值，为荷载设计值产生的剪力；

N——与剪力设计值 V 相应的轴向压力设计值，当 $N>0.3f_cA$ 时，取 $N=0.3f_cA$，A 为构件的截面面积。

式（5-34）和式（5-33）相比有三点不同：①混凝土项前的系数从 0.5 增加到 0.7；②箍筋项前的系数从 1.0 增加到 1.25；③轴力项从 $0.07\gamma_d N$ 减小到 $0.07N$。详细可参见规范。

5.7 双向偏心受压构件正截面承载力计算

当偏心受压构件同时承受轴心压力 N 及作用在两个主平面内的弯矩 M_x 与 M_y 时，或承受不落在主平面内的偏心压力时，称为双向偏心受压构件。如图 5-23 所示。

设计双向偏心受压构件时，是先拟定构件的截面尺寸及钢筋的数量和布置形式，然后加以复核。复核双向偏心受压构件的正截面受压承载力时，按 DL/T 5057—2009 规范，可采用如下公式：

$$\gamma_d N\leqslant\frac{1}{\frac{1}{N_{ux}}+\frac{1}{N_{uy}}-\frac{1}{N_{u0}}} \tag{5-35}$$

式中 N_{u0}——构件截面的轴心受压承载力，可按式（5-2）计算，但应取等号，将 $\gamma_d N$ 以 N_{u0} 代替，且不考虑稳定系数 φ；

N_{ux}——轴向压力作用于 x 轴并考虑相应的偏心距 $\eta_x e_{0x}$ 后，按全部纵向钢筋计算的构件偏心受压承载力；

N_{uy}——轴向压力作用于 y 轴并考虑相应的偏心距 $\eta_y e_{0y}$ 后，按全部纵向钢筋计算的构件偏心受压承载力；

η_x、η_y——在 x 和 y 方向的轴向压力偏心距增大系数，按式（5-11）的规定计算；

e_{0x}、e_{0y}——轴向压力在 x 和 y 方向的偏心距。

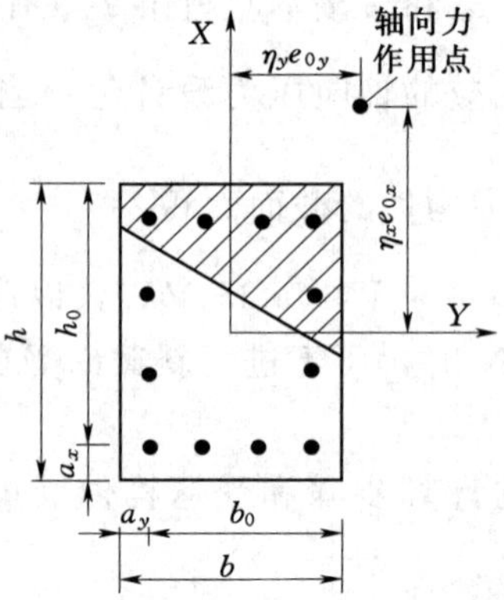

图 5-23　双向偏心受压构件的截面

当纵向钢筋在截面两对边配置时，构件的偏心受压承载力 N_{ux}、N_{uy} 可按 5.4 节的规定计算，但应取等号，并将 $\gamma_d N$ 以 N_{ux} 或 N_{uy} 代替。

第 6 章　钢筋混凝土受拉构件承载力计算

构件上作用有轴向拉力 N 时，便形成受拉构件。当拉力作用在构件截面重心时，即为轴心受拉构件；当拉力作用点偏离构件截面重心，或构件上既作用有拉力又作用有弯矩时，则为偏心受拉构件。

水工混凝土结构中常见的受拉构件有圆形水管等。在内水压力作用下，忽略自重时，圆形水管就是轴心受拉构件，如图 6－1（a）所示。在管外土压力与管内水压力共同作用下，圆形水管沿环向便成为拉力与弯矩共同作用的偏心受拉构件，如图 6－1（b）所示。

又如矩形水池的池壁，调压井的侧壁，厂房中的双肢柱的肢杆等在某些荷载作用下，也是偏心受拉构件。

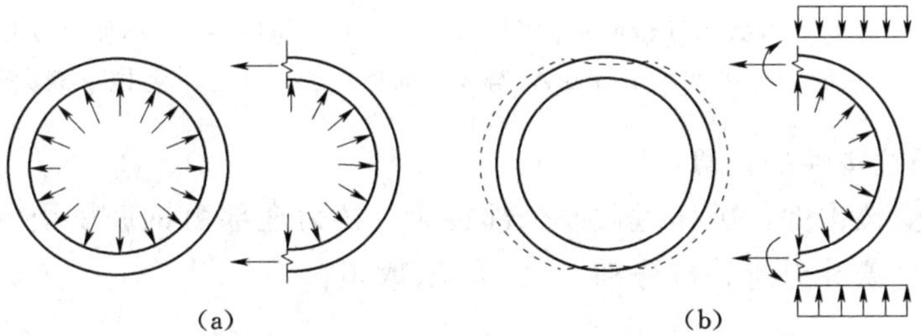

图 6－1　圆形水管管壁的受力

（a）内水压力作用下管壁轴心受拉；（b）土压力与内水压力共同作用下管壁偏心受拉

6.1　偏心受拉构件正截面承载力计算

6.1.1　大小偏心受拉的界限

受拉构件可按其受力形态分为大、小偏心受拉构件，而轴心受拉构件则可作为一个特例包括在小偏心受拉构件中。

设有一矩形截面（$b \times h$），作用有轴向拉力 N；N 的作用点离截面重心为 e_0；截面在偏心力的一侧配有钢筋 A_s，在另一侧配有钢筋 A_s'。随着拉力 N 的增加，截面上的应力也随之增大，直到拉应力较大的一侧，亦即配筋为 A_s 一侧的混凝土裂开。

这里需要区分两种不同的情况：①N 作用在 A_s 的外侧；②N 作用在 A_s 与 A_s'之间。

当 N 作用在 A_s 的外侧时［图 6－2（a）］，截面虽开裂，但必然有压区存在，否则截面受力得不到平衡。既然还有压区，截面就不会裂通。这类情况称为大偏心受拉。

当 N 作用在 A_s 与 A_s'之间时［图 6－2（b）］，在截面开裂后不会有压区存在，否则截面受力不能平衡，因此破坏时必然全截面裂通，仅由钢筋 A_s 及 A_s'受拉以平衡轴向拉力 N。这类情况称为小偏心受拉。

应该指出，在开裂之前，小偏心受拉截面上有时也可能存在压区，只是在开裂之后，拉区混凝土退出工作，拉力集中到钢筋 A_s 上，才使原来的压区转为受拉并使截面裂通。

根据以上分析，可将轴向拉力 N 的作用点在纵向钢筋之外或在纵向钢筋之间，作为判别大、小偏心受拉的界限。

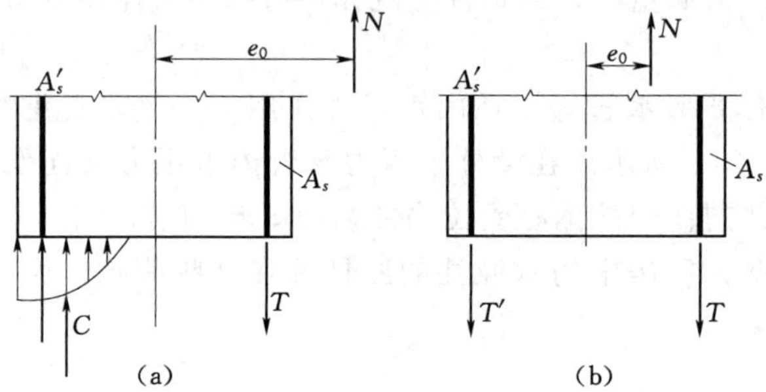

图 6-2　大、小偏心受拉的界限

(a) 当 N 作用在 A_s 的外侧时；(b) 当 N 作用在 A_s 与 A_s'之间时

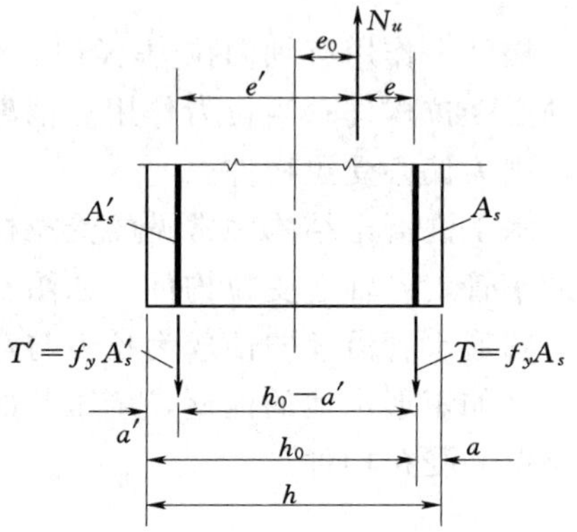

图 6-3　小偏心受拉构件的正截面受拉承载力计算图

6.1.2　小偏心受拉构件的计算

对于小偏心受拉构件，破坏时截面全部裂通，拉力全部由钢筋承受（图 6-3）。计算构件的正截面受拉承载力时，可分别对 A_s 及 A_s'取矩：

$$\left.\begin{aligned}\gamma_d Ne' \leqslant N_u e' = f_y A_s (h_0 - a')\\ \gamma_d Ne \leqslant N_u e = f_y A_s' (h_0 - a')\end{aligned}\right\} \tag{6-1}$$

其中　γ_d——结构系数，按本教材第 2 章表 2-6 采用；

N——轴向拉力设计值，为荷载设计值产生的轴向拉力与结构重要性系数 γ_0、设计状况系数 ψ 三者的乘积，γ_0 和 ψ 按本教材第 2 章有关规定取用；

A_s——靠近轴向拉力一侧的钢筋面积；

A_s'——远离轴向拉力一侧的钢筋面积；

e'——轴向拉力至 A_s'的距离，$e'=\dfrac{h}{2}-a'+e_0$；

e——轴向拉力至 A_s 的距离，$e=\dfrac{h}{2}-a-e_0$；

e_0——轴向拉力至截面重心的偏心矩，$e_0=M/N$；

M——与轴向拉力设计值 N 相对应的弯矩设计值；

其余符号同前。

由式（6-1）可得所需的纵向钢筋截面面积为：

$$\left.\begin{aligned}A_s &\geqslant \frac{\gamma_d Ne'}{f_y(h_0-a')}\\ A_s' &\geqslant \frac{\gamma_d Ne}{f_y(h_0-a')}\end{aligned}\right\} \tag{6-2a}$$

以上即为矩形截面小偏心受拉构件正截面受拉承载力的配筋计算公式。若将 e 及 e' 代入，并代入 $M=Ne_0$，则可得：

$$\left.\begin{aligned}A_s &\geqslant \frac{\gamma_d N(h-2a')}{2f_y(h_0-a')}+\frac{\gamma_d M}{f_y(h_0-a')}\\ A_s' &\geqslant \frac{\gamma_d N(h-2a)}{2f_y(h_0-a')}-\frac{\gamma_d M}{f_y(h_0-a')}\end{aligned}\right\} \tag{6-2b}$$

式（6－2b）中的第一项代表轴向拉力 N 所需的配筋，第二项代表弯矩 M 的存在对配筋用量的影响，可见 M 的存在增加了 A_s 的用量而降低了 A_s' 的用量。因此，在设计中如遇到若干组不同的荷载组合（M、N）时，应按最大 N 与最大 M 的荷载组合计算 A_s，而按最大 N 与最小 M 的荷载组合计算 A_s'。

当 $M=0$ 时，即为轴心受拉构件，此时，如果对称配置钢筋，$a=a'$，则所需的纵向钢筋截面面积为：

$$A_s=A_s'=\frac{\gamma_d N}{2f_y} \tag{6-3}$$

式中 A_s、A_s'——截面一侧的受拉钢筋截面面积。

受拉构件的纵向钢筋的接头必须采用焊接或机械连接，并且在构件端部应将纵向钢筋可靠地锚固于支座内。

6.1.3 大偏心受拉构件的计算

大偏心受拉构件的破坏形态与受弯构件或大偏心受压构件类似，即在受拉的一侧发生裂缝，受拉纵向钢筋承受全部拉力，而在另一侧形成受压区。随着荷载的增加，裂缝进一步开展，受压区混凝土面积减少，压应力增大，最后受拉钢筋应力达到屈服强度 f_y，受压区混凝土被压碎而破坏。在计算中所采用的应力图形与大偏心受压构件相类似。因此，计算公式及步骤与大偏心受压构件也相似，但应注意轴向力 N 的方向与偏心受压构件正好相反。

图 6－4 为矩形截面大偏心受拉构件破坏时截面的应力分布，也用矩形图形代替实际的混凝土曲线形压应力分布图形，相应的混凝土抗压强度为 f_c。

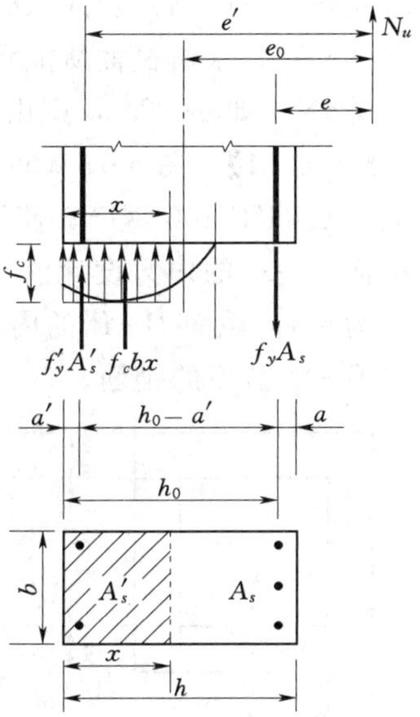

图 6－4 矩形截面大偏心受拉构件的正截面受拉承载力计算图

根据图 6－4，由力和力矩的平衡条件可列出矩形截面大偏心受拉构件正截面受拉承载力计算的基本公式：

$$\gamma_d N \leqslant N_u=(f_yA_s-f_cbx-f_y'A_s') \tag{6-4}$$

$$\gamma_d Ne \leqslant N_u e=f_cbx\left(h_0-\frac{x}{2}\right)+f_y'A_s'(h_0-a') \tag{6-5}$$

式中 e ——轴向拉力至 A_s 的距离，$e=e_0-\frac{h}{2}+a$；

其余符号同前。

式（6－4）与式（6－5）的适用范围为：

$$\xi \leqslant \alpha_1 \xi_b \tag{6-6}$$

$$x \geqslant 2a' \tag{6-7}$$

其意义与受弯构件双筋截面相同，在 DL/T 5057—2009 规范中系数 $\alpha_1=1.0$。

当 $x<2a'$时，则式（6－4）、式（6－5）不再适用。此时可假设混凝土压应力合力点与受压钢筋压力作用点重合，取以 A_s'为矩心的力矩平衡公式计算：

$$\gamma_d N e' \leqslant N_u e' = f_y A_s (h_0 - a') \tag{6-8}$$

式中　e'——轴向拉力作用点与受压钢筋 A_s'合力点之间的距离，$e'=\frac{h}{2}-a'+e_0$。

由此可见，大偏心受拉构件的截面设计公式与大偏心受压构件类似，所不同的只是轴向力 N 的方向与偏心受压构件的相反。

当已知截面尺寸、材料强度及偏心拉力设计值 N，要求计算截面所需配筋 A_s 及A_s'时，可先令 $x=\alpha_1\xi_b h_0$，然后代入公式（6－5）求解 A_s'。将 A_s'及 x 代入式（6－4）得 A_s。如果解得的 A_s'太小或出现负值时，可按构造要求选配 A_s'，并在 A_s'为已知的情况下，由式（6－5）求得 x，代入式（6－4）求出 A_s。A_s 的配筋率应不小于最小配筋率。

当截面尺寸、材料强度及配筋为已知，要复核截面承载力是否能抵抗偏心拉力 N 时，可联立解式（6－4）及式（6－5）得 x。在 x 满足式（6－6）及式（6－7）的条件下，可由式（6－4）求解截面所能承受的轴向拉力 N；如 $x>\alpha_1\xi_b h_0$，则取 $x=\alpha_1\xi_b h_0$ 代入式（6－5）求 N；如 $x<2a'$，则由式（6－8）求 N。

【例 6－1】 图 6－5（a）为一输水涵洞截面图，该涵洞为 3 级水工建筑物；采用 C25 混凝土及 HRB400 钢筋；使用期间，在自重、土压力及动水压力作用下，每米涵洞长度内截面 $A-A$ 的内力设计值为$M=-33.0$kN·m（以内壁受拉为正），$N=201.0$kN（以受拉为正）；截面 $B-B$ 的内力设计值为$M=66.0$kN·m，$N=201.0$kN。试配置截面 $A-A$ 与 $B-B$ 截面的钢筋。

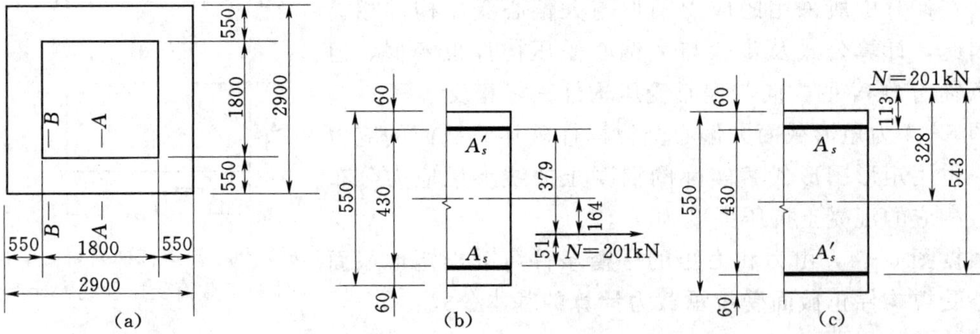

图 6－5　输水涵洞截面及计算简图

（a）涵洞截面；（b）$A-A$ 截面；（c）$B-B$ 截面

解：已知 $\gamma_d=1.20$，$f_y=f'_y=360\text{N/mm}^2$，$f_c=11.9\text{N/mm}^2$；$h=550\text{mm}$，取 $a=a'=60\text{mm}$，$h_0=h-a=550-60=490\text{mm}$，$h-a'=550-60=490\text{mm}$；取 $b=1000\text{mm}$。

1. 截面 $A-A$

$$e_0=\frac{M}{N}=\frac{33.0\times10^6}{201.0\times10^3}=164\text{mm}<\frac{h}{2}-a=215(\text{mm})$$

所以 N 作用点在 A_s 及 A'_s 之间，属于小偏心受拉［图 6-5（b）］。规范规定，小偏拉构件和轴拉构件的钢筋抗拉强度设计值大于 300 N/mm^2 时，仍按 300 N/mm^2 取用，因此这里取 $f_y=300\ \text{N/mm}^2$。

$$e'=\frac{h}{2}-a'+e_0=\frac{550}{2}-60+164=379(\text{mm})$$

$$e=\frac{h}{2}-a-e_0=\frac{550}{2}-60-164=51(\text{mm})$$

根据式（6-2a）可得：

$$A_s=\frac{\gamma_d Ne'}{f_y(h_0-a')}=\frac{1.20\times201.0\times10^3\times379}{300\times(490-60)}=709(\text{mm}^2)$$

$$A'_s=\frac{\gamma_d Ne}{f_y(h_0-a')}=\frac{1.20\times201.0\times10^3\times51}{300\times(490-60)}=95(\text{mm}^2)$$

内、外侧钢筋各选配⌀12@150［$A_s=A'_s=754\text{mm}^2/\text{m}>\rho_{\min}bh_0=0.15\%\times1000\times490=735(\text{mm}^2/\text{m})$］。

2. 截面 $B-B$

$$e_0=\frac{M}{N}=\frac{66.0\times10^6}{201.0\times10^3}=328\text{mm}>\frac{h}{2}-a=215(\text{mm})$$

所以 N 作用点在纵向钢筋范围之外［图 6-5（c）］，属大偏心受拉构件，洞壁内侧受拉，钢筋为 A_s，外侧钢筋为 A'_s。

$$e=e_0-\frac{h}{2}+a=328-\frac{550}{2}+60=113(\text{mm})$$

$$A'_s=\frac{\gamma_d Ne-\alpha_{sb}f_c bh_0^2}{f'_y(h_0-a')}$$

$$=\frac{1.20\times201.0\times10^3\times113-0.384\times11.9\times1000\times490^2}{360\times(490-60)}<0$$

选配 A'_s 为⌀12@150（$A'_s=754\text{mm}^2/\text{m}$）❶

$$\alpha_s=\frac{\gamma_d Ne-f'_yA'_s(h_0-a')}{f_c bh_0^2}=\frac{1.20\times201.0\times10^3\times113-360\times377\times(490-60)}{11.9\times1000\times490^2}<0$$

说明按所选 A'_s 进行计算就不需要混凝土承担任何内力了，这意味着实际上 A'_s 的应力不会达到屈服强度，所以按 $x<2a'$ 计算 A_s：

$$e'=\frac{h}{2}-a'+e_0=\frac{550}{2}-60+328=543(\text{mm})$$

$$A_s=\frac{\gamma_d Ne'}{f_y(h_0-a')}=\frac{1.20\times201.0\times10^3\times543}{360\times(490-60)}=846(\text{mm}^2)$$

❶ 对于大偏心受拉构件的受压钢筋可不考虑 $\rho_{\min}$ 的限制。

选取Φ 10/12@75 [$A_s=1278\text{mm}^2/\text{m}>\rho_{\min}bh_0=0.15\%\times1000\times490=735$ (mm^2/m)]

【讨论】

截面 $B-B$ 对钢筋的选配要联系截面 $A-A$ 的配筋情况，外侧配筋Φ 12@150mm 和截面 $A-A$ 中的外侧配筋相同；内侧配筋则是在截面 A 的内侧配筋Φ 12@150mm 的基础上再添加Φ 10@150mm 而形成，所以截面 B 的内侧钢筋间距为 75mm。图 6－6 为此涵洞的配筋图。

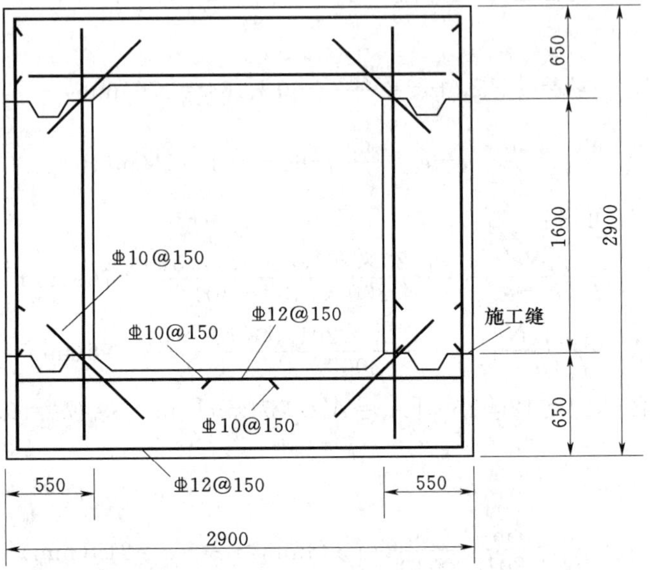

图 6－6　涵洞配筋图

涵洞内角作 100×100 贴角，并配Φ 10@150 短钢筋；另外沿受力钢筋配置分布钢筋Φ 12@200（图中未画出）。

当按 SL 191—2008 规范进行偏拉构件的正截面设计与承载力复核时，计算步骤相同，只需将公式中的 γ_d 换成 K，取系数 $\alpha_1=0.85$，内力 N 采用荷载设计值产生的轴向拉力即可。

6.2　偏心受拉构件斜截面受剪承载力计算

当偏心受拉构件同时作用有剪力 V 时，也有一个斜截面受剪承载力计算问题。偏心受拉构件相当于对受弯构件增加了一个轴向拉力 N。由第 1 章混凝土在复合应力状态下的受力性能可知，截面上有拉应力存在时，混凝土的抗剪强度将降低。此外，轴向拉力的存在会增加裂缝开展宽度，使原来不贯通的裂缝有可能贯通，使剪压区面积减小，因而降低了混凝土的受剪承载力。

偏心受拉构件斜截面受剪承载力的计算公式，是在受弯构件斜截面受剪承载力计算公式的基础上，减去由于轴向拉力 N 引起的混凝土受剪承载力的降低值得到的。根据试验资料，从偏于安全考虑，混凝土受剪承载力的降低值取为 $0.2N$。

DL/T 5057—2009 规范规定，偏心受拉构件的斜截面受剪承载力应按下式计算：

$$\gamma_d V \leqslant 0.5 f_t b h_0 + f_{yv} \frac{A_{sv}}{s} h_0 + f_y A_{sb} \sin\alpha_s - 0.2 \gamma_d N \tag{6-9}$$

式中 V——剪力设计值，为荷载设计值产生的剪力与结构重要性系数 γ_0、设计状况系数 ψ 三者的乘积；γ_0 和 ψ 按本教材第 2 章有关规定取用；

N——与剪力设计值 V 相应的轴向拉力设计值；

其余符号同前。

由于箍筋和弯起钢筋（斜筋）的存在，且至少可以承担 $f_{yv}\frac{A_{sv}}{s}h_0 + f_y A_{sb}\sin\alpha_s$ 大小的剪力，所以，当式（6-9）右边的计算值小于 $f_{yv}\frac{A_{sv}}{s}h_0 + f_y A_{sb}\sin\alpha_s$ 时，取等于 $f_{yv}\frac{A_{sv}}{s}h_0 + f_y A_{sb}\sin\alpha_s$。又为了保证箍筋占有一定数量的受剪承载力，还要求

$$f_{yv} \frac{A_{sv}}{s} h_0 \geqslant 0.36 f_t b h_0 \tag{6-10}$$

此外，偏心受拉构件的截面也应满足：$\gamma_d V \leqslant 0.25 f_c b h_0$。

偏心受拉构件斜截面受剪承载力的计算步骤与受弯构件斜截面受剪承载力的计算步骤类似，故不再赘述。

在 SL 191—2008 规范中，偏心受压构件的斜截面受剪承载力公式为：

$$KV \leqslant V_u = 0.7 f_t b h_0 + 1.25 f_{yv} \frac{A_{sv}}{s} h_0 + f_y A_{sb} \sin\alpha_s - 0.2N \tag{6-11}$$

式中 V——剪力设计值，为荷载设计值产生的剪力；

其余符号同前。

与式（6-9）相比有三点不同：①混凝土项前的系数从 0.5 增加到 0.7；②箍筋项前的系数从 1.0 增加到 1.25；③轴力项从 $0.2\gamma_d N$ 减小到 $0.2N$。详细可参见规范。

第 7 章　钢筋混凝土受扭构件承载力计算

钢筋混凝土结构构件，除承受弯矩、轴力、剪力外，还可能受到扭矩的作用。如当荷载作用平面偏离构件主轴线使截面产生转角时［图 7－1（a）］，构件就受扭。工程中，钢筋混凝土结构构件的扭转可分两类：一类是由荷载直接引起的扭转，其扭矩可利用静力平衡条件求得，与构件的抗扭刚度无关，一般称之为平衡扭转，如图 7－1（b）中的吊车梁和图 7－1（f）中的阳台梁等属这类构件；另一类是超静定结构中由于变形的协调使构件产生的扭转，其扭矩需根据静力平衡条件和变形协调条件求得，称为协调扭转或附加扭转。协调扭转与构件所受的扭矩及连接处构件各自的抗扭刚度有关。如图 7－1（c）和图 7－1（d）中的现浇框架边梁，由于次梁梁端的弯曲转动使得边梁产生扭转，截面产生扭矩。但在边梁受扭开裂后［图 7－1（e）］，其抗扭刚度迅速降低，出现内力重分布，从而使所受到的扭矩也随之减小。

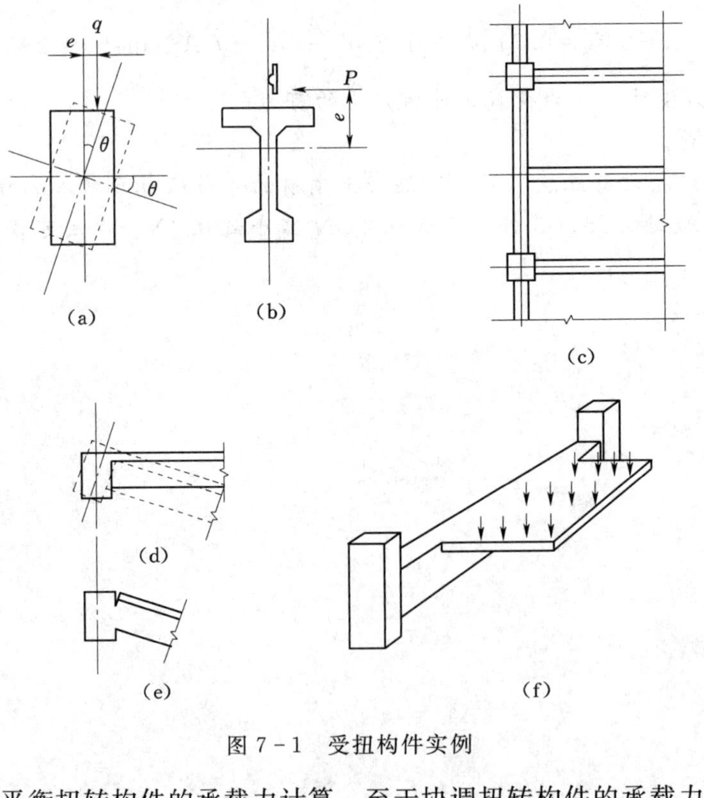

图 7－1　受扭构件实例

本章只涉及平衡扭转构件的承载力计算，至于协调扭转构件的承载力计算方法可参见有关文献❶。

实际工程中，受扭构件通常还同时受到弯矩和剪力的作用［图 7-1（f）］。因此，受扭构件承载力的计算问题，实质上是一个弯、剪、扭（有时还承受压力或拉力）的复合受力计算问题。为便于分析，本章首先介绍纯受扭构件的承载力计算，然后介绍弯、剪、扭作用下的承载力计算。

7.1 钢筋混凝土受扭构件的破坏形态及开裂扭矩

7.1.1 矩形截面纯扭构件的破坏形态

由材料力学可知，构件在扭转时截面上将产生剪应力 τ。由于扭转剪应力 τ 的作用，使其在与构件轴线成 45°方向产生主拉应力 σ_{tp}，根据应力的平衡知：扭矩在构件中引起的主拉应力其数值与剪应力相等，即 $\sigma_{tp}=\tau$，而方向相差 45°。当主拉应力 σ_{tp} 超过混凝土的轴心抗拉强度 f_t 时，混凝土就会沿垂直主拉应力的方向开裂。构件的裂缝方向总是与构件轴线成 45°的角度（图 7-2）。

因此，从受力合理的角度来看，抗扭钢筋应采用与构件纵轴成 45°角的螺旋箍筋。但这会给施工带来诸多不便，特别当扭矩方向改变时，45°方向布置的螺旋箍筋要相应改变方向。所以，实际工程中采用垂直于构件纵轴的抗扭箍筋和沿截面周边布置的抗扭纵筋组成的空间钢筋骨架来承担扭矩。

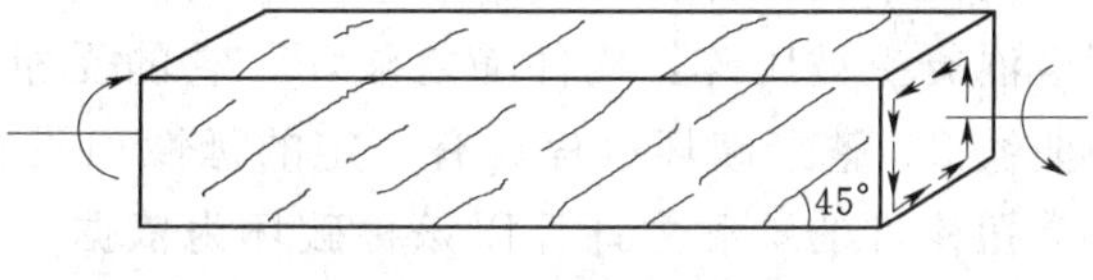

图 7-2　纯扭构件斜裂缝

钢筋混凝土构件的受扭破坏形态主要与配筋量的多少有关。

1. 少筋破坏

当抗扭钢筋配置过少或配筋间距过大时，破坏形态如图 7-3（a）所示。构件在扭矩作用下，首先在剪应力最大的截面长边中点附近最薄弱处出现一条与构件纵轴成大约 45°

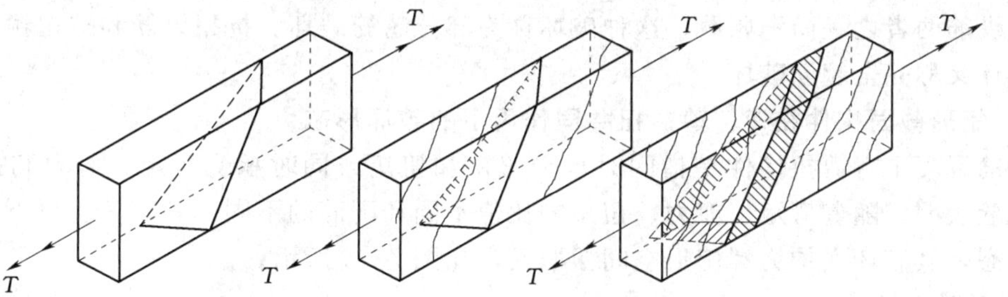

图 7-3　受扭破坏形态

（a）少筋破坏；（b）适筋破坏；（c）超筋破坏

❶ 《混凝土结构设计规范》（GB 50010—2002）曾给出协调扭转钢筋混凝土构件承载力的计算原则。

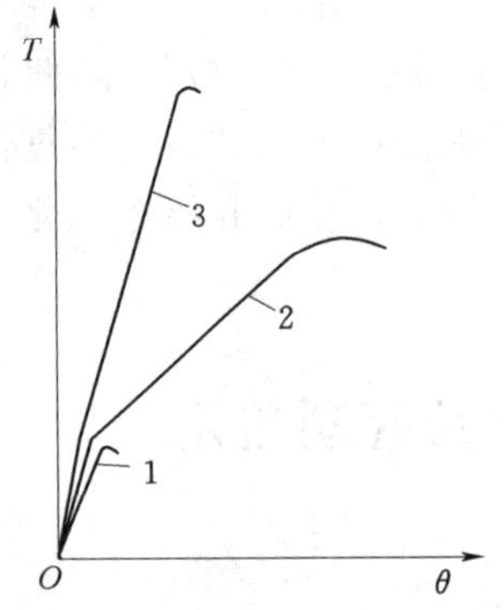

图 7-4　扭矩-扭转角关系曲线
1—抗扭钢筋过少；2—抗扭钢筋适量；3—抗扭钢筋过多

方向的斜裂缝。构件一旦开裂，裂缝迅速向相邻两侧面呈螺旋形延伸，形成三面开裂、一面受压（压区很小）的空间扭曲裂面而破坏，它的受扭承载力控制于混凝土抗拉强度及截面尺寸，破坏扭矩基本上等于开裂扭矩（图 7-4 曲线 1)。破坏时与斜裂缝相交的钢筋超过屈服点甚至被拉断，构件截面的扭转角较小，破坏过程急速而突然，无任何预兆，属于脆性破坏，在设计中应予避免。规范通过满足受扭钢筋的最小配筋率和构造等要求来防止发生少筋破坏。

2. 适筋破坏

当构件的受扭钢筋配置适量时，破坏形态如图 7-3 (b) 所示。在扭矩作用下，出现第一条裂缝后抗扭钢筋就发挥作用，使构件在破坏前形成多条大体平行的螺旋形裂缝。当通过主斜裂缝的抗扭纵筋和抗扭箍筋达到屈服强度后，这条斜裂缝不断开展，并向相邻的两个面延伸，直到最后形成三面开裂一边受压的空间扭曲面。随着第四个面上的受压区混凝土被压碎，构件随之破坏，它的受扭承载力比少筋构件有很大提高，见图 7-4 中曲线 2。整个破坏过程具有一定的延性和明显的预兆，破坏时，扭转角较大。钢筋混凝土受扭构件的承载力计算以该种破坏为依据。

3. 超筋破坏

当构件的受扭纵筋和受扭箍筋配置过多时，破坏形态如图 7-3 (c) 所示。在扭矩作用下，构件上出现许多宽度小、间距密的螺旋裂缝，由于受扭钢筋配置过多，在纵筋和箍筋尚未屈服时，某相邻两条螺旋裂缝间的混凝土被压碎而破坏，它的受扭承载力取决于混凝土抗压强度及截面尺寸。破坏时扭转角也较小，属于无预兆的脆性破坏（图 7-4 曲线 3)，在设计中也应予以避免。规范通过控制构件截面尺寸不过小和混凝土强度等级不过低，也就是通过限制受扭钢筋的最大配筋率来防止发生超筋破坏。

抗扭钢筋是由纵筋和箍筋两部分组成的，若两者用量比例不当，会使混凝土压碎时，箍筋与纵筋两者之一尚不屈服，这种破坏称为部分超筋破坏。抗扭纵筋和抗扭箍筋均未屈服的破坏又称完全超筋破坏。

7.1.2　矩形截面构件在弯、剪、扭共同作用下的破坏形态

钢筋混凝土弯剪扭构件是指同时承受弯矩和扭矩或同时承受弯矩、剪力和扭矩的构件。试验表明，随着弯矩、剪力、扭矩的比值不同和配筋的不同，其破坏有以下三种典型破坏形态，其破坏面均为螺旋形空间扭曲面，如图 7-5 所示。

1. 弯型破坏

当剪力很小、扭矩不大、弯矩相对较大，且配筋量适中时，构件的破坏由弯矩起控制作用，称为弯型破坏。弯矩作用使构件顶部受压，底部受拉，因此，扭转斜裂缝首先在弯曲受拉的底面出现，然后发展到两个侧面，弯曲受压的顶面一般无裂缝。由于底部的裂缝开展较大，当底部钢筋达到屈服强度时，裂缝迅速发展，与螺旋形主裂缝相交的纵筋和箍筋也相继达到屈服，最后顶面混凝土被压碎而破坏，如图 7-5 (a) 所示。

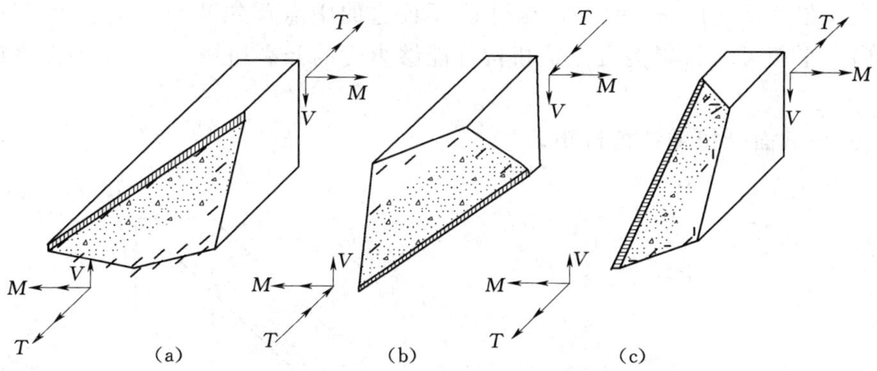

图 7-5 弯剪扭构件的破坏形态及破坏类型

(a) 弯型破坏；(b) 扭型破坏；(c) 扭剪型破坏

当底部钢筋多于顶部钢筋很多或混凝土强度过低时，会发生顶部混凝土先压碎的破坏，这种破坏也称为弯型破坏。

2. 扭型破坏

当剪力较小，弯矩不大，扭矩相对较大时，且顶部钢筋少于底部钢筋时，构件的破坏由扭矩起控制作用，称为扭型破坏。由于弯矩不大，它在构件顶部引起的压应力也较小，使得扭矩产生的顶部拉应力有可能抵消弯矩产生的压应力，使得顶面和两侧面发生扭转裂缝。又由于顶部钢筋少于底部钢筋，使顶部钢筋先达到屈服强度，最后促使底部混凝土被压碎而破坏，如图 7-5 (b) 所示。

3. 剪扭型破坏

当弯矩很小，剪力和扭矩比较大时，构件的破坏由剪力和扭矩起控制作用，称为剪扭型破坏。此时，剪力与扭矩均引起剪应力。这两种剪应力叠加的结果，使得截面一侧的剪应力增大，而另一侧的剪应力减小。裂缝首先在剪应力较大的侧面出现，然后向顶面和底面延伸扩展，而另一侧面则受压。当截面顶部和底部配置的纵筋较多，而箍筋及侧面纵筋配置较少时，该侧面的纵筋（抗扭）和箍筋（抗扭、抗剪）首先屈服，然后另一侧面的受压混凝土被压碎而破坏，如图 7-5 (c) 所示。若截面的高宽比较大，侧面的抗扭纵筋和箍筋数量较少时，即使无剪力作用，破坏也可能由扭矩作用引起一侧面的钢筋先屈服，另一侧面混凝土压碎。

由上可知，矩形截面构件在弯、剪、扭复合受力情况下的破坏形态与截面尺寸，截面的高宽比，混凝土强度，弯、剪、扭内力大小和相互比值，截面的顶、底纵筋承载力比，纵筋与箍筋配筋强度比等因素有关。

7.1.3 矩形截面纯扭构件的开裂扭矩

在图 7-4 中，当混凝土开裂时，曲线 2 的第一个转折点和曲线 3 的转折点都接近曲线 1 的最高点，这表明抗扭钢筋的用量多少对开裂扭矩的影响很小。因此，可忽略抗扭钢筋对开裂扭矩的贡献，近似取素混凝土受扭构件的受扭承载力作为开裂扭矩。

图 7-6 (a) 和图 7-6 (b) 是假定混凝土为弹性材料时，受纯扭构件截面上的剪应力分布。最大剪应力发生在截面长边的中点，当最大剪应力 τ_{max} 引起的主拉应力 σ_{tp} 达到混

凝土轴心抗拉强度 f_t 时（$\sigma_{tp}=f_t$），构件截面长边的中点首先开裂，出现沿 45°方向的斜裂缝。由内力平衡可求得素混凝土抗扭构件能够承受的开裂扭矩 T_{cr}，从弹性理论可知：

$$T_{cr}=f_tW_{te} \tag{7-1}$$

式中　W_{te}——截面受扭弹性抵抗矩。

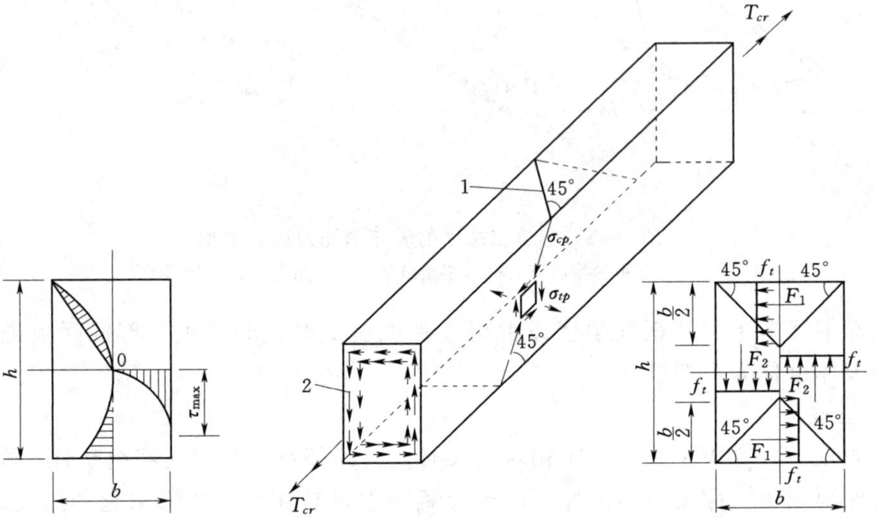

图 7-6　扭矩作用下截面剪应力分布

1—45°螺旋形斜裂缝；2—剪应力流

图 7-6（c）为假定混凝土为完全塑性材料时，受纯扭构件截面上的剪应力分布。由于只有当截面上所有部位的剪应力均达到最大剪应力 $\tau_{max}=f_t$ 时，构件才达到极限承载力 T_{cu}（也就是它的开裂扭矩），所以 T_{cu} 将大于 T_{cr}。将图 7-6（c）所示截面四部分的剪应力分别合成为 F_1 和 F_2，并计算其所组成的力偶，可求得开裂扭矩 T_{cu} 为

$$T_{cu}=f_t\frac{b^2}{6}(3h-b)=f_tW_t \tag{7-2}$$

$$W_t=\frac{b^2}{6}(3h-b) \tag{7-3}$$

式中　W_t——截面受扭塑性抵抗矩，对矩形截面按式（7-3）计算；

　　b、h——矩形截面的短边尺寸和长边尺寸。

试验表明，按弹性理论确定的开裂扭矩 T_{cr} 小于实测值甚多，说明按照弹性分析方法低估了钢筋混凝土构件的实际开裂扭矩；而按完全塑性材料的应力分布来确定的开裂扭矩 T_{cu} 又高于实测值。因为混凝土实际上为弹塑性材料，其开裂扭矩值应介于式（7-1）和式（7-2）的计算值之间。根据试验资料和计算分析，并为方便实用，规范规定矩形截面纯扭构件的开裂扭矩 T_{cr} 可按完全塑性状态的截面应力分布进行计算，但需乘以 0.7 的降低系数，即

$$T_{cr}=0.7f_tW_t \tag{7-4}$$

对于素混凝土受扭构件，T_{cr} 就是它的极限扭矩。而对于钢筋混凝土构件，混凝土开

裂以后，主拉力可由钢筋承担，T_{cr}相当于它的开裂扭矩。

乘以降低系数 0.7 的原因除了混凝土不是理想塑性材料，素混凝土受扭构件在破坏前不可能在整个截面上完成塑性应力重分布外，还因为在构件内与主拉应力垂直方向上还存在有主压应力，在拉压复合应力状态下，混凝土的抗拉强度要低于单向受拉的抗拉强度 f_t。

7.1.4 带翼缘截面纯扭构件的开裂扭矩

工程中常会遇到截面带有翼缘的受扭构件，如 T 形、I 形截面的吊车梁和倒 L 形截面檩条梁等。这些构件开裂扭矩的大小取决于翼缘参与受载的程度，即 b'_f、b_f、h'_f、h_f、h_w 之间的尺寸大小及比例关系，它计算的关键是截面受扭塑性抵抗矩 W_t 的求取。

规范规定：计算时取用的上、下有效翼缘的宽度应满足 $b'_f \leqslant b+6h'_f$ 及 $b_f \leqslant b+6h_f$ 的条件，即伸出腹板能参与受力的翼缘长度不超过翼缘厚度的 3 倍。

试验表明，对带有翼缘的截面，其受扭塑性抵抗矩仍可按塑性材料的应力分布图形进行计算，并近似以受压翼缘、受拉翼缘和腹板三个部分的塑性抵抗矩之和作为全截面总的受扭塑性抵抗矩，即

$$W_t = W_{tw} + W'_{tf} + W_{tf} \tag{7-5}$$

腹板塑性抵抗矩

$$W_{tw} = \frac{b^2}{6}(3h-b) \tag{7-6}$$

受压翼缘塑性抵抗矩

$$W'_{tf} = \frac{h'^2_f}{2}(b'_f-b) \tag{7-7}$$

受拉翼缘塑性抵抗矩

$$W_{tf} = \frac{h^2_f}{2}(b_f-b) \tag{7-8}$$

理论上，将 T 形、I 形截面划分为小块矩形截面的原则是：首先满足较宽矩形截面的完整性，即当 $b>h'_f$ 和 h_f 时按图 7-7（a）划分，当 $b<h'_f$和 h_f 时按图 7-7（b）划分。但实际上，若按图 7-7（b）划分会给剪扭构件计算带来很大的困难。为了简化起见，实际计算时全部按图 7-7（a）划分。

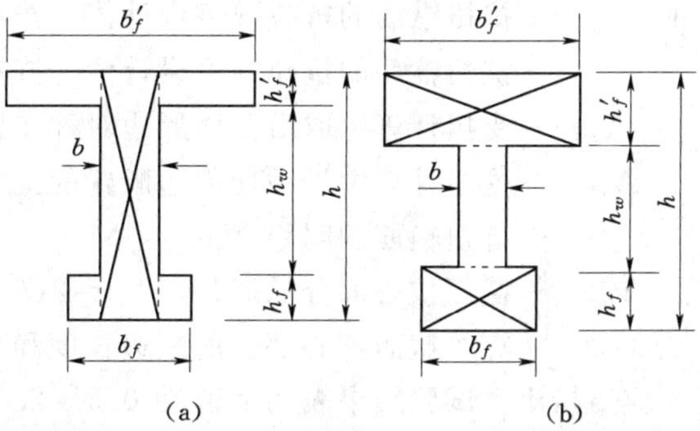

图 7-7 T 形、I 形截面的小块矩形划分方法
（a）$b>h'_f$；（b）$b>h'_f$

7.2 钢筋混凝土纯扭构件的承载力计算

7.2.1 受扭构件的配筋形式和构造要求

图 7-8 为受扭构件的配筋形式及构造要求。由于扭矩引起的剪应力在截面四周最大，并为满足扭矩变号的要求，抗扭钢筋应由抗扭纵筋和抗扭箍筋组成。抗扭纵筋应沿截面周边均匀对称布置，截面四角处必须放置，其间距不应大于 200mm 或截面宽度 b。抗扭纵筋的两端应伸入支座，并满足最小锚固长度 l_a 的要求，l_a 的取值见本教材附录 4 表 2。抗扭箍筋必须封闭，每边都能承担拉力，采用绑扎骨架时，箍筋末端应弯成不小于 135°角的弯钩，且弯钩端头平直段长度不应小于 $10d_{sv}$（d_{sv}为箍筋直径），以使箍筋端部锚固于

截面核心混凝土内。抗扭箍筋的最大间距应满足第 4 章表 4-1 的规定。

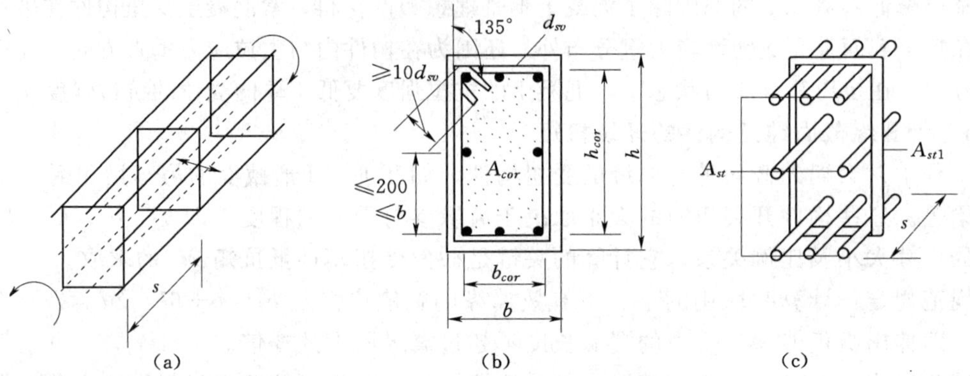

图 7-8　受扭构件配筋形式及构造要求

为使受扭构件的破坏形态呈现适筋破坏，充分发挥抗扭钢筋的作用，抗扭纵筋和抗扭箍筋应有合理的最佳搭配。规范中引入 ζ 系数，ζ 为受扭构件抗扭纵向钢筋与抗扭箍筋的配筋强度比（即两者的体积比与强度比的乘积），参见图 7-8（c），计算公式可写为

$$\zeta=\frac{f_y A_{st} s}{f_{yv} A_{st1} u_{cor}} \tag{7-9}$$

式中　f_y——抗扭纵筋的抗拉强度设计值，按本教材附录 2 表 3 取用；

f_{yv}——抗扭箍筋的抗拉强度设计值，按本教材附录 2 表 3 取用；

A_{st}——受扭计算中取沿截面周边对称布置的全部抗扭纵筋截面面积；

A_{st1}——受扭计算中沿截面周边配置的抗扭箍筋的单肢截面面积；

s——抗扭箍筋的间距；

u_{cor}——截面核心部分的周长，$u_{cor}=2(b_{cor}+h_{cor})$，其中 b_{cor}、h_{cor} 为从箍筋内表面计算的截面核心部分的短边长度和长边长度。

应当指出，试验结果表明 ζ 值在 0.5～2.0 时，纵筋和箍筋均能在构件破坏前屈服，为安全起见，规范规定 ζ 值应符合 $0.6\leqslant\zeta\leqslant1.7$，当 $\zeta>1.7$ 时取 $\zeta=1.7$。设计时，通常可取 $\zeta=1.2$（最佳值）。

7.2.2　矩形截面纯扭构件的承载力计算

目前钢筋混凝土纯扭构件的承载力计算，虽已有较接近实际的理论计算方法，例如，变角空间桁架模型及斜弯理论（扭曲破坏面极限平衡理论）。但由于受扭构件的受力复杂，影响因素又很多，因此实用时还需用试验结果进行修正。

在变角空间桁架模型理论的基础上，通过对试验结果统计的分析，可得到矩形截面纯扭构件承载力的计算公式❶。DL/T 5057—2009 规范规定矩形纯扭构件的受扭承载力可按下式计算：

❶　本章所列的受扭承载力计算公式只适用于腹板净高 h_w 与宽度 b 之比小于 6 的构件，对 $h_w/b\geqslant6$ 的构件，受扭承载力计算应作专门研究。

$$\gamma_d T \leqslant T_c + T_s = 0.35 f_t W_t + 1.2\sqrt{\zeta} f_{yv} \frac{A_{st1}}{s} A_{cor} \tag{7-10}$$

其中 γ_d——结构系数，按本教材第 2 章表 2-6 采用；

T——扭矩设计值，为荷载设计值产生的扭矩与结构重要性系数 γ_0、设计状况系数 ψ 三者的乘积；γ_0 和 ψ 按本教材第 2 章有关规定取用；

T_c——混凝土受扭承载力；

T_s——箍筋受扭承载力；

A_{cor}——截面核心部分面积，$A_{cor}=b_{cor}h_{cor}$；

其余符号同前。

式（7-10）等号右边第一项为开裂后的混凝土由于抗扭钢筋使骨料间产生咬合作用而具有的受扭承载力，第二项则为抗扭钢筋的受扭承载力。

式（7-10）的计算值与实验值的比较见图 7-9。在图 7-9 中，按式（7-10）计算的直线 1，比由变角空间桁架模型理论计算直线 2 要偏低一些。这是因为构件破坏时钢筋有可能并非全部屈服，式（7-10）考虑了这一因素，和变角空间桁架模型相比，其计算值更符合实验结果。

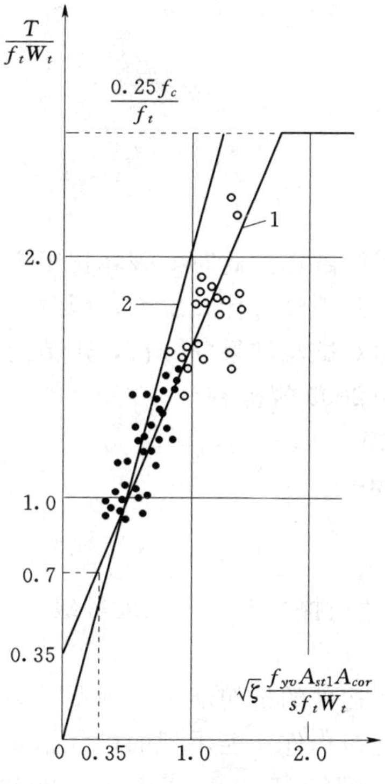

图 7-9 计算值与实测值的比较图

1—式（7-10）计算曲线；2—变角空间桁架模型理论计算曲线

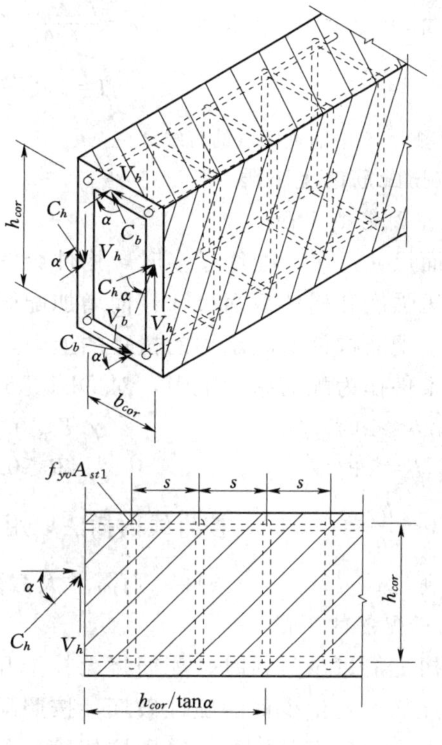

图 7-10 变角空间桁架模型

图 7-10 为变角空间桁架模型，其基本假定为：①受扭构件为一带有多条螺旋形裂缝的混凝土薄壁箱形截面构件，不考虑破坏时截面核心混凝土的作用；②由薄壁上裂缝间的混凝土为斜压腹杆（倾角

α)、箍筋为受拉腹杆、纵筋为受拉弦杆组成一变角(α)空间桁架;③纵筋、箍筋和混凝土的斜压杆在交点处假定为铰接,满足节点平衡条件(忽略裂缝面上混凝土的骨料咬合作用,不考虑纵筋的销栓作用)。

公式推导如下:

设箱形截面上混凝土斜压腹杆的压力分别为 $2C_h$、$2C_b$。V_h、V_b 分别为垂直于轴线方向的分力,由力矩平衡,可得

$$T=V_h b_{cor}+V_b h_{cor} \tag{7-11}$$

$\dfrac{V_h}{\tan\alpha}$、$\dfrac{V_b}{\tan\alpha}$分别为轴线方向的分力,应与纵筋拉力平衡,可得

$$f_y A_{st}=2\frac{V_h+V_b}{\tan\alpha} \tag{7-12}$$

由受扭斜面上箍筋拉力与 V_h、V_b 平衡得

$$C_h\sin\alpha=V_h=\frac{h_{cor}}{s\tan\alpha}f_{yv}A_{st1} \tag{7-13}$$

$$C_b\sin\alpha=V_b=\frac{b_{cor}}{s\tan\alpha}f_{yv}A_{st1} \tag{7-14}$$

通过归并,可消去 V_h、V_b,得 $\tan^2\alpha=\dfrac{f_{yv}A_{st1}u_{cor}}{f_yA_{st}s}$,并令 $\tan\alpha=\sqrt{1/\zeta}$,得

$$T=2\sqrt{\zeta}\,\frac{f_{yv}A_{st1}A_{cor}}{s} \tag{7-15}$$

上式即图 7-9 中通过原点的直线 2。

7.2.3 抗扭配筋的上下限

1. 抗扭配筋的上限

当截面尺寸过小、配筋过多时,构件会发生超筋破坏。此时,破坏扭矩主要取决于混凝土的抗压强度和构件截面尺寸,而增加配筋对它几乎没有什么影响。因此,这个破坏扭矩也代表了配筋构件所能承担的扭矩的上限,根据对试验结果的分析,规范规定以截面尺寸的限制条件作为配筋率的上限,对 DL/T 5057—2009 规范有:

当 $h_w/b\leqslant 4$ 时 $$\gamma_d T\leqslant 0.25 f_c W_t \tag{7-16a}$$

当 $h_w/b=6$ 时 $$\gamma_d T\leqslant 0.2 f_c W_t \tag{7-16b}$$

当 $4.0<\dfrac{h_w}{b}<6.0$ 时,按直线内插法取用。

若不满足式(7-16)条件,则需增大截面尺寸或提高混凝土强度等级。

2. 抗扭配筋的下限

在抗扭配筋过少过稀时,配筋将无补于开裂后构件的抗扭能力。因此,为了防止纯扭构件在低配筋时发生少筋的脆性破坏,按照配筋纯扭构件所能承担的极限扭矩不小于其开裂扭矩的原则,确定其抗扭纵筋和抗扭箍筋的最小配筋率。DL/T 5057—2009 规范规定,纯扭构件的抗扭纵筋和抗扭箍筋的配筋应满足下列要求:

(1) 抗扭纵筋:

$$\rho_{st}=\frac{A_{st}}{bh}\geqslant\rho_{st\min}=\begin{cases}0.24\%(\text{HPB300})\\0.20\%(\text{HRB335})\end{cases} \tag{7-17}$$

式中 A_{st}——全部抗扭纵筋的截面面积。

(2) 抗扭箍筋:

$$\rho_{sv}=\frac{A_{sv}}{bs}\geqslant\rho_{sv\min}=\begin{cases}0.17\%(\text{HPB300})\\0.15\%(\text{HRB335})\end{cases} \tag{7-18}$$

式中 A_{sv}——配置在截面周边抗扭箍筋的两肢横截面面积,即 $A_{sv}=2A_{st1}$。

当采用复合箍筋时,位于截面内部的箍筋不应计入受扭所需的箍筋面积。

如果能符合下列条件时:

$$\gamma_d T\leqslant 0.7f_tW_t \tag{7-19}$$

只需根据构造要求配置抗扭钢筋。

对 HRB400 钢筋,水工混凝土结构设计规范未给出其抗扭纵筋和抗扭箍筋最小配筋率的规定,这里建议取 $\rho_{st\min}=0.17\%$ 和 $\rho_{sv\min}=0.13\%$。

按 SL 191—2008 规范设计时,抗扭纵筋最小配筋率 $\rho_{st\min}$ 和抗扭箍筋最小配箍率 $\rho_{sv\min}$ 也按以上规定取值。

7.2.4 带翼缘截面纯扭构件的承载力计算

试验表明,带翼缘的 T 形、I 形截面构件受扭时第一条斜裂缝仍出现在构件腹板侧面中部,裂缝走向和破坏形态基本上类似矩形截面。破坏时截面的受扭塑性抵抗矩与腹板及上、下翼缘各小块的矩形截面受扭塑性抵抗矩的总和接近。故可将 T 形或 I 形截面按前述方法划分为小块矩形截面,按各小块的受扭塑性抵抗矩比值的大小来计算各小块矩形截面所应承受的扭矩,即

腹板

$$T_w=\frac{W_{tw}}{W_t}T \tag{7-20a}$$

受压翼缘

$$T'_f=\frac{W'_{tf}}{W_t}T \tag{7-20b}$$

受拉翼缘

$$T_f=\frac{W_{tf}}{W_t}T \tag{7-20c}$$

式中 T——T 形和 I 形截面承受的总扭矩设计值;

T_w、T'_f、T_f——腹板、受压翼缘、受拉翼缘截面承受的扭矩设计值。

W_t 及 W_{tw}、W'_{tf}、W_{tf} 的计算可见式 (7-5) ~式 (7-8)。

由上述方法求得各小块矩形截面所分配的扭矩后,再分别按式 (7-10) 进行各小块矩形截面的配筋计算。计算所得的抗扭纵筋应配置在整个截面的外边沿上。

7.3 钢筋混凝土构件在弯、剪、扭共同作用下的承载力计算

7.3.1 构件在剪、扭作用的承载力计算

试验表明,剪力和扭矩共同作用下的构件承载力比单独受剪或单独受扭时的承载力要低。构件的受扭承载力随剪力的增大而减小,受剪承载力也随着扭矩的增加而减小,这便是剪力与扭矩的相关性。图 7-11 (a) 给出了无腹筋构件在不同扭矩与剪力比值下的承载力试验结果,图中的横坐标为 V_c/V_{c0},纵坐标为 T_c/T_{c0}。这里的 V_c、T_c 为无腹筋构件

剪、扭共同作用时的受剪承载力和受扭承载力，V_{c0}、T_{c0}为无腹筋构件单独受剪和单独受扭时的受剪承载力和受扭承载力。从图中不难发现受扭和受剪承载力的相关关系近似于1/4 圆，即随着同时作用的扭矩的增大，构件受剪承载力逐渐降低，当扭矩达到构件的受纯扭承载力时，其受剪承载力下降为零；反之亦然。

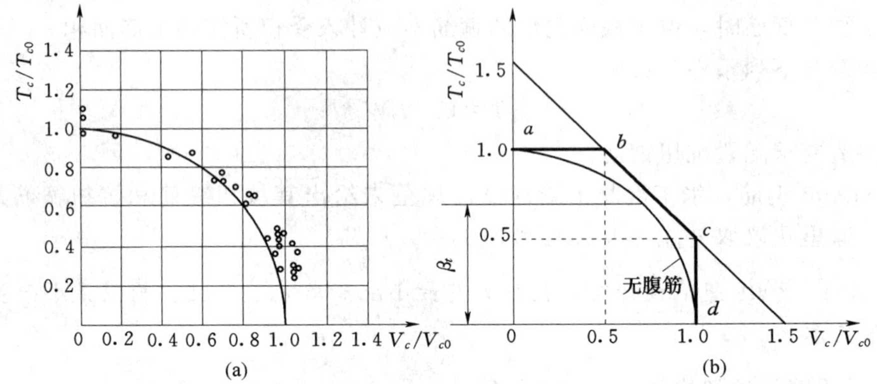

图 7－11　剪、扭承载力相关图

对于有腹筋的剪扭构件，为了计算的方便，也为了与单独受扭、单独受剪承载力计算公式相协调，可采用以两项式的表达形式来计算其承载力。第一项为混凝土的承载力（考虑剪扭的相关作用），第二项为钢筋的承载力（不考虑剪扭的相关作用）。同时，近似假定有腹筋构件在剪、扭作用下混凝土部分所能承担的扭矩和剪力的相互关系与无腹筋构件一样服从曲线 1（1/4 圆）的关系。这时，无腹筋构件单独受剪时的受剪承载力V_{c0}与单独受扭时的受扭承载力T_{c0}可分别取为抗剪承载力公式［式（4－8）］中的混凝土作用项和纯扭构件抗扭承载力公式中［式（7－10）］的混凝土作用项，即

$$V_{c0}=0.7f_tbh_0 \tag{7-21}$$

$$T_{c0}=0.35f_tW_t \tag{7-22}$$

为了简化，在图 7－11 中用三条折线 ab、bc、cd 来代替 1/4 圆。三条折线的方程和条件为：ab 段，$\frac{T_c}{T_{c0}}=1\left(\frac{V_c}{V_{c0}}\leqslant 0.5\right)$；$cd$ 段，$\frac{V_c}{V_{c0}}=1\left(\frac{T_c}{T_{c0}}\leqslant 0.5\right)$；$bc$ 段，$\frac{T_c}{T_{c0}}+\frac{V_c}{V_{c0}}=1.5$。令 $T_c=\beta_tT_{c0}$，$\frac{V_c}{V}\approx\frac{T_c}{T}$，由 bc 段方程$\frac{T_c}{T_{c0}}+\frac{V_c}{V_{c0}}=1.5$、式（7－21）和式（7－22）整理得：

$$\beta_t=\frac{1.5}{1+0.5\frac{VW_t}{Tbh_0}} \tag{7-23}$$

β_t 为剪扭构件混凝土受扭承载力降低系数。它是根据 bc 段导出的，因此，β_t 计算值应符合 $0.5\leqslant\beta_t\leqslant 1.0$ 的要求。当 $\beta_t<0.5$ 时，取 $\beta_t=0.5$；当 $\beta_t>1.0$ 时，取 $\beta_t=1.0$。所以剪扭构件中混凝土承担的扭矩和剪力相应为：

$$T_c=0.35\beta_tf_tW_t \tag{7-24}$$

$$V_c=0.7(1.5-\beta_t)f_tbh_0 \tag{7-25}$$

由第4章式（4－10）和本章式（7－10）中已知，箍筋的受剪承载力 $V_{sv}=f_{yv}\frac{A_{sv}}{s}h_0$；抗扭钢筋的受扭承载力 $T_s=1.2\sqrt{\zeta}f_{yv}\frac{A_{st1}}{s}A_{cor}$。则矩形截面构件在剪、扭作用下的受剪承载力和受扭承载力可分别按下列公式计算：

$$\gamma_d V\leqslant V_c+V_{sv}=0.7(1.5-\beta_t)f_t bh_0+f_{yv}\frac{A_{sv}}{s}h_0 \tag{7-26}$$

$$\gamma_d T\leqslant T_c+T_s=0.35\beta_t f_t W_t+1.2\sqrt{\zeta}f_{yv}\frac{A_{st1}}{s}A_{cor} \tag{7-27}$$

对截面带有翼缘的构件，其在剪、扭共同作用下的受剪和受扭承载力计算应分成两部分计算：①腹板的受剪、受扭承载力计算公式同式（7－26）和式（7－27），但在计算时应将式中的 T 及 W_t 相应改为 T_w 及 W_{tw}；②受压翼缘及受拉翼缘承受的剪力极小，可不予考虑，故它仅承受所分配的扭矩，其受扭承载力应按式（7－10）计算，但在计算时应将式中的 T 及 W_t 相应改为 T'_f、W'_{tf} 或 T_f、W_{tf}。

7.3.2 抗扭配筋的上下限

1. 抗扭配筋的上限

当截面尺寸过小而配筋量过多时，构件将由于混凝土首先被压碎而破坏。因此，必须对截面的最小尺寸和混凝土的最低强度加以限制，以防止这种破坏的发生。

试验表明，剪扭构件截面限制条件基本上符合剪、扭叠加的线性关系，因此，规范规定在弯矩、剪力和扭矩共同作用下的矩形、T形、I形截面构件，其截面应符合下列要求：

当 $\frac{h_w}{b}\leqslant 4$ 时
$$\frac{\gamma_d V}{bh_0}+\frac{\gamma_d T}{W_t}\leqslant 0.25f_c \tag{7-28a}$$

当 $\frac{h_w}{b}=6$ 时
$$\frac{\gamma_d V}{bh_0}+\frac{\gamma_d T}{W_t}\leqslant 0.20f_c \tag{7-28b}$$

当 $4.0<\frac{h_w}{b}<6.0$ 时，按直线内插法取用。

若不满足式（7－28）条件，则需增大截面尺寸或提高混凝土强度等级。

2. 抗扭配筋的下限

对弯剪扭构件，为防止发生少筋破坏，抗扭纵筋和箍筋（包括抗扭箍筋与抗剪箍筋）的配筋率应分别满足式（7－17）和式（7－18）的要求，当采用复合箍筋时，位于截面内部的箍筋不应计入受扭所需的箍筋面积。

与纯扭构件类似，当符合下列条件时：

$$\frac{\gamma_d V}{bh_0}+\frac{\gamma_d T}{W_t}\leqslant 0.7f_t \tag{7-29}$$

可不对构件进行剪扭承载力计算，仅需按构造要求配置钢筋。

7.3.3 构件在弯、扭作用下的承载力计算

弯、扭共同作用下的受弯和受扭承载力，可分别按受弯构件的正截面受弯承载力和纯扭构件的受扭承载力进行计算，求得的钢筋应分别按弯、扭对纵筋和箍筋的构造要求进行配置，位于相同部位处的钢筋可将所需钢筋截面面积叠加后统一配置。

7.3.4 构件在弯、剪、扭作用下的承载力计算

钢筋混凝土构件在弯矩、剪力和扭矩共同作用下的受力性能影响因素很多，比剪扭、弯扭更复杂。目前弯、剪、扭共同作用下的承载力计算还是采用按受弯和受剪扭分别计算，然后进行叠加的近似计算方法。即纵向钢筋应根据正截面受弯承载力和剪扭构件的受扭承载力计算求得的抗扭纵筋进行配置，位于相同部位处的纵向钢筋截面面积可叠加。箍筋应根据剪扭构件受剪承载力和受扭承载力计算求得的箍筋进行配置，相同部位处的箍筋截面面积也可叠加。

具体计算步骤如下：

(1) 根据经验或参考已有设计，初步确定截面尺寸和材料强度等级。

(2) 验算截面尺寸（防止剪扭构件超筋破坏），如能符合式（7-28）的条件，则截面尺寸合适。否则，应加大截面尺寸或提高混凝土的强度等级。

(3) 验算是否需按计算确定抗剪扭钢筋，如能符合式（7-29）的条件，则不需对构件进行剪扭承载力计算，仅按构造要求配置抗剪扭钢筋。但对受弯承载力仍需进行计算。

(4) 确定计算方法。

1）确定是否可忽略剪力的影响，如能符合

$$\gamma_d V \leqslant 0.35 f_t b h_0 \tag{7-30}$$

则可不计剪力 V 的影响，而只需按受弯构件的正截面受弯和纯扭构件的受扭分别进行承载力计算。

2）确定是否可忽略扭矩的影响，如能符合

$$\gamma_d T \leqslant 0.175 f_t W_t \tag{7-31}$$

则可不计扭矩 T 的影响，而只需按受弯构件的正截面受弯和斜截面受剪分别进行承载力计算。

(5) 若剪力和扭矩均不能忽略，即构件不满足式（7-30）和式（7-31）条件时，则按下列两方面进行计算：

1）按第 3 章相应公式计算满足正截面受弯承载力所需的抗弯纵筋。

2）按式（7-26）及式（7-27）计算抗剪扭所需的纵筋和箍筋。

叠加上述两者所需的纵筋与箍筋截面面积，即得弯剪扭构件的配筋面积。

应注意，抗弯受拉纵筋 A_s 是配置在截面受拉区底边的，受压纵筋 A_s' 是配置在截面受压区顶面的，抗扭纵筋 A_{st} 则应在截面周边对称均匀布置。如果抗扭纵筋 A_{st} 准备分三层配置，则每一层的抗扭纵筋截面面积为 $A_{st}/3$。因此，叠加时，截面底层所需的纵筋为 $A_s + A_{st}/3$，中间层为 $A_{st}/3$，顶层为 $A_s' + A_{st}/3$。钢筋面积叠加后，顶、底层钢筋可统一配置（图 7-12）。

抗剪所需的抗剪箍筋 A_{sv} 是指同一截面内箍筋各肢的全部截面面积，等于 nA_{sv1}，n 为同一截面内箍筋的肢数（可以是 2 肢或 4 肢），A_{sv1} 为单肢箍筋的截面面积。而抗扭所需的抗扭箍筋 A_{st1} 则是沿截面周边配置的单肢箍筋截面面积。所以公式求得的 $\frac{A_{sv}}{s}$ 和 $\frac{A_{st1}}{s}$ 是不能直接相加的，只能以 $\frac{A_{sv1}}{s}$ 和 $\frac{A_{st1}}{s}$ 相加，然后统一配置在截面的周边。当采用复合箍筋时，位于截面内部的箍筋只能抗剪而不能抗扭（图 7-13）。

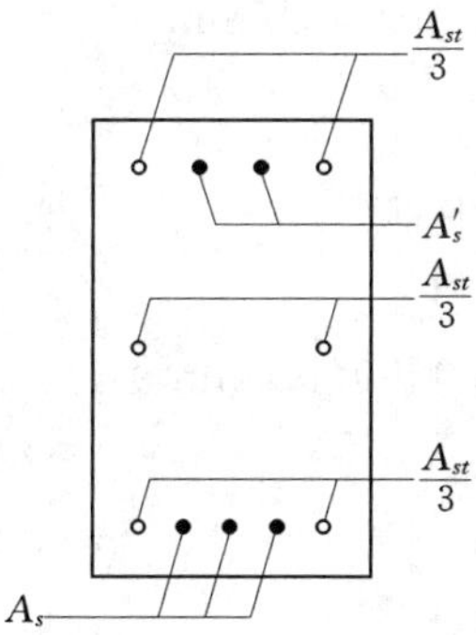

图 7-12 弯剪扭构件的纵向钢筋配置

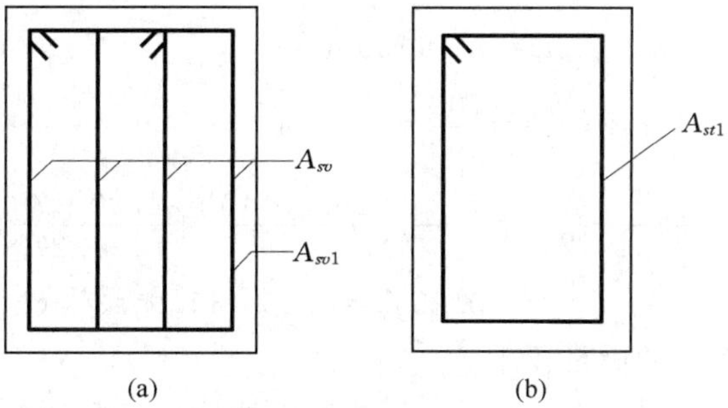

图 7-13 弯剪扭构件的箍筋配置

(a) 抗剪箍筋;(b) 抗扭箍筋

最后配置的钢筋应满足纵向钢筋与箍筋的最小配筋率要求,箍筋还应满足第 4 章相应的构造要求。

当按 SL 191—2008 规范计算时,计算步骤相同,不同之处有:

(1) 内力采用荷载设计值计算得到的弯矩、扭矩和剪力;

(2) 截面验算按下列公式进行:

当 $\frac{h_w}{b}<6$ 时

$$\frac{KV}{bh_0}+\frac{KT}{W_t}\leqslant 0.25f_c \tag{7-32}$$

(3) 箍筋的受剪承载力由第 4 章式 (4-13) 计算,即 $V_{sv}=1.25f_{yv}\frac{A_{sv}}{s}h_0$;

(4) 有关公式中的 γ_d 换成 K。

【例 7-1】 某溢洪道上的胸墙截面尺寸如图 7-14 (a) 所示。闸墩之间的净距为 8m,胸墙与闸墩整体浇筑。在正常水压力作用下,顶梁 A 的内力设计值见图 7-14 (b)、图 7-14 (c) 和图 7-14 (d)。胸墙为 2 级水工建筑物。混凝土采用 C25,纵筋采用 HRB400,箍筋采用 HPB300。试配置顶梁 A 的钢筋。

解: 已知 $\gamma_d=1.20$,$f_y=360\text{N/mm}^2$,$f_{yv}=270\text{N/mm}^2$,$f_t=1.27\text{N/mm}^2$,$f_c=11.9\text{N/mm}^2$,$c=35\text{mm}$。

1. 顶梁内力

顶梁 A 为一受弯、剪、扭共同作用的构件,固定端截面处(闸墩边)的内力最大。经计算,内力设计值 $M=129.1\text{kN}\cdot\text{m}$,$T=70.0\text{kN}\cdot\text{m}$,$V=96.8\text{kN}$。

2. 按式 (7-28) 验算截面尺寸

估计为单排钢筋,取 $a=50\text{mm}$,则 $h_0=h-a=750-50=700(\text{mm})$。

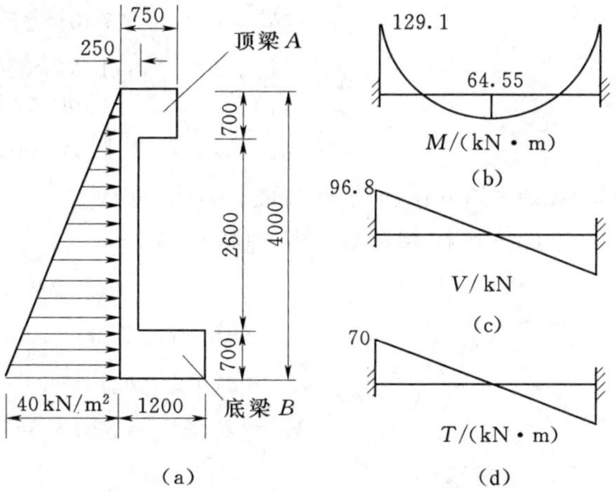

图 7-14 胸墙截面及内力图

$$W_t=\frac{b^2}{6}(3h-b)=\frac{700^2}{6}\times(3\times750-700)=1.27\times10^8(\text{mm}^3)$$

$$h_w=h_0=700\text{mm}$$

$$\frac{h_w}{b}=\frac{700}{700}=1.0<4$$

$$\frac{\gamma_d V}{bh_0}+\frac{\gamma_d T}{W_t}=\frac{1.20\times96.8\times10^3}{700\times700}+\frac{1.20\times70.0\times10^6}{1.27\times10^8}=0.90(\text{N/mm}^2)$$

$$<0.25f_c=0.25\times11.9=3.0(\text{N/mm}^2)$$

故截面尺寸满足要求。

3. 按式（7-29）验算是否需按计算配置抗剪扭钢筋

$$\frac{\gamma_d V}{bh_0}+\frac{\gamma_d T}{W_t}=0.90\text{N/mm}^2>0.7f_t=0.7\times1.27=0.89(\text{N/mm}^2)$$

故应按计算配置抗剪扭钢筋。

4. 判别是否按弯剪扭构件计算

按式（7-30）验算是否可忽略剪力

$$0.35f_tbh_0=0.35\times1.27\times700\times700=217.81\times10^3(\text{N})=217.81\text{kN}$$

$$\gamma_d V=1.20\times96.8=116.16(\text{kN})<0.35f_tbh_0=217.81\text{kN}$$

故可忽略剪力的影响。

按式（7-31）验算是否可忽略扭矩

$$0.175f_tW_t=0.175\times1.27\times1.27\times10^8=28.23\times10^6(\text{N}\cdot\text{mm})=28.23\text{kN}\cdot\text{m}$$

$$\gamma_d T=1.20\times70.0=84.0(\text{kN}\cdot\text{m})>0.175f_tW_t=28.23\text{kN}\cdot\text{m}$$

故不能忽略扭矩的影响，应按弯扭构件计算。

5. 配筋计算

（1）抗弯纵筋计算

$$\alpha_s=\frac{\gamma_d M}{f_cbh_0^2}=\frac{1.20\times129.1\times10^6}{11.9\times700\times700^2}=0.038$$

$$\xi=1-\sqrt{1-2\alpha_s}=1-\sqrt{1-2\times0.038}=0.039<\xi_b=0.518$$

$$x=\xi h_0=0.039\times700=27(\text{mm})<2a'=2\times50=100(\text{mm})$$

$$A_s=\frac{\gamma_d M}{f_y(h_0-a')}=\frac{1.20\times129.1\times10^6}{360\times(700-50)}=662(\text{mm}^2)$$

$$<\rho_{\min}bh_0=0.20\%\times700\times700=980(\text{mm}^2)$$

故取 $A_s=980\text{mm}^2$（支座截面顶层受拉）。

（2）抗扭钢筋计算（按纯扭计算）

$$b_{cor}=b-2c=700-2\times35=630(\text{mm})$$

$$h_{cor}=h-2c=750-2\times35=680(\text{mm})$$

$$u_{cor}=2(b_{cor}+h_{cor})=2(630+680)=2620(\text{mm})$$

$$A_{cor}=b_{cor}h_{cor}=630\times680=428400(\text{mm}^2)$$

1）抗扭箍筋

取 $\zeta=1.2$，由式（7-10）

$$\frac{A_{st1}}{s}\geqslant\frac{\gamma_d T-0.35f_tW_t}{1.2\sqrt{\zeta}f_{yv}A_{cor}}=\frac{1.20\times70.0\times10^6-0.35\times1.27\times1.27\times10^8}{1.2\times\sqrt{1.2}\times270\times428400}=0.181(\text{mm}^2/\text{mm})$$

按最小配箍率 $\rho_{sv\min}=0.17\%$（HPB300 钢筋）要求

$$\frac{A_{st1}}{s}\geqslant\frac{\rho_{sv\min}b}{n}=\frac{0.0017\times700}{2}=0.595(\text{mm}^2/\text{mm})$$

因此，抗扭箍筋应按最小配箍率要求配置。选用 Φ10（$A_{st1}=78.5\text{mm}^2$），$s=\frac{78.5}{0.595}=132(\text{mm})$，取 $s=100\text{mm}$。

2）抗扭纵筋

由式（7-9）

$$A_{st}=\zeta\frac{f_{yv}A_{st1}u_{cor}}{f_ys}=1.2\times\frac{270\times78.5\times2620}{360\times100}=1851(\text{mm}^2)$$

$$>\rho_{st\min}bh=0.17\%\times700\times750=893(\text{mm}^2)$$

满足要求。

顶梁高度较大（$h=750\text{mm}$），考虑纵向钢筋（连同抗弯纵筋）沿梁高分 4 层布置：

上层纵筋需 $A_s+\frac{A_{st}}{4}=980+\frac{1851}{4}=1443(\text{mm}^2)$，选用 4 ⌀22（$A_s=1520\text{mm}^2$）。

侧面中部二层纵筋各需 $\frac{A_{st}}{4}=\frac{1851}{4}=463(\text{mm}^2)$，选用 2 ⌀18（$A_s=509\text{mm}^2$）（因 $h_w>450\text{mm}$，梁每侧应设置面积不小于 $0.10\%bh_w=0.10\%\times700\times700=490(\text{mm}^2)$ 的纵向构造钢筋）。

下层纵筋需 $A_s+\frac{A_{st}}{4}=980+\frac{1851}{4}=1443\ (\text{mm}^2)$，选用 4 ⌀22（$A_s=1520\text{mm}^2$）。

根据 4.4 节有关箍筋的构造要求，箍筋最终选用四肢箍，4Φ10@100，配筋图如图7-15所示。

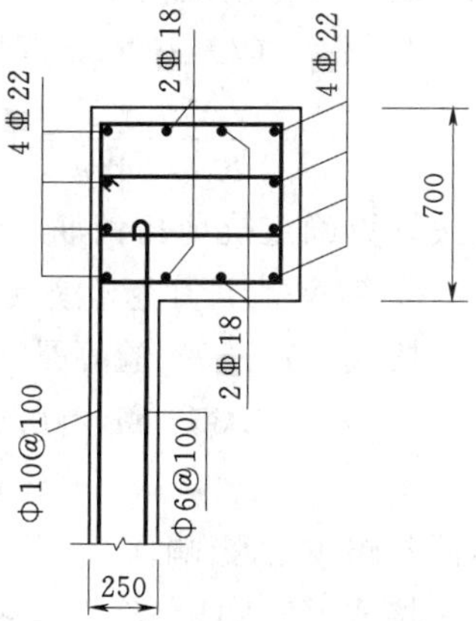

图 7-15　胸墙顶梁截面配筋图

【讨论】

胸墙在水压力作用下，实际受荷简图是一以闸墩及顶、底梁为支座的双向板和上下两根以闸墩为支座的梁。由于顶梁与底梁截面尺寸不同，并且水压力为三角形分布，合力作用位置不通过胸墙截面形心，因此胸墙为受扭结构（未开裂前）。本例内力为简化后近似计算所得的结果。另外，顶梁是与胸墙板整浇的，在本例中认为顶梁单独受扭也是一种简化。

为了方便顶梁钢筋骨架绑扎，配筋时使顶梁的箍筋间距宜与胸墙板上端的垂直钢筋间距相协调（即两者钢筋间距相等或成倍数）。本例胸墙板上端垂直钢筋经计算为 Φ10@100，而顶梁箍筋为 Φ10@100，因此考虑将胸墙板中的垂直钢筋弯入顶梁内作为一双肢箍筋，另加配一双肢箍 Φ10@100。

【例 7-2】 某钢筋混凝土矩形截面剪扭构件（Ⅱ级安全级别），截面尺寸 $b\times h=250\times500\text{mm}$，混凝土强度等级为 C25，纵筋采用 HRB400 钢筋，箍筋采用 HPB300 钢筋。该梁承受扭矩设计值 $T=8.5\text{kN}\cdot\text{m}$，剪力设计值 $V=100.0\text{kN}$。试计算该构件的配筋，并画出截面配筋图（已知混凝土保护层厚度 $c=30\text{mm}$）。

解： 已知 $\gamma_d=1.20$，$f_y=360\text{N/mm}^2$，$f_{yv}=270\text{N/mm}^2$，$f_t=1.27\text{N/mm}^2$，$f_c=11.9\text{N/mm}^2$；$c=30\text{mm}$，取 $a=50\text{mm}$。

1. 按式（7-28）验算截面尺寸

$$h_0=h-a=500-40=460(\text{mm})$$

$$W_t=\frac{b^2}{6}(3h-b)=\frac{250^2}{6}\times(3\times500-250)=13.0\times10^6(\text{mm}^3)$$

$$h_w=h_0=460\text{mm}$$

$$\frac{h_w}{b}=\frac{460}{250}=1.84<4$$

$$\frac{\gamma_d V}{bh_0}+\frac{\gamma_d T}{W_t}=\frac{1.20\times100.0\times10^3}{250\times460}+\frac{1.20\times8.5\times10^6}{13.0\times10^6}=1.83(\text{N/mm}^2)$$

$$<0.25f_c=0.25\times11.9=2.98(\text{N/mm}^2)$$

说明截面尺寸满足要求。

2. 按式（7-29）验算是否需按计算确定抗剪扭钢筋

$$\frac{\gamma_d V}{bh_0}+\frac{\gamma_d T}{W_t}=1.83\text{N/mm}^2>0.7f_t=0.7\times1.27=0.89(\text{N/mm}^2)$$

应按计算确定抗剪扭钢筋。

3. 验算是否可忽略剪力和扭矩对承载力的影响

按式（7-30）验算是否可忽略剪力

$$0.35f_tbh_0=0.35\times1.27\times250\times460=51.12\times10^3(\text{N})=51.12\text{kN}$$

$$<\gamma_d V=1.20\times100.0=120.0(\text{kN})$$

不能忽略 V 的影响。

按式（7-31）验算是否可忽略扭矩

$$0.175f_tW_t=0.175\times1.27\times13.0\times10^6=2.89\times10^6(\text{N}\cdot\text{mm})=2.89\text{kN}\cdot\text{m}$$

$$<\gamma_d T=1.20\times8.5=10.2(\text{kN}\cdot\text{m})$$

不能忽略 T 的影响，故该构件应按剪扭构件计算。

4. 抗剪扭钢筋计算

$$b_{cor}=b-2c=250-2\times30=190(\text{mm})$$

$$h_{cor}=h-2c=500-2\times30=440(\text{mm})$$

$$A_{cor}=b_{cor}h_{cor}=190\times440=83600(\text{mm}^2)$$

$$u_{cor}=2(b_{cor}+h_{cor})=2\times(190+440)=1260(\text{mm})$$

（1）β_t 的计算

由式（7-23）

$$\beta_t=\frac{1.5}{1+0.5\dfrac{V}{T}\dfrac{W_t}{bh_0}}=\frac{1.5}{1+0.5\times\dfrac{100.0\times10^3}{8.5\times10^6}\times\dfrac{13.0\times10^6}{250\times460}}=0.901$$

（2）计算抗剪箍筋

由式（7-26）

$$\frac{A_{sv}}{s}\geqslant\frac{\gamma_d V-0.7(1.5-\beta_t)f_t bh_0}{f_{yv}h_0}$$

$$=\frac{1.20\times100.0\times10^3-0.7\times(1.5-0.901)\times1.27\times250\times460}{270\times460}$$

$$=0.473(\mathrm{mm^2/mm})$$

（3）计算抗扭箍筋

取 $\zeta=1.2$，由式（7-27）

$$\frac{A_{st1}}{s}\geqslant\frac{\gamma_d T-0.35\beta_t f_t W_t}{1.2\sqrt{\zeta}f_{yv}A_{cor}}$$

$$=\frac{1.20\times8.5\times10^6-0.35\times0.901\times1.27\times13.0\times10^6}{1.2\times\sqrt{1.2}\times270\times83600}=0.168(\mathrm{mm^2/mm})$$

（4）腹板箍筋配置

采用双肢箍筋（$n=2$），则腹板单位长度上所需单肢箍筋总截面面积为：

$$\frac{A_{sv1}}{s}=\frac{A_{sv}}{ns}+\frac{A_{st1}}{s}=\frac{0.473}{2}+0.168=0.405(\mathrm{mm^2/mm})$$

选用箍筋直径为Φ10（$A_{sv1}=78.5\mathrm{mm^2}$），则得箍筋间距为：

$$s\leqslant\frac{78.5}{0.405}=193\text{，取 }s=150\mathrm{mm}$$

$$\rho_{sv}=\frac{nA_{sv1}}{bs}=\frac{2\times78.5}{250\times150}=0.42\%>\rho_{sv\min}=0.17\%\text{，满足要求。}$$

（5）抗扭纵筋计算

由式（7-9）

$$A_{st}=\zeta\frac{f_{yv}A_{st1}u_{cor}}{f_y s}=\zeta\frac{A_{st1}}{s}\frac{f_{yv}u_{cor}}{f_y}$$

$$=1.2\times0.168\times\frac{270\times1260}{360}=191(\mathrm{mm^2})$$

$$\rho_{st}=\frac{A_{st}}{bh}=\frac{191}{250\times500}=0.15\%<\rho_{st\min}=0.17\%$$

因此应取 $A_{st}=\rho_{st\min}bh=0.17\%\times250\times500=213(\mathrm{mm^2})$

按构造要求，抗扭纵筋的间距不应大于 200mm 或梁宽 b，故梁高分 4 层布置纵筋。

每层：$\frac{A_{st}}{4}=\frac{213}{4}=53(\mathrm{mm^2})$

按第 4 章的构造要求，当梁的腹板高度 h_w 超过 450mm 时，在梁的每侧应设置纵向构造钢筋的面积不应小于 $0.1\%bh_w=0.1\%\times250\times460=115(\mathrm{mm^2})$。因此，最后每层选配 2 Φ12（$A_s=226\mathrm{mm^2}$）。

5. 截面配筋

如图 7－16 所示。

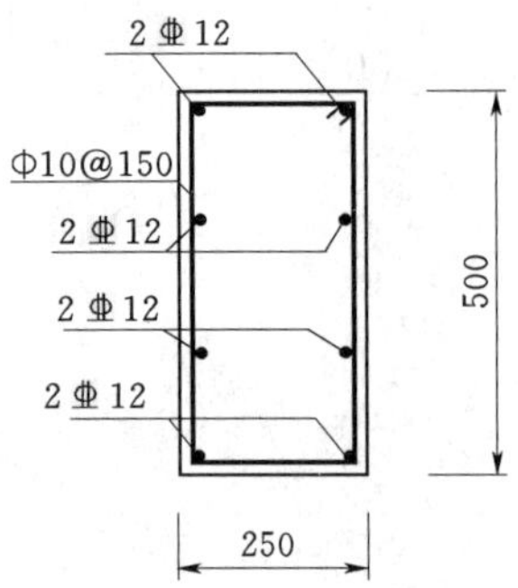

图 7－16　截面配筋图

【例 7－3】 已知一均布荷载作用下的 T 形梁（Ⅱ级安全级别），受弯剪扭作用，截面尺寸 $b'_f=400$mm，$h'_f=100$mm，$b=200$mm，$h=450$mm，$a=a'=40$mm，$h_0=410$mm；承受弯矩设计值 $M=80.0$kN·m，剪力设计值 $V=84.0$kN，扭矩设计值 $T=6.0$kN·m；采用 C25 混凝土，纵筋为 HRB400 钢筋，箍筋为 HPB300 钢筋。试作配筋计算。

解： 已知 $\gamma_d=1.20$；$f_y=360\text{N/mm}^2$，$f_{yv}=270\text{N/mm}^2$，$f_t=1.27\text{N/mm}^2$，$f_c=11.9\text{N/mm}^2$，$c=30$mm。

1. 按式（7－28）验算截面尺寸

将 T 形截面划分成为两块矩形截面（图 7－17），按式（7－6）和式（7－7）计算截面受扭塑性抵抗矩：

腹板　$$W_{tw}=\frac{b^2}{6}(3h-b)=\frac{200^2}{6}\times(3\times450-200)=7.67\times10^6(\text{mm}^3)$$

翼缘　$$W'_{tf}=\frac{h'^2_f}{2}(b'_f-b)=\frac{100^2}{2}\times(400-200)=1.0\times10^6(\text{mm}^3)$$

整个截面受扭塑性抵抗矩为：

$$W_t=W_{tw}+W'_{tf}=7.67\times10^6+1.0\times10^6=8.67\times10^6(\text{mm}^3)$$

$$h_w=h_0-h'_f=450-40-100=310(\text{mm})$$

$\dfrac{h_w}{b}=\dfrac{310}{200}=1.55<4$，按式（7－28）验算：

$$\frac{\gamma_d V}{bh_0}+\frac{\gamma_d T}{W_t}=\frac{1.20\times84.0\times10^3}{200\times410}+\frac{1.20\times6.0\times10^6}{8.67\times10^6}=1.23+0.83=2.06(\text{N/mm}^2)$$

$$<0.25f_c=0.25\times11.9=2.98(\text{N/mm}^2)$$

截面尺寸满足要求。

2. 按式（7－29）验算是否需按计算确定抗剪扭钢筋

$$\frac{\gamma_d V}{bh_0}+\frac{\gamma_d T}{W_t}=2.06\text{N/mm}^2>0.7f_t=0.7\times1.27=0.89(\text{N/mm}^2)$$

应按计算确定抗剪扭钢筋。

3. 抗弯纵筋计算

（1）判别 T 形截面类型

$$f_cb'_fh'_f\left(h_0-\frac{h'_f}{2}\right)=11.9\times400\times100\times\left(410-\frac{100}{2}\right)=171.36\times10^6(\text{N}\cdot\text{mm})$$

$$=171.36\text{kN}\cdot\text{m}>\gamma_d M=1.20\times80.0=96.0(\text{kN}\cdot\text{m})$$

属于第一类 T 形截面，按 $b'_f\times h$ 矩形截面计算。

（2）求抗弯纵筋

$$\alpha_s=\frac{\gamma_d M}{f_cb'_fh_0^2}=\frac{96.0\times10^6}{11.9\times400\times410^2}=0.120$$

$$\xi=1-\sqrt{1-2\alpha_s}=1-\sqrt{1-2\times0.120}=0.128<\xi_b=0.518$$

$$x=\xi h_0=0.128\times410=52(\text{mm})<2a'=2\times40=80(\text{mm})$$

$$A_s=\frac{\gamma_d M}{f_y(h_0-a')}=\frac{96.0\times10^6}{360\times(410-40)}=721(\text{mm}^2)$$

$$\rho=\frac{A_s}{bh_0}=\frac{721}{200\times410}=0.88\%>\rho_{\min}=0.20\%\text{(查附录 4 表 3)，满足要求。}$$

4. 腹板抗剪扭钢筋计算

$$b_{cor}=b-2c=200-2\times30=140(\text{mm})$$

$$h_{cor}=h-2c=450-2\times30=390(\text{mm})$$

$$u_{cor}=2(b_{cor}+h_{cor})=2\times(140+390)=1060(\text{mm})$$

$$A_{cor}=b_{cor}h_{cor}=140\times390=54600(\text{mm}^2)$$

(1) 按式 (7-20) 分配 T 形截面的扭矩

腹板 $$T_w=\frac{W_{tw}}{W_t}T=\frac{7.67\times10^6}{8.67\times10^6}\times6.0=5.31(\text{kN}\cdot\text{m})$$

翼缘 $$T'_f=\frac{W'_{tf}}{W_t}T=\frac{1.0\times10^6}{8.67\times10^6}\times6.0=0.69(\text{kN}\cdot\text{m})$$

(2) 验算腹板的配筋是否按弯剪扭构件计算

按式 (7-30) 验算是否可忽略剪力

$$0.35f_tbh_0=0.35\times1.27\times200\times410=36.45\times10^3(\text{N})=36.45\text{kN}$$
$$<\gamma_d V=1.20\times84.0\times10^3=100.8(\text{kN})$$

不能忽略 V 的影响。

按式 (7-31) 验算是否可忽略扭矩

$$0.175f_tW_t=0.175\times1.27\times8.67\times10^6=1.93\times10^6(\text{N}\cdot\text{mm})=1.93\text{kN}\cdot\text{m}$$
$$<\gamma_d T=1.20\times6.0=7.20\ (\text{kN}\cdot\text{m})$$

不能忽略 T 的影响，腹板应按弯剪扭构件计算。

(3) β_t 的计算

由式 (7-23)

$$\beta_t=\frac{1.5}{1+0.5\dfrac{V}{T_w}\dfrac{W_{tw}}{bh_0}}=\frac{1.5}{1+0.5\times\dfrac{84.0\times10^3}{5.31\times10^6}\times\dfrac{7.67\times10^6}{200\times410}}=0.862$$

(4) 计算腹板受剪箍筋

由式 (7-26)

$$\frac{A_{sv}}{s}\geqslant\frac{\gamma_d V-0.7(1.5-\beta_t)f_tbh_0}{f_{yv}h_0}$$
$$=\frac{1.20\times84.0\times10^3-0.7\times(1.5-0.862)\times1.27\times200\times410}{270\times410}$$
$$=0.490(\text{mm}^2/\text{mm})$$

(5) 计算腹板抗扭箍筋

设 $\zeta=1.2$，由式 (7-27)

$$\frac{A_{st1}}{s} \geqslant \frac{\gamma_d T_w - 0.35\beta_t f_t W_{tw}}{1.2\sqrt{\zeta} f_{yv} A_{cor}}$$

$$= \frac{1.20 \times 5.31 \times 10^6 - 0.35 \times 0.862 \times 1.27 \times 7.67 \times 10^6}{1.2 \times \sqrt{1.2} \times 270 \times 54600} = 0.177(\text{mm}^2/\text{mm})$$

(6) 腹板箍筋配置

采用双肢箍筋（$n=2$），则腹板单位长度上所需单肢箍筋总截面面积为：

$$\frac{A_{sv1}}{s} = \frac{A_{sv}}{ns} + \frac{A_{st1}}{s} = \frac{0.490}{2} + 0.177 = 0.422(\text{mm}^2/\text{mm})$$

选用箍筋直径为Φ 8（$A_{sv1}=50.3\text{mm}^2$），则得箍筋间距为：

$$s \leqslant \frac{50.3}{0.422} = 119, \text{取 } s = 100\text{mm}$$

$$\rho_{sv} = \frac{nA_{sv1}}{bs} = \frac{2 \times 50.3}{200 \times 100} = 0.50\% > \rho_{sv\min} = 0.17\%, \text{满足要求。}$$

(7) 腹板抗扭纵筋计算

由式（7-9）

$$A_{st} = \zeta \frac{A_{st1}}{s} \frac{f_{yv} u_{cor}}{f_y}$$

$$= 1.2 \times 0.177 \times \frac{270 \times 1060}{360} = 169(\text{mm}^2)$$

$$\rho_{st} = \frac{A_{st}}{bh} = \frac{169}{200 \times 450} = 0.19\% > \rho_{st\min} = 0.17\%, \text{满足要求。}$$

按构造要求，抗扭纵筋的间距不应大于 200mm 或梁宽 b，故梁高分三层布置纵筋。

上层：$\frac{A_{st}}{3} = \frac{169}{3} = 56$（$\text{mm}^2$），选 2 Φ 12（$A_s = 226\text{mm}^2$）；

中层：$\frac{A_{st}}{3} = \frac{169}{3} = 56$（$\text{mm}^2$），选 2 Φ 12（$A_s = 226\text{mm}^2$）；

下层：$\frac{A_{st}}{3} + A_s = \frac{169}{3} + 721 = 777$（$\text{mm}^2$），选 3 Φ 18（$A_s = 763\text{mm}^2$）。

5. 翼缘抗扭钢筋计算

受压翼缘一般不计 V 的影响，按纯扭计算。

$$h_{cor} = h'_f - 2c = 100 - 2 \times 30 = 40(\text{mm})$$

$$b_{cor} = b'_f - b - 2c = 400 - 200 - 2 \times 30 = 140(\text{mm})$$

$$u_{cor} = 2(b_{cor} + h_{cor}) = 2 \times (140 + 40) = 360(\text{mm})$$

$$A_{cor} = b_{cor} h_{cor} = 140 \times 40 = 5600(\text{mm}^2)$$

(1) 箍筋

由式（7-10）：

$$\frac{A_{st1}}{s} \geqslant \frac{\gamma_d T'_f - 0.35 f_t W'_{tf}}{1.2\sqrt{\zeta} f_{yv} A_{cor}}$$

$$= \frac{1.20 \times 0.69 \times 10^6 - 0.35 \times 1.27 \times 1.0 \times 10^6}{1.2 \times \sqrt{1.2} \times 270 \times 5600} = 0.193(\text{mm}^2/\text{mm})$$

选用Φ8箍筋，则得箍筋间距为：

$$s \leqslant \frac{50.3}{0.193} = 260(\text{mm})，为施工方便(和腹板协调)，取 s = 200\text{mm}$$

$$\rho_{sv} = \frac{nA_{sv1}}{bs} = \frac{2\times 50.3}{200\times 200} = 0.25\% > \rho_{sv\min} = 0.17\%，满足要求。$$

(2) 纵筋

由式 (7-9)：

$$A_{st} = \zeta \frac{A_{st1}}{s}\frac{f_{yv}u_{cor}}{f_y}$$

$$= 1.2\times 0.193\times \frac{270\times 360}{360} = 63(\text{mm}^2)$$

$$\rho_{st} = \frac{A_{st}}{bh} = \frac{63}{200\times 100} = 0.32\% > \rho_{st\min} = 0.17\%，满足要求。$$

选用 4 Φ 8 ($A_s = 201\text{mm}^2$)。

6. 截面配筋

如图 7-17 所示。

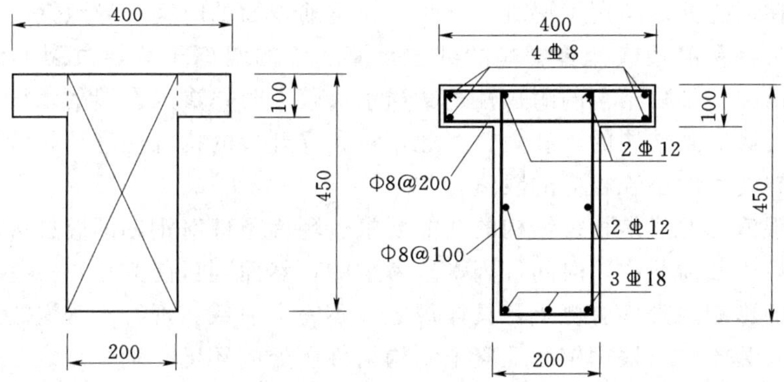

图 7-17 截面配筋图

第8章　钢筋混凝土构件正常使用极限状态验算

钢筋混凝土结构设计首先应进行承载能力极限状态计算，以保证结构构件的安全可靠，然后还应根据构件的使用要求进行正常使用极限状态验算，以保证结构构件能正常使用。正常使用极限状态验算包括抗裂（不允许裂缝出现）或裂缝宽度验算和变形验算。在有些情况下，正常使用极限状态的验算也有可能成为设计中的控制情况。随着材料强度的日益提高，构件截面尺寸进一步减小，正常使用极限状态的验算就变得越来越重要。

对于一般钢筋混凝土构件，在使用荷载作用下，截面的拉应变总是大于混凝土的极限拉应变的，要求构件在正常使用时不出现裂缝是不现实的。因此，一般的钢筋混凝土构件总是带裂缝工作的。但过宽的裂缝会产生下列不利影响：①影响外观并使人在心理上产生不安全感；②在裂缝处，缩短了混凝土碳化到达钢筋表面的时间，导致钢筋提早锈蚀。特别是在海岸建筑物受浪溅或盐雾影响的部位，海水中的氯离子会通过裂缝渗入混凝土内部，加速钢筋锈蚀，影响结构的耐久性；③当水头较大时，渗入裂缝的水压会使裂缝进一步扩展，甚至会影响到结构的承载力。因此，对允许开裂的构件应进行裂缝宽度验算，根据使用要求使裂缝宽度小于相应的限值。

裂缝宽度限值的取值是根据结构的功能要求、环境条件对钢筋的腐蚀影响、钢筋种类对腐蚀的敏感性以及荷载作用时间等因素来考虑的。然而到目前为止，一些同类规范考虑裂缝宽度限值的影响因素各有侧重，具体规定并不完全一致。现行水工混凝土结构设计规范参照国内外有关资料，根据钢筋混凝土结构构件所处的环境类别，规定了相应的最大裂缝宽度限值，如本教材附录5表1所列。

承受水压的轴心受拉构件、小偏心受拉构件，由于整个截面受拉，混凝土开裂后裂缝有可能贯穿整个截面，引起水的渗漏，因此水工混凝土结构设计规范规定，应进行抗裂验算。对于发生裂缝后会引起严重渗漏的其他构件，也应进行抗裂验算，例如简支的矩形截面输水渡槽沿纵向计算时为一受弯构件，在纵向弯矩作用下底板位于受拉区，一旦开裂，裂缝就会贯穿底板截面造成渗漏，因此虽为受弯构件也应进行抗裂验算。但是如果对结构构件采取了可靠的防渗漏措施，或采取措施后虽有渗漏但不影响正常使用时，也可不要求抗裂，而只需限制裂缝的开展宽度。因此，即使是水工钢筋混凝土结构，必须进行抗裂验算的结构构件也是很少的。

在水工建筑中，由于稳定和使用要求，构件的截面尺寸常设计得较大，变形一般较小，能满足设计要求。但吊车梁或门机轨道梁等构件，变形（挠度）过大时会妨碍吊车或门机的正常行驶；闸门顶梁变形过大时会使闸门顶梁与胸墙底梁之间止水失效。对于这类有严格限制变形要求的构件以及截面尺寸特别单薄的装配式构件，就需要进行变形验算，以控制构件的变形。现行水工混凝土结构设计规范根据受弯构件的类型，规定了最大挠度限值。本教材附录5表3给出了水工混凝土结构设计规范中的最大挠度限值。

正常使用极限状态验算与承载能力极限状态计算相比，两者所要求的目标可靠指标不同。对于正常使用极限状态验算，目标可靠指标 β_T 通常可取为1～2，小于承载能力极限状态所要求的目标可靠指标，这是因为超出正常使用极限状态所产生的后果不像超出承载能力极限状态所造成的后果（危及安全）那么严重。因而规范规定，进行正常使用极限状态验算时荷载与材料强度均取其标准值，而不是它们的设计值。

需要指出的是，本章涉及的裂缝控制计算只是针对直接作用在结构上的外力荷载所引起裂缝而言的，不包括温度、收缩、支座沉降等变形受到约束而产生的裂缝。

8.1 抗 裂 验 算

8.1.1 轴心受拉构件

钢筋混凝土轴心受拉构件在即将发生裂缝时，混凝土的拉应力达到其实际轴心抗拉强度 f_t（图8-1），拉伸应变达到其极限拉应变 ε_{tu}。这时由于钢筋与混凝土保持共同变形，因此钢筋拉应力 σ_s 可根据钢筋和混凝土变形相等的关系求得，即 $\sigma_s=\varepsilon_s E_s=\varepsilon_{tu}E_s$，令 $\alpha_E=E_s/E_c$，则 $\sigma_s=\alpha_E\varepsilon_{tu}E_c=\alpha_E f_t$。所以混凝土在开裂前或即将开裂时，钢筋应力只是混凝土应力的 α_E 倍，约6.6～7.8倍。

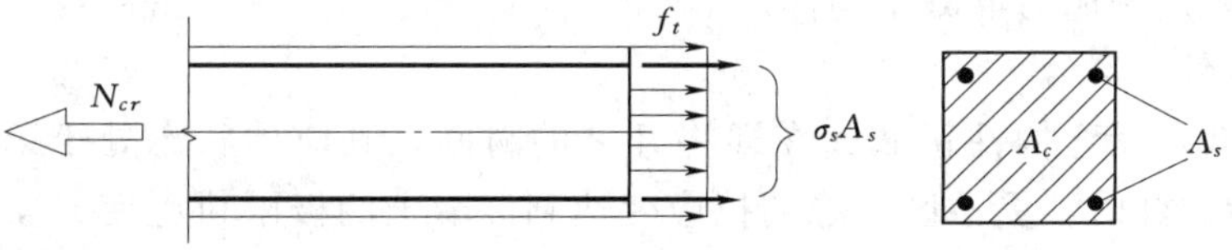

图8-1 轴心受拉构件抗裂轴向力计算图

若以 A_s 表示受拉钢筋的截面面积，以 A_{s0} 表示将钢筋 A_s 换算成假想的混凝土的换算截面面积，则换算截面面积 A_{s0} 承受的拉力应与原钢筋承受的拉力相等，即

$$\sigma_s A_s=f_t A_{s0}$$

将 $\sigma_s=\alpha_E f_t$ 代入上式可得：

$$A_{s0}=\alpha_E A_s \tag{8-1}$$

式（8-1）表明，在混凝土开裂之前，钢筋与混凝土满足变形协调条件，所以，截面面积为 A_s 的纵向受拉钢筋相当于截面面积为 $\alpha_E A_s$ 的受拉混凝土的作用，$\alpha_E A_s$ 就称为钢筋 A_s 的换算截面面积。因而，构件总的换算截面面积为：

$$A_0=A_c+\alpha_E A_s \tag{8-2}$$

式中 A_c——混凝土截面面积。

因此，由力的平衡条件可求得开裂轴向拉力（图8-1）：

$$N_{cr}=f_t A_c+\sigma_s A_s=f_t A_c+\alpha_E f_t A_s=f_t(A_c+\alpha_E A_s)=f_t A_0 \tag{8-3}$$

在进行正常使用极限状态验算时，还应满足目标可靠指标的要求，使计算得到的抗裂轴向拉力有一定的可靠性，故引进一个数值小于1的拉应力限制系数 α_{ct}，并且混凝土抗拉强度取用为标准值，荷载也取用为标准值。所以，在水工混凝土结构设计规范中，轴心受拉构件的抗裂验算公式为：

$$N_k \leqslant \alpha_{ct} f_{tk} A_0 \tag{8-4}$$

式中　N_k——按荷载效应标准组合计算得到的轴向力；

α_{ct}——混凝土拉应力限制系数，对荷载效应的标准组合，α_{ct} 可取为 0.85；

f_{tk}——混凝土轴心抗拉强度标准值，见本教材附录 2 表 6；

A_0——换算截面面积，$A_0 = A_c + \alpha_E A_s$；

α_E——钢筋弹性模量与混凝土弹性模量的比值，即 $\alpha_E = E_s / E_c$，E_s 和 E_c 分别按本教材附录 2 表 5 和表 2 查用；

A_c——混凝土截面面积；

A_s——受拉钢筋截面面积。

应当注意，轴心受拉构件的钢筋截面面积 A_s 必须由承载力计算确定，不能由式(8-4)求解，对于受弯等其他构件也是一样的。

对钢筋混凝土构件的抗裂能力而言，钢筋所起的作用不大。混凝土的极限拉伸值 ε_{tu} 一般在 $1.0\times10^{-4} \sim 1.5\times10^{-4}$，混凝土即将开裂时钢筋的拉应力 $\sigma_s = \varepsilon_{tu} E_s \approx (1.0\times10^{-4} \sim 1.5\times10^{-4}) \times 2.0\times10^5 = 20 \sim 30(\text{N/mm}^2)$，可见此时的钢筋应力是很低的。所以用增加钢筋面积的方法来提高构件的抗裂能力是极不合理的。构件抗裂能力主要靠加大构件截面尺寸或提高混凝土抗拉强度来保证，也可采用在局部混凝土中掺入钢纤维等措施，最根本的方法则是采用预应力混凝土构件。

8.1.2　受弯构件

由试验得知，受弯构件正截面在即将开裂的瞬间，其应力状态处于第 Ⅰ$_a$ 应力阶段，如图 8-2 所示。此时，受拉区边缘的拉应变达到混凝土的极限拉应变 ε_{tu}，受拉区应力分布为曲线形，具有明显的塑性特征，最大拉应力达到混凝土的抗拉强度 f_t；受压区混凝土仍接近于弹性工作状态，其应力分布图形近似为三角形；截面应变符合平截面假定。与轴心受拉构件一样，此时受拉钢筋应力 σ_s 约为 20～30N/mm²。

根据试验结果，在计算受弯构件的开裂弯矩 M_{cr} 时，混凝土受拉区应力图形可近似地假定为图 8-3 所示梯形图形，并假定塑化区高度占受拉区高度的一半；混凝土受压区应力图形假定为三角形。

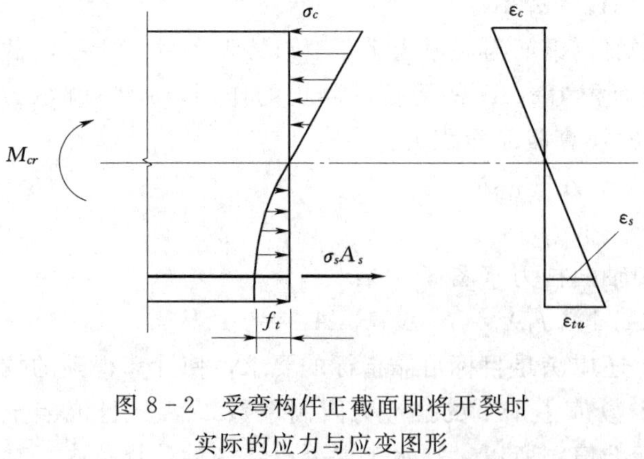

图 8-2　受弯构件正截面即将开裂时实际的应力与应变图形

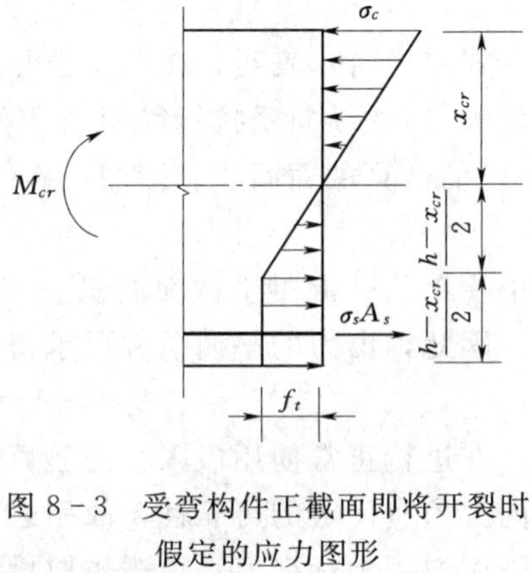

图 8-3　受弯构件正截面即将开裂时假定的应力图形

按图 8-3 的应力图形，利用平截面假定和力的平衡条件，可求出混凝土边缘压应力 σ_c 与受压区高度 x_{cr} 之间的关系。然后根据力矩的平衡条件，可求出截面开裂弯矩 M_{cr}。

但上述直接求解 M_{cr} 的方法比较繁琐，为了计算方便，可采用等效换算的方法。即在保持开裂弯矩相等的条件下，将受拉区梯形应力图形等效折算成直线分布的应力图形（图 8-4）。此时，受拉区边缘应力由 f_t 折算为 $\gamma_m f_t$，γ_m 称为截面抵抗矩的塑性系数。经过这样的换算，就可直接用弹性体的材料力学公式进行计算。

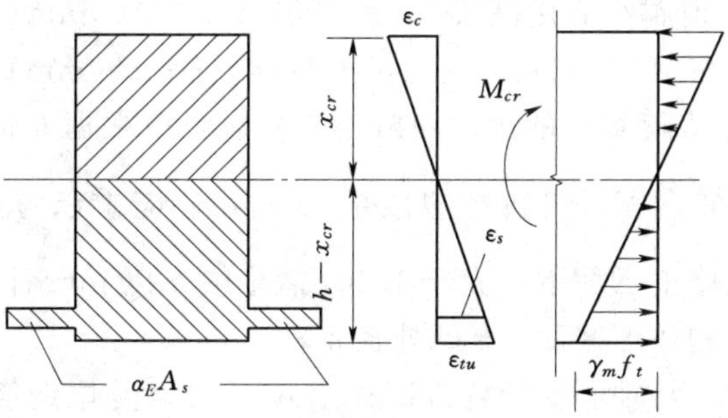

图 8-4 受弯构件正截面抗裂弯矩计算图

从上面可看出，截面抵抗矩的塑性系数 γ_m 是将受拉区为梯形分布的应力图形，按开裂弯矩相等的原则，折算成直线分布应力图形后，相应的受拉边缘应力的比值。因此，γ_m 与截面形状及假定的应力图形有关。

对于矩形截面，截面抵抗矩的塑性系数 γ_m 的推导如下：

由图 8-3，不计钢筋的作用，根据力的平衡可得

$$\frac{1}{2}\sigma_c b x_{cr} = f_t \frac{h-x_{cr}}{2}b + \frac{1}{2}f_t \frac{h-x_{cr}}{2}b$$

即

$$\sigma_c x_{cr} = 1.5 f_t (h-x_{cr}) \tag{a}$$

根据平截面假定，可得

$$\frac{\varepsilon_c}{\varepsilon_{tu}} = \frac{x_{cr}}{h-x_{cr}}$$

所以

$$\varepsilon_c = \frac{x_{cr}}{h-x_{cr}}\varepsilon_{tu} \tag{b}$$

当混凝土即将开裂时，由于受拉区混凝土塑性变形的发展，其拉应力与拉应变之比不再是弹性模量 E_c，而是变形模量 E'_{ct}，E'_{ct} 可近似地取为 $0.5E_c$，于是有：

$$\varepsilon_{tu} = \frac{2f_t}{E_c} \tag{c}$$

$$\sigma_c = \varepsilon_c E_c = \frac{x_{cr}}{h-x_{cr}}\varepsilon_{tu} E_c = \frac{2f_t x_{cr}}{h-x_{cr}} \tag{d}$$

将 σ_c 代入式（a），可解得 $x_{cr}=0.464h$。

由图 8-3，根据力矩的平衡可得

$$M_{cr} = f_t \frac{h-x_{cr}}{2}b\left[\frac{2}{3}x_{cr} + \frac{3}{4}(h-x_{cr})\right] + \frac{1}{2}f_t \frac{h-x_{cr}}{2}b\left(\frac{2}{3}x_{cr} + \frac{h-x_{cr}}{3}\right) = 0.256 f_t bh^2 \tag{e}$$

令

$$M_{cr} = \gamma_m f_t W_0 \tag{f}$$

忽略受拉钢筋的作用，近似取 $W_0=\frac{1}{6}bh^2$，则

$$\gamma_m = \frac{M_{cr}}{f_t W_0} = \frac{0.256 f_t bh^2}{f_t \frac{1}{6}bh^2} = 1.54 \tag{g}$$

所以在水工混凝土结构设计规范中，对于矩形截面，取截面抵抗矩塑性系数为 $\gamma_m=1.55$。

对于一些常用截面，已求得其相应的 γ_m 值，见本教材附录 5 表 4，设计时可直接

取用。

试验证明，γ_m 值除了与截面形状有关外，还与截面高度 h 有关。截面高度 h 越大，γ_m 值越小。由高梁（h=1200mm、1600mm、2000mm）试验得出的矩形截面 γ_m 值大体上在 1.39～1.23 左右，由浅梁（$h\leqslant$200mm）试验得出的 γ_m 值可大到 2.0，总的趋势是 γ_m 值随着 h 的增大而减小。所以，应根据 h 值的不同对 γ_m 值进行修正。即按附录 5 表 4 查得的截面抵抗矩塑性系数 γ_m，还应乘以考虑截面高度影响的修正系数：$\left(0.7+\frac{300}{h}\right)$，该修正系数不应大于 1.1。括号中 h 以 mm 计，当 h>3000mm 时，取 h=3000mm。对圆形和环形截面，h 即外径 d。

与轴心受拉构件同样道理，如果受拉钢筋截面面积为 A_s，受压钢筋截面面积为 A_s'，则可换算为与钢筋同位置的受拉混凝土截面面积 $\alpha_E A_s$ 与受压混凝土截面面积 $\alpha_E A_s'$。如此，就可把构件视作截面面积为 A_0 的匀质弹性体，$A_0=A_c+\alpha_E A_s+\alpha_E A_s'$。引用材料力学公式，得出受弯构件正截面抗裂弯矩 M_{cr} 的计算公式：

$$M_{cr}=\gamma_m f_t W_0 \tag{8-5}$$

$$W_0=\frac{I_0}{h-y_0}$$

式中　W_0——换算截面 A_0 对受拉边缘的弹性抵抗矩；

y_0——换算截面重心轴至受压边缘的距离；

I_0——换算截面对其重心轴的惯性矩。

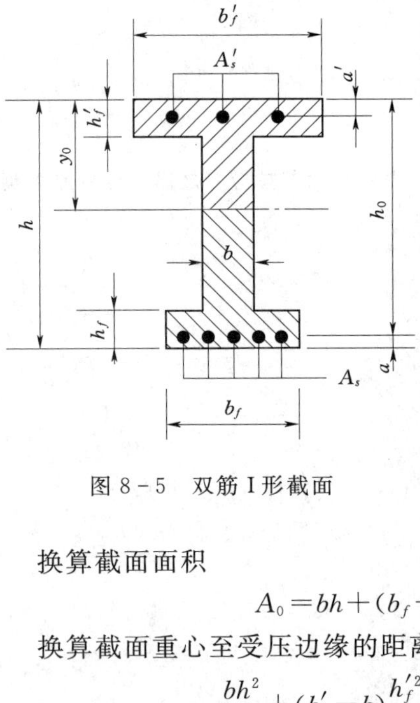

图 8-5　双筋 I 形截面

为了具有一定的可靠性，对受弯构件同样引入拉应力限制系数 α_{ct}，荷载和材料强度取用标准值。所以，在水工混凝土结构设计规范中，受弯构件的抗裂验算公式为：

$$M_k\leqslant\gamma_m\alpha_{ct}f_{tk}W_0 \tag{8-6}$$

式中　M_k——按荷载效应标准组合计算得到的弯矩值；

其余符号意义同前。

在按式（8-6）进行抗裂验算时，需先计算出换算截面的特征值 y_0、I_0 等。下面列出双筋 I 形截面（图 8-5）的具体公式。对于矩形、T 形或倒 T 形截面，只需在 I 形截面的基础上去掉无关的项即可。

换算截面面积

$$A_0=bh+(b_f-b)h_f+(b_f'-b)h_f'+\alpha_E A_s+\alpha_E A_s' \tag{8-7}$$

换算截面重心至受压边缘的距离

$$y_0=\frac{\frac{bh^2}{2}+(b_f'-b)\frac{h_f'^2}{2}+(b_f-b)h_f\left(h-\frac{h_f}{2}\right)+\alpha_E A_s h_0+\alpha_E A_s' a'}{bh+(b_f-b)h_f+(b_f'-b)h_f'+\alpha_E A_s+\alpha_E A_s'} \tag{8-8}$$

换算截面对其重心轴的惯性矩

$$I_0=\frac{b'_f y_0{}^3}{3}-\frac{(b'_f-b)(y_0-h'_f)^3}{3}+\frac{b_f(h-y_0)^3}{3}$$
$$-\frac{(b_f-b)(h-y_0-h_f)^3}{3}+\alpha_E A_s(h_0-y_0)^2+\alpha_E A'_s(y_0-a')^2 \tag{8-9}$$

单筋矩形截面的 y_0 及 I_0 也可按下列近似公式计算：

$$y_0=(0.5+0.425\alpha_E\rho)h \tag{8-10}$$

$$I_0=(0.0833+0.19\alpha_E\rho)bh^3 \tag{8-11}$$

式中 ρ——纵向受拉钢筋的配筋率，$\rho=A_s/(bh_0)$；

α_E——钢筋弹性模量与混凝土弹性模量的比值，即 $\alpha_E=E_s/E_c$；

其余符号意义见图 8-5。

8.1.3 偏心受拉构件

与受弯构件一样，偏心受拉构件的抗裂验算，也可把钢筋截面面积换算为混凝土截面面积后，用材料力学匀质弹性体公式进行计算。在荷载效应标准组合下，可按下列公式进行抗裂验算：

$$\frac{M_k}{W_0}+\frac{N_k}{A_0}\leqslant\gamma_{偏拉}\alpha_{ct}f_{tk} \tag{8-12}$$

式（8-12）中 $\gamma_{偏拉}$ 为偏心受拉构件的截面抵抗矩塑性系数。

从图 8-6 可以看出，轴心受拉构件的应变梯度（应变沿截面高度的变化率）$i_{轴拉}=0$，其塑性系数 $\gamma_{轴拉}=1$；受弯构件的应变梯度 $i_{受弯}>0$，其塑性系数 $\gamma_m>1$，说明应变梯度越大，塑性系数越大。偏心受拉构件的应变梯度 $i_{偏拉}$ 小于 $i_{受弯}$，但大于零，因此偏心受拉构件的塑性系数 $\gamma_{偏拉}$ 应处于 γ_m 与 1 之间。可近似地认为 $\gamma_{偏拉}$ 是随截面的平均拉应力 $\sigma=\frac{N_k}{A_0}$ 的大小，按线性规律在 1 与 γ_m 之间变化。

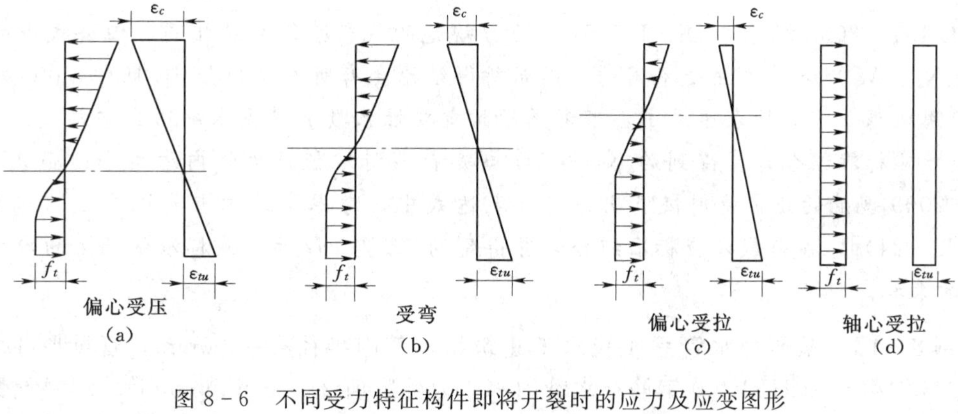

图 8-6 不同受力特征构件即将开裂时的应力及应变图形

对于受弯构件，平均拉应力 $\sigma=0$，$\gamma_{偏拉}=\gamma_m$；对于轴心受拉构件，平均拉应力 $\sigma=f_t$（用设计表达式表达相当于 $\sigma=\alpha_{ct}f_{tk}$），$\gamma_{偏拉}=1$。即

$$\gamma_{偏拉}=\gamma_m-(\gamma_m-1)\frac{N_k}{A_0\alpha_{ct}f_{tk}} \tag{8-13}$$

将式（8-13）代入式（8-12），并经变换后，就可得出偏心受拉构件在荷载效应标

准组合下的抗裂验算公式：

$$\frac{M_k}{W_0}+\frac{\gamma_m N_k}{A_0}\leqslant\gamma_m\alpha_{ct}f_{tk} \tag{8-14}$$

取 $M_k=N_k e_0$，上式也可表达为：

$$N_k\leqslant\frac{\gamma_m\alpha_{ct}f_{tk}A_0W_0}{e_0A_0+\gamma_mW_0} \tag{8-15}$$

式中　N_k——按荷载效应标准组合计算得到的轴向拉力；

M_k——与 N_k 相应的弯矩值；

e_0——轴向拉力对截面重心的偏心距，$e_0=M_k/N_k$；

其余符号意义同前。

8.1.4　偏心受压构件

与偏心受拉构件相同，偏心受压构件在荷载效应标准组合下，应按下列公式进行抗裂验算：

$$\frac{M_k}{W_0}-\frac{N_k}{A_0}\leqslant\gamma_{偏压}\alpha_{ct}f_{tk} \tag{8-16}$$

偏心受压构件应变梯度 $i_{偏压}$ 大于 $i_{受弯}$，塑化效应比较充分，因而其塑性系数 $\gamma_{偏压}$ 大于 γ_m。但在实际应用中，为简化计算并偏于安全，$\gamma_{偏压}$ 可取与受弯构件相同的数值，即取 $\gamma_{偏压}=\gamma_m$。

用 γ_m 取代 $\gamma_{偏压}$，就可得出偏心受压构件在荷载效应标准组合下的抗裂验算公式：

$$\frac{M_k}{W_0}-\frac{N_k}{A_0}\leqslant\gamma_m\alpha_{ct}f_{tk} \tag{8-17}$$

取 $M_k=N_k e_0$，式（8－17）也可表达为：

$$N_k\leqslant\frac{\gamma_m\alpha_{ct}f_{tk}A_0W_0}{e_0A_0-W_0} \tag{8-18}$$

SL 191—2008 规范与 DL/T 5057—2009 规范的抗裂验算公式相同，但公式中的荷载效应（N_k、M_k）计算方法是不同的，因而所得结论会有所差异。在 SL 191—2008 规范的正常使用极限状态设计表达式中，不考虑结构重要性系数 γ_0［见本书第 2 章式（2－34）］，按荷载效应标准组合计算得到的 N_k 与 M_k 就是荷载标准值产生的内力总和；而在 DL/T 5057—2009 规范的正常使用极限状态设计表达式中，考虑了结构重要性系数 γ_0［见第 2 章式（2－24）］，按荷载效应标准组合计算得到的 N_k 与 M_k 为荷载标准值产生的内力总和与 γ_0 的乘积。

【例 8－1】　某压力水管系 4 级水工建筑物，其内半径 $r=500$mm，管壁厚 120mm，采用 C25 混凝土和 HRB400 钢筋；水管内水压力标准值 $p_k=0.42\text{N/mm}^2$。试配置受力钢筋并进行抗裂验算。

解： 该压力水管自重所引起的环向内力可忽略不计，由附录 2 表 2、表 3、表 5、表 6 查得 $E_c=2.80\times10^4\text{N/mm}^2$、$f_y=360\text{N/mm}^2$、$E_s=2.0\times10^5\text{N/mm}^2$、$f_{tk}=1.78\text{N/mm}^2$。

1. 按 SL 191—2008 规范

(1) 配筋计算

由表 2-7 查得承载力安全系数 $K=1.15$。

压力水管承受内水压力时为轴心受拉构件，由式（2-31）得管壁单位长度（$b=1000\text{mm}$）内承受的拉力设计值为：

$$N=1.20p_k rb=1.20\times0.42\times500\times1000=252\times10^3(\text{N})=252.0\text{kN}$$

规范规定，轴拉与小偏拉构件承载力计算时钢筋抗拉强度设计值不得大于300N/mm²，因此这里取 $f_y=300\text{N/mm}^2$。

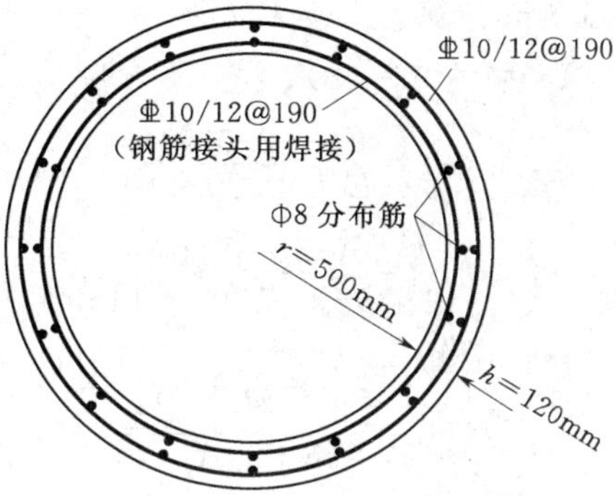

图 8-7 管壁配筋图

钢筋截面面积：

$$A_s=\frac{KN}{f_y}=\frac{1.15\times252.0\times10^3}{300}=966(\text{mm}^2)$$

管壁内、外层各配Φ 10/12@190，由本教材附录 3 表 2 查得 $A_s=2\times504=1008(\text{mm}^2)$，配筋见图 8-7。

（2）抗裂验算

在荷载效应标准组合下，$\alpha_{ct}=0.85$。

$$N_k=p_k rb=0.42\times500\times1000=210\times10^3(\text{N})=210.0\text{kN}$$

$$A_0=bh+\alpha_E A_s=1000\times120+\frac{2.0\times10^5}{2.80\times10^4}\times1008=127.20\times10^3(\text{mm}^2)$$

$$\alpha_{ct}f_{tk}A_0=0.85\times1.78\times127.20\times10^3=192.45\times10^3(\text{N})=192.45\text{kN}$$

$N_k>\alpha_{ct}f_{tk}A_0$，不满足抗裂要求。

2. 按 DL/T 5057—2009 规范

（1）配筋计算

内水压力为可变荷载，$\gamma_Q=1.20$；$\gamma_d=1.20$；由表 2-3 查得结构重要性系数 $\gamma_0=0.9$。

由式（2-21）得管壁单位长度（$b=1000\text{mm}$）内承受的拉力设计值为：

$$N=\gamma_0\psi(\gamma_Q p_k rb)=0.9\times1.0\times1.20\times0.42\times500\times1000=226.80\times10^3(\text{N})=226.80\text{kN}$$

钢筋截面面积： $A_s=\frac{\gamma_d N}{f_y}=\frac{1.20\times226.80\times10^3}{300}=907(\text{mm}^2)$

管壁内、外层仍各配Φ 10/12@190（$A_s=1008\text{mm}^2$），见图 8-7。

（2）抗裂验算

$$N_k=\gamma_0(p_k rb)=0.9\times0.42\times500\times1000=189.0\times10^3(\text{N})=189.0\text{kN}$$

$$A_0=bh+\alpha_E A_s=1000\times120+\frac{2.0\times10^5}{2.80\times10^4}\times1008=127.20\times10^3(\text{mm}^2)$$

$$\alpha_{ct}f_{tk}A_0=0.85\times1.78\times127.20\times10^3=192.45\times10^3(\text{N})=192.45\text{kN}$$

$N_k<\alpha_{ct}f_{tk}A_0$ 满足抗裂要求。

从该算例可以看到，对于 4 级、5 级水工建筑物（Ⅲ级安全级别），按 DL/T 5057—2009 规范进行抗裂验算，容易满足，其原因同学可自行分析。

【例 8-2】 某水闸系 3 级水工建筑物，其底板厚 $h=1500\text{mm}$，$h_0=1430\text{mm}$，荷载标准值在跨中截面产生的弯矩为 540.0kN·m。采用 C25 混凝土，HRB400 钢筋。由承载力计算，已配置钢筋 Φ 20@150（$A_s=2094\text{mm}^2/\text{m}$）。试按 DL/T 5057—2009 规范验算该水闸底板是否抗裂。

解： 由表 2-3 查得 $\gamma_0=1.0$；由附录 2 表 2、表 5、表 6，查得 $E_c=2.80\times10^4\text{N/mm}^2$、$E_s=2.0\times10^5\text{N/mm}^2$、$f_{tk}=1.78\text{N/mm}^2$；由附录 5 表 4，查得 $\gamma_m=1.55$。取宽度 $b=1.0\text{m}$ 计算。

1. 按式（8-8）、式（8-9）计算 y_0、I_0

$$\alpha_E=\frac{E_s}{E_c}=\frac{2.0\times10^5}{2.80\times10^4}=7.14$$

$$\rho=\frac{A_s}{bh_0}=\frac{2094}{1000\times1430}=0.15\%$$

$$y_0=\frac{\dfrac{bh^2}{2}+\alpha_E A_s h_0}{bh+\alpha_E A_s}=\frac{\dfrac{1000\times1500^2}{2}+7.14\times2094\times1430}{1000\times1500+7.14\times2094}=757(\text{mm})$$

$$I_0=\frac{by_0^3}{3}+\frac{b(h-y_0)^3}{3}+\alpha_E A_s(h_0-y_0)^2$$

$$=\frac{1000\times757^3}{3}+\frac{1000\times(1500-757)^3}{3}+7.14\times2094\times(1430-757)^2$$

$$=288.1\times10^9(\text{mm}^4)$$

如改用近似公式（8-10）、式（8-11）计算 y_0 及 I_0：

$$y_0=(0.5+0.425\alpha_E\rho)h=(0.5+0.425\times7.14\times0.0015)\times1500=757(\text{mm})$$

$$I_0=(0.0833+0.19\alpha_E\rho)bh^3=(0.0833+0.19\times7.14\times0.0015)\times1000\times1500^3$$

$$=288.0\times10^9(\text{mm}^4)$$

可见近似公式（8-10）、式（8-11）足够精确。

2. 按式（8-6）验算是否抗裂

考虑截面高度的影响，对 γ_m 值进行修正，得

$$0.7+\frac{300}{h}=0.7+\frac{300}{1500}=0.9<1.1$$

$$\gamma_m=\left(0.7+\frac{300}{h}\right)\times1.55=0.9\times1.55=1.395$$

在荷载效应标准组合下，$\alpha_{ct}=0.85$，则

$$\gamma_m\alpha_{ct}f_{tk}W_0=\gamma_m\alpha_{ct}f_{tk}\frac{I_0}{h-y_0}=1.395\times0.85\times1.78\times\frac{288.1\times10^9}{1500-757}$$

$$=818.40\times10^6(\text{N}\cdot\text{mm})=818.40\text{kN}\cdot\text{m}>M_k=1.0\times540.0$$

$$=540.0(\text{kN}\cdot\text{m})$$

该水闸底板跨中截面满足抗裂要求。

应注意，水闸底板虽处于水下，但只需进行裂缝宽度验算，并不要求必须抗裂，该算例只是为了说明受弯构件抗裂验算的步骤。同时也用来说明，对于一般钢筋混凝土结构，若已满足抗裂要求时可不再进行裂缝宽度控制验算。

8.2 裂缝开展宽度验算

8.2.1 裂缝成因

混凝土产生裂缝的原因十分复杂，归纳起来有外力荷载引起的裂缝和非荷载因素引起的裂缝两大类，现分述于下。

8.2.1.1 外力荷载引起的裂缝

钢筋混凝土结构在使用荷载作用下，截面上的混凝土拉应变一般都是大于混凝土极限拉应变的，因而构件在使用时总是带裂缝工作的。作用于截面上的弯矩、剪力、轴向拉力和扭矩等内力都可能引起钢筋混凝土构件开裂，但不同性质的内力所引起的裂缝，其形态不同。

裂缝一般与主拉应力方向大致垂直，且最先在内力最大处产生。如果内力相同，则裂缝首先在混凝土抗拉能力最薄弱处产生。

外力荷载引起的裂缝主要有正截面裂缝和斜裂缝。由弯矩、轴心拉力、偏心拉（压）力等引起的裂缝，称为正截面裂缝或垂直裂缝；由剪力或扭矩引起的与构件轴线斜交的裂缝称为斜裂缝。

由荷载引起的裂缝主要通过合理的配筋，例如选用与混凝土粘结较好的带肋钢筋，控制使用期钢筋应力不过高、钢筋直径不过粗、钢筋间距不过大等措施，来控制正常使用条件下的裂缝不致过宽。

8.2.1.2 非荷载因素引起的裂缝

钢筋混凝土结构构件除了由外力荷载引起的裂缝外，很多非荷载因素，如温度变化、混凝土收缩、基础不均匀沉降、塑性坍落、冰冻、钢筋锈蚀以及碱骨料化学反应等都有可能引起裂缝。

1. 温度变化引起的裂缝

结构构件会随着温度的变化而产生变形，即热胀冷缩。当冷缩变形受到约束时，就会产生温度应力（拉应力），当温度应力产生的拉应变大于混凝土极限拉应变就会产生裂缝。减小温度应力的实用方法是尽可能地撤去约束，允许其自由变形。在建筑物中设置伸缩缝就是这种方法的典型例子。

大体积混凝土开裂的主要原因之一是温度应力。混凝土在浇筑凝结硬化过程中会产生大量的水化热，导致混凝土温度上升。如果热量不能很快散失，混凝土块体内外温差过大，就会产生温度应力，使结构内部受压外部受拉，如图 8-8 所示。混凝土在硬化初期抗拉强度很低，如果内外温度差较大，就容易出现裂缝。防止这类裂缝的措施是，采用低热水泥和在块体内部埋置块石以减少水化热，掺用优质掺合料以降低水泥用量，预冷骨料及拌和用水以降低混凝土入仓温度，预埋冷却水管通水冷却和合理分层分块浇筑混凝土以降低内部温度，加强隔热保温养护以减小内外温差等。

构件在使用过程中若内外温差大，也可能引起构件开裂。例如钢筋混凝土倒虹吸管，内表面水温很低，外表面经太阳曝晒温度会相对较高，管壁的内表面就可能产生裂缝。为防止此类裂缝的发生或减小裂缝宽度，应采用隔热或保温措施尽量减少构件内的温度梯度，例如在裸露的压力管道上铺设填土或塑料隔热层。在配筋时也应考虑温度应力的影响。

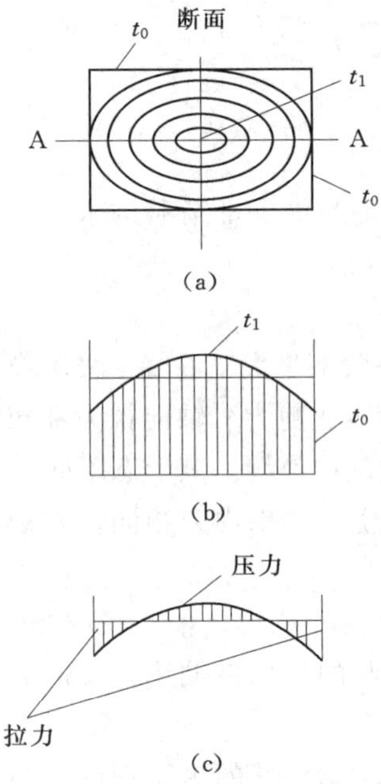

图 8-8　水化热引起的温度分布及温度应力

2. 混凝土收缩引起的裂缝

混凝土在结硬时会体积缩小产生收缩变形。如果构件能自由伸缩，则混凝土的收缩只是引起构件的缩短而不会导致收缩裂缝。但实际上结构构件都程度不同地受到边界约束作用，例如板受到四边梁的约束，梁受到支座的约束。对于这些受到约束而不能自由伸缩的构件，混凝土的收缩也就可能导致裂缝的产生。

在配筋率很高的构件中，即使边界没有约束，混凝土的收缩也会受到钢筋的制约而产生拉应力，有可能引起构件产生局部裂缝。此外，新老混凝土的界面上很容易产生收缩裂缝。

混凝土的收缩变形随着时间而增长，初期收缩变形发展较快，两周可完成全部收缩量的 25%，一个月约可完成 50%，三个月后增长缓慢，一般两年后趋于稳定。

防止和减少收缩裂缝的措施是，合理地设置伸缩缝，改善水泥性能，降低水灰比，水泥用量不宜过多，配筋率不宜过高，在梁的支座下设置四氟乙烯垫层以减小摩擦约束，合理设置构造钢筋使收缩裂缝分布均匀，尤其要注意加强混凝土的潮湿养护。

3. 基础不均匀沉降引起的裂缝

基础不均匀沉降会使超静定结构受迫变形而引起裂缝。防止的措施是，根据地基条件及上部结构形式采用合理的构造措施及设置沉降缝等。

4. 混凝土塑性坍落引起的裂缝

混凝土塑性坍落发生在混凝土浇筑后的头几个小时内，这时混凝土还处于塑性状态，如果混凝土出现泌水现象，在重力作用下混合料中的固体颗粒有向下沉移而水向上浮动的倾向。当这种移动受到钢筋骨架或者模板约束时，在上部就容易形成沿钢筋长度方向的顺筋裂缝，如图 8-9 所示。防止这类裂缝的措施是，仔细选择集料的级配，做好混凝土的配合比设计，特别是要控制水灰比，采用适量的减水剂，施工时混凝土既不能漏振也不能过振。如一旦发生这类裂缝，可在混凝土终凝以前重新抹面压光，使裂缝闭合。

5. 冰冻引起的裂缝

水在结冰过程中体积要增加。因此，通水孔道中结冰就可能产生沿着孔道方向的纵向裂缝。

在建筑物基础梁下，充填一定厚度的松散材料（炉渣）可防止土体冰胀后，作用力直接作用在基础梁上而引起基础梁开裂或者破坏。

6. 钢筋锈蚀引起的裂缝

钢筋的生锈过程是电化学反应过程（参见 8.4 节），其生成物铁锈的体积大于原钢筋的体积。这种效应可在钢筋周围的混凝土中产生胀拉应力，如果混凝土保护层比较薄，不足以抵

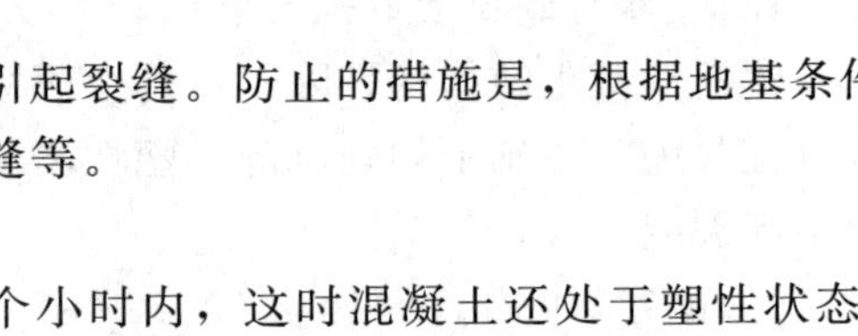

图 8-9　顺筋裂缝

抗这种拉应力时就会沿着钢筋形成一条顺筋裂缝。顺筋裂缝的发生，又进一步促进钢筋锈蚀程度的增加，形成恶性循环，最后导致混凝土保护层剥落，甚至钢筋锈断。如图 8-10 所示。这种顺筋裂缝对结构的耐久性影响极大。防止的措施是提高混凝土的密实度和抗渗性，适当地加大混凝土保护层厚度。

7. 碱-骨料化学反应引起的裂缝

碱-骨料反应是指混凝土孔隙中水泥的碱性溶液与活性骨料（含活性 SiO_2）化学反应生成碱-硅酸凝胶，碱硅胶遇水后可产生膨胀，使混凝土胀裂。开始时在混凝土表面形成不规则的鸡爪形细小裂缝，然后由表向里发展，裂缝中充满白色沉淀。

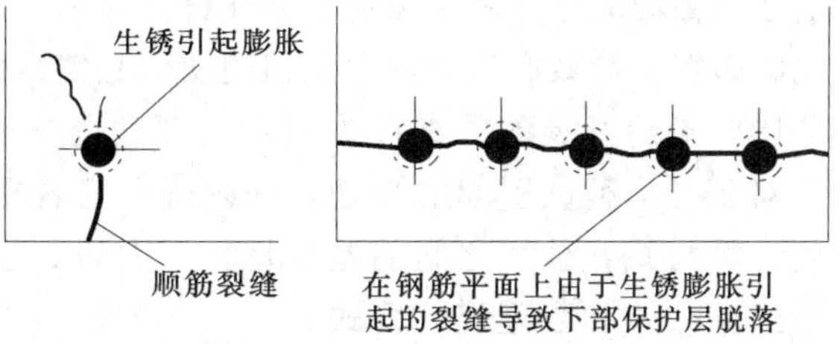

图 8-10　钢筋锈蚀的影响

碱-骨料化学反应对结构构件的耐久性影响很大。为了控制碱-骨料的化学反应，应选择低含碱量的水泥，混凝土结构的水下部分不宜（或不应）采用活性骨料，提高混凝土的密实度和采用较低的水灰比。

8.2.2 裂缝宽度控制方法的分类

目前国内外混凝土结构设计规范采用的裂缝宽度控制方法大致可分为下列几类：

（1）设计规范中列出了裂缝宽度计算公式和裂缝宽度限值，要求裂缝宽度计算值不得大于所规定的限值，但所给出的裂缝宽度计算公式仅适用于外力荷载产生的正截面裂缝。在过去较长时间内，大部分设计规范都采用这种方法，例如我国的一些混凝土结构设计规范、美国 1995 年的 ACI 规范、日本 2002 年规范和苏联 1987 年的规范都属于这一类。

（2）设计规范既不给出裂缝宽度计算公式，也不规定裂缝宽度限值，只规定了以限裂为目的的构造要求，这主要是因为在大多数情况下，裂缝是在温度、收缩和外力荷载综合作用下产生的，与施工养护质量有很大的关系。原来所建议的裂缝宽度计算公式，并不能完全符合工程实际，自然也不能真正解决工程问题。所以目前对于控制裂缝宽度的趋势是主要着眼于配筋构造要求，而不是过分看重公式计算。以限裂为目的的配筋构造要求包括钢筋间距要求、受拉钢筋最小配筋率、限制高强钢筋使用等规定。可以认为，处于一般环境条件下的构件，只要满足了这些构造要求，裂缝宽度就自然满足了正常使用的要求。但对处于高侵蚀性环境或需要防止渗水，对限裂有更高要求的结构构件，这类规范仍规定裂缝控制要做专门研究。美国 2002 年的 ACI 规范、美国 2003 年的水工混凝土结构规范和英国 1997 年的规范属于这一类。

（3）规范既给出了裂缝宽度计算公式，又规定了以限裂为目的的构造要求，如 2002 年的欧洲规范，它一方面给出了裂缝宽度计算公式和裂缝宽度限值，另一方面规定在某些情况下可不作裂缝宽度验算。如承受弯矩的薄板，在满足最小配筋率、钢筋直径和间距等规定后就可不进行裂缝宽度计算。

（4）规范中同时列出裂缝宽度计算公式和钢筋应力计算方法，如我国现行水工混凝土结构设计规范。它对一般构件给出了外力荷载作用下的裂缝宽度计算公式，要求裂缝宽度计算值不得大于所规定的裂缝宽度限值；对于无法求得裂缝宽度的非杆件体系结构，除建议按钢筋混凝土有限单元法计算裂缝开展宽度外，同时给出了钢筋应力的计算方法，要求钢筋应力计算值不得大于所规定的钢筋应力限值，用来间接控制裂缝宽度。

8.2.3　裂缝宽度计算理论概述

到目前为止，裂缝宽度的计算仅限于一般梁柱构件，由外力荷载产生的弯矩或轴向拉力所引起正截面裂缝。其他裂缝，如非杆件体系结构中的裂缝，非荷载作用（温度、收缩等）产生的裂缝，荷载产生的剪力或扭矩所引起斜截面裂缝，迄今还未有简便的方法加以计算。

影响裂缝开展的因素极为复杂，要建立一个能概括各种因素的计算方法是十分困难的。对于外力荷载引起的裂缝，国内外研究者根据各自的试验成果，曾提出过许多的裂缝宽度计算公式，公式之间的差异是相当大的。这些公式大体上可以分为两种类型，即半理论半经验公式和数理统计公式。

1. 半理论半经验公式

半理论半经验公式是根据裂缝开展的机理分析，从某一力学模型出发推导出理论计算公式，但公式中的一些系数则借助于试验或经验确定。现行《水工混凝土结构设计规范》中的裂缝宽度计算公式即属于此类。

在半理论半经验公式中，裂缝开展机理及其计算理论大体上可分为三种：①粘结滑移理论；②无滑移理论；③综合理论。

粘结滑移理论是最早提出的，它认为裂缝的开展是由于钢筋和混凝土之间不再保持变形协调而出现相对滑移造成的。在一个裂缝区段（裂缝间距 l_{cr}）内，钢筋与混凝土伸长之差就是裂缝开展宽度 w，因此 l_{cr} 越大，w 也越大。而 l_{cr} 又取决于钢筋与混凝土之间的粘结力大小及分布。根据这一理论，影响裂缝宽度的因素除了钢筋应力 σ_s 以外，主要是钢筋直径 d 与配筋率 ρ 的比值。同时，这一理论还意味着混凝土表面的裂缝宽度与内部钢筋表面处的裂缝宽度是一样的，如图 8-11（a）所示。

无滑移理论是 20 世纪 60 年代中期提出的，它假定裂缝开展后，混凝土截面在局部范围内不再保持为平面，而钢筋与混凝土之间的粘结力并不破坏，相对滑移可忽略不计，这也就意味着裂缝的形状如图 8-11（b）所示。按此理论，裂缝宽度在钢筋表面处为零，在构件表面处最大。表面裂缝宽度受从钢筋到构件表面的应变梯度控制，也就是与保护层厚度 c 的大小有关。

综合理论是在前两种理论的基础上建立起来的。粘结滑移理论和无滑移理论对于裂缝主要影响因素的分析和取舍各有侧重，都有一定试验结果的支持，又都不能完全解释所有的实验现象和试验结果。综合理论将此两种理论相结合，既考虑了保护层厚度对 w 的影响，也考虑了钢筋可能出现的滑移，这无疑更为全面一些。

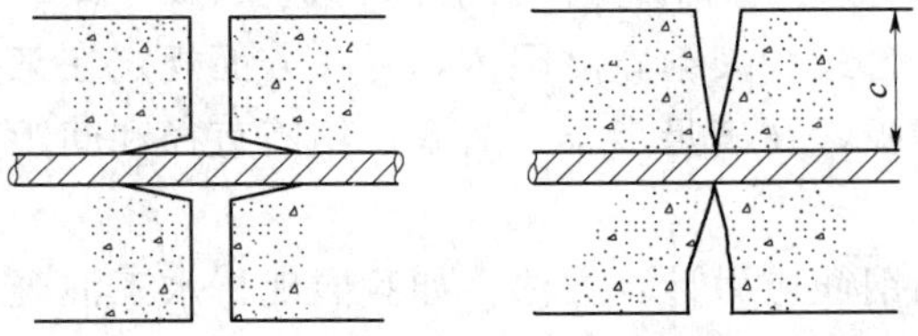

(a)　(b)

图 8-11　两种裂缝形状

2. 数理统计公式

数理统计公式是对大量实测资料，采用回归分析方法分析不同参数对裂缝开展宽度的影响程度，选择其中最合适的参数表达形式，然后用数理统计方法直接建立由一些主要参数组成的经验公式。数理统计公式虽不是来源于对裂缝开展机理的分析，但因为它建立在大量实测资料的基础上，常具有公式简便的特点，也有相当良好的计算精度。我国港口工程混凝土结构设计规范的裂缝宽度计算公式即属于此类。

应该注意到，无论是半理论半经验公式，还是数理统计公式，它们所依据的实测资料都是在实验室内由外力荷载作用下测得的裂缝宽度，不能反映实际工程中的裂缝状态。

8.2.4 裂缝开展机理及计算理论简介

8.2.4.1 裂缝出现前后的应力状态

为了建立计算裂缝宽度的公式，必须弄清楚裂缝出现与开展后构件各截面的应力应变状态。下面以受弯构件纯弯区段为例予以讨论。

在裂缝出现前，受拉区由钢筋与混凝土共同受力。沿构件长度方向，各截面的受拉钢筋应力与受拉混凝土应力都大体上保持均等。

由于各截面混凝土的实际抗拉强度稍有差异，当荷载增加到一定程度，在某一最薄弱的截面上（图 8-12 中的 a 截面），首先出现第一条裂缝。有时也可能在几个截面上同时出现第一批裂缝。在裂缝截面，裂开的混凝土不再承受拉力，原先由受拉混凝土承担的拉力就转移由钢筋承担。所以裂缝截面的钢筋应力就突然增大，钢筋的应变也有一个突增。加上原来因受拉而张紧的混凝土在裂缝出现瞬间将分别向裂缝两边回缩，所以裂缝一出现就会有一定的宽度。

受拉张紧的混凝土在向裂缝两边回缩时，混凝土和钢筋产生相对滑移。但因受到钢筋与混凝土粘结作用的影响，混凝土不能一下子自由回缩到完全放松的无应力状态。离开裂缝截面越远，粘结力累计越大，混凝土回缩就越小。因此，在离开裂缝一定距离的截面，混凝土仍将处于某种张紧的状态，也就是仍然存在拉应力。而且距裂缝越远，混凝土承担的拉应力也越大，同时钢筋的拉应力就越小。当达到某一距离后，两者的应力又恢复到未开裂的均匀状态。

当荷载再有微小增加时，在拉应变大于混凝土实际极限拉应变的地方又将出现第二条裂缝（图 8-12 中的 b 截面）。第二条裂缝出现后，该截面的混凝土又脱离工作，应力下降到零，钢筋应力则又突增。所以在裂缝出现后，沿构件长度方向，钢筋与混凝土的应力是随着与裂缝位置的距离不同而变化的（图 8-13）。中和轴也不保持在一个水平面上，而是随着裂缝位置呈波浪形起伏。

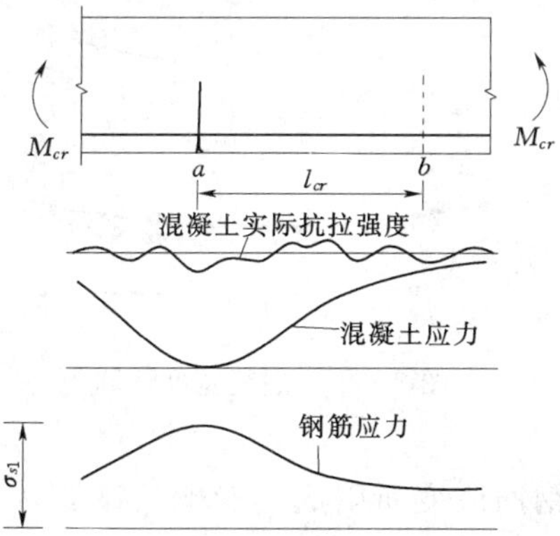

图 8-12 第一条裂缝至将出现第二条裂缝间混凝土及钢筋应力分布

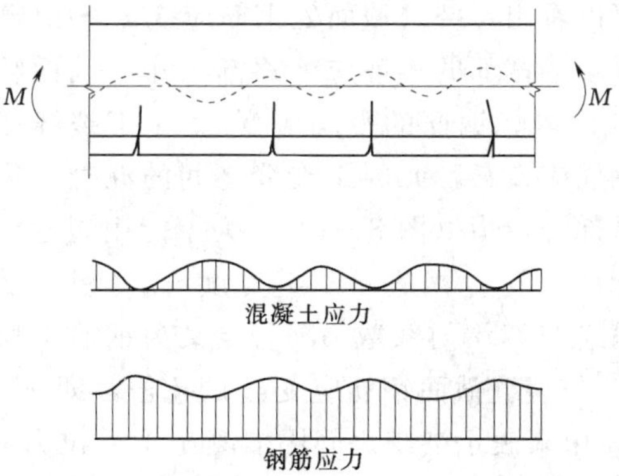

图 8-13 中和轴、钢筋及混凝土应力随裂缝位置变化的情况

试验得知，由于混凝土质量的不均匀，裂缝间距总是有疏有密。在同一纯弯区段内，裂缝的最大间距可为平均间距的 1.3～2 倍。裂缝的出现也有先有后，当两条裂缝的间距较大时，随着荷载的增加，在两条裂缝之间还有可能出现新的裂缝。但当已有裂缝间距小于 2 倍最小裂缝间距时，其间不可能再出现新的裂缝，因为这时通过累计粘结力传递的混凝土拉力不足以使混凝土开裂。我国的一些试验指出，大概在荷载超过开裂荷载 50%以上时，裂缝间距才趋于稳定。对正常配筋率或配筋率较高的梁来说，在正常使用时期，可以认为裂缝间距已基本稳定。也就是说，此后荷载再继续增加时，构件不再出现新的裂缝，而只是使原有的裂缝扩展与延伸，荷载越大，裂缝越宽。随着荷载逐步增加，裂缝间的混凝土逐渐脱离工作，钢筋应力逐渐趋于均匀。

试验指出，在同一纯弯区段、同一钢筋应力下，裂缝开展的宽度有大有小，差别也是很大的。从实际设计意义上来说，所考虑的应是裂缝的最大宽度。最大裂缝宽度的计算值可由平均裂缝宽度 w_m 乘以一个扩大系数 α 而得到，因而下面首先来讨论平均裂缝宽度 w_m。

8.2.4.2　平均裂缝宽度 w_m

如果把混凝土的性质加以理想化，就可以得出以下结论：当荷载达到抗裂弯矩 M_{cr} 时，出现第一条裂缝。在裂缝截面，混凝土拉应力下降为零，钢筋应力增大。离开裂缝截面，混凝土仍然受拉，且离裂缝截面越远，受力越大。在拉应力产生的拉应变达到极限拉应变 ε_{tu} 处，就是出现第二条裂缝的地方。接着又会相继出现第三、第四、……条裂缝。由于把问题理想化，所以理论上裂缝是等间距分布，而且也几乎是同时发生的。此后荷载的增加只是裂缝开展宽度加大而不再产生新的裂缝。而且各条裂缝的宽度，在同一荷载下也是相等的。

由图 8-14 可知，裂缝发生后，在钢筋重心处的裂缝宽度 w_m 应等于两条相邻裂缝之间的钢筋伸长与混凝土伸长之差，即

$$w_m=\varepsilon_{sm}l_{cr}-\varepsilon_{cm}l_{cr} \tag{8-19}$$

式中　ε_{sm}、ε_{cm}——裂缝间钢筋及混凝土的平均应变；

l_{cr}——裂缝间距。

混凝土的拉伸变形极小，可以略去不计，则上式可改写为

$$w_m=\varepsilon_{sm}l_{cr} \tag{8-20}$$

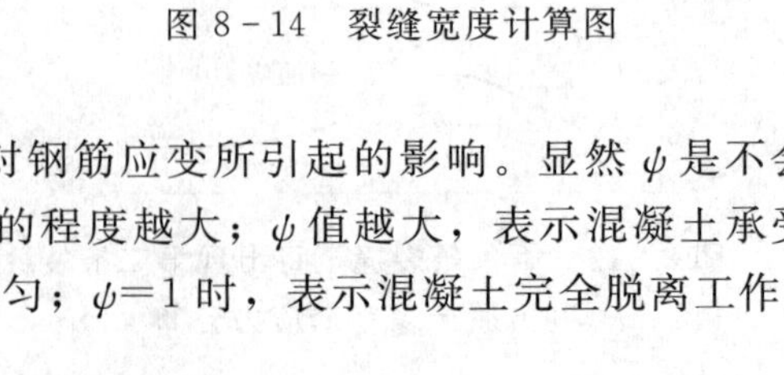

图 8-14　裂缝宽度计算图

可以看出，裂缝截面处钢筋应变 ε_s 相对最大，非裂缝截面的钢筋应变逐渐减小，因而整个 l_{cr} 长度内，钢筋的平均应变 ε_{sm} 小于裂缝截面的钢筋应变 ε_s，原因是裂缝之间的混凝土仍能承受部分拉力（图 8-13）。为了能用裂缝截面的钢筋应变 ε_s 来表示裂缝宽度 w_m，引入受拉钢筋应变不均匀系数 ψ，它定义为钢筋平均应变 ε_{sm} 与裂缝截面钢筋应变 ε_s 的比值，即 $\psi=\varepsilon_{sm}/\varepsilon_s$，用来表示裂缝之间因混凝土承受拉力而对钢筋应变所引起的影响。显然 ψ 是不会大于 1 的，ψ 值越小，表示混凝土参与承受拉力的程度越大；ψ 值越大，表示混凝土承受拉力的程度越小，各截面上钢筋的应力就比较均匀；ψ=1 时，表示混凝土完全脱离工作。

由于
$$\psi=\frac{\varepsilon_{sm}}{\varepsilon_s}$$
所以
$$\varepsilon_{sm}=\psi\varepsilon_s=\psi\frac{\sigma_s}{E_s}$$
代入式（8-20），得
$$w_m=\psi\frac{\sigma_s}{E_s}l_{cr} \tag{8-21}$$

式（8-21）是根据粘结滑移理论得出的裂缝宽度基本计算公式。从式（8-21）看到，裂缝宽度 w_m 取决于裂缝截面的钢筋应力 σ_s、裂缝间距 l_{cr} 和裂缝间纵向受拉钢筋应变不均匀系数 ψ。下面以轴心受拉构件为例，说明确定 σ_s、l_{cr} 及 ψ 的方法。

1. σ_s 值

对于轴心受拉构件，在裂缝截面，整个截面拉力全由钢筋承担，故在使用荷载下的钢筋应力 σ_s 可由下式求得：
$$\sigma_s=\frac{N}{A_s} \tag{8-22}$$
式中 N——正常使用阶段的轴向拉力；

A_s——轴心受拉构件的全部受拉钢筋截面面积。

钢筋应力 σ_s 与轴向力 N 成正比，当外荷载增大时，σ_s 相应增大，使裂缝宽度也随之加宽。

2. l_{cr} 值

图 8-15 所示为一轴心受拉构件，在截面 $a-a$ 已出现第一条裂缝，并即将在截面 $b-b$ 出现第二条相邻裂缝时的一段混凝土脱离体的应力图形。

在 $a-a$ 截面，全截面混凝土应力为零，钢筋应力为 σ_{sa}；在 $b-b$ 截面上，钢筋应力为 σ_{sb}，混凝土的拉应力在靠近钢筋处最大，离开钢筋越远，应力越小。将受拉混凝土折算成应力值为混凝土轴心抗拉强度 f_t 的作用区域，这个区域称为有效受拉混凝土截面面积 A_{te}，见图 8-15（b），这个作用区域所受的拉力为 f_tA_{te}。

由图 8-15（b）知，$a-a$ 截面与 $b-b$ 截面两端钢筋的拉力差 $A_s\sigma_{sa}-A_s\sigma_{sb}$ 由 $b-b$ 截面受拉混凝土所受的拉力 f_tA_{te} 相平衡，即
$$A_s\sigma_{sa}-A_s\sigma_{sb}=f_tA_{te}$$
由图 8-15（c）知，$A_s\sigma_{sa}-A_s\sigma_{sb}$ 又由混凝土与钢筋之间的粘结力 $\tau_m ul_{cr}$ 相平衡，即
$$A_s\sigma_{sa}-A_s\sigma_{sb}=\tau_m ul_{cr}$$
所以
$$\tau_m ul_{cr}=f_tA_{te}$$
$$l_{cr}=\frac{f_tA_{te}}{\tau_m u} \tag{8-23}$$
式中 τ_m——l_{cr} 范围内纵向受拉钢筋与混凝土的平均粘结力；

u——纵向受拉钢筋截面总周长，$u=n\pi d$，n 和 d 分别为钢筋的根数和直径。

引入纵向受拉钢筋的有效配筋率 ρ_{te}，$\rho_{te}=A_s/A_{te}$。将 $\rho_{te}=A_s/A_{te}$，$A_s=n\pi d^2/4$ 及 $u=n\pi d$ 代入式（8-23），得
$$l_{cr}=\frac{f_td}{4\tau_m\rho_{te}} \tag{8-24}$$

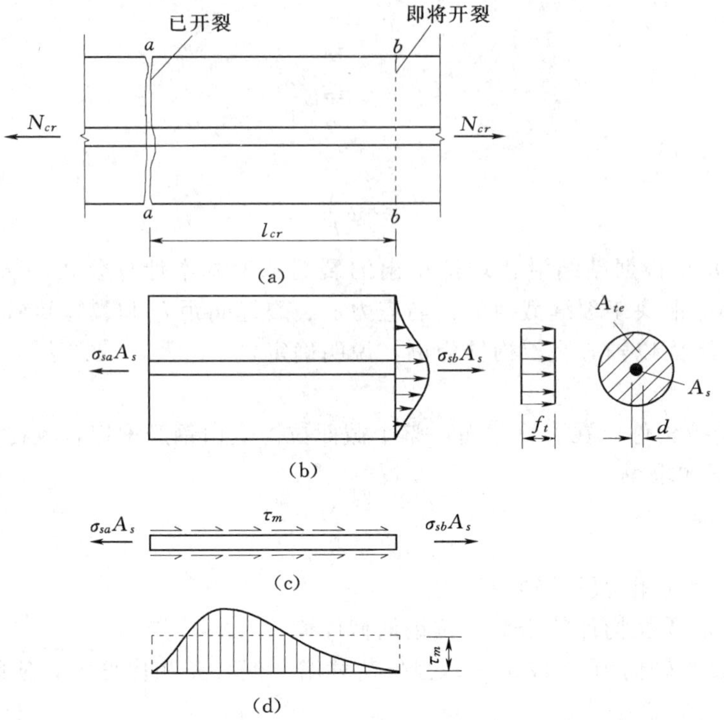

图 8-15　混凝土脱离体的应力图形

当混凝土抗拉强度增大时，钢筋和混凝土之间的粘结强度也随之增加，因而可近似认为 f_t/τ_m 为一常值，故式（8-24）可改写为：

$$l_{cr}=K_1\frac{d}{\rho_{te}} \tag{8-25}$$

式中纵向受拉钢筋的有效配筋率 ρ_{te} 的大小主要取决于有效受拉混凝土截面面积 A_{te} 的取值。从前面已经知道，A_{te} 并不是指全部受拉混凝土的截面面积，因为对于裂缝间距和裂缝宽度而言，钢筋的作用仅仅影响到它周围的有限区域，裂缝出现后只是钢筋周围有限范围内的混凝土受到钢筋的约束，而距钢筋较远的混凝土受钢筋的约束影响很小。国内外学者对 A_{te} 的取值进行了较多的研究，如早在 20 世纪 50 年代，在研究梁的裂缝宽度时就将梁的受拉区假想为轴心拉杆，取与钢筋重心相重合的受拉区混凝土截面面积作为有效混凝土截面面积 A_{te}，如图 8-16（a）所示；而大保护层钢筋混凝土受弯构件裂缝控制的试验结果表明，有效受拉混凝土半径可取为 5.5d（d 为钢筋直径），如图 8-16（b）所示。目前，许多国家的混凝土结构设计规范都引入了有效受拉混凝土截面面积的概念，并反映在裂缝宽度计算公式中，但对于有效受拉混凝土截面面积尚没有统一的取值方法。

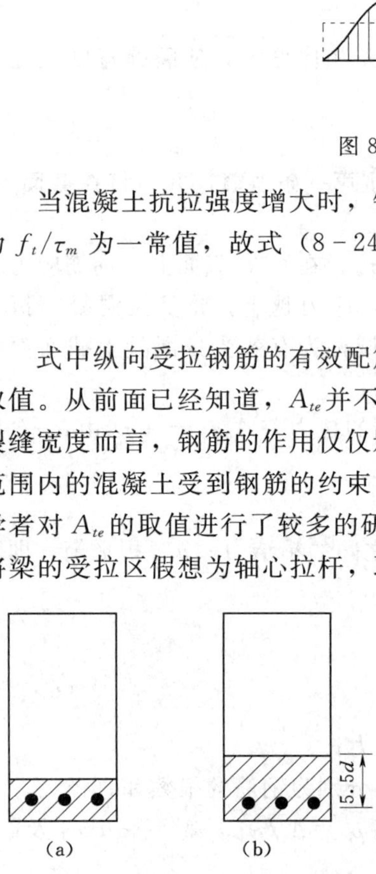

图 8-16　有效受拉混凝土截面面积 A_{te} 的取值

由上述粘结滑移理论推求出的裂缝间距 l_{cr} 主要与钢筋直径 d 及有效配筋率 ρ_{te} 有关，l_{cr} 与 d/ρ_{te} 成正比。

但无滑移理论则认为对于带肋钢筋，钢筋与混凝土之间有充分的粘结强度，裂缝开展时两者之间几乎不发生相对滑移，即认为在钢筋表面处，裂缝宽度应等于零，而构件表面的裂缝宽度完全是由钢筋外围混凝土的弹性回缩造成的。因此，根据无滑移理论，混凝土保护层厚度 c 就成为影响构件表面裂缝宽度的主要因素。事实上，混凝土一旦开裂，裂缝两边原来张紧受拉的混凝土立即回缩，钢筋阻止混凝土回缩，钢筋与混凝土之间产生粘结力，将钢筋应力向混凝土传递，使混凝土拉应力逐渐增大。混凝土保护层厚度越大，外表面混凝土拉应变达到极限拉应变的位置离开已有裂缝的距离也越大，即裂缝间距 l_{cr} 将增大。试验证明，当保护层厚度从 15mm 增加到 30mm 时，平均裂缝间距增加 40%。

显然，最后的综合理论认为影响裂缝间距 l_{cr} 的因素既有 d 与 ρ_{te}，又有 c，更为全面。因此，可把裂缝间距的计算公式表示为：

$$l_{cr}=K_1c+K_2\frac{d}{\rho_{te}} \tag{8-26}$$

式中　K_1、K_2——试验常数，可由大量试验资料确定。

3. ψ 值

受拉钢筋应变不均匀系数 $\psi=\varepsilon_{sm}/\varepsilon_s$，显然 ψ 是一个小于 1 的系数。它反映了裂缝间受拉混凝土参与工作的程度。随着外力的增加，裂缝截面的钢筋应力 σ_s 随之增大，钢筋与混凝土之间的粘结逐步被破坏，受拉混凝土也就逐渐退出工作，因此 ψ 值必然与 σ_s 有关。当最终受拉混凝土全部退出工作时，ψ 值就趋近于 1.0。影响 ψ 的因素很多，除钢筋应力外，还与混凝土抗拉强度、配筋率、钢筋与混凝土的粘结性能、荷载作用的时间和性质等有关。准确地计算 ψ 值是十分复杂的，目前大多是根据试验资料给出半理论半经验的 ψ 值计算公式，如

$$\psi=1.0-\frac{\beta f_t}{\sigma_s\rho_{te}} \tag{8-27}$$

式中　β——试验常数。

当 σ_s、l_{cr} 及 ψ 值求得后代入式（8-21）就可求得平均裂缝宽度 w_m。

8.2.4.3　最大裂缝宽度 w_{max}

以上求得的 w_m 是整个梁段的平均裂缝宽度，而实际上由于混凝土质量的不均匀，裂缝的间距有疏有密，每条裂缝开展的宽度有大有小，离散性是很大的。并且随着荷载的持续作用，裂缝宽度还会继续加宽，而用以衡量裂缝开展宽度是否超过限值，应以最大宽度为准，而不是其平均值。最大裂缝宽度值可由平均裂缝宽度 w_m 乘以一个扩大系数 α 而得到。系数 α 考虑了裂缝宽度的随机性、荷载的长期作用、钢筋品种及构件受力特征等因素的综合影响。由此可得出：

$$w_{max}=\alpha w_m=\alpha\psi\frac{\sigma_s}{E_s}l_{cr} \tag{8-28}$$

8.2.5　水工混凝土结构设计规范裂缝宽度控制验算方法

8.2.5.1　设计计算原则

（1）对于使用上需要控制裂缝宽度的杆件体系钢筋混凝土构件，应进行裂缝宽度验算。

(2) 按荷载效应标准组合计算得到的构件正截面最大裂缝宽度 w_{max}，应不超过规定的限值 w_{lim}（见本书附录 5 表 1），w_{lim}与结构所处的环境类别有关。

(3) 对于使用上需要控制裂缝宽度的非杆件体系钢筋混凝土结构，可通过控制钢筋应力 σ_s 的方法间接控制裂缝宽度，按荷载效应标准组合计算得到的钢筋应力 σ_{sk} 宜不大于相应限值。

对于重要的非杆件体系结构，则宜按钢筋混凝土非线性有限单元法对配筋数量、配筋方式和裂缝宽度的关系进行分析，以确定合适的配筋方案。

(4) 当钢筋混凝土结构构件已满足抗裂验算要求时，可不再进行裂缝宽度验算。

应该明白，一个已满足抗裂验算的构件，如再用裂缝宽度计算公式去验算，所得出的裂缝宽度值仍有可能大于零，有时甚至会大于裂缝宽度限值。这一矛盾是由于抗裂计算公式与裂缝宽度计算公式是由两个不同设计概念、不同力学模型建立的，两个公式之间并不衔接。

但工程界也有人认为：抗裂验算所具有的可靠性不高，即便在验算中能满足抗裂要求，但在实际上仍极有可能开裂，特别是尺寸大、配筋少的结构，一旦发生裂缝，裂缝宽度就可能很宽，因此，主张对一些重要结构，即使已满足抗裂要求，还需同时提出限制裂缝宽度的要求。

反对这种意见的则认为：在抗裂条件下，裂缝宽度计算公式已不再适用，因为裂缝宽度计算公式是在荷载作用下构件必然开裂的前提条件下导出的。对重要结构，如果考虑到抗裂可靠性不高，妥善的方法是在计算中降低混凝土拉应力限制系数 α_{ct}，而不是再进行裂缝宽度验算。如果同时提出抗裂与限裂的双重要求，则势必大量增加钢筋用量。

作为折中，SL 191—2008 规范规定：对于重要的钢筋混凝土结构构件，经论证确有必要时，还应进行裂缝宽度控制验算；但当取 α_{ct} 为 0.55 进行抗裂验算并能满足抗裂验算要求时，则可不再进行裂缝宽度验算。DL/T 5057—2009 规范规定：对于特殊重要的钢筋混凝土结构构件，当按 $\alpha_{ct}=0.55$ 进行抗裂验算并能满足抗裂验算要求时，则可不再进行裂缝宽度验算；否则还需进行裂缝宽度验算。

8.2.5.2 钢筋混凝土构件最大裂缝宽度 w_{max} 计算公式

1. DL/T 5057—2009 规范

在 DL/T 5057—2009 规范中，构件最大裂缝宽度计算公式保留了受拉钢筋应变不均匀系数 ψ，并将裂缝间距 l_{cr} 按混凝土保护层厚度 c 的不同用公式分段表示。如此，矩形、T 形及 I 形截面的钢筋混凝土受拉、受弯、偏心受压构件，按荷载效应标准组合并考虑长期作用影响的最大裂缝宽度按式（8-29）计算：

$$w_{max}=\alpha_{cr}\psi\frac{\sigma_{sk}-\sigma_0}{E_s}l_{cr}\quad (\mathrm{mm}) \tag{8-29}$$

其中

$$\psi=1-1.1\frac{f_{tk}}{\rho_{te}\sigma_{sk}}$$

$$l_{cr}=\left(2.2c+0.09\frac{d}{\rho_{te}}\right)\nu\qquad (20\mathrm{mm}\leqslant c\leqslant 65\mathrm{mm})$$

或 $$l_{cr}=\left(65+1.2c+0.09\frac{d}{\rho_{te}}\right)\nu \quad (65\text{mm}<c\leqslant 150\text{mm})$$

式中 α_{cr}——考虑构件受力特征的系数，对受弯和偏心受压构件，取 $\alpha_{cr}=1.90$；对偏心受拉构件，取 $\alpha_{cr}=2.15$；对轴心受拉构件，取 $\alpha_{cr}=2.45$；

ψ——裂缝间纵向受拉钢筋应变不均匀系数：当 $\psi<0.2$ 时，取 $\psi=0.2$；对直接承受重复荷载的构件，取 $\psi=1$；

σ_{sk}——按荷载标准组合计算的构件纵向受拉钢筋应力，N/mm^2；

σ_0——钢筋的初始应力：对于长期处于水下的结构，允许采用 $\sigma_0=20.0N/mm^2$；对于干燥环境中的结构，取 $\sigma_0=0$；

l_{cr}——平均裂缝间距，mm；

E_s——钢筋弹性模量，N/mm^2，按本教材附录 2 表 5 查用；

f_{tk}——混凝土轴心抗拉强度标准值，N/mm^2，按本教材附录 2 表 6 采用；

c——最外层纵向受拉钢筋外边缘至受拉区底边的距离，mm，当 $c<20$mm 时，取 $c=20$mm；当 $c>150$mm 时，取 $c=150$mm；

d——钢筋直径，mm，当钢筋用不同直径时，式中的 d 用换算直径 $4A_s/u$，此处，u 为纵向受拉钢筋截面总周长，mm；

ρ_{te}——纵向受拉钢筋的有效配筋率，$\rho_{te}=A_s/A_{te}$，当 $\rho_{te}<0.03$ 时，取 $\rho_{te}=0.03$；

A_{te}——有效受拉混凝土截面面积，mm^2，对受弯、偏心受拉及大偏心受压构件，A_{te} 取为其重心与受拉钢筋 A_s 重心相一致的混凝土面积，即 $A_{te}=2ab$（图 8-17），其中 a 为 A_s 重心至截面受拉边缘的距离，b 为矩形截面的宽度，对有受拉翼缘的倒 T 形及 I 形截面，b 为受拉翼缘宽度；对全截面受拉的偏心受拉构件，A_{te} 取拉应力较大一侧钢筋的相应有效受拉混凝土截面；对轴心受拉构件，A_{te} 取为 $2al_s$，但不大于构件全截面面积，其中 a 为一侧钢筋重心至截面边缘的距离，l_s 为沿截面周边配置的受拉钢筋重心连线的总长度；

A_s——受拉区纵向钢筋截面面积，mm^2，对受弯、偏心受拉及大偏心受压构件，A_s 取受拉区纵向钢筋截面面积；对全截面受拉的偏心受拉构件，A_s 取拉应力较大一侧的钢筋截面面积；对轴心受拉构件，A_s 取全部纵向钢筋截面面积；

ν——考虑钢筋表面形状的系数；对带肋钢筋，取 $\nu=1.0$；对光圆钢筋，取 $\nu=1.4$。

钢筋混凝土构件最大裂缝宽度计算公式中，按荷载标准组合计算的纵向受拉钢筋应力 σ_{sk} 可按下列公式计算：

（1）轴心受拉构件：

$$\sigma_{sk}=\frac{N_k}{A_s} \quad (8-30)$$

式中 N_k——按荷载效应标准组合计算得到的轴

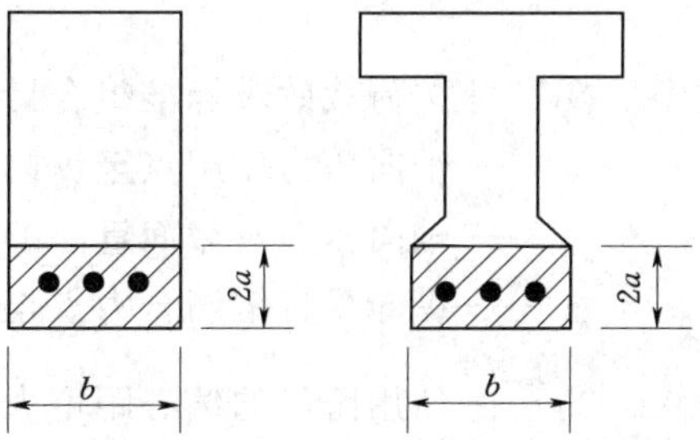

图 8-17 规范中 A_{te} 的取值

向拉力值。

(2) 受弯构件。对于受弯构件，在正常使用荷载作用下，可假定裂缝截面的受压区混凝土处于弹性阶段，应力图形为三角形分布，受拉区混凝土作用忽略不计。根据截面应变符合平截面假定，可求得应力图形的内力臂 z，一般可近似地取 $z=0.87h_0$，如图 8-18 所示。故

$$\sigma_{sk}=\frac{M_k}{0.87h_0A_s} \tag{8-31}$$

式中　M_k——按荷载效应标准组合计算得到的弯矩值。

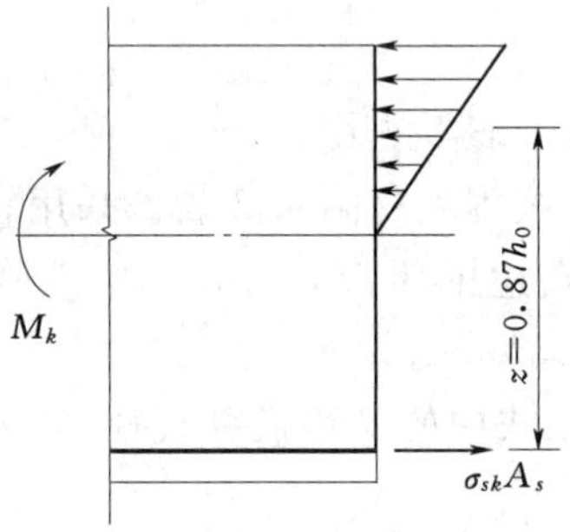

图 8-18　受弯构件在使用阶段的截面应力图形

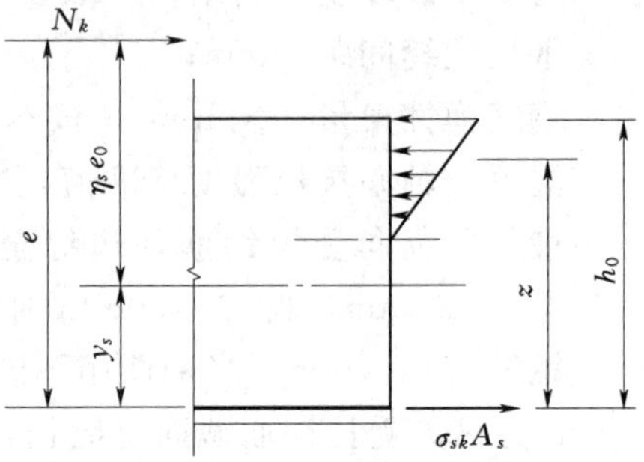

图 8-19　大偏心受压构件在使用阶段的截面应力图形

(3) 大偏心受压构件。在正常使用荷载下，大偏心受压构件截面应力图形的假设，同受弯构件一样（图 8-19）。根据受压区混凝土三角形应力分布假定和平截面假定，精确推求内力臂时，将求解三次方程式，不便于设计中采用。故规范给出了考虑截面形状的内力臂 z 的近似计算公式：

$$z=\left[0.87-0.12(1-\gamma_f')\left(\frac{h_0}{e}\right)^2\right]h_0 \tag{8-32}$$

由图 8-19 的力矩平衡条件可得：

$$\sigma_{sk}=\frac{N_k}{A_s}\left(\frac{e}{z}-1\right) \tag{8-33}$$

$$e=\eta_s e_0+y_s \tag{8-34}$$

$$\eta_s=1+\frac{1}{4000\dfrac{e_0}{h_0}}\left(\frac{l_0}{h}\right)^2 \tag{8-35}$$

式中　N_k——按荷载效应标准组合计算得到的轴向压力值；

e——轴向压力作用点至纵向受拉钢筋合力点的距离；

e_0——轴向压力对截面重心的偏心距；

z——纵向受拉钢筋合力点至受压区合力点的距离；

η_s——使用阶段的偏心距增大系数，当$\frac{l_0}{h}\leqslant 14$时可取 $\eta_s=1.0$；

y_s——截面重心至纵向受拉钢筋合力点的距离；

γ'_f——受压翼缘面积与腹板有效面积的比值，$\gamma'_f=\frac{(b'_f-b)h'_f}{bh_0}$，其中 b'_f、h'_f分别为受压翼缘的宽度、高度，当 $h'_f>0.2h_0$ 时，取 $h'_f=0.2h_0$。

（4）偏心受拉构件（矩形截面）。对于大偏心受拉构件仍可采用与大偏心受压构件相同的假设。根据前述假定及截面内力平衡条件如图 8-20（a）所示，可推导出矩形截面相对受压区高度和内力臂。与大偏心受压构件一样，为避免求解三次方程式的困难，必须加以简化。考虑到在一般情况下，大偏心受拉构件截面的开裂高度比受弯构件大，因而其内力臂 z 可近似取为 $0.9h_0$。

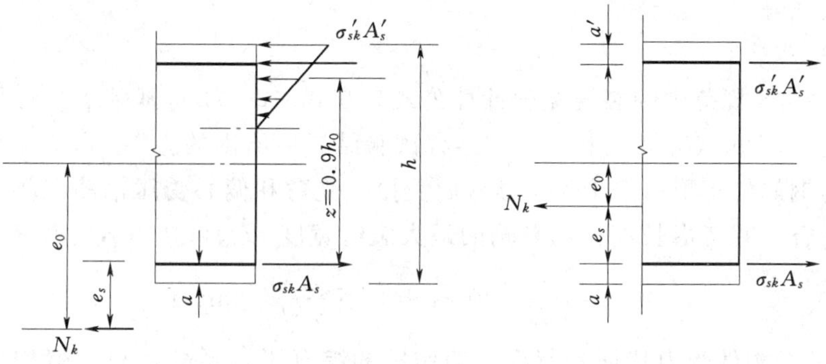

图 8-20 大偏心受拉构件在使用阶段的截面应力图形

（a）大偏心受拉；（b）小偏心受拉

由图 8-20（a）力矩平衡条件得

$$\sigma_{sk}=\frac{N_k(e_s+z)}{A_s z}$$

将 $z=0.9h_0$ 代入上式，则得

$$\sigma_{sk}=\frac{N_k}{A_s}\left(1+1.1\frac{e_s}{h_0}\right) \tag{8-36}$$

其中

$$e_s=e_0-\frac{h}{2}+a$$

对于小偏心受拉构件，在使用荷载作用下，裂缝贯穿整个截面高度，故拉力全部由钢筋承担，如图 8-20（b）所示。对 A'_s钢筋重心取矩可得

$$N_k\left(e_0+\frac{h}{2}-a'\right)=\sigma_{sk}A_s(h_0-a')$$

将 $e_s=\frac{h}{2}-e_0-a$ 代入上式可得

$$N_k(h_0-a'-e_s)=\sigma_{sk}A_s(h_0-a')$$

所以

$$\sigma_{sk}=\frac{N_k}{A_s}\left(1-\frac{e_s}{h_0-a'}\right)$$

假设 $a'=0.1h_0$，则上式可写为

$$\sigma_{sk}=\frac{N_k}{A_s}\left(1-1.1\frac{e_s}{h_0}\right) \tag{8-37}$$

合并式（8－36）、式（8－37），可得出偏心受拉构件纵向受拉钢筋应力 σ_{sk} 的统一表达式：

$$\sigma_{sk}=\frac{N_k}{A_s}\left(1\pm1.1\frac{e_s}{h_0}\right) \tag{8-38}$$

式中　N_k——按荷载效应标准组合计算得到的轴向拉力值；

e_s——轴向拉力作用点至纵向受拉钢筋（对全截面受拉的偏心受拉构件，为拉应力较大一侧的钢筋）合力点的距离。

对大偏心受拉构件，式（8－38）右边括号内取加号；对小偏心受拉构件，式(8－38)右边括号内取减号。

2. SL 191—2008 规范

SL 191—2008 规范中的裂缝宽度计算公式是在式（8－28）基础上，将系数 ψ 给予了简化，并将 l_{cr}［见式（8－26）］代入，结合试验结果后给出的。

配置带肋钢筋的矩形、T 形及 I 形截面受拉、受弯和偏心受压钢筋混凝土构件，在荷载效应标准组合下并考虑长期作用影响的最大裂缝宽度 w_{max} 可按下式计算❶：

$$w_{max}=\alpha\frac{\sigma_{sk}}{E_s}\left(30+c+0.07\frac{d}{\rho_{te}}\right)\quad(\text{mm}) \tag{8-39}$$

式中　α——考虑构件受力特征和荷载长期作用的综合影响系数，对受弯构件和偏心受压构件，取 $\alpha=2.1$；对偏心受拉构件，取 $\alpha=2.4$；对轴心受拉构件，取 $\alpha=2.7$；

c——最外层纵向受拉钢筋外边缘至受拉区边缘的距离，mm，当 $c>65$mm 时，取 $c=65$mm。

其余符号（d、ρ_{te}、E_s）的意义与取值或计算方法与 DL/T 5057—2009 规范相同。σ_{sk} 的计算公式也与 DL/T 5057—2009 规范相同，但公式中的荷载效应（N_k、M_k）计算方法是不同的，在 SL 191—2008 规范正常使用极限状态设计时，荷载效应不考虑结构重要性系数 γ_0，N_k 和 M_k 就为荷载标准值产生的内力总和；在 DL/T 5057—2009 规范，荷载效应考虑结构重要性系数 γ_0，N_k 和 M_k 为荷载标准值产生的内力总和与 γ_0 的乘积（详见第 2 章）。

由于两本规范取用的裂缝宽度计算公式不同，N_k 和 M_k 的计算方法也不同，因此在某些情况下，两本规范所得出的裂缝宽度计算值有较大的差异。

使用裂缝宽度验算公式［式（8－29）和式（8－39）］时应注意下列几个问题：

（1）公式只能用于常见的梁、柱一类构件，用于厚板已不太合适，更不能用于非杆件体系的块体结构。

（2）公式只适用于外力荷载不随结构变形而改变其数值的情况，不适用于围岩中的隧洞衬砌结构。

（3）裂缝宽度验算时，荷载效应是取用荷载的标准值（最大值）计算得到的。但有时

❶ 式（8－39）是由原水工混凝土结构设计规范 SL/T 191—96 演变而来的，原规范公式计算出的裂缝宽度值偏大，特别是保护层厚度 c 较大时，偏大较多。

由某些可变荷载产生的荷载效应在总的荷载效应中所占比重很大，却只在很短时间内存在，例如水电站厂房吊车梁上的轮压标准值（最大起重量），只在水轮发电机组安装或大修时才会出现，即这种荷载组合产生的裂缝宽度只在短暂时间内发生，卸载后裂缝会大部分闭合，对结构的耐久性并不会产生太大的影响。因此，对于按照不经常出现的荷载标准值计算的各种构件，可将式（8-29）或式（8-39）计算得到的 w_{max} 乘以一个小于 1 的系数。对于吊车梁，该系数可取为 0.85❶。

（4）从式（8-29）和式（8-39）可以看出，混凝土保护层厚度 c 越小，则裂缝宽度计算值 w_{max} 也越小。但决不能因此认为可以用减薄保护层厚度的办法来满足裂缝宽度的验算要求。恰恰相反，过薄的保护层厚度将严重影响钢筋混凝土结构构件的耐久性。长期暴露性试验和工程实践证明，垂直于钢筋的横向受力裂缝截面处，钢筋被腐蚀的程度并不像原先认为的那样严重。相反，足够厚的密实的混凝土保护层对防止钢筋锈蚀具有更重要的作用。混凝土保护层厚度必须保证不小于规定的最小厚度（见教材附录 4 表 1）。

（5）试验表明，对 $e_0/h_0 \leqslant 0.55$ 的偏心受压构件，在正常使用阶段，裂缝宽度很小，可不必验算裂缝宽度。

（6）式（8-39）只能用于配置带肋钢筋的构件。考虑到钢筋表面形状对裂缝宽度的影响，并结合我国钢材生产现状和发展趋势，SL 191—2008 规范明确规定，需控制裂缝宽度的结构构件不应采用光圆钢筋。如因某些特殊原因选用了光圆钢筋，其最大裂缝宽度要比式（8-39）的计算值增大 40%左右。

最后要指出的是，式（8-29）和式（8-39）计算得到的裂缝宽度是指受拉纵筋重心处侧表面的裂缝宽度。

【例 8-3】 某钢筋混凝土矩形截面简支梁（Ⅱ级安全级别），处于露天环境，截面尺寸为 $b \times h = 250\text{mm} \times 600\text{mm}$，计算跨度 $l_0 = 7.20\text{m}$；混凝土强度等级为 C25，纵向受力钢筋采用 HRB400。使用期间承受均布荷载，荷载标准值为：永久荷载标准值 $g_k = 13.0\text{kN/m}$（包括自重），可变荷载标准值 $q_k = 8.0\text{kN/m}$。试按 DL/T 5057—2009 规范求纵向受拉钢筋截面面积 A_s，并验算梁的裂缝宽度是否满足要求。

解： 已知 $\gamma_d = 1.20$，$\psi = 1.0$，$\gamma_0 = 1.0$；$\gamma_G = 1.05$，$\gamma_Q = 1.20$。

由附录 2 查得 $f_c = 11.9\text{N/mm}^2$，$f_y = 360\text{N/mm}^2$，$f_{tk} = 1.78\text{N/mm}^2$，$E_s = 2.0 \times 10^5\text{N/mm}^2$。由附录 1 查得露天环境为二类环境类别，再由附录 5 表 1 查得 $w_{lim} = 0.30\text{mm}$。

（1）内力计算

跨中弯矩设计值：

$$M = \gamma_0 \psi \frac{1}{8}(\gamma_G g_k + \gamma_Q q_k) l_0^2$$

$$= 1.0 \times 1.0 \times \frac{1}{8}(1.05 \times 13.0 + 1.20 \times 8.0) \times 7.20^2 = 150.66(\text{kN} \cdot \text{m})$$

❶ 工程界也有人认为，可变荷载的标准值是荷载在设计基准期内可能出现的最大值，出现的概率不会太多，持续的时间也不会太长，用荷载标准值验算正常使用极限状态过于严格。因此主张，受力以可变荷载为主的结构构件，可以用荷载的频遇值组合或准永久值组合来加以验算。我国某些行业的混凝土结构设计规范就是这样规定的。但对于遇水结构的抗裂或裂缝宽度验算，还是建议采用荷载标准组合进行验算。

由荷载效应标准组合产生的跨中弯矩：

$$M_k=\gamma_0\frac{1}{8}(g_k+q_k)l_0^2=1.0\times\frac{1}{8}(13.0+8.0)\times 7.20^2=136.08(\text{kN}\cdot\text{m})$$

（2）配筋计算

该简支梁处于露天（二类环境条件），混凝土保护层最小厚度 $c=35\text{mm}$，估计为单排钢筋，取 $a=45\text{mm}$，则 $h_0=h-a=600-45=555(\text{mm})$。

$$\alpha_s=\frac{\gamma_d M}{f_c b h_0^2}=\frac{1.20\times 150.66\times 10^6}{11.9\times 250\times 555^2}=0.197$$

$$\xi=1-\sqrt{1-2\alpha_s}=1-\sqrt{1-2\times 0.197}=0.222<\xi_b=0.518,\text{满足要求。}$$

$$A_s=\frac{f_c b\xi h_0}{f_y}=\frac{11.9\times 250\times 0.222\times 555}{360}=1018(\text{mm}^2)$$

$$\rho=\frac{A_s}{bh_0}=\frac{1018}{250\times 555}=0.73\%>\rho_{\min}=0.20\%$$

选用 4 ⌀ 18（实际 $A_s=1017\text{mm}^2$）。

（3）裂缝宽度验算

$$\rho_{te}=\frac{A_s}{A_{te}}=\frac{A_s}{2ab}=\frac{1017}{2\times 45\times 250}=0.045>0.03$$

$$\sigma_{sk}=\frac{M_k}{0.87h_0A_s}=\frac{136.08\times 10^6}{0.87\times 555\times 1017}=277(\text{N/mm}^2)$$

$$\sigma_0=0$$

$$\psi=1-1.1\frac{f_{tk}}{\rho_{te}\sigma_{sk}}=1-1.1\times\frac{1.78}{0.045\times 277}=0.843$$

变肋钢筋，$\nu=1$。因 $20\text{mm}\leqslant c\leqslant 65\text{mm}$，则

$$l_{cr}=\left(2.2c+0.09\frac{d}{\rho_{te}}\right)\nu=\left(2.2\times 35+0.09\times\frac{18}{0.045}\right)\times 1.0=113(\text{mm})$$

受弯构件，$\alpha_{cr}=1.90$。

$$w_{\max}=\alpha_{cr}\psi\frac{\sigma_{sk}-\sigma_0}{E_s}l_{cr}=1.90\times 0.843\times\frac{277-0}{2.0\times 10^5}\times 113$$

$$=0.25(\text{mm})<w_{\lim}=0.30\text{mm}，\text{满足裂缝宽度要求。}$$

【例 8-4】 一矩形截面偏心受压柱，采用对称配筋。截面尺寸 $b\times h=400\text{mm}\times 600\text{mm}$，柱的计算长度 $l_0=4.5\text{m}$；受拉和受压钢筋均为 4 ⌀ 25（$A_s=A_s'=1964\text{mm}^2$）；混凝土强度等级为 C25；混凝土保护层厚度 $c=30\text{mm}$。由荷载效应标准组合产生的内力：$N_k=400.0\text{kN}$；弯矩 $M_k=200.0\text{kN}\cdot\text{m}$。最大裂缝宽度限值 $w_{\lim}=0.30\text{mm}$。试按 DL/T 5057—2009 规范验算裂缝宽度是否满足要求。

解： 已知 $f_{tk}=1.78\text{N/mm}^2$，$E_s=2.0\times 10^5\text{N/mm}^2$。

$$\frac{l_0}{h}=\frac{4500}{600}=7.5<14,\text{故 }\eta_s=1.0$$

$$a=c+d/2=30+25/2=43(\text{mm}),h_0=h-a=600-43=557(\text{mm})$$

$$e_0=M_k/N_k=200.0\times 10^6/400.0\times 10^3=500(\text{mm})$$

$$e_0/h_0=500/557=0.90>0.55,\text{故需验算裂缝宽度。}$$

对称配筋　$y_s=\frac{h}{2}-a$，　$e=\eta_s e_0+y_s=\eta_s e_0+\frac{h}{2}-a=1.0\times500+\frac{600}{2}-43=757(\mathrm{mm})$

$$z=\left[0.87-0.12\left(\frac{h_0}{e}\right)^2\right]h_0=\left[0.87-0.12\times\left(\frac{557}{757}\right)^2\right]\times557=448(\mathrm{mm})$$

$$\sigma_{sk}=\frac{N_k}{A_s}\left(\frac{e}{z}-1\right)=\frac{400.0\times10^3}{1964}\times\left(\frac{757}{448}-1\right)=140(\mathrm{N/mm^2})$$

$$\rho_{te}=\frac{A_s}{A_{te}}=\frac{A_s}{2ab}=\frac{1964}{2\times43\times400}=0.057$$

$$\psi=1-1.1\frac{f_{tk}}{\rho_{te}\sigma_{sk}}=1-1.1\times\frac{1.78}{0.057\times140}=0.755$$

变肋钢筋，$\nu=1$。因 20mm$\leqslant c\leqslant$65mm，则

$$l_{cr}=\left(2.2c+0.09\frac{d}{\rho_{te}}\right)\nu=\left(2.2\times30+0.09\times\frac{25}{0.057}\right)\times1.0=105(\mathrm{mm})$$

偏压构件，$\alpha_{cr}=1.90$。

$$w_{\max}=\alpha_{cr}\psi\frac{\sigma_{sk}-\sigma_0}{E_s}l_{cr}=1.90\times0.755\times\frac{140-0}{2.0\times10^5}\times105$$

$$=0.11(\mathrm{mm})<w_{\lim}=0.30\mathrm{mm}$$，满足裂缝宽度要求。

8.2.5.3　非杆件体系钢筋混凝土结构的裂缝宽度验算方法

式（8-29）及式（8-39）只适用于外力荷载在构件上产生的正截面裂缝，不适用于非杆件体系结构。对于非杆件体系结构，现行水工混凝土结构设计规范规定可通过限制钢筋应力的办法来间接控制结构的裂缝宽度或采用非线性钢筋混凝土有限元方法进行裂缝控制验算。

1. SL 191—2008 规范

SL 191—2008 规范规定，一般情况下按荷载标准值计算得到的受拉钢筋应力 σ_{sk} 宜满足：

$$\sigma_{sk}\leqslant\alpha_s f_{yk}\tag{8-40}$$

式中　σ_{sk}——结构按线弹性体计算时，由荷载效应标准组合计算得出的受拉钢筋应力：当弹性应力图形接近线性分布时，可换算为截面内力，按式（8-30）～式(8-38)计算；当应力图形偏离线性较大时，取 $\sigma_{sk}=T_k/A_s$，其中 A_s 为受拉钢筋截面面积，T_k 为荷载效应标准组合下的由钢筋承担的拉力，为计算截面上主拉应力在配筋方向投影形成的拉力；当受拉钢筋分层配置时，T_k、A_s 可采用各层相应的拉力及钢筋面积；计算的受拉钢筋应力 σ_{sk} 不宜大于 240N/mm^2；

α_s——考虑环境影响和荷载长期作用的综合影响系数，$\alpha_s=0.5\sim0.7$，对一类环境取大值，对四类环境取小值；

f_{yk}——钢筋的抗拉强度标准值，按附录 2 表 7 确定。

对于重要结构，宜采用非线性钢筋混凝土有限元方法直接求得裂缝宽度与配筋的关系，以确定合适的配筋方案。

处于五类环境下的结构，则宜采用专门的防裂、限裂措施。

2. DL/T 5057—2009 规范

在 DL/T 5057—2009 规范中，将特别重要的非杆件体系结构的裂缝控制分为两种：一种是按耐久性（防渗等）要求控制；另一种是按结构内部整体性要求控制。对于前一种只需验算表面裂缝宽度；对于后一种除需验算表面裂缝宽度外，还需进行结构内部裂缝宽度及裂缝延伸范围的验算。

对非特别重要的非杆件体系结构，仍采用式（8－40）来限制钢筋应力以间接控制裂缝宽度。

对特别重要的非杆件体系结构，宜采用非线性钢筋混凝土有限元方法直接求得裂缝宽度与延伸范围；若无法由有限元法直接求得裂缝宽度时，也可由有限元法计算出钢筋单元的应力，通过限制表面第一层钢筋的单元应力来控制表面裂缝宽度，通过限制钢筋间距和钢筋单元应力来控制内部裂缝宽度与延伸范围。DL/T 5057—2009 规范给出了较详细的钢筋应力与钢筋间距限值。

8.2.5.4　裂缝控制措施

从前面的裂缝宽度验算可以看出，现有的裂缝宽度计算公式有很大的局限性：

（1）现有裂缝宽度公式仅适用于梁、柱类构件的裂缝宽度计算，不适用于非杆件体系结构，而水利工程中需严格控制裂缝宽度的结构往往是非杆件体系结构，如大坝中的孔口、坞式结构的厚底板、大尺寸的蜗壳与尾水管等。

（2）现有的裂缝宽度计算公式仅能计算外力荷载引起的正截面裂缝，而实际上裂缝除正截面裂缝外，还有由于扭矩、剪力引起的斜裂缝。

（3）现有裂缝宽度计算公式的计算值是指钢筋重心处侧表面的裂缝宽度，但人们关心的却是结构顶表面与底表面的裂缝宽度，有些结构（如水闸底板）钢筋重心处侧表面的裂缝宽度并无实际的物理意义。

（4）裂缝宽度计算模式的不统一，使得不同规范的裂缝宽度计算值有较大的差异。

（5）特别是在水利工程中，大多数裂缝是由温度、收缩、基础沉降等作用产生的，这些裂缝的宽度均是现有公式无法计算的。因而，现有的裂缝宽度公式的计算值还远远不能反映工程结构实际的裂缝开展性态。

限制钢筋应力的验算则更是一种比较粗略的设计方法。

从这个意义上，也可以认为，水工混凝土结构的正常使用极限状态的设计方法尚没有完美解决。

因此，目前裂缝宽度的验算有淡化计算公式，侧重配筋构造措施的趋势，即不着重于公式数字上的斤斤计较而着重于正确的配筋构造要求，2002 年的美国 ACI 规范不再列出裂缝宽度计算公式，正反映了这一趋势。

对于构件，若式（8－29）或式（8－39）求得的最大裂缝宽度 w_{max} 不超过教材附录 5 表 1 规定的限值；对非杆件体系结构，若能满足式（8－40），则认为结构或构件已满足裂缝宽度验算的要求。若计算所得的最大裂缝宽度 w_{max} 超过限值或式（8－40）不能满足，则应采取相应措施，以减小裂缝宽度。如：可改用直径较小的带肋钢筋，减小钢筋间距，适当增加受拉区纵向钢筋截面面积等。但增加的钢筋截面面积不宜超过承载力计算所需纵向钢筋截面面积的 30%。单纯靠增加受力钢筋用量来减小裂缝宽度的办法是不可取的。

如仍不满足要求，则宜考虑采取其他工程措施，如采用更为合理的结构外形，减小高应力区范围，降低应力集中程度，在应力集中区局部增配钢筋；在受拉区混凝土中设置钢筋网或掺加钢纤维；在混凝土表面涂敷或设置防护面层等。

当无法防止裂缝出现时，也可通过构造措施（如预埋隔离片）引导裂缝在预定位置出现，并采取有效措施避免引导缝对观感和使用功能造成影响。必要时对结构构件受拉区施加预应力，对于抗裂和限制裂缝宽度而言，最根本的方法是采用预应力混凝土结构，其内容将在本教材第 10 章中介绍。

需要指出的是，对处于高侵蚀性环境或需要防止渗水对限裂有更高要求的结构，裂缝控制要做专门研究。

8.3 受弯构件变形验算

为保证结构的正常使用，对需要控制变形的构件应进行变形验算。对于受弯构件，其在荷载效应标准组合下的最大挠度计算值不应超过本教材附录 5 表 3 规定的挠度限值。

8.3.1 钢筋混凝土受弯构件的挠度试验

由材料力学可知，对于均质弹性材料梁，挠度的计算公式为：

$$f=S\frac{Ml_0^2}{EI} \tag{8-41}$$

式中 S——与荷载形式、支承条件有关的系数，如计算承受均布荷载的单跨简支梁的跨中挠度时，$S=5/48$；

l_0——梁的计算跨度；

EI——梁的截面抗弯刚度。

当梁的截面尺寸和材料已定，截面的抗弯刚度 EI 就为一常数。所以由上式可知弯矩 M 与挠度 f 呈线性关系，如图 8-21 中的虚线 OD 所示。

钢筋混凝土梁不是弹性体，具有一定的塑性性质，这一方面是因为混凝土材料的应力应变关系为非线性的，变形模量不是常数；另一方面，钢筋混凝土梁随着受拉区裂缝的产生和发展，截面有所削弱，使得截面的惯性矩不断地减小，也不再保持为常数。因此，钢筋混凝土梁随着荷载的增加，其刚度值逐渐降低，实际的弯矩与挠度关系曲线（$M-f$ 曲线）如图 8-21中的 $OA'B'C'D'$ 所示。

钢筋混凝土适筋梁的 $M-f$ 曲线大体上可分为三个阶段（图 8-21）：

(1) 荷载较小，裂缝出现之前（阶段Ⅰ），曲线 OA' 与直线 OA 非常接近。临近出现裂缝时，f 值增加稍快，实测曲线稍微偏离线性。这是由于受拉混凝土出现了塑性变形，变形模量略有降低之故。

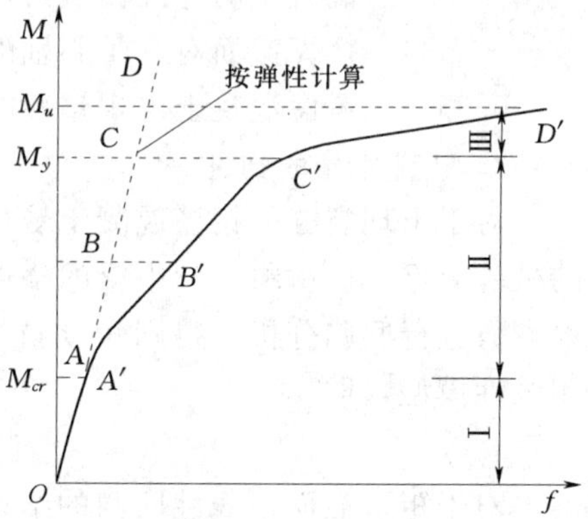

图 8-21 适筋梁的实测 $M-f$ 曲线

(2) 裂缝出现后（阶段Ⅱ），$M-f$ 曲线发生明显的转折，出现了第一个转折点（A'）。配筋率越低的构件，转折越明显。这不仅因为混凝土的塑性发展，变形模量降低，而且由于截面开裂，并随着荷载的增加裂缝不断扩展，混凝土有效受力截面减小，截面的抗弯刚度逐步降低，曲线 $A'B'$ 偏离直线的程度也就随着荷载的增加而非线性增加。正常使用阶段的挠度验算，主要是指这个阶段的挠度验算。

(3) 当钢筋屈服时（阶段Ⅲ），$M-f$ 曲线出现第二个明显的转折点（C'）。之后，由于裂缝的迅速扩展和受压区出现明显的塑性变形，截面刚度急剧下降，弯矩稍许增加就会引起挠度的剧增。

对于正常使用状况（属第Ⅰ、Ⅱ阶段）下的钢筋混凝土梁，如果仍采用材料力学公式[式（8-41）]中的刚度 EI 计算挠度，显然不能反映梁的实际情况。因此，计算钢筋混凝土梁挠度时，应采用抗弯刚度 B 来取代式（8-41）中的 EI，即

$$f=S\frac{Ml_0^2}{B} \tag{8-42}$$

在此，B 为一个随弯矩 M 增大而减小的变量。

对于钢筋混凝土梁的抗弯刚度 B，不同国家的规范采用不同的计算方法。例如欧洲混凝土委员会和国际预应力协会 CEB—FIP（1990）模式规范采用对弹性刚度折减的方法，并考虑了截面开裂、混凝土徐变、受拉钢筋与受压钢筋配筋率等因素的影响。美国钢筋混凝土房屋建筑规范 ACI318—05 则采用有效惯性矩的方法，我国水工混凝土结构设计规范对钢筋混凝土梁的抗弯刚度则采用材料力学挠度计算公式基础上的简化计算方法，下面扼要给予介绍。

8.3.2　受弯构件的短期抗弯刚度 B_s

1. 不出现裂缝的构件

对于不出现裂缝的钢筋混凝土受弯构件，实际挠度比按弹性体公式（8-41）算得的数值偏大（图 8-21），说明梁的实际刚度低于 EI 值。这是因为混凝土受拉塑性出现，实际弹性模量有所降低的缘故，但截面并未削弱，I 值不受影响，所以只需将刚度 EI 稍加修正，即可反映不出现裂缝的钢筋混凝土梁的实际情况。为此，将式（8-41）中的刚度 EI 改用 B_s 代替，并取

$$B_s=0.85E_cI_0 \tag{8-43}$$

式中　B_s——不出现裂缝的钢筋混凝土受弯构件的短期抗弯刚度；

E_c——混凝土的弹性模量，可由本教材附录 2 表 2 查得；

I_0——换算截面对其重心轴的惯性矩；

0.85——考虑混凝土出现塑性时弹性模量降低的系数。

2. 出现裂缝的构件

对于出现裂缝的钢筋混凝土受弯构件，水工混凝土结构设计规范先根据大量实测挠度的试验数据，由材料力学中梁的挠度计算公式反算出构件的实际抗弯刚度，再以 $\alpha_E\rho$ 为主要参数进行回归分析，得到短期抗弯刚度的计算公式。为简化计算，B_s 与 $\alpha_E\rho$ 的关系采用线性模型，即

$$B_s=(K_1+K_2\alpha_E\rho)E_cbh_0^3$$

对于矩形截面，线性回归的结果：$K_1=0.025$，$K_2=0.28$，所以

$$B_s=(0.025+0.28\alpha_E\rho)E_cbh_0^3 \tag{8-44}$$

对于T形、倒T形及I形截面受弯构件的短期抗弯刚度 B_s，考虑到与矩形截面简化公式的衔接，故保留矩形截面刚度公式的基本形式，并考虑受拉、受压翼缘对刚度的影响，最后得到规范所给出的矩形、T形及I形截面构件的短期刚度计算公式：

$$B_s=(0.025+0.28\alpha_E\rho)(1+0.55\gamma_f'+0.12\gamma_f)E_cbh_0^3 \tag{8-45}$$

式中 B_s——出现裂缝的钢筋混凝土受弯构件的短期抗弯刚度；

ρ——纵向受拉钢筋的配筋率，$\rho=A_s/(bh_0)$，b 为截面肋宽，h_0 为截面有效高度；

γ_f'——受压翼缘面积与腹板有效面积的比值，$\gamma_f'=\dfrac{(b_f'-b)h_f'}{bh_0}$，其中 b_f'、h_f' 分别为受压翼缘的宽度、高度，当 $h_f'>0.2h_0$ 时，取 $h_f'=0.2h_0$；

γ_f——受拉翼缘面积与腹板有效面积的比值，$\gamma_f=\dfrac{(b_f-b)h_f}{bh_0}$，其中 b_f、h_f 分别为受拉翼缘的宽度、高度。

8.3.3 受弯构件的抗弯刚度 B

荷载长期作用下，受弯构件受压区混凝土将产生徐变，即使荷载不增加，挠度也将随时间的增加而增大。

混凝土收缩也是造成受弯构件抗弯刚度降低的原因之一。尤其是当受弯构件的受拉区配置了较多的受拉钢筋而受压区配筋很少或未配钢筋时（图 8-22），由于受压区未配钢筋，受压区混凝土可以较自由地收缩，即梁的上部缩短。受拉区由于配置了较多的纵向钢筋，混凝土的收缩受到钢筋的约束，使混凝土受拉，甚至可能出现裂缝。因此，混凝土收缩也会引起梁的抗弯刚度降低，使挠度增大。

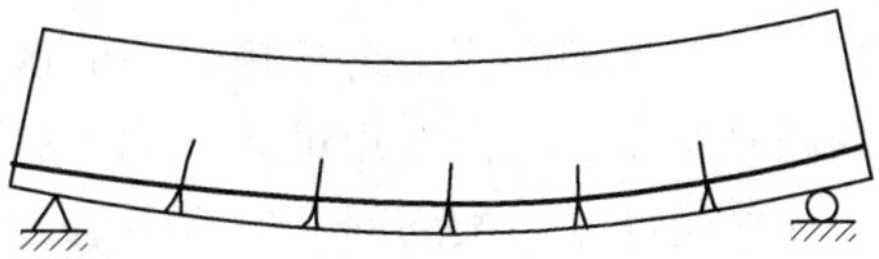

图 8-22 配筋对混凝土收缩的影响

如上所述，荷载长期作用下挠度增加的主要原因是混凝土的徐变和收缩，所以凡是影响混凝土徐变和收缩的因素，如受压钢筋的配筋率，加荷龄期、荷载的大小及持续时间、使用环境的温度和湿度、混凝土的养护条件等都对挠度的增长有影响。

试验表明，在加载初期，梁的挠度增长较快，以后增长缓慢，后期挠度虽仍继续增大，但增值很小。实际应用中，对一般尺寸的构件，可取1000天或3年的挠度作为最终值。对于大尺寸的构件，挠度增长达10年后仍未停止。

考虑荷载长期作用对受弯构件挠度影响的方法有多种：①直接计算由于荷载长期作用而产生的挠度增长和由收缩而引起的翘曲；②由试验结果确定荷载长期作用下的挠度增大系数 θ，采用 θ 值来计算抗弯刚度。

我国规范采用上述第②种方法。根据国内外对受弯构件长期挠度观测结果，θ 值可按下式计算：

$$\theta=2.0-0.4\frac{\rho'}{\rho} \tag{8-46}$$

式中 ρ'、ρ——受压钢筋和受拉钢筋的配筋率，$\rho'=A_s'/(bh_0)$，$\rho=A_s/(bh_0)$。

由式（8-46）可知，当不配受压钢筋时，$\rho'=0$，则 $\theta=2.0$；当 $\rho'=\rho$ 时，$\theta=1.6$；当 ρ' 为中间数值时，θ 按直线内插法取用。对于受拉区有翼缘的截面，受拉区混凝土参与受力的程度比矩形截面要大。因此，θ 值应在式（8-46）计算的基础上乘以系数 1.2。

荷载效应标准组合并考虑部分荷载长期作用影响的矩形、T 形及 I 形截面受弯构件抗弯刚度 B 可按下式计算：

$$B=\frac{M_k}{M_q(\theta-1)+M_k}B_s \tag{8-47}$$

式中　M_k、M_q——由荷载效应标准组合及准永久值组合计算的弯矩值；

B_s——短期刚度。

一般情况下，$M_q/M_k=0.4\sim0.7$，取 $\theta=1.6$、1.8、2.0 代入上式可得 $B=(0.59\sim0.81)B_s$。《公路钢筋混凝土及预应力混凝土桥涵设计规范》（JTG D62—2004）取 $B=0.625B_s$。为简化计算，同时参考 JTG D62—2004 的规定，现行水工混凝土结构设计规范采用：

$$B=0.65B_s \tag{8-48}$$

在水工混凝土结构设计中，构件截面尺寸一般取得比较大，挠度验算一般都不是控制条件，上述简化是可行的。

8.3.4　受弯构件的挠度验算

钢筋混凝土受弯构件的抗弯刚度 B 确定后，挠度值就可应用材料力学或结构力学公式求得，仅需用 B 代替有关公式中弹性体刚度 EI 即可。

应当指出，钢筋混凝土受弯构件的截面抗弯刚度随弯矩增大而减小，因此，即使对于等截面梁，由于各截面的弯矩并不相等，故各截面抗弯刚度也不相等。如图 8-23 所示的简支梁，当中间部分开裂后，靠近支座的截面抗弯刚度要比中间区域的大，如果按照抗弯刚度的实际分布采用变刚度来计算梁的挠度，对于工程设计而言显然是过于繁琐了。在实用计算中，考虑到支座附近弯矩较小的区段虽然抗弯刚度较大，但对全梁的变形的影响不大，故取同号弯矩区段内弯矩最大截面的抗弯刚度作为该区段的刚度。对于简支梁，按式（8-45）计算刚度时，配筋率 ρ 按跨中最大弯矩截面选取，并将此刚度作为全梁的抗弯刚度；对于带悬挑的简支梁、连续梁或框架梁，则取最大正弯矩截面和最大负变矩截面的刚度，分别作为相应区段的刚度。这就是挠度计算中的“最小刚度原则”。

当计算跨度内的支座截面刚度不大于跨中截面刚度的 2 倍或不小于跨中截面刚度的 0.5 倍，该跨度也可以按等刚度构件计算，其构件刚度可取跨中最大弯矩截面的刚度。

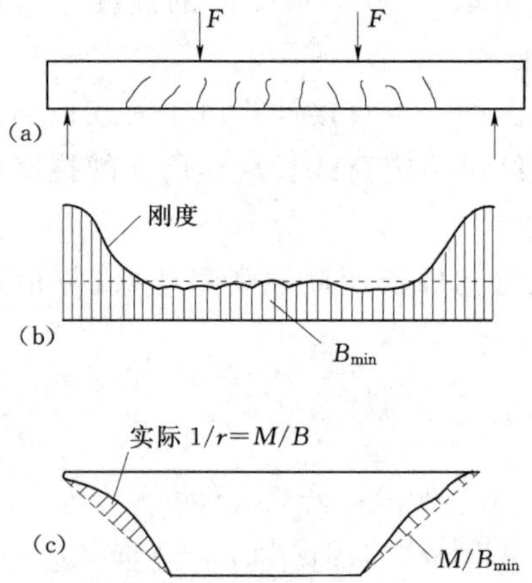

图 8-23　沿梁长的刚度和曲率分布

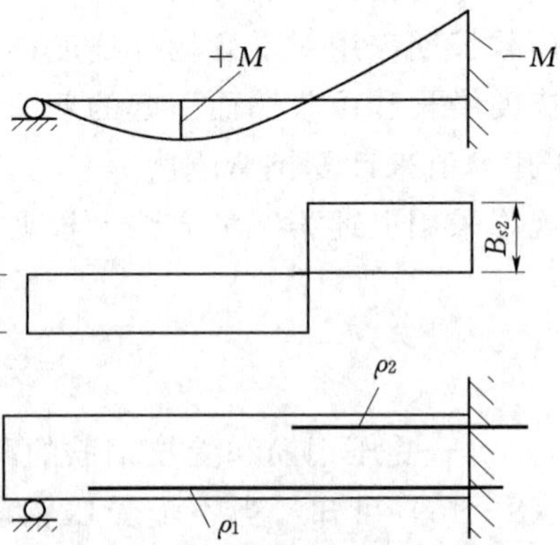

图 8-24　一端简支一端固定梁的弯矩及刚度图

例如图 8-24 所示的一端简支一端固定的梁，承受均布荷载，跨中截面按梁的最大正弯矩配筋，配筋率为 ρ_1。支座截面按梁的最大负弯矩配筋，配筋率为 ρ_2。计算时，先分别将 ρ_1 和 ρ_2 代入式（8-45）求得跨中和支座截面的短期抗弯刚度 B_{s1} 和 B_{s2}，再代入式（8-48）求得它们相应的截面抗弯刚度 B_1 和 B_2；若 $0.5B_1 \leqslant B_2 \leqslant 2B_1$，则将梁视为刚度为 B_1 的等刚度的梁，直接利用材料力学的公式求出该梁的挠度。

受弯构件的挠度应按荷载效应标准组合进行计算，所得的挠度计算值不应超过本教材附录 5 表 3 规定的限值。即

$$f \leqslant f_{\lim} \tag{8-49}$$

式中　f——按荷载效应标准组合对应的刚度 B 进行计算求得的挠度值。

若验算挠度不能满足式（8-49）要求时，则表示构件的截面抗弯刚度不足。由式(8-45)可知，增加截面尺寸、提高混凝土强度等级、增加配筋量及选用合理的截面（如 T 形或 I 形等）都可提高构件的刚度，但合理而有效的措施是增大截面的高度。

对于受弯构件的挠度验算，DL/T 5057—2009 规范与 SL 191—2008 规范的区别在于所采用的荷载效应（M_k）的计算方法不同。在 SL 191—2008 规范，荷载效应不考虑结构重要性系数 γ_0，M_k 就为荷载标准值产生的弯矩总和；在 DL/T 5057—2009 规范，荷载效应考虑结构重要性系数 γ_0，M_k 为荷载标准值产生的弯矩总和与 γ_0 的乘积。

【例 8-5】 某钢筋混凝土 T 形截面简支梁，为启闭机下大梁，Ⅱ级安全级别，截面尺寸为 $b=300$mm、$h=900$mm、$b'_f=500$mm、$h'_f=200$mm，计算跨度 $l_0=9.6$m。混凝土采用 C35，已配有 8 ⌀ 20，截面有效高度 $h_0=820$mm。承受均布荷载，其中永久荷载（包括自重）标准值 $g_k=14.0$kN/m，可变荷载标准值 $q_k=16.0$kN/m。试按 DL/T 5057—2009 规范验算该梁跨中挠度是否满足要求。

解： 已知 $\gamma_0=1.0$；$E_s=2.0\times10^5\text{N/mm}^2$，$A_s=2513\text{mm}^2$；$E_c=3.15\times10^4\text{N/mm}^2$。

（1）荷载标准值在梁跨中产生的弯矩值

$$M_k=\gamma_0\frac{1}{8}(g_k+q_k)l_0^2=1.0\times\frac{1}{8}\times(14.0+16.0)\times9.60^2=345.60(\text{kN}\cdot\text{m})$$

（2）梁抗弯刚度

$$\alpha_E=\frac{E_s}{E_c}=\frac{2.0\times10^5}{3.15\times10^4}=6.35$$

$$\rho=\frac{A_s}{bh_0}=\frac{2513}{300\times820}=0.010$$

$$\gamma'_f=\frac{(b'_f-b)h'_f}{bh_0}=\frac{(500-300)\times200}{300\times820}=0.163$$

$$\begin{aligned}B_s&=(0.025+0.28\alpha_E\rho)(1+0.55\gamma'_f)E_cbh_0^3\\&=(0.025+0.28\times6.35\times0.010)(1+0.55\times0.163)\times3.15\times10^4\times300\times820^3\\&=242.89\times10^{12}(\text{N}\cdot\text{mm}^2)\end{aligned}$$

$$B=0.65B_s=0.65\times242.89\times10^{12}=157.88\times10^{12}(\text{N}\cdot\text{mm}^2)$$

（3）挠度验算

由本教材附录 5 表 3 可知，$f_{\lim}=l_0/400$。

$$f=\frac{5}{48}\times\frac{M_k l_0^2}{B}=\frac{5}{48}\times\frac{345.60\times10^6\times9.60^2\times10^6}{157.88\times10^{12}}$$

$=21.0(\mathrm{mm})<f_{\lim}=l_0/400=9.6\times10^3/400=24.0(\mathrm{mm})$，挠度满足要求。

8.4　混凝土结构的耐久性要求

8.4.1　混凝土结构耐久性的概念

混凝土结构的耐久性是指结构在指定的工作环境中，正常使用和维护条件下，随时间变化而仍能满足预定功能要求的能力。所谓正常维护，是指结构在使用过程中仅需一般维护（包括构件表面涂刷等）而不进行花费过高的大修；指定的工作环境，是指建筑物所在地区的自然环境及工业生产形成的环境。

耐久性作为混凝土结构可靠性的三大功能指标（安全性、适用性和耐久性）之一，越来越受到工程设计的重视，结构的耐久性设计也成为结构设计的重要内容之一。目前大多数国家和地区的混凝土结构设计规范中已列入耐久性设计的有关规定和要求，如美国和欧洲等国家的混凝土设计规范将耐久性设计单独列为一章，我国水工、港工、交通、建筑等行业的混凝土设计规范也将耐久性要求列为基本规定中的重要内容。

导致水工混凝土结构耐久性失效的原因主要有：①混凝土的低强度风化；②碱-骨料反应；③渗漏溶蚀；④冻融破坏；⑤水质侵蚀；⑥冲刷磨损和空蚀；⑦混凝土的碳化与钢筋锈蚀；⑧由荷载、温度、收缩等原因产生的裂缝以及止水失效等引起渗漏病害的加剧等。因而，除了根据结构所处的环境条件控制结构的裂缝宽度外，还通过混凝土保护层最小厚度、混凝土最低抗渗等级、混凝土最低抗冻等级、混凝土最低强度等级、最小水泥用量、最大水灰比、最大氯离子含量、最大碱含量以及结构型式和专门的防护措施等具体规定来保证混凝土结构的耐久性。

8.4.2　混凝土结构的耐久性要求

结构的耐久性与结构所处的环境类别、结构使用条件、结构形式和细部构造、结构表面保护措施以及施工质量等均有关系。耐久性设计的基本原则是根据结构或构件所处的环境及腐蚀程度，选择相应技术措施和构造要求，保证结构或构件达到预期的使用寿命。

8.4.2.1　混凝土结构所处的环境类别

水工混凝土结构设计规范首先具体划分了建筑物所处的环境类别，要求按不同环境类别满足不同的耐久性控制要求。规范根据室内室外、水下地下、淡水海水等不同将环境条件划分为五个环境类别，具体见本教材附录 1。

永久性水工混凝土结构设计时，在一般情况下是根据结构所处的环境类别提出相应的耐久性要求，也可根据结构表层保护措施（涂层或专设面层等）的实际情况及预期的施工质量控制水平，将环境类别适当提高或降低。

临时性建筑物及大体积结构的内部混凝土可不提出耐久性要求。

8.4.2.2　保证耐久性的技术措施及构造要求

1. 混凝土原材料的选择和施工质量控制

为保证结构具有良好耐久性，首先应正确选用混凝土原材料。例如环境水对混凝土有硫酸盐侵蚀性时，应优先选用抗硫酸盐水泥；有抗冻要求时，应优先选用大坝水泥及硅酸盐水泥并掺用引气剂；位于水位变化区的混凝土宜避免采用火山灰质硅酸盐水泥等等。对于骨料应控制杂质的含量。对水工混凝土而言，特别应避免含有活性氧化硅以致会引起碱-集料反应的骨料。

影响耐久性的一个重要因素是混凝土本身的质量，因此混凝土的配合比设计、拌和、运输、浇筑、振捣和养护等均应严格遵照施工规范的规定，尽量提高混凝土的密实性和抗渗性，从根本上提高混凝土的耐久性。

2. 混凝土耐久性的基本要求

碳化与钢筋生锈是影响钢筋混凝土结构耐久性的主要因素。混凝土中的水泥在水化过程中生成氢氧化钙，使得混凝土的孔隙水呈碱性，一般 pH 值可达到 13 左右，在 pH 值如此高的情况下，钢筋表面就生成一层极薄的氧化膜，称为钝化膜，它能起到保护钢筋防止锈蚀的作用。但大气中的二氧化碳或其他酸性气体，通过混凝土中的毛细孔隙，渗入到混凝土内，在有水分存在的条件下，与混凝土中的碱性物质发生中性化的反应，就会使混凝土的碱度（即 pH 值）降低，这一过程称为混凝土的碳化。

当碳化深度超过混凝土保护层厚度而达到钢筋表层时，钢筋表面的钝化膜就遭到破坏，同时存在氧气和水分的条件下，钢筋发生电化学反应，钢筋就开始生锈。

钢筋的锈蚀会引起锈胀，导致混凝土沿钢筋出现顺筋裂缝，严重时会发展到混凝土保护层剥落。最终使结构承载力降低，严重影响结构的耐久性。

同时碳化还会引起混凝土收缩，使混凝土表面产生微细裂缝，使混凝土表层强度降低。

在混凝土浇筑过程中会有气体侵入而形成气泡和孔穴。在水泥水化期间，水泥浆体中随多余的水分蒸发会形成毛细孔和水隙，同时由于水泥浆体和骨料的线膨胀系数及弹性模量的不同，其界面会产生许多微裂缝。混凝土强度等级越高、水泥用量越多，微裂缝就不容易出现，混凝土密实性就越好。同时，混凝土强度等级越高，抗风化能力越强；水泥用量越多，混凝土碱性就越高，抗碳化能力就越强。

水灰比越大，水分蒸发形成的毛细孔和水隙就越多，混凝土密实性越差，混凝土内部越容易受外界环境的影响。试验证明，当水灰比小于 0.3 时，钢筋就不会锈蚀。国外海工混凝土建筑的水灰比一般控制在 0.45 以下。

氯离子含量是海洋环境或使用除冰盐环境钢筋锈蚀的主要因素，氯离子含量越高，混凝土越容易碳化，钢筋越易锈蚀。

碱一骨料反应生成的碱活性物质在吸水后体积膨胀，会引起混凝土胀裂、强度降低，甚至导致结构破坏。

因此，对混凝土最低强度等级、最小水泥用量、最大水灰比、最大氯离子含量、最大碱含量等应给予规定。水工混凝土结构设计规范规定：

（1）对于设计使用年限为 50 年的水工结构，配筋混凝土的最低强度等级、最小水泥用量、最大水灰比、最大氯离子含量、最大碱含量等宜符合表 8-1 的耐久性基本要求。

素混凝土结构的耐久性基本要求可按表 8-1 适当降低。

表 8-1　　配筋混凝土耐久性基本要求

环境类别	混凝土最低强度等级				最小水泥用量 /(kg/m³)		最大水灰比	最大氯离子含量 /%		最大碱含量 /(kg/m³)
	钢筋混凝土		预应力混凝土							
	HPB300	HRB335、HRB400、RRB400、HRB500、	钢棒、预应力螺纹钢筋	钢绞线、消除预应力钢丝	钢筋混凝土	预应力混凝土		钢筋混凝土	预应力混凝土	
一	C20	C20	C30	C40	220	280	0.60	1.0	0.06	不限制
二	C20	C25	C30	C40	260	300	0.55	0.3	0.06	3.0
三	C20	C25	C35	C40	300	340	0.50	0.2	0.06	3.0
四	C25	C30	C35	C40	340	360	0.45	0.1	0.06	2.5
五	C30	C35	C35	C40	360	380	0.40	0.06	0.06	2.5

注　1. 桥面及处于露天环境的梁、柱结构，混凝土强度等级不宜低于 C25。

2. 有抗冲耐磨要求的部位，其混凝土强度等级应进行专门的研究，且不宜低于 C30。
3. 承受重复荷载的钢筋混凝土构件，混凝土强度等级不宜低于 C25。
4. 大体积预应力混凝土结构的混凝土强度等级不应低于 C30。
5. 结构类型为薄壁或薄腹构件时，最大水灰比宜适当减小。
6. 处于三、四、五类环境条件又受冻严重或受冲刷严重的结构，最大水灰比应按照《水工建筑物抗冰冻设计规范》DL/T 5082 的规定执行。
7. 承受水力梯度较大的结构，最大水灰比宜适当减小。
8. 当混凝土加入活性掺合料或能提高耐久性的外加剂时，可适当降低最小水泥用量。

（2）设计使用年限为 100 年的水工结构，混凝土耐久性基本要求除满足表 8-1 的规定外，尚应满足：①混凝土强度等级宜按表 8-1 的规定提高一级；②混凝土中的氯离子含量不应大于 0.06%；③未经论证，混凝土不应采用碱活性骨料。

3. 钢筋的混凝土保护层厚度

对钢筋混凝土结构来说，耐久性主要决定于钢筋是否锈蚀。而钢筋锈蚀的条件，首先决定于混凝土碳化达到钢筋表面的时间 t，t 大约正比于混凝土保护层厚度 c 的平方。所以，混凝土保护层的厚度 c 及密实性是决定结构耐久性的关键。混凝土保护层不仅要有一定的厚度，更重要的是必须浇筑振捣密实。

按环境类别的不同，水工混凝土结构设计规范规定：

纵向受力钢筋的混凝土保护层厚度（从钢筋外边缘算起）不应小于附录 4 表 1 所列的数值，同时也不应小于钢筋直径及粗骨料最大粒径的 1.25 倍。

板、墙、壳中分布钢筋的混凝土保护层厚度不应小于附录 4 表 1 中相应数值减 10mm，且不应小于 10mm；梁、柱中箍筋和构造钢筋的保护层厚度不应小于 15mm；钢筋端头保护层厚度不应小于 15mm。

对设计使用年限为 100 年的水工结构，混凝土保护层厚度应按附录 4 表 1 的规定适当增加，并切实保证混凝土保护层的密实性。

4. 混凝土的抗渗等级

混凝土越密实，水灰比越小，其抗渗性能越好。混凝土的抗渗性能用抗渗等级表示，水工混凝土抗渗等级分为：W2、W4、W6、W8、W10、W12 共 6 级，一般按 28d 龄期的标准试件测定，也可根据建筑物开始承受水压力的时间，利用60d或90d龄期的试件测定抗渗等级。掺用引气剂、减水剂可显著提高混凝土的抗渗性能。

水工混凝土结构设计规范规定，结构所需的混凝土抗渗等级应根据所承受的水头、水力梯度以及下游排水条件、水质条件和渗透水的危害程度等因素确定，并不应低于表8-2的规定值。

表8-2　　混凝土抗渗等级的最小允许值

项次	结构类型及运用条件		抗渗等级
1	大体积混凝土结构的下游面及建筑物内部		W2
2	大体积混凝土结构的挡水面	$H<30$	W4
		$30\leqslant H<70$	W6
		$70\leqslant H<150$	W8
		$H\geqslant 150$	W10
3	素混凝土及钢筋混凝土结构构件的背水面能自由渗水者	$i<10$	W4
		$10\leqslant i<30$	W6
		$30\leqslant i<50$	W8
		$i\geqslant 50$	W10

注　1. 表中H为水头（m），i为水力梯度。
2. 当结构表层设有专门可靠的防渗层时，表中规定的混凝土抗渗等级可适当降低。
3. 承受侵蚀性水作用的结构，混凝土抗渗等级应进行专门的试验研究，但不应低于W4。
4. 埋置在地基中的结构构件（如基础防渗墙等），可按照表中项次3的规定选择混凝土抗渗等级。
5. 对背水面能自由渗水的素混凝土及钢筋混凝土结构构件，当水头H小于10m时，其混凝土抗渗等级可根据表中项次3降低一级。
6. 对严寒、寒冷地区且水力梯度较大的结构，其抗渗等级应按表中的规定提高一级。

5. 混凝土的抗冻等级

混凝土处于冻融交替环境中时，渗入混凝土内部空隙中的水分在低温下结冰后体积膨胀，使混凝土产生胀裂，经多次冻融循环后将导致混凝土疏松剥落，引起混凝土结构的破坏。调查结果表明，在严寒或寒冷地区，水工混凝土的冻融破坏有时是极为严重的，特别是在长期潮湿的建筑物阴面或水位变化部位。例如，我国东北地区的丰满水电站，由于在1943—1947年浇筑混凝土时，质量不好并对抗冻性能注意不够，十几年后，混凝土就发生了大面积的冻融破坏，剥蚀深度一般在200～300mm，最严重处达到了600～1000mm厚。此外，实践还表明，即使在气候温和的地区，如抗冻性不足，混凝土也会发生冻融破坏以致剥蚀露筋。

混凝土的抗冻性用抗冻等级来表示，可按28d龄期的试件用快冻试验方法测定，分为F400、F300、F250、F200、F150、F100、F50共7级。经论证，也可用60d或90d龄期的试件测定。

对于有抗冻要求的结构，应按表8-3根据气候分区、冻融循环次数、表面局部小气候条件、水分饱和程度、结构构件重要性和检修条件等选定抗冻等级。在不利因素较多时，可选用高一级的抗冻等级。

表 8-3　　**混凝土抗冻等级**

项次	气候分区	严寒		寒冷		温和
	年冻融循环次数/次	≥100	<100	≥100	<100	—
1	受冻严重且难于检修的部位： 1）水电站尾水部位、蓄能电站进出口冬季水位变化区的构件、闸门槽二期混凝土、轨道基础； 2）冬季通航或受电站尾水位影响的不通航船闸的水位变化区的构件、二期混凝土； 3）流速大于 25m/s、过冰、多沙或多推移质的溢洪道，深孔或其他输水部位的过水面及二期混凝土； 4）冬季有水的露天钢筋混凝土压力水管、渡槽、薄壁充水闸门井	F400	F300	F300	F200	F100
2	受冻严重但有检修条件的部位： 1）大体积混凝土结构上游面冬季水位变化区； 2）水电站或船闸的尾水渠，引航道的挡墙、护坡； 3）流速小于 25m/s 的溢洪道、输水洞（孔）、引水系统的过水面； 4）易积雪、结霜或饱和的路面、平台栏杆、挑檐、墙、板、梁、柱、墩、廊道或竖井的单薄墙壁	F300	F250	F200	F150	F50
3	受冻较重部位： 1）大体积混凝土结构外露的阴面部位； 2）冬季有水或易长期积雪结冰的渠系建筑物	F250	F200	F150	F150	F50
4	受冻较轻部位： 1）大体积混凝土结构外露的阳面部位； 2）冬季无水干燥的渠系建筑物； 3）水下薄壁构件； 4）流速大于 25m/s 的水下过水面	F200	F150	F100	F100	F50
5	水下、土中及大体积内部的混凝土	F50	F50	F50	F50	F50

注　1. 年冻融循环次数分别按一年内气温从+3℃以上降至−3℃以下，然后回升到+3℃以上的交替次数和一年中日平均气温低于−3℃期间设计预定水位的涨落次数统计，并取其中的大值。

2. 气候分区划分标准为：
严寒：最冷月平均气温低于−10℃；
寒冷：最冷月平均气温高于或等于−10℃、低于或等于−3℃；
温和：最冷月平均气温高于−3℃；

3. 冬季水位变化区指运行期内可能遇到的冬季最低水位以下 0.5～1m 至冬季最高水位以上 1m（阳面）、2m（阴面）、4m（水电站尾水区）的区域。

4. 阳面指冬季大多为晴天，平均每天有 4h 阳光照射，不受山体或建筑物遮挡的表面，否则均按阴面考虑。

5. 最冷月平均气温低于−25℃地区的混凝土抗冻等级应根据具体情况研究确定。

抗冻混凝土必须掺加外加剂。其水泥、掺合料、外加剂的品种和数量，水灰比，配合比及含气量等指标应通过试验确定或按照《水工建筑物抗冰冻设计规范》（DL/T 5082）选用。海洋环境中的混凝土即使没有抗冻要求也宜适当掺加引气剂。

6. 混凝土的抗化学侵蚀要求

侵蚀性介质的渗入，造成混凝土中的一些成分被溶解、流失，引起混凝土发生孔隙和裂缝，甚至松散破碎；有的侵蚀性介质与混凝土中的某些成分反应后的生成物体积膨胀，引起混凝土结构胀裂破坏。常见的一些主要侵蚀性介质和引起腐蚀的原因有：硫酸盐腐蚀、酸腐蚀、海水腐蚀、盐酸类结晶型腐蚀等。海水除对混凝土造成腐蚀外，还会造成钢筋锈蚀或加快钢筋的锈蚀速度。

在海洋环境中，重要水工结构或设计使用年限大于50年的水工结构，混凝土抗氯离子侵入性指标宜符合表8-4所列数值。

表8-4　　混凝土抗氯离子侵入性指标

抗侵入性指标 \ 环境类别	三	四	五
电量指标（56d龄期）/C	<1500	<1200	<800
氯离子扩散系数 D_{RCM}（28d龄期）/($10^{-12}m^2/S$)	<10	<7	<4

注 1. 表中的混凝土抗氯离子侵入性指标可根据钢筋保护层厚度和混凝土水灰比的具体特点对表中数据作适当调整。
2. 表中的 D_{RCM} 值，仅适用于较大或大掺量矿物掺和料混凝土；对于胶凝材料中主要成分为硅酸盐水泥熟料的混凝土则可适当降低。

当不能满足表8-4中的要求时，可采取在混凝土表面浸涂或覆盖防腐材料、采用环氧涂层钢筋、在混凝土中加入钢筋阻锈剂、阴极保护等措施，以防止钢筋生锈。

化学侵蚀环境中宜测定水中或土中 SO_4^{2-}、水中 Mg^{2+} 和水中 CO_2 的含量及水的pH值，根据其含量和水的酸性确定化学侵蚀的程度，具体指标规定可参见DL/T 5057—2009。

对处于化学侵蚀性环境中的混凝土，应采用抗侵蚀性水泥，掺用优质活性掺合料，必要时可同时采用特殊的表面涂层等防护措施。

7. 结构型式与配筋

当技术条件不能保证结构所有构（部）件均能达到与结构设计使用年限相同的耐久性时，在设计中应规定这些构（部）件在设计使用年限内需要进行大修或更换的次数。凡列为需要大修或更换的构件，在设计时应考虑其能具有修补或更换的施工操作条件。不具备单独修补或更换条件的结构构件，其设计使用年限应与结构的整体设计使用年限相同。

结构的型式应有利于排除积水，避免水气凝聚和有害物质积聚于区间。当环境类别为四、五类时，结构的外形应力求规整，应尽量避免采用薄壁、薄腹及多棱角的结构型式。这些结构形式暴露面大，比平整表面更易使混凝土碳化从而导致钢筋更易锈蚀。

一般情况下尽可能采用细直径、密间距的配筋方式，以使横向的受力裂缝能分散和变细。但在某些结构部位，如闸门门槽，构造钢筋及预埋件特别多，若又加上过密的配筋，反而会造成混凝土浇筑不易密实的缺陷，不密实的混凝土保护层将严重降低结构的耐久性。因此，配筋方式应全面考虑而不片面强调细而密的方式。

当构件处于严重腐蚀环境时，普通受力钢筋直径不宜小于16mm，预应力混凝土构件宜采用密封和防腐性能良好的孔道管，不宜采用抽孔法形成的孔道。如不采用密封护套或孔道管，则不应采用细钢丝作预应力筋。

处于严重锈蚀环境的构件，暴露在混凝土外的吊环、紧固件、连接件等铁件应与混凝土中的钢筋隔离。预应力锚具与孔道管或护套之间需有防腐连接套管。预应力筋的锚头应采用无收缩高性能细石混凝土或水泥基聚合物混凝土封端。

对遭受高速水流空蚀的部位，应采用合理的结构型式、改善通气条件、提高混凝土密实度、严格控制结构表面的平整度或设置专门可靠防护面层等措施。在有泥砂磨蚀的部位，应采用质地坚硬的骨料、降低水灰比、提高混凝土强度等级、改进施工方法，必要时还应采用耐磨护面材料或纤维混凝土。

同时，结构构件在正常使用阶段的受力裂缝也应控制在允许的范围内，特别是对于配置高强钢丝的预应力混凝土构件则必须严格抗裂。因为，高强钢丝如稍有锈蚀，就易引发应力腐蚀而脆断。

第 9 章　钢筋混凝土肋形结构及刚架结构

钢筋混凝土肋形结构及刚架结构是水工结构中广泛应用的结构形式。图 9-1 为一水电站厂房结构示意图，其屋盖采用整体式钢筋混凝土肋形结构，由屋面板、纵梁、屋面大梁等组成；而竖向承重结构则由带牛腿的刚架柱等构件组成。作用在屋面上的荷载，经由屋面板传给纵梁和屋面大梁，再传给柱，最后由柱传给厂房的下部结构或基础。

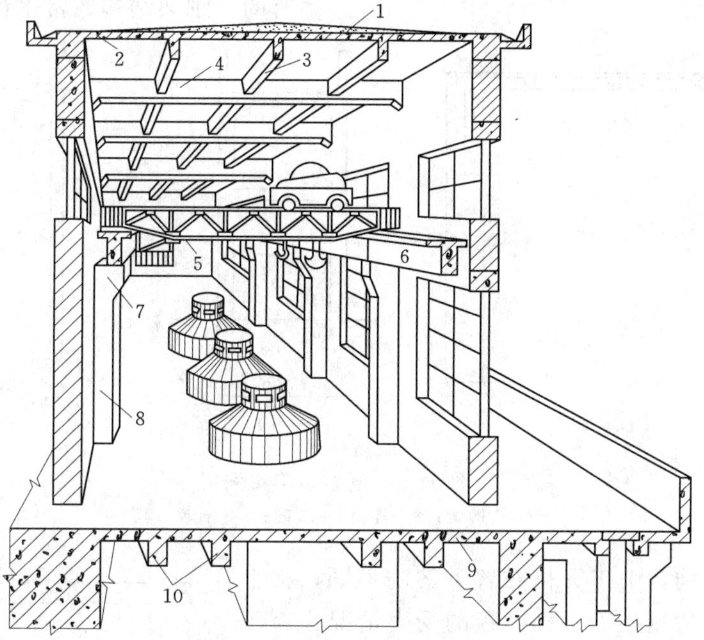

图 9-1　水电站厂房示意图

1—屋面构造层；2—屋面板；3—纵梁；4—屋面大梁；5—吊车；
6—吊车梁；7—牛腿；8—柱；9—楼板；10—楼面纵梁

严格说来，上述水电站厂房结构为一空间受力结构，但当采用手算方法设计时，一般可将空间结构分解简化为平面结构进行内力计算。例如，水电站厂房的上部结构，可以分别简化为由梁与板组成的肋形结构和由屋面大梁与柱组成的刚架结构分别进行计算。

所谓肋形结构，就是由板和支承板的梁所组成的梁板结构，也称为肋梁结构。图9-2是常见的整体式肋形结构楼面，它由板、次梁和主梁所组成。

在水工结构中，除水电站厂房中的屋面和楼面外，隧洞进水口的工作平台、闸坝上的

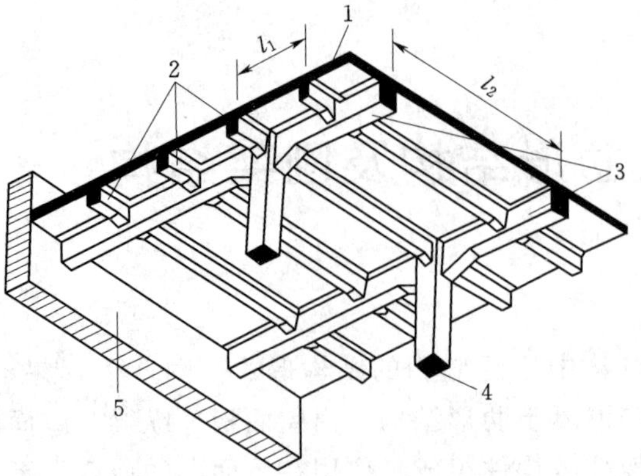

图 9-2　整体式楼面结构
1—板；2—次梁；3—主梁；4—柱；5—墩墙

工作桥和交通桥、扶壁式挡土墙、梁板式渡槽的槽身、码头的上部结构等，也都可做成肋形结构形式。

刚架是由横梁和立柱刚性连接（刚节点）所组成的承重结构，在水工结构中应用也比较广泛，如水电站厂房刚架［图 9-3 (a)］、支承渡槽槽身的刚架［图 9-3 (b)］和支承工作桥桥面的刚架［图 9-3 (c)］等。当刚架高度 H 在 5m 以下时，一般采用单层刚架，在 5m 以上时，则宜采用双层刚架或多层刚架。根据使用要求，刚架结构也可设计为单层多跨的，或多层多跨的。刚架结构通常也称框架结构。

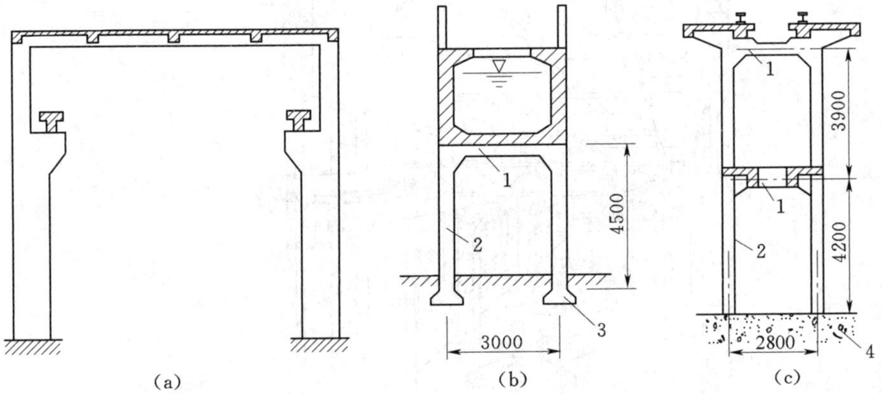

图 9-3　刚架结构实例
1—横梁；2—柱；3—基础；4—闸墩

对于肋形结构，由于梁格布置方案的不同，板上荷载传给支承梁的途径不一样，板的受力情况也就不同。四边支承的矩形板，两个方向的跨度之比对荷载传递的影响很大。假定图 9-4 为一四边简支的矩形板，板沿短跨和长跨方向的跨度分别为 l_1 和 l_2，板上作用有均布荷载 p，若设想从板的中部沿短跨、长跨方向取出两个相互垂直的单位宽度的板带，那么板上的荷载就由这些交叉的板带沿互相垂直的两个方向传给支承梁。将荷载 p 分为 p_1 及 p_2，p_1 由 l_1 方向的板带承担，p_2 由 l_2 方向的板带承担。若不计相邻板带对它们的影响，上述两个板带的受力如同简支梁，由两个板带中点挠度相等的条件可得：$p_2/p_1=$

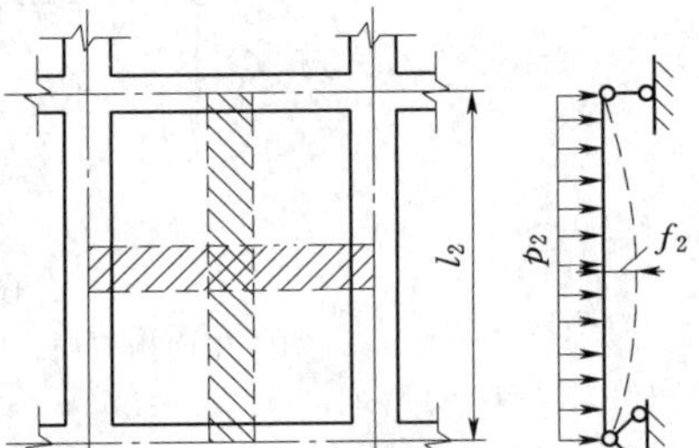

图 9-4　受均布荷载作用的四边支承矩形板

$(l_1/l_2)^4$。当板的长跨与短跨的跨度比 $l_2/l_1 \geqslant 2$ 时，沿长跨方向传递的荷载仅为全部荷载的6%以下，为简化计算，可不考虑沿长跨方向传递荷载。但当 $l_2/l_1 < 2$ 时，计算时就应考虑板上荷载沿两个方向的传递。因此，根据梁格布置情况的不同，整体式肋形结构可分为单向板肋形结构及双向板肋形结构两种类型。

1. 单向板肋形结构

当梁格布置使板的长、短跨之比 $l_2/l_1 \geqslant 3$ 时，则板上荷载绝大部分沿短跨 l_1 方向传递，因此，可仅考虑板在短跨方向受力，故称为单向板。这时，梁有主梁与次梁之分（图9-2），板上荷载先传给次梁，再由次梁传给主梁。

2. 双向板肋形结构

当梁格布置使板的长、短跨之比 $l_2/l_1 \leqslant 2$ 时，则板上荷载将沿两个方向传到四边的支承梁上，计算时应考虑两个方向受力，故这种板称为双向板。这时，梁不分主梁与次梁，板上荷载同时向两边梁传递。

当 $2 < l_2/l_1 < 3$ 时，宜按双向板计算；当将其作为沿短跨方向受力的单向板计算时，则沿长跨方向应配置足够数量的构造钢筋。

钢筋混凝土肋形结构的设计步骤是：结构的梁格布置；板和梁的计算简图确定；板和梁的内力计算；截面设计；配筋图绘制。

9.1　单向板肋形结构的结构布置和计算简图

9.1.1　梁格布置

在肋形结构中，应根据建筑物的平面尺寸、柱网布置、洞口位置以及荷载大小等因素进行梁格布置。

在民用与工业建筑中，单向板肋形楼盖结构平面布置方案通常有以下三种：

（1）主梁横向布置，次梁纵向布置，如图9-5（a）所示。它的优点是主梁和柱可形成横向框架，横向抗侧移刚度大，各榀横向框架间由纵向次梁相连，房屋的整体性较好。此外，由于外纵墙处仅设次梁，故窗户高度可开得大一些，对采光有利。

（2）主梁纵向布置，次梁横向布置，如图9-5（b）所示。这种布置适用于横向柱距比纵向柱距大得多或房屋有集中通风要求的情况。它的优点是增加了室内净空，但房屋的横向刚度较差，而且常由于次梁支承在窗过梁上而限制窗洞的高度。

（3）只布置次梁，不设主梁，如图9-5（c）所示。它适用于有中间走道的砌体承重的混合结构房屋。这种砌体承重结构抗震性能差，目前已较少应用。

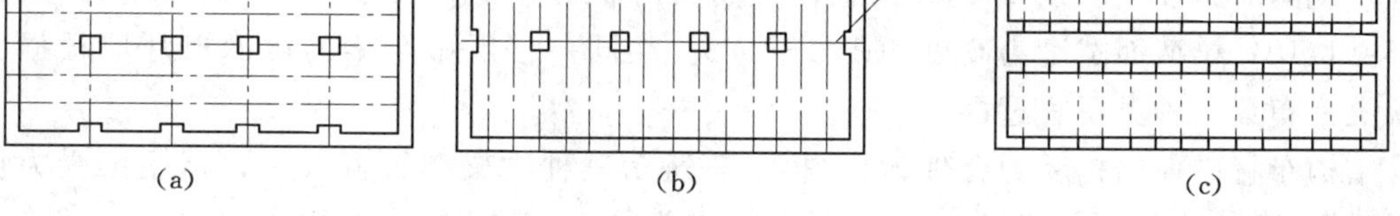

图9-5　民用与工业建筑单向板肋形楼盖的梁格布置

在水电站厂房中，梁格布置时首先要使柱子的间距满足机组布置的要求，楼板上还要留出许多大小不一、形状不同的孔洞，以安装机电设备及管道线路。为了满足这些要求，梁格布置就比较不规则，不同于一般民用与工业建筑的梁格布置。图 9-6 为某水电站主副厂房楼面的梁格布置图。

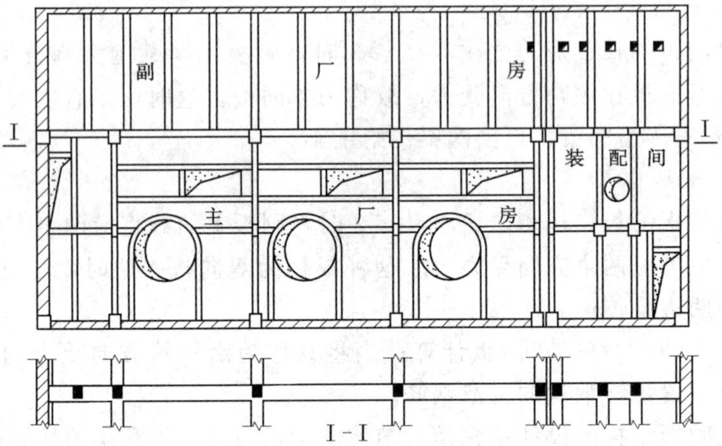

图 9-6　某水电站主副厂房楼面梁格布置

在肋形结构中，板的面积较大，其混凝土用量约占整个结构混凝土用量的 50%～70%，所以一般情况是板较薄时，材料较省，造价也较低。梁格布置时应尽量避免集中荷载直接作用在板上，如图 9-6 所示，在机器支座与隔墙的下面都设置了梁，使集中荷载直接作用在梁上。当板上没有孔洞并承受均布荷载时，板和梁宜尽量布置成等跨度或接近等跨，这样材料用量较省，造价较经济，设计计算和配筋构造也较简便。对于水电站厂房，为了满足使用要求，梁和板往往不得不布置成不等跨。

梁格尺寸确定要综合考虑材料用量与施工难易之间的平衡。如果梁布置得比较稀，施工时可省模板和省工，但板的跨度加大，板厚也随之增加，这就要多用混凝土，结构自重也相应增大。如果梁布置得比较密，可使板的跨度减小，板厚减薄，结构自重减轻，但施工时要费模板和费工。

在一般肋形结构中，板的跨度以 1.7～2.5m 为宜，一般不宜超过 3.0m；板的常用厚度为 120mm 左右。按刚度要求，板厚不宜小于其跨长的 1/40（连续板）、1/35（简支板）和 1/12（悬臂板）。水电站厂房发电机层的楼板，由于荷载大及安装设备时可能有撞击作用，板的厚度常采用 120～200mm；装配间楼板因需要搁置大型设备，板厚有时要用到 250mm 以上。

板的跨度确定后，便可安排次梁及主梁的位置。根据经验，次梁的跨度一般以 4～6m 为宜，主梁的跨度一般以 5～8m 为宜；梁高与跨长的比值，次梁为 1/18～1/12，主梁为 1/15～1/10；梁截面宽度为高度的 1/2～1/3。在同一楼层中，梁的截面尺寸应根据建筑要求统一布置，种类不宜过多。

结构布置应使结构受力合理，在图 9-7 所示三种次梁布置方式中，从主梁受力情况来说，图 9-7（a）、图 9-7（c）的布置方式比图 9-7（b）的布置方式要好，因为前者所引起的主梁跨中弯矩较小。当建筑物的宽度不大时，也可只在一个方向布置梁，图 9-5（c）和图 9-6 中的副厂房楼面就是只在一个方向布置梁。

建筑物的平面尺寸很大时，为避免由于温度变化及混凝土干缩而引起裂缝，应设置永久的伸缩缝将建筑物分成几个部分。伸缩缝的间距宜根据气候条件、结构型式和地基特性等情况确定。伸缩缝的最大间距可参照现行水工混凝土结构设计规范。

结构的建筑高度不同，或上部结构各部分传到地基上的压力相差过大，以及地基情况变化显著时，应设置沉降缝，以避免地基的不均匀沉降。图 9-6 所示的主厂房机组段与装配间之间，由于基础开挖深度不同，所承受的荷载也不同，故必须设置沉降缝。沉降缝应从基础直至屋顶全部分开，而伸缩缝则只需将基础以上的建筑构件，如板、梁、柱、墙等分开，基础可不分开。沉降缝可同时起伸缩缝的作用。

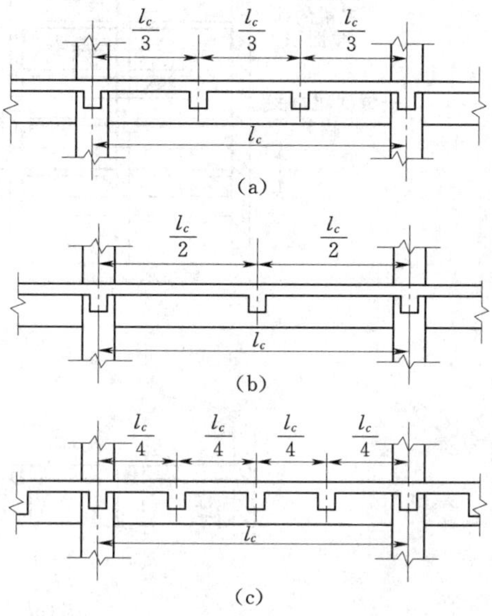

图 9-7 次梁布置方式

肋形结构也可以采用装配式，即在现浇的主梁（次梁）上搁置预制的空心楼板或大型屋面板形成肋形结构。装配式结构虽然可以节省模板，加快施工进度，但由于预制板与梁之间的连接十分单薄，结构的整体性不强，不利于抗震。万一发生地震，预制板容易坍落，目前已较少采用。若需采用预制板，也宜设计成装配整体结构，即利用预制板作为模板，在预制板上再整浇一层配筋的后浇混凝土，形成叠合式结构构件。

9.1.2 计算简图

整体式单向板肋形结构，是由板、次梁和主梁整体浇筑而成。设计时可把它分解为板、次梁和主梁分别进行计算。内力计算时，应先画出计算简图，表示出梁（板）的跨数，各跨的计算跨度，支座的性质，荷载的形式、大小及作用位置等。

9.1.2.1 支座的简化

图 9-8 所示为单向板肋形楼盖，其周边如果搁置在砖墙上，可假定为铰支座。板的中间支承为次梁，次梁的中间支承为主梁，计算时一般也可假定为铰支座。这样，板可以看作是以边墙和次梁为铰支座的多跨连续板 [图 9-8（b）]；次梁可以看作是以边墙和主梁为铰支座的多跨连续梁 [图 9-8（c）]。主梁的中间支承是柱，当主梁与柱的线刚度之比大于 5 时，柱对主梁的转动约束作用较小，可把主梁看作是以边墙和柱为铰支座的连续梁 [图 9-8（d）]；当主梁与柱的线刚度之比小于 5 时，柱对主梁的转动约束作用较大，则应把主梁和柱的连接视为刚性连接，按刚架结构设计主梁。

将板与次梁的中间支座简化为铰支座，可以自由转动，实际上是忽略了次梁对板、主梁对次梁的转动约束能力。在现浇混凝土楼盖中，梁和板是整浇在一起的，当板在隔跨活载作用下产生弯曲变形时，将带动作为支座的次梁产生扭转，而次梁的抗扭刚度将约束板

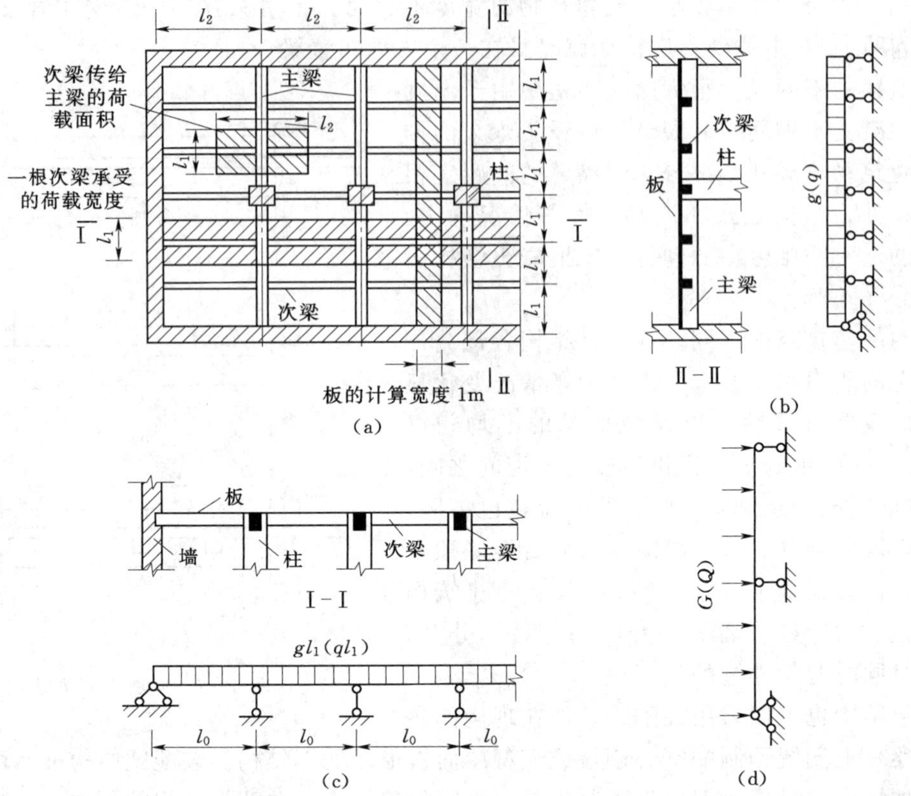

图 9-8　单向板肋形楼盖与计算简图

的弯曲转动，使板在支承处的实际转角 θ' 比铰支承时的转角 θ 小，如图 9-9 所示。其效果是相当于降低了板的弯矩值，也就是说，如果假定板的中间支座为铰支座，就把板的弯矩值算大了。类似情况也会发生在次梁与主梁之间。

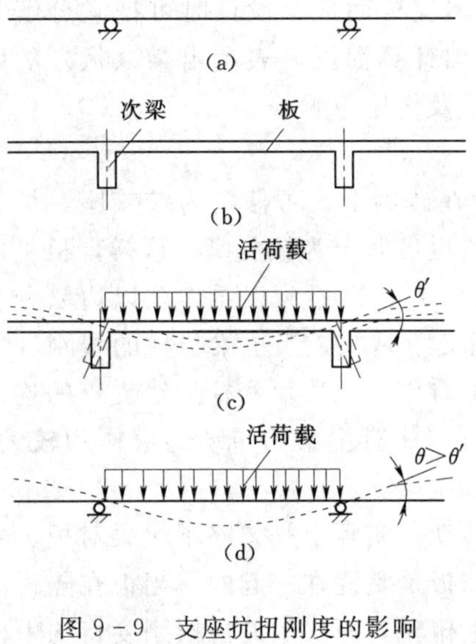

图 9-9　支座抗扭刚度的影响

精确计算这种次梁（或主梁）的抗扭刚度对连续板（或次梁）内力的有利影响颇为复杂，实际上都是采用调整荷载的办法来加以考虑。

作用于肋形结构上的荷载一般有永久荷载和可变荷载两种。永久荷载，如构件自重、面层重及固定设备重等，其设计值常用符号 g（均布）和 G（集中）表示。可变荷载，如人群荷载和可移动的设备荷载等，其设计值常用符号 q（均布）和 Q（集中）表示。

永久荷载是一直作用的，也称为恒载；可变荷载则有时作用，有时可能并不存在，也称为活载，设计时应考虑其最不利的布置方式。

所谓调整荷载，就是加大恒载减小活载，以调整后的折算荷载代替实际作用的荷载进行荷载最不利组合和内力计算。折算荷载可按下列规定取值：

（1）板的折算荷载

$$\left.\begin{aligned} g' &= g+\frac{1}{2}q \\ q' &= \frac{1}{2}q \end{aligned}\right\} \tag{9-1}$$

（2）次梁的折算荷载

$$\left.\begin{aligned} g' &= g+\frac{1}{4}q \\ q' &= \frac{3}{4}q \end{aligned}\right\} \tag{9-2}$$

式中　g'、q'——折算永久荷载及折算可变荷载；

　　g、q——实际的永久荷载及可变荷载。

（3）对于主梁可不作调整，即 $g'=g$，$q'=q$。

当板或次梁不与支座整体连接（如梁、板搁置在墩墙上）时，则不存在上述约束作用，即假定中间支座为铰支座是符合实际受力情况的，因而可不作荷载调整。

9.1.2.2　荷载计算

永久荷载主要是结构的自重，结构自重的标准值可由结构体积乘以材料重度得出。材料的重度及可变荷载的标准值可从相关荷载规范中查到。

作用在板和梁上的荷载分配范围如图 9-8（a）所示。板通常是取单位宽度的板带来计算，这样沿板跨方向单位长度上的荷载即均布荷载 g 或 q［图 9-8（b）］；次梁承受由板传来的均布荷载 gl_1 或 ql_1 及次梁自重［图 9-8（c）］；主梁则承受由次梁传来的集中荷载 $G=gl_1l_2$ 或 $Q=ql_1l_2$ 和次梁自重，以及主梁自重。主梁自重为均布荷载，它比次梁传来的荷载要小得多，为简化计算，可将主梁自重折算成集中荷载后与 G、Q 一并计算［图 9-8（d）］。

9.1.2.3　计算跨度

梁（板）在支承处有的与其支座整体连接［图 9-10（a）］，有的搁置在墩墙上［图 9-10（b）］，在计算时都可作为铰支座［图 9-10（c）］。但实际上支座具有一定的宽度 b，有时支承宽度还比较大，这就提出了计算跨度的问题。

当按弹性方法计算内力设计值时，计算弯矩用的计算跨度 l_0 一般取支座中心线间的距离 l_c；当支座宽度 b 较大时，按下列数值采用：

对于板，当 $b>0.1l_c$ 时，取 $l_0=1.1l_n$；对于梁，当 $b>0.05l_c$ 时，取 $l_0=1.05l_n$；其中，l_n 为净跨度；b 为支座宽度。

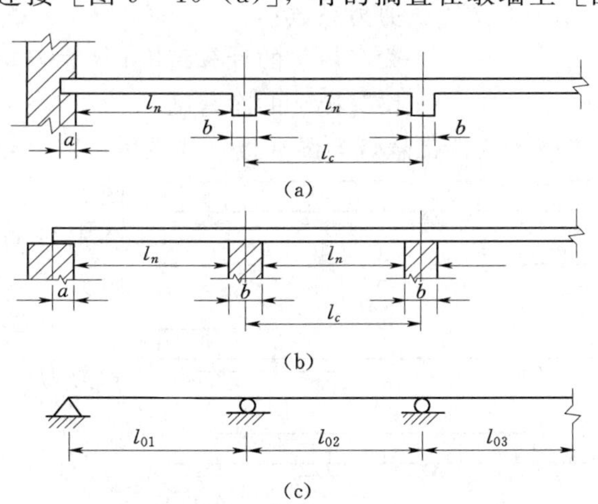

图 9-10　计算跨度

（a）弹性嵌固支座；（b）自由支座；（c）计算简图

当按塑性方法计算内力设计值时，

计算弯矩用的计算跨度 l_0 按下列数值采用：

对于板，当两端与梁整体连接时，取 $l_0=l_n$；当两端搁支在墙上时，取 $l_0=l_n+h$，且 $l_0\leqslant l_c$；当一端与梁整体连接，另一端搁支在墙上时，取 $l_0=l_n+\frac{h}{2}$，且 $l_0\leqslant l_n+\frac{a}{2}$；其中：$h$ 为板厚；a 为板在墩墙上的搁置宽度。

对于梁，当两端与梁或柱整体连接时，取 $l_0=l_n$；当两端搁支在墙上时，取 $l_0=1.05l_n$，且 $l_0\leqslant l_c$；当一端与梁或柱整体连接，另一端搁支在墙上时，取 $l_0=1.025l_n$，且 $l_0\leqslant l_n+\frac{a}{2}$。

计算剪力时，计算跨度取为净跨 l_n。

9.2　单向板肋形结构按弹性理论的计算

钢筋混凝土连续梁（板）的内力计算方法有按弹性理论计算和考虑塑性变形内力重分布计算两种。水工建筑中连续梁（板）的内力一般是按弹性理论的方法计算，就是把钢筋混凝土梁（板）看作匀质弹性构件用结构力学的方法进行内力计算。

9.2.1　利用图表计算连续梁（板）的内力

按弹性理论计算连续梁（板）的内力可采用力法或弯矩分配法。实际工程设计中为了节省时间，多利用计算机程序或现成图表进行计算。计算图表的类型很多，这里仅介绍几种等跨度等刚度连续梁（板）的内力计算表格，供设计时查用。

（1）对于承受均布荷载的等跨连续梁（板），弯矩和剪力可利用附录 6 的表格按下列公式计算：

$$M=\alpha g l_0^2+\alpha_1 q l_0^2 \tag{9-3}$$

$$V=\beta g l_n+\beta_1 q l_n \tag{9-4}$$

式中　α、α_1——弯矩系数；

β、β_1——剪力系数；

l_0——梁（板）的计算跨度；

l_n——梁（板）的净跨度。

（2）两端带悬臂的梁（板）如图 9-11（a）所示，其内力可用叠加方法确定，即将图 9-11（a）拆分成图 9-11（b）和图 9-11（c），分别计算其内力，然后相加得图 9-11（a）的内力。

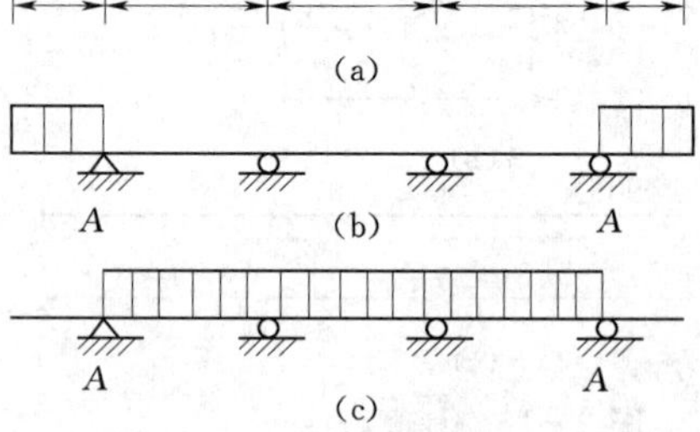

图 9-11　两端带悬臂的梁（板）

仅一端悬臂上有荷载时，连续梁（板）的弯矩和剪力可利用附录 7 的表格按下列公式计算：

$$M=\alpha' M_A \tag{9-5}$$

$$V=\beta'\frac{M_A}{l_0} \tag{9-6}$$

式中　α'、β'——弯矩系数和剪力系数；

M_A——由悬臂上的荷载所产生的端支座负弯矩。

即图 9-11（b）的内力可由附录 7 的表格按式（9-5）和式（9-6）计算，图 9-11（c）的内力可由附录 6 的表格按式（9-3）和式（9-4）计算得到。

（3）对于承受固定或移动集中荷载的等跨连续梁，其弯矩和剪力可利用附录 8 的内力影响线系数表，按下列公式计算：

$$M=\alpha Ql_0(\text{或 }\alpha Gl_0) \tag{9-7}$$

$$V=\beta Q(\text{或 }\beta G) \tag{9-8}$$

式中　α、β——弯矩系数和剪力系数；

Q、G——固定或移动的集中力。

上面介绍的等跨连续梁（板）的内力系数计算图表，跨数最多为 5 跨。对于超过 5 跨的等刚度连续梁（板），由于第 2 跨以后的中间各跨内力与第 3 跨的内力非常接近，设计时可按 5 跨连续梁（板）计算，将所有中间跨的内力和配筋都按第 3 跨来处理，这样既简化了计算，又可得到足够精确的结果。例如图 9-12（a）所示的 9 跨连续梁，可按图 9-12（b）所示的 5 跨连续梁进行计算。中间支座（D、E）的内力数值取与 C 支座的相同；中间各跨（4、5 跨）的跨中内力，取与第 3 跨的相同。梁的配筋构造则按图 9-12（c）确定。

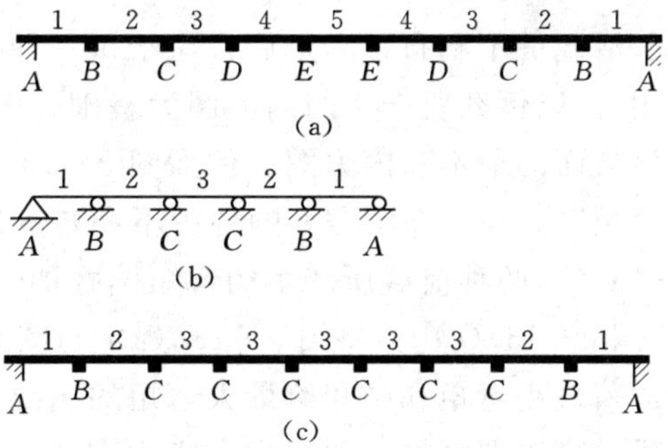

图 9-12　连续梁（板）的简图

（a）实际图形；（b）计算简图；（c）配筋构造图

如果连续梁（板）的跨度不相等，但跨度相差不超过 10% 时，也可采用等跨度的图表计算内力。当求支座弯矩时，计算跨度取该支座相邻两跨计算跨度的平均值；当求跨中弯矩时，则用该跨的计算跨度。如梁（板）各跨的截面尺寸不同，但相邻跨截面惯性矩的比值不大于 1.5 时，也可作为等刚度梁计算内力，即可不考虑不同刚度对内力的影响。

9.2.2　连续梁板的内力包络图

由于作用在连续梁（板）上的荷载有永久荷载（恒载）和可变荷载（活载）两种，恒载是一直出现的，而活载是可能出现也可能不出现，因而梁（板）截面上的内力是变化的。只有按截面可能产生的最大或最小内力（M、V）进行设计，连续梁（板）才是可靠的，这就需要求出连续梁（板）的内力包络图。要求出连续梁（板）的内力包络图，首先要确定活载最不利布置方式。利用结构力学影响线的原理，可得到多跨连续梁活载最不利布置方式是：

（1）求某跨跨中最大正弯矩时，活载在本跨布置，然后再隔跨布置。

（2）求某跨跨中最小弯矩时，活载在本跨不布置，在其邻跨布置，然后再隔跨布置。

（3）求某支座截面的最大负弯矩时，活载在该支座左右两跨布置，然后再隔跨布置。

（4）求某支座截面的最大剪力时，活载的布置与求该支座最大负弯矩时的布置相同。

为了计算方便，当承受均布荷载时，假定活载在一跨内整跨布满，不考虑一跨内局部布置的情况。五跨连续梁在求各截面最大（或最小）内力时均布活载的可能布置方式如表 9-1 所示。梁上恒载应按实际情况考虑。

表 9-1　　五跨连续梁求最不利内力时均布活载布置图

活载布置图	最不利内力		
	最大弯矩	最小弯矩	最大剪力
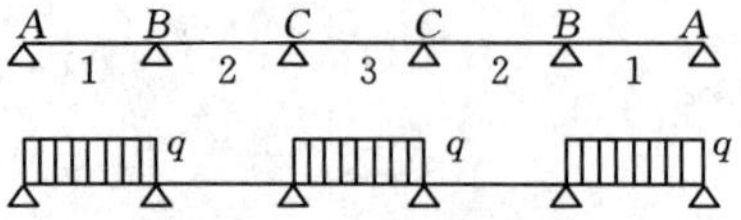	M_1、M_3	M_2	V_A
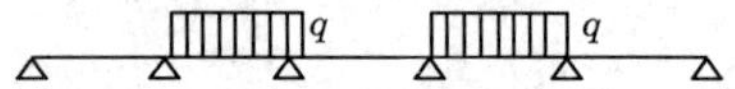	M_2	M_1、M_3	
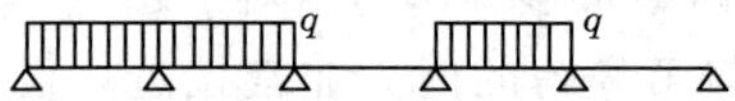		M_B	V_B^l、V_B^r
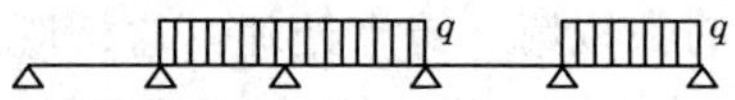		M_C	V_C^l、V_C^r

注　表中 M、V 的下标 1、2、3、A、B、C 分别为截面代号，上标 l、r 分别为截面左、右边代号，下同。

活载最不利布置确定后，对于每一种荷载布置情况，都可绘出其内力图（弯矩图或剪力图）。以恒载所产生的内力图为基础，叠加某截面最不利布置活载所产生的内力，便得到该截面的最不利内力图。例如图 9-13 所示三跨连续梁，在均布恒载 g 作用下可绘出一个弯矩图，在均布活载 q 的各种不利布置情况下可分别绘出弯矩图。将图 9-13（a）与图 9-13（b）两种荷载所产生的弯矩图叠加，便得到边跨最大弯矩和中间跨最小弯矩的图线 1［图 9-13（e）］；将图 9-13（a）与图 9-13（c）两种荷载所形成的弯矩图叠加，便得到边跨最小弯矩和中间跨最大弯矩的图线 2；将图 9-13（a）与图 9-13（d）两种荷载所形成的弯矩图叠加，便得到支座 B 最大负弯矩图线 3。显然，外包线 4 就代表各截面在各种可能的活载布置下产生的弯矩上下限。不论活载如何布置，梁各截面上产生的弯矩值均不会超出此外包线所表示的弯矩值。这个外包线就叫做弯矩包络图［图 9-13（e）］。用同样方法可绘出梁的剪力包络图［图 9-13（f）］。弯矩包络图用来计算和配置梁的各截面的纵向钢筋，剪力包络图则用来计算和配置箍筋及弯起钢筋。

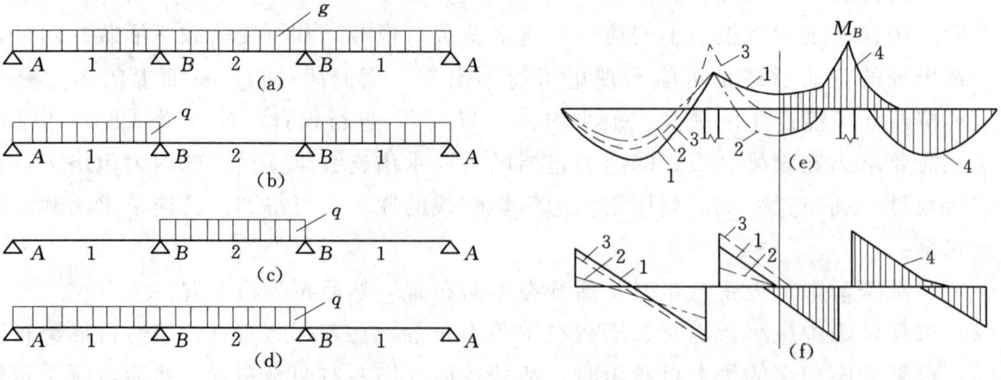

图 9-13　连续梁的内力包络图

绘制每跨弯矩包络图时，可根据最不利布置的荷载求出相应的两边支座弯矩，以支座弯矩间连线为基线，绘制相应荷载作用下的简支梁弯矩图，将这些弯矩图逐个叠加，其外包线即为所求的弯矩包络图。

承受均布荷载的等跨连续梁，也可利用附录 9 的表格直接绘出弯矩包络图。该表格中已给出每跨十个截面的最大及最小弯矩的系数值，应用时很方便。承受集中荷载的等跨连续梁，其弯矩包络图可利用附录 8 的影响线系数表绘制（具体方法可参阅［例 9-1］）。连续板一般不需要绘制内力包络图。

还应注意，用上述方法求得的支座弯矩 M_c 一般为支座中心处的弯矩值。当连续梁（板）与支座整体浇筑时［图 9-14（a）］，在支座范围内的截面高度很大，梁（板）在支座内破坏的可能性较小，其最危险的截面应在支座边缘处，因此取支座边缘处的弯矩 M 作为配筋计算的依据。若弯矩计算时计算跨度取为 $l_0=l_c$，则支座边缘截面的弯矩的绝对值可近似按下列公式计算：

$$M=|M_C|-|V_0|\frac{b}{2} \tag{9-9}$$

式中 V_0——支座边缘处的剪力，可近似按单跨简支梁计算；

b——支承宽度。

若弯矩计算时，计算跨度取为 $l_0=1.1l_n$（板）或 $l_0=1.05l_n$（梁），则支座边缘处的弯矩计算值可近似按下列公式计算：

$$\left.\begin{aligned}&\text{板}\quad M=|M_c|-0.05l_n|V_0|\\&\text{梁}\quad M=|M_c|-0.025l_n|V_0|\end{aligned}\right\} \tag{9-10}$$

如果梁（板）直接搁置在墩墙上时［图 9-14（b）］，则不存在上述支座弯矩的削减问题。

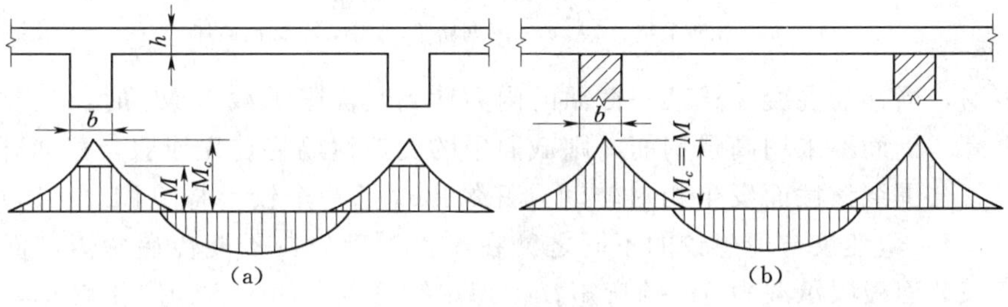

图 9-14 连续梁（板）支座弯矩取值

9.3 单向板肋形结构考虑塑性变形内力重分布的计算

按弹性方法计算连续梁（板）的内力是能够保证结构安全的。因为它的出发点是认为结构中任一截面的内力达到其极限承载力时，即导致整个结构的破坏。对于静定结构以及脆性材料做成的结构来说，这种出发点是完全合理的。但对于具有一定塑性性能的钢筋混凝土超静定结构，当结构中某一截面的内力达到其极限承载力时，结构并不破坏而仍可承担继续增加的荷载。这说明按弹性方法计算钢筋混凝土连续梁（板）的内力，设计结果偏于安全且有多余的承载力储备。

目前，在民用建筑肋形楼盖的板和次梁设计中，已普遍采用考虑塑性变形内力重分布的方法计算内力。水工建筑物水面以上的肋形结构若采用考虑塑性变形内力重分布的方法计算内力，也将会收到一定的经济效果。

9.3.1　基本原理

试验研究表明，在钢筋混凝土适筋梁纯弯段截面上，弯矩 M 与曲率 ϕ 之间的关系如图 9－15 所示。由图可见，从钢筋开始屈服（b 点）到截面最后破坏（c 点），$M-\phi$ 关系接近水平直线，可以认为这个阶段（bc 段）是梁的屈服阶段，在这个阶段中，截面所承受的弯矩基本上等于截面的极限承载力 M_u。由图 9－15 还可以看出，配筋率越高，这个屈服阶段的过程就越短；如果配筋过多，截面将呈脆性破坏，就没有这个屈服阶段。

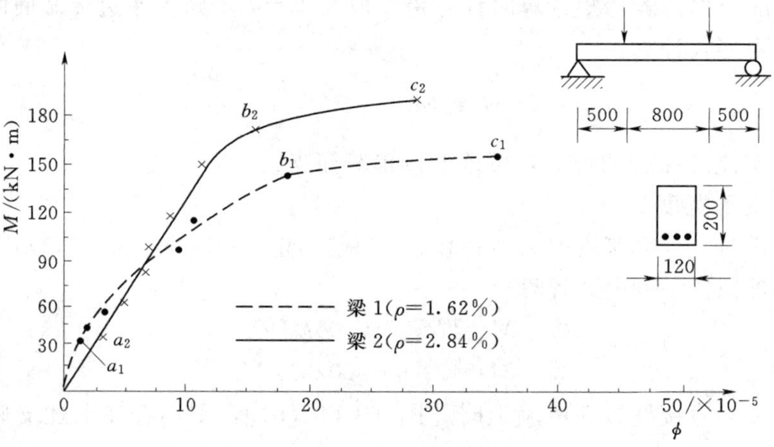

图 9－15　弯矩与曲率的关系

a_1、a_2—出现裂缝；b_1、b_2—钢筋屈服；c_1、c_2—截面破坏

试验表明，当钢筋混凝土梁某一截面的内力达到其极限承载力 M_u 时，只要截面中配筋率不是太高，钢筋不采用高强钢筋，则截面中的受拉钢筋将首先屈服，截面开始进入屈服阶段，梁就会围绕该截面发生相对转动，好像出现了一个铰一样（图 9－16），称这个铰为“塑性铰”。塑性铰与理想铰的不同之处在于：①理想铰不能传递弯矩，而塑性铰能承担相当于该截面极限承载力 M_u 的弯矩；②理想铰可以在两个方向自由转动，而塑性铰却是单向铰，不能反向转动，只是在弯矩 M_u 作用下沿弯矩作用方向作有限的转动。塑性铰的转动能力与配筋率 ρ 及混凝土极限压应变 ε_{cu} 有关，ρ 越小塑性铰转动能力越大；塑性铰不能无限制地转动，当截面受压区混凝土被压碎时，转动幅度也就达到其极限值（图

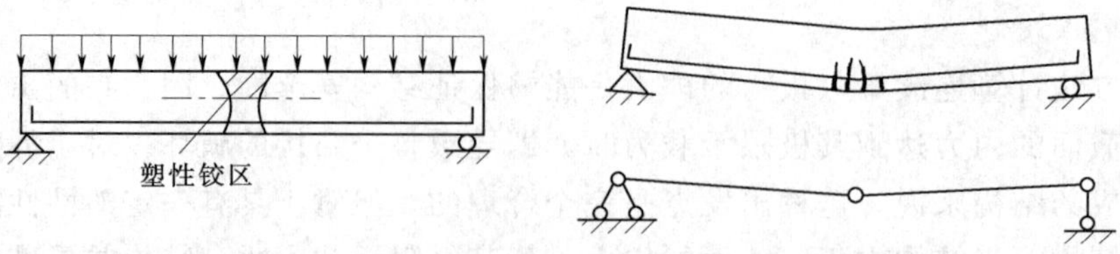

图 9－16　塑性铰区

9-15中的 c 点)；③理想铰集中于一点，塑性铰不是集中于一点而是有一个塑性铰区。

在静定结构中，只要有一个截面形成塑性铰便不能再继续加载，因为此时静定结构已变成机动体系而破坏（图 9-16)。但在超静定结构中则不然，每出现一个塑性铰仅意味着减少一次超静定次数，荷载仍可继续增加，直到塑性铰陆续出现使结构变成破坏机构为止。

图 9-17 (a) 为承受均布荷载的单跨固端梁，长度 $l=6\text{m}$，梁各截面的尺寸及上下配筋量均相同，所能承受的正负极限弯矩均为 $M_u=36\text{kN}\cdot\text{m}$。当荷载 $p_1=12\text{kN/m}$ 时，按弹性方法计算，支座弯矩 $M_A=M_B=36\text{kN}\cdot\text{m}$，跨中弯矩 $M_C=18\text{kN}\cdot\text{m}$，见图 9-17 (b)。此时支座截面的弯矩已等于该截面的极限弯矩 M_u，即按弹性方法进行设计时，该梁能够承受的最大均布荷载为 $p_1=12\text{kN/m}$。

但实际上，在 p_1 作用下梁并未破坏，而仅使支座截面 A 及 B 形成塑性铰，梁上荷载还可继续增加。在继续加载的过程中，由于支座截面已形成塑性铰，其承担的弯矩保持 $M_u=36\text{kN}\cdot\text{m}$ 不变，而仅使跨中弯矩增大，此时的梁如同简支梁一样工作［图 9-17 (c)］。当继续增加的荷载达到 $p_2=4\text{kN/m}$ 时，按简支梁计算的跨中弯矩增加 $18\text{kN}\cdot\text{m}$，此时跨中弯矩 $M_C=18+18=36\text{kN}\cdot\text{m}$，即跨中截面也达到了它的极限承载力 M_u 而形成塑性铰，此时全梁由于已形成机动体系而破坏。因此，这根梁实际上能够承受的极限均布荷载应为 $p_1+p_2=16\text{kN/m}$，而不是按弹性方法计算确定的 12kN/m。

由此可见，从支座形成塑性铰到梁变成破坏机构，梁尚有承受 4kN/m 均布荷载的潜力。考虑塑性变形的内力计算就能充分利用材料的这部分潜力，取得更为经济的效果。

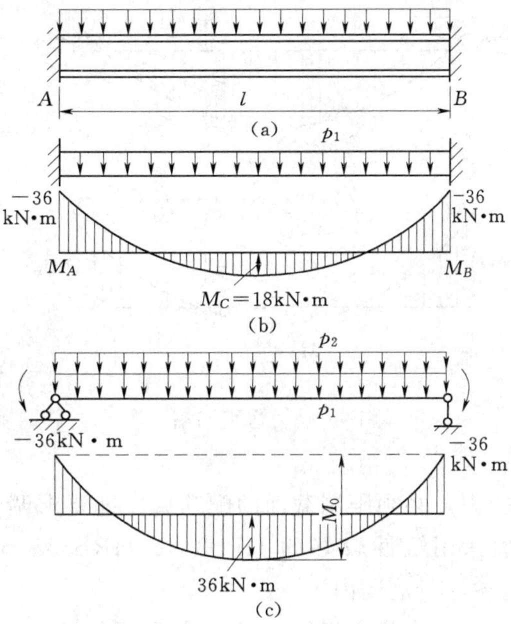

图 9-17　固端梁的塑性内力重分布

从上述例子可以得到：

(1) 塑性材料超静定结构的破坏过程是，首先在一个或几个截面上形成塑性铰，随着荷载的增加，塑性铰相继出现，直到形成破坏机构为止。结构的破坏标志不是一个截面的屈服而是破坏机构的形成。

(2) 在支座截面形成塑性铰以前，支座弯矩 M_A 与跨中弯矩 M_C 之比为 2∶1。在支座截面形成塑性铰以后，随着荷载增加，跨中弯矩逐渐增加，但支座弯矩保持不变，上述比值就逐渐改变，最后成为 1∶1（两者都等于 M_u），这说明材料的塑性变形会引起了结构内力的重分布。所以，这种内力计算方法就称为“考虑塑性变形内力重分布的计算方法”。

(3) 虽然支座截面出现塑性铰后，支座弯矩与跨中弯矩的比例发生改变，但始终遵守力的平衡条件，即跨中弯矩加上两个支座弯矩的平均值始终等于简支梁的跨中弯矩 M_0

[图 9－18 (a)]。对均布荷载作用下的梁，有

$$M_C+\frac{1}{2}(M_A+M_B)=M_0=\frac{1}{8}(p_1+p_2)l_0^2 \tag{9-11}$$

(4) 超静定结构塑性变形的内力重分布在一定程度上可以由设计者通过控制截面的极限弯矩 M_u（即调整配筋数量）来掌握。控制截面的弯矩值可以由设计者在一定程度内自行指定，这就为有经验的设计人员提供了一个计算钢筋混凝土超静定结构内力的简捷手段。

如前所述，若把支座截面的极限弯矩指定为 36kN·m，则在 $p_1=12$kN/m 时就开始产生塑性内力重分布。假如支座截面的极限弯矩指定得比较低，则塑性铰就出现较早，为了满足力的平衡条件，跨中截面的极限弯矩就必须调整得比较高 [图 9－18 (b)]；反之，如果支座截面的极限弯矩指定得比较高，则跨中截面的弯矩就可调整得低一些 [图 9－18 (c)]。这种按照设计需要调整控制截面弯矩的计算方法常称为“弯矩调幅法”。

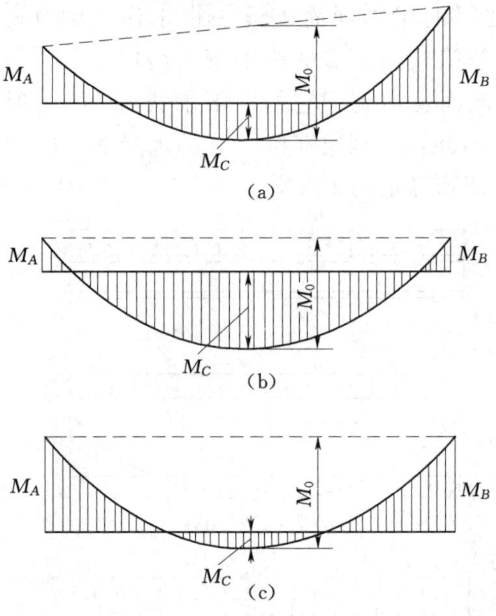

图 9－18　弯矩调幅

应该指出的是，弯矩的调整也不能是随意的。如果指定的支座截面弯矩值比按弹性方法计算的支座截面弯矩值小得太多，则该截面的塑性铰就会出现得太早，内力重分布的过程就会太长，导致塑性铰转动幅度过大，裂缝开展过宽，不能满足正常使用的要求。甚至还有可能出现截面受压区混凝土被压坏，无法形成完全的塑性内力重分布。所以，按考虑塑性变形内力重分布的方法计算内力时，弯矩的调整幅度应有所控制。截面弯矩调整的幅度采用弯矩调幅系数 β 来表示，$\beta=1-M_a/M_e$，其中 M_a、M_e 分别为调幅后的弯矩和按弹性方法计算的弯矩。

综上所述，采用塑性变形内力重分布的方法计算钢筋混凝土连续梁（板）的内力时，应遵守以下原则：

(1) 为保证先形成的塑性铰具有足够的转动能力，必须限制截面的配筋率，即要求调幅截面的相对受压区高度 $0.10\leqslant\xi\leqslant0.35$。同时宜采用塑性较好的 HPB300、HRB335 和 HRB400 热轧钢筋，混凝土强度等级宜在 C20～C45 范围内。

(2) 为防止塑性铰过早出现而使裂缝过宽，截面的弯矩调幅系数 β 不宜超过 0.25，即调整后的截面弯矩不宜小于按弹性方法计算所得弯矩的 75%。

(3) 弯矩调幅后，板、梁各跨两支座弯矩平均值的绝对值与跨中弯矩之和，不应小于按简支梁计算的跨中最大弯矩 M_0 的 1.02 倍，各控制截面的弯矩值不宜小于 $M_0/3$，以保证结构在形成机构前能达到设计要求的承载力。

(4) 为了保证结构在实现弯矩调幅所要求的内力重分布之前不发生剪切破坏，连续梁

在下列区段内应将计算得到的箍筋用量增大 20%：对集中荷载，取支座边至最近集中荷载之间的区段；对均布荷载，取支座边至距支座边 $1.05h_0$ 的区段，其中 h_0 为梁的有效高度。此外，还要求配箍率 $\rho_{sv}\geqslant 0.3f_t/f_{yv}$，其中 f_t 为混凝土轴心抗拉强度设计值，f_{yv} 为箍筋抗拉强度设计值。

按考虑塑性变形内力重分布的方法设计的结构在使用阶段，钢筋应力较高，裂缝宽度及变形较大。故下列结构不宜采用这种方法：

（1）直接承受动力荷载和重复荷载的结构。

（2）在使用阶段不允许有裂缝产生或对裂缝开展及变形有严格要求的结构。

（3）处于侵蚀环境中的结构。

（4）预应力结构和二次受力的叠合结构。

（5）要求有较高安全储备的结构。

9.3.2 按考虑塑性变形内力重分布的方法计算连续梁（板）的内力

下面介绍我国工程建设标准化协会标准 CECS51：93《钢筋混凝土连续梁和框架考虑内力重分布设计规程》所给出的等跨单向连续板及连续梁的内力计算公式。

1. 均布荷载作用下的等跨连续板的弯矩

$$M=\alpha_{mp}(g+q)l_0^2 \tag{9-12}$$

式中 α_{mp}——板的弯矩系数，按表 9-2 查用；

l_0——计算跨度。

表 9-2 连续板考虑塑性内力重分布的弯矩系数 α_{mp}

端支座支承情况	跨中弯矩			支座弯矩		
	M_1	M_2	M_3	M_A	M_B	M_C
搁支在墙上	1/11	1/16	1/16	0	−1/10（用于两跨连续板） −1/11（用于多跨连续板）	−1/14
与梁整体连接	1/14			−1/16		

2. 均布荷载或集中荷载作用下的等跨连续梁的弯矩和剪力

（1）承受均布荷载时

$$\left.\begin{aligned}M&=\alpha_{mb}(g+q)l_0^2\\V&=\alpha_{vb}(g+q)l_n\end{aligned}\right\} \tag{9-13}$$

式中 α_{mb}、α_{vb}——梁的弯矩系数和剪力系数，分别按表 9-3、表 9-4 查用；

l_n——净跨度。

（2）承受间距相同、大小相等的集中荷载时

$$\left.\begin{aligned}M&=\eta\alpha_{mb}(G+Q)l_0\\V&=\alpha_{vb}n(G+Q)\end{aligned}\right\} \tag{9-14}$$

式中 α_{mb}、α_{vb}——梁的弯矩系数和剪力系数，分别按表 9-3、表 9-4 查用；

η——集中荷载修正系数，依据一跨内集中荷载的不同情况按表 9-5 确定；

n——一跨内集中荷载的个数。

表 9－3　　连续梁考虑塑性内力重分布的弯矩系数 α_{mb}

端支座支承情况	跨中弯矩			支座弯矩		
	M_1	M_2	M_3	M_A	M_B	M_C
搁支在墙上	1/11			0		
与梁整体连接	1/14	1/16	1/16	−1/24	−1/10（用于两跨连续梁） −1/11（用于多跨连续梁）	−1/14
与柱整体连接	1/14			−1/16		

表 9－4　　连续梁考虑塑性内力重分布的剪力系数 α_{vb}

荷载情况	端支座支承情况	剪力				
		Q_A	Q_B^l	Q_B^r	Q_C^l	Q_C^r
均布荷载	搁支在墙上	0.45	0.60	0.55	0.55	0.55
	梁与梁或梁与柱整体连接	0.50	0.55			
集中荷载	搁支在墙上	0.42	0.65	0.60	0.55	0.55
	梁与梁或梁与柱整体连接	0.50	0.60			

表 9－5　　集中荷载修正系数 η

荷载情况	M_1	M_2	M_3	M_A	M_B	M_C
跨中中点处作用一个集中荷载时	2.2	2.7	2.7	1.5	1.5	1.6
跨中三分点处作用两个集中荷载时	3.0	3.0	3.0	2.7	2.7	2.9
跨中四分点处作用有三个集中荷载时	4.1	4.5	4.8	3.8	3.8	4.0

表 9－2、表 9－3 中的弯矩系数，适用于荷载比 $q/g>0.3$ 的等跨连续梁（板）。表中系数也适用于跨度相差不大于 10%的不等跨连续梁（板），但在计算跨中弯矩和支座剪力时应取本跨的跨度值，计算支座弯矩时应取相邻两跨的较大跨度值。

当单向连续板的周边与钢筋混凝土梁整体连接时，可考虑内拱的有利作用，除边跨和离端部第二支座外，中间各跨的跨中和支座弯矩值可减少 20%。

在设计中，若遇到不等跨或各跨荷载相差较大的等跨连续梁（板），采用内力重分布方法计算时，可按上述设计规程中介绍的步骤进行，这里不再叙述。

9.4　单向板肋形结构的截面设计和构造要求

9.4.1　连续梁（板）的截面设计

连续板或连续梁均为受弯构件，因此连续梁（板）的正截面及斜截面承载力计算，以及抗裂、裂缝宽度和变形验算等，均可按前面几章介绍的方法进行。下面仅指出在进行连续梁（板）截面设计时应注意的几个问题。

计算连续梁（板）的钢筋用量时，一般只需根据各跨跨中的最大正弯矩和各支座的最大负弯矩进行计算，其他各截面则可通过绘制抵抗弯矩图来校核是否满足要求。连续梁（板）的抵抗弯矩图，可按第 4 章所讲的方法绘制。对于承受均布荷载的等跨连续板，当相邻各跨跨度相差不超过 20%时，则一般可不绘抵抗弯矩图，钢筋布置方式可按构造要求处理。

肋形结构中的连续板可不进行受剪承载力计算，也即板的剪力由混凝土承受，不设置腹筋。对于连续梁，则需对每一支座左、右两侧分别进行斜截面承载力计算，以确定箍筋、弯起钢筋的用量和弯起钢筋的位置。

整体式肋形结构中次梁和主梁是以板为翼缘的连续T形梁。但支座截面承受负弯矩，上面受拉、下面受压，受压区在梁肋内，因此应按矩形截面进行设计；而跨中截面大多承受正弯矩，所以应按T形截面设计。

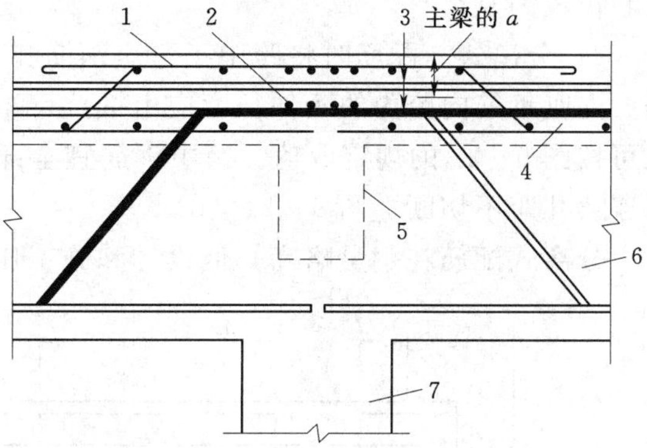

图 9-19 主梁支座处钢筋相交示意图

1—板的支座钢筋；2—次梁支座钢筋；3—主梁支座钢筋；4—板；5—次梁；6—主梁；7—柱

计算主梁支座截面时，由于在柱上次梁和主梁纵横相交，而且板、次梁及主梁的支座钢筋又互相交叉重叠（图 9-19），主梁钢筋位于最下层，所以主梁支座截面的有效高度 h_0 应根据实际配筋的情况来确定。当支座负弯矩钢筋为单排时，可取 $h_0=h-a=h-60$mm；当为双排时，可取 $h_0=h-a=h-80$mm。

9.4.2 连续梁（板）的构造要求

第 3、4 章中有关受弯构件的各项构造要求对于连续梁（板）也完全适用。在此仅就连续梁（板）的配筋构造作一介绍。

9.4.2.1 连续板

(1) 连续板的配筋形式有两种：弯起式（图 9-20）和分离式（图 9-21）。

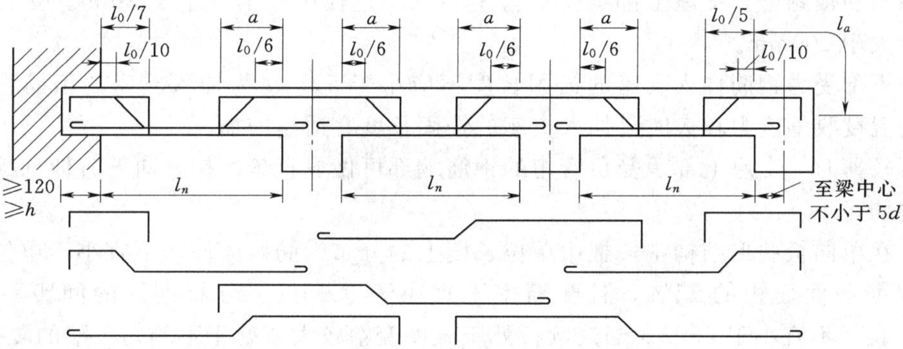

图 9-20 连续板的弯起式配筋

1) 弯起式。在配筋时可先选配跨中钢筋，然后将跨中钢筋的一半（最多不超过 2/3）在支座附近弯起并伸过支座。这样在中间支座就有从相邻两跨弯起的钢筋承担负弯矩，如果还不能满足要求，则可另加直钢筋。为了受力均匀和施工方便，板中钢筋排列要有规律，这就要求相邻两跨跨中钢筋的间距相等或成倍数，另加直钢筋的间距也应如此。为了使间距能够协调，可以采用不同直径的钢筋，但直径的种数也不宜过多，否则规格复杂，施工中容易出错。板中钢筋的弯起角度一般采用 30°，当板厚 $h \geqslant 120$mm 时，可采用 45°。垂直于受力钢筋方向还要配置分布钢筋，分布钢筋应布置在受力钢筋的内侧，在受力钢筋的弯折处一般都应布置分布钢筋。弯起式配筋锚固性能好，可节约一些钢筋，但设计和施工制作较为复杂。

2）分离式。配筋时将跨中正弯矩钢筋和支座负弯矩钢筋分别配置，并全部采用直钢筋。支座钢筋向跨内的延伸长度应由抵抗弯矩图确定，对于常规的肋形结构，延伸长度 a 也可按图 9-21 的规定取值。跨中钢筋宜全部伸入支座，可每跨断开［图 9-21（a）］，也可连续几跨不切断［图 9-21（b）］。

分离式配筋耗钢量略高，但设计和施工比较方便，目前工程中大多采用分离式配筋。

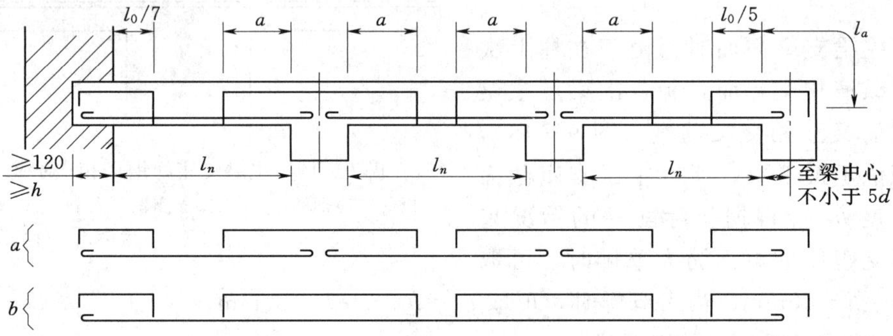

图 9-21　连续板的分离式配筋

图 9-20 和图 9-21 中的 a 值，当 $q/g \leqslant 3$ 时，取 $a = l_n/4$；当 $q/g > 3$ 时，取 $a = l_n/3$，其中 g、q 和 l_n 分别是恒载、活载和板的净跨度。

（2）在肋形结构中，板中受力钢筋的常用直径为 6mm、8mm、10mm、12mm 等，为了施工中不易被踩下，支座上部承受负弯矩的钢筋直径一般不宜小于 8mm。受力钢筋的间距不宜大于 200mm。

板中下部受力钢筋伸入支座的锚固长度不应小于 $5d$，d 为伸入支座的钢筋直径。当连续板内温度收缩应力较大时，伸入支座的锚固长度宜适当增加。

当板较薄时，支座上部承受负弯矩的钢筋端部可做成直角弯钩，向下直伸到板底，以便固定钢筋。

（3）在单向板肋形结构中，板中单位长度上的分布钢筋截面面积不宜小于单位长度上的受力钢筋截面面积的 15%，且配筋率不宜小于 0.15%。分布钢筋的间距不宜大于 250mm，直径不宜小于 6mm。当连续板处于温度变幅较大或处于不均匀沉陷的复杂条件，且在与受力钢筋垂直的方向所受约束很大时，分布钢筋宜适当增加。当集中荷载较大时，分布钢筋应适当增加，间距不宜大于 200mm。

（4）板边嵌固于砖墙内的板，由于墙体的约束作用，在支承处会产生一定的负弯矩。若计算时按简支考虑，则在嵌固支承处，板顶面沿板边应布置垂直于板边的附加短钢筋，短钢筋伸出支座边界的长度不宜小于 $l_1/7$（l_1 为板的短边计算跨度），见图 9-22；在墙角附近，板顶面往往产生与墙大约成 45°角的弧形裂缝，故在其 $l_1/4$ 范围内，应在板顶面沿双向配置构造钢筋网。沿板的受力方向配置的上部构造钢筋，直径不宜少于 8mm，间距不宜大于200mm，其截面面积不宜小于该方向跨中受力钢筋截面面积的1/3；另一方向，钢筋直径也不宜小于8mm，间距也不宜大于200mm。

（5）板与主梁梁肋连接处实际上也会产生一定的负弯矩，计算时却没有考虑。故应在与主梁连接处板的顶面，沿与主梁垂直方向配置附加钢筋。其单位长度内的总截面面积不宜少于板中单位长度内受力钢筋截面面积的1/3，直径不宜小于8mm，间距不宜大于200mm，伸过主梁边缘的长度不宜小于板计算跨度的1/4（图9-23）。

（6）在温度、收缩应力较大的现浇板区域内，钢筋间距宜取为150～200mm，并应在板的未配筋表面布置温度收缩钢筋，板的上、下表面沿纵、横两个方向的配筋率不宜小于0.1%。

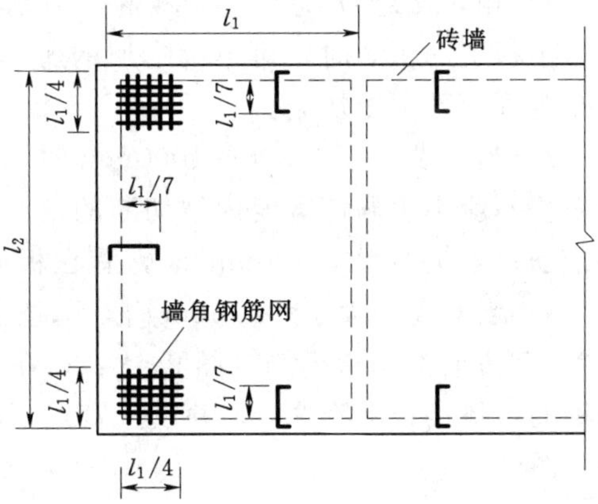

图9-22　嵌固于墙内的板边及板角处的配筋构造

温度收缩钢筋可利用原有钢筋贯通布置，也可另行设置构造钢筋网，并与原有钢筋按受拉钢筋的要求搭接或在周边构件中锚固。

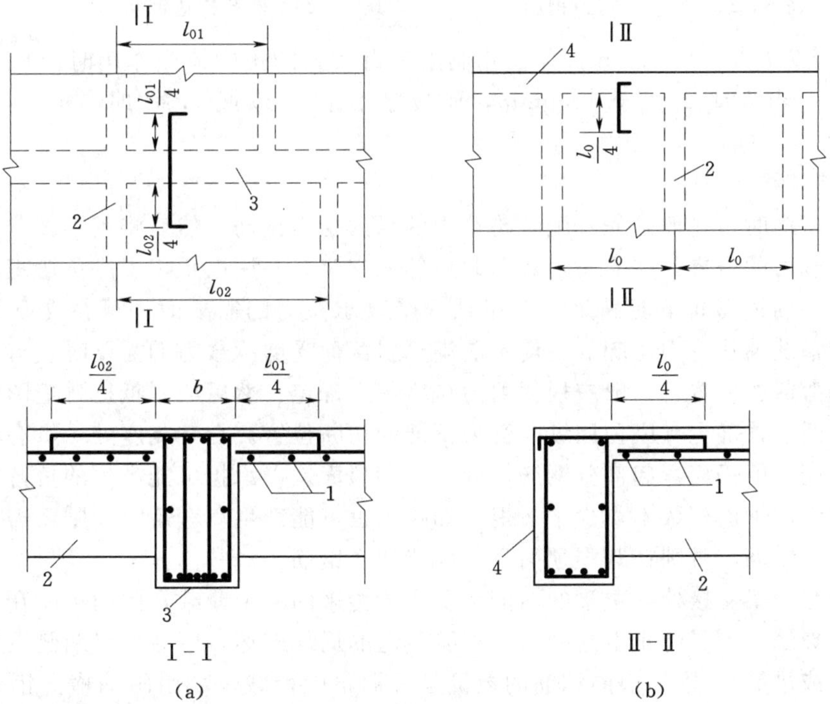

图9-23　板与主梁梁肋连接处的附加钢筋

1—板内受力钢筋；2—次梁；3—主梁；4—边梁

（7）前已述及，在水电站厂房的楼板上，由于使用要求往往要开设一些孔洞，这些孔洞削弱了板的整体作用，因此在洞口周围应布置钢筋予以加强。通常可按以下方式进行构造处理：

1）当 b 或 d（b 为垂直于板的受力钢筋方向的孔洞宽度，d 为圆孔直径）小于 300mm 且小于板宽的 1/3 时，可不设附加钢筋，只将受力钢筋间距作适当调整，或将受力钢筋绕过孔洞周边，不予切断。

2）当 b 或 d 等于 300～1000mm 时，应在洞边每侧配置附加钢筋，每侧的附加钢筋截面面积不应小于洞口宽度内被切断的钢筋截面面积的 1/2，且不应小于 2 根直径为 10mm 的钢筋；当板厚大于 200mm 时，宜在板的顶、底部均配置附加钢筋。

3）当 b 或 d 大于 1000mm 时，除按上述规定配置附加钢筋外，在矩形孔洞四角尚应配置 45°方向的构造钢筋（图 9-24）；在圆孔周边尚应配置不少于 2 根直径为 10mm 的环向钢筋，搭接长度为 $30d$，并设置直径不小于 8mm、间距不大于 300mm 的放射形径向钢筋（图 9-25）。

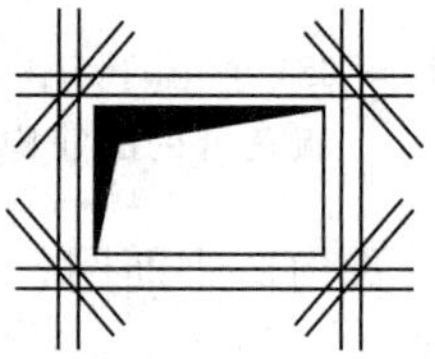

图 9-24　矩形孔构造钢筋

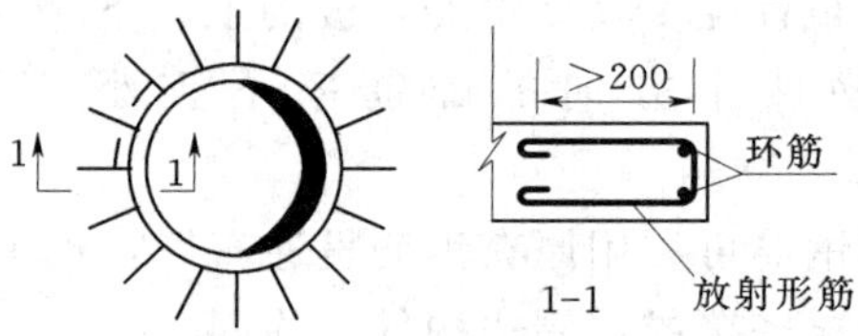

图 9-25　圆孔构造钢筋

4）当 b 或 d 大于 1000mm，并在孔洞附近有较大的集中荷载作用时，宜在洞边加设肋梁或暗梁。当 b 或 d 大于 1000mm，而板厚小于 $0.3b$ 或 $0.3d$ 时，也宜在洞边加设肋梁。

9.4.2.2　连续梁

连续梁配筋时，一般是先选配各跨跨中的纵向受力钢筋，然后将其中部分钢筋根据斜截面受剪承载力的需要，在支座附近弯起后伸入支座，并用以承担支座负弯矩。如两邻跨弯起伸入支座的钢筋尚不能满足支座正截面受弯承载力的需要时，可在支座上另加直钢筋。当所配箍筋及从跨中弯起的钢筋不能满足斜截面受剪承载力的需要时，可另加斜筋或鸭筋。钢筋弯起的位置，一般应根据剪力包络图来确定。然后绘制抵抗弯矩图来校核弯起位置是否合适，并确定支座顶面纵向受力钢筋的切断位置。在端支座处，虽有时按计算不需要弯起钢筋，但仍应弯起部分钢筋，伸入支座顶面，以承担可能产生的负弯矩。伸入支座内的跨中纵向钢筋根数不得少于 2 根。如跨中也可能产生负弯矩时，则还需在梁的顶面另设纵向受力钢筋，否则在跨中顶面只需配置架立钢筋。

在主梁与次梁交接处，主梁的两侧承受次梁传来的集中荷载，因而可能在主梁的中下部引起斜向裂缝。为了防止由这种斜向裂缝引起的局部破坏，应在次梁两侧设置附加横向钢筋（箍筋或吊筋）。附加横向钢筋的数量是根据集中荷载全部由附加横向钢筋承担的原则来确定，即可按下式计算：

$$A_{sv} \geqslant \frac{\gamma_d F}{f_{yv} \sin\alpha} \tag{9-15}$$

式中　γ_d——结构系数，按本教材第 2 章表 2-6 采用；

F——由次梁传给主梁的集中力设计值，为作用在次梁上的荷载设计值对主梁产生的集中力与结构重要性系数 γ_0、设计状况系数 ψ 三者的乘积；γ_0 和 ψ 按本教材第 2 章有关规定取用；

f_{yv}——附加横向钢筋的抗拉强度设计值，按本教材附录 2 表 3 取用；

α——附加横向钢筋与梁轴线的夹角；

A_{sv}——附加横向钢筋的总截面面积，当仅配箍筋时，$A_{sv}=mnA_{sv1}$；当仅配吊筋时，$A_{sv}=2A_{sb}$。A_{sv1} 为一肢附加箍筋的截面面积，n 为在同一截面内附加箍筋的肢数，m 为在长度 s 范围内附加箍筋的排数。A_{sb} 为附加吊筋的截面面积。

考虑到主梁与次梁交接处的破坏面大体上在图 9-26 中的虚线范围内，若采用附加箍筋，则附加箍筋应布置于次梁二侧 $s=2h_1+3b$ 的范围内；若采用吊筋，弯起段应伸至梁的上边缘，末端水平长度在受拉区不应小于 $20d$，在受压区不应小于 $10d$。对光圆钢筋，其末端应设置弯钩。

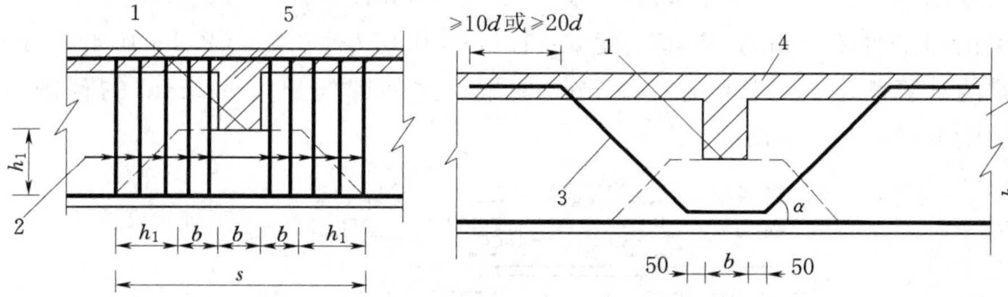

图 9-26 主、次梁交接处的附加箍筋或吊筋

1—传递集中荷载的位置；2—附加箍筋；3—附加吊筋；4—板；5—次梁；6—主梁

当按 SL 191—2008 规范设计附加横向钢筋时，只需将上式中的 γ_d 换成 K，F 为作用在次梁上的荷载设计值对主梁产生的集中力。

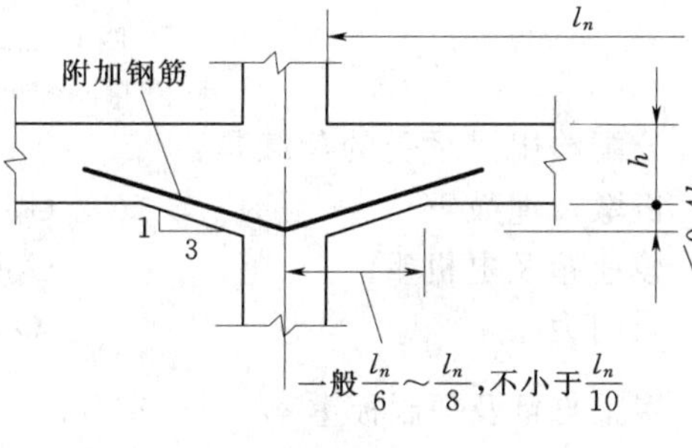

图 9-27 梁支座处的支托尺寸

当梁支座处的剪力较大时，可在梁的下部加做支托，将梁局部加高，以满足斜截面受剪承载力的要求。支托的长度一般为 $l_n/6\sim l_n/8$（l_n 为梁的净跨度），且不宜小于 $l_n/10$。支托的高度不宜超过 $0.4h$，且应满足斜截面受剪承载力的最小截面尺寸的要求。支托中的附加钢筋一般采用 2～4 根，其直径与纵向受力钢筋的直径相同。

9.5 三跨连续梁设计例题

【例 9-1】 某水闸的工作桥由两根三跨连续 T 形梁组成。每扇闸门由一台 2×160kN 绳鼓式启闭机控制启闭。图 9-28 为工作桥及启闭机位置示意图。2 级水工建筑物。要求设计甲梁。

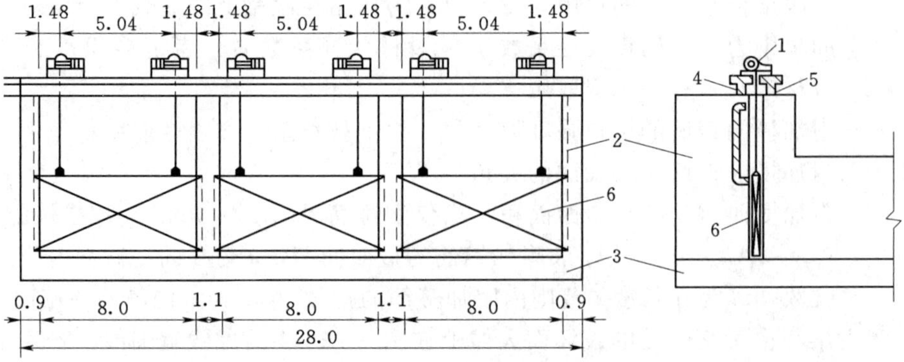

图 9-28　工作桥及启闭机位置示意图

1—160kN 绳鼓式启闭机；2—闸墩；3—闸底板；4—甲梁；5—乙梁；6—闸门

T 形梁截面（如图 9-29）：$b'_f=800-50=750\text{mm}$，$h'_f=120\text{mm}$，$b=250\text{mm}$，$h=700\text{mm}$。梁的净跨度 $l_n=8\text{m}$，支座宽度 $a=1.1\text{m}>0.05l_c=0.05\times9.1=0.455(\text{m})$，故计算弯矩时梁的计算跨度 $l_0=1.05l_n=8.4\text{m}$。两根梁之间铺放长为 800mm 的预制钢筋混凝土板，两根梁的净距为 700mm。

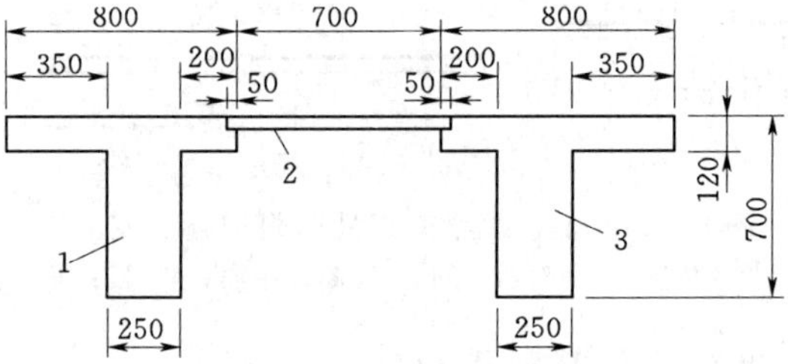

图 9-29　截面各部尺寸

1—甲梁；2—预制板厚 50mm；3—乙梁

分配给甲梁承受的荷载是：

机墩及绳鼓重　　$G_{1k}=15.0\text{kN}$

减速箱及电机重　　$G_{2k}=15.0\text{kN}$

启门力　　$Q_k=105.0\text{kN}$

甲梁自重及预制板重 $g_k=\left(0.8\times0.12+0.58\times0.25+\dfrac{0.05\times0.7}{2}\right)\times25=6.46(\text{kN/m})$

人群荷载　　$q_k=3.0\text{kN/m}$

工作桥纵梁处于露天，混凝土强度等级采用 C25，$f_c=11.9\text{N/mm}^2$；受力纵筋采用 HRB335 钢筋，$f_y=300\text{N/mm}^2$；箍筋采用 HPB300 钢筋，$f_{yv}=270\text{N/mm}^2$。

水工建筑物级别为 2 级，结构重要性系数 $\gamma_0=1.0$；持久状况，$\psi=1.0$；$\gamma_d=1.20$。机墩及绳鼓重 G_{1k}、减速箱及电机重 G_{2k}、甲梁自重及预制板重 g_k 为永久荷载，$\gamma_G=1.05$；人群荷载 q_k、启门力 Q_k 为可变荷载，$\gamma_Q=1.20$。

解：

1. 内力计算

梁的计算简图如图 9-30 所示。

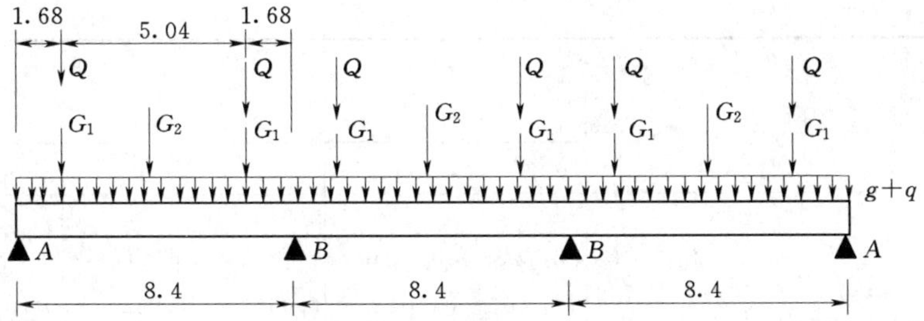

图 9-30 梁的计算简图

(1) 集中荷载作用下的内力计算

梁上作用的集中活载是启门力 Q，Q 作用在梁跨度的五等分点上（1.68/8.4=1/5）。集中恒载 G_1 也作用在梁跨度的五等分点上，G_2 作用在梁跨度的中点。恒载只有一种作用方式，活载则要考虑各种可能的不利布置方式。

利用附录 8 可计算出在集中荷载作用下各跨十等分点截面上的最大与最小弯矩值及支座截面的最大与最小剪力值。其计算公式为：

$$M=\alpha_1 G l_0,\quad M=\alpha_2 Q l_0$$

$$V=\beta_1 G,\quad V=\beta_2 Q$$

集中荷载产生的弯矩和剪力设计值为

$$M=\gamma_0\psi(\gamma_G M_{Gk}+\gamma_Q M_{Qk})$$
$$=1.0\times1.0\times(1.05M_{Gk}+1.20M_{Qk})=1.05M_{Gk}+1.20M_{Qk}$$
$$V=\gamma_0\psi(\gamma_G V_{Gk}+\gamma_Q V_{Qk})$$
$$=1.0\times1.0\times(1.05V_{Gk}+1.20V_{Qk})=1.05V_{Gk}+1.20V_{Qk}$$

则
$$M=1.05\alpha_1 G_k l_0+1.20\alpha_2 Q_k l_0=\alpha_1(1.05G_k l_0)+\alpha_2(1.20Q_k l_0)$$
$$V=1.05\beta_1 G_k+1.20\beta_2 Q_k=\beta_1(1.05G_k)+\beta_2(1.20Q_k)$$

而

$$1.05G_{1k}=1.05\times15.0=15.75(\text{kN})$$
$$1.05G_{2k}=1.05\times15.0=15.75(\text{kN})$$
$$1.20Q_k=1.20\times105.0=126.0(\text{kN})$$ [1]
$$1.05G_k l_0=15.75\times8.40=132.30(\text{kN}\cdot\text{m})$$
$$1.20Q_k l_0=126.0\times8.40=1058.40(\text{kN}\cdot\text{m})$$

系数 α、β 可根据荷载的作用图式，由附录 8 查得，然后叠加求出荷载作用点处的内

[1] 本例题的启门力设计值也可由启闭机额定启门力求得，此时应将启闭机额定启门力(160kN)看作可控制的可变荷载，即 $Q=1.10\times160=176(\text{kN})$。

表 9-6 **集中荷载作用下**

序号	荷载简图	计算截面的弯 /(kN·m)		
		2	5	8
1	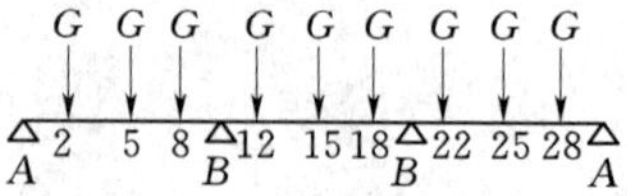	(0.1498 + 0.0800 + 0.0246 − 0.0128 − 0.0150 − 0.0064 + 0.0038 + 0.0050 + 0.0026) ×132.3 =30.64	(0.0744 + 0.2000 + 0.0616 − 0.0320 − 0.0375 − 0.0160 + 0.0096 + 0.0125 + 0.0064) ×132.3 =36.91	(− 0.0010 + 0.02 + 0.0986 − 0.0512 − 0.0600 − 0.0256 + 0.0154 + 0.02 + 0.0102) ×132.3 =3.49
2	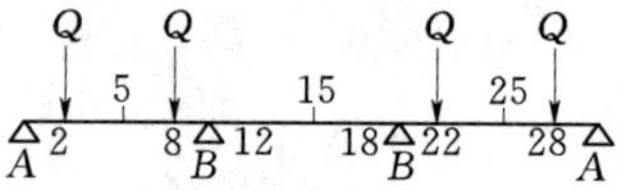	(0.1498 + 0.0246 + 0.0038+0.0026) ×1058.4=191.36	(0.0744 + 0.0616 + 0.0096+0.0064) ×1058.4=160.88	(− 0.001 + 0.0986 + 0.0154+0.0102) × 1058.4=130.39
3	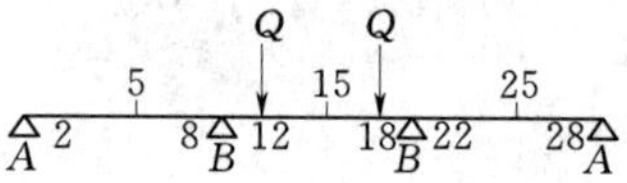	(−0.0128−0.0064) ×1058.4=−20.32	(−0.032−0.016) ×1058.4=−50.8	(−0.0512−0.0256) ×1058.4=−81.29
4	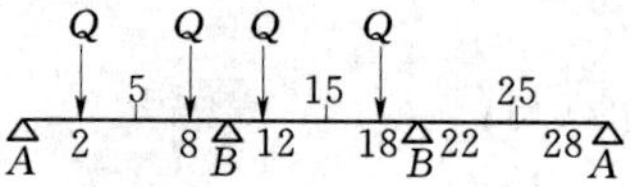	(0.1498 + 0.0246 − 0.0128−0.0064) × 1058.4=164.26	(0.0744+0.0616− 0.032−0.016) × 1058.4=93.14	(− 0.001 + 0.0986 − 0.0512−0.0256) ×1058.4=22.01
5	最不利内力设计值	(1) + (2) M_{max}=222 (1) + (3) M_{min}=10.32	(1) + (2) M_{max}=197.79 (1) + (3) M_{min}=−13.89	(1) + (2) M_{max}=133.88 (1) + (3) M_{min}=−77.8

的内力计算表

矩 值			支座剪力值 /kN		
B	12	15	V_A	V_B^l	V_B^r
(−0.0512−0.1000−0.0768−0.064−0.075−0.032+0.0192+0.025+0.0128)×132.3 =−45.25	(−0.0384−0.075−0.0576+0.1024+0.025+0.0016+0+0+0)×132.3 =−5.56	(−0.0192−0.0375−0.0288+0.052+0.175+0.052−0.0288−0.0375−0.0192)×132.3 =14.29	(0.7488+0.4+0.1232−0.064−0.075−0.032+0.0192+0.025+0.0128)×15.75=18.27	(−0.2512−0.6−0.8768−0.064−0.075−0.032+0.0192+0.025+0.0128)×15.75=−28.98	(0.064+0.125+0.096+0.832+0.5+0.168−0.096−0.125−0.0640)×15.75 =23.63
(−0.0512−0.0768+0.0192+0.0128)×1058.4= −101.61	(−0.0384−0.0576)×1058.4 =−101.61	(−0.0192−0.0288−0.0288−0.0192)×1058.4 =−101.61	(0.7488+0.1232+0.0192+0.0128)×126 =113.9	(−0.2512−0.8768+0.0192+0.0128)×126 =−138.1	(0.064+0.096−0.096−0.064)×126=0
(−0.064−0.032)×1058.4= −101.61	(0.1024+0.0016)×1058.4= 110.07	(0.052+0.052)×1058.4= 110.07	(−0.064−0.032)×126 =−12.1	(−0.064−0.032)×126 =−12.1	(0.832+0.168)×126 =126
(−0.0512−0.0768−0.064−0.032)×1058.4= −237.08	(−0.0384−0.0576+0.1024+0.0016)×1058.4=8.47	(−0.0192−0.0288+0.052+0.052)×1058.4=59.27	(0.7488+0.1232−0.064−0.0320)×126 =97.78	(−0.2512−0.8768−0.064−0.032)×126=−154.22	(0.064+0.096+0.832+0.168)×126=146.16
(1)+(2) M_{max}=−146.86 (1)+(4) M_{min}=−282.33	(1)+(3) M_{max}=104.51 (1)+(2) M_{min}=−107.17	(1)+(3) M_{max}=124.36 (1)+(2) M_{min}=−87.32	(1)+(2) V_{max}=132.17 (1)+(3) V_{min}=6.17	(1)+(3) V_{max}=−41.08 (1)+(4) V_{min}=−183.2	(1)+(4) V_{max}=169.79 (1)+(2) V_{min}=23.63

力值。

附录 8 是将每跨梁分为十等分的。为了计算简单些，在本例中只计算 2、5、8、B、12、15 等六个截面的内力。例如当两个边跨有启门力 Q 作用，中间跨没有启门力作用时，荷载计算图式如图 9-31 所示。现要计算截面 2 的弯矩值，则从附录 8 查得：Q 作用在位置 2 时，$\alpha_{2,2}=0.1498$；Q 作用在位置 8 时，$\alpha_{2,8}=0.0246$；Q 作用在位置 22 时，$\alpha_{2,22}=0.0038$；Q 作用在位置 28 时，$\alpha_{2,28}=0.0026$，则 $\alpha_2=0.1498+0.0246+0.0038+0.0026=0.1808$。从而在这种荷载图式作用下，截面 2 的弯矩 $M=\alpha_2\ (1.20Q_kl_0)\ =0.1808\times1058.40=191.36(\text{kN}\cdot\text{m})$。

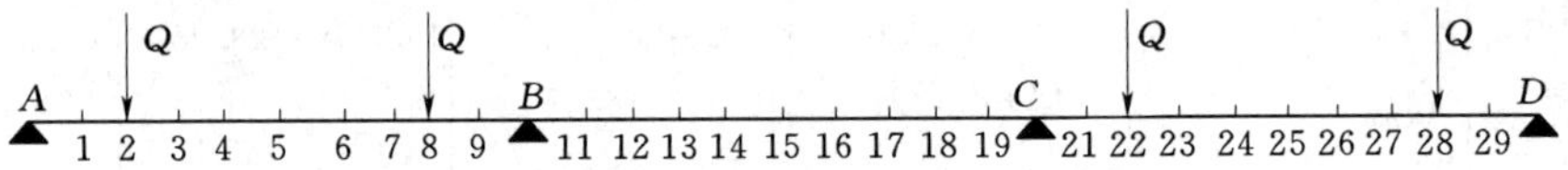

图 9-31　荷载计算图式

采用类似的计算方法，就可求出各种集中荷载作用图式下每个截面的内力值。组合后就可得出各截面的最不利内力值。在集中荷载作用下的内力计算结果列入表 9-6。

（2）均布荷载作用下的内力计算

在均布恒载和均布活载作用下的最大与最小弯矩值，可利用附录 9 的表格计算。为了与集中荷载作用下的弯矩值组合，本例也只计算相应的几个截面弯矩值。

计算公式
$$M_{max}=\alpha gl_0^2+\alpha_1 ql_0^2$$
$$M_{min}=\alpha gl_0^2+\alpha_2 ql_0^2$$

与集中荷载类似，均布荷载产生的弯矩设计值可写为：

$$M_{max}=\gamma_0\psi(\gamma_G\alpha g_kl_0^2+\gamma_Q\ \alpha_1 q_kl_0^2)$$
$$=1.0\times1.0(1.05\alpha g_kl_0^2+1.20\alpha_1 q_kl_0^2)=\alpha(1.05g_kl_0^2)+\alpha_1(1.20q_kl_0^2)$$
$$M_{min}=\gamma_0\psi(\gamma_G\alpha g_kl_0^2+\gamma_Q\ \alpha_2 q_kl_0^2)$$
$$=1.0\times1.0(1.05\alpha g_kl_0^2+1.20\alpha_2 q_kl_0^2)=\alpha(1.05g_kl_0^2)+\alpha_2(1.20q_kl_0^2)$$

而

$$1.05g_kl_0^2=1.05\times6.46\times8.40^2=478.61(\text{kN}\cdot\text{m})$$
$$1.20q_kl_0^2=1.20\times3.0\times8.40^2=254.02(\text{kN}\cdot\text{m})$$

计算结果列入表 9-7。

在均布荷载作用下的最大与最小剪力可利用附录 6 的表格计算。

计算公式
$$V=\beta gl_n+\beta_1 ql_n$$

同样均布荷载产生的剪力弯矩设计值可写为：

$$V=\beta(1.05g_kl_n)+\beta_1(1.20q_kl_n)$$
$$1.05g_kl_n=1.05\times6.46\times8.0=54.26(\text{kN})$$
$$1.20q_kl_n=1.20\times3.0\times8.0=28.80(\text{kN})$$

计算结果列入表 9-8。

表 9-7　　均布荷载作用下的弯矩计算表

截面	系　数			弯　矩　值 /(kN·m)			最大与最小弯矩设计值 /(kN·m)	
	α	α_1	α_2	$\alpha\ (1.05g_kl_0^2)$	$\alpha_1(1.20q_kl_0^2)$	$\alpha_2\ (1.20q_kl_0^2)$	M_{max}	M_{min}
2	0.060	0.070	−0.010	28.72	17.78	−2.54	46.50	26.18
5	0.075	0.100	−0.025	35.90	25.40	−6.35	61.30	29.55
8	0	0.0402	−0.0402	0	10.21	−10.21	10.21	−10.21
B	−0.100	0.0167	−0.1167	−47.86	4.24	−29.64	−43.62	−77.50
12	−0.020	0.030	−0.050	−9.57	7.62	−12.70	−1.95	−22.27
15	0.025	0.075	−0.050	11.97	19.05	−12.70	31.02	−0.73

表 9-8　　均布荷载作用下的剪力计算表

项次	荷　载　简　图	剪　力 /kN		
		V_A	V_B^l	V_B^r
1	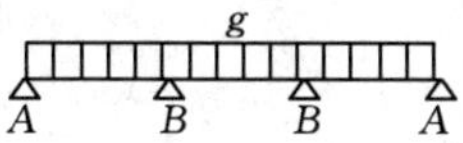	0.400×54.26 =21.70	−0.600×54.26 =−32.56	0.500×54.26 =27.13
2	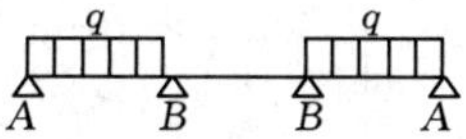	0.450×28.80 =12.96	−0.550×28.80 =−15.84	0.0×28.80 =0
3	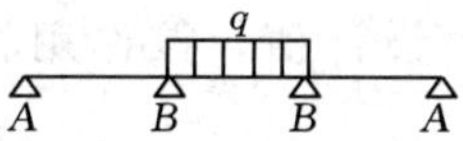	−0.050×28.80 =−1.44	−0.050×28.80 =−1.44	0.500×28.80 =14.40
4	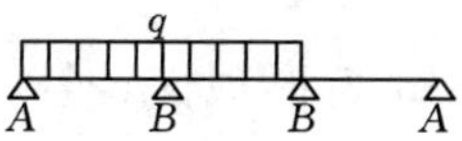	0.383×28.8 =11.03	−0.617×28.8 =−17.77	0.583×28.80 =16.79
5	最大剪力设计值 最小剪力设计值	(1) + (2) V_{max}=34.66 (1) + (3) V_{min}=20.26	(1) + (3) V_{max}=−34.0 (1) + (4) V_{min}=−50.33	(1) + (4) V_{max}=43.92 (1) + (2) V_{min}=27.13

(3) 最不利内力组合。各截面的最不利内力，是由集中荷载和均布荷载产生的最不利内力相叠加后而得。计算结果列入表 9-9。

表 9-9　　最不利内力设计值组合表

		计算截面的弯矩设计值 /(kN·m)						支座截面剪力设计值 /kN		
		2	5	8	B	12	15	V_A	V_B^l	V_B^r
由集中荷载产生的内力	最大值	222.0	197.79	133.88	−146.86	104.51	124.36	132.14	−41.11	169.79
	最小值	10.32	−13.89	−77.80	−282.33	−107.17	−87.32	6.14	−183.23	23.63
由均布荷载产生的内力	最大值	46.50	61.30	10.21	−43.62	−1.95	31.02	34.66	−34.0	43.92
	最小值	26.18	29.55	−10.21	−77.50	−22.27	−0.73	20.26	−50.33	27.13
总的最不利内力	最大值	268.50	259.09	144.09	−109.48	102.56	155.38	166.80	−75.11	213.71
	最小值	36.50	15.66	−88.01	−359.83	−129.44	−88.05	26.40	−233.56	50.76

弯矩包络图可根据表 9-9 各截面的最大、最小弯矩设计值绘制而得，见图 9-32。

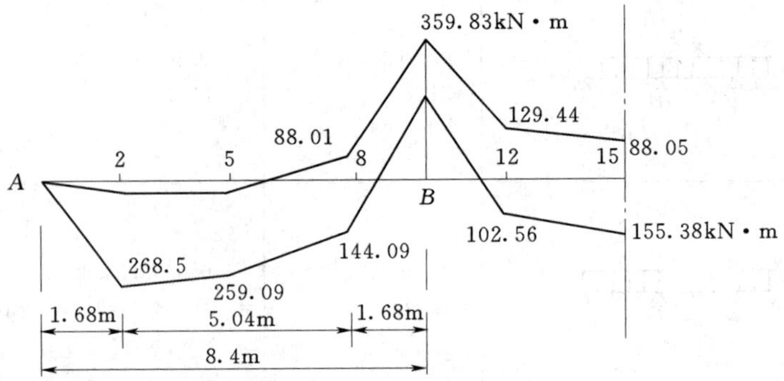

图 9-32　弯矩包络图

剪力包络图可根据表 9-9 的支座截面最大与最小剪力设计值，按作用相应荷载的简支梁求出各截面的剪力设计值而绘得，见图 9-33。

2. 配筋计算

(1) 纵向钢筋计算

第一跨跨中　　　　$M_{1max}=268.50\text{kN}\cdot\text{m}$

经判别属第一类 T 形截面，按 $b_f'\times h=750\text{mm}\times700\text{mm}$ 矩形截面计算，估计钢筋要排两排，取 $a=70\text{mm}$。

$$h_0=h-a=700-70=630(\text{mm})$$

$$\alpha_s=\frac{\gamma_d M}{f_c b_f' h_0^2}=\frac{1.20\times268.50\times10^6}{11.9\times750\times630^2}=0.091$$

$$\xi=1-\sqrt{1-2\alpha_s}=1-\sqrt{1-2\times0.091}=0.096$$

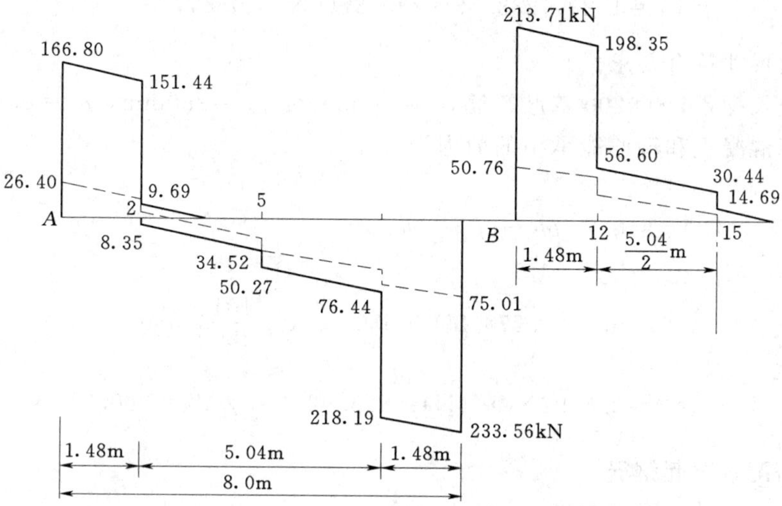

图 9-33　剪力包络图

$$A_s=\frac{f_c\xi b'_f h_0}{f_y}=\frac{11.9\times0.096\times750\times630}{300}=1799(\text{mm}^2)$$

选用 4 ⌀ 20+2 ⌀ 18 （A_s=1765mm²）

第二跨跨中　　$M_{2\max}=155.38\text{kN}\cdot\text{m}$

$M_{2\min}=-88.05\text{kN}\cdot\text{m}$

对于 $M_{2\max}$，取 $a=40\text{mm}$，可算得 $A_s=962\text{mm}^2$，选用 2 ⌀ 18 + 2 ⌀ 20 （$A_s=1137\text{mm}^2$）。

对于 $M_{2\min}$所需的钢筋截面面积，可在绘制抵抗弯矩图时解决。

支座 B　　$M_{B\min}=-359.83\text{kN}\cdot\text{m}$

因为梁和支座整体连接，所以支座 B 的计算弯矩为

$$M_B=|M_{B\min}|-0.025l_n|V_B^r|$$

$$=359.83-0.025\times8.0\times213.71=317.09(\text{kN}\cdot\text{m})$$

支座为倒 T 形截面（翼缘在受拉区），故按 $b\times h=250\text{mm}\times700\text{mm}$ 的矩形截面计算，取 $a=80\text{mm}$，求得 $A_s=2594\text{mm}^2$。

由第一跨弯起 2 ⌀ 20 和第二跨弯起 2 ⌀ 20，另加直钢筋 4 ⌀ 20，共 8 ⌀ 20 （$A_s=2513\text{mm}^2$，$\rho=1.62\%>\rho_{\min}=0.20\%$）。

（2）腹筋计算

支座 B 左　　$V_B^l=233.56\text{kN}$

$$\frac{h_w}{b}=\frac{630-120}{250}=2.04<4$$

$$0.25f_cbh_0=0.25\times11.9\times250\times630=468.56\times10^3(\text{N})=468.56\text{kN}$$

$$\gamma_d V_B^l = 1.20 \times 233.56 = 280.27(\text{kN}) < 0.25 f_c b h_0$$

所以截面尺寸符合要求。

设沿梁全长配置Φ 8@200 双肢箍筋，$s=200\text{mm} \leqslant s_{\max}=250\text{mm}$，$\rho_{sv}=0.20\% > \rho_{sv\min}=0.12\%$，计算混凝土和箍筋能承担的剪力为：

$$V_{cs} = 0.7 f_t b h_0 + f_{yv}\frac{A_{sv}}{s} h_0$$

$$= 0.7 \times 1.27 \times 250 \times 630 + 270 \times \frac{101}{200} \times 630$$

$$= 225.92 \times 10^3(\text{N}) = 225.92\text{kN} < \gamma_d V_B^l = 280.27\text{kN}$$

所以还需配置弯起钢筋。

第一排弯起钢筋（弯起角度 $\alpha=45°$）计算：

$$A_{sb1} = \frac{\gamma_d V_B^l - V_{cs}}{f_y \sin\alpha} = \frac{280.27 \times 10^3 - 225.92 \times 10^3}{300 \times \sin 45°}$$

$$= 256(\text{mm}^2)$$

第一跨弯起 1 Φ 20（$A_{sb}=314\text{mm}^2$）。

从支座 B 左到集中荷载作用点 1.48m 范围内，剪力值变化不大（见图 9－33），故第二排、第三排弯起钢筋均按 1 Φ 20 配置。

支座 B 右　　　　　　$V_B^r = 213.71\text{kN}$

第一排弯起钢筋（$\alpha=45°$）计算：

$$A_{sb1} = \frac{\gamma_d V_B^r - V_{cs}}{f_y \sin\alpha} = \frac{1.20 \times 213.71 \times 10^3 - 225.92 \times 10^3}{300 \times \sin 45°}$$

$$= 144(\text{mm}^2)$$

第一跨弯起 1 Φ 20（$A_{sb}=314\text{mm}^2$），第二、三排弯起钢筋均按 1 Φ 20 配置。

在本例中，支座 B 左右边第一排弯起钢筋改用吊筋 1 Φ 20。

支座 A　　　　　　$V_A = 166.80\text{kN}$

$$\gamma_d V_A = 1.20 \times 166.80 = 200.16(\text{kN}) < V_{cs} = 225.92\text{kN}$$

按计算不需配置弯起钢筋，考虑到支座 A 可能产生负弯矩，仍弯起 2 Φ 20。

3. 裂缝开展宽度及变形验算

（从略）

4. 绘制配筋图

见图 9－34。

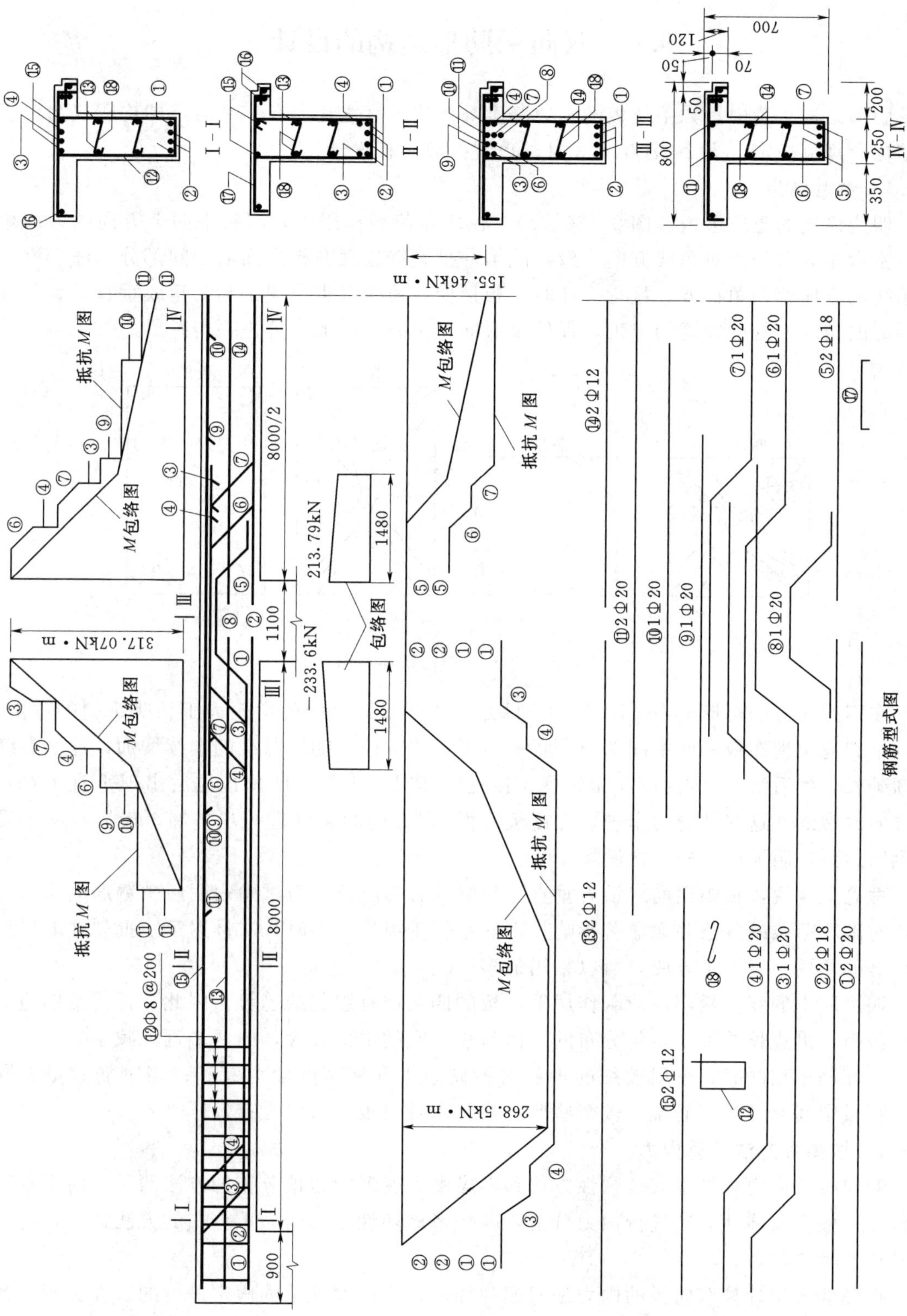
I-I
II-II
III-III
IV-IV
横剖面图
700
120
50
70
50
800
200
250
350
317.07kN·m
155.46kN·m
268.5kN·m
M包络图
抵抗M图
213.79kN
-233.6kN
包络图
1480
1480
1100
8000/2
8000
900
⑫Φ8@200
钢筋型式图
⑭2Φ12
⑪2Φ20
⑩1Φ20
⑨1Φ20
⑦1Φ20
⑥1Φ20
⑧1Φ20
⑤2Φ18
⑬2Φ12
④1Φ20
③1Φ20
②2Φ18
①2Φ20
⑮2Φ12

图 9-34　梁的配筋图

9.6　双向板肋形结构的设计

肋形结构布置中，如果使板的长边跨度与短边跨度之比 $l_2/l_1 \leqslant 2$ 时，即构成双向板肋形结构。规范规定，当 $2 < l_2/l_1 \leqslant 3$ 时，也宜按双向板设计。

9.6.1　试验结果

四边简支的正方形板［图 9－35（a）］在均布荷载作用下，因跨中两个方向的弯矩相等，主弯矩方向与沿对角线方向一致，故第一批裂缝出现在板底面的中间部分，随后沿着对角线的方向朝四角扩展。接近破坏时，板顶面四角附近也出现了与对角线垂直且大致成一圆形的裂缝，这种裂缝的出现，促使板底面对角线方向的裂缝进一步扩展。

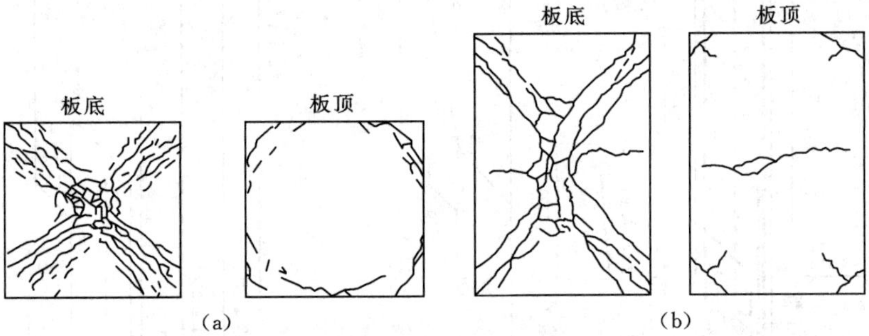

图 9－35　双向板的破坏形态

在四边简支的矩形板中［图 9－35（b）］，由于短跨跨中的弯矩大于长跨跨中的弯矩，第一批裂缝出现在板底面中间部分，且平行于长边方向，随着荷载的继续增加，这些裂缝逐渐延长，然后沿 45°方向朝四角扩展。接近破坏时，板顶面四角也先后出现垂直于对角线方向的裂缝。这些裂缝的出现，促使板底面 45°方向的裂缝进一步扩展。最后，跨中受力钢筋达到屈服强度，板随之破坏。

理论上来说，板中钢筋应沿着垂直于裂缝的方向配置。但试验表明板中钢筋的布置方向，对破坏荷载的数值并无显著影响。钢筋平行于板边配置时，对推迟第一批裂缝的出现有良好的作用，且施工方便，所以采用最多。

四边简支的双向板，在荷载作用下，板的四角都有翘起的趋势。因此，板传给四边支座的压力，沿边长并不是均匀分布的，而是在支座的中部较大，向两端逐渐减小。

当配筋率相同时，采用较细的钢筋对控制裂缝开展宽度较为有利；当钢筋数量相同时，将板中间部分的钢筋排列较密些要比均匀布置对板受力更为有效。

9.6.2　按弹性方法计算内力

双向板的内力计算也有按弹性方法和考虑塑性变形内力重分布的方法两种，对于水工结构，一般多按弹性方法进行内力分析，若按考虑塑性变形内力重分布的方法计算，可参阅其他文献资料。

按弹性方法计算双向板的内力是根据弹性薄板小挠度理论的假定进行的。在工程设计中，大多根据板的荷载及支承情况利用计算机程序或已制成的表格进行计算。

9.6.2.1　单块双向板的内力计算

对于承受均布荷载的单块矩形双向板，可根据板的四边支承情况及沿 x 方向和 y 方向板的跨度之比，利用附录 10 的表格按下式计算：

$$M=\alpha p l_x^2 \tag{9-16}$$

式中　M——相应于不同支承情况的单位板宽内跨中的弯矩值或支座中点的弯矩值；

α——弯矩系数，根据板的支承情况和板跨比 l_x/l_y 由附录 10 查得；

l_x、l_y——板沿短跨方向和长跨的跨长，见附录 10；

p——作用在双向板上的均布荷载。

附录 10 的表格适用于泊松比 $\nu=1/6$ 的钢筋混凝土板。

9.6.2.2　连续双向板的内力计算

计算多跨连续双向板的内力时，也需考虑活载的最不利布置方式，并将连续的双向板简化为单块双向板来计算。

1. 跨中最大弯矩

当板作用有均布恒载 g 和均布活载 q 时，对于板块 A 来说，最不利的荷载应按图 9-36（a）的方式布置。此时可将活载转化为满布的 $q/2$ 和一上一下作用的 $q/2$ 两种荷载情况之和。假设全部荷载 $p=g+q$ 是由 p'［图 9-36（c）］和 p''［图 9-36（d）］组成，$p'=g+q/2$，$p''=\pm q/2$。在满布的荷载 p' 作用下，因为荷载是正对称的，可近似地认为连续双向板的中间支座都是固定支座；在一上一下的荷载 p'' 作用下，荷载近似符合反对称关系，可认为中间支座的弯矩等于零，亦即连续双向板的中间支座都可近似地看作简支支座；至于边支座则可根据实际情况确定。这样，就可将连续双向板分解成作用有 p' 及 p'' 的单块双向板来计算，将上述两种情况下求得的跨中弯矩相叠加，便可得到活载在最不利位置时所产生的跨中最大和最小弯矩。

2. 支座中点最大弯矩

求连续双向板的支座弯矩时，可将全部荷载 $p=g+q$ 布满各跨来计算，并近似认为板的中间支座都是固定支座。这样，连续双向板的支座弯矩系数，也可由附录 10 查得。当相邻两跨板的另一端支承情况不一样，或跨度不相等时，可取相邻两跨板的同一支座弯矩的平均值作为该支座的计算弯矩值。

例如，图 9-36（a）所示两列三跨双向板，当周边均为简支时［图 9-36（e）］，在一上一下的荷载 p'' 作用下，每块板均可看作是四边简支板。而在满布的荷载 p'（或 p）作用下，角跨板 A 可看作是两邻边固定、两邻边简支的双

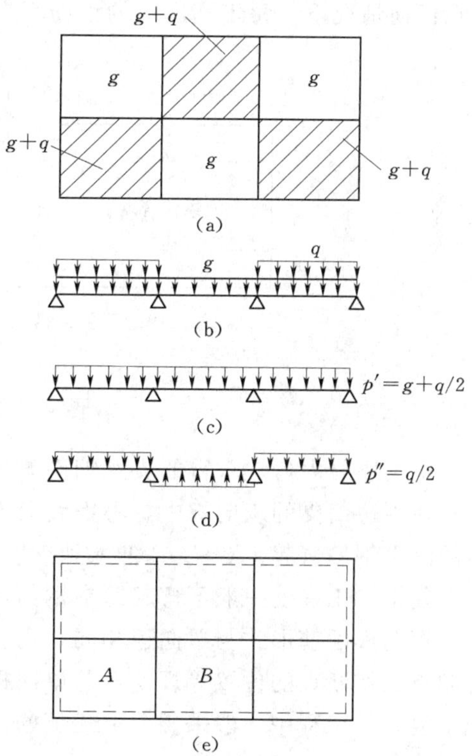

图 9-36　连续双向板简化为单块板计算

向板；中跨板 B 则可看作是三边固定、一边简支的双向板。

9.6.3　双向板的截面设计与构造

对于周边与梁整体连结的双向板，由于在两个方向受到支承构件的变形约束，整块板内存在穹顶作用，使板内弯矩大大减小，因而其弯矩设计值可按下列规定折减：

（1）对于连续板的中间区格的跨中截面及中间支座，弯矩减小 20％。

（2）对于边区格的跨中截面及从楼板边缘算起的第二支座截面，当 $l_b/l_0<1.5$ 时，弯矩减小 20％；当 $1.5\leqslant l_b/l_0<2$ 时，弯矩减小 10％。在此，l_0 为垂直于楼板边缘方向的计算跨度，l_b 为沿楼板边缘方向的计算跨度。

（3）对于角区格各截面，弯矩不折减。

求得双向板跨中和支座的最大弯矩值后，即可按一般受弯构件计算其钢筋用量。但需注意，双向板跨中两个方向均需配置受力钢筋。短跨方向的弯矩较大，钢筋应排在下层；长跨方向的弯矩较小，钢筋应排在上层。

按弹性方法计算出的板跨中最大弯矩是板中点板带的弯矩，故所求出的钢筋用量是中间板带单位宽度内所需要的钢筋用量。四边支承板在破坏时的形状好像一个倒置的四面落水的坡屋面，各板条之间不但受弯而且受扭，靠近支座的板带，其弯矩比中间板带的弯矩要小，其钢筋用量也可减少。为方便施工，可按图 9－37 处理，即将板在两个方向各划分为三个板带，两个方向边缘板带的宽度均为 $l_1/4$，其余为中间板带。在中间板带上，按跨中最大弯矩值配筋；而在边缘板带上，按相应中间板带单位宽度内钢筋用量的一半配置。但在任何情况下，每米宽度内的钢筋不应少于 3 根。

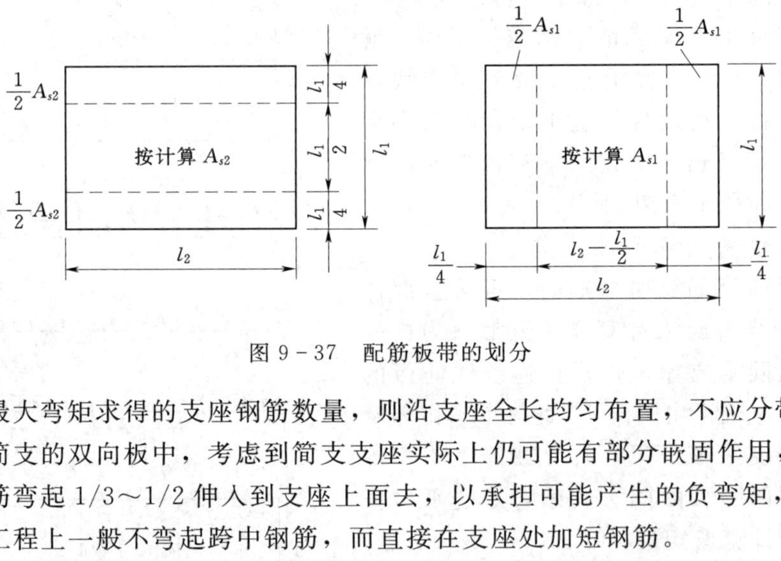

图 9－37　配筋板带的划分

由支座最大弯矩求得的支座钢筋数量，则沿支座全长均匀布置，不应分带减少。

在周边简支的双向板中，考虑到简支支座实际上仍可能有部分嵌固作用，可将每一方向的跨中钢筋弯起 1/3～1/2 伸入到支座上面去，以承担可能产生的负弯矩，但如此配筋施工复杂，工程上一般不弯起跨中钢筋，而直接在支座处加短钢筋。

双向板配筋形式与单向板相同，仍有弯起式和分离式两种。受力钢筋的直径、间距及弯起点、切断点的位置等规定，与单向板的规定相等。双向板采用弯起式配筋时，设计与施工复杂，工程中一般采用分离式配筋。

9.6.4　双向板支承梁的计算特点

双向板上的荷载是沿两个方向传递到四边的支承梁上，精确地计算双向板传递给支承梁的荷载较为困难，在设计中多采用近似方法分配。即对每一区格，从四角作与板边成45°角的斜线与平行于长边的中线相交（图9-38），将板的面积分为四小块，每小块面积上的荷载认为就近传递到相邻的梁上。因此，短跨方向的支承梁将承受板传来的三角形分布荷载，长跨方向的支承梁将承受板传来的梯形分布荷载。对于梁的自重或直接作用在梁上的荷载应按实际情况考虑。梁上的荷载确定后，即可计算梁的内力。

按弹性方法计算梯形（或三角形）分布荷载作用下连续梁的内力时，计算跨度可仍按一般连续梁的规定取用。当跨度相等或相差不超过10%时，可按支座弯矩相等的条件将梯形（或三角形）分布荷载折算成等效均布荷载p_E（参看附录11），然后利用附录6求出最不利荷载布置情况下的各支座弯矩$M_支$，最后根据静力平衡条件，分别由承受梯形（或三角形）分布荷载和支座弯矩$M_支$的简支梁，求出各跨跨中弯矩和支座剪力。

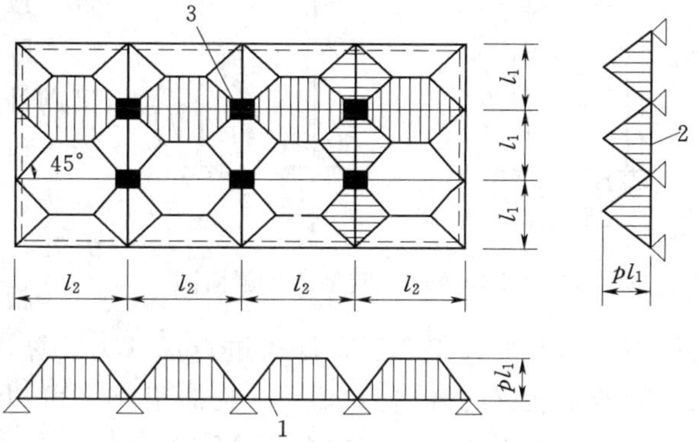

图9-38　双向板传给梁的荷载

1—长跨梁；2—短跨梁；3—柱

双向板支承梁的截面设计、裂缝和变形验算以及配筋构造等，与支承单向板的梁完全相同。

9.7　钢筋混凝土刚架结构的设计

9.7.1　刚架结构的设计要点

整体式刚架结构中，纵梁、横梁与柱整体相连，实际上构成一个空间结构。但由于结构的刚度在两个方向是不一样的，同时为了设计的方便，一般可忽略刚度较小方向的整体影响，而把结构偏于安全地当做一系列平面刚架进行分析。

9.7.1.1　计算简图

平面刚架的计算简图一般应反映下列主要因素：刚架的跨度和高度，节点和支承的形式，各构件的截面尺寸或惯性矩，以及荷载的形式、数值和作用位置。

图9-39中绘出了支承工作桥桥面承重刚架的计算简图。刚架的轴线采用构件截面重心的连线，立柱和横梁均为刚性连接，柱子和闸墩整体浇筑，可看作为固端支承。荷载的形式、数值和作用位置根据实际资料确定。刚架中横梁的自重是均布荷载，如果上部结构传来的荷载主要是集中荷载，为了简化计算，也可将横梁自重转化为集中荷载处理。

刚架属超静定结构，在内力计算时，要用到截面惯性矩，同时确定自重时也需要知道截面尺寸。因此，在内力计算之前，必须先假定构件的截面尺寸。内力计算后如有必要再加以修正，一般只有当各杆件的相对惯性矩的变化超过3倍时，才需重新计算内力。

如果刚架横梁两端设有支托，但其支座截面和跨中截面的高度比值$h_c/h_0<1.6$或截面惯性矩比值$I_c/I<4$时，可不考虑支托的影响，而按等截面横梁刚架计算。

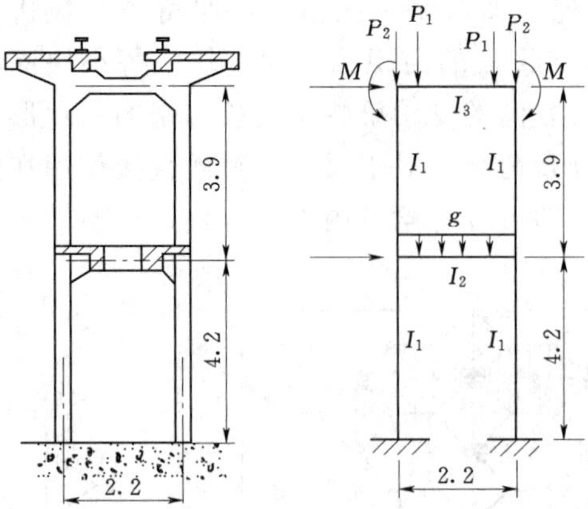

图 9-39　工作桥承重刚架的计算简图

9.7.1.2　内力计算及组合

作用在刚架上的荷载有恒载和活载，结构设计中为了求得控制截面的最不利内力，一般是先分别求出各种荷载作用下的内力，然后将所有可能同时出现的荷载所产生的内力进行组合，按最不利内力进行结构截面配筋设计。

刚架的内力计算，可按结构力学的方法，借助计算机程序进行。对于比较规则的多层刚架，也可以采用实用上足够准确的近似计算方法。

9.7.1.3　截面设计

根据内力计算所得结果（M、N、V 等），按最不利情况加以组合后，即可进行承载力计算，以确定截面配筋。

刚架中横梁的轴向力 N，一般都很小，可以忽略不计，按受弯构件进行配筋计算。所以组合的内力为：①跨中截面 M_{max}、M_{min}；②支座截面 M_{max}、M_{min}、V_{max}。当轴向力 N 不能忽略时，则应按偏心受拉或偏心受压构件进行计算。

刚架柱中的内力主要是弯矩 M 和轴向力 N，可按偏心受压构件进行计算。在不同的荷载组合下，同一截面可能出现不同的内力，应按可能出现的最不利荷载组合进行计算。对正截面而言，由偏心受压构件正截面承载力 $N-M$ 关系曲线可知，一般应组合的内力为：①M_{max}及相应的 N；②M_{min}及相应的 N；③N_{max}及相应的 M；④N_{min}及相应的 M。对斜截面而言，一般应组合的内力为：①最大剪力与相应的轴力；②最小轴压力与相应的剪力。

9.7.2　刚架结构的构造

刚架横梁和立柱的构造，与一般梁、柱相同。下面仅简要介绍刚架节点的构造。

9.7.2.1　节点构造

现浇刚架横梁和立柱的转角处会产生应力集中，所以，如何保证刚架节点具有足够的承载力，是设计刚架结构时应当注意的一个重要问题。本教材在第 4 章已介绍了节点中纵向钢筋的锚固，这里再简要介绍节点的其他构造要求，有关节点的详细构造要求可见现行水工混凝土结构设计规范中的“梁柱节点”一节。

横梁与立柱交接处的应力分布规律与其内折角的形状有关。内折角做得越平缓，交接处的应力集中也越小，见图 9-40。

设计时，若转角处的弯矩不大，可将转角作成直角或加一不大的填角；若弯矩较大，则应将内折角做成斜坡状的支托［图 9-40（c）］。支托的高度约为 $0.5h\sim1.0h$（h 为柱截面高度），斜面与水平线成 45°或 30°角。

转角处有支托时，横梁底面和立柱内侧的钢筋不应内折［图 9-41（a）］，而应沿斜面另加直钢筋［图 9-41（b）］。另加的直钢筋沿支托表面放置，其直径和根数不宜少于横梁伸入节点内的下部钢筋的直径和根数。

刚架顶层端节点处，可将柱外侧纵向钢筋的相应部分弯入横梁内作梁的上部纵向钢筋

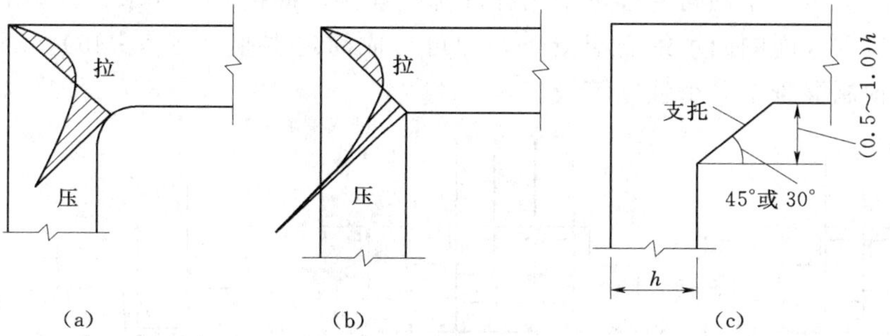

图 9－40　转角处的支托

使用，也可将梁上部纵向钢筋与柱外侧纵向钢筋在顶层端节点及其附近部位搭接。当搭接接头沿顶层端节点外侧及梁端顶部布置时［图 9－42（a)］，搭接长度不应小于 $1.5l_a$；当搭接接头沿柱顶外侧布置时［图 9－42（b)］，搭接长度竖直段不应小于 $1.7l_a$。

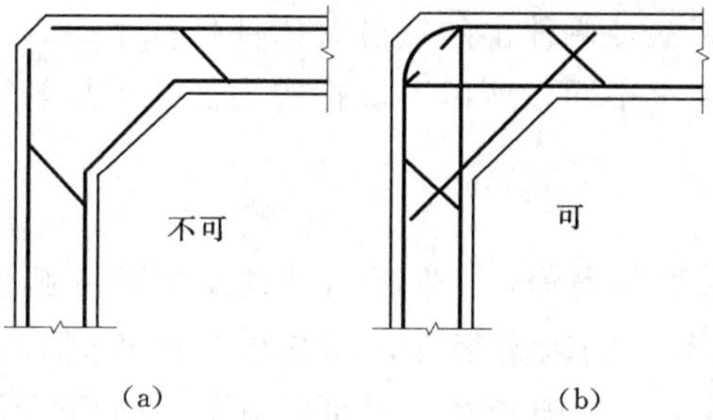

图 9－41　支托的钢筋布置

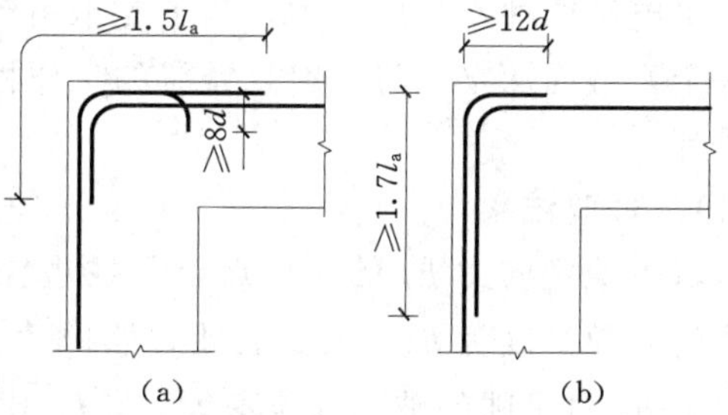

图 9－42　梁上部纵向钢筋与柱外侧纵向钢筋在顶层端节点的搭接

在多层刚架中，刚架柱的纵筋应贯穿中间节点，纵筋的接头应设在节点区以外。顶部中间节点的柱纵筋及端节点的内侧纵筋的锚固长度不应小于 l_a，且应伸至柱顶。

在刚架节点内应设置水平箍筋，箍筋间距不宜大于 250mm。转角处有支托时，节点的箍筋可作扇形布置如图 9－43（a）所示，也可按图 9－43（b）布置。节点处的箍筋要适当加密，以便能牢固地扎结钢筋，同时提高刚架节点的延性。

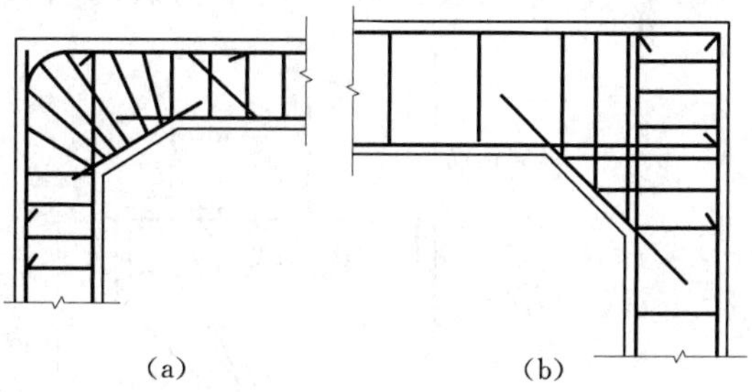

图 9－43　节点的箍筋布置

9.7.2.2　立柱与基础的固结

在地基上现浇框架时，从基础内伸出插筋与柱内钢筋相连接，然后浇筑柱子的混凝土。插筋的直径、根数、间距应与柱内纵筋相同。插筋一般均应伸至基础底部［图 9－44（a)］。当基础高度较大时，也可仅将柱子四角处的插筋伸至基础底部，而其余插筋只伸至基础顶面以下，满足锚固长度的要求即可［图 9－44（b)］。

对于预制框架，立柱与基础可采用杯形基础连接，即按一定要求将预制的立柱插入基础预留的杯口内，周围回填细石混凝土，即可形成固定支座（图 9 - 45）。回填细石的混凝土宜高于预制混凝土一个强度等级。

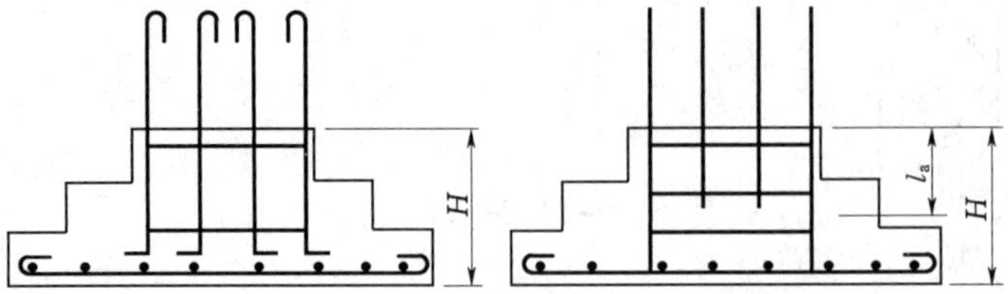

（a）　（b）

图 9 - 44　立柱与基础固接的做法

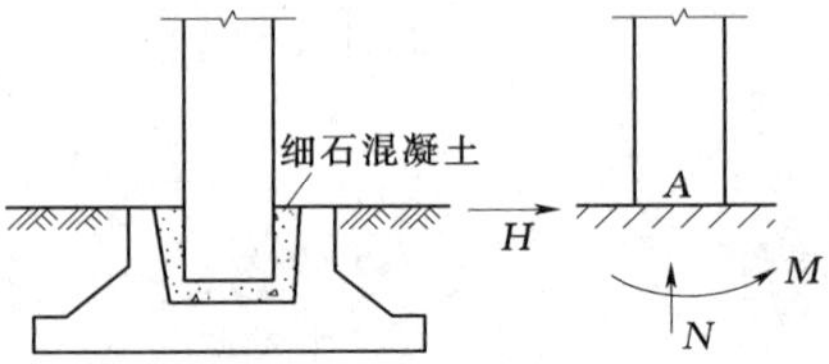

图 9 - 45　立柱与杯形基础的固接

9.8　钢筋混凝土牛腿的设计*

水电站或抽水站厂房中，为了支承吊车梁，从柱侧伸出的短悬臂构件俗称牛腿。牛腿是一个变截面深梁，与一般悬臂梁的工作性能完全不同。所以不能把它当做一个短悬臂梁来设计。

9.8.1　试验结果

取牛腿竖向力 F_v 的作用点至下柱边缘的水平距离为 a，牛腿与下柱交接处牛腿垂直截面的有效高度为 h_0。试验表明，影响牛腿承载力的因素很多，当其他条件相同时，剪跨比 a/h_0 对牛腿的破坏影响最大。a/h_0 比值越大，牛腿承载力越低。随着 a/h_0 的不同，牛腿大致发生以下两种破坏情况：

（1）当 $a/h_0 \geqslant 0.2$ 时，在竖向荷载作用下，裂缝最先出现在牛腿顶面与上柱相交的部位（图 9 - 46 中的裂缝①）。随着荷载的增大，在加载板内侧出现第二条裂缝（图 9 - 46

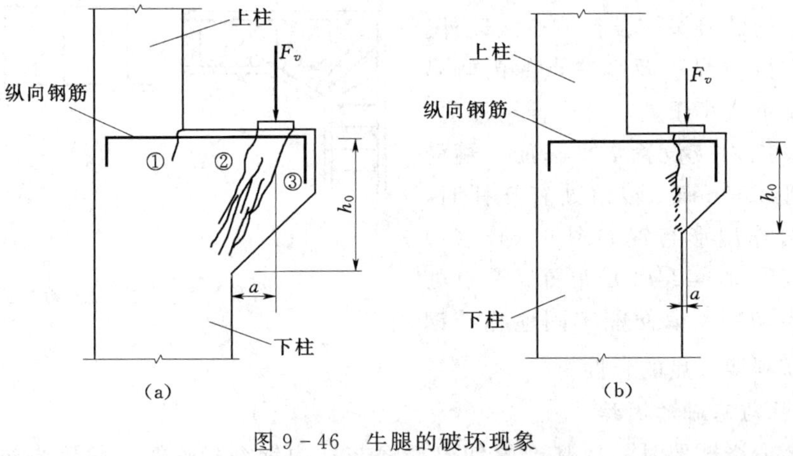

（a）　（b）

图 9 - 46　牛腿的破坏现象

（a）三角桁架混凝土斜压破坏；（b）混凝土剪切破坏

* 本节只介绍立柱上独立牛腿的设计，水电站厂房中采用的壁式连续牛腿的设计可参阅规范现行水工混凝土结构设计规范。

中的裂缝②)，当这条裂缝发展到与下柱相交时，就不再向柱内延伸。在裂缝②的外侧，形成明显的压力带。当在压力带上产生许多相互贯通的斜裂缝，或突然出现一条与斜裂缝②大致平行的斜裂缝③时，就预示着牛腿即将破坏。量测结果表明，在斜裂缝出现后，纵向钢筋应力沿长度方向的分布比较均匀，近似于轴心受拉构件。因此，斜裂缝出现后，牛腿可看做是一个以纵向钢筋为拉杆，混凝土斜向压力为压杆的三角桁架，破坏时，纵向钢筋受拉屈服，混凝土斜压破坏。

(2) 当 $a/h_0<0.2$ 时，一般发生沿加载板内侧接近垂直截面的剪切破坏，其特征是在牛腿与下柱交接面上出现一系列短斜裂缝，最后牛腿沿此截面剪切破坏。这时牛腿内纵向钢筋应力相对较低。

试验结果表明，当牛腿同时作用有竖向力 F_v 和水平拉力 F_h 时，由于水平拉力的作用，牛腿截面出现斜裂缝时的荷载比仅有竖向力作用的牛腿有不同程度的降低。同时牛腿的极限承载能力也降低。试验还表明，有水平拉力作用的牛腿与仅有竖向力作用的牛腿的破坏规律相似。

9.8.2　牛腿截面尺寸的确定

通常牛腿的宽度与柱的宽度相同，牛腿的高度可根据裂缝控制要求确定。一般是先假定牛腿高度 h，然后按下式进行验算（$a\leqslant h_0$ 时）：

$$F_{vk}\leqslant\beta\left(1-0.5\frac{F_{hk}}{F_{vk}}\right)\frac{f_{tk}bh_0}{0.5+\dfrac{a}{h_0}}\tag{9-17}$$

式中　F_{vk}——按荷载标准值计算得出的作用于牛腿顶面的竖向力；

F_{hk}——按荷载标准值计算得出的作用于牛腿顶面的水平拉力；

β——裂缝控制系数，对水电站厂房立柱的牛腿，取 $\beta=0.70$；对承受静荷载作用的牛腿，取 $\beta=0.80$；

f_{tk}——混凝土轴心抗拉强度标准值；

a——竖向力作用点至下柱边缘的水平距离，应考虑安装偏差 20mm；当考虑 20mm 安装偏差后的竖向力作用点仍位于下柱截面以内时，应取 $a=0$；

b——牛腿宽度；

h_0——牛腿与下柱交接处的垂直截面有效高度；取 $h_0=h_1-a+c\tan\alpha$，此处，h_1、a、c 及 α 的意义见图 9-47，当 $\alpha>45°$时，取 $\alpha=45°$。

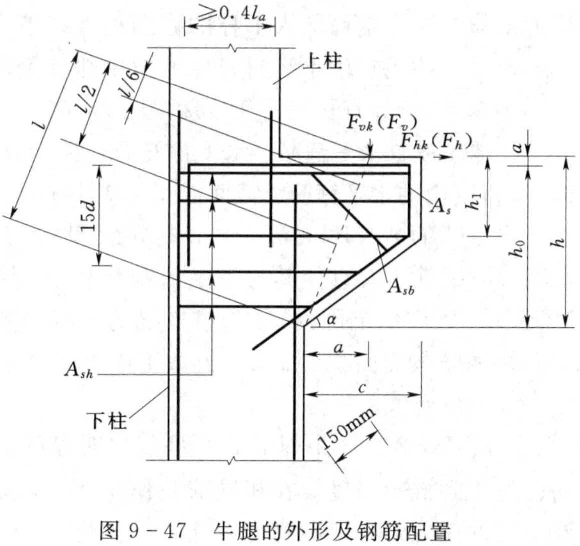

图 9-47　牛腿的外形及钢筋配置

牛腿外形尺寸还应满足以下要求：

(1) 牛腿外边缘高度 $h_1\geqslant h/3$，且不应小于 200mm。

(2) 吊车梁外边缘至牛腿外缘的距

离不应小于 100mm。

(3) 牛腿顶面在竖向力设计值 F_v 作用下，其局部受压应力不应超过 $0.90f_c$，否则应采取加大受压面积，提高混凝土强度等级或配置钢筋网片等有效措施。

9.8.3 牛腿的配筋计算与构造

如前所述，由于按剪跨比 a/h_0 的不同，牛腿的破坏形态也不同，因此牛腿也相应地有下列两种配筋计算方法。

1. $a/h_0 \geqslant 0.2$

这种破坏在斜裂缝出现后，牛腿可近似看作是以纵筋为水平拉杆，以混凝土为斜压杆的三角形桁架。因而，当牛腿的剪跨比 $a/h_0 \geqslant 0.2$ 时，由承受竖向力 F_v 所需的受拉钢筋和承受水平拉力 F_h 所需的锚筋组成的纵向受力钢筋的总截面面积 A_s，可按下式计算：

$$A_s \geqslant \gamma_d \left(\frac{F_v a}{0.85 f_y h_0} + 1.2 \frac{F_h}{f_y} \right) \tag{9-18}$$

式中　γ_d——结构系数，按本教材第 2 章表 2-6 采用；

F_v——作用在牛腿顶面的竖向力设计值，为荷载设计值在牛腿顶面产生的竖向力与结构重要性系数 γ_0、设计状况系数 ψ 三者的乘积，γ_0 和 ψ 按本教材第 2 章有关规定取用；

F_h——作用在牛腿顶面的水平拉力设计值，为荷载设计值在牛腿顶面产生的水平拉力与结构重要性系数 γ_0、设计状况系数 ψ 的三者的乘积；

f_y——水平钢筋抗拉强度设计值，按本教材附录 2 表 3 取用。

纵向受力钢筋宜采用 HRB335 或 HRB400 钢筋。

承受竖向力所需的受拉钢筋的配筋率（以截面 bh_0 计）不应小于 0.2%，也不宜大于 0.6%，且根数不宜少于 4 根，直径不应小于 12mm。由于牛腿出现斜裂缝后，纵向受力钢筋的应力沿钢筋全长基本上是相同的，因而纵向受力钢筋不应下弯兼作弯起钢筋。

承受水平拉力的锚筋应焊在预埋件上，且不应少于 2 根，直径不应小于 12mm。

全部纵向受力钢筋及弯起钢筋宜沿牛腿外边缘向下伸入下柱内 150mm 后截断；纵向受力钢筋及弯起钢筋伸入上柱的锚固长度，不应小于受拉钢筋最小锚固长度 l_a，当钢筋在牛腿内水平锚固长度不足时，应伸至牛腿外侧后再向下弯折，经弯折后的水平投影长度不应小于 $0.4l_a$，竖直长度等于 $15d$（图 9-47）。

牛腿应设置水平箍筋，水平箍筋的直径不应小于 6mm，间距为 100～150mm，且在上部 $2h_0/3$ 范围内的水平箍筋总截面面积不应小于承受竖向力的受拉钢筋截面面积的 1/2。

当牛腿的剪跨比 $a/h_0 \geqslant 0.3$ 时，宜设置弯起钢筋 A_{sb}。弯起钢筋宜采用 HRB335 或 HRB400 钢筋，并宜使其与集中荷载作用点到牛腿斜边下端点连线的交点位于牛腿上部 $l/6$ 至 $l/2$ 之间的范围内，l 为该连线的长度（图 9-47），其截面面积不应少于承受竖向力的受拉钢筋截面面积的 1/2，根数不应少于 2 根，直径不应小于 12mm。

2. $a/h_0 < 0.2$

$a/h_0 < 0.2$ 时，牛腿的破坏呈现出明显的混凝土被剪切破坏的特征，顶部纵向受力钢筋已达不到抗拉强度。在相同荷载作用下，随着剪跨比 a/h_0 的减小，顶部纵向受力钢筋及箍筋的应力都在不断降低。此时，再将牛腿近似看作是以纵向受力钢筋为水平拉杆，混

凝土为斜压杆的三角形桁架显然已不合理。试验表明，这时的牛腿承载力由顶部纵向受力钢筋、水平箍筋与混凝土三者共同提供。因而，当 $a/h_0<0.2$ 时，牛腿应在全高范围内设置水平钢筋。

当 $0\leqslant a/h_0<0.2$ 时，承受竖向力所需的水平钢筋总截面面积 A_{sh} 应满足下式规定：

$$A_{sh}\geqslant\frac{\gamma_d F_v-f_t bh_0}{f_y(1.65-3a/h_0)} \tag{9-19}$$

式中 A_{sh}——牛腿全高范围内，承受竖向力所需的水平钢筋总截面面积；

f_t——混凝土抗拉强度设计值，按本教材附录 2 表 1 取用；

f_y——水平钢筋抗拉强度设计值，按本教材附录 2 表 3 取用。

配筋时，应将 A_{sh} 的 60%～40%（剪跨比较大时取大值，较小时取小值）作为牛腿顶部纵向受拉钢筋，集中配置在牛腿顶面；其余的则作为水平箍筋均匀配置在牛腿全高范围内。

当牛腿顶面作用有水平拉力 F_h 时，则顶部受力钢筋还应包括承受水平拉力所需的锚筋在内，锚筋的截面面积按 $1.2\gamma_d F_h/f_y$ 计算。

承受竖向力所需的顶部受拉钢筋的配筋率（以截面 bh_0 计）不应小于 0.15%。顶部受力钢筋的其他配筋构造要求和锚固要求与 $a/h_0\geqslant0.2$ 时相同。

试验研究表明，当牛腿的剪跨比 $a/h_0<0$ 时，只要满足了式（9－17）的牛腿截面尺寸限制条件，在竖向力作用下水平钢筋不会屈服，所起的作用很小。因此规范规定，当 $a/h_0<0$ 时可不进行牛腿的配筋计算，仅按构造要求配置水平箍筋。但当牛腿顶面作用有水平拉力 F_h 时，承受水平拉力所需的锚筋面积仍应按 $1.2\gamma_d F_h/f_y$ 计算配置。

当 $a/h_0<0.2$ 时，水平箍筋的直径不应小于 8mm，间距不应大于 100mm，其配筋率 $\rho_{sh}=\frac{nA_{sh1}}{bs_v}$ 不应小于 0.15%，在此，A_{sh1} 为单肢箍筋的截面面积；n 为肢数；s_v 为水平箍筋的间距。

当按 SL 191—2008 规范进行牛腿设计时，计算方法及构造要求与 DL/T 5057—2009 规范相同，只需将上述公式［式（9－17）～式（9－19）］中的 γ_d 换成 K，F_v 和 F_h 为荷载设计值在牛腿顶面产生的竖向力与水平拉力。

9.9 钢筋混凝土柱下基础的设计

基础是将柱承受的荷载传递给地基的结构。柱下基础的类型很多，在此仅介绍柱下独立基础和条形基础。

这类基础采用的混凝土强度等级不应低于 C20，基础下面通常要布置厚 100mm、强度等级为 C10 的素混凝土垫层。垫层面积要比基础面积稍大，通常每端伸出基础边 100mm。受力钢筋一般采用 HRB400、HRB335 或 HPB300 钢筋，直径不宜小于 10mm，间距不宜大于 200mm，也不宜小于 100mm。当有垫层时，受力钢筋的保护层厚度不宜小于 40mm，无垫层时不宜小于 70mm。

9.9.1 柱下独立基础的形式

按基础形状，常用的柱下独立基础可分为锥形基础和阶梯形基础两种（图 9－48）。

基础的最小高度 H 应满足两个要求，一是柱与基础交接处混凝土受冲切承载力的要求，二是柱中纵向钢筋锚固长度的要求。基础的底面尺寸由地基承载力确定。锥形基础的边缘高度 H_1 不宜小于 200mm，也不宜大于 500mm；顶面的坡度可根据浇注混凝土时能保持基础外形的条件确定，一般情况下 $\alpha \leqslant 30°$。阶梯形基础每阶高度一般为 300～500mm，阶梯形的外边线应在压力分布线（图 9-48 中的 45°虚线）之外；各阶挑出的宽度可根据由柱边所引 45°线的轮廓来确定。

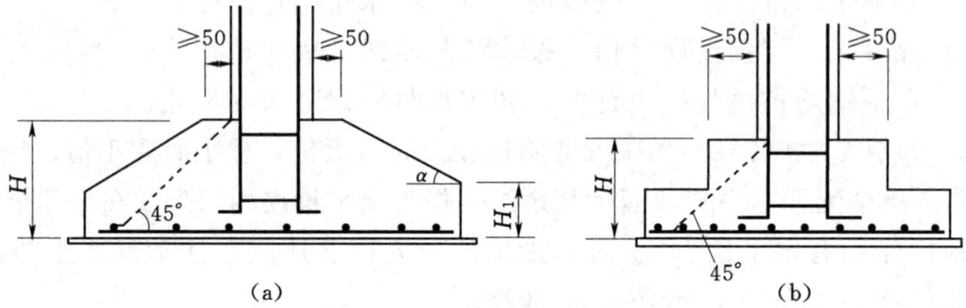

图 9-48　柱下单基础的形式

(a) 锥形基础；(b) 阶梯形基础

按受力形式，柱下独立基础可分为轴心受压基础和偏心受压基础两种。轴心受压基础底面一般为正方形；偏心受压基础底面一般为矩形，其长宽比一般在 1.5～2.0 之间，最大不超过 3。

按施工方法，柱下独立基础可分为预制柱下基础和现浇柱下基础两种。预制柱下基础一般采用杯形基础（图 9-49）。采用杯形基础时，柱的插入深度 h_1、基础杯底厚度 a_1 和杯壁厚度 t 都有相应的尺寸要求。如，当柱的截面长边尺寸 h 小于 500mm 时，h_1 宜在 $1.2h$～$0.8h$ 之间取值（h 大时取小值），a_1 宜大于 150mm，t 宜在 150～300mm 之间。此外，h_1 还应满足柱中纵向钢筋锚固长度的要求，并应考虑吊装时柱的稳定性，即宜使 h_1 不小于 0.05 倍柱长（指吊装时的柱长）。当 h 大于 500mm 时，h_1、a_1 和 t 的尺寸要求可参见有关规范或设计手册。

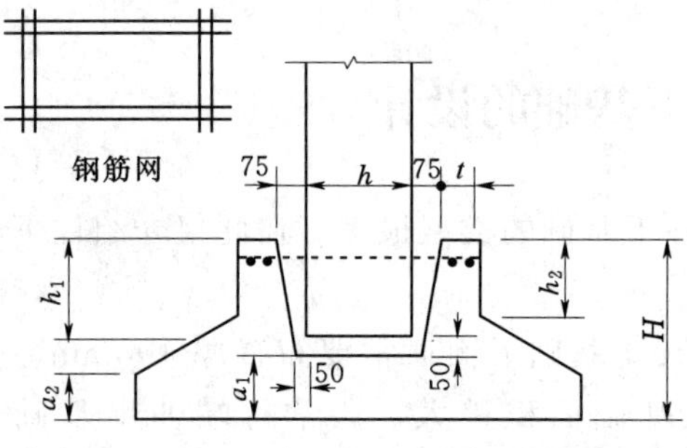

图 9-49　杯形基础的外形尺寸

9.9.2　柱下独立基础的计算

9.9.2.1　轴心受压基础

1. 基础底面尺寸的确定

基础底面尺寸是根据地基承载力条件和地基变形条件确定的。柱下独立基础的底面积不大，故可假定基础是绝对刚性且地基反力为线性分布。轴心受压时，假定基础底面的压力 p 为均匀分布，设计时应满足：

$$p_k = \frac{N_k + G_k}{A} \leqslant f_a \tag{9-20}$$

式中　N_k——由柱子传到基础顶面的轴向压力值，按荷载标准值计算得到；

G_k——基础及基础上方的土重；

A——基础地面面积；

f_a——修正后的地基承载力特征值，按地基基础设计规范计算。

设 d 为基础埋置深度，并设基础本身及基础上部回填土的平均重度为 γ_m（设计时可取 $\gamma_m=20\text{kN/m}^3$），则 $G_k\approx\gamma_m Ad$，代入上式可得：

$$A\geqslant\frac{N_k}{f_a-\gamma_m d} \tag{9-21}$$

2. 基础高度的确定

基础高度的确定一般先根据经验和构造要求拟定 h，然后对柱与基础交接处按下列受冲切承载力计算公式进行验算：

$$\gamma_d F_l\leqslant 0.7f_t\beta_h b_m h_0 \tag{9-22}$$

式中 γ_d——结构系数，按本书第 2 章表 2-6 采用；

F_l——冲切力设计值，$F_l=p_n A_l$；

f_t——混凝土轴心抗拉强度设计值，按本书附录 2 表 1 取用；

β_h——截面高度影响系数，$\beta_h=\left(\frac{800}{h_0}\right)^{\frac{1}{4}}$；当 $h_0<800\text{mm}$ 时，取 $h_0=800\text{mm}$；当 $h_0>2000\text{mm}$ 时，取 $h_0=2000\text{mm}$；

b_m——冲切破坏锥体斜截面上边长 b_t 与下边长 b_b 的平均值，$b_m=(b_t+b_b)/2$；

b_t——冲切破坏锥体最不利一侧斜截面的上边长（当计算柱与基础交接处的受冲切承载力时，取柱宽；当计算基础变阶处的受冲切承载力时，取上阶宽）；

b_b——冲切破坏锥体最不利一侧斜截面的下边长（当计算柱与基础交接处的受冲切承载力时，取柱宽加两倍基础有效高度；当计算基础变阶处的受冲切承载力时，取上阶宽加两倍该处的基础有效高度）；

h_0——柱与基础交接处或基础变阶处的截面有效高度，取两个配筋方向的截面有效高度平均值；

A_l——计算冲切荷载时所取的基础底面积，即图 9-50 中的阴影面积 $ABCDEF$；

p_n——按荷载设计值计算的基底净反力值（扣除基础自重及其上的土重），$p_n=N/A$。

如不满足式（9-22）要求，则调整基础高度 h 值，直至满足要求为止。对于阶梯形基础，还需对变阶处按式（9-22）验算其高度是否满足要求。当基础底面落在 45°线（即冲切破坏锥体）以内时，可不进行冲切验算。

3. 基础底板配筋计算

在式（9-20）计算基础底面反力时，应计入基础本身重量及基础上方的土重 G，但在计算基础底板钢筋时，由于这部分地基土反力的合力与 G 相抵消，因此这时地基土的反力中不应计入 G，即以地基净反力 p_n 来计算钢筋。

基础底板的受力钢筋，是将基础每个方向的突出部分当做倒置的“悬臂板”来计算的。“悬臂板”的固定端在柱边I-I截面处，“悬臂板”承受的荷载是基底净反力 p_n，可导出：

$$M_I=\frac{p_n}{24}(a-h_c)^2(2b+b_c) \tag{9-23}$$

基础底板该方向的受力钢筋截面面积，可按下式计算：

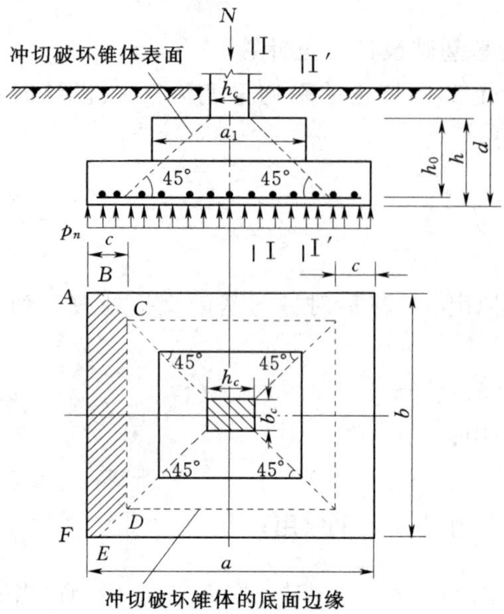

图 9-50　轴心受压基础计算图

$$A_{s\,\text{I}}=\frac{\gamma_d M_{\text{I}}}{0.9h_0 f_y} \tag{9-24}$$

对变阶基础，还应计算变阶处所需的配筋数量，这时只需将基础的上阶视为固定端（图 9-50 中的 Ⅰ′-Ⅰ′），将 b_c、h_c、h_0 进行调整后再代入相应公式计算。

当基础底面为正方形时，基础底板另一方向的受力钢筋截面积为 $A_{s\text{II}}$，可近似取 $A_{s\text{I}}=A_{s\text{II}}$。

当基础底面为矩形时，则要分别计算两个方向的受力钢筋截面面积。此时，

$$M_{\text{II}}=\frac{p_n}{24}(b-b_c)^2(2a+h_c) \tag{9-25}$$

$$A_{s\text{II}}=\frac{\gamma_d M_{\text{II}}}{0.9(h_0-d)f_y} \tag{9-26}$$

式中　d——钢筋直径。

9.9.2.2　偏心受压基础

偏心受压基础除了有轴向压力作用外，还有弯矩及剪力作用，在求基底反力时，应先将作用在基础顶面的内力及基础和填土自重转化为作用在基础底面重心处的内力：

$$N_{bot}=N_k+\gamma_m dA \tag{9-27}$$

$$M_{bot}=M_k+V_k h \tag{9-28}$$

$$V_{bot}=V_k \tag{9-29}$$

式中　M_k、N_k、V_k——按荷载标准值计算的，柱传给基础顶面的弯矩、轴向力和剪力值。

当在偏心荷载作用下基础底面全截面受压时，假定基础底面压力按线性非均匀分布（图 9-51），这时基础底面边缘的最大压力 $p_{k,\max}$ 和最小压力 $p_{k,\min}$ 为：

$$\left.\begin{matrix}p_{k,\max}\\p_{k,\min}\end{matrix}\right.=\frac{N_{bot}}{A}\pm\frac{M_{bot}}{W} \tag{9-30}$$

式中　W——基础底面面积的抵抗矩。

令 $e_0=M_{bot}/N_{bot}$，并将 $A=ab$、$W=a^2b/6$ 代入式（9-30），可得：

$$\left.\begin{matrix}p_{k,\max}\\p_{k,\min}\end{matrix}\right.=\frac{N_{bot}}{ab}\left(1\pm\frac{6e_0}{a}\right) \tag{9-31}$$

由式（9-31）可知：

当 $e_0<a/6$ 时，$p_{k,\min}>0$，这时地基反力分布为梯形。

当 $e_0=a/6$ 时，$p_{k,\min}=0$，地基反力分布为三角形。

当 $e_0>a/6$ 时，$p_{k,\min}<0$，这说明基础与地基接触面之间出现了拉应力，但基础与地

基接触面之间是不可能出现拉应力的，事实上这部分基础底面与地基已脱开，也就是这时承受地基反力的基础底面积不是 ab，而是 yb，$p_{k,\max}$应按下式计算：

$$p_{k,\max}=\frac{N_{bot}}{(by/2)}=\frac{2N_{bot}}{3b(0.5a-e_0)} \quad (9-32)$$

即 $e_0\leqslant a/6$ 时，$p_{k,\max}$及 $p_{k,\min}$按式（9-31）计算；$e_0>a/6$ 时，$p_{k,\max}$按式（9-32）计算，$p_{k,\min}=0$。

偏心受压基础的基底反力应满足：

$$p_{k,m}=\frac{p_{k,\max}+p_{k,\min}}{2}\leqslant f_a \quad (9-33)$$

$$p_{k,\max}\leqslant 1.2f_a \quad (9-34)$$

式（9-34）将地基承载力设计值提高 20%，是因为 $p_{k,\max}$只出现在基础边缘的局部区域，而且 $p_{k,\max}$中的大部分由活载而不是恒载产生的。

确定偏压基础底面尺寸一般采用试算法。先按轴心受压基础公式［式（9-21）］计算所需的底面面积，然后乘以 1.2～1.4 的扩大系数，即

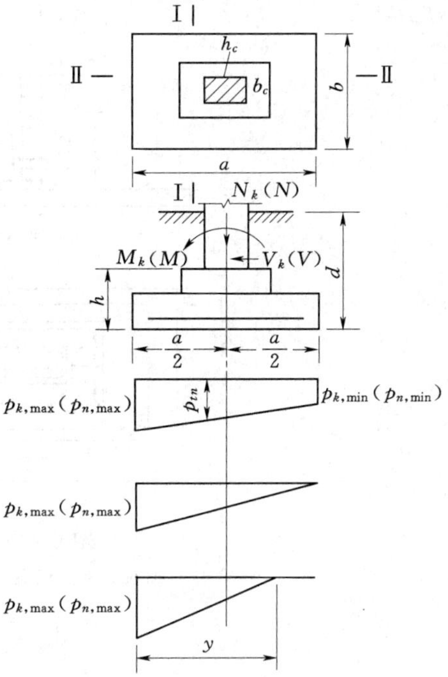

图 9-51 偏心受压基础计算图

$$A=ab=(1.2\sim1.4)\frac{N_k}{f_a-\gamma_m d} \quad (9-35)$$

长边 a 与短边 b 之比 a/b 一般在 1.5～2.0 之间，由此可初步确定基础底面尺寸，然后验算该尺寸是否符合式（9-33）与式（9-34）的要求。如不符合，则另行假定尺寸重算，直至满足。

偏心受压基础高度的确定方法与轴心受压基础的相同，但式（9-22）中的 F_l 应按下式计算：

$$F_l=p_{n,\max}A_l \quad (9-36)$$

式中 $p_{n,\max}$——按荷载设计值计算的基底最大净反力值，仍可用式（9-30）计算，但将 M_{bot}、N_{bot} 换为弯矩设计值 M、轴力设计值 N。

基础底板配筋的计算方法与轴心受压基础的相同，只是在计算 M_{I} 时，用 $(p_{n,\max}+p_{tn})/2$ 代替式（9-23）中的 p_n，在计算 M_{II} 时，用 $(p_{n,\max}+p_{n,\min})/2$ 代替式（9-25）中的 p_n。

9.9.3 条形基础

支承渡槽槽身的刚架，当两个立柱的间距不大，而地基承载力又较低时，通常将两个柱基础连在一起，作成钢筋混凝土条形基础，如图 9-52 所示。

条形基础的设计，一般是先拟定各部分尺寸，进行地基反力验算，再作基础承载力计算。

基底反力可按下式计算（图 9-52、图 9-53）：

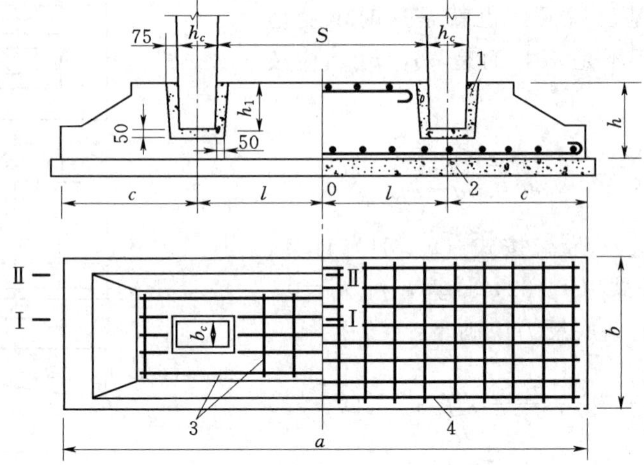

图 9-52　条形基础与基础内钢筋

1—≥C20 细石混凝土浇灌；2—混凝土垫层；3—顶部钢筋；4—底部钢筋

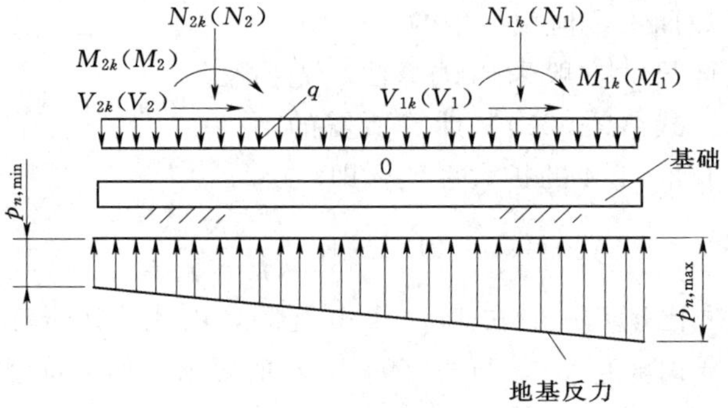

图 9-53　条形基础计算图

$$\begin{matrix} p_{k,\max} \\ p_{k,\min} \end{matrix} = \left(\frac{N_{1k}+N_{2k}}{ba} + q_k \pm \frac{6M_{0k}}{ba^2} \right) \tag{9-37}$$

式中　N_{1k}、N_{2k}——按荷载标准值计算的立柱传至基础顶面的轴向力；

q_k——单位面积基础自重及回填土重（近似按均布荷载考虑），$q_k=\gamma_m d$，此处 d 为基础埋置深度；

M_{0k}——立柱传至基础顶面的 N_{1k}、N_{2k}、V_{1k}、V_{2k} 及 M_{1k}、M_{2k} 对基础底面中心 0 点的力矩，$M_{0k}=M_{1k}+M_{2k}+(V_{1k}+V_{2k})h+(N_{1k}-N_{2k})l$；

b——基础底面的短边尺寸；

a——基础底面的长边尺寸。

基底反力应满足 $p_{k,\max}\leqslant 1.2f_a$ 及 $\frac{p_{k,\max}+p_{k,\min}}{2}\leqslant f_a$ 的要求。

配筋计算时，在短边方向，可把基础的突出部分，看作固定在柱边Ⅰ-Ⅰ截面（图 9-52）的“悬臂板”计算，“悬臂板”承受的荷载是地基净反力（$p_{n,\max}+p_{n,\min}$）/2。

在长边方向，则可把基础当做以立柱为支座的“倒双悬臂梁”来计算，作用的荷载也是基底净反力。

基底净反力可按下式计算：

$$\left.\begin{matrix} p_{n,\max} \\ p_{n,\min} \end{matrix}\right\} = \left(\frac{N_1+N_2}{ba} \pm \frac{6M_0}{ba^2}\right) \tag{9-38}$$

根据上述方法求出内力值后，进行基础底板的配筋计算。

第 10 章 预应力混凝土结构

10.1 预应力混凝土的基本概念与分类

普通钢筋混凝土的主要缺点是抗裂性能差。混凝土的受拉极限应变只有 0.1×10^{-3}～0.15×10^{-3}左右，而在使用荷载作用下，合适的钢筋的拉应力大致是其屈服强度的50%～60%，相应的拉应变为 0.6×10^{-3}～1.0×10^{-3}，大大超过了混凝土的受拉极限应变，所以配筋率适中的普通钢筋混凝土构件在使用阶段总会出现裂缝。虽然在一般情况下，只要裂缝宽度不超过 0.20～0.40mm，并不影响构件的使用和耐久性。但是，对于某些使用上需要严格限制裂缝宽度或不允许出现裂缝的构件，普通钢筋混凝土就无法满足要求。

在普通钢筋混凝土结构中，为了不影响正常使用，常需将裂缝宽度限制在 0.20～0.40mm 以内，由此钢筋的工作应力要控制在 200N/mm^2 左右。所以，虽然采用高强度钢筋是节省钢材和降低工程造价的有效措施，但在普通钢筋混凝土中采用高强度钢筋是不合理的，因为这时高强度钢筋的强度无法充分利用。

采用预应力混凝土结构是解决上述问题的良好方法。

所谓预应力混凝土结构，就是在外荷载作用之前，先对混凝土预加压力，造成人为的应力状态。它所产生的预压应力能部分或全部抵消外荷载所引起的拉应力。这样，在外荷载作用下，裂缝就能延缓或不致发生，即使发生了，裂缝宽度也不会开展过宽。

预应力的作用可用图 10-1 的梁来说明。在外荷载作用下，梁下缘产生拉应力 σ_3 [图 10-1 (b)]。如果在荷载作用以前，给梁施加一对偏心压力 N，使得梁的下缘产生预压应力 σ_1 [图 10-1 (a)]，那么在外荷载作用后，截面的应力分布将是两者的叠加 [图 10-1 (c)]。梁的下缘压力可为压应力（如 $\sigma_1-\sigma_3>0$）或数值很小的拉应力（如 $\sigma_1-\sigma_3<0$）。

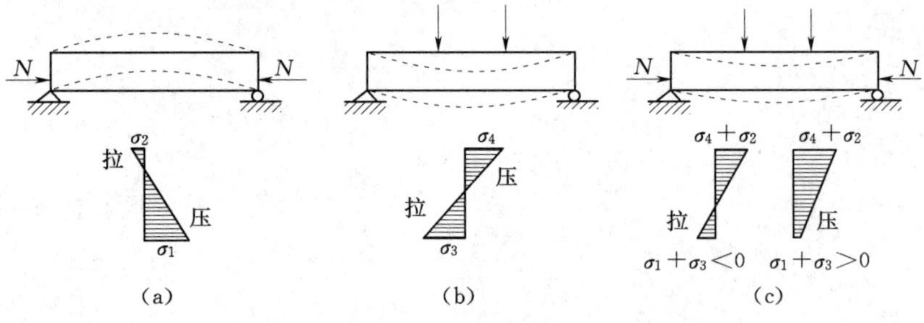

图 10-1 预应力简支梁的基本受力原理

(a) 预压力作用；(b) 荷载作用；(c) 预压力与荷载共同作用

由此可见，施加预应力能使裂缝推迟出现或根本不发生，所以就有可能利用高强度钢材，提高经济效益。预应力混凝土结构与普通钢筋混凝土结构相比，可节省钢材30%～50%。由于采用的材料强度高，可使截面减小、自重减轻，就有可能建造大跨度承重结构。同时因为混凝土不开裂，也就提高了构件的刚度，在预加偏心压力时又有反拱产生，从而可减少构件的总挠度。特别是可从根本上解决裂缝问题，对水工建筑物的意义尤为重大。

预应力混凝土已广泛地应用于工业与民用建筑及交通运输建筑中。例如，预应力楼板、Ⅱ形屋面板、屋面大梁、屋架、吊车梁、预应力桥梁、铁路轨枕等已被大量采用。在水工建筑中也用来修建码头、栈桥、桩、闸墩、调压室、压力水管、输水隧洞、渡槽、圆形水池、工作桥、水电站厂房的屋面梁与吊车梁等结构构件，也可用预加应力的方法来加固大坝、船闸等结构。

图10-2所示为某水电站拱坝深孔的预应力闸墩，闸墩除布置了非预应力筋外，还布置了6根环形预应力钢筋束，以避免闸墩在闸门水推力作用下出现裂缝。每根预应力钢筋束的张拉吨位为3000kN。

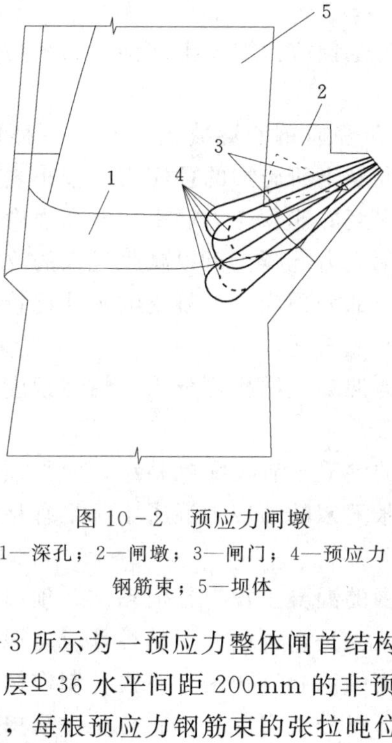

图10-2　预应力闸墩

1—深孔；2—闸墩；3—闸门；4—预应力钢筋束；5—坝体

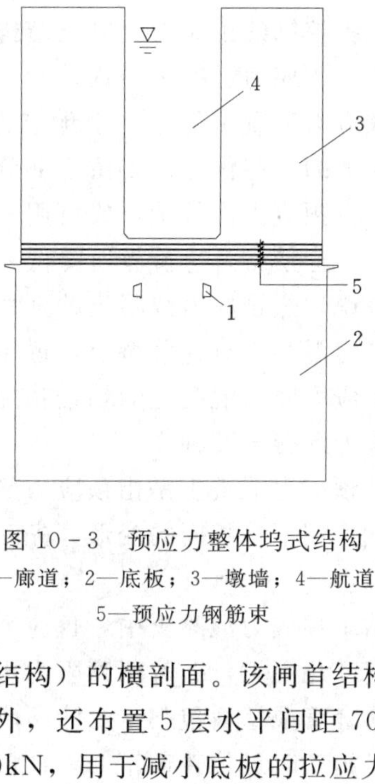

图10-3　预应力整体坞式结构

1—廊道；2—底板；3—墩墙；4—航道；5—预应力钢筋束

图10-3所示为一预应力整体闸首结构（坞式结构）的横剖面。该闸首结构的底板除了布置了6层Φ36水平间距200mm的非预应力筋外，还布置5层水平间距700mm的预应力钢筋束，每根预应力钢筋束的张拉吨位为3000kN，用于减小底板的拉应力，防止裂缝出现或限制裂缝宽度。

对于某些有特殊要求的结构，例如需防止海水腐蚀的海上采油平台，需耐高温高压的核电站大型压力容器等，采用预应力混凝土结构更有它的优越性，而这是其他结构所不能比拟的。

采用预应力混凝土结构也有它的缺陷或需要加以解决的问题：如施工工序多，工艺复杂，锚具和张拉设备以及预应力筋等材料较贵；完全采用预应力筋配筋的构件，由于预加应力过大而使得构件的开裂荷载与破坏荷载过于接近，破坏前无明显预兆；某些结构构件，如大跨度桥梁结构施加预压力时会产生过大的反拱，在预压力的长期作用下还会继续增大，以致影响正常使用。

为了克服采用过多预应力筋的构件所带来的问题，国内外通过试验研究和工程实践，对预应力混凝土早期的设计准则——“预应力混凝土构件在使用阶段不允许出现拉应力”进行了修正和补充，提出了预应力混凝土构件可根据不同功能的要求，分成不同的类别进行设计。

在我国，预应力混凝土结构是根据裂缝控制等级来分类设计的，规范规定预应力混凝土结构构件设计时，应根据环境类别选用不同的裂缝控制等级：

(1) 一级——严格要求不出现裂缝的构件，要求构件受拉边缘混凝土不应产生拉应力。

(2) 二级——一般要求不出现裂缝的构件，要求构件受拉边缘混凝土的拉应力不超过规定的混凝土拉应力限值。

(3) 三级——允许出现裂缝的构件，要求构件正截面最大裂缝宽度计算值不超过规定的限值。

上述一级控制的预应力混凝土结构也常称为全预应力混凝土结构，二级与三级控制的也常称为部分预应力混凝土结构。

部分预应力混凝土是介于全预应力混凝土和普通钢筋混凝土之间的一种预应力混凝土。它有如下的一些优点：①由于部分预应力混凝土所施加的预应力比较小，可较全预应力混凝土减少预应力筋数量，或可用一部分中强度的非预应力筋来代替高强度的预应力筋(混合配筋)，这使得总造价有所降低；②部分预应力混凝土可以减少过大的反拱；③从抗震的观点来说，全预应力混凝土的延性较差，而部分预应力混凝土的延性比较好一些。由于部分预应力混凝土有这些特点，近年来受到普遍重视。

若按预应力筋与混凝土的粘结状况，预应力混凝土结构可分为有粘结预应力混凝土与无粘结预应力混凝土两种。

有粘结预应力混凝土是指预应力筋与周围的混凝土有可靠的粘结，使得预应力筋与混凝土在荷载作用下有相同的变形。先张法和后张灌浆的预应力混凝土都是有粘结预应力混凝土。

在无粘结预应力混凝土中，预应力筋与周围的混凝土没有任何粘结。预应力筋的应力沿构件长度变化不大，若忽略摩阻力影响则可认为是相等的。无粘结预应力混凝土的预应力筋有塑料套管或塑料包膜（内涂防腐和润滑用的油脂）包裹，不需在制作构件时预留孔道和灌浆，施工时可像普通钢筋一样放入模板即可浇筑混凝土，张拉工序简单，施工非常方便。但试验表明，无粘结预应力筋的钢材强度不能充分发挥，破坏时钢筋拉应力仅为有粘结预应力筋的70%～90%。无粘结预应力混凝土结构设计时，为了综合考虑对其结构性能的要求，必须配置一定数量的有粘结的非预应力筋。

无粘结预应力混凝土已广泛应用于多层与高层建筑的楼板结构中，但在水利工程中采用得还不多，如需采用必须经过论证。这是因为在预应力混凝土结构中，预应力筋始终处于高应力状态，出现一点腐蚀损伤就易发生脆性断裂。水利建筑物一般处于潮湿环境中，一旦混凝土开裂预应力筋容易锈蚀，从而引起脆性断裂。而无粘结预应力混凝土的预应力筋与周围混凝土没有粘结，只要有一处预应力筋出现断裂，预应力就完全丧失。

预应力混凝土构件除与普通钢筋混凝土构件一样需要按承载能力和正常使用两种极限状态进行计算外，还需验算施工阶段（制作、运输、安装）混凝土的强度和抗裂性能。因此，设计预应力混凝土构件时，计算内容包括下列几方面：

1. 使用阶段

（1）承载力计算。

（2）抗裂、裂缝宽度验算。

（3）挠度验算。

2. 施工阶段

（1）混凝土强度验算。

（2）抗裂验算。

10.2 施加预应力的方法、预应力混凝土的材料与张拉机具

10.2.1 施加预应力的方法

在构件上建立预应力的方法有多种，目前一般是通过张拉预应力筋来实现的，也就是将张拉后的预应力筋锚固在混凝土构件上，由于预应力筋弹性回缩，就使混凝土受到压力。根据张拉预应力筋与混凝土浇筑的先后关系，可将建立预应力的方法分为先张法与后张法两大类。

1. 先张法——张拉预应力筋在浇灌混凝土之前（图 10－4）

先张法生产有台座法和钢模机组流水法两种，它们是在专门的台座上或钢模上张拉预应力筋，张拉后将预应力筋用夹具临时固定在台座或钢模的传力架上，这时张拉预应力筋所引起的反作用力由台座或钢模承受。然后在张拉好的预应力筋周围浇捣混凝土，待混凝土养护结硬达到一定强度后（一般不低于设计的混凝土强度等级的 75%，以保证预应力筋与混凝土之间具有足够的粘结力），然后从台座或钢模上切断或放松预应力筋，简称放张。由于预应力筋的弹性回缩，就使得与预应力筋粘结在一起的混凝土受到预压力，形成预应力混凝土构件。

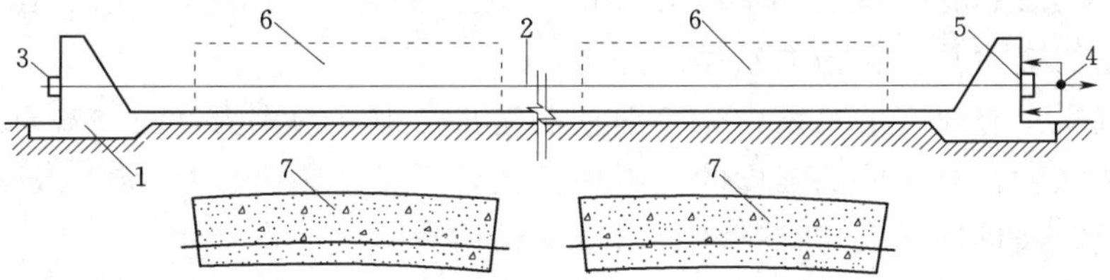

图 10－4　先张法示意图

1—长线式固定台座；2—预应力筋；3—固定端夹具；4—千斤顶张拉预应力筋示意；5—张拉端夹具；6—浇灌混凝土、养护；7—放张后预应力混凝土构件

在先张法构件中，预应力是靠预应力筋与混凝土之间的粘结力传递的。

先张法需要有专门的张拉台座和钢模机组，基建投资比较大，适宜于专门的预制构件

厂制造大批量构件，如房屋的檩条，屋面板，楼板，码头的梁、板、桩，薄壳渡槽等。先张法可以用长线台座（台座长 50～200m）成批生产，几个或十几个构件的预应力筋可一次张拉，生产效率高。先张法施工工序也比较简单，但一般常用于直线配筋，考虑台座的承载力施加的预应力也比较小，同时为了便于运输，通常只用于中小型构件。

先张法构件一般采用细钢丝（光圆钢丝或刻痕钢丝）作为预应力筋。

2. 后张法——张拉预应力筋在浇灌混凝土之后（图 10-5）

后张法是先浇筑好混凝土，并在预应力筋的设计位置上预留出孔道（直线形或曲线形），等混凝土达到充分强度（不低于设计的混凝土强度等级的 75%）后，将预应力筋穿入孔道，并利用构件本身作为加力台座进行张拉，一边张拉预应力筋，构件一边就被压缩。张拉完毕后，用锚具将预应力筋锚固在构件的两端。然后在孔道内进行灌浆，以防止预应力筋锈蚀并使预应力筋与混凝土更好地结成一个整体。预应力筋内的预应力是靠构件两端的锚具传给混凝土的。

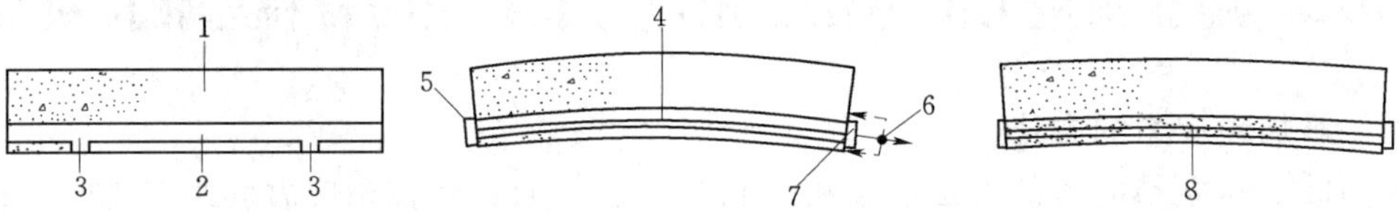

图 10-5　后张法示意图

1—浇灌混凝土、养护；2—预留孔道；3—灌浆孔（通气孔）；4—预应力筋；5—固定端锚具；6—千斤顶张拉预应力筋，同时预压构件混凝土；7—张拉端锚具；8—压力灌浆（水泥浆）

后张法不需要专门台座，可以在现场制作，因此多用于大型构件。后张法的预应力筋可根据构件受力情况布置成曲线形。但增加了留孔、灌浆等工序，施工比较复杂。所用的锚具要附在构件内，耗钢量较大。

后张法的预应力筋常采用钢绞线、钢丝束等。

10.2.2　预应力混凝土结构构件的材料

在预应力混凝土结构构件中，对预应力筋有下列一些要求：

(1) 强度高。预应力筋的张拉应力在构件的整个制作和使用过程中会出现各种应力损失。这些损失的总和有时可达到 200N/mm^2 以上，如果所用的预应力筋强度不高，那么张拉时所建立的应力甚至会损失殆尽。

(2) 与混凝土有较好的粘结力。特别是在先张法中，预应力筋与混凝土之间必须有较高的粘结自锚强度。对一些高强度的光圆钢丝就要经过“刻痕”“压波”或“扭结”，使它形成刻痕钢丝、波形钢丝及扭结钢丝，以增加粘结力。

(3) 具有足够的塑性和良好的加工性能。钢材强度越高，其塑性（拉断时的延伸率就）就越低。预应力筋塑性太低时，特别当处于低温和冲击荷载条件下，就有可能发生脆性断裂。良好的加工性能是指焊接性能好，以及采用镦头锚板时，钢丝头部镦粗后不影响原有的力学性能等。

目前我国常用的预应力筋有：钢丝、钢绞线、钢丝束、预应力螺纹钢筋、钢棒等。

钢绞线是将多股平行的碳素钢丝按一个方向扭绞而成的（图 10-6）。用三根钢丝捻制的钢绞线（1×3），公称直径有6.2～12.9mm。用七根钢丝捻制的钢绞线（1×7），公称直径有9.5～18.0mm。钢绞线的极限抗拉强度标准值可达1960N/mm²。钢绞线与混凝土粘结较好，应力松弛小，端部还可以设法镦粗；比钢筋或钢丝束柔软，以盘卷供应，便于运输及施工。每盘钢绞线由一整根组成，如无特别要求，每盘长度一般大于200m。

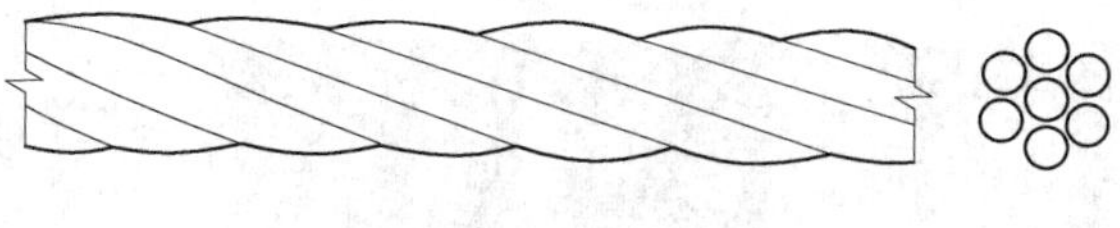

图10-6　钢绞线

我国预应力混凝土结构采用的钢丝都是消除应力钢丝。按外形分有光圆钢丝、螺旋肋钢丝、刻痕钢丝三种；按应力松弛性能分则有低松弛和普通松弛两种。钢丝的极限抗拉强度标准值最高可达1860N/mm²。在后张法构件中，当需要钢丝的数量很多时，钢丝常成束布置，称为钢丝束。钢丝束就是将几根或几十根钢丝按一定的规律平行地排列，用钢丝扎在一起。排列的方式有单根单圈、单根双圈、单束单圈等，如图10-7所示。

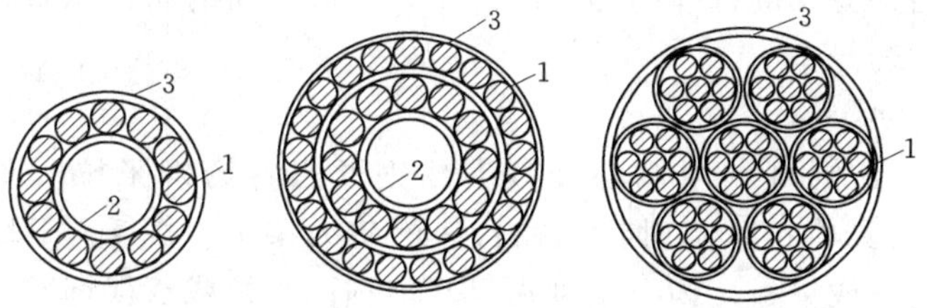

图10-7　钢丝束的形式

1—钢丝；2—芯子；3—绑扎铁丝

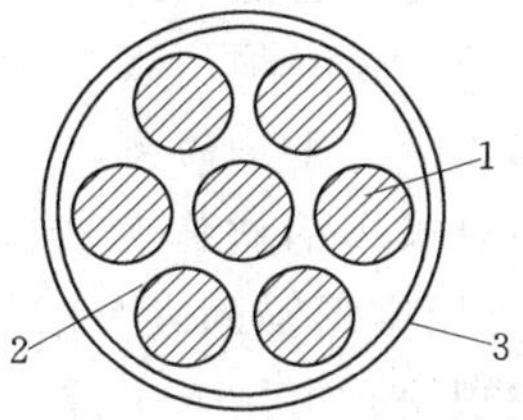

图10-8　无粘结预应力筋

1—钢丝束或钢绞线；2—油脂；3—塑料薄膜套管

无粘结预应力筋分为无粘结预应力钢丝束和无粘结预应力钢绞线两种。它们用的钢丝与有粘结预应力筋相同，所不同的是：无粘结预应力筋的表面必须涂刷油脂，应用塑料套管或塑料布带作为包裹层加以保护及形成可相互滑动的无粘结状态（图10-8）。

预应力螺纹钢筋与钢棒的规格见本教材第1章。

预应力筋的强度设计值与强度标准值见本教材附录2表4与表8。

在预应力混凝土结构构件中，对混凝土有下列一些要求：

（1）强度要高，以与高强度预应力筋相适应，保证预应力筋充分发挥作用，并能有效地减小构件截面尺寸和减轻自重。

（2）收缩、徐变要小，以减少预应力损失。

（3）快硬、早强，使能尽早施加预应力，加快施工进度，提高设备利用率。

预应力混凝土结构构件的混凝土强度等级不应低于C30；当采用钢绞线、钢丝作预应力筋时，混凝土强度等级不宜低于C40。

后张法预应力混凝土构件施工时，需预留预应力筋的孔道。目前，对曲线预应力筋束的预留孔道，已较少采用胶管抽芯和预埋钢管的方法，而普遍采用预埋金属波纹管的方法。金属波纹管是由薄钢带用卷管机压波后卷成，具有重量轻、刚度好、弯折与连接简便、与混凝土粘结性好等优点，是预留预应力筋孔道的理想材料。波纹管一般为圆形，也有扁形的；波纹有单波纹和双波纹之分（图10-9）。

图 10-9　波纹管

在后张法有粘结预应力混凝土构件中，张拉并锚固预应力筋后，孔道需灌浆。灌浆的目的是：①保护预应力筋，避免预应力筋受到腐蚀；②使预应力筋与周围混凝土共同工作，变形一致。因此，要求水泥浆具有良好的粘结性能，收缩变形要小。

10.2.3　锚具与夹具

锚具和夹具是锚固及张拉预应力筋时所用的工具。在先张法中，张拉预应力筋时要用张拉夹具夹持预应力筋，张拉完毕后要用锚固夹具将预应力筋临时锚固在台座上。后张法中也要用锚具来张拉和锚固预应力筋。通常把锚固在构件端部，与构件连成一起共同受力不再取下的称为锚具；在张拉过程中夹持预应力筋，以后可取下并重复使用的称为夹具。锚具与夹具有时也能互换使用。锚、夹具的选择与构件的外形、预应力筋的品种规格和数量有关，同时还必须与张拉设备配套。

10.2.3.1　先张法的夹具

如果采用钢丝作为预应力筋，则可利用偏心夹具夹住钢丝用卷扬机张拉（图 10-10），再用锥形锚固夹具或楔形夹具将钢丝临时锚固在台座的传力架上（图 10-11），锥销（或楔块）可用人工锤入套筒（或锚板）内。这种夹具只能锚固单根或双根钢丝，功效较低。

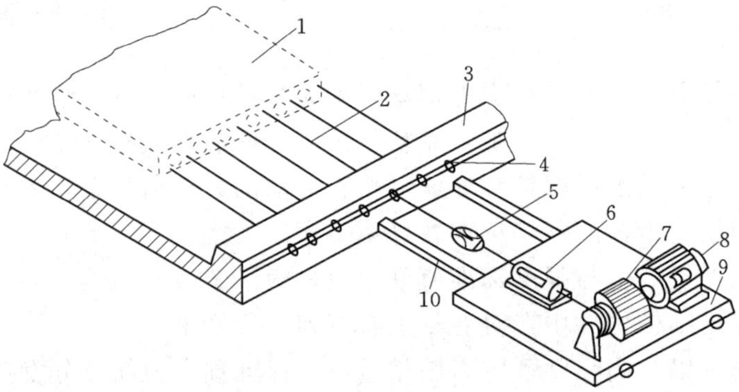

图 10-10　先张法单根钢丝的张拉

1—预制构件（空心板）；2—预应力钢丝；3—台座传力架；4—锥形夹具；5—偏心夹具；6—弹簧秤（控制张拉力）；7—卷扬机；8—电动机；9—张拉车；10—撑杆

如果在钢模上张拉多根预应力钢丝时，则可采用梳子板夹具（图 10-12）。钢丝两端用镦头（冷镦）锚定，利用安装在普通千斤顶内活塞上的爪子钩住梳子板上两个孔洞施力于梳子板，钢丝张拉完毕立即拧紧螺母，钢丝就临时锚固在钢模横梁上。施工工效高。

采用粗钢筋作为预应力筋时，对于单根钢筋最常用的办法是在钢筋端部连接一工具式螺杆。螺杆穿过台座的活动钢横梁后用螺母固定，利用普通千斤顶推动活动钢横梁就可以张拉钢筋（图 10-13）。

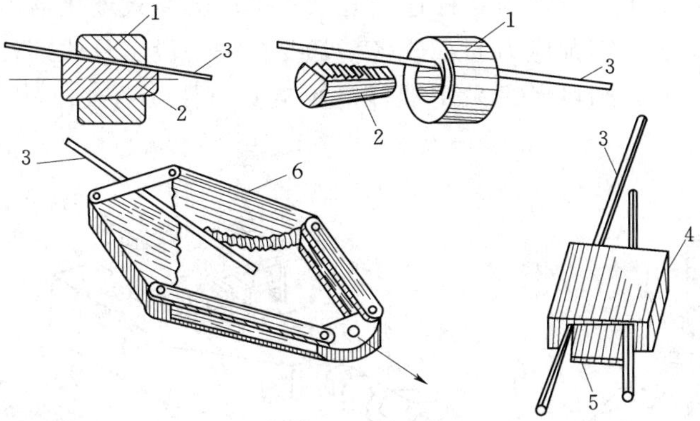

图 10-11 锥形夹具、偏心夹具和楔形夹具

1—套筒；2—锥销；3—预应力钢丝；4—锚板；5—楔块；6—偏心夹具

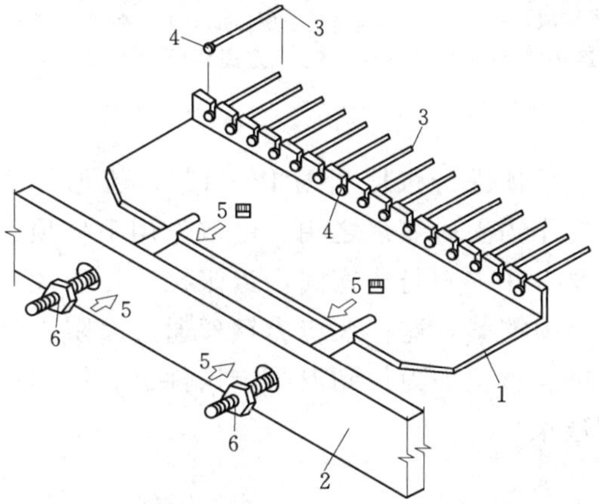

图 10-12 梳子板夹具

1—梳子板；2—钢模横梁；3—钢丝；4—镦头（冷镦）；5—千斤顶张拉时抓钩孔及支撑位置示意；6—固定用螺母

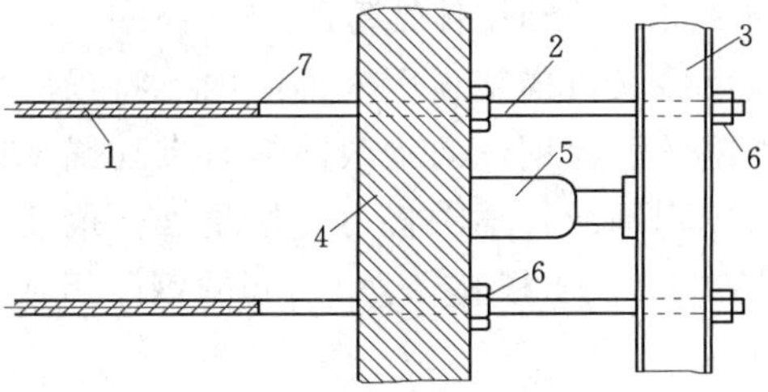

图 10-13 先张法利用工具式螺杆张拉

1—预应力筋；2—工具式螺杆；3—活动钢横梁；4—台座固定传力架；5—千斤顶；6—螺帽；7—焊接接头

工具式螺杆与预应力筋之间可采用焊接连接（图 10-13）或者用套筒式连接器连接（图 10-14）。套筒式连接器是由两个半圆形套筒组成。每个半圆形套筒上焊有两根连接钢筋，使用时将预应力筋及工具式螺杆的端头镦粗，再将套筒夹在两个镦粗头之间，套上

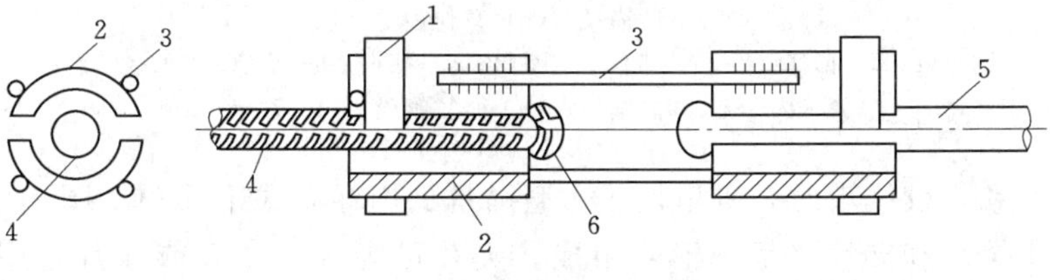

图 10-14 套筒式连接器

1—钢圈；2—半圆形套筒；3—连接钢筋；4—预应力筋；5—工具式螺杆；6—镦粗头

钢圈将其箍紧，就可把预应力筋与螺杆连接起来。采用套筒式连接器不仅连接方便，且可避免用焊接连接时每次切割预应力筋（放张）都要损失一段工具式螺杆长度。

对于多根预应力筋，则可考虑采用螺杆镦粗夹具（图 10 - 15）或锥形锚块夹具（图 10 - 16）。

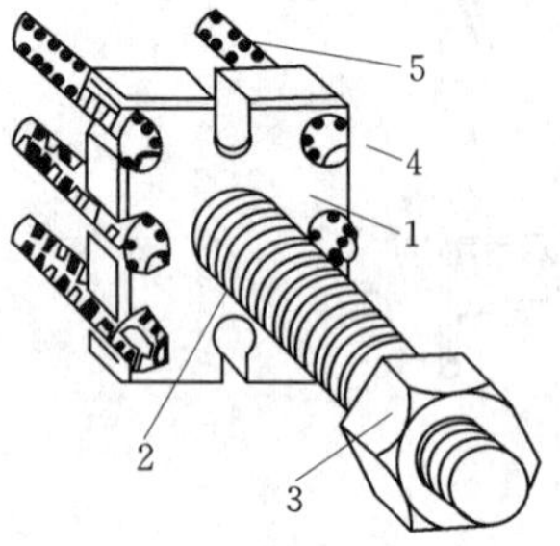

图 10 - 15　螺杆镦粗夹具

1—锚板；2—螺杆；3—螺帽；4—镦粗头；5—预应力筋

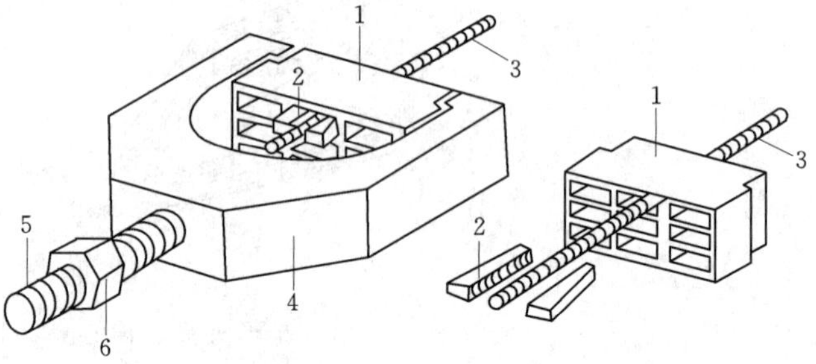

图 10 - 16　锥形锚块夹具

1—锥形锚块；2—锥形夹片；3—预应力筋；4—张拉连接器；5—张拉螺杆；6—固定用螺母

10.2.3.2　后张法的锚具

钢丝束常采用锥形锚具配用外夹式双作用千斤顶进行张拉（图 10 - 17）。锥形锚具由锚圈及带齿的圆锥体锚塞组成。锚塞中间有小孔作锚固后灌浆之用。由双作用千斤顶张拉钢丝束后又将锚塞顶压入锚圈内，将预应力钢丝卡在锚圈与锚塞间，当张拉千斤顶放松预应力钢丝后，钢丝向梁内回缩时带动锚塞向锚圈内楔紧，这样预应力钢丝通过摩阻力将预应力传到锚圈，锚圈将力传给垫板，最后通过垫板将预加力传到混凝土构件上。锥形锚具可张拉 12～14 根直径为 5mm 的钢丝组成的钢丝束。

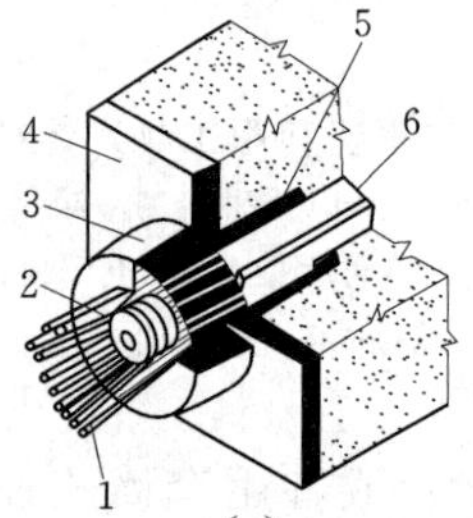

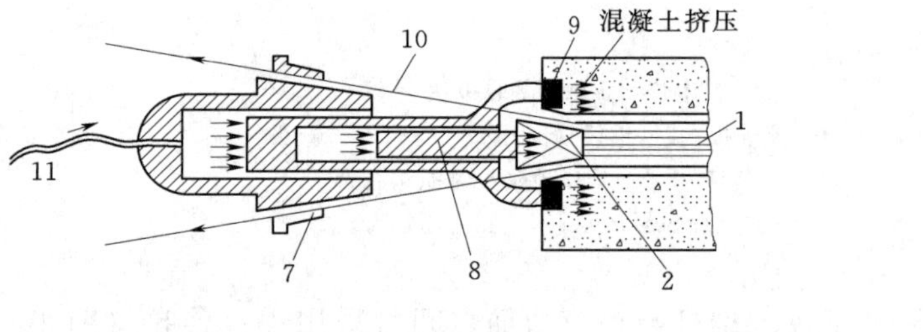

图 10 - 17　锥形锚具及外夹式双作用千斤顶

(a) 锥形锚具；(b) 双作用千斤顶

1—钢丝束；2—锚塞；3—钢锚圈；4—垫板；5—孔道；6—套管；7—钢丝夹具；8—内活塞；9—锚板；10—张拉钢丝；11—油管

张拉钢筋束和钢绞线束时，则可用 JM 型锚具配用穿心式千斤顶。图 10 - 18 为 JM12 型锚具，它是由锚环和夹片（呈楔形）组成。夹片可为 3、4、5 或 6 片，用以锚固 3～6 根直径为 12～14mm 的钢筋或 5～6 根 7 股 4mm 钢绞线。

后张法中的预应力筋如采用单根粗钢筋，也可用螺丝端杆锚具，即在钢筋一端焊接螺丝端杆，螺丝端杆另一端与张拉设备相连。张拉完毕时通过螺帽和垫板将预应力筋锚固在构件上。

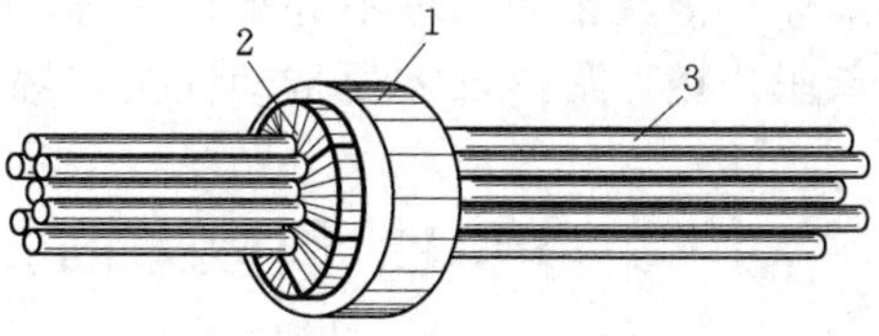

图 10－18　JM 型锚具

1—锚环；2—夹片；3—钢筋束

锚固高强度钢丝束（或多根钢筋束）时，也可采用镦头锚具。图 10－19 是镦头锚具的一种，它由锚杯及固定锚杯位置的螺帽组成。张拉时，先将钢丝逐一穿过锚杯的孔洞，然后用专门的镦头机将钢丝端头镦粗，借镦粗头直接承压将钢丝固定于锚杯上。锚杯外圆有螺纹，穿束后，在固定端将锚圈（螺帽）拧上，即可将钢丝束锚固于梁端。在张拉端，则先将与千斤顶连接的拉杆旋入锚杯内进行张拉，待锚杯带动钢丝伸长到设计需要时，将锚圈沿锚杯外的螺纹旋紧顶在构件表面，再慢慢放松千斤顶，退出拉杆，于是钢丝束的回缩力就通过锚圈、垫板，传到混凝土上而获得锚固。锚杯上的孔洞数和位置由钢丝束根数及排列方式决定。这种锚具对钢丝（或钢筋）的下料长度要严格控制（避免预应力筋受力不均），且不宜用于锚固曲线预应力筋。

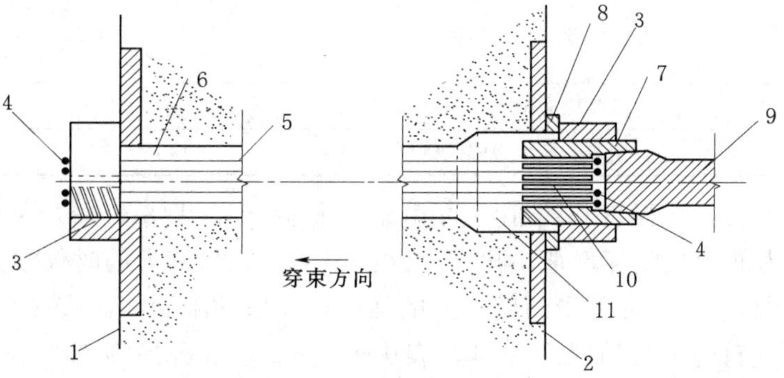

图 10－19　镦头镦具

1—固定端；2—张拉端；3—锚圈（螺帽）；4—钢丝镦头；5—预应力钢丝；6—预留孔道；7—锚杯；8—垫板；9—接千斤顶；10—压浆孔；11—预留孔道扩口

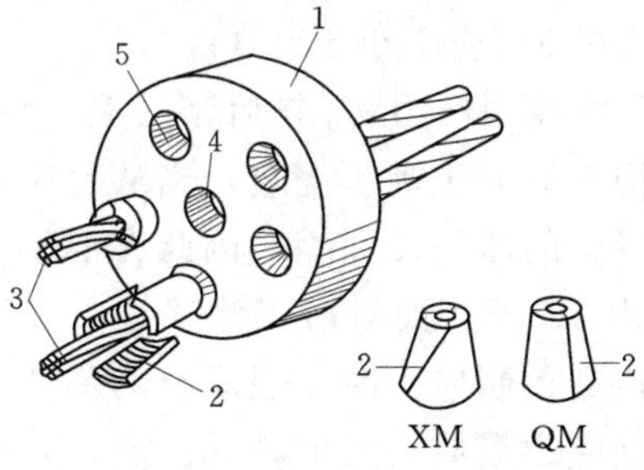

图 10－20　XM 型锚具、QM 型锚具

1—锚环；2—夹片；3—钢绞线；4—灌浆孔；5—锥台孔洞

锚固钢绞线（或钢丝束）时，还可采用 XM、QM 型锚具（图 10－20）。此类锚具由锚环和夹片组成。每根钢绞线（或钢丝束）由三个夹片夹紧，每块夹片由空心锥台按三等分切割而成。XM 型锚具和 QM 型锚具夹片切开的方向不同，前者与锥体母线倾斜而后者平行。一个锚具可夹 3～10 根钢绞线（或钢丝束）。由于对下料长度无严格要求，故施工方便。已大量用于铁路、公路及城市交通的预应力桥梁等大型结构构件。

除了上述一些锚、夹具外，还有帮条锚具、锥形螺杆锚具、大直径预应力螺纹钢筋锚具、铸锚锚具以及大型混凝土锚头等等。虽然形式多种多样，但其锚固原理不外乎依靠螺丝扣的剪切作用、夹片的挤压与摩擦作用、镦头的局部承压作用，最终都需要带动锚头（锚杯、锚环、螺母等）挤压构件。

10.3 预应力筋张拉控制应力及预应力损失

10.3.1 预应力筋张拉控制应力 σ_{con}

张拉控制应力是指张拉预应力筋时预应力筋达到的最大应力值，也就是张拉设备（如千斤顶）所控制的张拉力除以预应力筋截面面积所得的应力值，以 σ_{con} 表示。σ_{con} 值定得越高，混凝土所建立的预压应力也越大，从而能提高构件的抗裂性能。但由于钢筋强度的离散性、张拉操作中的超张拉等因素，如果将 σ_{con} 定得过高，张拉时可能使预应力筋应力进入钢材的屈服阶段，产生塑性变形，反而达不到预期的预应力效果。另外，张拉力有可能不够准确，焊接质量有可能不好，σ_{con} 过高，容易发生安全事故。所以 DL/T 5057—2009 规范规定，在设计时，σ_{con} 值一般情况下不宜超过表 10－1 所列数值[1]。

表 10－1　　张拉控制应力限值 [σ_{con}]

项　次	预应力筋种类	张拉方法	
		先张法	后张法
1	消除应力钢丝、钢绞线	$0.75f_{ptk}$	$0.75f_{ptk}$
2	钢棒、预应力螺纹钢筋	$0.70f_{ptk}$	$0.65f_{ptk}$

表中 f_{ptk} 为预应力筋强度标准值，可由本教材附录 2 表 8 查得。从表 10－1 看到，[σ_{con}] 是以预应力筋的强度标准值给出的。这是因为张拉预应力筋时仅涉及材料本身，与构件设计无关，故 [σ_{con}] 可不受预应力筋的强度设计值的限制，而直接与标准值相联系。

规范还规定，符合下列情况之一时，表中的 [σ_{con}] 值可提高 $0.05f_{ptk}$：①要求提高构件在施工阶段的抗裂性能而在使用阶段受压区内设置的预应力筋；②要求部分抵消由于应力松弛、摩擦、预应力筋分批张拉以及预应力筋与张拉台座之间的温差等因素产生的预应力损失。

张拉控制应力允许值 [σ_{con}] 不宜取得过低，否则会因各种应力损失使预应力筋的回弹力减小，不能充分利用预应力的强度。因此，预应力筋的 σ_{con} 应不小于 $0.4f_{ptk}$。

从表 10－1 可见，对同一钢种，先张法的预应力筋张拉控制应力 σ_{con} 较后张法大一些。这是由于在先张法中，张拉预应力筋达到控制应力时，构件混凝土尚未浇筑，当从台座上放松预应力筋使混凝土受到预压时，预应力筋已随着混凝土的压缩而回缩，因此在混凝土受到预压应力时，预应力筋的预拉应力已经小于控制应力 σ_{con} 了。而对后张法来说，在张拉预应力筋的同时，混凝土即受挤压，当预应力筋张拉达到控制应力时，混凝土的弹性压缩也已经完成，不必考虑由于混凝土的弹性压缩而引起预应力筋应力值的降低。所以，当控制应力 σ_{con} 相等时，先张法构件所建立的预应力值比后张法为小。这就是在先张法中所

[1] SL 191—2008 规范将预应力螺纹钢筋与钢棒分别取值：对预应力螺纹钢筋先张法取 [σ_{con}] $=0.75f_{ptk}$，后张法取 [σ_{con}] $=0.70f_{ptk}$；对钢棒先张法取 [σ_{con}] $=0.70f_{ptk}$，后张法取 [σ_{con}] $=0.65f_{ptk}$。

采用的控制应力值规定得比后张法为大的原因。

10.3.2　预应力损失

实测表明，在没有外荷载作用的情况下，预应力筋在构件内各部分的实际预拉应力比张拉时的控制应力小不少，其减小的那一部分应力称为预应力损失。预应力损失与张拉工艺、构件制作、配筋方式和材料特性等因素有关。由于各影响因素之间相互制约且有的因素还是时间的函数，因此确切测定预应力损失比较困难。规范则是以各个主要因素单独造成的预应力损失之和近似作为总损失来进行计算的。预应力损失的计算是构件受载前的应力状态分析和构件设计的重要内容及前提。

在设计和施工预应力混凝土构件时，应尽量正确地预计预应力损失，并设法减少预应力损失。预应力损失可以分为 6 种[1]，下面分别予以介绍。

10.3.2.1　张拉端锚具变形和预应力筋内缩引起的预应力损失 σ_{l1}

不论先张法还是后张法，张拉端锚具、夹具对构件或台座施加挤压力是通过预应力筋回缩带动锚具、夹具来实现的。由于预应力筋回弹方向与张拉时拉伸方向相反，因此，只要一卸去千斤顶后就会因预应力筋在锚具、夹具中的滑移（内缩）和锚具、夹具受挤压后的压缩变形（包括接触面间的空隙）以及采用垫板时垫板间缝隙的挤紧，使得原来拉紧的预应力筋发生内缩。预应力筋内缩，应力就会有所降低。由此造成的预应力损失称为 σ_{l1}。

对于直线预应力筋，σ_{l1} 可按下式计算：

$$\sigma_{l1}=\frac{a}{l}E_s \tag{10-1}$$

式中　a——张拉端锚具变形和预应力筋内缩值，可按表 10－2 取用；

　　l——张拉端至锚固端之间的距离；

　　E_s——预应力筋弹性模量。

表 10－2　　**锚具变形和预应力筋内缩值 a**

锚具类别		a/mm
支承式锚具（钢丝束镦头锚具等）	螺帽缝隙	1
	每块后加垫板的缝隙	1
锥塞式锚具（钢丝束的钢制锥形锚具等）		5
夹片式锚具	有顶压时	5
	无顶压时	6～8
单根预应力螺纹钢筋的锥形锚具		5

注　1. 表中的锚具变形和预应力筋内缩值也可根据实测数据或有关规范确定。
　　2. 其他类型的锚具变形和预应力筋内缩值应根据实测数据确定。

由于锚固端的锚具在张拉过程中已经被挤紧，所以式（10－1）中的 a 值只考虑张拉端。由式（10－1）可看出，增加 l 可减小 σ_{l1}，因此用先张法生产构件的台座长度 l 超过 100m 时，σ_{l1} 可忽略不计。

[1] SL 191—2008 规范和 DL/T 5057—2009 规范对预应力损失计算的规定，除表 10－3 中摩擦系数 κ、μ 的取值有所区别外，其余均相同。表 10－3 所列为 DL/T 5057—2009 规范的规定。

对于后张法构件的曲线或折线预应力筋，在张拉端附近，距张拉端 x 处的 σ_{l1x} 应根据预应力筋与孔道壁之间反向摩擦影响长度 l_f 范围内的预应力筋变形值等于锚具变形和预应力筋内缩值的条件确定[1]，其计算公式为：

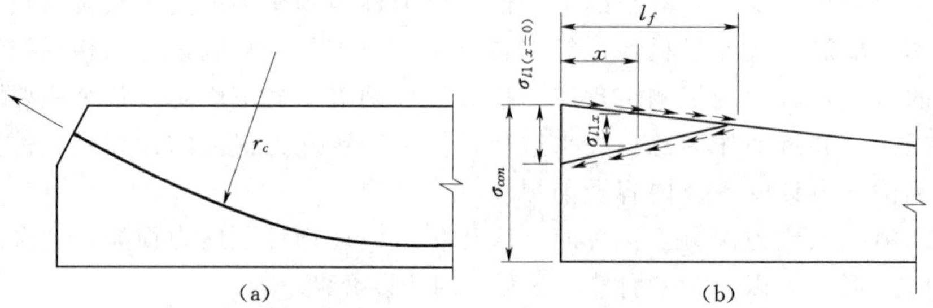

图 10－21　圆弧形曲线预应力筋因锚具变形和预应力筋内缩引起的预应力损失值示意图

(a) 圆弧形曲线预应力筋；(b) σ_{l1} 分布图

$$\sigma_{l1x}=2\sigma_{con}l_f\left(\frac{\mu}{r_c}+\kappa\right)\left(1-\frac{x}{l_f}\right) \tag{10-2}$$

$$l_f=\sqrt{\frac{aE_s}{1000\sigma_{con}\left(\frac{\mu}{r_c}+\kappa\right)}} \tag{10-3}$$

式中　l_f——曲线预应力筋与孔道壁之间反向摩擦影响长度，m；

r_c——圆弧曲线预应力筋的曲率半径，m；

μ——预应力筋与孔道壁的摩擦系数，按表 10－3 取用；

κ——考虑孔道每米长度局部偏差的摩擦系数，按表 10－3 取用；

x——张拉端至计算截面的距离，m，且应符合 $x\leqslant l_f$ 的规定；

其余符号的意义同前。

为了减少锚具变形损失，应尽量减少垫板的块数（每增加一块垫板，a 值就要增加 1mm，见表 10－2）；并在施工时注意认真操作。

10.3.2.2　预应力筋与孔道壁之间摩擦引起的预应力损失 σ_{l2}

后张法构件在张拉预应力筋时，由于预应力筋与孔道壁之间的摩擦作用，使张拉端到锚固端的实际预拉应力值逐渐减小，减小的应力值即为 σ_{l2}。摩擦损失包括两部分：由预留孔道中心与预应力筋（束）中心的偏差引起上述两种不同材料间的摩擦阻力；曲线配筋时由预应力筋对孔道壁的径向压力引起的摩阻力。σ_{l2} 可按下列公式计算：

$$\sigma_{l2}=\sigma_{con}\left(1-\frac{1}{e^{\kappa x+\mu\theta}}\right) \tag{10-4a}$$

式中　x——从张拉端至计算截面的孔道长度，m，可近似取该段孔道在纵轴上的投影长度；

θ——从张拉端至计算截面曲线孔道部分切线的夹角，rad，见图 10－22。

当 $(\kappa x+\mu\theta)\leqslant 0.2$ 时，σ_{l2} 可按下列近似公式计算：

[1] 具体推导可参阅有关教科书，如参考文献 [18]。

$$\sigma_{l2}=(\kappa x+\mu\theta)\sigma_{con} \tag{10-4b}$$

表 10-3 **摩擦系数 κ、μ**

项　次	孔道成型方式	κ	μ
1	预埋波纹管	0.0015	0.25
2	预埋钢管	0.0010	0.30
3	橡胶管或钢管抽芯成型	0.0014	0.55
4	预埋铁皮管	0.0030	0.35

注 1. 表中系数也可以根据实测数据确定。
2. 当采用钢丝束的钢制锥形锚具及类似形式锚具时，尚应考虑锚环口处的附加摩擦损失，其值可根据实测数据确定。

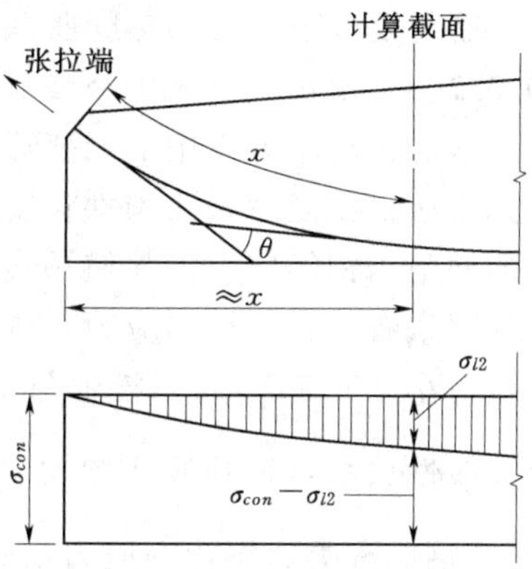

图 10-22　曲线配筋摩阻损失示意图

先张法构件当采用折线形预应力筋时，应考虑加设转向装置处引起的摩擦损失，其值应按实际情况确定。

减小摩擦损失的办法有：

(1) 两端张拉。比较图 10-23 (a) 和图 10-23 (b) 可知，两端张拉比一端张拉可减小 1/2 摩擦损失值，所以当构件长度超过 18m 或曲线式配筋时常采用两端张拉的施工方法。

(2) 超张拉。如图 10-23 (c) 所示，张拉顺序为：$0\rightarrow1.1\sigma_{con}\xrightarrow{\text{停 2min}}0.85\sigma_{con}\xrightarrow{\text{停 2min}}\sigma_{con}$。当张拉端的张拉应力从 0 超张拉至 $1.1\sigma_{con}$ (A 点到 E 点) 时，预应力沿 EHD 分布。当张拉应力从 $1.1\sigma_{con}$ 降到 $0.85\sigma_{con}$ (E 点到 F 点) 时，由于孔道与预应力筋之间产生反向摩擦，预应力将沿 $FGHD$ 分布。当张拉应力再次张拉至 σ_{con} 时，预应力沿 $CGHD$ 分布，这样可使摩擦损失（特别在端部曲线部分处）减小，比一次张拉到 σ_{con} 的预应力分布更均匀。

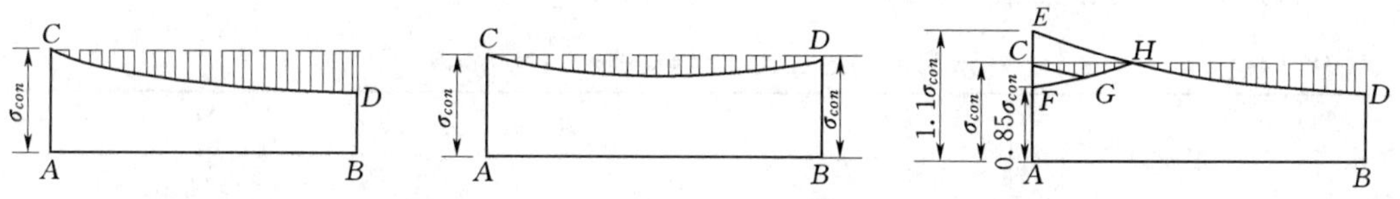

图 10-23　一端张拉、两端张拉及超张拉时曲线预应力筋的应力分布
(a) 一端张拉；(b) 两端张拉；(c) 超张拉 (A—张拉端；B—固定端)

10.3.2.3 预应力筋与台座之间的温差引起的预应力损失 σ_{l3}

对于先张法构件，预应力筋在常温下张拉并锚固在台座上，为了缩短生产周期，浇筑混凝土后常进行蒸汽养护。在养护的升温阶段，台座长度不变，预应力筋因温度升高而伸长，因而预应力筋的部分弹性变形就转化为温度变形，预应力筋的拉紧程度有所变松，张拉应力就有所减少，形成的预应力损失即为 σ_{l3}。在降温时，混凝土与预应力筋已粘结成

整体，能够一起回缩，由于这两种材料温度线膨胀系数相近，相应的应力就不再变化。显然，σ_{l3}仅在先张法中存在。

当预应力筋和台座之间的温度差为Δt℃，预应力筋的线膨胀系数$\alpha=1.0\times10^{-5}$/℃，则预应力筋与台座之间的温差引起的预应力损失为：

$$\sigma_{l3}=\alpha E_s\Delta t=1.0\times10^{-5}\times2.0\times10^{5}\times\Delta t=2\Delta t(\mathrm{N/mm^2}) \tag{10-5}$$

如果采用钢模制作构件，并将钢模与构件一同整体入蒸汽室（或池）养护，则不存在温差引起的预应力损失。

为了减少温差引起的预应力损失，可采用二次升温加热的养护制度。先在略高于常温下养护，待混凝土达到一定强度后再逐渐升高温度养护。由于混凝土未结硬前温度升高不多，预应力筋受热伸长很小，故预应力损失较小，而混凝土初凝后的再次升温，此时因预应力筋与混凝土两者的热膨胀系数相近，故即使温度较高也不会引起应力损失。

10.3.2.4　预应力筋应力松弛引起的预应力损失σ_{l4}

钢筋在高应力作用下，变形具有随时间增长而增长的特性。当钢筋长度保持不变（由于先张法台座或后张法构件长度不变）时，则应力会随时间增长而降低，这种现象称为钢筋的松弛。钢筋应力松弛使预应力值降低，造成的预应力损失称为σ_{l4}。试验表明，σ_{l4}与下列因素有关：①初始应力。张拉控制应力σ_{con}高，松弛损失就大，损失的速度也快。当初应力小于$0.7f_{ptk}$时，松弛与初应力呈线性关系；初应力高于$0.7f_{ptk}$时，松弛与初应力成非线性关系，松弛显著增大。如采用钢丝和钢绞线作预应力筋，当$\frac{\sigma_{con}}{f_{ptk}}\leqslant0.5$时，$\sigma_{l4}=0$。②钢筋种类。钢棒的应力松弛值比钢丝、钢绞线的小。③时间。1h及24h的松弛损失分别约占总松弛损失（以1000h计）的50%和80%。④温度。温度高松弛损失大。⑤张拉方式。采用较高的控制应力（1.05～1.1）σ_{con}张拉预应力筋，待持荷2～5min，卸荷到零，再张拉预应力筋使其应力达到σ_{con}的超张拉程序，可比一次张拉（$0\rightarrow\sigma_{con}$）的松弛损失减小（2%～10%）σ_{con}。这是因为在高应力状态下短时间所产生的松弛损失可达到在低应力状态下需经过较长时间才能完成的松弛数值，所以经过超张拉部分松弛已经完成。

预应力筋的应力松弛损失σ_{l4}如表10-4所列。

表10-4　预应力筋的应力松弛损失σ_{l4}（N/mm²）

项次	钢筋种类		张拉方式	
			一次张拉	超张拉
1	预应力钢丝 钢绞线	普通松弛	$0.4(\sigma_{con}/f_{ptk}-0.5)\sigma_{con}$	$0.36(\sigma_{con}/f_{ptk}-0.5)\sigma_{con}$
		低松弛	当$\sigma_{con}\leqslant0.7f_{ptk}$时，$0.125(\sigma_{con}/f_{ptk}-0.5)\sigma_{con}$ 当$0.7f_{ptk}<\sigma_{con}\leqslant0.8f_{ptk}$时，$0.20(\sigma_{con}/f_{ptk}-0.575)\sigma_{con}$	
2	预应力螺纹 钢筋、钢棒		$0.05\sigma_{con}$	$0.035\sigma_{con}$

注　1. 表中超张拉的张拉程序为从应力为零开始张拉至$1.03\sigma_{con}$；或从应力为零开始张拉至$1.05\sigma_{con}$，持荷2min后，卸载至σ_{con}。

2. 当$\sigma_{con}/f_{ptk}\leqslant0.5$时，预应力筋的应力松弛损失值可取为零。

减少松弛损失的措施有：超张拉、采用低松弛损失的钢材[1]。

10.3.2.5 混凝土收缩和徐变引起的预应力损失 σ_{l5}

预应力混凝土构件在混凝土收缩（混凝土结硬过程中体积随时间增加而减小）和徐变（在预应力筋回弹压力的持久作用下，混凝土压应变随时间增加而增加）的综合影响下长度将缩短，预应力筋也随之回缩，从而引起预应力损失。由于混凝土的收缩和徐变引起预应力损失的现象是相似的，为了简化计算，将此两项预应力损失合并考虑，即为 σ_{l5}。

对一般情况下的构件，混凝土收缩、徐变引起受拉区和受压区预应力筋的预应力损失 σ_{l5}、σ'_{l5} 可按列公式计算：

1. 先张法构件

$$\sigma_{l5}=\frac{45+280\dfrac{\sigma_{pc}}{f'_{cu}}}{1+15\rho}\quad (\text{N/mm}^2) \tag{10-6}$$

$$\sigma'_{l5}=\frac{45+280\dfrac{\sigma'_{pc}}{f'_{cu}}}{1+15\rho'}\quad (\text{N/mm}^2) \tag{10-7}$$

2. 后张法构件

$$\sigma_{l5}=\frac{35+280\dfrac{\sigma_{pc}}{f'_{cu}}}{1+15\rho}\quad (\text{N/mm}^2) \tag{10-8}$$

$$\sigma'_{l5}=\frac{35+280\dfrac{\sigma'_{pc}}{f'_{cu}}}{1+15\rho'}\quad (\text{N/mm}^2) \tag{10-9}$$

式中 σ_{pc}、σ'_{pc}——在受拉区、受压区预应力筋在各自合力点处的混凝土法向应力；

f'_{cu}——施加预应力时的混凝土立方体抗压强度；

ρ、ρ'——受拉区、受压区预应力筋和非预应力筋的配筋率，对先张法构件，$\rho=\dfrac{(A_p+A_s)}{A_0}$、$\rho'=\dfrac{(A'_p+A'_s)}{A_0}$；对后张法构件，$\rho=\dfrac{(A_p+A_s)}{A_n}$、$\rho'=\dfrac{(A'_p+A'_s)}{A_n}$；对于对称配置预应力筋和非预应力筋的构件，配筋率 ρ、ρ' 应按钢筋总截面面积的一半计算。

对于水工预应力混凝土结构，如有论证，混凝土收缩和徐变引起的预应力损失可按其他公式计算。

采用式（10-6）～式（10-9）计算时需注意：①σ_{pc}、σ'_{pc} 可按 10.4、10.6 节公式求得（即详见轴心受拉构件、受弯构件相应的计算公式），此时，预应力损失值仅考虑混凝土预压前（先张法）或卸去千斤顶时（后张法）的第一批损失，非预应力筋中的应力 σ_{l5} 及 σ'_{l5} 应取为零。②在公式中，σ_{l5} 和 $\dfrac{\sigma_{pc}}{f'_{cu}}$ 为线性关系，即公式给出的是线性徐变条件下的应

[1] 低松弛损失指常温 20℃条件下，拉应力为 70%抗拉极限强度，经 1000h 后测得的松弛损失不超过拉应力的 2.5%。

力损失，因此要求 σ_{pc}、σ'_{pc} 值不得大于 $0.5f'_{cu}$。由此可见，过大的预加应力以及放张时过低的混凝土抗压强度均是不妥的。③当 σ'_{pc} 为拉应力时，式（10－7）及式（10－9）中的 σ'_{pc} 应取为零。④计算 σ_{pc}、σ'_{pc} 时可根据构件制作情况，考虑自重的影响。

式（10－6）～式（10－9）右边第一项分数和第二项分数分别反映混凝土收缩和徐变对应力损失的影响。可以看出，后张法构件的 σ_{l5} 和 σ'_{l5} 数值比先张法构件要小，这是由于后张法构件在张拉预应力筋前混凝土的部分收缩已经完成。因此，它对预应力损失的影响也相应地减少了。

应当指出，式（10－6）～式（10－9）仅适合于一般相对湿度环境下的结构构件。对处于干燥环境下的结构，则需将求得的值适当加大。规范规定，当构件处于年平均相对湿度低于40％的环境下，σ_{l5}、σ'_{l5} 值应增加30％。

实测表明，混凝土收缩和徐变引起的预应力损失很大，约占全部预应力损失的40％～50％，所以应当重视采取各种有效措施减少混凝土的收缩和徐变。为了减轻此项损失，可采用高强度等级水泥，减少水泥用量，降低水灰比，振捣密实，加强养护，并应控制混凝土的预压应力 σ_{pc}、σ'_{pc} 值不超过 $0.5f'_{cu}$。对重要的结构构件，当需要考虑与时间相关的混凝土收缩、徐变及钢筋应力松弛预应力损失值时，可按规范给出的方法进行计算。

10.3.2.6 螺旋式预应力筋挤压混凝土引起的预应力损失 σ_{l6}

环形结构构件的混凝土被螺旋式预应力筋箍紧，混凝土受预应力筋的挤压会发生局部压陷，构件直径将减少 2δ，使得预应力筋回缩，引起的预应力损失称为 σ_{l6}，见图10－24。σ_{l6} 的大小与构件直径有关，构件直径越小，压陷变形的影响越大，预应力损失也就越大。当结构直径大于3m时，损失就可不计；当结构直径不大于3m时，σ_{l6} 可取为

$$\sigma_{l6}=30\text{N/mm}^2 \tag{10-10}$$

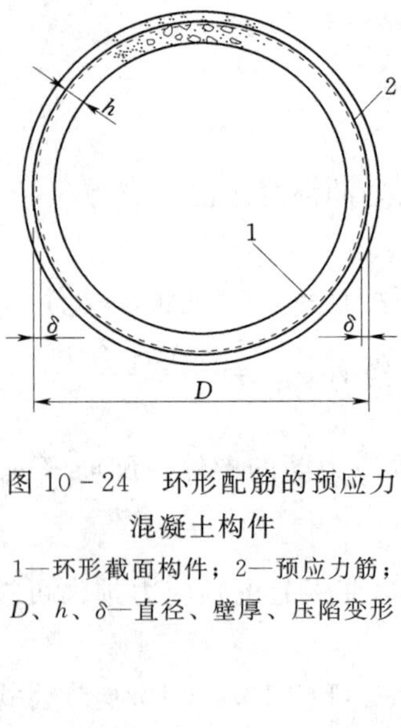

图10－24 环形配筋的预应力混凝土构件

1—环形截面构件；2—预应力筋；D、h、δ—直径、壁厚、压陷变形

上述六项预应力损失，它们有的只发生在先张法构件中（如 σ_{l3}），有的只发生于后张法构件中（如 σ_{l6}），有的两种构件均有（如 σ_{l1}、σ_{l4}、σ_{l5}），而且是按不同张拉方式分阶段发生的，并不是同时出现。通常把在混凝土预压前出现的损失称为第一批应力损失 $\sigma_{l\text{I}}$（先张法指放张前，后张法指卸去千斤顶前的损失），混凝土预压后出现的损失称为第二批应力损失 $\sigma_{l\text{II}}$。总的损失 $\sigma_l=\sigma_{l\text{I}}+\sigma_{l\text{II}}$。各批预应力损失的组合见表10－5。

表10－5　各阶段预应力损失值的组合

项次	预应力损失值的组合	先张法构件	后张法构件
1	混凝土预压前（第一批）的损失	$\sigma_{l1}+\sigma_{l2}+\sigma_{l3}+\sigma_{l4}$	$\sigma_{l1}+\sigma_{l2}$
2	混凝土预压后（第二批）的损失	σ_{l5}	$\sigma_{l4}+\sigma_{l5}+\sigma_{l6}$

注 1. 先张法构件，σ_{l4} 在第一批和第二批损失中所占的比例，如需区分，可按实际情况确定。
2. 当先张法构件采用折线形预应力筋时，由于转向装置处发生摩擦，故在损失值中应计入 σ_{l2}，其值可按实际情况确定。

对预应力混凝土构件除应按使用条件进行承载力、抗裂或裂缝宽度、变形验算以外，还需对构件在制作、运输、吊装等施工阶段进行应力验算，不同的受力阶段应考虑相应的预应力损失值的组合。

考虑到预应力损失的计算值与实际值可能有误差，为确保构件的安全，按上述各项损失计算得出的总损失值 σ_l 小于下列数值时，则按下列数值采用：

先张法构件　　　　　　　　　　　$100N/mm^2$

后张法构件　　　　　　　　　　　$80N/mm^2$

大体积水工预应力混凝土构件的预应力损失值应由专门研究或试验确定。

后张法中预应力筋常有好几根或好几束，不能同时一起张拉而必须分批张拉。此时就要考虑到后批张拉预应力筋所产生的混凝土弹性压缩（或伸长），会使先批张拉并已锚固好的预应力筋的应力又发生变化，即先批张拉的预应力筋又进一步产生了应力降低或增加。这种应力变化的数值为 $\alpha_E\sigma_{pc\mathrm{I}}$，$\sigma_{pc\mathrm{I}}$ 为后批预应力筋张拉时，在先批张拉预应力筋重心位置所引起的混凝土法向应力；α_E 为预应力筋弹性模量与混凝土弹性模量之比，即 $\alpha_E=E_s/E_c$。为考虑这种应力变化的影响，对先批张拉的那些预应力筋，常根据 $\alpha_E\sigma_{pc\mathrm{I}}$ 值增大或减小其张拉控制应力 σ_{con}。

10.4　预应力混凝土轴心受拉构件的应力分析

本节以轴心受拉构件为例，分别对先张法和后张法构件的施工阶段、使用阶段和破坏阶段进行应力分析，以了解预应力混凝土构件的受力特点。

10.4.1　先张法预应力混凝土轴心受拉构件的应力分析

先张法预应力混凝土轴心受拉构件，从张拉预应力筋开始直到构件破坏为止，可分为下列 6 种应力状态（参阅表 10-6）。

10.4.1.1　施工阶段

1. 应力状态 1——预应力筋放张前

张拉预应力筋并固定在台座（或钢模）上，浇筑混凝土及养护，但混凝土尚未受到压缩的状态，也称为“预压前”状态。

预应力筋刚张拉完毕时，预应力筋的应力为张拉控制应力 σ_{con}（表 10-6 图 a）。然后，由于锚具变形和预应力筋内缩、养护温差、预应力筋松弛等原因产生了第一批应力损失 $\sigma_{l\mathrm{I}}=\sigma_{l1}+\sigma_{l3}+\sigma_{l4}$，预应力筋的预拉应力将减少 $\sigma_{l\mathrm{I}}$。因此，在这一应力状态，预应力筋的预拉应力就降低为 $\sigma_{p0\mathrm{I}}$[1]（表 10-6 图 b）：

$$\sigma_{p0\mathrm{I}}=\sigma_{con}-\sigma_{l\mathrm{I}} \tag{10-11}$$

预应力筋与非预应力筋的合力（此时非预应力筋应力为零）为：

$$N_{p0\mathrm{I}}=\sigma_{p0\mathrm{I}}A_p=(\sigma_{con}-\sigma_{l\mathrm{I}})A_p \tag{10-12}$$

式中　A_p——预应力筋截面面积。

[1] $\sigma_{p0\mathrm{I}}$ 符号的下标中的“p”表示预应力，“0”表示预应力筋合力点处混凝土法向应力等于零，“Ⅰ”表示第一批预应力损失出现。即，$\sigma_{p0\mathrm{I}}$ 表示第一批预应力损失出现后，混凝土法向应力等于零处的预应力筋的应力。

由于预应力筋仍固定在台座（或钢模）上，预应力筋的总预拉力由台座（或钢模）支承平衡，所以混凝土的应力和非预应力筋的应力均为零。

2. 应力状态 2——预应力筋放张后

从台座（或钢模）上放松预应力筋（即放张），混凝土受到预应力筋回弹力的挤压而产生预压应力，这一应力状态是混凝土受到预压应力的状态。设混凝土的预压应力为 $\sigma_{pc\,\text{I}}$[1]，混凝土受压后产生压缩变形 $\varepsilon_c=\sigma_{pc\,\text{I}}/E_c$。钢筋因与混凝土粘结在一起也随之回缩同样的数值，由此可得到非预应力筋和预应力筋均产生压应力 $\alpha_E\sigma_{pc\,\text{I}}$ $[\varepsilon_c E_s=(\sigma_{pc\,\text{I}}/E_c)E_s=\alpha_E\sigma_{pc\,\text{I}}]$。所以，预应力筋的拉应力将减少 $\alpha_E\sigma_{pc\,\text{I}}$，预拉应力进一步降低为 $\sigma_{pe\,\text{I}}$[2]（表 10-6 图 c）：

$$\sigma_{pe\,\text{I}}=\sigma_{p0\,\text{I}}-\alpha_E\sigma_{pc\,\text{I}}=\sigma_{con}-\sigma_{l\,\text{I}}-\alpha_E\sigma_{pc\,\text{I}} \tag{10-13}$$

非预应力筋受到的是压应力，其值为：

$$\sigma_{s\,\text{I}}=\alpha_E\sigma_{pc\,\text{I}} \tag{10-14}$$

混凝土的预压应力 $\sigma_{pc\,\text{I}}$ 可由截面内力平衡条件求得：

$$\sigma_{pe\,\text{I}}A_p=\sigma_{pc\,\text{I}}A_c+\sigma_{s\,\text{I}}A_s$$

将 $\sigma_{pe\,\text{I}}$ 和 $\sigma_{s\,\text{I}}$ 代入，可得

则

$$\sigma_{pc\,\text{I}}=\frac{(\sigma_{con}-\sigma_{l\,\text{I}})A_p}{A_c+\alpha_E A_s+\alpha_E A_p}=\frac{(\sigma_{con}-\sigma_{l\,\text{I}})A_p}{A_0} \tag{10-15a}$$

也可写成

$$\sigma_{pc\,\text{I}}=\frac{N_{p0\,\text{I}}}{A_0} \tag{10-15b}$$

式中 A_s、A_p——非预应力筋和预应力筋的截面面积；

A_c——构件混凝土截面面积，$A_c=A-A_s-A_p$，此处 A 为构件截面面积；

A_0——换算截面面积，$A_0=A_c+\alpha_E A_s+\alpha_E A_p$。

公式（10-15b）也可理解为当放松预应力筋使混凝土受压时，将预应力筋回弹力 $N_{p0\,\text{I}}$ 看成为外力（轴向压力），作用在整个构件的换算截面 A_0 上，由此截面产生的压应力为 $\sigma_{pc\,\text{I}}$。

3. 应力状态 3——全部预应力损失出现

混凝土受压缩后，随着时间的增长又发生收缩和徐变，使预应力筋产生第二批应力损失。对先张法来说，第二批应力损失为 $\sigma_{l\,\text{II}}=\sigma_{l5}$。此时，总的应力损失为 $\sigma_l=\sigma_{l\,\text{I}}+\sigma_{l\,\text{II}}$。

预应力损失全部出现后，预应力筋的拉应力又进一步降低为 $\sigma_{pe\,\text{II}}$，相应的混凝土预压应力降低为 $\sigma_{pc\,\text{II}}$（表 10-6 图 d）。由于钢筋与混凝土变形一致，它们之间的关系可由下列公式表示：

$$\sigma_{pe\,\text{II}}=\sigma_{con}-\sigma_l-\alpha_E\sigma_{pc\,\text{II}}=\sigma_{p0\,\text{II}}-\alpha_E\sigma_{pc\,\text{II}} \tag{10-16}$$

$$\sigma_{p0\,\text{II}}=\sigma_{con}-\sigma_l \tag{10-17}$$

---

[1] $\sigma_{pc\,\text{I}}$ 符号下标中的"p"表示预应力，"c"表示混凝土，"Ⅰ"表示第一批预应力损失出现。即，$\sigma_{pc\,\text{I}}$ 表示第一批预应力损失出现后的混凝土应力。

[2] $\sigma_{pe\,\text{I}}$ 符号下标中的"p"表示预应力，"e"表示有效，"Ⅰ"表示第一批预应力损失出现。即，$\sigma_{pe\,\text{I}}$ 表示第一批预应力损失出现后的预应力筋的有效应力。

对非预应力筋而言，混凝土在 $\sigma_{pc\text{II}}$ 作用下产生瞬时压应变 $\sigma_{pc\text{II}}/E_c$，由于钢筋与混凝土变形一致，该应变就使得非预应力筋产生压应力 $\alpha_E\sigma_{pc\text{II}}$；随着时间增长，混凝土在 $\sigma_{pc\text{II}}$ 作用下又将产生徐变 σ_{l5}/E_s，同样由于钢筋与混凝土变形一致，该徐变使非预应力筋产生 σ_{l5} 的压应力。如此，非预应力筋的应力为：

$$\sigma_{s\text{II}}=\alpha_E\sigma_{pc\text{II}}+\sigma_{l5} \tag{10-18}$$

式中　σ_{l5}——因混凝土收缩徐变引起的预应力损失，也就是非预应力筋因混凝土收缩和徐变所增加的压应力。

同样可由截面内力平衡条件求得

$$\sigma_{pe\text{II}}A_p=\sigma_{pc\text{II}}A_c+\sigma_{s\text{II}}A_s$$

则

$$\sigma_{pc\text{II}}=\frac{(\sigma_{con}-\sigma_l)A_p-\sigma_{l5}A_s}{A_0}=\frac{N_{p0\text{II}}}{A_0} \tag{10-19}$$

$$N_{p0\text{II}}=(\sigma_{con}-\sigma_l)A_p-\sigma_{l5}A_s \tag{10-20}$$

式中　$N_{p0\text{II}}$——预应力损失全部出现后，混凝土预压应力为零时（预应力筋合力点处）的预应力筋与非预应力筋的合力。

式（10-19）同样也可理解为当放松预应力筋使混凝土受压时，将预应力筋回弹力 $N_{p0\text{II}}$ 看成为外力（轴向压力），作用在整个构件的换算截面 A_0 上，由此截面混凝土产生的压应力为 $\sigma_{pc\text{II}}$。

$\sigma_{pe\text{II}}$ 为全部预应力损失完成后，预应力筋的有效预拉应力；$\sigma_{pc\text{II}}$ 为在混凝土中所建立的“有效预压应力”。由上可知，在外荷载作用以前，预应力混凝土构件中的钢筋及混凝土应力都不等于零，混凝土受到很大的压应力，而预应力筋受到很大拉应力，这是预应力混凝土构件与钢筋混凝土构件本质的区别。

10.4.1.2　使用阶段

1. 应力状态 4——消压状态

构件受到外荷载（轴向拉力 N）作用后，截面要叠加上由于 N 产生的拉应力。当 N 产生的拉应力正好抵消截面上混凝土的预压应力 $\sigma_{pc\text{II}}$（表 10-6 图 e）时，该状态称为消压状态，此时的轴向拉力 N 也称为消压轴力 N_0。在消压轴力 N_0 作用下，预应力筋的拉应力由 $\sigma_{pe\text{II}}$ 增加 $\alpha_E\sigma_{pc\text{II}}$，其值为：

$$\sigma_{p0}=\sigma_{pe\text{II}}+\alpha_E\sigma_{pc\text{II}}=\sigma_{con}-\sigma_l-\alpha_E\sigma_{pc\text{II}}+\alpha_E\sigma_{pc\text{II}}=\sigma_{con}-\sigma_l \tag{10-21}$$

非预应力筋的压应力由 $\sigma_{s\text{II}}$ 减少 $\alpha_E\sigma_{pc\text{II}}$，其值为：

$$\sigma_{s0}=\sigma_{s\text{II}}-\alpha_E\sigma_{pc\text{II}}=\alpha_E\sigma_{pc\text{II}}+\sigma_{l5}-\alpha_E\sigma_{pc\text{II}}=\sigma_{l5} \tag{10-22}$$

由平衡方程，消压轴力 N_0 可用下式表示：

$$N_0=\sigma_{p0}A_p-\sigma_{s0}A_s=(\sigma_{con}-\sigma_l)A_p-\sigma_{l5}A_s \tag{10-23}$$

比较式（10-20）和式（10-23）知，$N_0=N_{p0\text{II}}=\sigma_{pc\text{II}}A_0$。

应力状态 4 是预应力混凝土轴心受拉构件中，混凝土应力将由压应力转为拉应力的一个标志。如果 $N<N_0$ 则构件的混凝土始终处于受压状态；若 $N>N_0$ 则混凝土将出现拉应力，以后拉应力的增量就和钢筋混凝土轴心受拉构件受外荷载后产生的拉应力增量一样。

2. 应力状态 5——即将开裂与开裂状态

（1）即将开裂时。随着荷载进一步增加，当混凝土拉应力达到混凝土轴心抗拉强度标

准值 f_{tk} 时，裂缝就即将出现（表 10-6 图 f）。所以，构件的开裂荷载 N_{cr} 将在 N_0 的基础上增加 $f_{tk}A_0$，即

$$N_{cr}=N_0+f_{tk}A_0=(\sigma_{con}-\sigma_l)A_p-\sigma_{l5}A_s+f_{tk}A_0 \tag{10-24a}$$

也可写成：

$$N_{cr}=(\sigma_{pc\,\mathrm{II}}+f_{tk})A_0 \tag{10-24b}$$

$$N_{cr}=N_0+N'_{cr} \tag{10-24c}$$

式中 N'_{cr}——钢筋混凝土轴心受拉构件的开裂荷载，$N'_{cr}=f_{tk}A_0$。

由上式可见，预应力混凝土构件的抗裂能力由于多了 N_0 一项而比钢筋混凝土构件大大提高。

在裂缝即将出现时，预应力筋和非预应力筋的应力分别在消压状态的基础上增加了 $\alpha_E f_{tk}$ 的拉应力，即

$$\sigma_p=\sigma_{p0}+\alpha_E f_{tk}=\sigma_{con}-\sigma_l+\alpha_E f_{tk} \tag{10-25}$$

$$\sigma_s=\sigma_{s0}-\alpha_E f_{tk}=\sigma_{l5}-\alpha_E f_{tk} \tag{10-26}$$

(2) 开裂后。在开裂瞬间，由于裂缝截面的混凝土应力 $\sigma_c=0$，由混凝土承担的拉力 $f_{tk}A_c$ 转由钢筋承担。所以，预应力筋和非预应力筋的拉应力增量则分别较开裂前的应力增加 $f_{tk}A_c/(A_p+A_s)$。此时，预应力筋和非预应力筋的应力分别为：

$$\begin{aligned}\sigma_p&=\sigma_{p0}+\alpha_E f_{tk}+\frac{f_{tk}A_c}{A_p+A_s}=\sigma_{p0}+\frac{f_{tk}A_0}{A_p+A_s}=\sigma_{p0}+\frac{N_{cr}-N_0}{A_p+A_s}\\&=\sigma_{con}-\sigma_l+\frac{N_{cr}-N_0}{A_p+A_s}\end{aligned} \tag{10-27}$$

$$\sigma_s=\sigma_{l5}-\alpha_E f_{tk}-\frac{f_{tk}A_c}{A_p+A_s}=\sigma_{l5}-\frac{f_{tk}A_0}{A_p+A_s}=\sigma_{l5}-\frac{N_{cr}-N_0}{A_p+A_s} \tag{10-28}$$

开裂后，在外荷载 N 作用下，所增加的轴向拉力 $N-N_{cr}$ 将全部由钢筋承担（表 10-6 图 g），预应力筋和非预应力筋的拉应力增量均为 $(N-N_{cr})/(A_p+A_s)$。因此，这时预应力筋和非预应力筋的应力分别为：

$$\begin{aligned}\sigma_p&=\sigma_{p0}+\frac{N_{cr}-N_0}{A_p+A_s}+\frac{N-N_{cr}}{A_p+A_s}=\sigma_{p0}+\frac{N-N_0}{A_p+A_s}\\&=\sigma_{con}-\sigma_l+\frac{N-N_0}{A_p+A_s}\end{aligned} \tag{10-29}$$

和

$$\sigma_s=\sigma_{l5}-\frac{N-N_0}{A_p+A_s} \tag{10-30}$$

上述两式为使用阶段求裂缝宽度时的钢筋应力表达式。

式（10-29）和式（10-30）也可以这样理解，消压状态的混凝土应力与构件开裂后裂缝截面上的混凝土应力相等（均为零），而轴向拉力从 N_0 增加到 N，其轴向拉力差 $(N-N_0)$ 应该由预应力筋与非预应力筋来平衡。如此，裂缝截面预应力筋的拉应力就应为消压状态下的应力加上 $\frac{N-N_0}{A_p+A_s}$，非预应力筋的压应力就应为消压状态下的应力减去 $\frac{N-N_0}{A_p+A_s}$。

(3) 应力状态 6——破坏状态。当预应力筋、非预应力筋的应力达到各自抗拉强度

时，构件就发生破坏（表 10-6 图 h）。此时的外荷载为构件的极限承载力 N_u，即

$$N_u=f_{py}A_p+f_yA_s \tag{10-31}$$

表 10-6　　先张法预应力轴心受拉构件的应力分析

应力状态					应力图形
施工阶段	1	刚张拉好预应力筋浇捣混凝土，并进行养护，第一批预应力损失出现	a b	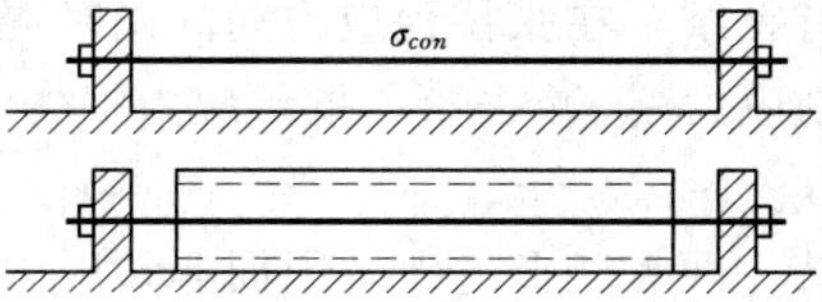	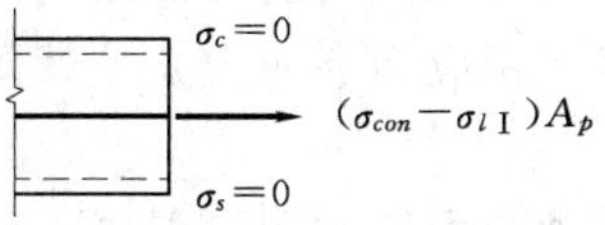
	2	从台座上放松预应力筋，混凝土受到预压	c	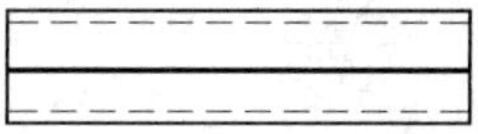	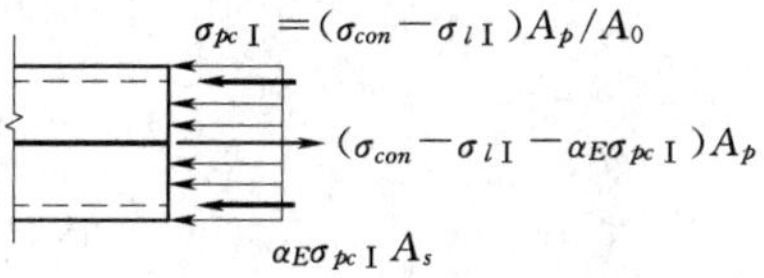
	3	预应力损失全部出现	d	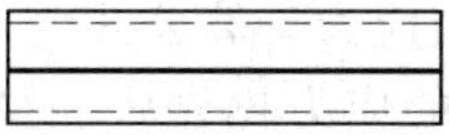	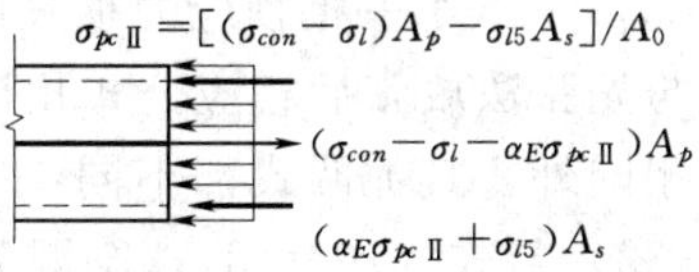
使用阶段	4	荷载作用（加载至混凝土应力为零）	e	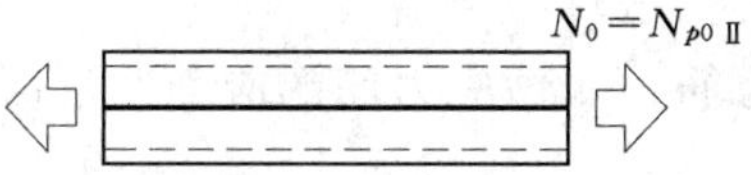	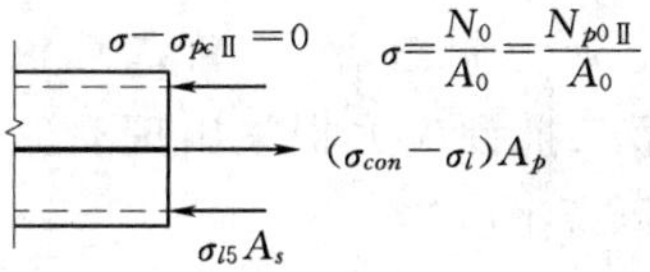
	5	裂缝即将出现	f	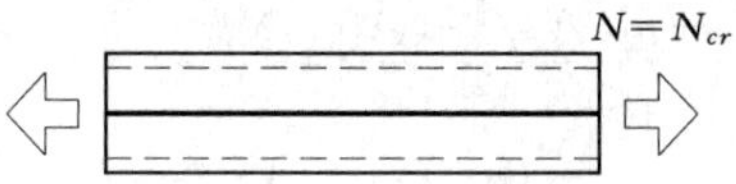	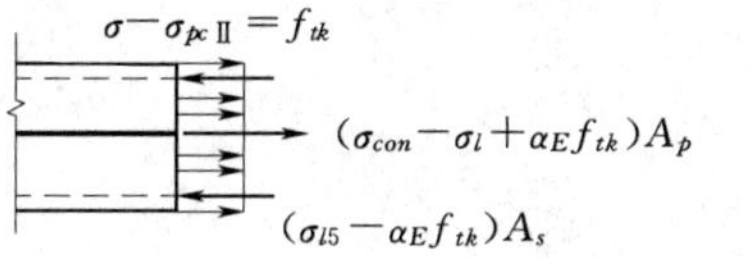
		荷载作用（开裂后）	g	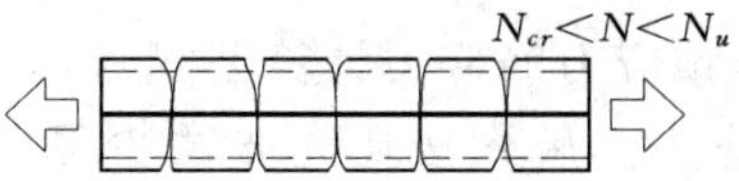	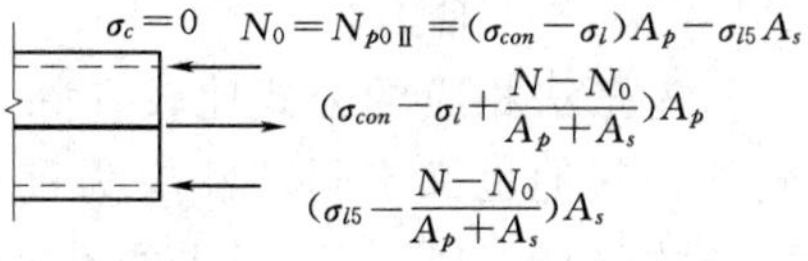
破坏阶段	6	破坏时	h	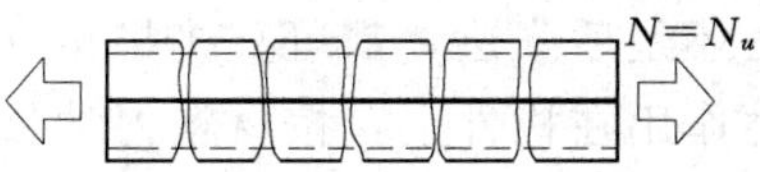	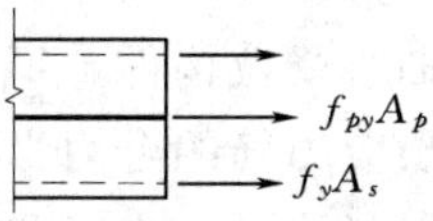

10.4.2 后张法预应力混凝土轴心受拉构件的工作特点及应力分析

后张法构件的应力分布除施工阶段因张拉工艺与先张法不同而有所区别外，使用阶段、破坏阶段的应力分布均与先张法相同，它可分为下列5个应力状态（参阅表10－7）。

10.4.2.1 施工阶段

1. 应力状态1——第一批预应力损失出现

张拉预应力筋，第一批预应力损失 $\sigma_{l\mathrm{I}}$ 出现（表10－7图b），这时由于预应力筋孔道尚未灌浆，预应力筋与混凝土之间没有粘结，在张拉预应力筋的同时混凝土已受到弹性压缩，因而预应力筋应力 $\sigma_{pe\mathrm{I}}$ 就等于控制应力 σ_{con} 减去第一批预应力损失 $\sigma_{l\mathrm{I}}$，即

$$\sigma_{pe\mathrm{I}}=\sigma_{con}-\sigma_{l\mathrm{I}} \tag{10-32}$$

非预应力筋与周围混凝土已有粘结，两者变形一致，因而非预应力筋应力为：

$$\sigma_{s\mathrm{I}}=\alpha_E\sigma_{pc\mathrm{I}} \tag{10-33}$$

混凝土的预压应力 $\sigma_{pc\mathrm{I}}$ 可由截面内力平衡条件求得：

$$\sigma_{pe\mathrm{I}}A_p=\sigma_{pc\mathrm{I}}A_c+\sigma_{s\mathrm{I}}A_s$$

$$\sigma_{pc\mathrm{I}}=\frac{(\sigma_{con}-\sigma_{l\mathrm{I}})A_p}{A_n}=\frac{N_{p\mathrm{I}}}{A_n} \tag{10-34}$$

其中

$$N_{p\mathrm{I}}=\sigma_{pe\mathrm{I}}A_p=(\sigma_{con}-\sigma_{l\mathrm{I}})A_p \tag{10-35}$$

式中 A_n——截面净截面面积，$A_n=A_c+\alpha_E A_s$，$A_c=A-A_s-A_{孔道面积}$；

$N_{p\mathrm{I}}$——第一批预应力损失出现后的预应力筋的合力。

与先张法放张后相应公式相比，除了非预应力筋应力计算公式（10－33）与式（10－14）相同外，其他两式都不同：①后张法预应力筋的应力比先张法少降低 $\alpha_E\sigma_{pc\mathrm{I}}$，见式（10－32）与式（10－13）；②混凝土的预压应力 $\sigma_{pc\mathrm{I}}$，后张法采用净截面面积 A_n，先张法采用换算截面面积 A_0，见式（10－34）与式（10－15a）。

2. 应力状态2——第二批预应力损失出现

第二批预应力损失出现后，预应力筋、非预应力筋的应力及混凝土的有效预压应力为（表10－7图c）：

$$\sigma_{pe\mathrm{II}}=\sigma_{con}-\sigma_l \tag{10-36}$$

$$\sigma_{s\mathrm{II}}=\alpha_E\sigma_{pc\mathrm{II}}+\sigma_{l5} \tag{10-37}$$

$$\sigma_{pc\mathrm{II}}=\frac{(\sigma_{con}-\sigma_l)A_p-\sigma_{l5}A_s}{A_n}=\frac{N_{p\mathrm{II}}}{A_n} \tag{10-38}$$

其中

$$N_{p\mathrm{II}}=\sigma_{pe\mathrm{II}}A_p-\sigma_{l5}A_s=(\sigma_{con}-\sigma_l)A_p-\sigma_{l5}A_s \tag{10-39}$$

式中 $N_{p\mathrm{II}}$——第二批预应力损失出现后的预应力筋和非预应力筋中扣除 $\alpha_E\sigma_{pc\mathrm{II}}$ 应力后的合力。

与先张法相应的公式比较，除了非预应力筋应力计算公式（10－37）与式（10－18）相同外，其他也都不同。预应力筋的应力，后张法比先张法少降低 $\alpha_E\sigma_{pc\mathrm{II}}$，见式（10－36）与式（10－16）；混凝土的有效预压应力 $\sigma_{pc\mathrm{II}}$，后张法采用 A_n，先张法采用 A_0，见式（10－38）与式（10－19）。

对于轴心受拉构件，不论是先张法还是后张法，都可直接将相应阶段某一状态的预应力筋和非预应力筋的合力当作轴向压力作用在构件上，按材料力学公式来求解混凝土预压应力值。先张法预应力筋和非预应力筋的合力是指混凝土预压应力为零时的情况，后张法

则是指混凝土已有预压应力的情况。由于先张法预应力筋有混凝土弹性压缩引起的应力降低，故两者相应的公式不同。若先、后张法构件的截面尺寸及所用材料完全相同，则在同样大小的控制应力情况下，后张法建立的混凝土有效预压应力比先张法要高。

10.4.2.2 使用阶段

在使用阶段，后张法构件的孔道已经灌浆，预应力筋与混凝土已有粘结，能共同变形，因而计算外荷载产生的应力时和先张法相同，采用换算截面面积 A_0。

1. 应力状态 3——消压状态

在消压状态（表 10-7 图 d），截面上混凝土应力由 $\sigma_{pc\,\mathrm{II}}$ 降为零，则预应力筋的拉应力增加了 $\alpha_E\sigma_{pc\,\mathrm{II}}$，即

$$\sigma_{p0}=\sigma_{pe\,\mathrm{II}}+\alpha_E\sigma_{pc\,\mathrm{II}}=\sigma_{con}-\sigma_l+\alpha_E\sigma_{pc\,\mathrm{II}} \tag{10-40}$$

相应地，非预应力筋的压应力减小了 $\alpha_E\sigma_{pc\,\mathrm{II}}$，即

$$\sigma_{s0}=\sigma_{s\,\mathrm{II}}-\alpha_E\sigma_{pc\,\mathrm{II}}=\alpha_E\sigma_{pc\,\mathrm{II}}+\sigma_{l5}-\alpha_E\sigma_{pc\,\mathrm{II}}=\sigma_{l5} \tag{10-41}$$

消压轴力 N_0 为：

$$N_0=\sigma_{p0}A_p-\sigma_{l5}A_s=(\sigma_{con}-\sigma_l+\alpha_E\sigma_{pc\,\mathrm{II}})A_p-\sigma_{l5}A_s \tag{10-42}$$

后张法应力状态 3 与先张法应力状态 4 相比，除了非预应力筋应力计算公式（10-41）与式（10-22）相同外，其他也都不同。预应力筋的应力，后张法比先张法少降低 $\alpha_E\sigma_{pc\,\mathrm{II}}$，见式（10-40）与式（10-21）；消压轴力比先张法多了 $A_p\alpha_E\sigma_{pc\,\mathrm{II}}$，见式（10-42）和式（10-23）。

2. 应力状态 4——即将开裂与开裂后状态

（1）即将开裂时。随着荷载进一步增加，当混凝土拉应力达到混凝土轴心抗拉强度标准值 f_{tk}时，裂缝即将出现（表 10-7 图 e）。所以，构件的开裂荷载 N_{cr}将在 N_0 的基础上增加 $f_{tk}A_0$，即

$$N_{cr}=N_0+f_{tk}A_0=(\sigma_{con}-\sigma_l+\alpha_E\sigma_{pc\,\mathrm{II}})A_p-\sigma_{l5}A_s+f_{tk}A_0 \tag{10-43}$$

预应力筋和非预应力筋的应力在消压状态的基础上分别增加了 $\alpha_E f_{tk}$的拉应力，即

$$\sigma_p=\sigma_{p0}+\alpha_E f_{tk}=\sigma_{con}-\sigma_l+\alpha_E\sigma_{pc\,\mathrm{II}}+\alpha_E f_{tk} \tag{10-44}$$

$$\sigma_s=\sigma_{l5}-\alpha_E f_{tk} \tag{10-45}$$

（2）开裂后。开裂后，外荷载与消压轴力之差（$N-N_0$）将全部由钢筋承担（表 10-7 图 f），预应力筋和非预应力筋的应力为：

$$\sigma_p=\sigma_{p0}+\frac{N-N_0}{A_p+A_s}=\sigma_{con}-\sigma_l+\alpha_E\sigma_{pc\,\mathrm{II}}+\frac{N-N_0}{A_p+A_s} \tag{10-46}$$

$$\sigma_s=\sigma_{l5}-\frac{N-N_0}{A_p+A_s} \tag{10-47}$$

上述两式为使用阶段求裂缝宽度时的钢筋应力表达式。

后张法应力状态 4 和先张法应力状态 5 相比，由于两者的消压轴力不同，因而两者的开裂轴力、预应力筋和非预应力筋应力均不相同。后张法的开裂轴力要比先张法大 $A_p\alpha_E\sigma_{pc\,\mathrm{II}}$。

3. 应力状态 5——破坏状态

当预应力筋、非预应力筋的应力达到各自抗拉强度时，构件就发生破坏（表 10-7 图

g)。后张法和先张法相比，两者破坏状态时的应力、内力计算公式的形式及符号完全相同；若两者的钢筋材料与用量相同，则极限承载力相同。

表 10-7　　　　后张法预应力混凝土轴心受拉构件的应力分析

应力状态					应力图形
施工阶段	1	构件制作养护张拉预应力筋，第一批应力损失出现	a b		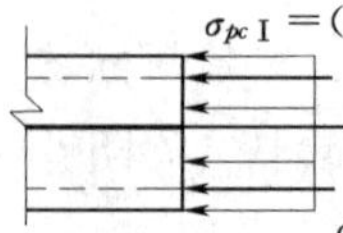 $\sigma_{pc\,\mathrm{I}}=(\sigma_{con}-\sigma_{l\,\mathrm{I}})A_p/A_n$ $(\sigma_{con}-\sigma_{l\,\mathrm{I}})A_p$ $\alpha_E\sigma_{pc\,\mathrm{I}}A_s$
	2	预应力损失全部出现	c	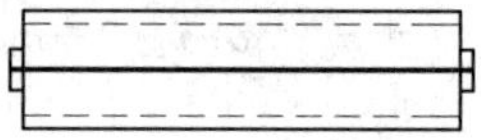	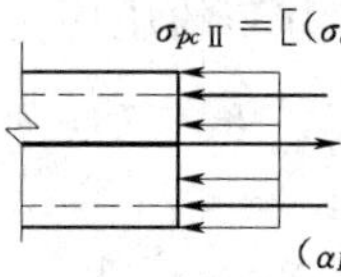 $\sigma_{pc\,\mathrm{II}}=[(\sigma_{con}-\sigma_l)A_p-\sigma_{l5}A_s]/A_n$ $(\sigma_{con}-\sigma_l)A_p$ $(\alpha_E\sigma_{pc\,\mathrm{II}}+\sigma_{l5})A_s$
使用阶段	3	荷载作用（加载至混凝土应力为零）	d	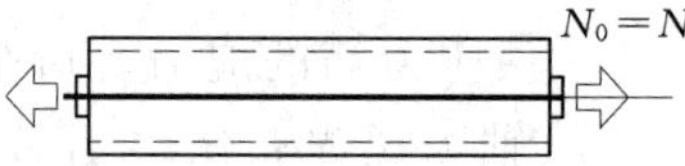 $N_0=N_{p0\,\mathrm{II}}$	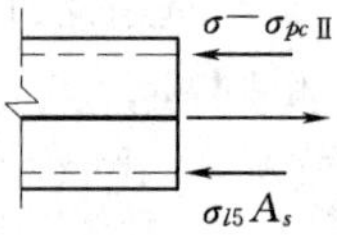 $\sigma-\sigma_{pc\,\mathrm{II}}=0$ $(\sigma_{con}-\sigma_l+\alpha_E\sigma_{pc\,\mathrm{II}})A_p$ $\sigma_{l5}A_s$
	4	裂缝即将出现	e	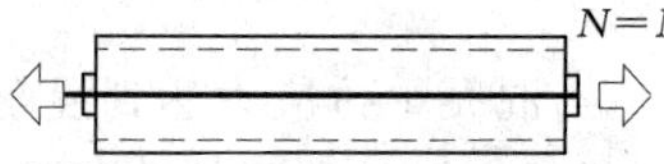 $N=N_{cr}$	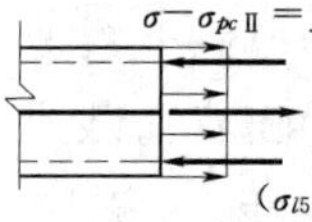 $\sigma-\sigma_{pc\,\mathrm{II}}=f_{tk}$ $(\sigma_{con}-\sigma_l+\alpha_E\sigma_{pc\,\mathrm{II}}+\alpha_E f_{tk})A_p$ $(\sigma_{l5}-\alpha_E f_{tk})A_s$
		荷载作用（开裂后）	f	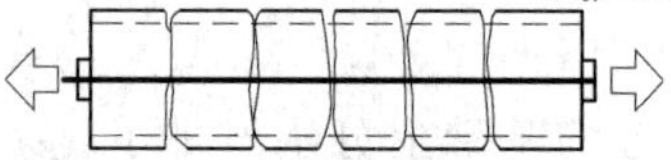 $N_{cr}<N<N_u$	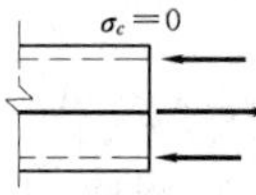 $\sigma_c=0$　$N_0=(\sigma_{con}-\sigma_l+\alpha_E\sigma_{pc\,\mathrm{II}})A_p-\sigma_{l5}A_s$ $(\sigma_{con}-\sigma_l+\alpha_E\sigma_{pc\,\mathrm{II}}+\dfrac{N-N_0}{A_p+A_s})A_p$ $(\sigma_{l5}-\dfrac{N-N_0}{A_p+A_s})A_p$
破坏阶段	5	破坏时	g	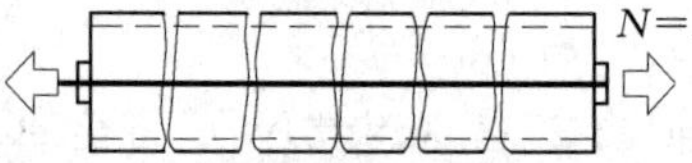 $N=N_u$	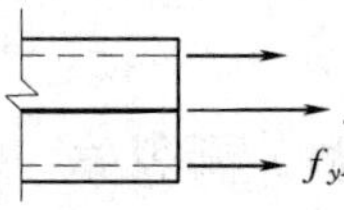 $f_{py}A_p$ f_yA_s

10.4.3　预应力混凝土构件与钢筋混凝土构件受力性能比较

现以后张法预应力混凝土轴心受拉构件和钢筋混凝土轴心受拉构件为例（两者的截面尺寸、材料及配数量完全相同）作一比较，进一步分析预应力混凝土轴心受拉构件的受力特点。

图 10-25 为上述两类构件在施工阶段、使用阶段和破坏阶段中，预应力筋、非预应力筋和混凝土的应力与荷载变化示意图。横坐标代表荷载，原点 0 左边为施工阶段预应力筋的回弹力，右边为使用阶段和破坏阶段作用的外力。纵坐标 0 点上、下方代表预应力筋、非预应力筋和混凝土的拉、压应力。实线为预应力混凝土构件，虚线为钢筋混凝土构件。由图中曲线对比可以看出：

(1) 施工阶段（或受外荷载以前）钢筋混凝土构件中的钢筋和混凝土的应力全为零，而预应力混凝土构件中的预应力筋和混凝土的应力则始终处于高应力状态之中。

(2) 使用阶段预应力混凝土构件的开裂荷载 N_{cr} 远远大于钢筋混凝土构件的开裂荷载 N'_{cr}。开裂荷载与破坏荷载之比，前者可达 0.9 以上，甚至可能发生一开裂就破坏的现象，而后者仅为 0.10～0.15 左右。相比之下，预应力混凝土构件破坏显得比较脆，这也是它的缺点。

(3) 两类构件的极限荷载相等，即 $N_u = N'_u$，图中可明显地看出，钢筋混凝土构件不能采用高强钢筋，否则构件就会在不大的拉力下因裂缝过宽而不满足正常使用极限状态的要求，只有采用预应力才能发挥高强钢筋的作用。

(4) 从图看到，预应力混凝土构件在外荷载 $N \leqslant N_{cr}$ 时混凝土及钢筋应力随荷载增加的增量与钢筋混凝土构件在 $N \leqslant N'_{cr}$ 时的增量相同。由于预应力混凝土构件开裂荷载大，开裂前钢筋应力变化较小，故预应力混凝土构件更适合于受疲劳荷载作用下的构件，例如吊车梁、铁路桥、公路桥等。

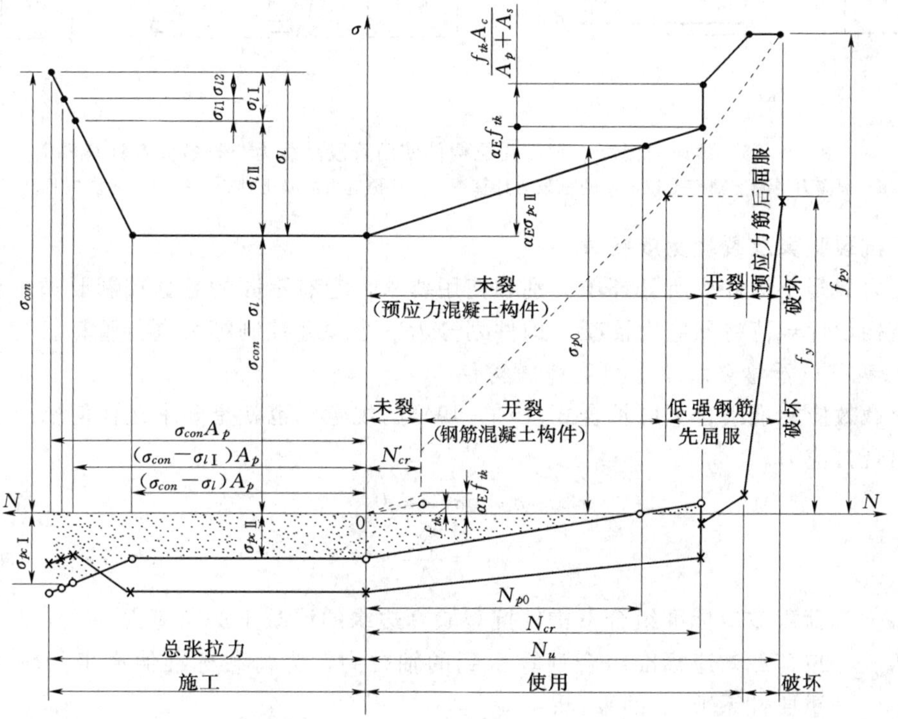

图 10-25　轴心受拉构件各阶段的钢筋和混凝土应力变化曲线示意图

·—预应力筋；×—非预应力筋；o—混凝土；----—钢筋混凝土构件中的钢筋

10.5　预应力混凝土轴心受拉构件设计

预应力混凝土轴心受拉构件，除了进行使用阶段承载力计算、抗裂验算或裂缝宽度验算以外，还要进行施工阶段张拉（或放张）预应力筋时构件的承载力验算，以及对采用锚具的后张法构件进行端部锚固区局部受压的验算。

10.5.1　使用阶段承载力计算

截面的计算简图如图 10-26（a）所示，构件正截面受拉承载力按下式计算：

$$\gamma_d N \leqslant N_u = f_{py} A_p + f_y A_s \tag{10-48}$$

式中　γ_d——结构系数，按本教材第 2 章表 2-6 采用；

N——轴向拉力设计值，为荷载设计值产生的轴向拉力与结构重要性系数 γ_0、设计状况系数 ψ 三者的乘积；γ_0 和 ψ 按本教材第 2 章有关规定取用；

f_{py}、f_y——预应力筋及非预应力筋抗拉强度设计值，按本教材附录 2 表 4 和表 3 取用；

A_p、A_s——预应力筋及非预应力筋的截面面积。

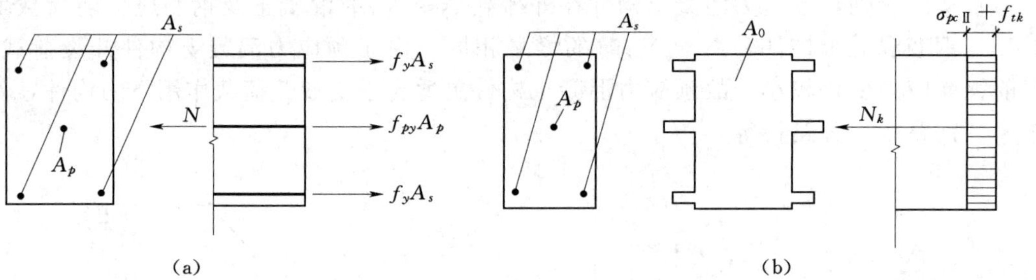

图 10-26　预应力混凝土轴心受拉构件使用阶段承载力与抗裂验算计算图

（a）预应力混凝土轴心受拉构件的承载力计算图；（b）预应力混凝土轴心受拉构件的抗裂验算图

10.5.2　抗裂验算及裂缝宽度验算

预应力混凝土构件按所处环境类别和使用要求，应有不同的裂缝控制要求。现行水工混凝土结构设计规范将预应力混凝土构件划分为三个裂缝控制等级进行验算。

1. 一级——严格要求不出现裂缝的构件

在荷载效应标准组合下应符合式（10-49）的规定，也就是要求在任何情况下，构件都不会出现拉应力。

$$\sigma_{ck} - \sigma_{pc\,\mathrm{II}} \leqslant 0 \tag{10-49}$$

$$\sigma_{ck} = \frac{N_k}{A_0} \tag{10-50}$$

式中　σ_{ck}——荷载效应标准组合下构件抗裂验算边缘的混凝土法向应力；

N_k——按荷载效应标准组合计算得到的轴拉力，为荷载标准值产生的轴力与结构重要性系数 γ_0 的乘积；

A_0——换算截面面积 $A_0 = A_c + \alpha_E A_p + \alpha_E A_s$；

$\sigma_{pc\,\mathrm{II}}$——扣除全部预应力损失后，在抗裂验算边缘的混凝土的预压应力，先张法构件按式（10-19）计算，后张法构件按式（10-38）计算。

2. 二级——一般要求不出现裂缝的构件

在荷载效应标准组合下应符合式（10-51）的规定，也就是要求构件不出现裂缝。

$$\sigma_{ck} - \sigma_{pc\,\mathrm{II}} \leqslant 0.7 f_{tk} \tag{10-51}$$

式中　f_{tk}——混凝土轴心抗拉强度标准值，按本教材附录 2 表 6 取用。

3. 三级——允许出现裂缝的构件

对于允许出现裂缝的预应力混凝土轴心受拉构件，荷载效应标准组合下的最大计算裂缝宽度 $w_{\max}$ 应符合下列规定：

$$w_{\max} \leqslant w_{\lim} \tag{10-52}$$

式中 $w_{\lim}$——预应力混凝土构件最大裂缝宽度限值，按本教材附录5表2查用。

如前所述，随外荷载 N 的增大，N 产生的拉应力逐渐抵消混凝土中的预压应力，当 N 达到了消压轴力 N_0 时，混凝土应力为零，这时的混凝土应力状态相当于受载之前的钢筋混凝土轴心受拉构件。当 $N>N_0$ 时，（$N-N_0$）使混凝土产生拉应力，甚至开裂，此时构件裂缝宽度的大小取决于（$N-N_0$）。因此，对于允许出现裂缝的轴心受拉构件，其裂缝宽度可参照钢筋混凝土构件的有关公式，只要取钢筋的应力 $\sigma_{sk}=\dfrac{N_k-N_0}{A_p+A_s}$ 即可。

DL/T 5057—2009规范规定，矩形、T形及I形截面的预应力混凝土轴心受拉和受弯构件，在荷载效应标准组合下的最大裂缝宽度 $w_{\max}$ 可按下列公式计算：

$$w_{\max}=\alpha_{cr}\psi\frac{\sigma_{sk}-\sigma_0}{E_s}l_{cr}\quad(\text{mm}) \tag{10-53}$$

其中

$$\psi=1-1.1\frac{f_{tk}}{\rho_{te}\sigma_{sk}}$$

$$l_{cr}=\left(2.2c+0.09\frac{d}{\rho_{te}}\right)\nu\quad(20\text{mm}\leqslant c\leqslant 65\text{mm})$$

或

$$l_{cr}=\left(65+1.2c+0.09\frac{d}{\rho_{te}}\right)\nu\quad(65\text{mm}<c\leqslant 150\text{mm})$$

式中 α_{cr}——考虑构件受力特征的系数，对于预应力混凝土受弯构件，取 $\alpha_{cr}=1.90$；对于预应力混凝土轴心受拉构件，取 $\alpha_{cr}=2.35$；

ψ——裂缝间纵向受拉钢筋应变不均匀系数：当 $\psi<0.2$ 时，取 $\psi=0.2$；对直接承受重复荷载的构件，取 $\psi=1$；

l_{cr}——平均裂缝间距，mm；

ν——考虑钢筋表面形状和预应力张拉方法系数，按表10-8采用；当采用不同种类的钢筋时，ν 按钢筋周长加权平均取值；

f_{tk}——混凝土轴心抗拉强度标准值，N/mm²，按本教材附录2表6查用；

E_s——钢筋弹性模量，N/mm²，按本教材附录2表5查用；

c——最外层纵向受拉钢筋外边缘至受拉区底边的距离，mm，当 $c<20$mm 时，取 $c=20$mm；当 $c>150$mm 时，取 $c=150$mm；

d——钢筋直径，mm，当钢筋用不同直径时，式中的 d 改用换算直径 $\dfrac{4(A_s+A_p)}{u}$，此处，u 为纵向受拉钢筋（A_s 及 A_p）截面总周长，mm；

ρ_{te}——纵向受拉钢筋（非预应力筋 A_s 及预应力筋 A_p）的有效配筋率，按下列规定计算：$\rho_{te}=(A_s+A_p)/A_{te}$，当 $\rho_{te}<0.03$ 时，取 $\rho_{te}=0.03$；

A_{te}——有效受拉混凝土截面面积，mm²，对受弯构件，取为其重心与 A_s 及 A_p 重心相一致的混凝土面积，即 $A_{te}=2ab$，其中，a 为受拉钢筋（A_s 及 A_p）重心距截面受拉边缘的距离，b 为矩形截面的宽度，对有受拉翼缘的倒 T 形及 I 形截面，b 为受拉翼缘宽度；对轴心受拉构件，当预应力筋配置在截面中心范围时，则 A_{te} 取为构件全截面面积；

A_p——受拉区纵向预应力筋截面面积，mm^2，对受弯构件，取受拉区纵向预应力筋截面面积；对轴心受拉构件，A_p 取全部纵向预应力筋截面面积；

σ_{sk}——按荷载效应标准组合计算的预应力混凝土构件纵向受拉钢筋的等效应力，N/mm^2；对于轴拉构件，$\sigma_{sk}=(N_k-N_0)/(A_p+A_s)$；

σ_0——钢筋的初始应力：对于长期处于水下的结构，允许采用 $\sigma_0=20.0N/mm^2$；对于干燥环境中的结构，取 $\sigma_0=0$。

表 10-8　　考虑预应力张拉方法的钢筋表面形状系数 ν

钢筋类别	非预应力筋		先张法预应力筋		后张法预应力筋	
	光圆钢筋	带肋钢筋	螺旋肋钢棒	钢绞线、钢丝、螺旋槽钢棒	螺旋肋钢棒	钢绞线、钢丝、螺旋槽钢棒
ν	1.4	1.0	1.0	1.2	1.1	1.5

10.5.3　轴心受拉构件施工阶段的验算

当放张预应力筋(先张法)或张拉预应力筋完毕(后张法)时,混凝土将受到最大的预压应力 σ_{cc},而这时混凝土强度通常仅达到设计强度的 75%,构件承载力是否足够,应予验算。验算包括两个方面：

1. 张拉(或放张)预应力筋时构件的承载力验算

为了保证在张拉(或放张)预应力筋时,混凝土不被压碎,混凝土的预压应力应符合下列条件：

$$\sigma_{cc}\leqslant 0.8f'_{ck} \tag{10-54}$$

式中　f'_{ck}——与张拉（或放张）预应力筋时，混凝土立方体抗压强度 f'_{cu} 相应的轴心抗压强度标准值，可按本教材附录 2 表 6 以线性内插法取用。

先张法构件在放张（或切断）预应力筋时，仅按第一批损失出现后计算 σ_{cc}，即

$$\sigma_{cc}=\frac{(\sigma_{con}-\sigma_{l\mathrm{I}})A_p}{A_0} \tag{10-55}$$

后张法张拉预应力筋完毕，应力达到 σ_{con}，而又未及时锚固时，按不考虑预应力损失值计算 σ_{cc}，即

$$\sigma_{cc}=\frac{\sigma_{con}A_p}{A_n} \tag{10-56}$$

2. 后张法构件端部局部受压承载力计算

后张法构件混凝土的预压应力是由预应力筋回缩时通过锚具对构件端部混凝土施加局部挤压力来建立并维持的。在局部挤压力作用下，端部锚具下的混凝土处于高应力状态下的三向受力情况（图 10-27），不仅在纵向有较大压应力 σ_z，而且在径向、环向还产生拉应力 σ_r、σ_θ。加上构件端部钢筋比较集中，混凝土截面又被预留孔道削弱较多，混凝土强度又较低，因此，验算构件端部局部受压承载力极为重要。工程中常因疏忽而导致发生质量事故。

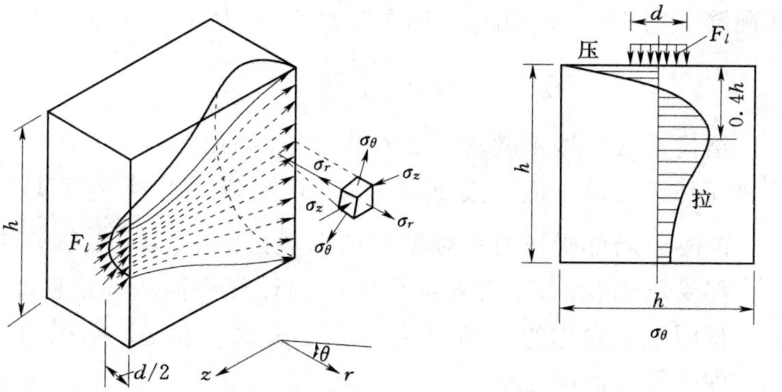

图 10-27　锚具下的混凝土三向受力情况

为了防止混凝土因局部受压强度不足而发生脆性破坏，通常需在局部受压区内配置如图 10-28 所示的方格网式或螺旋式间接钢筋，以约束混凝土的横向变形，从而提高局部受压承载力。

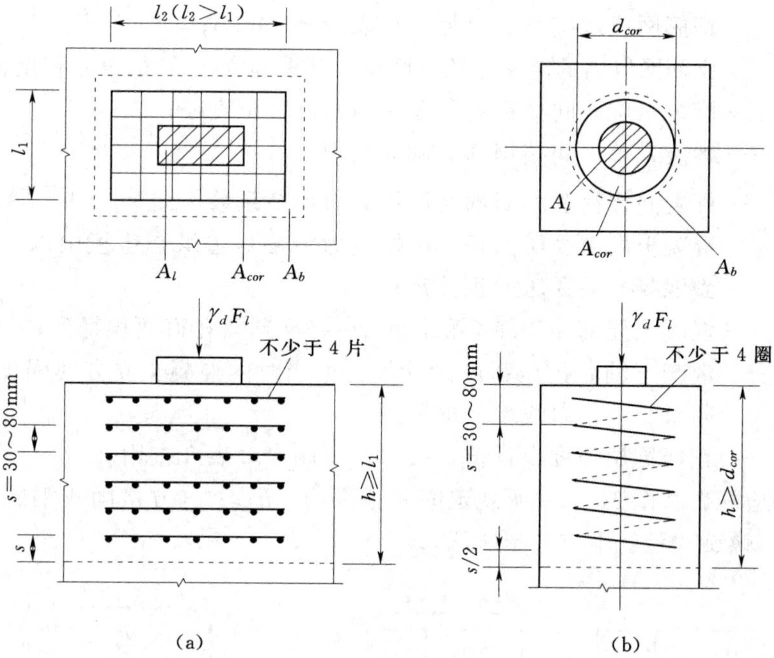

图 10-28　局部受压区间接钢筋配筋图

当配置方格网式或螺旋式间接钢筋且符合 $A_{cor} \geqslant A_l$ 的条件时，其局部受压承载力可按下列公式计算：

$$\gamma_d F_l \leqslant (\beta_l f_c + 2\rho_v \beta_{cor} f_y) A_{ln} \tag{10-57}$$

其中：

当为方格网式配筋［图 10-28 (a)］，体积配筋率 ρ_v 为：

$$\rho_v = \frac{n_1 A_{s1} l_1 + n_2 A_{s2} l_2}{A_{cor} s} \tag{10-58}$$

当为螺旋式配筋［图 10－28（b）］，体积配筋率 ρ_v 为：

$$\rho_v=\frac{4A_{ss1}}{d_{cor}s} \qquad (10-59)$$

式中 γ_d——结构系数，按本教材第 2 章表 2－6 采用；

F_l——局部压力设计值，按 $F_l=\gamma_G\sigma_{con}A_p$ 计算，此处 γ_G 可取 1.05；

β_l——混凝土局部受压时的强度提高系数，$\beta_l=\sqrt{A_b/A_l}$。其中 A_l 为混凝土局部受压面积；A_b 为局部受压时的计算底面积。由图 10－29 按与 A_l 面积同心、对称的原则取用。计算 β_l 时，在 A_b 及 A_l 中均不扣除开孔构件的孔道面积；

ρ_v——间接钢筋的体积配筋率（核心面积 A_{cor} 范围内单位混凝土体积中所包含的间接钢筋体积）；

n_1A_{s1}、n_2A_{s2}——方格网沿 l_1、l_2 方向的钢筋根数与单根钢筋截面面积的乘积；钢筋网两个方向上单位长度内的钢筋截面面积比不宜大于 1.5；

l_1、l_2——钢筋网两个方向的长度；

s——钢筋网或螺旋筋的间距，宜取 30～80mm；

A_{cor}——钢筋网以内的混凝土核心面积，其重心应与 A_l 的重心相重合，$A_{cor}\leqslant A_b$；

d_{cor}——配置螺旋式间接钢筋范围以内的混凝土直径；

A_{ss1}——螺旋式单根间接钢筋的截面面积；

β_{cor}——配置间接钢筋的局部受压承载力提高系数，$\beta_{cor}=\sqrt{A_{cor}/A_l}$；

A_l——混凝土局部受压面积，可按应力沿锚具边缘在垫板中以 45°角扩散后传到混凝土的受压面积计算；

A_{ln}——混凝土局部受压净面积，由 A_l 扣除预留孔道面积得到；

f_c——混凝土轴心抗压强度设计值，由当时的混凝土立方体强度 f'_{cu} 按本教材附录 2 表 1 以线性插值取用；

f_y——钢筋抗拉强度设计值，按本教材附录 2 表 3 查用。

间接钢筋应配置在图 10－28 所规定的 h 范围内。$h\geqslant l_1$（方格网式钢筋片不应小于 4 片）；$h\geqslant d_{cor}$（螺旋式钢筋不应小于 4 圈）。

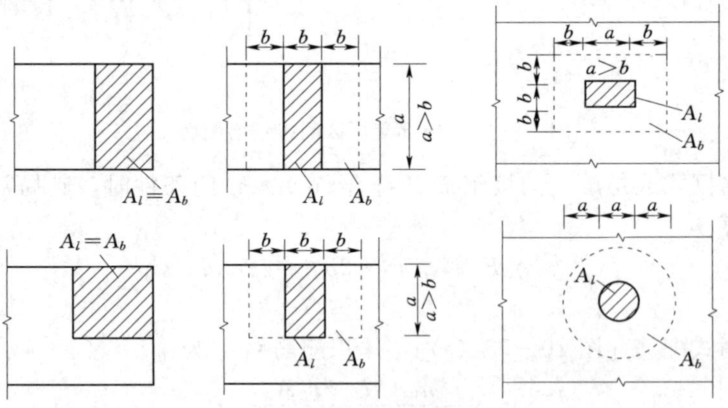

图 10－29 确定局部受压计算底面积 A_b 示意图

应当指出，配置间接钢筋过多，虽可较大地提高局部受压承载力，但会造成在过大的局部压力下出现锚具下的混凝土压陷破坏或产生端部裂缝。因此，配置间接钢筋的构件，其局部受压区的截面尺寸应符合下列要求：

$$\gamma_d F_l \leqslant 1.5\beta_l f_c A_{ln} \tag{10-60}$$

对于预应力混凝土轴心受拉构件的设计，SL 191—2008 规范和 DL/T 5057—2009 规范基本相同，仅需注意下列三点。

(1) 在承载力计算时将有关公式中的 γ_d 换成 K，内力 N 采用荷载设计值产生的轴拉力。

(2) 在正常使用极限状态验算时，内力 N_k 采用荷载标准值产生的轴拉力。

(3) 裂缝宽度计算公式是在式 (8-39) 中加入一个考虑钢筋表面形状和预应力张拉方式的系数 α_1 而成，另外还需注意公式中系数 α_{cr} 的取值与普通钢筋混凝土构件不同，详见 SL 191—2008 规范。

【例 10-1】 某预应力混凝土屋架下弦杆长度为 24m，截面尺寸为 280mm×180mm，试按 DL/T 5057—2009 规范设计。

解：

1. 基本数据

3 级水工建筑物结构，$\gamma_0=1.0$；持久状况，$\psi=1.0$；预应力混凝土结构，$\gamma_d=1.20$。

混凝土采用 C60，$f_c=27.5\text{N/mm}^2$，$f_t=2.04\text{N/mm}^2$，$f_{ck}=38.5\text{N/mm}^2$，$f_{tk}=2.85\text{N/mm}^2$，$E_c=3.60\times10^4\text{N/mm}^2$。

预应力筋采用$\Phi^S 1\times7$ ($d=15.2$mm) 的钢绞线，$f_{ptk}=1860\text{N/mm}^2$，$f_{py}=1320\text{N/mm}^2$，$E_s=1.95\times10^5\text{N/mm}^2$。

按构造要求布置 4 Φ 12 ($A_s=452\text{mm}^2$) 的非预应力筋，$f_{yk}=400\text{N/mm}^2$，$f_y=360\text{N/mm}^2$，$E_s=2.0\times10^5\text{N/mm}^2$。

采用后张法，一端张拉，采用 OVM 锚具，孔道采用预埋金属波纹管，孔道直径为 55mm。张拉时混凝土强度 $f'_{cu}=60\text{N/mm}^2$；张拉控制应力取 $\sigma_{con}=0.70f_{ptk}=0.70\times1860=1302.0\text{N/mm}^2$。

永久荷载标准值产生的轴向拉力 $N_k=820.0$kN，可变荷载标准值产生的轴向拉力 $N_k=320.0$kN。$\gamma_G=1.05$，$\gamma_Q=1.20$。

2. 使用阶段承载力计算

$$N=\gamma_0\psi(\gamma_G N_G+\gamma_Q N_Q)=1.0\times1.0\times(1.05\times820.0+1.20\times320.0)=1245.0(\text{kN})$$

由式 (10-48)

$$A_p=\frac{\gamma_d N-f_y A_s}{f_{py}}=\frac{1.20\times1245.0\times10^3-360\times452}{1320}=1009(\text{mm}^2)$$

采用两束高强低松弛钢绞线，每束 4 $\Phi^S 1\times7$ ($d=15.2$mm)，每根钢绞线的截面积为 140mm²，共 8 根，$A_p=1120\text{mm}^2$，见图 10-30 (c)。

3. 使用阶段抗裂验算

(1) 截面几何特征

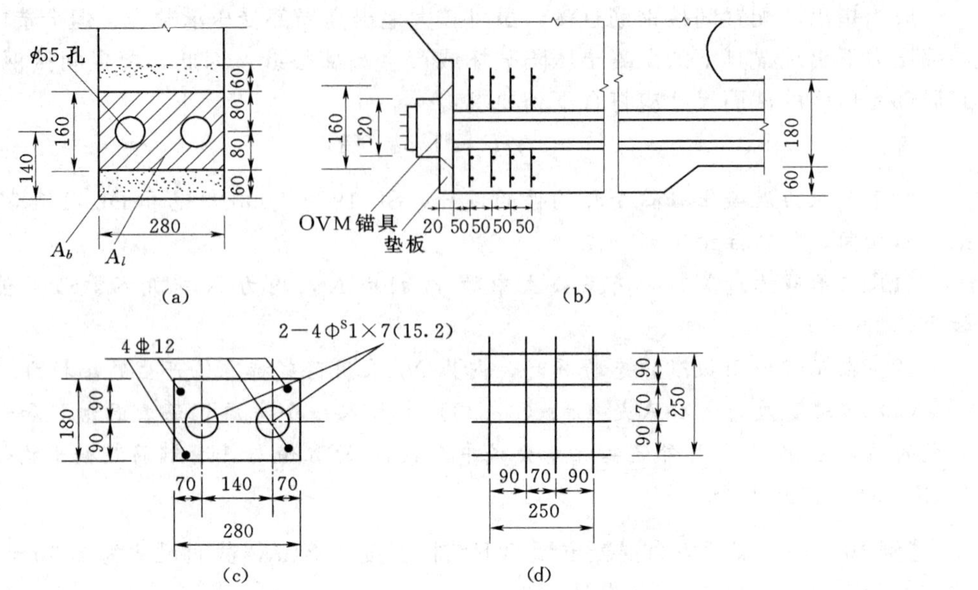

图 10-30　屋架下弦

(a) 受压面积图；(b) 下弦端节点；(c) 下弦截面配筋；(d) 钢筋网片

预应力筋
$$\alpha_{E1}=\frac{E_s}{E_c}=\frac{1.95\times10^5}{3.60\times10^4}=5.42$$

非预应力筋
$$\alpha_{E2}=\frac{2.0\times10^5}{3.60\times10^4}=5.56$$

$$A_n=A_c+\alpha_{E2}A_s=280\times180-2\times\frac{\pi}{4}\times55^2-452+5.56\times452=47709(\text{mm}^2)$$

$$A_0=A_n+\alpha_{E1}A_p=47709+5.42\times1120=53779(\text{mm}^2)$$

(2) 预应力损失

1) 锚具变形损失 σ_{l1}

由表 10-2，查得夹片式锚具 OVM 的锚具变形和钢筋内缩值 $a=5\text{mm}$，则

$$\sigma_{l1}=\frac{a}{l}E_s=\frac{5}{24.0\times10^3}\times1.95\times10^5=40.6(\text{N/mm}^2)$$

2) 孔道摩擦损失 σ_{l2}

按锚固端计算该项损失，所以 $l=24\text{m}$，直线配筋，$\theta=0°$，查表 10-3 得 $\kappa=0.0015$，$\kappa x=0.0015\times24=0.036$，则

$$\sigma_{l2}=\sigma_{con}\left(1-\frac{1}{e^{\kappa x+\mu\theta}}\right)=1302.0\times\left(1-\frac{1}{e^{0.036}}\right)=46.0(\text{N/mm}^2)$$

则第一批损失为：

$$\sigma_{l\,\text{I}}=\sigma_{l1}+\sigma_{l2}=40.6+46.0=86.6(\text{N/mm}^2)$$

3) 预应力筋的应力松弛损失 σ_{l4}

$$\sigma_{l4}=0.125\left(\frac{\sigma_{con}}{f_{ptk}}-0.5\right)\sigma_{con}=0.125\left(\frac{1302.0}{1860}-0.5\right)\times1302.0$$

$=32.6(N/mm^2)$

4）混凝土的收缩和徐变损失 σ_{l5}

$$\sigma_{pc\,\mathrm{I}}=\frac{(\sigma_{con}-\sigma_{l\,\mathrm{I}})A_p}{A_n}=\frac{(1302.0-86.6)\times 1120}{47709}=28.5(N/mm^2)$$

$$\frac{\sigma_{pc\,\mathrm{I}}}{f'_{cu}}=\frac{28.5}{60}=0.475<0.5$$

$$\rho=\frac{A_p+A_s}{A_n}=\frac{1120+452}{47709}=0.033$$

$$\sigma_{l5}=\frac{35+280\dfrac{\sigma_{pc\,\mathrm{I}}}{f'_{cu}}}{1+15\rho}=\frac{35+280\times 0.475}{1+15\times\dfrac{1}{2}\times 0.033}=134.7(N/mm^2)$$

则第二批损失为：

$$\sigma_{l\,\mathrm{II}}=\sigma_{l4}+\sigma_{l5}=32.6+134.7=167.3(N/mm^2)$$

总损失

$$\sigma_l=\sigma_{l\,\mathrm{I}}+\sigma_{l\,\mathrm{II}}=86.6+167.3=253.9(N/mm^2)>80N/mm^2$$

(3) 抗裂验算

混凝土有效预压应力：

$$\sigma_{pc\,\mathrm{II}}=\frac{(\sigma_{con}-\sigma_l)A_p-A_s\sigma_{l5}}{A_n}$$

$$=\frac{(1302.0-253.9)\times 1120-452\times 134.7}{47709}=23.3(N/mm^2)$$

在荷载效应标准组合下：

$$N_k=\gamma_0(N_G+N_Q)=1.0\times(820.0+320.0)=1140.0(kN)$$

$$\sigma_{ck}=\frac{N_k}{A_0}=\frac{1140.0\times 10^3}{53779}=21.2(N/mm^2)$$

$\sigma_{ck}-\sigma_{pc\,\mathrm{II}}=21.2-23.3<0$，满足一级抗裂要求。

4. 施工阶段承载力验算

最大张拉力：

$$N_p=\sigma_{con}\times A_p=1302.0\times 1120=1458240(N)=1458.24kN$$

截面上混凝土可承受的压应力：

$$0.8f'_{ck}=0.8\times 38.5=30.8\ (N/mm^2)$$

$$\sigma_{cc}=\frac{N_p}{A_n}=\frac{1458.24\times 10^3}{47709}=30.6(N/mm^2)<0.8f'_{ck}$$，满足要求

5. 锚具下局部受压验算

(1) 端部受压区截面尺寸验算

OVM 锚具的直径为 120mm，锚具下垫板厚 20mm，局部受压面积可按压力 F_l 从锚具边缘在垫板中按 45°扩散的面积计算，在计算局部受压计算底面积时，近似地可按图

10-30 (a)两实线所围的矩形面积代替两个圆面积。

$$A_l=280\times(120+2\times20)=44800(\text{mm}^2)$$

锚具下局部受压计算底面积：

$$A_b=280\times(160+2\times60)=78400(\text{mm}^2)$$

混凝土局部受压净面积：

$$A_{ln}=44800-2\times\frac{\pi}{4}\times55^2=40048(\text{mm}^2)$$

$$\beta_l=\sqrt{\frac{A_b}{A_l}}=\sqrt{\frac{78400}{44800}}=1.323$$

按式（10-60）得

$$1.5\beta_l f_c A_{ln}=1.5\times1.323\times27.5\times40048=2185.57\ (\text{kN})$$

$$F_l=1.05\sigma_{con}A_p=1.05\times1302.0\times1120=1531.15\times10^3(\text{N})=1531.15\text{kN}$$

$$\gamma_d F_l=1.20\times1531.15=1837.38(\text{kN})<1.5\beta_l f_c A_{ln}$$，满足要求。

（2）局部受压承载力计算

间接钢筋采用4片φ8方格焊接网片，见图10-30（b），间距$s=50$mm，网片尺寸见图10-30（d）。

$$A_{cor}=250\times250=62500(\text{mm}^2)>A_{ln}=40048\text{mm}^2$$

$$\beta_{cor}=\sqrt{\frac{A_{cor}}{A_l}}=\sqrt{\frac{62500}{44800}}=1.18$$

间接钢筋的体积配筋率

$$\rho_v=\frac{n_1A_{s1}l_1+n_2A_{s2}l_2}{A_{cor}s}=\frac{4\times50.3\times250+4\times50.3\times250}{62500\times50}=0.032$$

按式（10-57）

$$\begin{aligned}(\beta_l f_c+2\rho_v\beta_{cor}f_y)A_{ln}&=(1.323\times27.5+2\times0.032\times1.18\times270)\times40048\\&=2273.64\times10^3(\text{N})=2273.64\text{kN}\\&>\gamma_d F_l=1.20\times1531.15=1837.38(\text{kN})\text{，满足要求}\end{aligned}$$

10.6 预应力混凝土受弯构件的应力分析

预应力混凝土受弯构件各阶段的应力变化规律基本上与10.4节轴心受拉构件所述类同。但因受力方式不同，因而也有它自己的特点：与轴心受拉构件预应力筋的重心位于截面中心不同，受弯构件预应力筋的重心应尽可能布置在靠近梁的底部（即偏心布置），因此预应力筋回缩时的压力对受弯构件截面是偏心受压作用，故截面上的混凝土不仅有预压应力（在梁底部），而且有可能有预拉应力（在梁顶部，又称预拉区）。为充分发挥预应力筋对梁底受拉区混凝土的预压作用，以及减小梁顶混凝土的拉应力，受弯构件的截面经常设计成上、下翼缘不对称的I形截面。对施工阶段要求在预拉区不能开裂的构件，通常还在梁上部设置预应力筋A_p'，以防止放张预应力筋时截面上部开裂。同时在受拉区和受压区设置非预应力筋A_s和A_s'，其作用是：适当减少预应力筋的数量，增加构件的延性，满足施工、运输和吊装各阶段的受力及控制裂缝宽度的需要。

现以配有预应力筋 A_p、A'_p和非预应力筋 A_s、A'_s的非对称 I 形截面预应力混凝土受弯构件为例（图 10－31），分析先张法、后张法各阶段截面应力及内力。

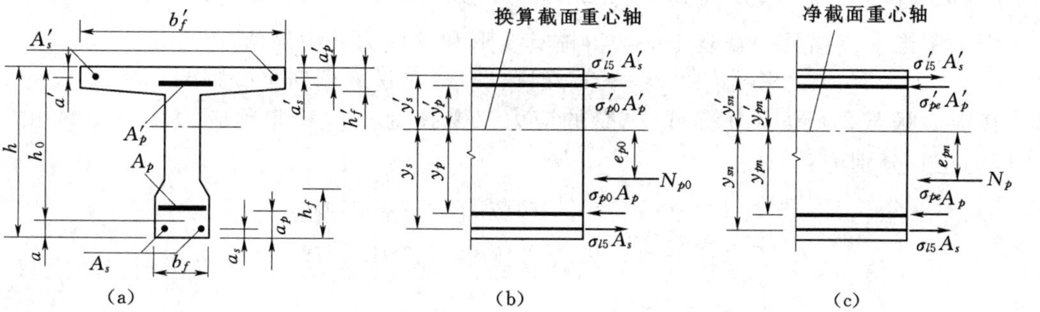

图 10－31　I 形截面预应力混凝土构件和预应力筋、非预应力筋合力位置

(a) I 形截面；(b) 先张法；(c) 后张法

10.6.1　先张法受弯构件的应力分析

先张法受弯构件从张拉预应力筋开始直到破坏为止的整个应力变化情况，与轴心受拉构件完全类似，也可分为六种应力状态（参阅表 10－9）。

10.6.1.1　施工阶段

1. 应力状态 1——预应力筋放张前

张拉预应力筋时（表 10－9 图 a），A_p 的控制应力为 σ_{con}，A'_p的控制应力为 σ'_{con}。当第一批预应力损失出现后（表 10－9 图 b），预应力筋的张拉力分别为（$\sigma_{con}-\sigma_{l\,\mathrm{I}}$）$A_p$ 及（$\sigma'_{con}-\sigma'_{l\,\mathrm{I}}$）$A'_p$。预应力筋和非预应力筋的合力为 $N_{p0\,\mathrm{I}}$（此时非预应力筋应力为零）为

$$N_{p0\,\mathrm{I}}=(\sigma_{con}-\sigma_{l\,\mathrm{I}})A_p+(\sigma'_{con}-\sigma'_{l\,\mathrm{I}})A'_p \tag{10-61}$$

$N_{p0\,\mathrm{I}}$ 由台座（或钢模）支承平衡。在此状态，混凝土尚未受到压缩，应力为零。

2. 应力状态 2——预应力筋放张后

在从台座（或钢模）上放张预应力筋时（表 10－9 图 c），$N_{p0\,\mathrm{I}}$ 反过来作用在混凝土截面上，使混凝土产生法向应力。和轴心受拉构件类似，可把 $N_{p0\,\mathrm{I}}$ 视为外力（偏心压力），作用在换算截面 A_0 上，按偏心受压公式计算截面上各点的混凝土法向预应力：

$$\left.\begin{matrix}\sigma_{pc\,\mathrm{I}}\\ \sigma'_{pc\,\mathrm{I}}\end{matrix}\right\}=\frac{N_{p0\,\mathrm{I}}}{A_0}\pm\frac{N_{p0\,\mathrm{I}}\,e_{p0\,\mathrm{I}}}{I_0}y_0 \tag{10-62}$$

式中　A_0——换算截面面积，$A_0=A_c+\alpha_E A_p+\alpha_E A_s+\alpha_E A'_p+\alpha_E A'_s$，不同品种钢筋应分别取用不同的弹性模量计算 α_E 值；

A_c——混凝土截面面积；

I_0——换算截面 A_0 的惯性矩；

$e_{p0\,\mathrm{I}}$——预应力筋和非预应力筋合力至换算截面重心轴的距离；

y_0——换算截面重心轴至所计算纤维层的距离。

在利用式（10－62）求换算截面重心轴以下和以上各点混凝土预应力值时，对公式右边第二项前分别取相应的加号和减号，所求得的混凝土预应力值以压应力为正。

偏心力 $N_{p0\mathrm{I}}$ 的偏心距 $e_{p0\mathrm{I}}$ 可按下式求得：

$$e_{p0\mathrm{I}}=\frac{\sigma_{p0\mathrm{I}}A_py_p-\sigma'_{p0\mathrm{I}}A'_py'_p}{N_{p0\mathrm{I}}} \tag{10-63}$$

式中 $\sigma_{p0\mathrm{I}}$、$\sigma'_{p0\mathrm{I}}$——放张前预应力筋 A_p、A'_p 的拉应力，$\sigma'_{p0\mathrm{I}}=\sigma'_{con}-\sigma'_{l\mathrm{I}}$，$\sigma_{p0\mathrm{I}}=\sigma_{con}-\sigma_{l\mathrm{I}}$；

y_p、y'_p——预应力筋 A_p、A'_p 各自合力点至换算截面重心轴的距离。

在应力状态 2，预应力筋 A_p、A'_p 的应力（受拉为正）和非预应力筋 A_s、A'_s 的应力（受压为正）分别为：

$$\sigma_{pe\mathrm{I}}=(\sigma_{con}-\sigma_{l\mathrm{I}})-\alpha_E\sigma_{pc\mathrm{I}p}=\sigma_{p0\mathrm{I}}-\alpha_E\sigma_{pc\mathrm{I}p} \tag{10-64}$$

$$\sigma'_{pe\mathrm{I}}=(\sigma'_{con}-\sigma'_{l\mathrm{I}})-\alpha_E\sigma'_{pc\mathrm{I}p}=\sigma'_{p0\mathrm{I}}-\alpha_E\sigma'_{pc\mathrm{I}p} \tag{10-65}$$

$$\sigma_{s\mathrm{I}}=\alpha_E\sigma_{pc\mathrm{I}s} \tag{10-66}$$

$$\sigma'_{s\mathrm{I}}=\alpha_E\sigma'_{pc\mathrm{I}s} \tag{10-67}$$

上列式中 $\sigma_{pc\mathrm{I}p}$、$\sigma'_{pc\mathrm{I}p}$ 和 $\sigma_{pc\mathrm{I}s}$、$\sigma'_{pc\mathrm{I}s}$ 分别为第一批预应力损失出现后 A_p、A'_p 和 A_s、A'_s 重心处混凝土法向预应力值。它们可由式（10-62）求出，只要将式中的 y_0 分别代以 y_p、y'_p 及 y_s、y'_s 即可。

3. 应力状态 3——全部应力损失出现

全部应力损失出现后（表 10-9 图 d），由于混凝土收缩和徐变对 A_s、A'_s 有影响，混凝土法向预应力为零时（预应力筋合力点处）预应力筋和非预应力筋的合力变为 $N_{p0\mathrm{II}}$：

$$N_{p0\mathrm{II}}=(\sigma_{con}-\sigma_l)A_p+(\sigma'_{con}-\sigma'_l)A'_p-\sigma_{l5}A_s-\sigma'_{l5}A'_s \tag{10-68}$$

此时截面各点的混凝土法向预应力为：

$$\left.\begin{matrix}\sigma_{pc\mathrm{II}}\\ \sigma'_{pc\mathrm{II}}\end{matrix}\right\}=\frac{N_{p0\mathrm{II}}}{A_0}\pm\frac{N_{p0\mathrm{II}}e_{p0\mathrm{II}}}{I_0}y_0 \tag{10-69}$$

偏心力 $N_{p0\mathrm{II}}$ 的偏心距 $e_{p0\mathrm{II}}$ 可按下式求得：

$$e_{p0\mathrm{II}}=\frac{\sigma_{p0\mathrm{II}}A_py_p-\sigma'_{p0\mathrm{II}}A'_py'_p-\sigma_{l5}A_sy_s+\sigma'_{l5}A'_sy'_s}{N_{p0\mathrm{II}}} \tag{10-70}$$

式中 $\sigma_{p0\mathrm{II}}$、$\sigma'_{p0\mathrm{II}}$——第二批预应力损失出现后，当混凝土法向预应力为零时，预应力筋 A_p、A'_p 的拉应力，$\sigma_{p0\mathrm{II}}=(\sigma_{con}-\sigma_l)$、$\sigma'_{p0\mathrm{II}}=(\sigma'_{con}-\sigma'_l)$；

y_s、y'_s——非预应力筋 A_s、A'_s 各自合力点至换算截面重心轴的距离。

当截面受压区不配置预应力筋 $A'_p(A'_p=0)$ 时，则上列式中的 σ'_{l5} 取等于零。

在应力状态 3，相应的预应力筋 A_p、A'_p 的拉应力和非预应力筋 A_s、A'_s 的压应力为：

$$\sigma_{pe\mathrm{II}}=(\sigma_{con}-\sigma_l)-\alpha_E\sigma_{pc\mathrm{II}p}=\sigma_{p0\mathrm{II}}-\alpha_E\sigma_{pc\mathrm{II}p} \tag{10-71}$$

$$\sigma'_{pe\mathrm{II}}=(\sigma'_{con}-\sigma'_l)-\alpha_E\sigma'_{pc\mathrm{II}p}=\sigma'_{p0\mathrm{II}}-\alpha_E\sigma'_{pc\mathrm{II}p} \tag{10-72}$$

$$\sigma_{s\mathrm{II}}=\sigma_{l5}+\alpha_E\sigma_{pc\mathrm{II}s} \tag{10-73}$$

$$\sigma'_{s\mathrm{II}}=\sigma'_{l5}+\alpha_E\sigma'_{pc\mathrm{II}s} \tag{10-74}$$

上列式中 $\sigma_{pc\mathrm{II}p}$、$\sigma'_{pc\mathrm{II}p}$ 和 $\sigma_{pc\mathrm{II}s}$、$\sigma'_{pc\mathrm{II}s}$ 值可由式（10-69）求得。

10.6.1.2 使用阶段

1. 应力状态 4——消压状态

在消压弯矩 M_0 作用下（表 10-9 图 e），截面下边缘拉应力刚好抵消下边缘混凝土的

预压应力，即

$$\frac{M_0}{W_0}-\sigma_{pc\,\mathrm{II}}=0$$

所以
$$M_0=\sigma_{pc\,\mathrm{II}}W_0 \tag{10-75}$$

式中 W_0——换算截面对受拉边缘弹性抵抗矩。

与轴心受拉构件不同的是，消压弯矩 M_0 仅使受拉边缘处的混凝土应力为零，截面上其他部位的应力均不为零。

此时预应力筋 A_p 的拉应力 σ_{p0} 由 $\sigma_{pe\,\mathrm{II}}$ 增加 $\frac{\alpha_E M_0 y_p}{I_0}$，$A'_p$ 的拉应力 σ'_{p0} 由 $\sigma'_{pe\,\mathrm{II}}$ 减少 $\frac{\alpha_E M_0 y'_p}{I_0}$，即

$$\sigma_{p0}=\sigma_{pe\,\mathrm{II}}+\alpha_E\frac{M_0}{I_0}y_p=\sigma_{p0\,\mathrm{II}}-\alpha_E\sigma_{pc\,\mathrm{II}\,p}+\alpha_E\frac{M_0}{I_0}y_p\approx\sigma_{p0\,\mathrm{II}} \tag{10-76}$$

$$\sigma'_{p0}=\sigma'_{pe\,\mathrm{II}}-\alpha_E\frac{M_0}{I_0}y'_p=\sigma'_{p0\,\mathrm{II}}-\alpha_E\sigma'_{pc\,\mathrm{II}\,p}+\alpha_E\frac{M_0}{I_0}y'_p \tag{10-77}$$

相应的非预应力筋 A_s 的压应力 σ_{s0} 则由 $\sigma_{s\,\mathrm{II}}$ 减少 $\alpha_E M_0\frac{y_s}{I_0}$，$A'_s$ 的压应力 σ'_{s0} 由 $\sigma'_{s\,\mathrm{II}}$ 增加 $\frac{\alpha_E M_0 y'_s}{I_0}$，具体公式不再列出。

2. 应力状态 5——即将开裂

如外荷载继续增加至 $M>M_0$，则截面下边缘混凝土的应力将转化为受拉，当混凝土拉应变达到其极限拉应变 ε_{tu} 时，混凝土即将出现裂缝（表 10-9 图 f），此时截面上受到的弯矩即为开裂弯矩 M_{cr}。

$$M_{cr}=M_0+\gamma_m f_{tk}W_0=(\sigma_{pc\,\mathrm{II}}+\gamma_m f_{tk})W_0 \tag{10-78a}$$

也可用应力表示为
$$\sigma_{cr}=\sigma_{pc\,\mathrm{II}}+\gamma_m f_{tk} \tag{10-78b}$$

式中 γ_m——受弯构件的截面抵抗矩塑性系数，和普通钢筋混凝土构件一样取用，见本教材附录 5 表 4。

在裂缝即将出现的瞬间，受拉区预应力筋 A_p 的拉应力由 σ_{p0} 增加 $\alpha_E\gamma_m f_{tk}$（近似），即

$$\sigma_{pcr}\approx\sigma_{p0}+\alpha_E\gamma_m f_{tk} \tag{10-79}$$

而受压区预应力筋 A'_p 的拉应力则由 σ'_{p0} 减少 $\alpha_E\frac{M_{cr}-M_0}{I_0}y'_p$，即

$$\sigma'_{pcr}=\sigma'_{p0}-\alpha_E\frac{M_{cr}-M_0}{I_0}y'_p \tag{10-80}$$

此时，相应的非预应力筋 A_s 的压应力 σ_{scr} 则由 σ_{s0} 减少 $\alpha_E\gamma_m f_{tk}$，A'_s 的压应力 σ'_{scr} 由 σ'_{s0} 增加 $\alpha_E\frac{M_{cr}-M_0}{I_0}y'_s$。

此状态为预应力混凝土受弯构件抗裂验算的应力计算模型和理论依据。

3. 应力状态 6——破坏状态

当外荷载继续增大至 M 大于 M_{cr} 时，受拉区就出现裂缝，裂缝截面受拉混凝土退出

工作，全部拉力由钢筋承担。当外荷载增大至构件破坏时，截面受拉区预应力筋 A_p 和非预应力筋 A_s 的应力先达到屈服强度 f_{py} 和 f_y，然后受压区边缘混凝土应变达到极限压应变致使混凝土被压碎，构件达到极限承载力（表 10－9 图 g）。此时，受压区非预应力筋 A'_s的应力可达到受压屈服强度 f'_y。而预应力筋 A'_p的应力 σ'_p可能是拉应力，也可能是压应力，但不可能达到受压屈服强度 f'_{py}，详见后述。

表 10－9　　先张法预应力混凝土梁的应力变化情况

应力状态				应力图形
施工阶段	1	刚张拉好预应力筋	a 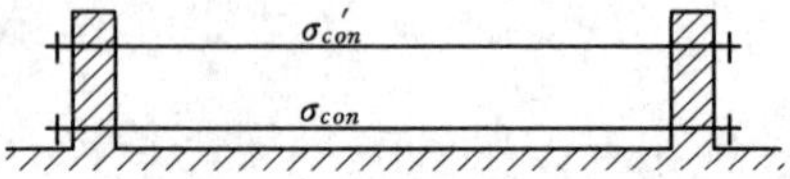	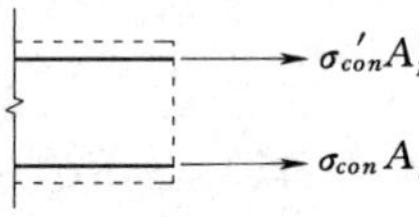
		浇捣混凝土，并进行养护，第一批预应力损失出现	b 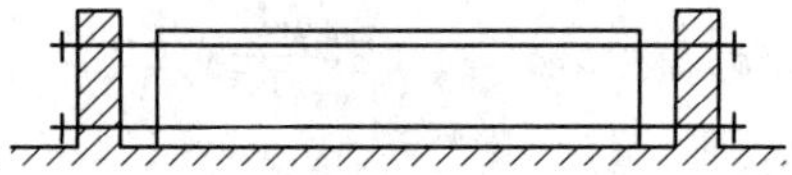	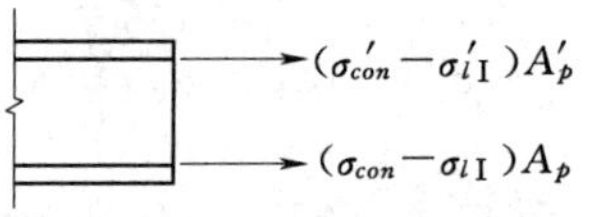
	2	从台座上放松预应力筋，混凝土受到预压	c 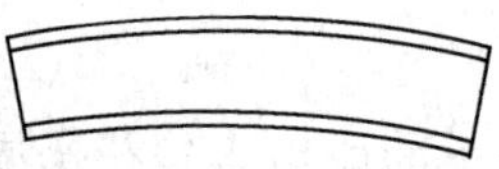	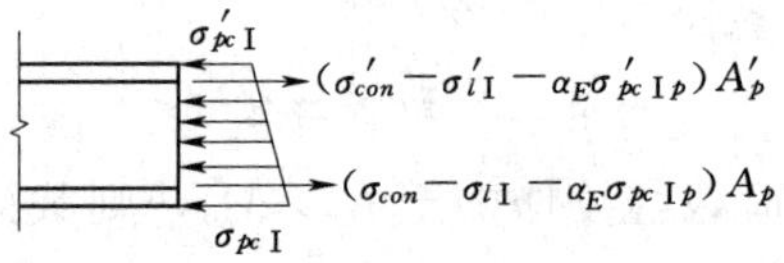
	3	损失全部出现	d 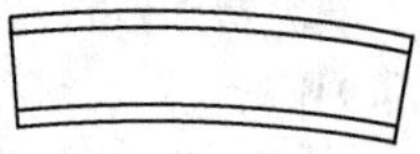	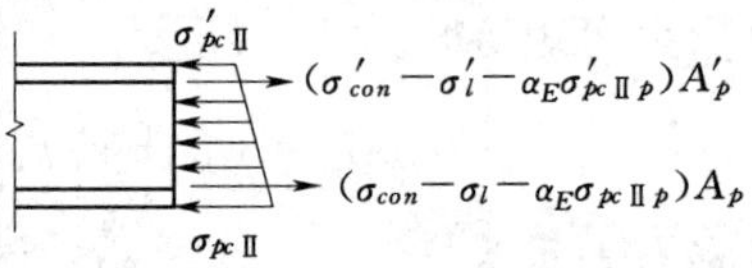
使用阶段	4	荷载作用（加载至受拉边缘混凝土应力为零）	e 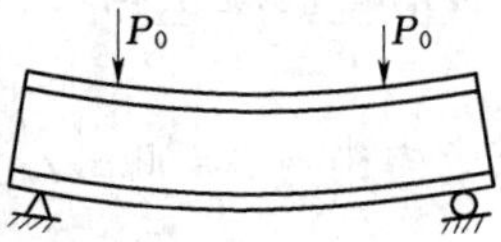	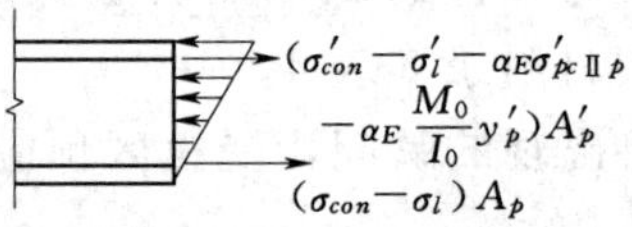
	5	受拉区裂缝即将出现	f 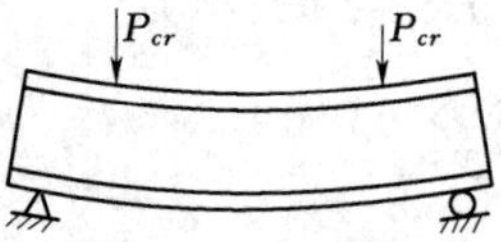	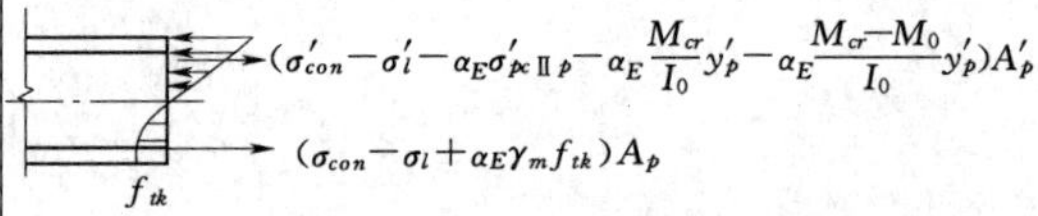
破坏阶段	6	破坏时	g 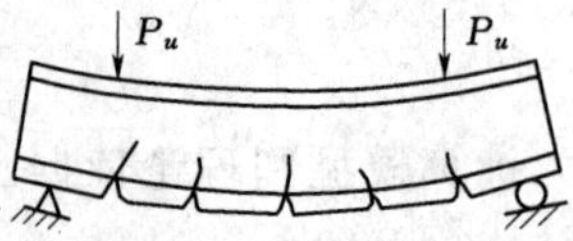	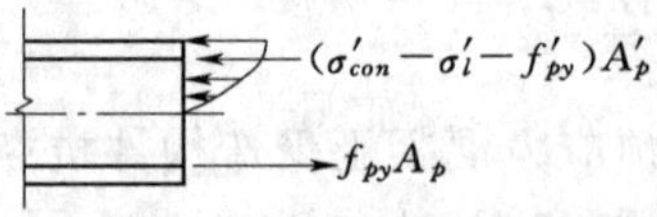

注　为清晰起见，图中未表示出非预应力筋 A_s、A'_s及其应力。

10.6.2 后张法受弯构件的应力分析

后张法受弯构件的应力分析方法与后张法轴心受拉构件类似，此处不再重述。仅指出它与先张法受弯构件计算公式不同之处。

1. 施工阶段

(1) 在求混凝土法向预应力的计算公式中，后张法一律采用净截面面积 A_n，惯性矩 I_n，计算纤维层至净截面重心轴的距离 y_n，见图 10-31 (c)。

(2) 计算第一批预应力损失和全部预应力损失出现后的混凝土法向预应力，仍可按偏心受压求应力的公式计算，见式 (10-81)、式 (10-84)。但与先张法计算公式所不同的是：预应力筋和非预应力筋的合力应改为 $N_{p\mathrm{I}}$、$N_{p\mathrm{II}}$，见式 (10-82)、式 (10-85)；合力至净截面重心轴的偏心距应改为 $e_{pn\mathrm{I}}$、$e_{pn\mathrm{II}}$，见式 (10-83)、式 (10-86)。

第一批预应力损失出现后

$$\begin{matrix}\sigma_{pc\mathrm{I}}\\ \sigma'_{pc\mathrm{I}}\end{matrix}=\frac{N_{p\mathrm{I}}}{A_n}\pm\frac{N_{p\mathrm{I}}e_{pn\mathrm{I}}}{I_n}y_n \tag{10-81}$$

$$N_{p\mathrm{I}}=(\sigma_{con}-\sigma_{l\mathrm{I}})A_p+(\sigma'_{con}-\sigma'_{l\mathrm{I}})A'_p \tag{10-82}$$

$$e_{pn\mathrm{I}}=\frac{(\sigma_{con}-\sigma_{l\mathrm{I}})A_p y_{pn}-(\sigma'_{con}-\sigma'_{l\mathrm{I}})A'_p y'_{pn}}{N_{p\mathrm{I}}} \tag{10-83}$$

全部预应力损失出现后

$$\begin{matrix}\sigma_{pc\mathrm{II}}\\ \sigma'_{pc\mathrm{II}}\end{matrix}=\frac{N_{p\mathrm{II}}}{A_n}\pm\frac{N_{p\mathrm{II}}e_{pn\mathrm{II}}}{I_n}y_n \tag{10-84}$$

$$N_{p\mathrm{II}}=(\sigma_{con}-\sigma_l)A_p+(\sigma'_{con}-\sigma'_l)A'_p-\sigma_{l5}A_s-\sigma'_{l5}A'_s \tag{10-85}$$

$$e_{pn\mathrm{II}}=\frac{(\sigma_{con}-\sigma_l)A_p y_{pn}-(\sigma'_{con}-\sigma'_l)A'_p y'_{pn}-\sigma_{l5}A_s y_{sn}+\sigma'_{l5}A'_s y'_{sn}}{N_{p\mathrm{II}}} \tag{10-86}$$

2. 使用阶段、破坏阶段

后张法受弯构件在使用阶段和破坏阶段的各应力状态，消压弯矩、开裂弯矩和极限承载力的计算公式与先张法受弯构件相同。此处不再重述。可详见先张法构件相应计算公式［式 (10-75) ～式 (10-80)］。

10.7 预应力混凝土受弯构件设计

10.7.1 使用阶段承载力计算

10.7.1.1 正截面承载力计算

试验表明，预应力混凝土受弯构件正截面破坏时，其截面平均应变符合平截面假定，应力状态类似于钢筋混凝土受弯构件。计算应力图形见图 10-32。

但由于预应力混凝土受弯构件在加荷前，混凝土和钢筋已处于自相平衡的高应力状态，截面已经有了应变。所以与钢筋混凝土受弯构件的差别是：①界限破坏时的相对界限受压区计算高度 ξ_b 值有所不同；②破坏时受压区预应力筋 A'_p 的应力 σ'_p 值为 $(\sigma'_{p0\mathrm{II}}-f'_{py})$，而不是 f'_{py}。这两点差异将在下面作具体介绍。

1. 相对界限受压区计算高度 ξ_b

对于预应力混凝土受弯构件，相对界限受压区计算高度 ξ_b 仍由平截面假定求得。当

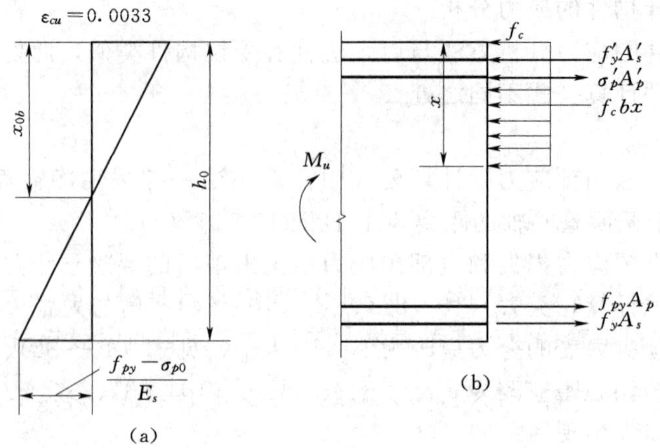

图 10-32　界限受压区高度及计算应力图形

受拉区预应力筋 A_p 的合力点处混凝土法向应力为零时，预应力筋中已存在拉应力 σ_{p0}，相应的应变为 $\varepsilon_{p0}=\sigma_{p0}/E_s$。$A_p$ 合力点处的混凝土应力从零到界限破坏，预应力筋的应力增加了 $(f_{py}-\sigma_{p0})$，相应的应变增量为 $(f_{py}-\sigma_{p0})/E_s$。在 A_p 的应力达到 f_{py} 时，受压区边缘混凝土应变也同时达到极限压应变 $\varepsilon_{cu}=0.0033$。等效矩形应力图形受压区计算高度与中和轴高度的比值仍取为 0.8。根据平截面假定，由图 10-32（a）所示几何关系，可写出：

$$\xi_b=\frac{x_b}{h_0}=\frac{0.8x_{0b}}{h_0}=\frac{0.8\varepsilon_{cu}}{\varepsilon_{cu}+\frac{f_{py}-\sigma_{p0}}{E_s}}=\frac{0.8}{1+\frac{f_{py}-\sigma_{p0}}{0.0033E_s}} \tag{10-87a}$$

由于预应力筋（钢丝、钢绞线等）无明显屈服点，而采用"协定流限"（$\sigma_{0.2}$）作为强度的设计标准，又因钢筋达到 $\sigma_{0.2}$ 时的应变为 $\varepsilon_{py}=0.002+f_{py}/E_s$，故式（10-87a）应改为：

$$\xi_b=\frac{0.8\times0.0033}{0.0033+\left(0.002+\frac{f_{py}-\sigma_{p0}}{E_s}\right)}=\frac{0.8}{1.6+\frac{f_{py}-\sigma_{p0}}{0.0033E_s}} \tag{10-87b}$$

式（10-87a）、式（10-87b）中 f_{py} 为预应力筋的抗拉强度设计值，可根据预应力筋的种类按本教材附录 2 表 4 确定；σ_{p0} 为受拉区预应力筋合力点处混凝土法向应力为零时的预应力筋的应力，先张法 $\sigma_{p0}=\sigma_{con}-\sigma_l$，后张法 $\sigma_{p0}=\sigma_{con}-\sigma_l+\alpha_E\sigma_{pc\,\mathrm{II}\,p}$。

可以看出，预应力混凝土受弯构件的 ξ_b 除与钢材性质有关外，还与预应力值 σ_{p0} 大小有关[1]。

2. 预应力筋和非预应力筋的应力

(1) 按平截面假定计算

---

[1] 当截面受拉区内配有不同种类或不同预应力值的钢筋时，受弯构件的相对界受压区计算高度 ξ_b 应分别计算，并取其最小值。

$$\sigma_{pi}=0.0033E_s\left(\frac{0.8h_{0i}}{x}-1\right)+\sigma_{p0i} \tag{10-88}$$

$$\sigma_{si}=0.0033E_s\left(\frac{0.8h_{0i}}{x}-1\right) \tag{10-89}$$

(2) 按近似公式计算

$$\sigma_{pi}=\frac{f_{py}-\sigma_{p0i}}{\xi_b-0.8}\left(\frac{x}{h_{0i}}-0.8\right)+\sigma_{p0i} \tag{10-90}$$

$$\sigma_{si}=\frac{f_y}{\xi_b-0.8}\left(\frac{x}{h_{0i}}-0.8\right) \tag{10-91}$$

由以上公式求得的钢筋应力应满足下列条件：

$$\sigma_{p0i}-f'_{py}\leqslant\sigma_{pi}\leqslant f_{py} \tag{10-92}$$

$$-f'_y\leqslant\sigma_{si}\leqslant f_y \tag{10-93}$$

式中 σ_{pi}、σ_{si}——第 i 层预应力筋、非预应力筋的应力（正值为拉应力，负值为压应力）；

σ_{p0i}——第 i 层预应力筋截面重心处混凝土法向预应力为零时，预应力筋的应力；

h_{0i}——第 i 层钢筋截面重心至混凝土受压区边缘的距离；

f'_{py}、f'_y——预应力筋、非预应力筋的抗压强度设计值，按本教材附录 2 表 3 和表 4 确定。

3. 破坏时受压区预应力筋 A'_p 的应力 σ'_p

构件未受到荷载作用前，受压区预应力筋 A'_p 已有拉应变为 $\sigma'_{pe\mathrm{II}}/E_s$，$A'_p$ 处混凝土压应变为 $\sigma'_{pc\mathrm{II}p}/E_c$。当加荷至受压区边缘混凝土应变达到极限压应变 $\varepsilon_{cu}=0.0033$ 时，构件破坏，此时若满足 $x>2a'$ 条件（a' 为纵向受压钢筋合力点至受压区边缘的距离），A'_p 处混凝土压应变可按 $\varepsilon'_c=0.002$ 取值。那么，从加载前至构件破坏时，A'_p 处混凝土压应变的增量为 $\left(\varepsilon'_c-\frac{\sigma'_{pc\mathrm{II}p}}{E_c}\right)$。由于 A'_p 和混凝土变形一致，也产生 $\left(\varepsilon'_c-\frac{\sigma'_{pc\mathrm{II}p}}{E_c}\right)$ 的压应变，则受压区预应力筋 A'_p 在构件破坏时的应变为 $\varepsilon'_p=\frac{\sigma'_{pe\mathrm{II}}}{E_s}-\left(\varepsilon'_c-\frac{\sigma'_{pc\mathrm{II}p}}{E_c}\right)$，所以对先张法构件有：

$$\begin{aligned}\sigma'_p&=\varepsilon'_pE_s=\sigma'_{pe\mathrm{II}}+\alpha_E\sigma'_{pc\mathrm{II}p}-\varepsilon'_cE_s\\&=\sigma'_{p0\mathrm{II}}-\alpha_E\sigma'_{pc\mathrm{II}p}+\alpha_E\sigma'_{pc\mathrm{II}p}-\varepsilon'_cE_s=\sigma'_{p0\mathrm{II}}-\varepsilon'_cE_s\end{aligned}$$

而 ε'_cE_s 即为预应力筋的抗压强度设计值 f'_{py}，因此可得：

$$\sigma'_p=\sigma'_{p0}-f'_{py} \tag{10-94}$$

式中，$\sigma'_{p0}=\sigma'_{p0\mathrm{II}}$，可以证明，上式对后张法同样适用。$\sigma'_{p0}$ 为全部预应力损失出现后，受压区预应力筋 A'_p 合力点处混凝土法向应力为零时的 A'_p 的应力。对先张法，$\sigma'_{p0}=\sigma'_{con}-\sigma'_l$；对后张法，$\sigma'_{p0}=\sigma'_{con}-\sigma'_l+\alpha_E\sigma'_{pc\mathrm{II}p}$。

由于 σ'_{p0} 为拉应力，所以 σ'_p 在构件破坏时可以为拉应力，也可以是压应力（但一定比 f'_{py} 要小）。对受压区钢筋施加预应力相当于在受压区施加了一个拉力，这个拉力存在会使构件截面的承载力有所降低，也减弱了使用阶段的截面抗裂性。因此，A'_p 只是为了要保证在预压时构件上边缘不发生裂缝才配置的。

4. 正截面承载力计算公式

预应力混凝土 I 字形截面受弯构件（图 10-32）的计算方法，和普通钢筋混凝土 T

形截面的计算方法相同，首先应判别属于哪一类T形截面。然后再按第一类T形截面公式或第二类T形截面公式进行计算，并满足适筋构件的条件。

（1）判别T形截面的类别。当满足下列条件时为第一类T形截面，其中截面设计时采用式（10-95）判别，承载力复核时采用式（10-96）判别。

$$\gamma_d M \leqslant f_c b'_f h'_f \left(h_0 - \frac{h'_f}{2}\right) + f'_y A'_s (h_0 - a'_s) - (\sigma'_{p0} - f'_{py}) A'_p (h_0 - a'_p) \tag{10-95}$$

$$f_y A_s + f_{py} A_p \leqslant f_c b'_f h'_f + f'_y A'_s - (\sigma'_{p0} - f'_{py}) A'_p \tag{10-96}$$

式中 γ_d——结构系数，按本教材第2章表2-6采用；

M——弯矩设计值，为荷载设计值产生的弯矩与结构重要性系数 γ_0、设计状况系数 ψ 三者的乘积；γ_0 和 ψ 按本教材第2章有关规定取用；

A_p、A'_p——受拉区、受压区预应力筋的截面面积；

A_s、A'_s——受拉区、受压区非预应力筋的截面面积；

a'_p、a'_s——受压区预应力筋与非预应力筋各自合力点至受压区边缘的距离。

（2）第一类T形截面承载力计算公式。当满足式（10-95）或式（10-96），即受压区计算高度 $x \leqslant h'_f$ 时，承载力计算公式为：

$$\gamma_d M \leqslant f_c b'_f x \left(h_0 - \frac{x}{2}\right) + f'_y A'_s (h_0 - a'_s) - (\sigma'_{p0} - f'_{py}) A'_p (h_0 - a'_p) \tag{10-97}$$

$$f_c b'_f x = f_y A_s - f'_y A'_s + f_{py} A_p + (\sigma'_{p0} - f'_{py}) A'_p \tag{10-98}$$

（3）第二类T形截面承载力计算公式。当不满足式（10-95）、式（10-96），即受压区高度 $x > h'_f$ 时，承载力计算公式为：

$$\gamma_d M \leqslant f_c b x \left(h_0 - \frac{x}{2}\right) + f_c (b'_f - b) h'_f \left(h_0 - \frac{h'_f}{2}\right) + f'_y A'_s (h_0 - a'_s) - (\sigma'_{p0} - f'_{py}) A'_p (h_0 - a'_p) \tag{10-99}$$

$$f_c [b x + (b'_f - b) h'_f] = f_y A_s - f'_y A'_s + f_{py} A_p + (\sigma'_{p0} - f'_{py}) A'_p \tag{10-100}$$

（4）适用条件。为保证适筋破坏和受压区钢筋处混凝土应变不小于 $\varepsilon'_c = 0.002$，受压区计算高度 x 应符合下列要求：

$$x \leqslant \xi_b h_0 \tag{10-101}$$

$$x \geqslant 2a' \tag{10-102}$$

式中 h_0——截面有效高度，$h_0 = h - a$，h 为截面高度，a 为受拉区纵向钢筋合力点至受拉区边缘的距离；

a'——受压区纵向钢筋合力点至受压区边缘的距离。

当受压区预应力筋的应力 σ'_p 为拉应力或 $A'_p = 0$ 时，式（10-102）应改为 $x \geqslant 2a'_s$，a'_s 为受压区非预应力筋合力点至受压区边缘的距离。

当不满足式（10-102）时，承载力可按下列公式计算：

$$\gamma_d M \leqslant f_{py} A_p (h - a_p - a'_s) + f_y A_s (h - a_s - a'_s) + (\sigma'_{p0} - f'_{py}) A'_p (a'_p - a'_s) \tag{10-103}$$

式中 a_p、a_s——受拉区纵向预应力筋、非预应力筋各自合力点至受拉区边缘的距离。

10.7.1.2 斜截面受剪承载力计算

试验表明，由于混凝土的预压应力可使斜裂缝的出现推迟，骨料咬合力增强，裂缝开展延缓，混凝土剪压区高度加大，因此，预应力混凝土构件斜截面受剪承载力比钢筋混凝土构件要高。DL/T 5057—2009 规范给出了预应力混凝土受弯构件受剪承载力计算公式：

当仅配置箍筋时

$$\gamma_d V \leqslant V_c + V_{sv} + V_p \tag{10-104}$$

$$V_p = 0.05 N_{p0} \tag{10-105}$$

当配有箍筋及弯起钢筋时（图 10－33）

$$\gamma_d V \leqslant V_c + V_{sv} + V_p + f_y A_{sb} \sin\alpha_s + f_{py} A_{pb} \sin\alpha_p \tag{10-106}$$

式中 V——构件斜截面上的剪力设计值，取值和第 4 章的规定相同；

A_{pb}——同一弯起平面的预应力弯起钢筋的截面面积；

α_p——斜截面处预应力弯起钢筋的切线与构件纵向轴线的夹角；

V_p——由预应力所提高的受剪承载力[1]；

N_{p0}——计算截面上混凝土法向预应力为零时的预应力筋和非预应力筋的合力，$N_{p0}=\sigma_{p0}A_p+\sigma'_{p0}A'_p-\sigma_{l5}A_s-\sigma'_{l5}A'_s$，其中，对先张法，$\sigma_{p0}=\sigma_{con}-\sigma_l$，$\sigma'_{p0}=\sigma'_{con}-\sigma'_l$；对后张法，$\sigma_{p0}=\sigma_{con}-\sigma_l+\alpha_E\sigma_{pc\,\mathrm{II}\,p}$，$\sigma'_{p0}=\sigma'_{con}-\sigma'_l+\alpha_E\sigma'_{pc\,\mathrm{II}\,p}$。当 $N_{p0}>0.3f_cA_0$ 时，取 $N_{p0}=0.3f_cA_0$。计算 N_{p0} 时不考虑预应力弯起钢筋的作用。

式（10－105）、式（10－106）中，V_c、V_{sv} 的意义及计算取值均见第 4 章。

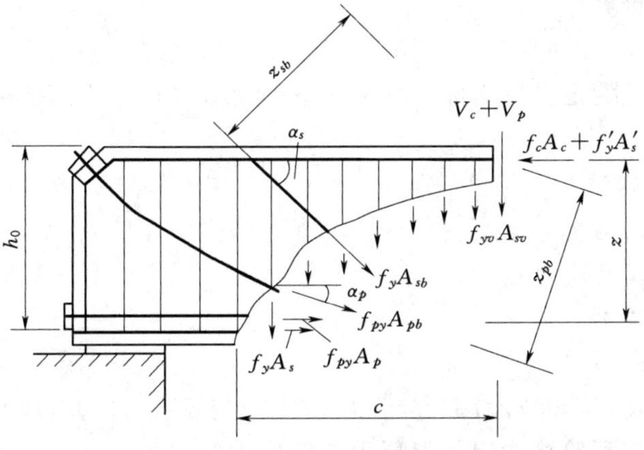

图 10－33 预应力混凝土受弯构件斜截面受剪承载力计算图

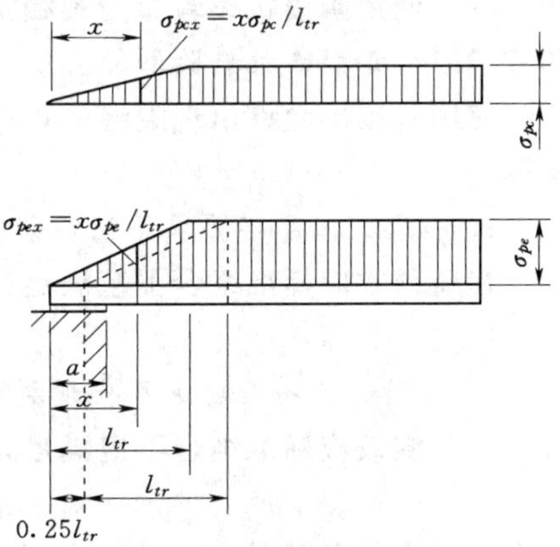

图 10－34 有效预应力在传递长度范围内的变化

斜截面受剪承载力计算中的截面尺寸验算，斜截面计算位置的选取，箍筋、弯起钢筋、纵向钢筋的弯起及切断等相应构造要求均同第 4 章。

先张法预应力混凝土受弯构件，如采用刻痕钢丝或钢绞线作为预应力筋时，在计算 N_{p0} 时应考虑端部存在预应力传递长度 l_{tr} 的影响（图 10－34）。在构件端部，预应力筋和混凝土的有效预应力值均为零。通过一段 l_{tr} 长度上粘结应力的积累以后，应力才由零逐步分别达到 σ_{pe} 和 σ_{pc}（如采用骤然放张的张拉工艺，则 l_{tr} 应由端部 $0.25l_{tr}$ 处开始算起，如

[1] 对 N_{p0} 引起的截面弯矩与外荷载产生的弯矩方向相同的情况，以及允许出现裂缝的预应力混凝土构件，取 $V_p=0$。

图10－34所示)。为计算方便，在传递长度 l_{tr} 范围内假定应力为线性变化，则在 $x \leqslant l_{tr}$ 处，预应力筋和混凝土的实际应力分别为 $\sigma_{pex}=\frac{x}{l_{tr}}\sigma_{pe}$ 和 $\sigma_{pcx}=\frac{x}{l_{tr}}\sigma_{pc}$。因此，在 l_{tr} 范围内求得的 N_{p0} 及 V_p 值也应按 $\frac{x}{l_{tr}}$ 的比例降低。

预应力筋的预应力传递长度 l_{tr} 值按下式计算：

$$l_{tr}=\alpha\frac{\sigma_{pe}}{f'_{tk}}d \tag{10-107}$$

式中　σ_{pe}——放张时预应力筋的有效预应力；

d——预应力筋的公称直径，按本教材附录3表3取用；

α——预应力筋的外形系数，按表10－10取用；

f'_{tk}——与放张时混凝土立方体抗压强度 f'_{cu} 相应的轴心抗拉强度标准值。

表10－10　预应力筋的外形系数

钢筋类型	刻痕钢丝、螺旋槽钢棒	螺旋肋钢丝、螺旋肋钢棒	二、三股钢绞线	七股钢绞线
α	0.19	0.13	0.16	0.17

10.7.2　使用阶段抗裂验算与裂缝宽度验算

10.7.2.1　正截面抗裂验算

使用阶段不允许出现裂缝的预应力混凝土受弯构件，分别按下列要求进行正截面抗裂验算：

1. 一级——严格要求不出现裂缝的构件

在荷载效应标准组合下应满足条件：

$$\sigma_{ck}-\sigma_{pc\text{II}}\leqslant 0 \tag{10-108}$$

2. 二级——一般要求不出现裂缝的构件

在荷载效应标准组合下应满足条件：

$$\sigma_{ck}-\sigma_{pc\text{II}}\leqslant 0.7\gamma_m f_{tk} \tag{10-109}$$

式中　σ_{ck}——荷载效应标准组合下构件抗裂验算边缘的混凝土法向应力；

$\sigma_{pc\text{II}}$——扣除全部预应力损失后在抗裂验算边缘的混凝土预压应力；

f_{tk}——混凝土轴心抗拉强度标准值，按本教材附录2表6取用；

γ_m——截面抵抗矩塑性系数，按本教材附录5表4取用。

需要注意，对受弯构件，在施工阶段预拉区（即构件顶部）出现裂缝的区段，会降低使用阶段正截面的抗裂能力。因此，在验算时，式（10－108）和式（10－109）中的 $\sigma_{pc\text{II}}$ 应乘以系数0.9。

10.7.2.2　斜截面抗裂验算

预应力混凝土受弯构件在使用阶段的斜截面抗裂验算，实质上是根据裂缝控制等级的不同要求对截面上混凝土主拉应力和主压应力进行验算，并满足一定的限值，即应分别按下列条件验算：

对一级——严格要求不出现裂缝的构件

$$\sigma_{tp} \leqslant 0.85 f_{tk} \tag{10-110}$$

对二级——一般要求不出现裂缝的构件

$$\sigma_{tp} \leqslant 0.95 f_{tk} \tag{10-111}$$

对以上两类构件

$$\sigma_{cp} \leqslant 0.60 f_{ck} \text{[1]} \tag{10-112}$$

式中 σ_{tp}、σ_{cp}——荷载效应标准组合下混凝土的主拉应力和主压应力。

如满足上述条件，则认为满足斜截面抗裂，否则应加大构件的截面尺寸。

由于斜裂缝出现以前，构件基本上还处于弹性阶段工作，故可用材料力学公式计算主拉应力和主压应力，即

$$\left.\begin{matrix}\sigma_{tp}\\ \sigma_{cp}\end{matrix}\right\} = \frac{\sigma_x + \sigma_y}{2} \pm \sqrt{\left(\frac{\sigma_x - \sigma_y}{2}\right)^2 + \tau^2} \tag{10-113}$$

$$\sigma_x = \sigma_{pc\,\mathrm{II}} + \frac{M_k y_0}{I_0} \tag{10-114}$$

$$\tau = \frac{(V_k - \sum \sigma_{pe} A_{pb} \sin\alpha_p) S_0}{I_0 b} \tag{10-115}$$

式中 M_k——按荷载效应标准组合计算得到的弯矩值，为荷载标准值产生的弯矩与结构重要性系数 γ_0 的乘积；

V_k——按荷载效应标准组合计算得到的剪力值，为荷载标准值产生的剪力与结构重要性系数 γ_0 的乘积；

σ_x——由预应力和弯矩值 M_k 在计算纤维处产生的混凝土法向预应力；

σ_y——由集中荷载标准值 F_k 产生的混凝土竖向压应力；

τ——由剪力值 V_k 和弯起预应力筋的预应力在计算纤维处产生的混凝土剪应力，当计算截面上有扭矩作用，尚应考虑扭矩引起的剪应力；

$\sigma_{pc\,\mathrm{II}}$——扣除全部预应力损失后，在计算纤维处由预应力产生的混凝土法向应力，先、后张法构件分别按式（10-69）、式（10-84）计算；

σ_{pe}——纵向弯起预应力筋的有效预应力；

S_0——计算纤维层以上部分的换算截面面积对构件换算截面重心的面积矩；

A_{pb}——计算截面上同一弯起平面内的弯起预应力筋的截面面积；

α_p——计算截面上弯起预应力筋的切线与构件纵向轴线的夹角。

式（10-113）、式（10-114）中，σ_x、σ_y、σ_{pc}、$M_s y_o / I_o$ 为拉应力时，以正值代入；为压应力时，以负值代入。

验算斜截面抗裂时，应选取 M 及 V 都比较大的截面或外形有突变的截面（如 I 形截面腹板厚度变化处）。沿截面高度则选取截面宽度有突变处（如 I 形截面上、下翼缘与腹板交界处）和换算截面重心处。

应当指出，对先张法预应力混凝土构件，在验算构件端部预应力传递长度 l_{tr} 范围内

[1] 对主压应力的验算是为了避免在双向受力时由于过大的压应力导致混凝土抗拉强度过多的降低和裂缝过早出现。

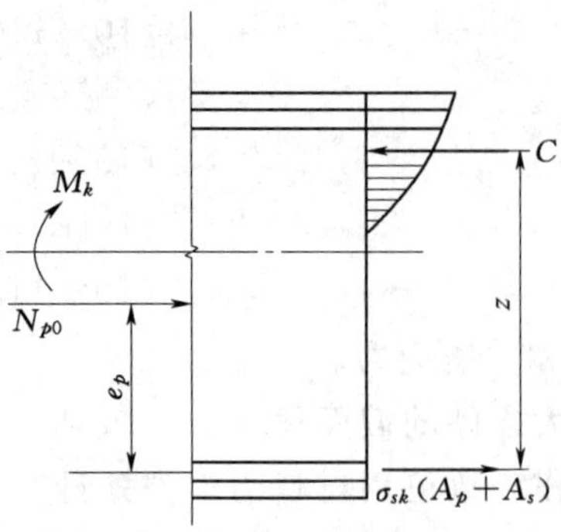

图 10-35 预应力混凝土受弯构件裂缝截面处的应力图形

的正截面及斜截面抗裂时，也应考虑 l_{tr} 范围内实际预应力值的降低。在计算 $\sigma_{pc\mathrm{II}}$ 时，要用降低后的实际预应力值。

10.7.2.3 裂缝宽度验算

使用阶段允许出现裂缝的预应力混凝土受弯构件（裂缝控制等级为三级）应验算裂缝宽度，规范要求按荷载效应标准组合计算的最大裂缝宽度 w_{max} 不应超过本教材附录 5 表 2 规定的限值。最大裂缝宽度的计算公式仍采用式（10-53），但有关系数按受弯构件取用。

对于预应力混凝土受弯构件，式（10-53）中的 σ_{sk} 相当于 N_{p0} 和外弯矩 M_k 共同作用下受拉区钢筋的应力增加量，可由图 10-35 对受压区合力点取矩求得，即

$$\sigma_{sk}=\frac{M_k-N_{p0}(z-e_p)}{(A_s+A_p)z} \qquad (10-116)$$

$$z=\left[0.87-0.12(1-\gamma'_f)\left(\frac{h_0}{e}\right)^2\right]h_0 \qquad (10-117)$$

$$e=e_p+\frac{M_k}{N_{p0}} \qquad (10-118)$$

式中 N_{p0}——混凝土法向预应力等于零时全部纵向预应力和非预应力筋的合力；

z ——受拉区纵向预应力筋和非预应力筋合力点至截面受压区合力点的距离；

e_p——N_{p0} 的作用点至受拉区纵向预应力筋和非预应力筋合力点的距离；

γ'_f——受压翼缘面积与腹板有效面积的比值，$\gamma'_f=\frac{(b'_f-b)h'_f}{bh_0}$，当 $h'_f>0.2h_0$ 时，取 $h'_f=0.2h_0$。

10.7.2.4 挠度计算

预应力混凝土受弯构件使用阶段的挠度是由两部分组成：①外荷载产生的挠度；②预压应力引起的反拱值。两者可以互相抵消，故预应力混凝土构件的挠度比钢筋混凝土构件小得多。

1. 外荷载作用下产生的挠度 f_{1k}

计算外荷载作用下产生的挠度，仍可利用材料力学的公式进行计算：

$$f_{1k}=S\frac{M_k l_0^2}{B} \qquad (10-119)$$

式中 B——荷载效应标准组合作用下预应力混凝土受弯构件的刚度。

B 的值可按下式计算

$$B=0.65B_{ps} \qquad (10-120)$$

式中 B_{ps}——荷载效应标准组合作用下预应力混凝土受弯构件的短期刚度。

对要求不出现裂缝的构件

$$B_{ps}=0.85E_cI_0 \qquad (10-121)$$

对允许出现裂缝的构件

$$B_{ps}=\frac{B_s}{1-0.8\delta} \tag{10-122}$$

式中　B_s——荷载效应标准组合作用下，允许出现裂缝的钢筋混凝土受弯构件的短期刚度，可按第8章公式求得，但需注意式中纵向受拉钢筋配筋率ρ应包括A_s及A_p在内，$\rho=\frac{A_s+A_p}{bh_0}$；

δ——消压弯矩与按荷载标准值计算的弯矩值的比值，简称预应力度。

$$\delta=\frac{M'_{p0}}{M_k} \tag{10-123}$$

$$M'_{p0}=N_{p0}(\eta_0 h_0-e_p) \tag{10-124}$$

$$\eta_0=\frac{1}{1.5-0.3\sqrt{\gamma'_f}} \tag{10-125}$$

式中　M'_{p0}——预应力筋及非预应力筋合力点处混凝凝土法向应力为零时的消压弯矩；

η_0——纵向受拉钢筋重心处混凝土法向应力为零时的截面内力臂系数。

N_{p0}、e_p和γ'_f的意义同式（10-118），其余符号与第8章相同。

对预压时预拉区允许出现裂缝的构件，B_{ps}应降低10%。

2. 预应力产生的反拱值f_2

计算预压应力引起的反拱值，可按偏心受压构件的挠度公式计算：

$$f_2=\frac{N_p e_p l_0^2}{8E_c I_0} \tag{10-126}$$

式中　N_p——扣除全部预应力损失后的预应力筋和非预应力筋的合力（预压力），先张法为$N_{p0\,\text{II}}$，后张法为$N_{p\,\text{II}}$；

e_p——N_p对截面重心轴的偏心矩，先张法为$e_{p0\,\text{II}}$，后张法为$e_{pn\,\text{II}}$；

l_0——构件跨度。

考虑到预压应力这一因素是长期存在的，所以反拱值可取为$2f_2$。

对永久荷载所占比例较小的构件，应考虑反拱过大对使用上的不利影响。

3. 荷载作用时的总挠度f

$$f=f_1-2f_2 \tag{10-127}$$

f的计算值应不大于本教材附录5表3所列的挠度限值。

10.7.3　施工阶段验算

预应力混凝土受弯构件的施工阶段是指构件制作、运输和吊装阶段。施工阶段验算包括混凝土法向应力的验算与后张法构件锚固端局部受压承载力计算。后张法构件锚固端局部受压承载力计算和轴心受拉构件相同，可参见10.5节，这里只介绍混凝土法向预应力的验算。

预应力混凝土受弯构件在制作时，混凝土受到偏心的预压力，使构件处于偏心受压状态［图10-36（a)］，构件的下边缘受压，上边缘可能受拉，这就使预应力混凝土受弯构件在施工阶段所形成的预压区和预拉区位置正好与使用阶段的受拉区和受压区相反。在运输、吊装时［图10-36（b)］，自重及施工荷载在吊点截面产生负弯矩［图10-36（d)］，与预压力产生的负弯矩方向相同［图10-36（c)］，使吊点截面成为最不利的受力截面。

因此，预应力混凝土受弯构件必须进行施工阶段混凝土法向应力的验算，并控制验算截面边缘的应力值不超过规范规定的允许值。

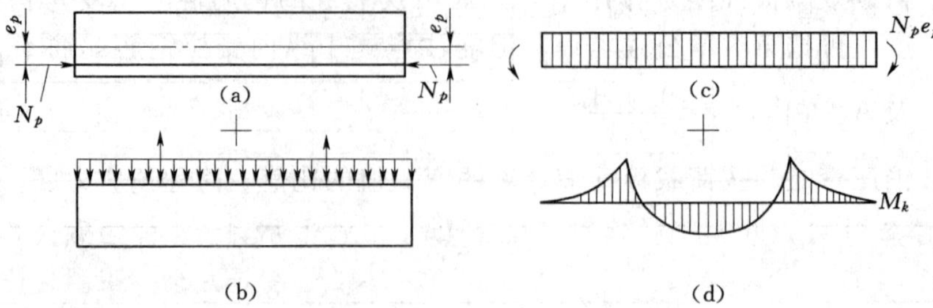

图 10-36 预应力混凝土受弯构件制作、吊装时的弯矩图

(a) 制作阶段；(b) 运输和吊装；(c) 制作阶段预压力产生的弯矩图；(d) 运输吊装时自重产生的弯矩图

施工阶段截面应力验算，一般是在求得截面应力值后，按是否允许施工阶段出现裂缝而分为两类，分别对混凝土应力进行控制。

(1) 施工阶段不允许出现裂缝的构件，或预压时全截面受压的构件，在预加应力、自重及施工荷载标准值作用下（必要时应考虑动力系数）截面边缘的混凝土上法向应力应满足下列条件：

$$\sigma_{ct} \leqslant f'_{tk} \tag{10-128}$$

$$\sigma_{cc} \leqslant 0.8 f'_{ck} \tag{10-129}$$

截面边缘的混凝土法向应力按下式计算：

$$\sigma_{cc} \text{ 或 } \sigma_{ct} = \sigma_{pc\,\mathrm{I}} \pm \frac{M_k}{W_0} \tag{10-130}$$

式中 σ_{cc}、σ_{ct}——相应施工阶段计算截面边缘纤维的混凝土压应力、拉应力；

f'_{ck}、f'_{tk}——与各施工阶段混凝土立方体抗压强度 f'_{cu} 相应的轴心抗压、抗拉强度标准值，可由本教材附录 2 表 6 线性内插得到；

$\sigma_{pc\,\mathrm{I}}$——第一批应力损失出现后的混凝土法向应力。可由式（10-62）、式（10-81）求得；

M_k——构件自重及施工荷载的标准值在计算截面产生的弯矩值。

除了从计算上应满足式（10-128）、式（10-129）外，为了防止由于混凝土收缩、温度变形等原因在预拉区产生竖向裂缝，要求预拉区还需配置一定数量的纵向钢筋，其配筋率（$A'_s+A'_p$）$/A$ 不应小于 0.2%，其中 A 为构件截面面积。对后张法构件，则仅考虑 A'_s 而不计入 A'_p 的面积，因为在施工阶段，后张法预应力筋和混凝土之间没有粘结力或粘结力尚不可靠。对板类构件，预拉区纵向钢筋配筋率可根据构件的具体情况，按实践经验确定。

(2) 对于施工阶段预拉区允许出现裂缝的构件，当预拉区不配置预应力筋（$A'_p=0$）时，截面边缘的混凝土法向应力应满足下列条件：

$$\sigma_{ct} \leqslant 2.0 f'_{tk} \tag{10-131}$$

$$\sigma_{cc} \leqslant 0.8 f'_{ck} \tag{10-132}$$

上两式中的 σ_{ct} 和 σ_{cc} 按公式（10－130）进行计算。

预拉区允许出现裂缝的构件，预拉区混凝土已不参加工作，所以按式（10－130）计算的截面上边缘的应力值 σ_{ct} 实际上已不存在，但 σ_{ct}（可称为名义拉应力）值仍可用来说明受拉的程度。预拉区出现裂缝后，拉力主要由布置在截面上边缘（预拉区）的非预应力纵向钢筋来承担。纵向钢筋数量的多少影响裂缝宽度的大小。为了控制裂缝的宽度和延伸深度同时不使纵向钢筋数量配置过多，因此限制 σ_{ct} 不超过 $2f'_{tk}$。当 $\sigma_{ct}=2f'_{tk}$ 时，预拉区纵向钢筋的配筋率 A'_s/A 不应小于 0.4%；当 $f'_{tk}<\sigma_{ct}<2f'_{tk}$ 时，A'_s/A 则在 0.2% 和 0.4% 之间线性内插确定。

预拉区的纵向非预应力筋的直径不宜大于 14mm，并应沿构件预拉区的外边缘均匀配置。

采用 SL 191—2008 规范设计预应力混凝土受弯构件时，计算步骤相同，但需注意下列三点：

（1）在承载力计算时将有关公式中的 γ_d 换成 K，内力 M 采用荷载设计值产生的弯矩；防止超筋的判定条件采用 $x\leqslant 0.85\xi_b h_0$。

（2）在正常使用极限状态验算时，内力 M_k 采用荷载标准值产生的弯矩。

（3）裂缝宽度计算公式和 DL/T 5057—2009 规范不同。

【例 10－2】 一装配式预应力混凝土薄壳渡槽，槽身截面尺寸如图 10－37（a）所示，纵向采用先张法施加预应力。一节槽身纵向长为 15.4m，两端简支在排架上，支座处支承宽 0.3m。试按 DL/T 5057—2009 规范设计该渡槽槽身的纵向配筋。槽身横向应力分析及配筋计算方法在本题内从略。

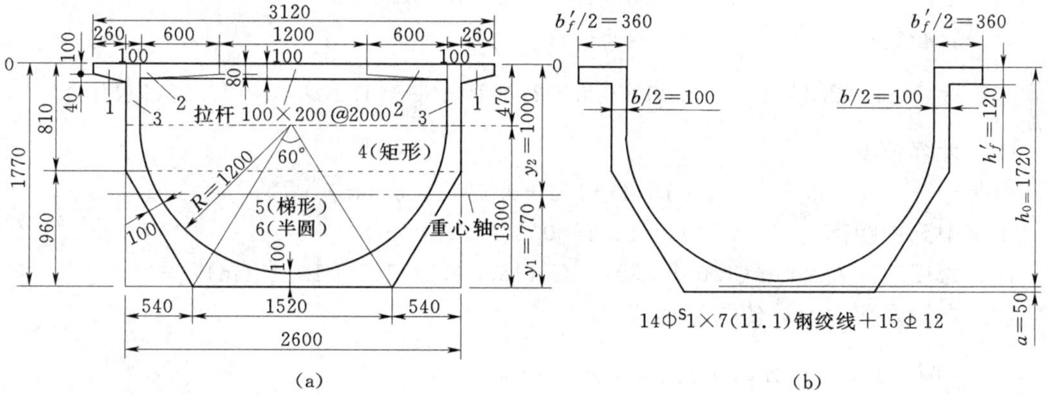

图 10－37 预应力薄壳渡槽槽身截面图

解：

1. 基本数据

该渡槽为 3 级建筑物，$\gamma_0=1.0$；持久状况，$\psi=1.0$；预应力筋混凝土，$\gamma_d=1.20$。

渡槽处于露天，环境条件类别为二类，保护层最小厚度 $c=25$mm。

行人荷载为 $q_k=2.50\text{kN/m}^2$。自重等永久荷载，$\gamma_G=1.05$；人群荷载，$\gamma_{Q1}=1.20$；满槽水重为可控制可变荷载，$\gamma_{Q2}=1.10$。

混凝土强度等级为 C40，但渡槽在现场浇筑，考虑到施工工艺等具体条件，计算中混凝土强度按 C30 取用，如此 $f_c=14.3\text{N/mm}^2$，$f_t=1.43\text{N/mm}^2$，$f_{ck}=20.1\text{N/mm}^2$，$f_{tk}=2.01\text{N/mm}^2$，$E_c=3.0\times10^4\text{N/mm}^2$。放张时及施工阶段验算中混凝土实际强度取 $f'_{cu}=0.75f_{cu}=0.75\times30=22.5(\text{N/mm}^2)$，相应的 $f'_{ck}=15.05\text{N/mm}^2$，$f'_{tk}=1.66\text{N/mm}^2$。

预应力筋采用 14 $\Phi^s 1\times7$ 的钢绞线（$d=11.1\text{mm}$），$A_p=1039\text{mm}^2$。选用 $f_{ptk}=1720\text{N/mm}^2$，$f_{py}=1220\text{N/mm}^2$，$E_p=1.95\times10^5\text{N/mm}^2$。

非预应力筋采用 15 ⌀ 12（$A_s=1696\text{mm}^2$），$f_y=360\text{N/mm}^2$，$E_s=2.0\times10^5\text{N/mm}^2$；箍筋为 HPB300 钢筋，$f_{yv}=270\text{N/mm}^2$。钢筋排列见图 10－38。

预应力筋、非预应力筋和混凝土弹性模量之比分别为

$$\alpha_{EP}=E_p/E_c=1.95\times10^5/3.0\times10^4=6.5$$

$$\alpha_{ES}=E_s/E_c=2.0\times10^5/3.0\times10^4=6.7$$

裂缝控制等级为二级，$\alpha_{ct}=0.7$。

2. 内力计算

(1) 荷载标准值

1) 槽身自重

$$g_k=(0.47\times0.1\times2\times25)+(0.09\times0.6\times2\times25)+(0.12\times0.26\times2\times25)+\frac{0.1\times0.2\times2.4\times25}{2}+25\times\left[(0.81-0.47)\times2.6+(1.52+2.6)\times0.96\times0.5-\frac{\pi}{2}\times1.2^2\right]=22.23(\text{kN/m})$$

加上栏杆重，槽身自重取 23.0kN/m。

2) 行人重

$$q_{1k}=0.96\times2.50\times2=4.80(\text{kN/m})$$

3) 满槽水重

$$q_{2k}=0.47\times2.4\times10-(0.09\times0.6\times2)\times10+\frac{\pi}{2}\times1.2^2\times10=32.82(\text{kN/m})$$

(2) 计算跨度

净跨　　$l_n=15.4-0.3-0.3=14.80(\text{m})$

支座中到中距离　　$l_c=15.4-0.3=15.10(\text{m})$

计算跨度　　$l_0=\min(1.05l_n,l_c)=\min(15.54,15.10)=15.10(\text{m})$

(3) 弯矩及剪力设计值与标准值

$$M=\gamma_0\psi\left[\frac{1}{8}(\gamma_G g_k+\gamma_{Q1}q_{1k}+\gamma_{Q2}q_{2k})l_0^2\right]$$
$$=1.0\times1.0\times\frac{1}{8}\times(1.05\times23.0+1.20\times4.80+1.10\times32.82)\times15.10^2$$
$$=1881.42(\text{kN}\cdot\text{m})$$

$$V=\gamma_0\psi\frac{1}{2}(\gamma_G g_k+\gamma_{Q1}q_{1k}+\gamma_{Q2}q_{2k})l_n$$
$$=1.0\times1.0\times\frac{1}{2}\times(1.05\times23.0+1.20\times4.80+1.10\times32.82)\times14.80$$
$$=488.49(\text{kN})$$

$$M_k=\gamma_0\ \frac{1}{8}(g_k+q_{1k}+q_{2k})l_0^2$$

$$=1.0\times\frac{1}{8}\times(23.0+4.80+32.82)\times15.10^2=1727.75(\text{kN}\cdot\text{m})$$

$$V_k=\gamma_0\ \frac{1}{2}(g_k+q_{1k}+q_{2k})l_n$$

$$=1.0\times\frac{1}{2}\times(23.0+4.80+32.82)\times14.80=448.59(\text{kN})$$

3. 截面几何特性（参见图 10-37）

换算截面面积 A_0 及惯性矩 I_0 分别见表 10-11 与表 10-12。

表 10-11　　换算截面面积 A_0

面积符号	算式	面积 /10^3mm^2	离槽顶 0—0 轴距离 y/mm	面积矩/10^6mm^3
A_1	260×120×2	62.4	60	3.744
A_2	600×90×2	108.0	45	4.860
A_3	470×100×2	94.0	235	22.090
A_4	(810−470)×2600	884.0	340/2+470=640	565.760
A_5	$\frac{1}{2}$(1520+2600)×960	1977.6	$\frac{960\times(2600+2\times1520)}{3\times(2600+1520)}+810=1248$	2468.045
A_6	$-1/2\pi\times1200^2$	−2261.9	0.4244×1200+470=979	−2214.40
A_7	(6.5−1)×1039	5.7	1720	9.804
A_8	(6.7−1)×1696	9.7	1720	16.684
Σ		$A_0=879.5$		876.587

换算截面重心轴至槽身顶边和底边的距离分别为：

$$y_2=\frac{S_0}{A_0}=\frac{876.587\times10^6}{879.5\times10^3}=997(\text{mm})\text{，取 }y_2=1000\text{mm}$$

$$y_1=1770-1000=770\ (\text{mm})$$

表 10-12　　换算截面惯性矩 I_0

惯性矩符号	算式	惯性矩/10^9mm^4
I_1	$\left[\frac{1}{12}\times260\times120^3+260\times120\times(1000-60)^2\right]\times2$	55.212
I_2	$\left[\frac{1}{12}\times600\times90^3+600\times90\times(1000-45)^2\right]\times2$	98.572
I_3	$\left[\frac{1}{12}\times100\times470^3+100\times470\times(1000-235)^2\right]\times2$	56.742
I_4	$\frac{1}{12}\times2600\times340^3+2600\times340\times(1000-470-170)^2$	123.082
I_5	$\frac{960^3\times(2600^2+4\times2600\times1520+1520^2)}{36\times(2600+1520)}+1977600\times(1248-1000)^2$	270.031
I_6	$-[0.00686\times(2\times1200)^4+2261900\times(1000-979.3)^2]$	−228.568
I_7	$(6.5-1)\times1039\times(1720-1000)^2$	2.962
I_8	$(6.7-1)\times1696\times(1720-1000)^2$	5.011
Σ		383.044

4. 预应力筋张拉控制应力 σ_{con}

参照表 10-1，取张拉控制应力 $\sigma_{con}=0.75\times1720=1290.0(\mathrm{N/mm^2})$。

5. 预应力损失值

(1) 锚具变形损失 σ_{l1}

现采用锥塞式锚具，查表 10-2 得锚具变形和预应力筋内缩值 $a=5\mathrm{mm}$。

$$\sigma_{l1}=\frac{a}{l}E_p=\frac{5}{15400}\times1.95\times10^5=63.3(\mathrm{N/mm^2})$$

(2) 温差损失 σ_{l3}

在钢模上张拉预应力筋，钢模与构件一起进行蒸汽养护，所以 $\sigma_{l3}=0$。

(3) 预应力筋应力松弛损失 σ_{l4}

厂家供应的钢材是普通松弛的钢绞线，张拉预应力筋采用一次张拉到控制应力 σ_{con}，由表 10-4 知：

$$\sigma_{l4}=0.4\left(\frac{\sigma_{con}}{f_{ptk}}-0.5\right)\sigma_{con}=0.4\times\left(\frac{1290.0}{1720}-0.5\right)\times1290.0=129.0(\mathrm{N/mm^2})$$

所以 $$\sigma_{l\mathrm{I}}=\sigma_{l1}+\sigma_{l2}+\sigma_{l3}=63.3+0+129.0=192.3(\mathrm{N/mm^2})$$

(4) 收缩与徐变损失 σ_{l5}

先求 $\sigma_{pc\mathrm{I}}$：

$$N_{p0\mathrm{I}}=(\sigma_{con}-\sigma_{l\mathrm{I}})A_p=(1290.0-192.3)\times1039=1140.51\times10^3(\mathrm{N})=1140.51\mathrm{kN}$$

$$e_{p0\mathrm{I}}=y_p=y_1-a_p=770-50=720(\mathrm{mm})$$

在预应力筋重心处的混凝土法向预应力为：

$$\sigma_{pc\mathrm{I}}=\frac{N_{p0\mathrm{I}}}{A_0}+\frac{N_{p0\mathrm{I}}e_{p0\mathrm{I}}^2}{I_0}=\frac{1140.51\times10^3}{879.5\times10^3}+\frac{1140.51\times10^3\times720^2}{383.044\times10^9}=2.8(\mathrm{N/mm^2})$$

求 σ_{l5}：

$$\rho=\frac{A_p+A_s}{A_0}=\frac{1039+1696}{879.5\times10^3}=0.00311$$

$$\sigma_{l5}=\frac{45+280\frac{\sigma_{pc\mathrm{I}}}{f'_{cu}}}{1+15\rho}=\frac{45+280\times\frac{2.8}{22.5}}{1+15\times0.00311}=76.3(\mathrm{N/mm^2})$$

所以 $$\sigma_{l\mathrm{II}}=\sigma_{l5}=76.3(\mathrm{N/mm^2})$$

总损失 $$\sigma_l=\sigma_{l\mathrm{I}}+\sigma_{l\mathrm{II}}=192.3+76.3=268.6(\mathrm{N/mm^2})$$

6. 使用阶段正截面受弯承载力计算

槽身简化为 T 形截面计算如图 10-37 (b) 所示。

(1) 鉴别中和轴位置

$$f_cb'_fh'_f=14.3\times720\times120=1235.52\times10^3(\mathrm{N})=1235.52\mathrm{kN}$$

$$f_yA_s+f_{py}A_p=360\times1696+1220\times1039=1878.14\times10^3(\mathrm{N})=1878.14\mathrm{kN}$$

$f_yA_s+f_{py}A_p>f_cb'_fh'_f$，属于第二类 T 形截面 ($x>h'_f$)。

(2) 求受压区高度

$$x=\frac{f_yA_s+f_{py}A_p-f_c(b'_f-b)h'_f}{f_cb}$$

$$=\frac{360\times1696+1220\times1039-14.3\times(720-200)\times120}{14.3\times200}=345(\mathrm{mm})$$

(3) 求相对界限受压区高度 ξ_b，预应力筋为钢绞线

$$\sigma_{p0}=\sigma_{con}-\sigma_l=1290.0-268.6=1021.4(\mathrm{N/mm^2})$$

$$\xi_b=\frac{0.8}{1.6+\dfrac{f_{py}-\sigma_{p0}}{0.0033E_s}}=\frac{0.8}{1.6+\dfrac{1220-1021.4}{0.0033\times1.95\times10^5}}=0.419$$

非预应力筋为 HRB400 钢筋，$\xi_b=0.518$（查表 3-1）。

比较预应力筋与非预应力筋的 ξ_b 值，并取其较小者，故 $\xi_b=0.419$。

(4) 检查是否满足适筋条件

纵向受拉钢筋合力点至槽底边的距离 $a=50\mathrm{mm}$，则 $h_0=h-a=1770-50=1720$(mm)。

$$x=345\mathrm{mm}<\xi_b h_0=0.419\times1720=721(\mathrm{mm})，符合要求。$$

(5) 受弯承载力复核

$$f_c bx\left(h_0-\frac{x}{2}\right)+f_c(b_f'-b)h_f'\left(h_0-\frac{h_f'}{2}\right)$$

$$=14.3\times200\times345\times\left(1720-\frac{345}{2}\right)+14.3\times(720-200)\times120\times\left(1720-\frac{120}{2}\right)$$

$$=3008.17\times10^6\ (\mathrm{N\cdot mm})=3008.17\mathrm{kN\cdot m}>\gamma_d M=1.20\times1881.42$$

$$=2257.70\ (\mathrm{kN\cdot m})$$

正截面受弯承载力满足要求。

7. 使用阶段抗裂验算

(1) 正截面抗裂验算，求槽底边缘 $\sigma_{pc\,\mathrm{II}}$

$$N_{p0\,\mathrm{II}}=(\sigma_{con}-\sigma_l)A_p-\sigma_{l5}A_s$$

$$=(1290.0-268.6)\times1039-76.3\times1696$$

$$=931.83\times10^3(\mathrm{N})=931.83\mathrm{kN}$$

$$e_{p0\,\mathrm{II}}=y_p=y_1-50=770-50=720\ (\mathrm{mm})$$

$$\sigma_{pc\,\mathrm{II}}=\frac{N_{p0\,\mathrm{II}}}{A_0}+\frac{N_{p0\,\mathrm{II}}e_{p0\,\mathrm{II}}y_1}{I_0}=\frac{931.83\times10^3}{879.5\times10^3}+\frac{931.83\times10^3\times720\times770}{383.044\times10^9}$$

$$=2.32(\mathrm{N/mm^2})$$

求槽底边缘 σ_{ck}：

$$\sigma_{ck}=\frac{M_k y_1}{I_0}=\frac{1727.75\times10^6\times770}{383.044\times10^9}=3.47(\mathrm{N/mm^2})$$

$$0.7+\frac{300}{h}=0.7+\frac{300}{1770}=0.869<1.1$$

查附录 5 表 4，$\gamma_m=1.35\times\left(0.7+\dfrac{300}{h}\right)=1.35\times0.869=1.174$，则 $\gamma=\gamma_m=1.174$。

$$0.7\gamma f_{tk}=0.7\times1.174\times2.01=1.65\mathrm{N/mm^2}$$

$$\sigma_{ck}-\sigma_{pc\,\mathrm{II}}=3.47-2.32=1.15\mathrm{N/mm^2}\ (受拉)$$

$\sigma_{ck}-\sigma_{pc\,\mathrm{II}}<0.7\gamma f_{tk}$，满足荷载效应标准组合下二级裂缝控制的条件。

(2) 斜截面抗裂验算

支座边截面重心轴处主应力计算：

求外荷剪力 V_s 产生的剪应力

$S_0=260\times120\times(1000-60)\times2+600\times90\times(1000-45)\times2+100\times1000\times500\times2$

$=0.262\times10^9(mm^2)$

$$\tau=\frac{V_kS_0}{bI_0}=\frac{448.59\times10^3\times0.262\times10^9}{200\times383.044\times10^9}=1.53(N/mm^2)$$

支座边截面弯矩近似为零，故正应力为零。

求预加压力在支座边截面重心轴处的正应力，需考虑预应力筋在预应力传递长度 l_{tr} 范围内实际应力值的变化。$\sigma_{pe\,\mathrm{II}}=\sigma_{con}-\sigma_l-\alpha_{EP}\sigma_{pc\,\mathrm{II}}=1290.0-268.6-6.5\times2.32=1006.3$ (N/mm^2)，由表10-10及式（10-107）可得 $l_{tr}=\alpha\frac{\sigma_{pe}}{f'_{tk}}d=0.17\times\frac{1006.3}{1.66}\times11.1=1144$ (mm)，支座边长为300mm，则支座边预应力筋的实际应力值为：

$$\frac{300}{1144}\times(\sigma_{con}-\sigma_l)=\frac{300}{1144}\times(1290.0-268.6)=267.8(N/mm^2)$$

支座边缘处 $N_{p0\,\mathrm{II}}=\frac{300}{1144}\times(\sigma_{con}-\sigma_l)A_p-\sigma_{l5}A_s$

$=267.8\times1039-76.3\times1696=148.84\times10^3(N)=148.84kN$

$$\sigma_x=\sigma_{pc\,\mathrm{II}}=\frac{N_{p0\,\mathrm{II}}}{A_0}\pm\frac{N_{p0\,\mathrm{II}}e_{p0\,\mathrm{II}}y_0}{I_0}$$

因为 $y_0=0$，故 $\sigma_x=\sigma_{pc\,\mathrm{II}}=\frac{N_{p0\,\mathrm{II}}}{A_0}=\frac{148.84\times10^3}{879.5\times10^3}=0.17(N/mm^2)$

主应力可由式（10-113）求得：

$$\frac{\sigma_{tp}}{\sigma_{cp}}=\frac{\sigma_x+\sigma_y}{2}\pm\sqrt{\left(\frac{\sigma_x-\sigma_y}{2}\right)^2+\tau^2}=\frac{0.17+0}{2}\pm\sqrt{\left(\frac{0.17-0}{2}\right)^2+1.53^2}$$

$$=\begin{matrix}-1.45\\+1.62\end{matrix}\ (N/mm^2)\ \begin{matrix}(拉)\\(压)\end{matrix}$$

按一般要求不出现裂缝的构件验算

$0.95f_{tk}=0.95\times2.01=1.91(N/mm^2)$，$0.60f_{ck}=0.60\times20.1=12.1(N/mm^2)$

所以 $\sigma_{tp}\leqslant0.95f_{tk}$，$\sigma_{cp}\leqslant0.60f_{ck}$，满足要求。

8. 使用阶段斜截面承载力计算

(1) 截面尺寸验算

$h_w=h_0-h'_f=1720-120=1600$ (mm)，$\frac{h_w}{b}=\frac{1600}{200}=8>6$

$0.2f_cbh_0=0.2\times14.3\times200\times1720=983.84\times10^3$ (N) $=983.84kN$

$0.2f_cbh_0>\gamma_dV=1.20\times488.49=586.19$ (kN)，截面尺寸满足要求。

(2) 确定是否按计算配置箍筋

$V_c=0.7f_tbh_0=0.7\times1.43\times200\times1720=344.34\times10^3$ (N) $=344.34kN$

$N_{p0}=N_{p0\,\mathrm{II}}=\frac{300}{1144}(\sigma_{con}-\sigma_l)A_p-\sigma_{l5}A_s=148.84$ (kN)（见前）

$V_c+0.05N_{p0}=344.34+0.05\times148.84=351.78$ (kN) $<\gamma_dV=586.19kN$，需按计算配置箍筋。

(3) 配置箍筋计算

按构造选用Φ 8@150，沿槽身全长配置。$s < s_{max} = 300$mm，配箍率 $\rho_{sv} = \frac{A_{sv}}{bs} = \frac{2\times50.3}{200\times150} = 0.34\% > \rho_{sv\min} = 0.12\%$，满足要求。

$$V_c + V_{sv} + V_p = 0.7f_tbh_0 + f_{yv}\frac{A_{sv}}{s}h_0 + 0.05N_{p0}$$

$$= 344.34\times10^3 + 270\times\frac{2\times50.3}{150}\times1720 + 0.05\times148.84\times10^3$$

$$= 663.24\times10^3(\text{N}) = 663.24\text{kN} > \gamma_d V = 586.19\text{kN}，满足承载力要求。$$

9. 挠度验算

(1) 荷载效应标准组合下的受弯刚度计算

不出现裂缝构件的短期刚度：

$$B_{ps} = 0.85E_cI_0 = 0.85\times3.0\times10^4\times383.044\times10^9 = 9.768\times10^{15}(\text{N}\cdot\text{mm}^2)$$

荷载效应标准组合作用下预应力混凝土受弯构件的刚度：

$$B = 0.65B_{ps} = 0.65\times9.768\times10^{15} = 6.349\times10^{15}(\text{N}\cdot\text{mm}^2)$$

(2) 外荷载作用下的挠度的计算

荷载效应标准组合作用下的挠度：

$$f_{1k} = \frac{5\gamma_0 q_k l_0^4}{384B} = \frac{5\times1.0\times(23.0+32.82+4.80)\times(15.10\times10^3)^4}{384\times6.349\times10^{15}} = 6.5(\text{mm})$$

(3) 预加应力产生的反拱值计算

$$f_2 = \frac{N_p e_p l_0^2}{8E_cI_0} = \frac{931.83\times10^3\times720\times(15.10\times10^3)^2}{8\times3.0\times10^4\times383.044\times10^9} = 1.7(\text{mm})$$

(4) 外荷载及预应力共同作用下的总挠度计算

$$f = f_{1k} - 2f_2 = 6.5 - 2\times1.7 = 3.1(\text{mm})$$

由附录 5 表 3 得挠度限值 $f_{\lim} = \frac{l_0}{500} = \frac{15100}{500} = 30.2$，因而 $f < f_{\lim}$，满足要求。

槽身还应按横向受力分析配置相应横向受力钢筋，本例题计算从略，图 10-38 中仅绘出了纵向受剪承载力所要求的箍筋Φ 8@150，未给出横向受力钢筋。

10. 施工阶段验算

施工阶段不允许出现裂缝的构件，需对放张、吊装运输及安装时的截面应力进行验算。

(1) 放张时

截面上边缘的应力：

$$\sigma_{ct} = \frac{N_{p0\,\text{I}}}{A_0} - \frac{N_{p0\,\text{I}}\, e_{p0\,\text{I}}\, y_2}{I_0} = \frac{1140.51\times10^3}{879.5\times10^3} - \frac{1140.51\times10^3\times720\times1000}{383.044\times10^9}$$

$$= -0.85(\text{N/mm}^2)(拉)$$

$\sigma_{ct} < f'_{tk} = 1.66\text{N/mm}^2$，满足要求。

截面下边缘应力：

$$\sigma_{cc}=\frac{N_{p0\,\mathrm{I}}}{A_0}+\frac{N_{p0\,\mathrm{I}}\,e_{p0\,\mathrm{I}}\,y_1}{I_0}$$

$$=\frac{1140.51\times10^3}{879.5\times10^3}+\frac{1140.51\times10^3\times720\times770}{383.044\times10^9}=2.9(\mathrm{N/mm^2})(\text{压})$$

$$0.8f'_{ck}=0.8\times15.05=12.04\ (\mathrm{N/mm^2})$$

$\sigma_{cc}<0.8f'_{ck}$，满足要求

(2) 吊装运输及安装时

取吊装时的受力验算。槽身自重为 23.0 kN/m，动力系数采用 1.50，吊点设在距构件两端各 $0.1l$ 处。吊点处构件自重标准值在计算截面上产生的弯矩值：

$$M_k=1.5\times\frac{1}{2}g_k(0.1l)^2=1.5\times\frac{1}{2}\times23.0\times(0.1\times15.4)^2=40.91(\mathrm{kN\cdot m})$$

截面上边缘的应力：

$$\sigma_{ct}=\sigma'_{pc\,\mathrm{I}}-\frac{M_k y_2}{I_0}=\frac{N_{p0\,\mathrm{I}}}{A_0}-\frac{N_{p0\,\mathrm{I}}\,e_{p0\,\mathrm{I}}\,y_2}{I_0}-\frac{M_k y_2}{I_0}$$

$$=\frac{1140.51\times10^3}{879.5\times10^3}-\frac{1140.51\times10^3\times720\times1000}{383.044\times10^9}-\frac{40.91\times10^6\times1000}{383.044\times10^9}$$

$$=-0.95(\mathrm{N/mm^2})(\text{拉})$$

$\sigma_{ct}<f'_{tk}=1.66\mathrm{N/mm^2}$，满足要求。

截面下边缘应力：

$$\sigma_{cc}=\sigma_{pc\,\mathrm{I}}+\frac{M_k y_1}{I_0}=\frac{N_{p0\,\mathrm{I}}}{A_0}+\frac{N_{p0\,\mathrm{I}}\,e_{p0\,\mathrm{I}}\,y_1}{I_0}+\frac{M_k y_1}{I_0}$$

$$=\frac{1140.51\times10^3}{879.5\times10^3}+\frac{1140.51\times10^3\times720\times770}{383.044\times10^9}+\frac{40.91\times10^6\times770}{383.044\times10^9}$$

$$=3.0(\mathrm{N/mm^2})(\text{压})$$

$\sigma_{ct}<0.8f'_{ck}=12.04\mathrm{N/mm^2}$，满足要求。

槽身截面配筋如图 10-38 所示。

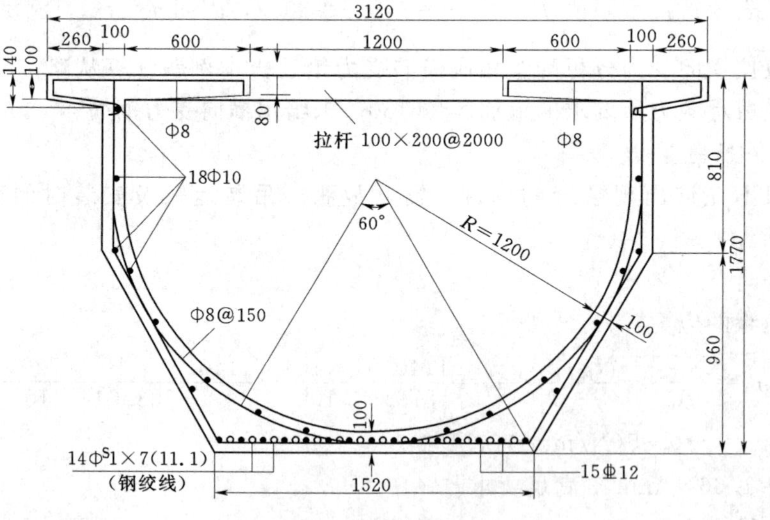

图 10-38　槽身截面配筋图

10.8 预应力混凝土构件的一般构造要求

预应力混凝土构件除需满足按受力要求以及有关钢筋混凝土构件的构造要求外，还必须满足由张拉工艺、锚固方式以及配筋的种类、数量、布置形式、放置位置等方面提出的构造要求。

预应力混凝土大梁，通常采用非对称I形截面。在一般荷载作用下梁的截面高度 h 可取跨度 l_0 的 1/20～1/14。腹板肋宽 b 取（1/15～1/8)h，剪力较大的梁 b 也可取（1/8～1/5)h。上翼缘宽度 b_f'可取（1/3～1/2)h，厚度 h_f'可取（1/10～1/6)h。为便于拆模，上、下翼缘靠近肋处应做成斜坡，上翼缘底面斜坡为 1/10～1/15，下翼缘顶面斜坡通常取 1∶1。下翼缘宽度和厚度 b_f、h_f 应根据预应力筋的多少、钢筋的净距、预留孔道的净距、保护层厚度、锚具及承力架的尺寸等予以确定。

对施工时预拉区不允许出现裂缝的构件（如吊车梁），在受压区需配置一定的预应力筋，其截面面积 A_p'在先张法构件中为受拉区预应力筋截面面积 A_p 的 1/6～1/4，在后张法构件中为 A_p 的 1/8～1/6。

当受拉区预应力筋已满足抗裂或裂缝宽度的限值时，按承载力要求不足的部分允许采用非预应力筋。

后张法预应力筋在构件端部全部弯起的受弯构件或直线配筋的先张法构件，当其端部与下部支承结构焊接时，应考虑混凝土收缩、徐变及温度变化引起的不利影响，在端部可能产生裂缝的部位应设置足够的非预应力纵向构造钢筋。

当先张法预应力钢丝按单根方式配筋困难时，可采用相同直径钢丝并筋的配筋方式。并筋的等效直径，对双并筋应取为单筋直径的 1.4 倍，对三并筋应取为单筋直径的 1.7 倍。并筋的保护层厚度、锚固长度、预应力传递长度及正常使用极限状态验算均应按等效直径考虑。当预应力钢绞线、热处理钢筋采用并筋方式时，应有可靠的构造措施。

在先张法构件中，预应力筋一般为直线形，必要时也可采用折线配筋，如双坡屋面梁受压区的预应力筋。

先张法构件中的预应力筋的净间距，应以方便浇灌混凝土、张拉预应力筋和钢筋锚固可靠、夹具使用方便的原则来确定。通常预应力筋的净间距不应小于其公称直径或等效直径的 1.5 倍，且应符合下列规定：对预应力钢丝不应小于 15mm；对三股钢绞线不应小于 20mm，对七股钢绞线不应小于 25mm。

先张法预应力筋宜采用带肋钢筋、刻痕钢丝、钢绞线等，以增强与混凝土之间的粘结力。当采用光圆钢丝作预应力筋时，应根据其强度、直径及构件受力特点采用适当措施，确保钢丝在混凝土中锚固可靠、无滑动，并应考虑预应力传递长度范围内抗裂性较低的不利影响。

先张法构件放张时，预应力筋对周围混凝土产生挤压，端部混凝土有可能沿预应力筋周围产生裂缝。为防止这种裂缝，除要求预应力筋有一定的保护层外，尚应局部加强，其措施为：

(1) 对单根预应力筋（如板肋配筋），其端部宜设置长度不小于 150mm 且不小于 4 圈的螺旋钢筋 [图 10-39 (a)]。当有可靠经验时，亦可利用支座垫板上的插筋代替螺旋筋，但其数量不应小于 4 根，高度不宜小于 120mm [图 10-39 (b)]。

(2) 对分散布置的预应力筋，在构件端部 $10d$（d 为预应力筋直径）范围内，应设置 3～5 片与预应力筋垂直的钢筋网。

(3) 对采用钢丝配筋的薄板，应在板端 100mm 范围内适当加密横向钢筋。

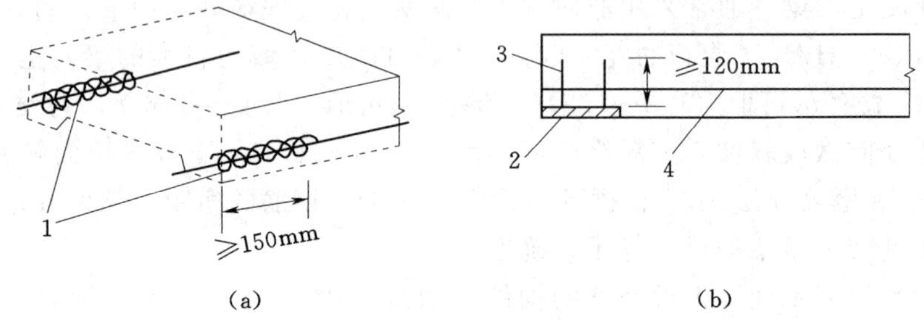

图 10-39　单根预应力筋端部混凝土的局部加强措施

1—螺旋钢筋；2—预埋铁件；3—插筋，不少于 4 根；4—预应力筋 $d \leqslant 16$mm

后张法构件中，当预应力筋为曲线配筋时，为了减少摩擦损失，曲线段的夹角不宜过大（等截面吊车梁，≤30°）。对钢丝束、钢绞线以及钢筋直径 $d \leqslant 12$mm 的钢筋束，曲率半径不宜小于 4m；对折线配筋的构件，在折线预应力筋弯折处的曲率半径可适当减小。

后张法预应力筋预留孔道间的净距不应小于 50mm，孔道至构件边缘的净距亦不应小于 30mm，且不宜小于孔道直径的一半。预留孔道的直径应比预应力钢筋束及连接器的外径大 10～15mm。构件两端或跨中应设置灌浆孔或排气孔，孔距不宜大于 12m。制作时有预先起拱要求的构件，预留孔道宜随构件同时起拱。

孔道灌浆要求密实，水泥浆强度不宜低于 M20，水灰比宜控制在 0.40～0.45 范围内。为减少收缩，水泥浆内宜适当掺入外加剂。

在后张法预应力混凝土构件的预拉区和预压区中，应设置纵向非预应力构造钢筋；在预应力筋弯折处，应加密箍筋或沿弯折处内侧设置钢筋网片。

在构件端部有局部凹进时，为防止施加预应力时在端部转折处产生裂缝，应增设折线构造钢筋。

在后张法预应力混凝土构件端部宜按下列规定布置钢筋：

(1) 宜将一部分预应力筋在靠近支座处弯起，弯起的预应力筋宜沿构件端部均匀布置。

(2) 当构件端部预应力筋需集中布置在截面下部或集中布置在上部和下部时，应在构件端部 $0.2h$（h 为构件端部截面高度）范围内设置附加竖向焊接钢筋网、封闭式箍筋或其他形式的构造钢筋。

构件端部的尺寸必须兼顾锚具的布置、张拉设备的尺寸和满足局部受压承载力的要求综合确定，必要时应适当加大。在预应力筋锚具下及张拉设备的支撑部位应埋设钢垫板，并应按局部受压承载力计算的要求配置间接钢筋和附加钢筋。端部截面由于受到孔道削弱，且预应力筋、非预应力筋、锚拉筋、附加钢筋及预埋件上锚筋的纵横交叉，因此设计时必须考虑施工的可行性和方便。端部外露的金属锚具应采取涂刷油漆、砂浆封闭等可靠的防锈措施。

第 11 章　钢筋混凝土构件的抗震设计

11.1　建筑物抗震的基本概念

我国地处世界上两个最活跃的地震带，东濒太平洋地震带，西部和西南部是欧亚地震带所经过的地区，是世界上多地震国家之一。历史上曾发生多次特大的破坏地震，如 1927 年的古浪地震、1933 年的叠溪地震、1976 年的唐山地震和 2008 年的汶川地震等，造成了极为严重的损失。我国地震灾害较严重的原因是：①地震活动带几乎遍布全国，无法集中力量作重点设防；②我国强震的重演周期长，易引起麻痹；③不少地震发生在人口稠密的城镇地区；④我国虽然较早地制定了抗震设计规范，但曾以为地震烈度为 6 度的地区可以不设防，而最近几十年中，在 6 度地区却发生了多次大地震。因此对建筑物的抗震设计应加以特别重视。

关于钢筋混凝土结构构件的抗震设计，不同的设计规范给出了不同的规定，如《建筑抗震设计规范》(GB 50011—2010)、《混凝土结构设计规范》(GB 50010—2010)、《水工建筑物抗震设计规范》(DL 5073—2000)、《水工混凝土结构设计规范》(SL 191—2008)与《水工混凝土结构设计规范》(DL/T 5057—2009) 等，本章主要介绍建筑物抗震设计的基本知识，以及现行两本水工混凝土结构设计规范有关钢筋混凝土结构构件抗震设计的一些规定，对两本规范的区别也给予必要的说明。

首先简要介绍抗震设计的一些基本概念。

11.1.1　地震作用和地震作用效应

在地震过程中地面的运动方向是随机的，通常水平方向的加速度大于垂直方向的加速度。地震观测资料表明，经受强烈地震过程的地面加速度是相当大的，如 1940 年 EI Centro 地震记录的地面加速度峰值为 $0.33g$，1971 年 San Francisco 地震在 Pacoima 水坝坝址测得的地面加速度峰值超过 $1.0g$，2008 年汶川地震在紫坪铺坝坝顶测得的加速度峰值有 $2.0g$，坝底地面加速度峰值有 $0.6g$。

由地震动施加于结构上的动态作用称为地震作用，包括水平地震作用和竖向地震作用。地震作用引起的结构内力（剪力、弯矩、轴力、扭矩等）、位移（线位移、角位移）、裂缝开展等动态效应称为地震作用效应。结构在地震中损坏的程度不仅取决于地震作用效应及与其他荷载效应组合的大小，更取决于结构的承载能力和变形能力。

11.1.2　场地

场地是指工程群体的所在地。每一个场地具有相似的反应谱特征，它相当于厂区、居民小区和自然村的区域范围或有不小于 $1.0km^2$ 的平面面积。

11.1.3　震级与烈度

震级是按照地震本身强度而定的等级标度，用以说明某次地震的大小，用符号 M 表示。震级的大小表明某次地震释放能量的大小。目前国际上比较通用的是里氏震级。它以标准地震仪在距震中 100km 处记录下来的最大水平地动位移 A（即振幅，以 μm 计）的对数值来表示该次地震的震级，其表达式如下：

$$M=\lg A \tag{11-1}$$

一次地震只有一个震级。一般，小于二级的地震称之为无感地震或微震。二级到五级地震称之为有感地震。五级以上的地震为破坏性地震。七级以上的地震称为强烈地震。八级以上的地震称为特大地震。至今记录到世界上最大的地震是 1960 年发生在智利的 8.7 级地震。

烈度 I 是指某一地区感受到的地面加速度及建筑物损坏程度的强弱。对应于一次地震，震级虽然只有一个，但由于各地区距震源远近不同，地质情况及建筑物条件不同，所感受的烈度是不同的。一般离震中愈近，烈度愈大，震中区的烈度最大，称为“震中烈度”。我国目前采用 1～12 度烈度表。烈度大小是根据人的感觉、家具的振动、房屋和构筑物的破坏情况、地表现象和水平向地震动参数分级的。以砖混房屋或砖木房屋的震害为例，当烈度为 6 度时结构有损坏；7 度时结构轻度破坏，经小修或不需修理可继续使用；8 度时结构中等破坏，需要修理才可使用；9 度时结构严重破坏，局部倒塌；10 度时，房屋大多数倒塌；11 度时，房屋普遍倒塌；12 度时，地面剧烈变化，山河改观。

对某一地区，50 年期限内，一般场地条件下，可能遭遇超越概率 P_{50} 为 10%的地震烈度称为该地区的基本烈度 I_0。1990 年，国家地震局采用了地震危险性概率分析方法，考虑了当地的地质、地形条件和历史地震情况等，吸收了中长期地震预报的研究成果，编制了《中国地震烈度区划图》(1990)。对房屋建筑及中小型水利工程，基本烈度 I_0 就采用《中国地震烈度区划图》上所标示的烈度值；对重大的水利工程，基本烈度 I_0 应通过专门的场地地震危险性评价工作确定。

每一地区在一定期限内实际发生的烈度是随机的。根据我国华北、西北和西南地区地震发生概率的统计分析，烈度 I 的概率分布大体如图 11-1 所示。其中概率密度函数曲线的峰值称为众值烈度，其 50 年内超越概率约为 63.2%；50 年超越概率为 2%～3%的烈度称为罕遇烈度，基本烈度 I_0 的 50 年超越概率为 10%。众值烈度比基本烈度约低 1.55 度，罕遇烈度比基本烈度大 1 度左右。

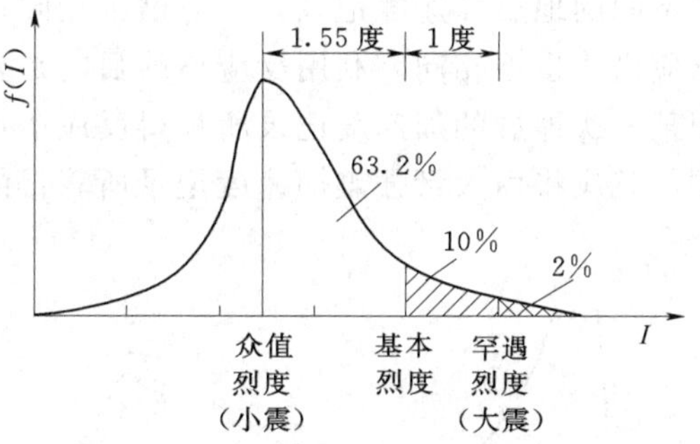

图 11-1　烈度 I 的概率分布曲线与三种烈度之间的关系

在建筑物设计中实际采用的地震烈度称为设计烈度。对于一般工程，抗震设计烈度就取为该地区的基本烈度，对特别重大的工程和可能引起严重次生灾害的工程建筑，其设计烈度常按基本烈度提高 1 度采用，如水工建筑物中的 1 级壅水建筑物的设计烈度可较基本烈度提高 1 度。

相应于众值烈度的地震一般可视作该地区的“小震”，相应于基本烈度的地震可视作该地区的“中震”，相应于罕遇烈度的地震即为该地区的“大震”。

11.1.4　地震动峰值加速度和设计地震加速度

在有关抗震设计的规范中，对于中小型工程和房屋建筑，一般均规定可以用设计烈度为依据采用拟静力法进行抗震设计，但对于重大工程（包括高度大于 60～80m 的高层建筑）和可能引起严重次生灾害的工程则必须进行专门的地震危险性分析，即直接进行动力分析。

直接进行动力分析，就要用到地震动参数，它包括地震加速度（速度、位移）时程曲线、加速度反应谱和峰值加速度，其中最主要的是地震时的地面（或基岩）峰值加速度。所谓峰值加速度，就是地震动过程中地表质点运动加速度的最大绝对值。

在设计中，实际采用的加速度最大绝对值称为设计地震加速度，它由专门的地震危险性分析按规定的设防概率水准所确定，一般情况下取为与设计烈度相对应的地震动峰值加速度。《水工建筑物抗震设计规范》（DL 5073—2000）给出了设计烈度和水平向设计地震加速度代表值 a_h 的对应关系，见表 11－1。竖向设计地震加速度的代表值 a_v 应取水平向设计地震加速度代表值的 2/3。

表 11－1　设计烈度和水平向设计地震加速度代表值的对应关系

设计烈度	7	8	9
a_h	$0.1g$	$0.2g$	$0.4g$

注　g 为重力加速度，$g=9.81\text{m/s}$。

11.1.5　反应谱

地震反应谱是现阶段计算地震作用的基础，通过反应谱可把随时程变化的地震作用转化为最大的等效静力。所谓地震反应谱，是指在给定的地震加速度作用期间内，单质点弹性体系的最大位移反应、最大速度反应或最大加速度反应随质点自振周期变化的曲线。对于不同的地震加速度记录，反应谱不相同；对于同一地震加速度记录但结构的阻尼不同，反应谱值也不相同。利用反应谱的目的是要预测结构将来可能遭遇的最大地震作用，所以用某一次地震的加速度记录所算得反应谱作为设计依据是不可靠的。为了满足工程设计需要，就应将由大量强震加速度记录所算得的反应谱，按照影响反应谱曲线形状的因素进行分类，并按每种分类进行统计分析，求出最有代表性的曲线作为设计依据，这种曲线称为设计反应谱。

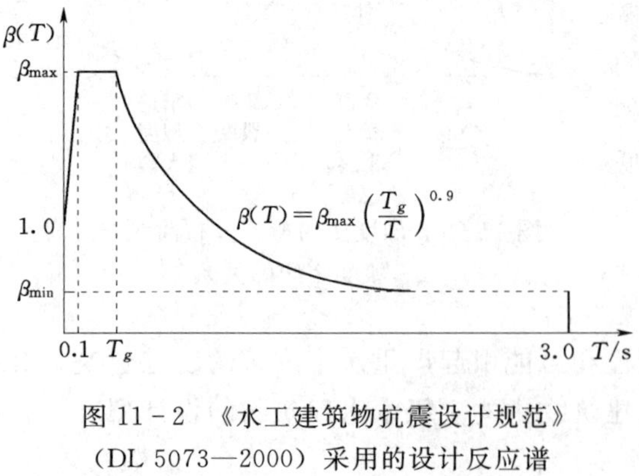

图 11－2　《水工建筑物抗震设计规范》（DL 5073—2000）采用的设计反应谱

图 11－2 为《水工建筑物抗震设计规范》（DL 5073—2000）所采用的设计反应谱，图中的 β 称为动力系数，或称放大系数，它为质点加速度峰值 $a_{\max}$ 和地面水平地震加速度代表值 a_h 的比值，即 $\beta=a_{\max}/a_h$；T 为结构的自振周期；$\beta_{\max}$ 为设计加速度反应谱最大值的代表值；T_g 为

不同类别场地的特征周期，它相当于地震波的主震周期，β_{max}和 T_g 可分别由表 11-2 和表 11-3 查得。设计反应谱下限值的代表值 β_{min}应不小于 β_{max}的 20%；当设计烈度不大于 8 度且基本自振周期大于 1.0s 的结构，特征周期 T_g 宜延长 0.05s。

表 11-2　设计反应谱最大值的代表值 β_{max}

建筑物类型	重力坝	拱坝	水闸、进水塔及其他混凝土建筑物
β_{max}	2.00	2.50	2.25

表 11-3　特 征 周 期 T_g

场地类别	Ⅰ	Ⅱ	Ⅲ	Ⅳ
T_g/s	0.20	0.30	0.40	0.65

由图 11-2 可见，反映结构振动加速度的动力系数 β 与结构的自振周期 T 有关，当 T 和场地的特征周期 T_g 相近时，将发生共振，这时结构 β 值将明显加大；当 $T>T_g$ 后，β 随 T 减小。

图 11-3 为《建筑抗震设计规范》（GB 50011—2010）采用的地震影响系数曲线，图中的 α 称为地震影响系数，它为质点加速度峰值 a_{max} 和重力加速度 g 的比值，即 $a=a_{max}/g$，因而地震影响系数 α 就为单质点弹性体系在地震时以重力加速度为单位的质点最大加速度反应。

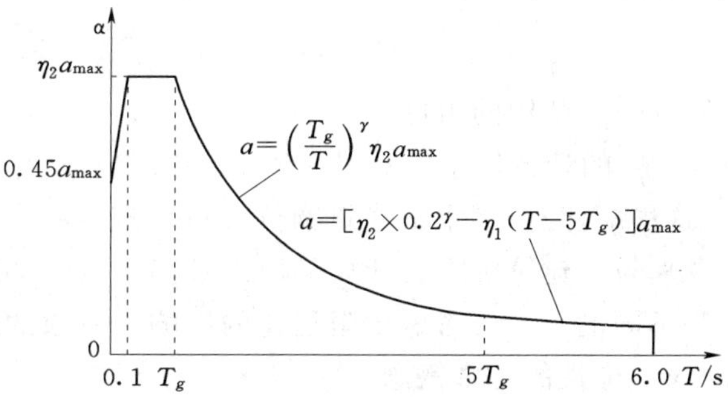

图 11-3 《建筑抗震设计规范》(GB 50011—2010)采用的地震影响系数曲线

α_{max}为地震影响系数最大值，按表 11-4 采用。特征周期 T_g 及场地条件与设计地震分组有关❶，按表 11-5 采用，计算 8、9 度罕遇地震作用时，特征周期应增加 0.05g。周期大于 6.0s 的建筑结构所采用的地震影响系数应专门研究。

表 11-4　水平地震影响系数最大值 α_{max}

地震影响	6 度	7 度	8 度	9 度
多遇地震	0.04	0.08 (0.12)	0.16 (0.24)	0.32
罕遇地震	0.28	0.50 (0.72)	0.90 (1.20)	1.40

注　括号中数值分别用于设计基本地震加速度为 0.15g 和 0.30g 的地区。

❶ 设计地震分组是在《中国地震动反应谱特征周期区划图 B1》基础上略作调整确定的，《建筑抗震设计规范》（GB 50011—2010）附录 A 列出了我国县级及县级以上城镇的中心地区的设计地震分组，设计时可查用。

表 11-5　　特征周期值(s)

设计地震分组	场地类别				
	I_0	I	II	III	IV
第一组	0.20	0.25	0.35	0.45	0.65
第二组	0.25	0.30	0.40	0.55	0.75
第三组	0.30	0.35	0.45	0.65	0.90

图 11-3 公式中的 γ 为衰减指数，η_1 为直线下降段的下降斜率调整系数，η_2 为阻尼调整系数，分别由下列公式计算：

$$\gamma=0.9+\frac{0.05-\zeta}{0.3+6\zeta} \tag{11-2}$$

$$\eta_1=0.02+\frac{0.05-\zeta}{4+32\zeta} \tag{11-3}$$

$$\eta_2=1+\frac{0.05-\zeta}{0.08+1.6\zeta} \tag{11-4}$$

式中　ζ——结构的阻尼比。

当 η_1 的计算值小于 0 时，取 $\eta_1=0$；当 η_2 的计算值小于 0.55 时，取 $\eta_2=0.55$。

这里应注意，《水工建筑物抗震设计规范》（DL 5073—2000）采用的反应谱曲线（图 11-2）与《建筑抗震设计规范》（GB 50011—2010）采用的地震影响系数曲线（图 11-3）是不同的，后者考虑了阻尼比的影响，所取的结构自振周期 T 也较长。

11.1.6　延性的基本概念

除强度与刚度要求外，在地震区的结构要有良好的延性。所谓延性是指材料、构件和结构在荷载作用下，进入非线性状态后在承载能力没有显著降低情况下的变形能力。延性好的结构，能通过结构的塑性变形来吸收和消耗地震的能量，抗震性能强。

图 11-4 是两根简支梁的荷载挠度全过程曲线。梁 A 受荷达到最大值后突然降低，呈脆性破坏状态；梁 B 在受拉钢筋屈服后，由于截面中性轴上升和钢筋强化，承载力尚有一定程度增加，经较长的变形过程最终由于受压区混凝土压碎而破坏，表现出良好的延性。试验和非线性计算分析表明：构件和结构的破坏由受拉钢筋屈服引起的，常表现出良好的延性，如适筋梁、大偏心受压柱等；而破坏由混凝土拉断、剪坏和压碎控制的，常表现为脆性，如素混凝土板、超筋梁、短柱的剪切破坏等。

描写延性常用的变量有：材料的韧性、截面的曲率延性系数、构件或结构的位移延性系数、塑性铰转角能力、滞回曲线、耗能能力等。下面对这些变量的概念作一简介。

材料的韧性通常用材料的应变（或变形）达到某一值时刻的应力-应变（或受力-变形）曲线下的面积来度量。应力峰值后的应力-应变曲线越平缓，则曲线下的面积越大，材料的韧性越高。素混凝土的受压和受拉韧性都较低，采用箍筋约束和掺加改性材料（如树脂、纤维）可改善混凝土的韧性。

截面的曲率延性系数是指受弯或弯压破坏时构件临界截面上极限曲率对屈服曲率的比值，记作 $\mu_\varphi=\phi_u/\phi_y$。

构件或结构的位移延性系数是指极限位移对屈服位移的比值，记作 $\mu_\Delta=\Delta_u/\Delta_y$。相应于受拉钢筋开始屈服时的位移为屈服位移，这时在荷载-位移曲线上出现明显拐点；极限位移通常取荷载峰值后降低至85%峰值荷载时对应的位移（图11-4）。

构件达到屈服后在临界截面附近一个区域内形成一个可以保持一定承载力而使两侧产生相对转动的“铰”，称为塑性铰。相应于位移极限时和截面屈服时的转角差，称为塑性铰转角能力，记作 $\theta_p=\theta_u-\theta_y$。

地震水平作用力是以周期反复荷载的形式作用到建筑物上的，因此研究周期反复荷载作用下结构构件的受力变形性能十分重要。图11-5为一构件周期反复加载试验所得的荷载-位移全过程曲线，称为荷载-位移滞回曲线。其中每一个加载→卸载→反向加载→卸载过程形成的一段曲线称为滞回环。滞回环的面积可衡量构件耗能能力的大小。通过第一次加载曲线与以后各加载-卸载点的连线形成一条包络线，由包络线也可确定位移延性系数。

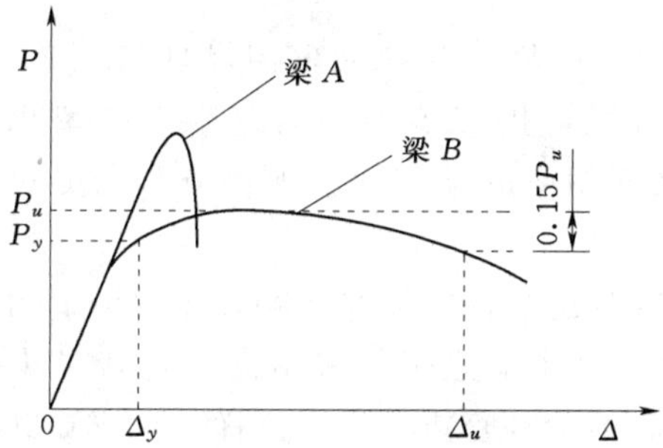

图11-4 超筋梁A和适筋梁B的荷载位移曲线

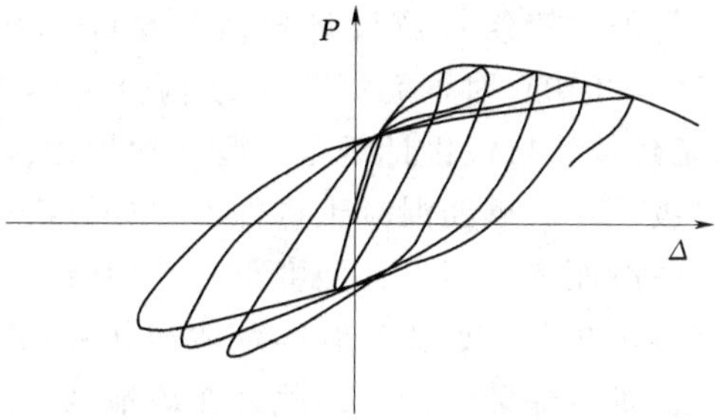

图11-5 周期反复荷载下构件的滞回曲线

11.1.7 抗震设防目标和抗震设计方法

若要求钢筋混凝土结构在遭遇到强烈地震后仍然丝毫无损，就不仅要大大增加设防投资，在技术上也存在一定困难。考虑到强烈地震并非经常发生，因此《建筑抗震设计规范》（GB 50011—2010）规定抗震设防目标是：①当遭受低于本地区抗震设计烈度（一般即基本烈度）的多遇地震（小震）时，结构一般不受损坏或不需修理可继续使用；②当遭受相当于本地区抗震设计烈度的地震（中震）时，结构可能损坏，经一般修理或不需修理仍可继续使用；③当遭受高于本地区抗震设计烈度的罕遇地震（大震）时，结构不致倒塌或发生危及生命的严重破坏。这就是通常所说的“小震不坏，中震可修，大震不倒”三个水准的抗震设计思想。

一般情况下（不是所有情况下），遭遇众值烈度时，建筑物处于正常使用状态，从结构抗震分析角度，可以视为弹性体系而采用弹性反应谱进行弹性分析；遭遇基本烈度或预估的罕遇地震影响时，结构进入了非弹性工作阶段，应采用弹塑性方法进行计算。

在房屋建筑的抗震设计中，并不需要对三个水准作一一对应的验算，而是采用二阶段设计来实现上述三个水准的设防目标。其主要设计思路是：通过控制第一和第三水准的抗震设防目标，使第二水准得以满足，不需另行计算。

第一阶段设计是承载力验算。取第一水准的地震动参数计算结构的弹性地震作用标准值和相应的地震作用效应，进行结构构件的截面承载力验算，这样，既满足了在第一水准下具有必要的承载力可靠度，又满足第二水准的损坏可修的目标。对大多数的结构，可只进行第一阶段设计，而通过概念设计和抗震构造措施来满足第三水准的设计要求。

第二阶段设计是弹塑性变形验算。对有特殊要求的建筑、地震时易倒塌的结构以及有明显薄弱层的不规则结构，除进行第一阶段设计外，还要进行结构薄弱部位的弹塑性层间变形验算并采取相应的抗震构造措施，实现第三水准的设防要求。

与建筑工程的抗震设计不同，《水工建筑物抗震设计规范》（DL 5073—2000）规定，对于水工结构不区分小震、中震和大震三个水准要求，而只按设计烈度进行抗震设计。即认为在遭遇设计烈度（一般取基本烈度）的地震时，允许结构有一定的塑性变形或损坏，但要求不需修理或经一般修理仍可正常使用。根据工程实践经验，这一设计准则也就隐含了“小震不坏”的要求。关于“大震不倒”的要求主要靠抗震结构构造措施来保证，这是因为水工建筑物，如混凝土坝体等构筑物，很难给出与“大震不倒”的要求相适应的弹塑性变形极限状态和判断准则。

另外《建筑抗震设计规范》（GB 50011—2010）及《混凝土结构设计规范》（GB 50010—2010）对钢筋混凝土结构分为四个抗震等级，提出了不同的抗震设防要求，而《水工建筑物抗震设计规范》则是根据建筑物等级和相应的地震烈度评价方法划分抗震设防等级，对于钢筋混凝土构件不再分抗震等级。

一般而言，当设计烈度小于 6 度时，地震作用对建筑物的损坏影响较小，因而可不进行抗震设防。9 度以上地区，地震作用过于强烈，即使采取了很多措施、花费了大量投资，仍难以保证安全。因此，在该地区一般应避免兴建重要建筑物。这样，抗震设防的重点只放在 6～9 度地区。

11.2 抗震的概念设计

地震引起的振动以波的形式从震源向各方向传播。在地球内部，地震波包含有纵波和横波。由于震源机制、地层地质条件及地面扰动等复杂性，这几种波综合叠加在一起，形成极为复杂的波列，很难分解区别。地震作用的大小和特性以及它所引起的结构的反应就很难正确估算。所以，在抗震设防时，不能完全依赖于计算，更重要的要有一个良好正确的概念（方案）设计，其主要内容分述如下。

1. 选择对抗震有利的场地、地基和基础

建筑物场地选择的原则是根据区域地质构造、场地土和地形地貌条件以及历史地震资料，尽量选择对建筑物抗震相对有利的地段，避开不利地段，未经充分论证不应在危险地段进行建设。

有利地段是指邻近地区无晚近期活动性断裂，地质构造相对稳定，地基比较完整的岩体和密实土层。不利地段是指邻近地区地质构造复杂，有晚近期活动性断裂、可能发生液化的土层或软弱粘性土层，以及陡坡、河岸、孤立山丘、半挖半填、不均匀土层等地段。危险地段是指地质构造复杂，有活动性断裂，可能发生滑坡、崩塌、地陷地裂、泥石流、地表错位等地段。

当无法避开不利地段而必须在其上建造工程时，应加强基础的整体性和刚度，对可能发生液化的土层或淤泥、软弱粘性土、新近填土或严重不均匀土层，则应采取挖除、人工密实、砂井排水等工程措施。

地基及基础设计的要求是：同一结构单元的基础不宜设置在性质截然不同的地基上；同一结构单元宜采用同一类型的基础，不宜部分采用天然地基或浅基础而部分采用桩基；同一结构单元的基础（或承台）宜埋置在同一标高上；桩基宜采用低承台桩等。

2. 合理规划，避免地震时发生次生灾害

次生灾害是非地震直接造成的灾害，如房屋规划过密，地震时房屋倒塌将道路堵塞，造成在地震发生时人口无法疏散，增加伤亡；地震时水管破裂、消防设施失效，会造成火灾发生；煤气罐、油库、化工厂、核反应装置等损坏，更会引起爆炸、毒气外逸和核辐射泄漏；水利工程中的挡水建筑物如有损坏，就会造成下游城镇、农田的严重淹没，其后果比建筑物本身的损坏更为严重。

3. 建筑物的形体和结构力求规整和对称

建筑及其抗侧力结构的平面布置宜规则、对称，并应具有良好的整体性；建筑的立面和竖向剖面宜规则，结构的侧向刚度宜均匀变化，竖向抗侧力构件的截面尺寸和材料强度宜自下而上逐渐减小，避免抗侧力结构的侧向刚度和承载力突变，以免突变部位在受震时发生局部严重损害。在建筑物的立面上应尽量少做挑檐等易倒塌脱落的附属构件。如高层建筑物的平面宜采用矩形、方形、圆形、正多边形等规整的形状，使地震时结构的变形能整体协调一致，结构的抗震构造处理也较简单，这样，可取得较好的抗震效果。结构的抗侧力构件（框架柱或剪力墙等）也宜在平面上均匀对称布置，使结构的质量中心和刚度中心尽量靠近或重合，以免在地震发生时，除水平向地震作用外，还增添水平地震惯性力对结构刚度中心的附加扭转作用。

体形复杂、平立面特别不规则的建筑结构，可按实际需要在适当部位设置防震缝，形成多个较规则的抗侧力结构单元。

防震缝应根据抗震设计烈度、结构材料种类、结构类型、单元结构的高度和高差情况，留有足够的宽度，其两侧的上部结构应完全分开。

当设置伸缩缝和沉降缝时，其宽度应符合防震缝的要求。

4. 尽量减轻建筑物的质量，降低其重心

建筑物所受到的地震作用和它的质量成正比。采用轻质材料，减轻建筑物质量是减少地震作用反应的有效措施。建筑物的重心应尽量降低，以减少结构所承受的地震弯矩。

5. 选择合理的抗震结构体系

抗震结构体系应根据建筑物的重要性、设计烈度、场地条件、建筑高度、地基基础及材料、施工状况等，将技术、经济和使用条件综合起来考虑确定。

抗震结构体系应具有明确的计算简图和合理的地震作用传递途径；宜有多道抗震防线，避免因部分结构或构件失效，而导致整个体系丧失抗震能力，或丧失对重力荷载的承载能力；抗震结构体系还应具备必要的抗震承载力、良好的变形能力和耗能能力。在设计时，必须综合考虑结构体系的实际刚度和强度分布，避免因局部削弱或突变形成薄弱部位，产生过大的应力集中或塑性变形集中。对可能出现的薄弱部位，应采取措施提高其抗震能力。

结构在两个主轴方向的动力特性宜相近。

6. 增强结构构件的延性

延性好的结构构件能大量吸收地震的能量，不易倒塌破坏，抗震性能好。因此，对抗震来说，结构构件的延性与结构构件的承载力常具有同等重要意义。

对于钢筋混凝土结构构件，为保证结构具有较好的延性，应避免混凝土压碎、锚固失效、剪切破坏等脆性破坏的发生。因此，在钢筋混凝土结构构件的抗震设计中，应合理地选择尺寸、配置纵向受力钢筋和箍筋，避免剪切破坏先于弯曲破坏、混凝土的压溃先于钢筋的屈服、钢筋的锚固破坏先于构件破坏。应限制受拉纵向钢筋配筋率、增加受压纵向钢筋、增配箍筋、加大钢筋锚固长度。预应力混凝土构件，应配有足够的非预应力筋。对受压构件应控制其轴压比不过大，对构件还应体现“强剪弱弯”的设计原则。同时，应不选用强度过低的混凝土及强度过高的钢筋，因为配置高强钢筋的构件其延性会明显下降。

7. 遭遇大震时，框架结构不发生柱铰机构

当遭遇大震时，在框架结构的梁和柱端会发生塑性铰。在抗震设计时，应使其形成图 11－6（a）所示的梁铰机构，而不允许形成图 11－6（b）所示的柱铰机构。这是因为若形成柱铰机构而又要求它不发生过大的塑性变形，不使结构倒塌，势必要求构件具有极大的延性，事实上是不可能做到的。为了使塑性铰发生在框架梁端而不发生在框架柱柱端，设计时应体现“强柱弱梁”的原则。

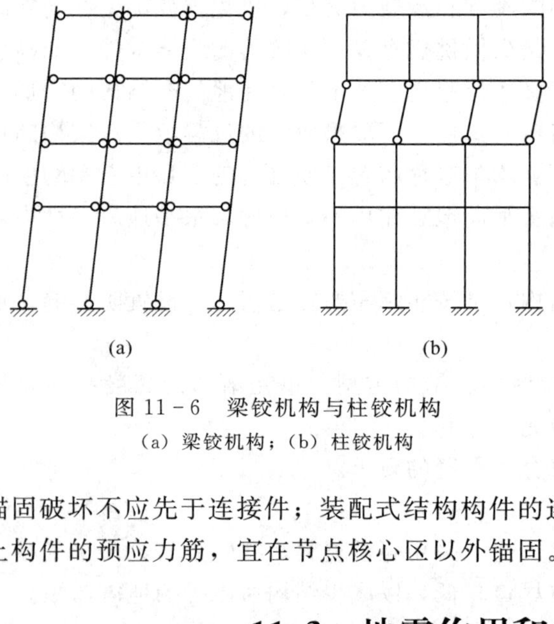

图 11－6　梁铰机构与柱铰机构

（a）梁铰机构；（b）柱铰机构

8. 加强构件之间的连接

结构各构件之间应有可靠连接，保证结构的整体性。应做到：构件节点的破坏不应先于其连接的构件；预埋件的锚固破坏不应先于连接件；装配式结构构件的连接，应能保证结构的整体性；预应力混凝土构件的预应力筋，宜在节点核心区以外锚固。

11.3　地震作用和作用效应的计算

结构地震作用的动力计算方法主要有：时程动力分析法，振型分解反应谱法和底部剪力法等。

时程动力分析法是将地震波 $a_0(t)$ 直接输入结构的动力方程求解结构在振动时的位移 $x(t)$。时程动力分析法的计算比较精确，但也比较复杂。振型分解反应谱法及底部剪力法都是动力法中的反应谱法，即按标准的反应谱考虑地震时地面加速度 $a_0(t)$ 所引起的结构自身的加速度动力反应，并以作用于结构上的地震惯性力来表示。这样，就将动力问题转化为静力问题处理。振型分解法是综合考虑了结构在不同振型时的地震反应，而底部剪力法只考虑结构第一（基本）振型时的地震反应，因而是一种简化计算方法。

11.3.1 底部剪力法

底部剪力法适用于高度不超过40m，以剪切变形为主，且质量与刚度沿高度分布比较均匀的结构，以及近似于单质点体系的结构（如水塔、单层厂房等）。

11.3.1.1 单质点体系

图 11-7 为单层厂房、水塔类结构。在抗震计算时，其计算简图可简化为支撑在不计质量的弹性杆上的单质点体系，质点的质量为 m。当地面水平向加速度为 $a_0(t)$ 时，质点引发的加速度为 $a(t)$。由牛顿第二定律，可假定在质点上作用有一惯性力 F 为

$$F=ma(t) \tag{11-5}$$

就可将动力问题转化为静力问题处理。

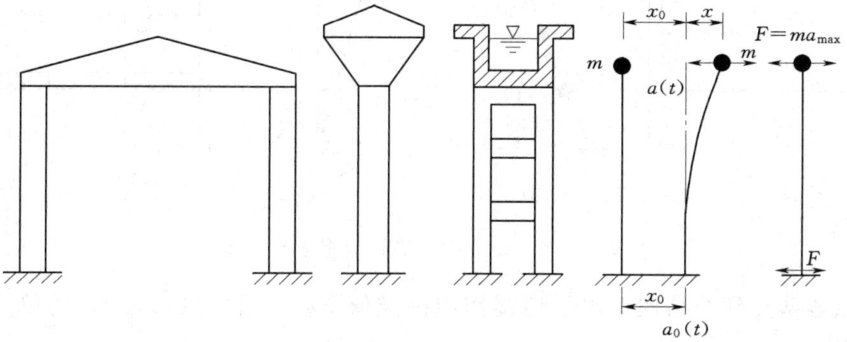

图 11-7 单层厂房、水塔类结构简化为单质点体系

当 $a(t)=a_{max}$ 时的惯性力为

$$F=ma_{max} \tag{11-6}$$

质点的加速度峰值 a_{max} 和地面水平向设计基本地震加速度 a_h 的大小有关。a_h 为地震设计烈度的定量标准，根据实际地震的分布研究，水平向设计基本地震加速度 a_h 可按表 11-1 取值。

质点的加速度峰值 a_{max} 和地面水平向设计基本地震加速度 a_h 之间的关系，可用下式表示：

$$a_{max}=\beta a_h \tag{11-7}$$

式中 β——动力系数，或称为放大系数，在《水工建筑物抗震设计规范》（DL 5073—2000）中，β 可由图 11-2 的设计反应谱确定。

将式（11-7）中的 a_{max} 代入式（11-6），可得出地震惯性力（标准值）：

$$F_k=m\beta a_h \tag{11-8}$$

即

$$F_k=\beta a_h G/g \tag{11-9}$$

式中 G——质点的总重力荷载代表值，$G=mg$。

在《建筑抗震设计规范》（GB 50011—2010）中，将 β 与 a_h/g 合并为水平地震影响系数 α，即 $F_k=\alpha G$。水平地震影响系数 α 可由图 11-3 的地震影响系数曲线确定。

由式（11-8）可知，地震作用惯性力和其他外力荷载是不同的。它不仅取决于地震烈度（a_h），还与结构本身的动力特性（自振周期 T）及结构的质量（$m=G/g$）有关。

11.3.1.2　多质点体系

对于多层框架，抗震计算时的计算简图取为图 11－8 所示的多质点体系，即将每层的梁、板、柱的质量均集中于楼层处作为一个质点处理。各楼层可仅取一个自由度。n 层框架就有 n 个质点支撑在无质量的弹性直杆上。n 个质点体系在振动时就有 n 个自由度，也就有 n 个振型。按底部剪力法计算时，只考虑主振型时的质点位移。

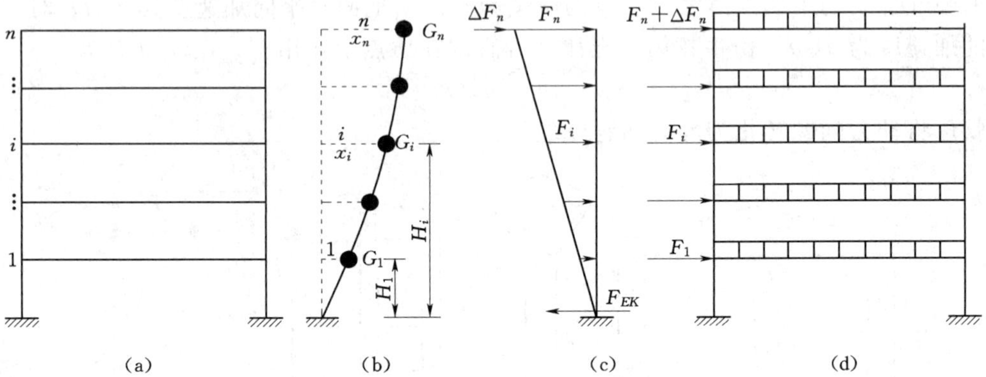

图 11－8　多层框架简化为多质点体系

多质点体系受到的结构总水平地震作用标准值 F_{Ek} 套用式（11－9）的单质点体系公式，表示为：

$$F_{Ek}=\frac{\beta a_h G_{eq}}{g} \tag{11-10}$$

式中　G_{eq}——结构的等效总重力荷载。

由于底部剪力法计算多质点体系时，所得地震作用效应将比精确方法计算的偏大 15%左右。因此，对多质点体系，就取“等效的”总重力荷载 G_{eq} 替代实有的总重力荷载 G，G_{eq} 取为 $0.85G$ 。

应注意，用底部剪力法按式（11－9）、式（11－10）求得的 F_k 或 F_{Ek} 是将结构抗震体系作为弹性体考虑的，并以设计烈度（中震）计算得到的。但抗震设计原则规定，当结构遭受到设计烈度（中震）的地震时，允许结构（特别是钢筋混凝土一类结构）进入塑性变形阶段。当发生一定的塑性变形时，实际作用在结构上的地震惯性力或结构产生的地震作用效应（内力）要比弹性体计算要小得多，因此，在以式（11－9）、式（11－10）计算地震作用所产生的地震效应时应加以折减，或直接将式（11－9）、式（11－10）修正为

$$F_k=\frac{\beta a_h \xi G}{g} \tag{11-11}$$

或

$$F_{Ek}=\frac{\beta a_h \xi G_{eq}}{g} \tag{11-12}$$

式中　ξ——称为地震效应折减系数，对于钢筋混凝土结构，可取 $\xi=0.35$。

若按《建筑抗震设计规范》(GB 50011—2010) 来设计，则计算 F_k 或 F_{Ek} 的公式中没有系数 ξ，这是因为该规范是以本地区的众值烈度（小震）的地震影响系数计算的。它相当于结构完全处于弹性阶段的情况，而小震的 a_h 约为中震 a_h 的三分之一。

对于多质点体系，底部剪力 F_{Ek} 求得后，可按倒三角形分布规律，如图 11-8（c）所示，得出作用于每一质点（每一楼层）上的水平地震作用标准值 F_{ik} 为

$$F_{ik}=\frac{G_iH_i}{\sum_{j=1}^{n}G_jH_j}F_{Ek} \tag{11-13}$$

式中　G_i、G_j——分别为集中于质点 i、j 的重力荷载代表值；

H_i、H_j——分别为质点 i、j 的计算高度。

由于在振动时，结构顶部会发生“鞭梢效应”，顶部的位移 x_n 将增大许多，由式（11-13）计算出的 F_{nk} 就比实际作用力偏小，这显然是不安全的，必须加以修正。修正的方法是在顶端质点 n 处附加一地震力 ΔF_{nk}，取 $\Delta F_{nk}=\delta_nF_{Ek}$，这样，再根据各质点上的地震力总和（$F_{1k}+F_{2k}+\cdots+F_{n-1k}+F_{nk}+\Delta F_{nk}$）应等于底部剪力 F_{Ek} 的条件，可把式（11-13)修正为

$$F_{ik}=\frac{G_iH_i}{\sum_{j=1}^{n}G_jH_j}F_{Ek}(1-\delta_n) \tag{11-14}$$

式中　δ_n——顶部附加地震作用系数，对多层钢筋混凝土结构可按表 11-6 取用。

表 11-6　　顶部附加地震力作用系数 δ_n

T_g/s	$T_1>1.4T_g$	$T_1<1.4T_g$
≤0.35	$0.08T_1+0.07$	0.0
0.35～0.55	$0.08T_1+0.01$	
>0.55	$0.08T_1-0.02$	

注　T_1 为结构基本自振周期。

突出屋面的屋顶间、女儿墙、烟囱等的地震作用效应，宜乘以增大系数 3，此增大部分不应往下传递，但与该突出部分相连的构件应予计入。

各 F_{ik} 值得出后，如图 11-8（d）所示，将其加在框架各层面上，顶部的地震力为 $F_{nk}+\Delta F_{nk}$，再和其他荷载产生的内力相组合，就可得到抗震设计时的结构内力值。

11.3.1.3　结构自振周期

在前面所述的底部剪力法计算中，由反应谱求动力系数 β 时，必须先知道结构的基本自振周期 T_1。自振周期可由能量法理论或经验公式确定。

1. 能量法

对于单质点体系，根据质点在振动过程中体系的最大动能和最大变形位能相等的原理，即可求得自振周期为：

$$T=2\pi\sqrt{m\delta}=2\pi\sqrt{\frac{G}{g}\delta} \tag{11-15}$$

或

$$T=2\pi\sqrt{\frac{\Delta}{g}}=2\sqrt{\Delta} \tag{11-16}$$

式中　δ——振动体系的柔度系数，即作用在质点上单位水平力使质点产生的位移，如图

11-9a；

Δ——假设质点重量 G 水平作用于质点上，使质点产生的水平静力位移。

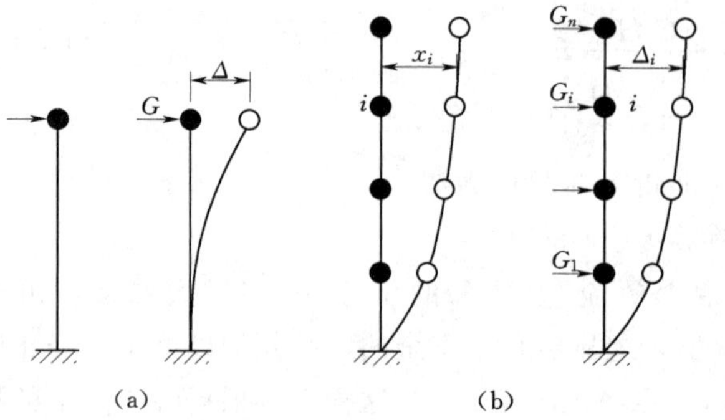

图 11-9 质点的振幅及侧移

对于多质点体系，同样道理可求得其基本自振周期为

$$T_1 = 2\pi\sqrt{\frac{\sum G_i x_i^2}{g\sum G_i x_i}} \quad (11-17)$$

或

$$T_1 = 2\sqrt{\frac{\sum G_i \Delta_i^2}{\sum G_i \Delta_i}} \quad (11-18)$$

式中 x_i——质点 i 振动时的振幅，如图 11-9（b）所示；

G_i——质点 i 的重量；

Δ_i——假设各质点的重量 G_i 水平作用于相应质点上时，在质点 i 产生的侧移。

在按式（11-17）求基本自振周期时，需要给出各质点的振幅 x_i，即在计算前先要假定体系的第一振型曲线。但实用上，为了方便常以各质点在重量 G_i 水平作用于相应质点时的结构静力侧移曲线作为振型曲线，即使 $x_i=\Delta_i$，如图 11-9（b）所示。而静力侧移值则可由结构力学方法求得。

2. 经验公式

结构的基本自振周期也可用经验公式求得。例如对于重量和刚度沿高度分布比较均匀、具有抗震墙（剪力墙）或实心砖填充墙的多层钢筋混凝土框架，T_1 可按下式计算：

$$T_1 = 0.22 + 0.035\frac{H}{\sqrt[3]{B}} \quad (s) \quad (11-19)$$

式中 H——框架高度，m；

B——验算方向的框架宽度，m。

11.3.2 振型分解反应谱法

多自由度体系可以按振型分解方法得到多个振型。通常，n 层结构可看成 n 个自由度，有 n 个振型，如图 11-10 所示。

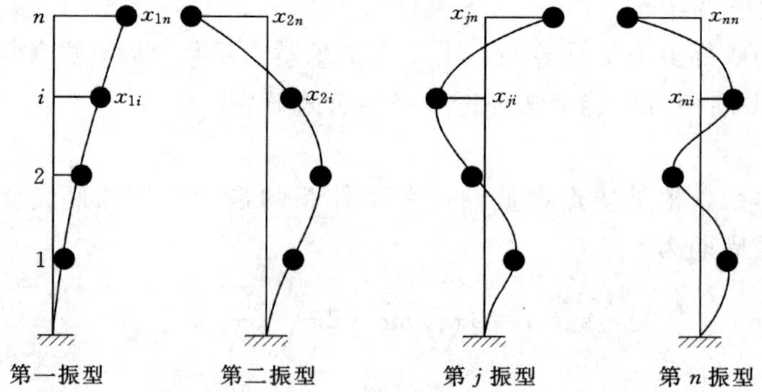

图 11-10 振型

采用振型分解反应谱法时，对不进行扭转耦联计算的结构，结构 j 振型 i 质点的水平地震作用标准值为

$$F_{jik}=\alpha_j\gamma_j x_{ji}G_i \quad (i=1,2,\cdots n;j=1,2\cdots m) \tag{11-20}$$

$$\gamma_j=\frac{\sum_{i=1}^{n}x_{ji}G_i}{\sum_{i=1}^{n}x_{ji}^2G_i} \tag{11-21}$$

式中　F_{jik}——j 振型 i 质点的水平地震作用标准值；

α_j——相应于 j 振型自振周期的地震影响系数；

x_{ji}——j 振型 i 质点的水平相对位移；

γ_j——j 振型的参与系数。

应当特别注意，求出各个振型的等效地震力以后，不能用简单相加得到的总地震力计算内力，而应当用各振型的等效地震力分别计算结构的内力与位移，然后通过振型组合方法计算各个截面的内力及各层位移。振型组合采用式（11-22）计算时，称为平方和的平方根方法。

$$S_{Ek}=\sqrt{\sum_{j=1}^{m}S_{jk}^2} \tag{11-22}$$

式中　S_{Ek}——水平地震作用标准值的效应；

S_{jk}——j 振型水平地震作用标准值的效应（弯矩、剪力、轴力或是某个楼层的位移）；

m——参加组合的振型数，一般可只取前 2～3 个振型。当基本自振周期大于 1.5s 或房屋高宽比大于 5 时，振型个数应适当增加。

如果要计算作用在该结构上总的等效地震荷载或底部剪力，也要采用公式（11-22）由各振型的等效地震荷载或底部剪力组合得到。这个公式是由概率统计原理推得的，一般情况下它是作用于结构的最不利等效地震荷载或内力。

用这个方法计算结构的地震作用时，需求出高振型的周期及振幅。此时，突出屋面的屋顶间、女儿墙、烟囱等部分可作为一个质点参加分析。

11.3.3　拟静力法

在《水工建筑物抗震设计规范》（DL 5073—2000）中，为了应用方便，不再由结构自振周期 T 在反应谱上查求动力系数 β，也不必按式（11-14）求不同高度质点的水平向地震作用代表值 F_{ik}，而直接给出了各类结构的动态分布系数 α_i，由下式计算 F_{ik}，这种方法称为拟静力法。拟静力法可应用于工程抗震设防类别为乙类、丙类与丁类建筑的地震作用效应计算。

$$F_{ik}=\frac{a_h\xi G_{Ei}\alpha_i}{g} \tag{11-23}$$

式中　α_i——质点 i 的动态分布系数，可按表 11-7 采用；

ξ——地震作用效应折减系数，水工建筑按拟静力法计算时，一般取 $\xi=0.25$；

G_{Ei}——集中在质点 i 的重力荷载代表值；

其余符号意义同前。

表 11-7　　水平向地震质点的动态分布系数

	顺河流向	垂直河流向
水闸闸墩	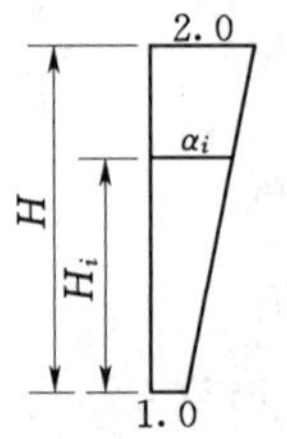	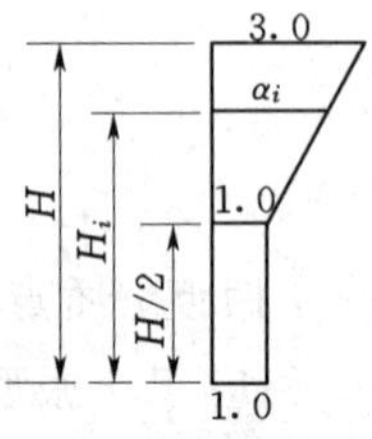
	进水塔　水平向	排架　水平向
进水塔、排架	$H \leqslant 10 \sim 30$m： $\alpha_m = 3.0$ $H > 30$m： $\alpha_m = 2.0$ 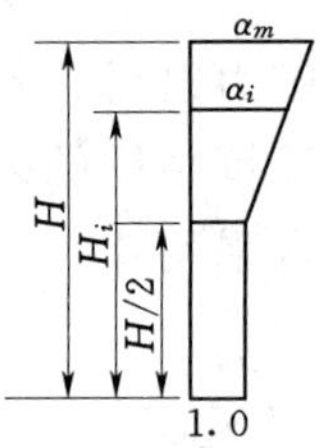	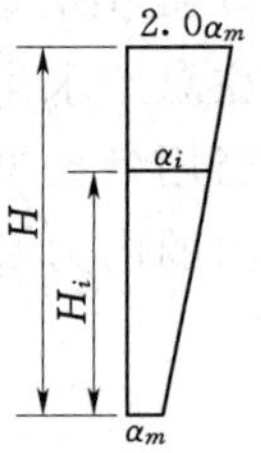
	顺河流向	垂直河流向
闸顶机架	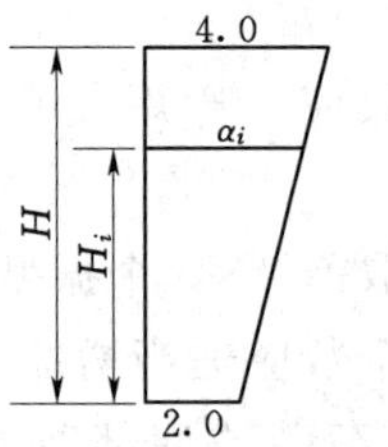	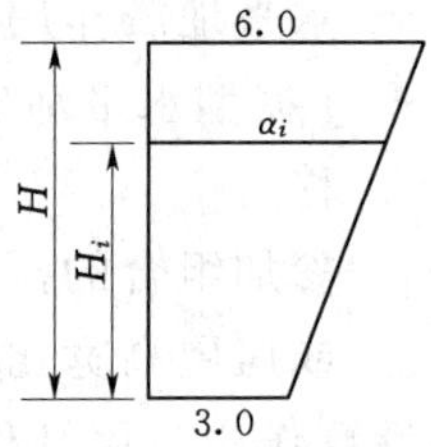

11.4　结构抗震验算

11.4.1　钢筋混凝土构件抗震设计的一般规定

11.4.1.1　抗震设防类别

建筑物根据其使用功能的重要性和场地基本烈度分为甲类、乙类、丙类、丁类四个抗震设防类别。《水工建筑物抗震设计规范》（DL 5073—2000）规定：甲类建筑为场地基本烈度大于等于 6 度的 1 级壅水建筑物，乙类建筑为场地基本烈度大于等于 6 度的 1 级非壅水建筑物和 2 级壅水建筑物，丙类建筑为场地基本烈度大于等于 7 度的 2 级非壅水建筑物和 3 级建筑物，丁类建筑为场地基本烈度大于等于 7 度的 4 级和 5 级建筑物。

11.4.1.2　抗震设防要求

水工钢筋混凝土构件抗震设计时，应根据建筑物的设计烈度提出相应的抗震验算要求、抗震措施和配筋构造要求。

除了建造于Ⅳ类场地上较高的高耸结构外，设计烈度为 6 度时的钢筋混凝土构件，允许不进行截面抗震验算，但应符合相应抗震措施及配筋构造要求。

设计烈度为6度时建造于Ⅳ类场地上较高的高耸结构，设计烈度为7度和7度以上的钢筋混凝土结构，应进行截面抗震验算。

基本烈度为8度地区的框架结构，当高度不大于12m且体型规则时，可按7度设防。

基本烈度为6度以上的地区的次要建筑物可按本地区基本烈度降低一度进行抗震设计。

基本烈度为8度、9度地区的大跨度结构及高耸结构尚应考虑竖向地震作用。

11.4.1.3 抗震结构的材料

对于钢筋混凝土框架及铰接排架等结构，为增加抗震时结构的延性，当设计烈度为9度时，混凝土强度等级不宜低于C30，也不宜超过C60；设计烈度为7度、8度时，混凝土强度等级不应低于C25。

普通钢筋应采用延性、韧性和可焊性较好的钢筋。纵向受力钢筋宜优先选用HRB335、HRB400、HRB500热轧钢筋；箍筋宜选用HRB335、HPB300热轧钢筋。钢筋混凝土框架结构按8度、9度设防时，纵向受力钢筋不宜采用余热处理钢筋。

由于结构在遭遇设计烈度地震时，允许其进入塑性变形阶段，因此对设计烈度为8度、9度的各类框架结构，在施工时必须检验钢筋的实际强度，要求纵向受力钢筋的实测抗拉强度与实测屈服强度的比值不应小于1.25。同时，为保证框架结构的塑性铰发生在设计者所预定的部位，要求纵向钢筋的屈服强度实测值与屈服强度标准值的比值不大于1.3。

在施工中，原设计中的主要钢筋也不宜以强度等级较高的钢筋来替代，以避免原定发生在梁内的塑性铰不适当地转移到柱内。当必须替换时，应按钢筋受拉承载力设计值相等的原则进行代换，并应满足正常使用极限状态和抗震构造措施的要求。

11.4.1.4 抗震时的钢筋锚固与连接

地震作用在结构构件中引起方向反复变化的内力，使钢筋应力拉压交替，钢筋与混凝土之间的粘结锚固作用发生退化，因此抗震设计的锚固长度要比非抗震设计有所增加。规范规定，当设计烈度为8度和9度时，纵向受拉钢筋最小抗震锚固长度l_{aE}应取为$l_{aE}=1.15l_a$；7度设防时，$l_{aE}=1.05l_a$；6度设防时，$l_{aE}=l_a$。l_a为纵向受拉钢筋的最小锚固长度，见本教材附录4表2。

纵向受拉钢筋的接头宜按不同情况选用绑扎搭接、机械连接或焊接，抗震搭接长度应符合规范的要求。

11.4.2 结构抗震验算

抗震验算时，DL/T 5057—2009规范仍保留《水工混凝土结构设计规范》（DL/T 5057—1996）的形式，设计表达式为

$$\gamma_0\psi S\leqslant\frac{1}{\gamma_d}R \tag{11-24a}$$

$$S=\gamma_G S_{Gk}+\gamma_{Q1}S_{Q1k}+\gamma_{Q2}S_{Q2k}+\gamma_A S_{Ak} \tag{11-25a}$$

式中 ψ——设计状况系数，抗震设计属偶然组合，ψ取为0.85；

γ_0——结构重要性系数，按本教材第2章表2-3采用；

S——考虑地震作用的荷载效应组合设计值（内力设计值）；

R——结构构件抗震承载力；

S_{Ak}——相应于设计烈度的地震作用产生的荷载效应，应包括地震作用的效应折减系数 ξ 在内，ξ 可取为 0.35；

γ_A——地震作用分项系数，取为 1.0。

应注意，式（11-24a）用于具体构件设计时，为表达式的简洁，将 $\gamma_0\psi$ 并入荷载效应设计值 S，并仍称为内力设计值。

SL 191—2008 规范将 γ_d、γ_0 和 ψ 合并为一个系数 K，给出的钢筋混凝土构件截面承载力的设计表达式为

$$KS \leqslant R \tag{11-24b}$$

$$S = 1.05S_{G1k} + 1.20S_{G2k} + 1.20S_{Q1k} + 1.10S_{Q2k} + 1.0S_{Ak} \tag{11-25b}$$

式中　K——承载力安全系数，按本教材第 2 章表 2-7 中的偶然组合项采用。

在按式（11-25a）和式（11-25b）计算 S 时，参与组合的某些可变荷载标准值可作适当折减。

其余符号同前，取值与静力计算相同。

11.5　钢筋混凝土框架结构的抗震设计与延性保证

钢筋混凝土框架结构的抗震设计和延性保证主要是增大框架梁与框架柱的延性，贯彻“强剪弱弯、强柱弱梁、强节点弱构件”等原则。

11.5.1　框架梁

11.5.1.1　梁端部截面受压区计算高度 x 的限值

当考虑地震组合时，框架梁的正截面受弯承载力仍按第 3 章受弯构件的有关公式计算，但为使梁端塑性铰区有较大的塑性转动能力，保证框架梁有足够的曲率延性，对梁端部截面受压区计算高度 x 应加以限制，要求计入纵向受压钢筋的受压区计算高度 x 应符合

设计烈度为 9 度时　　$x \leqslant 0.25h_0$　　(11-26)

设计烈度为 7 度、8 度时　　$x \leqslant 0.35h_0$　　(11-27)

11.5.1.2　保证强剪弱弯的要求

框架结构设计中，应力求做到在罕遇地震作用下的框架中形成以梁端塑性铰为主的塑性耗能机构，这就需要尽可能避免梁端塑性铰区在充分塑性转动之前发生脆性剪切破坏。因而，设计要确保框架梁产生弯曲破坏而不产生剪切破坏，要求梁的受剪承载力高于受弯承载力，即保证“强剪弱弯”的要求。

为了实现以上要求，在框架梁斜截面受剪承载力计算中，人为地加大了梁的剪力设计值 V_b 和降低了梁斜截面受剪承载力的计算值。

考虑地震组合的框架梁梁端剪力设计值 V_b 应按下列规定计算

$$V_b = \eta \frac{(M_b^l + M_b^r)}{l_n} + V_{Gb} \tag{11-28}$$

式中　η——梁端剪力增大系数，当设计烈度为 9 度、8 度、7 度和 6 度时，DL/T 5057—

2009 规范分别取为 1.25、1.1、1.05、1.0，SL 191—2008 规范分别取为 1.4、1.2、1.1 和 1.0；

M_b^l、M_b^r——考虑地震组合的框架梁左、右端弯矩设计值；

V_{Gb}——考虑地震组合时的重力荷载代表值产生的剪力设计值，可按简支梁计算确定；

l_n——梁的净跨。

在式（11-28）中，M_b^l 与 M_b^r 之和，应分别按顺时针方向和逆时针方向进行计算，并取其较大值，这是因为左右两个方向的水平地震所引起的弯矩不同。

11.5.1.3 斜截面抗震受剪承载力计算

为防止斜压破坏，考虑地震作用组合的框架梁，当设计烈度为 7 度、8 度、9 度时，其受剪截面尺寸应符合式（11-29a）或式（11-29b）的要求。

DL/T 5057—2009 规范

$$\gamma_d V_b \leqslant 0.2 f_c b h_0 \tag{11-29a}$$

SL 191—2008 规范

$$K V_b \leqslant 0.2 f_c b h_0 \tag{11-29b}$$

试验表明，低周反复荷载作用会使钢筋混凝土梁的斜截面受剪承载力降低。这是因为在反复荷载作用下，框架梁的端部会产生相互正交的两组斜裂缝，将混凝土分割成碎块，使得混凝土剪压区剪切强度降低，斜裂缝间混凝土咬合力也降低。因而，在斜截面抗震承载力计算中，将混凝土承担的剪力取为非抗震情况下混凝土受剪承载力的 60%，从而得到考虑地震作用组合的矩形、T 形和 I 形截面框架梁的斜截面受剪承载力计算公式，见式（11-30a）和式（11-30b）。

DL/T 5057—2009 规范

$$\gamma_d V_b \leqslant V_c + V_{sv} + V_{sb} \tag{11-30a}$$

在式（11-30a）中，$V_c = 0.42 f_t b h_0$；对于集中荷载作用为主的独立梁，$V_c = 0.30 f_t b h_0$；$V_{sv} = f_{yv}\dfrac{A_{sv}}{s}h_0$；$V_{sb} = f_y A_{sb}\sin\alpha_s$。

SL 191—2008 规范

$$K V_b \leqslant 0.42 f_t b h_0 + 1.25 f_{yv}\frac{A_{sv}}{s}h_0 \tag{11-30b}$$

对承受集中荷载为主的重要独立梁，式（11-30b）中的系数 0.42 应改为 0.30，系数 1.25 应改为 1.0。

应注意，DL/T 5057—2009 规范的内力设计值是荷载设计值产生的内力与结构重要性系数 γ_0、设计状况系数 ψ 的乘积，SL 191—2008 规范中的内力设计值就为荷载设计值产生的内力。

上两式中的变量符号和取值与第 4 章相同。

11.5.1.4 框架梁的抗震构造

1. 纵向钢筋

为增大延性及避免裂缝开展过宽，考虑地震组合时，框架梁的纵向受拉钢筋配筋率不应大于 2.5%，也不应小于表 11-8 规定的数值。

表 11－8　　框架梁纵向受拉钢筋的最小配筋百分率（%）

设计烈度	梁中位置	
	支座	跨中
9 度	0.40	0.30
8 度	0.30	0.25
6 度、7 度	0.25	0.20

为增大塑性铰区的延性，在框架梁两端的箍筋加密区范围内，纵向受压钢筋和纵向受拉钢筋的截面面积的比值 A_s'/A_s 不应小于 0.5（设计烈度 9 度）或 0.3（设计烈度为 7 度、8 度）。

纵向钢筋的直径不应小于 14 mm；梁截面上部和下部至少应各配置两根贯通全梁的纵向钢筋，其截面面积应分别不小于梁两端上、下部纵向受力钢筋中较大截面面积的1/4。纵向钢筋的锚固要求见图 11－12。

2. 箍筋

考虑地震组合的框架梁，在梁端应加密箍筋，加密区长度及加密区内箍筋的间距和直径应符合表 11－9 的要求。非加密区的箍筋间距不应大于加密区箍筋间距的 2 倍。沿梁全长的箍筋配筋率 ρ_{sv} 应不小于表 11－10 给出的最小配箍率。第一个箍筋应设置在距节点边缘不大于 50mm 处。8 度和 9 度设防时，箍筋的肢距不应大于 200mm 和 $20d_s$（d_s 为箍筋直径的较大值）；6 度和 7 度设防时，不应大于 250mm 和 $20d_s$。箍筋端部应有 135°弯钩，弯钩的平直段长度不宜小于 $10d_s$。

表 11－9　　框架梁梁端箍筋加密区的构造要求

设计烈度	箍筋加密区长度	箍筋间距	箍筋直径
9 度	≥2h；≥500mm	≤6d；≤h/4；≤100mm	≥10mm；≥d/4
8 度	≥1.5h ≥500mm	≤8d；≤h/4；≤100mm	≥8mm；≥d/4
7 度		≤8d；≤h/4；≤150mm	≥8mm；≥d/4
6 度			≥6mm；≥d/4

注　1. 表中 h 为梁高，d 为纵向钢筋直径。
　　2. 梁端纵向钢筋配筋率大于 2%时，箍筋直径应增大 2mm。

表 11－10　　沿梁全长的箍筋最小配筋率 ρ_{sv}（%）

设计烈度		9 度	8 度	7 度	6 度
钢筋种类	HPB300	0.18	0.15	0.13	0.12
	HRB335	0.15	0.13	0.12	0.11

11.5.2　框架柱

考虑地震组合时，框架柱的正截面承载力仍按第 5 章偏心受压构件或第 6 章偏心受拉构件的有关公式计算，但为满足抗震的要求，有一些特殊的要求。

11.5.2.1　保证强柱弱梁的要求

震害表明底层柱和薄弱层柱不仅可能提前出现塑性铰，而且会伴随着产生较大的层间位移，这会危及结构承受垂直荷载的能力，引起整个结构体系的破坏，如果房屋高宽比过大甚至会引起倾覆倒塌。因此，规范对于框架设计都制定了“强柱弱梁”的设计原则。

为贯彻“强柱弱梁”的设计原则，抗震设计时，在节点处框架柱上、下端的弯矩设计值的总和（图 11-11 中的 $M_c^t+M_c^b$）应取得比节点处框架梁的左、右端的弯矩设计值的总和（图 11-11 中的 $M_b^l+M_b^r$）为大。除顶层柱和轴压比 $\frac{\gamma_d N}{f_c A}$（DL/T 5057—2009 规范）或 $\frac{KN}{f_c A}$（SL 191—2008 规范）小于 0.15 者外，框架节点的上、下柱端的弯矩设计值总和应按下式计算

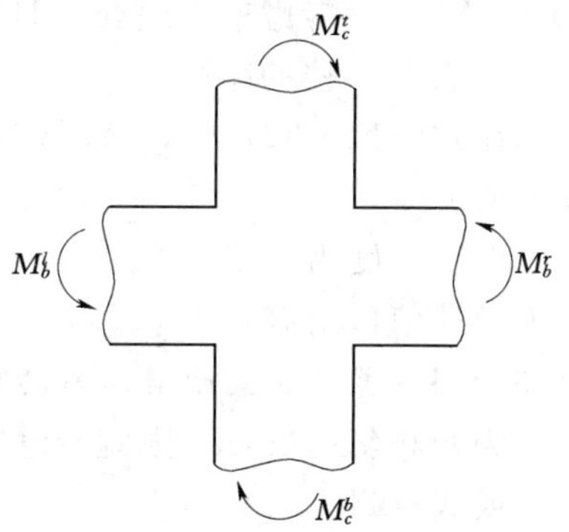

图 11-11　框架节点处梁与柱的弯矩设计值

$$\sum M_c=\eta_c\sum M_b \tag{11-31}$$

式中　$\sum M_c$——考虑地震组合的节点上、下柱端的弯矩设计值之和；

$\sum M_b$——同一节点左、右梁端，按顺时针和逆时针方向计算的两端考虑地震组合的弯矩设计值之和的较大值；9 度设防时，当两端弯矩均为负弯矩时，绝对值较小的弯矩值应取零；

η_c——柱端弯矩增大系数，当设计烈度为 9 度、8 度、7 度、6 度时，DL/T 5057—2009 规范分别取为 1.30、1.15、1.05、1.00，SL 191—2008 规范分别取为 1.4、1.2、1.1 和 1.0。

柱端弯矩的设计值，在一般情况下，可将由式（11-31）计算得出的弯矩之和 $\sum M_c$，按上、下柱端弹性分析所得的考虑地震作用组合的弯矩比例进行分配。

当反弯点不在柱的层高范围内时，设计烈度为 9 度、8 度、7 度和 6 度的框架柱端弯矩设计值应按考虑地震组合的弯矩设计值分别直接乘以系数 1.4、1.2、1.1 和 1.0 确定。

设计烈度为 9 度、8 度和 7 度的框架结构底层（底层指无地下室的基础以上或地下室以上的首层）柱的下端截面，应分别按考虑地震组合的弯矩设计值的 1.5 倍、1.25 倍和 1.15 倍进行配筋设计。底层柱纵向钢筋宜按柱上、下端的不利情况配置。

框架顶层柱、轴压比小于 0.15 的柱，柱端弯矩设计值可取地震组合的弯矩设计值。

节点上、下柱端的轴向力设计值，应取地震组合下各自的轴向力设计值。

11.5.2.2　保证强剪弱弯的要求

对柱端也应提出“强剪弱弯”的要求，以保证在柱端塑性铰达到预期的塑性转动之前，柱端塑性铰区不先出现剪切破坏。因此，考虑地震组合的框架柱的剪力设计值 V_c 应按下式计算：

$$V_c=\eta_{vc}\frac{(M_c^t+M_c^b)}{H_n} \tag{11-32}$$

式中　η_{vc}——柱端剪力增大系数，设计烈度为 9 度、8 度、7 度和 6 度时，DL/T 5057—2009 规范分别取为 1.30、1.15、1.05、1.00；SL 191—2008 规范分别取为 1.4、1.2、1.1 和 1.0；

M_c^t、M_c^b——考虑地震组合，且经上述调整后的框架柱上、下端弯矩设计值；

H_n——柱的净高。

在式（11－32）中，M_c^t 与 M_c^b 之和应分别按顺时针和逆时针方向进行计算，并取其较大值。

设计烈度为 9 度、8 度、7 度的框架角柱，其弯矩、剪力设计值应按经调整后的弯矩、剪力设计值再乘以不小于 1.1 的增大系数。

11.5.2.3 截面抗震受剪承载力计算

为防止斜压破坏，限制裂缝宽度，考虑地震组合的框架柱的受剪截面应符合式（11－33）或式（11－34）的要求。

DL/T 5057—2009 规范

$$\gamma_d V \leqslant 0.25 f_c b h_0 \tag{11-33}$$

SL 191—2008 规范

剪跨比 $\lambda > 2$ 的框架柱　$$KV_c \leqslant 0.20 f_c b h_0 \tag{11-34a}$$

剪跨比 $\lambda \leqslant 2$ 的框架柱　$$KV_c \leqslant 0.15 f_c b h_0 \tag{11-34b}$$

在此剪跨比 $\lambda = a/h_0$，a 为集中力作用点至框架柱边缘的距离。

试验表明，反复加载使偏压柱的受剪承载力比单调加载约降低 10%～30%，这主要是由于混凝土受剪承载力降低所致。为此，按框架梁相同的处理原则，取混凝土项抗震受剪承载力相当于集中荷载为主的柱非抗震情况下的 60%，从而得到考虑地震组合的框架柱斜截面抗震受剪承载力为

DL/T 5057—2009 规范

$$\gamma_d V \leqslant 0.30 f_t b h_0 + f_{yv}\frac{A_{sv}}{s}h_0 + f_y A_{sb}\sin\alpha_s + 0.07\gamma_d N \tag{11-35a}$$

SL 191—2008 规范

$$KV_c \leqslant 0.30 f_t b h_0 + f_{yv}\frac{A_{sv}}{s}h_0 + 0.056N \tag{11-35b}$$

式中　N——考虑地震组合的框架柱的轴向压力设计值。在 DL/T 5057—2009 规范中，当 $\gamma_d N > 0.3 f_c A$ 时，取 $\gamma_d N = 0.3 f_c A$ ；在 SL 191—2008 规范，当 $N > 0.3 f_c A$ 时，取 $N = 0.3 f_c A$；A 为构件的截面面积。

当受震框架柱出现拉力时，其斜截面抗震受剪承载力为

DL/T 5057—2009 规范

$$\gamma_d V \leqslant 0.30 f_t b h_0 + f_{yv}\frac{A_{sv}}{s}h_0 + f_y A_{sb}\sin\alpha_s - 0.2\gamma_d N \tag{11-36a}$$

SL 191—2008 规范

$$KV_c \leqslant 0.30 f_t b h_0 + f_{yv}\frac{A_{sv}}{s}h_0 - 0.2N \tag{11-36b}$$

式中　N——考虑地震组合的框架柱的轴向拉力设计值。在 DL/T 5057—2009 规范中，上式右边的计算值小于 $f_{yv}\frac{A_{sv}}{s}h_0 + f_y A_{sb}\sin\alpha_s$ 时，取等于 $f_{yv}\frac{A_{sv}}{s}h_0 + f_y A_{sb}\sin\alpha_s$，且 $f_{yv}\frac{A_{sv}}{s}h_0$ 值不应小于 $0.36 f_t b h_0$；在 SL191－2008 规范中，当上式

右边的计算值之和小于 $f_{yv}\frac{A_{sv}}{s}h_0$ 时，取等于 $f_{yv}\frac{A_{sv}}{s}h_0$，且 $f_{yv}\frac{A_{sv}}{s}h_0$ 不应小于 $0.36f_tbh_0$。

11.5.2.4　框架柱的抗震构造

为保证框架柱的延性不过分降低，抗震设计时要限制框架柱承受的轴向压力，当设计烈度为 9 度、8 度和 7 度时，其轴压比分别不宜大于 0.7、0.8 和 0.9。

在考虑地震组合的框架柱中，全部纵向受力钢筋的配筋率不应小于表 11－11 规定的数值。同时，每一侧的配筋率不应小于 0.2%。

表 11－11　　框架柱全部纵向受力钢筋最小配筋率（%）

柱类型	设计烈度			
	9 度	8 度	7 度	6 度
中柱、边柱	1.0	0.8	0.7	0.6
角柱、框支柱	1.2	1.0	0.9	0.8

注　当采用 HRB400、HRB500 钢筋时，柱全部纵向受力钢筋最小配筋率可按表中数值减小 0.1。

考虑地震组合的框架柱中，箍筋的配置应符合下列规定：

（1）各层框架柱的上、下两端的箍筋应加密，加密区的高度应取柱截面长边尺寸 h（或圆形截面直径 d）、层间柱净高 H_n 的 1/6 和 500mm 三者中的最大值。柱根加密区高度应取不小于该层净高的 1/3；剪跨比 $\lambda\leqslant2$ 的框架柱应沿柱全高加密箍筋，且箍筋间距不应大于 100mm；按 8 度、9 度设防的角柱应沿柱全高加密箍筋。底层柱在刚性地坪上、下各 500mm 范围内也应加密箍筋。

（2）在箍筋加密区内，箍筋的间距和直径应按表 11－12 的规定采用。

表 11－12　　框架柱柱端箍筋加密区的构造要求

设计烈度	箍筋间距	箍筋直径
9 度	≤6d；≤100mm	≥10mm
8 度	≤8d；≤100mm	≥8mm
7 度	≤8d；≤150mm（柱根≤100mm）	≥8mm
6 度		≥6mm（柱根≥8mm）

注　表中 d 为纵向受力钢筋直径。

（3）设计烈度为 8 度的框架柱中，当箍筋直径大于或等于 10mm，肢距不大于 200mm 时，除柱根外，箍筋间距可增至 150mm；设计烈度为 7 度的框架柱，当截面边长不大于 400mm 时，箍筋最小直径可采用 6mm；6 度设防的框架柱剪跨比 $\lambda\leqslant2$ 时，箍筋直径应不小于 8mm。

（4）在箍筋加密区内，箍筋的体积配筋率 ρ_v 不宜小于表 11－13 的规定。体积配筋率计算时应扣除重叠部分的箍筋体积。

表 11-13　柱箍筋加密区内的箍筋最小体积配筋率（%）

设计烈度	轴压比							
	≤0.3	0.4	0.5	0.6	0.7	0.8	0.9	1.0
9 度	0.80	0.90	1.05	1.20	1.35	1.60	—	—
8 度	0.65	0.70	0.90	1.05	1.20	1.35	1.50	—
7 度	0.50	0.55	0.70	0.90	1.05	1.20	1.35	1.60

注　1. 表列数值适用于混凝土强度等级小于或等于 C35，箍筋为 HPB300。当箍筋用 HRB335 钢筋时，表列数值可乘以 0.7，但对设计烈度为 9 度、8 度、7 度、6 度的柱，其箍筋加密区的箍筋体积配筋率分别不应小于 0.8%、0.6%、0.4%和 0.4%；当混凝土强度等级大于 C35 时，应按强度等级适当提高配筋率。

2. 表中所列数值适用于普通箍和复合箍。普通箍指单个矩形箍筋或单个圆形箍筋；复合箍指由矩形、多边形、圆形箍筋或拉筋组成的箍筋。

（5）在箍筋加密区内，箍筋的肢距不应大于 200mm（9 度设防）、250mm（8 度、7 度设防）和 20 倍箍筋直径的较小值及 300mm（6 度设防）。

（6）在箍筋加密区以外，箍筋体积配筋率不宜小于加密区配筋率的一半。箍筋间距不应大于 10 倍纵向受力钢筋直径（9 度、8 度设防）或 15 倍纵向受力钢筋直径（7 度、6 度设防）。

（7）当剪跨比 $\lambda \leqslant 2$ 时，7 度、8 度、9 度设防的柱宜采用复合螺旋箍或井字复合箍。7 度、8 度设防时，其箍筋体积配筋率不应小于 1.2%；9 度设防时，不应小于 1.5%。

（8）当柱中全部纵向受力钢筋的配筋率超过 3%时，箍筋应焊成封闭环式。

11.5.3　框架梁柱节点

11.5.3.1　保证强节点弱构件的要求

强烈地震震害和试验研究表明，框架节点产生剪切破坏时，耗能低，延性差，引起梁纵筋锚固松动，严重时会引起框架结构整体崩溃倒塌。节点破坏后的修复加固也很困难。因此，设计中应使节点核心区的受剪承载力高于与其连接的梁柱构件，即所谓的“强节点弱构件”的要求。

在不同烈度地震作用下，钢筋混凝土框架节点的破坏程度不同。在 7 度地震作用下，对未按抗震设计的多层框架节点较少破坏；在 8 度地震作用下，部分节点尤其是角柱节点发生程度不同的破坏；在 9 度以上地震作用下，多数框架节点产生严重的震害。因此，对不同的设计烈度，应有不同的承载力和延性要求。

水工混凝土结构设计规范仅给出节点的配筋构造要求，没有给出计算公式。对于设计烈度为 9 度的重要结构，必要时可按《混凝土结构设计规范》（GB 50010—2010）的有关公式对节点的受剪承载力进行计算。

11.5.3.2　框架梁柱节点的构造要求

考虑地震作用组合的框架，梁柱节点中的水平箍筋最大间距和最小直径宜按表 11-12 取用，水平箍筋的体积配筋率不宜小于 1.0%（9 度设防）、0.8%（8 度设防）和 0.6%（7 度设防）。但当轴压比小于或等于 0.4 时，可仍按表 11-13 的规定取值。

框架梁和框架柱的纵向受力钢筋在框架节点的锚固和搭接应符合下列要求：

（1）框架中间层的中间节点处，框架梁的上部纵向受力钢筋应贯穿中间节点；对 9 度、8 度设防，梁的下部纵向受力钢筋伸入中间节点的锚固长度不应小于 l_{aE}，且伸过中

心线不应小于 $5d$ [图 11-12 (a)]。梁内贯穿中柱的每根纵向钢筋直径，对设计烈度为 9 度、8 度，不宜大于柱在该方向截面尺寸的 1/20；对圆柱截面，不宜大于纵向钢筋所在位置柱截面弦长的 1/20。

(2) 框架中间层的端节点处，当框架梁上部纵向钢筋用直线锚固方式锚入端节点时，其锚固长度除不应小于 l_{aE} 外，尚应伸过柱中心线不小于 $5d$，此处，d 为梁上部纵向受力钢筋的直径。当水平直线段锚固长度不足时，梁上部纵向受力钢筋应伸至柱外边并向下弯折。弯折前的水平投影长度不应小于 $0.4l_{aE}$，弯折后的竖直投影长度等于 $15d$ [图 11-12 (b)]。梁下部纵向钢筋在中间层端节点中的锚固措施与梁上部纵向受力钢筋相同，但竖直段应向上弯入节点。

(3) 框架顶层中间节点处，柱纵向受力钢筋应伸至柱顶。当采用直线锚固方式时，其自梁底边算起的锚固长度不应小于 l_{aE}，当直线段锚固长度不足时，该纵向受力钢筋伸到柱顶后可向内弯折，弯折前的锚固段竖向投影长度不应小于 $0.5l_{aE}$，弯折后的水平投影长度不小于 $12d$ [图 11-12 (c)]。当楼盖为现浇混凝土，且板的混凝土强度不低于 C20、板厚不小于 80mm 时，也可向外弯折，弯折后的水平投影长度取 $12d$ [图 11-12 (c)]。对设计烈度为 9 度、8 度，贯穿顶层中间节点的梁上部纵向钢筋的直径，不宜大于柱在该方向截面尺寸的 1/25。梁下部纵向钢筋在顶层中间节点中的锚固措施与梁下部纵向钢筋在中间层中间节点处的锚固措施相同。

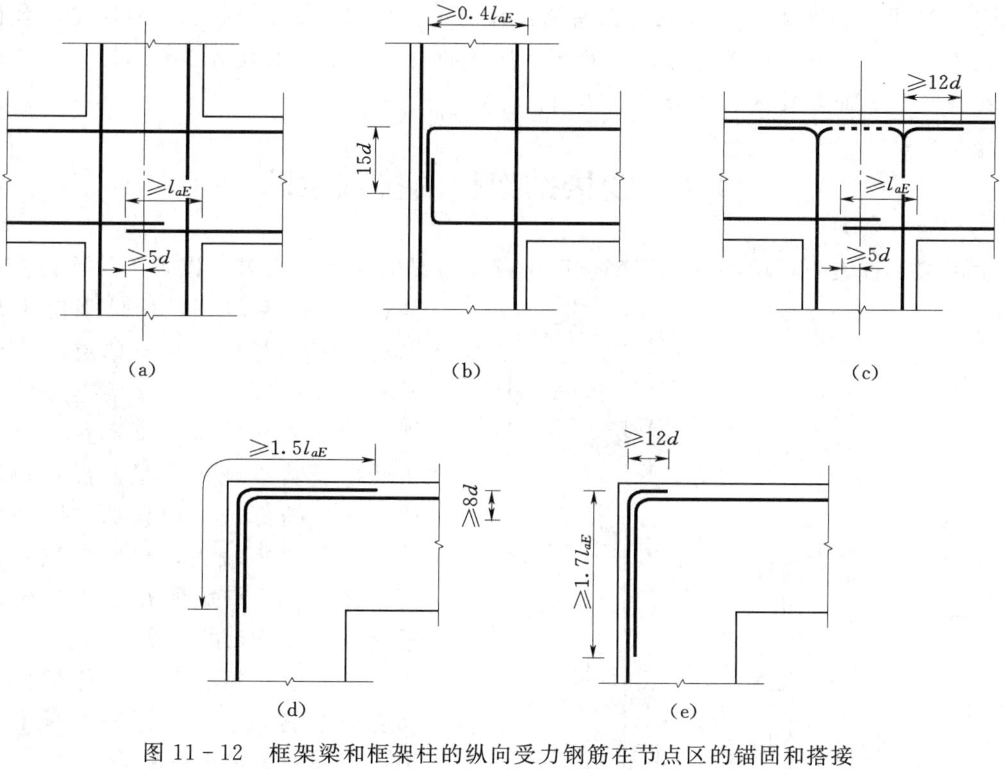

图 11-12 框架梁和框架柱的纵向受力钢筋在节点区的锚固和搭接

(4) 框架顶层端节点处，柱外侧纵向受力钢筋可沿节点外边和梁上边与梁上部纵向受力钢筋搭接连接 [图 11-12 (d)]，搭接长度不应小于 $1.5l_{aE}$，且伸入梁内的柱外侧纵向钢筋截面面积不宜少于柱外侧全部纵向钢筋截面面积的 65%，其中不能伸入梁内的柱外侧纵向钢筋，宜沿柱顶伸至柱内边。当柱外侧纵向受力钢筋配筋率大于 1.2%时，伸入梁内的柱纵向受力钢筋除满足以上规定外，宜分两批截断，其截断点之间的距离不宜小于 $20d$。d 为柱外侧纵向受力钢筋的直径。

当梁、柱配筋率较高时，顶层端节点处的梁上部纵向受力钢筋和柱外侧纵向受力钢筋的搭接连接也可沿柱外边设置［图 11-12（e）］，搭接长度不应小于 $1.7l_{aE}$。

当梁上部纵向受力钢筋配筋率大于 1.2%时，弯入柱外侧的梁上部纵向受力钢筋除应满足以上搭接长度外，且宜分两批截断，其截断点之间的距离不宜小于 $20d$，d 为梁上部纵向钢筋直径。

梁柱节点纵向钢筋锚固的其他要求可详见规范。

（5）柱纵向受力钢筋不应在中间各层节点内截断。

（6）预埋件的锚固钢筋实配截面面积应比静力计算时所需截面面积增大 25%，且应相应调整锚板厚度。在靠近锚板处，宜设置一根直径不小于 10mm 的封闭箍筋。

从上面看到，DL/T 5057—2009 规范和 SL 191—2008 规范的抗震设计理论相同，但具体规定有所差异。对于钢筋混凝土框架结构的抗震设计而言，除设计表达式不同外，框架梁和框架柱的剪力增大系数 η_v，柱端弯矩增大系数 η_c 的取值也不同。DL/T 5057—2009 规范的 η_v 和 η_c 值沿用 1996 年的《水工混凝土结构设计规范》的数据，取值偏小；SL 191—2008 规范则参考了《混凝土结构设计规范》（GB 50010—2002）的规定，取值较大，偏于安全。另外，由于静力计算时两本规范的斜截面受剪承载力公式不同，因而考虑地震组合的斜截面受剪承载力公式也不同。

11.6　铰接排架柱的抗震设防

由震害调查表明，单层钢筋混凝土厂房存在着纵向抗震能力差，以及构件连接构造单薄、支撑体系较弱，构件强度不足等薄弱环节。尤其是对于单层厂房铰接排架柱，柱顶常因与屋架连接处联结螺栓的锚固和抗拉强度不足，以及柱头受拉受剪承载力不足而破坏；吊车梁所在牛腿部位及柱根部位因截面尺寸突变和弯矩较大，也容易破坏。因而，柱顶、吊车梁所在牛腿部位及柱根是震害较严重的三个部位。

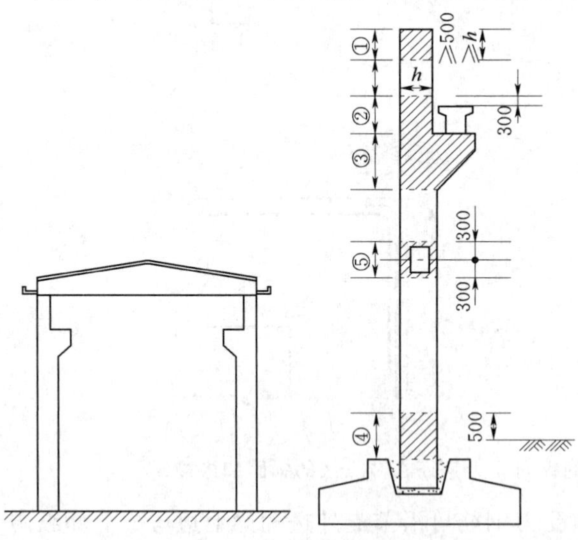

图 11-13　铰接排架柱箍筋加密区段

考虑地震组合的铰接排架柱的纵向受力钢筋和箍筋，可按本章第 5 节中框架柱的规定进行配筋计算。

为了有效地提高钢筋混凝土铰接排架柱的抗侧力强度和结构的延性，

加密箍筋是行之有效的办法。对于要求抗震的铰接排架柱，在下列五个区段内箍筋应加密（图 11-13）：①柱顶区段；②吊车梁区段；③牛腿区段；④柱根区段；⑤柱间支撑与柱连接处和柱变形受约束的部位。

在箍筋加密区的箍筋最大间距为 100mm，箍筋最小直径应不小于表 11-14 所列数值。

表 11-14　　铰接排架柱箍筋加密区的箍筋最小直径（mm）

加密区区段	抗震设计烈度和场地类别					
	9 度	8 度	8 度	7 度	7 度	6 度
	各类场地	Ⅲ、Ⅳ类场地	Ⅰ、Ⅱ类场地	Ⅲ、Ⅳ类场地	Ⅰ、Ⅱ类场地	各类场地
一般柱顶、柱根区段	8（10）		8		6	
角柱柱顶	10		10		8	
吊车梁、牛腿区段 有支撑的柱根区段	10		8		8	
有支撑的柱顶区段 柱变位受约束的部位	10		10		8	

注　表中括号内数值用于柱根。

在地震组合的竖向力和水平拉力作用下，支承不等高厂房低跨屋面梁、屋架的立柱牛腿，除应按本教材 9.8 节的有关公式和构造进行计算和配筋外，尚应符合抗震所需的构造要求，具体构造要求可详见规范。

11.7　桥跨结构的抗震设防

11.7.1　桥跨结构抗震的一般规定

在水工建筑中，对于跨度不大的渡槽、工作桥等桥跨结构的抗震设计，可只考虑水平地震作用组合，验算其支承结构（墩、台、排架、拱等）的抗震承载力及稳定性。地震作用效应的计算可按《水工建筑物抗震设计规范》（DL 5073—2000）的有关规定进行。

大跨度拱式渡槽在拱平面及出拱平面上的水平地震效应可参考《公路工程抗震设计规范》（JTG B02—2013）等有关抗震设计规范计算。大跨度拱式渡槽等桥跨结构还应考虑竖向地震作用。

有些桥梁结构可不进行抗震承载力及稳定性验算，但应采取抗震措施。如设计烈度为 6 度的桥梁；简支桥梁的上部结构；设计烈度低于 9 度，基础位于坚硬场地土和中硬场地土上的跨径不大于 30m 的单孔板拱拱圈；设计烈度低于 8 度，位于非液化土和非软弱粘土地基上的实体墩台均可不进行抗震验算。

在软土层、液化土层和不稳定河岸处建造大型渡槽时，可适当增加槽身长度，合理布置孔径、使墩、台避开地震时可能发生滑动的岸坡或地形突变的不稳定地段，必要时应增强基础抗侧移的刚度和加大基础埋置深度。

对重要的桥跨结构的地基基础还应进行天然地基的抗震承载力验算，判别地基液化的可能性和采取消除液化的措施。这方面的内容可参阅有关抗震设计规范。

同一建筑中不宜采用拱式和梁式的混合结构型式，必须采用时，应将拱式和梁式结构衔接部位的墩台做成实体推力墩台。

11.7.2　简支梁式和连续梁式上部结构的抗震措施

桥跨结构的上部结构为简支梁时，为防止地震时在纵向和横向落梁，梁的活动支座端应采用挡块、螺栓连接或钢夹板连接等措施（图 11-14）。

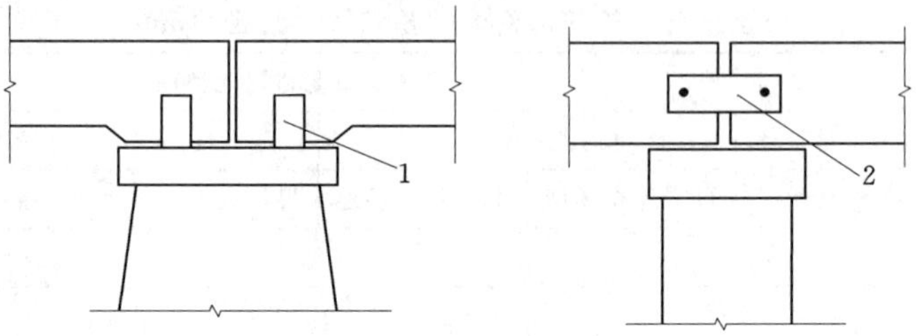

图 11-14　防止落梁措施示意图

1—挡块；2—螺栓钢板连接

梁的支座边缘至墩台帽边缘的距离 d 不应小于表 11-15 所列数值（见图 11-15）。

表 11-15　支座边缘至墩台帽边缘的最小距离

桥跨 L/m	10～15	16～20	21～30	31～40
最小距离 d/mm	250	300	350	400

注　当支承墩柱高度大于 10m 时，表列 d 值宜适当增大。

上部结构为连续梁式时，应采取防止横向产生较大位移的措施。按 8 度、9 度设防的工作桥，当采用简支梁式时，梁与梁之间及梁与边墩之间，宜加装橡胶垫块或其他弹性衬垫等缓冲措施，以缓冲地震时的冲击作用和限制梁的位移（图 11-16）。

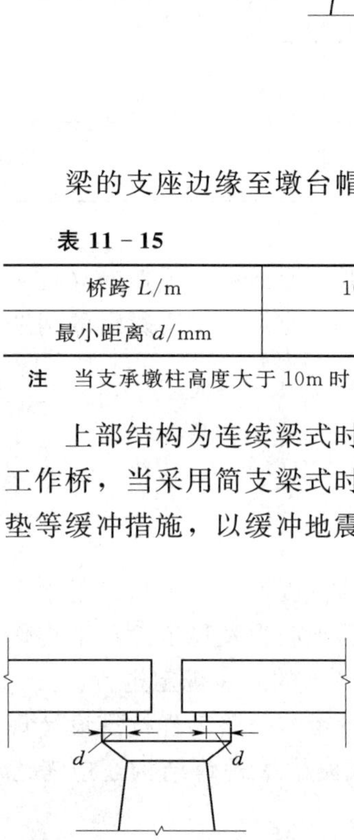

图 11-15　支座边缘至墩帽边缘的距离

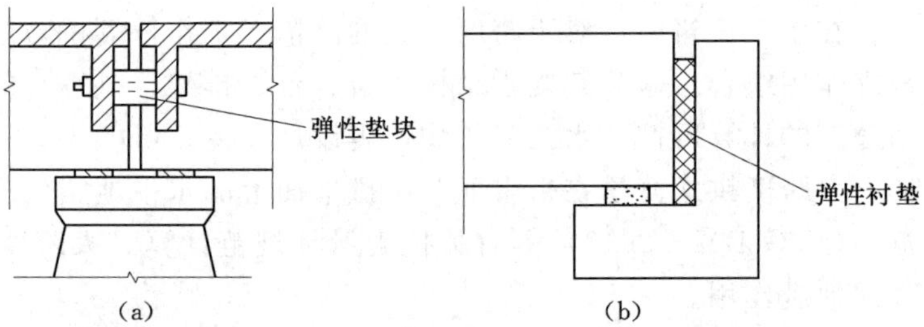

图 11-16　缓冲措施

(a) 梁间设置弹性垫块；(b) 梁与边墩间设置弹性衬垫

当采用连续梁式时，宜采取使上部结构所产生的水平地震作用能由各个墩台共同承担的措施，以避免固定支座墩受力过大。

11.7.3　拱式桥跨结构的抗震措施

拱式渡槽等结构的拱座基础宜置于地质条件一致、两岸地形相似的坚硬土层上。

渡槽下部结构采用肋拱或桁架拱时，应加强横向联系。采用双曲拱时，应尽量减少预制块数量及接头数量，增设横隔板，加强拱波与拱肋之间的连接强度，增设拱波横向钢筋网并与拱肋锚固钢筋联成整体。主拱圈的纵向钢筋应锚固于墩台拱座内，并适当加强主拱圈与墩台的连接。

设计烈度为 8 度、9 度时，墩台高度超过 3m 的多跨连拱，不宜采用双柱式支墩或排架桩墩。当多跨连拱跨数过多时，宜不超过 5 孔且总长不超过 200m 设置一个实体推力墩。

11.7.4 竖向支撑结构的抗震设防

桥跨结构的竖向支撑结构应根据其结构型式的不同分别考虑其抗震设防措施（图 11-17）。

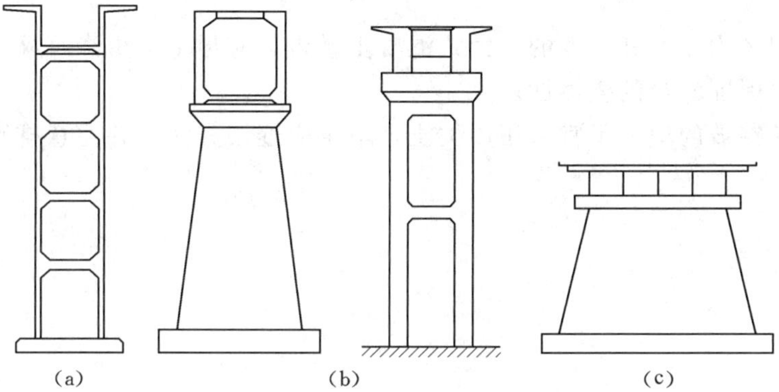

图 11-17 竖向支撑结构
(a) 框架；(b) 柱式墩；(c) 墩墙

（1）当桥跨结构的下部支承结构采用框架结构时，其抗震设计与构造措施应满足框架结构抗震设防的有关规定。

（2）当桥跨结构的下部支承结构采用墩式结构，且墩的净高与最大平面尺寸之比大于 2.5 时，可作为柱式墩考虑，其抗震设计与构造措施应满足下列要求：

1）考虑地震组合的柱式墩，其正截面受压承载力可按偏心受压柱的公式计算。

2）考虑地震组合的柱式墩，其斜截面受剪承载力可按式（11-35）计算。

3）在柱的顶部和底部，应设置箍筋加密区，加密区长度与框架柱的规定相同。对于采用桩基础的柱式墩或排架桩墩，底部加密区长度指的是桩在地面或一般冲刷线以上一倍桩径到最大弯矩截面以下三倍桩径的范围。

加密区的箍筋最小直径和最大间距应满足框架柱的规定。矩形截面柱式墩的箍筋配筋率$\left(\rho_{sv}=\dfrac{A_{sv}}{bs}\right)$不应小于 0.3%。

4）高度大于 7m 的双柱式墩和排架桩墩应设置横向连系梁。并宜加大柱（桩）截面尺寸或采用双排柱式墩，以提高其纵向刚度。

5）柱（桩）与盖梁、承台连接处的配筋不应少于柱（桩）身的最大配筋。

6）柱式墩的截面变化部位宜做成渐变截面或在截面变化处适当增加配筋。

（3）桥跨结构的下部支承结构采用墩式结构，但其净高与最大平面尺寸之比小于 2.5 时，可作为墩墙考虑。其抗震设计与构造措施应满足下列要求：

1）考虑地震作用组合的钢筋混凝土墩墙，其正截面受压承载力按偏心受压构件的公式计算，斜截面受剪承载力按剪力墙的公式计算。

2）钢筋混凝土墩墙单侧的水平向和竖向钢筋的配筋率不宜小于 0.20%（9 度、8 度设防）和 0.15%（7 度、6 度设防）。

3）素混凝土重力式墩墙的施工缝处应沿墩面四周布置竖向构造插筋，其配筋率可取为 0.05%～0.10%，8 度、9 度设防或墩高大于 20m 时取大值。

（4）桥跨结构的桥台宜采用 U 形、箱形和支撑式等整体性强的结构型式。桥台的胸墙宜适当加强。桥台与填土连接处应采取措施，防止因地震作用而引起填土的坍裂与渗漏。

对于设计烈度为 8 度和 9 度的重力式混凝土墩台，应尽量减少浇筑缝，在浇筑缝处应设置短钢筋，以保证墩台的整体性。

桥台台背和锥坡的填料不宜采用砂类土，填土应逐层夯实，并注意排水措施。

第12章　水工大体积混凝土结构设计中的若干问题

与房屋建筑中的普通钢筋混凝土板、梁、柱构件相比，水工建筑物中的某些混凝土结构有它独特的地方，主要有如下5个方面：

（1）结构尺寸因稳定（抗滑、抗倾、抗浮）或运用的需要常为大体积块体结构。

（2）按截面承载力计算所需的配筋率往往小于普通梁、板、柱所规定的最小配筋率。但若按此最小配筋率配筋，因截面尺寸很大，配筋量仍然很多。

（3）大体积混凝土中水泥水化热很大，结硬后的混凝土内部有很大的温升，从而形成内外温差使得块体表面出现拉应力，当拉应变超过混凝土极限拉应变时就导致温度裂缝的发生。为限制温度裂缝的开展宽度，就需配置相当数量的温度钢筋。

（4）结构常浸没在水中，或承受水压，或处于干湿交替环境，有的还遭受冻融、冲刷或空蚀等作用。故耐久性常为水工混凝土结构的重要问题。

（5）不少水工钢筋混凝土结构形体复杂，如蜗壳、尾水管、坝内孔口、坝内埋管、背管，等等，均属于非杆件体系，无法求出截面内力按一般极限状态理论计算配筋量。

由于水工结构具有上述特点，采用普通钢筋混凝土结构的设计理论设计时，会遇到困难。现行水工混凝土结构设计规范对上述这些问题作了尽可能的反映，这也是水工混凝土结构设计规范的特色。有关耐久性要求的内容已在本教材第8章作了介绍，本章将简述剩余的几个问题：最小配筋率、温度作用设计、非杆件体系的配筋。

12.1　水工钢筋混凝土结构的最小配筋率

钢筋混凝土结构构件的最小配筋率ρ_{min}是一个至今未能完全解决的问题。对水工结构来说，由于运用上的需要和满足稳定的要求，构件截面尺寸常十分巨大，而外力荷载却并不很大，按承载力计算所需要的配筋率常常远小于最小配筋率，但按规定，这时的配筋面积应按最小配筋率乘以构件截面面积计算。在水工结构中，厚度为1～2m的底板和墩墙是常见的，4～5m或以上的底板和墩墙也不少，此时，即使取用了最低限度的最小配筋率（如0.1%），需要配置钢筋截面面积仍有4000～5000mm^{2}之多，也就是每米要配置5根直径32～36mm的钢筋。有时由于配筋量过大，还得配置2层或3层钢筋。所以，对水工钢筋混凝土结构来说，最小配筋率的正确制定是一个十分关键的问题。本节介绍水工混凝土结构设计规范最小配筋率规定的变革过程、确定最小配筋率的原则及现行水工混凝土结构设计规范对最小配筋率的规定。

12.1.1 我国水工混凝土结构设计规范最小配筋率规定的变革

许多国家的设计规范都规定了最小配筋率限值，但相互间差别相当大，所依据的原则也不尽一致，主要是根据国家经济实力和技术经济政策，并尊重传统经验而定的。

我国设计规范中，有关最小配筋率的规定长期以来是照套苏联早期规范的。例如，用于房屋建筑的《钢筋混凝土结构设计规范》（TJ 10—74）所规定的纵向钢筋最小配筋率，就是完全套用苏联规范；后来的《混凝土结构设计规范》（GBJ 10—89）也只是在 TJ 10—74 规范的基础上，对受拉钢筋的最小配筋率作了一些局部的调整。直到《混凝土结构设计规范》（GB 50010—2002），才把 TJ 10—74 规范规定的最小配筋率数值有所提高，并考虑了钢筋等级对最小配筋率的影响。

《水工钢筋混凝土结构设计规范》（SDJ 20—78）（下简称水工 78 规范）对最小配筋率是这样处理的：它把最小配筋率的条文列入“强度（即承载力）计算”中，又把水工结构构件分为两类：对于截面尺寸由承载力条件确定的构件，规定纵向受力钢筋的配筋率应不小于规范规定的最小配筋率，该最小配筋率取值与 TJ 10—74 规范完全一样，见表 12-1；对于截面尺寸由抗滑、抗倾、抗浮或布置等条件所确定的大体积结构，则规定可以不受最小配筋率的限制。在某些情况下，其配筋量则可按“少筋混凝土理论”，降低其承载力安全系数后计算得出❶。

表 12-1　　水工 78 规范采用的纵向受力钢筋的最小配筋百分率

项次	分　类	混凝土标号		
		≤200	250～400	500～600
1	轴心受压构件的全部钢筋	0.4	0.4	0.4
2	偏压、偏拉构件的受压钢筋	0.2	0.2	0.2
3	受弯、偏拉、偏压构件的受拉钢筋	0.1	0.15	0.2

水工 78 规范如此处理最小配筋率，存在如下几个问题：

（1）将最小配筋率列入强度（承载力）计算章节，是只从承载力的观点来考虑最低限度的配筋量，而没有同时从正常使用功能（如限制裂缝宽度）的角度来衡量配筋限度。

（2）将结构分成截面尺寸由强度（承载力）条件和非强度（承载力）条件确定的两大类，并认为后一类构件可以不受最小配筋率的限制。但对如何划分这两类结构却没有提出明确的标准，在实际工程中，有些结构就很难判断应归于哪一类。而且对于后一类构件，由于没有最小配筋率的限制，当其截面尺寸很大时，由承载力计算得出的配筋量理论上可降低到接近于零，这对于构件的安全与否，无法加以确切的论证。

（3）对于要遵守最小配筋率的构件，从表 12-1 可知，在截面尺寸和外力荷载条件完全相同的情况下，当承载力计算所需的配筋率小于最小配筋率时，混凝土强度越高（也就是混凝土质量越好），所需配置的受拉钢筋用量反而越多，这在本质上是难以理解的。

❶ 少筋混凝土理论是从破坏概率的概念出发，认为随着构件截面尺寸的加大，受拉区混凝土的抗裂安全度就会增加，对受拉钢筋的安全系数就可适当减小。它也是为解决大体积结构的最小配筋率问题而提出的，但计算公式较繁琐。

(4) 它没有规定受弯构件必须配置受压钢筋，但对于受压区受力条件更为有利的偏心受拉构件，却限定了受压钢筋的最小配筋率 ρ'_{min}，其合理性是可质疑的。

(5) 由于采用了定值的最小配筋率，就会出现在外荷载和材料强度不变的条件下，若截面尺寸取得越大，所需配置的钢筋量就越多的情况。这对于构件截面尺寸不会太大的房屋建筑来说，影响不大，但对于水工结构来说，影响就会很大。

(6) 它以构件的受力状态划定最小配筋率，但同为受弯构件的梁和板，及同为受压构件的柱和墙，受力的条件并不完全一样。板、墙全面超载的可能性比梁、柱小得多，所以它们的最小配筋率理应与梁、柱有所不同。

(7) 和国外规范相比，它的最小配筋率定得过低，特别是受压柱的最小配筋率。

在综合对比分析世界各国规范的规定，吸收国内外规范中的合理部分的基础上，《水工混凝土结构设计规范》（SL/T 191—96）和《水工混凝土结构设计规范》（DL/T 5057—1996）[1] 对最小配筋率进行了下列两条重大的修改：

(1) 对于一般钢筋混凝土结构构件，纵向受力钢筋的最小配筋百分率修改为表 12-2 所列的数值。

表 12-2　　水工 96 规范的纵向受力钢筋的最小配筋百分率

项次	分类	钢筋等级	
		Ⅰ级	Ⅱ级、Ⅲ级、LL550
1	受弯、偏拉构件的受拉钢筋 A_s		
	梁	0.20	0.15
	板	0.15	0.15
2	轴心受压柱的全部纵向钢筋	0.40	0.40
3	偏心受压构件的受拉钢筋 A_s 或受压钢筋 A'_s		
	柱	0.25	0.20
	墩墙	0.20	0.15

(2) 对于大厚度的受弯构件（底板）及大偏压构件（墩墙），其受拉钢筋的最小配筋率可由表 12-2 所列的最小配筋率 ρ_{min} 乘以截面所承受的外力矩 $\gamma_d M$（γ_d 为结构系数，M 为弯矩设计值）与该截面的极限弯矩 M_u 的比值 $\frac{\gamma_d M}{M_u}$ 得出，即其最小配筋率改为 $\rho_{min}\left(\frac{\gamma_d M}{M_u}\right)$，从而使得厚板和墩墙的配筋量不再随板厚或墙厚的增加而增大。

与以往的规范相比，水工 96 规范对最小配筋率的改革是比较彻底的。首先，它所列的最小配筋率不再与混凝土等级有关，而变为与钢筋等级有关；其次，它取消了偏心受拉构件的受压钢筋的最小配筋率；第三，它把偏心受压构件的受拉钢筋和受压钢筋的最小配筋率取为同一值；第四，它对梁与板、柱与墙的最小配筋率分别取值；最后，也是最重要的，对于大尺寸的厚板和墩墙，它既没有像水工 78 规范那样取消最小配筋率的限制，也

[1] 1996 年颁布的《水工混凝土结构设计规范》（SL/T 191—96）和《水工混凝土结构设计规范》（DL/T 5057—1996）虽然颁布的行业部门不同，编号也不同，但内容是完全相同的，下面将这两本规范简称为水工 96 规范。

没有像《钢筋混凝土结构设计规范》(TJ 10—74) 那样固守一个定值的最小配筋率，而采用了一个能随截面尺寸增大而降低的最小配筋率，从而使最终得出的配筋用量能保持在一个不变的水平上。

从多年的工程设计实践来看，水工 96 规范关于最小配筋率的条文总体上是可行的。

但水工 96 规范的最小配筋率的规定也还存在如下两个问题：

(1) 对一般钢筋混凝土结构构件所规定的纵向受力钢筋最小配筋率的具体数值（表 12-2）仍偏低，与国际主流规范的规定还有相当大的差距，也低于当时的国标《混凝土结构设计规范》(GB 50010—2002)，因此有必要考虑作进一步的调整。

(2) 规范中关于厚度大于 5m 的结构构件可不受最小配筋率限制的规定，使得截面厚度在 5m 上下时，用钢量会有突变。

12.1.2　配置最小配筋量的原因和确定最小配筋率的原则

1. 配置最小配筋量的原因

各家规范对必须配置最小配筋量的原因，看法尚不统一，大体上有如下几点：

(1) 认为混凝土是一种非延性材料，在配置钢筋以后，结构性能才能得到改变，当配筋量少于一定限度以后，构件的性能就将与无筋的素混凝土结构相差无几。因此，在作为钢筋混凝土结构设计时，对配筋量要有一个起码的要求，这就是最小配筋率。但目前，尚无法从结构构件的延性性能来确定出这个配筋最低限度。

(2) 对受弯构件等的纵向受拉钢筋，配筋量过小时，混凝土一旦开裂，钢筋立即屈服，裂缝会急剧开展，发生突然性的脆性破坏。

(3) 受拉钢筋的配筋量不宜小于为了控制温度干缩裂缝的宽度不过大而必需设置的配筋数量。这是因为在通常的设计计算中，一般都没有计入温度和干缩的作用，所以在确定最小配筋率时，就宜把温度和干缩的影响考虑在内。

(4) 对钢筋混凝土受压构件（主要是指轴心受压构件），认为配筋过少时，其实际承载力比按钢筋混凝土计算公式得出的为低。因为配筋过少时，在压力持续作用下混凝土的徐变会使钢筋在荷载不大时就达到了屈服；同时，钢筋混凝土柱的浇筑密实度比无筋混凝土为差，如纵向钢筋用量过少，其承载力有可能比同截面的无筋混凝土柱的承载力更弱（但这一因素对墙体的影响就很小）。所以必须配置一定数量的钢筋后，才能用钢筋混凝土结构的公式计算。

(5) 受压构件总有受到弯矩作用的可能，所以对轴心受压构件应该配置最低限度的钢筋。

2. 有关确定最小配筋率原则的讨论

在确定最小配筋率的原则时，有些问题值得进一步讨论：

(1) 在国内外有些规范中，受弯构件的受拉钢筋的最小配筋率是按钢筋混凝土截面计算时钢筋所能承担的极限弯矩 M_u 不小于素混凝土截面所能承担的抗裂弯矩 M_{cr} 的原则确定的。这一原则对于截面尺寸不会很大的房屋建筑中的一般梁板构件还可适用，但如果把这一原则移用到截面尺寸可能很大的水工底板一类构件，就不一定恰当了。因为当截面尺寸很大时，构件早已满足抗裂要求，也就是说，截面所受的实际外力矩 M 将远小于截面抗裂弯矩 M_{cr}，若此时硬要构件承受事实上不可能出现的、数值上等于 M_{cr} 的外力矩，并以 $M_u=M_{cr}$ 的原则来确定钢筋用量，在概念上是不妥的。

采用$M_u=M_{cr}$的原则来确定受拉钢筋的最小配筋用量，ρ_{min}就与配筋特征值f_t/f_y成正比，就会得出在相同荷载和截面尺寸条件下，混凝土等级越高，所需的用钢量也越多的不合理结果。当然，混凝土强度非常高时，脆性将增大，适当提高最小配筋率的水平也是应该的。

（2）最小配筋率的规定究竟是为了满足最低限度的承载力要求，还是为了满足裂缝宽度，特别是没有计算的温度干缩作用下的裂缝宽度的要求。各家还有不同的看法。早期的规范大都着眼于承载力要求，但近期的规范也有以允许裂缝宽度的大小来确定最小配筋率的。

美国 ACI 318 规范规定如果梁的实际配筋量较按承载力要求计算所需的配筋量多出 1/3 时，就可不再遵守最小配筋率的限制。这是从承载力要求的观点来处理的。但它同时又规定，板的配筋应满足温度和干缩的要求，在跨度方向和垂直跨度方向，温度干缩钢筋的配筋率不小于 0.20%（40 号、50 号钢筋）或 0.18%（60 号钢筋或焊接网）。这又是从控制裂缝宽度的观点来处理的。

（3）偏心受压构件的受拉钢筋和受压钢筋的最小配筋率应该取为同一值，这一点目前已趋于一致，《混凝土结构设计规范》（GB 50010—2002）已对《钢筋混凝土结构设计规范》（TJ 10—74）、《混凝土结构设计规范》（GBJ 10—89）的传统做法作了修改。

（4）对于大体积结构构件（例如厚度大于 2.5m 的底板和墩墙），在遵守最小配筋率的要求时，就会发生截面尺寸越大，配筋用量也越多的现象。解决这一矛盾的方法目前大体上有如下 5 种办法：

1）认为截面尺寸由稳定或布置条件确定的大体积结构构件，可不受最小配筋率的限制，如水工 78 规范。但这种处理方法有可能使用钢量下降得太多（当截面尺寸极大时，配筋量理论上可趋近于零），承载力安全度有可能会不足。

2）认为当实际配筋量较承载力计算所需的钢筋面积多出若干时，就可不再遵守最小配筋率的规定。如，美国 ACI318 规范就规定：实配钢筋面积超出按承载力计算所需的钢筋面积 1/3 时，就可不再遵守最小配筋率的规定。这种做法的优点是比较简单，但在所规定的限量处，用钢量将有一很大的跳跃性突变；同时，在截面尺寸还不是太大时，由承载力计算所需的钢筋面积相对较多，所增加的 1/3（或 15%）的数量也就比较大，相反，当截面尺寸很大时，由承载力计算所需的钢筋面积相对很小，所增加的 1/3 或 15%的数量就微乎其微，如图 12-1 所示。这就造成了该增加配筋量的地方增加很少；不需要增加配筋量的地方反而有很大的突增。

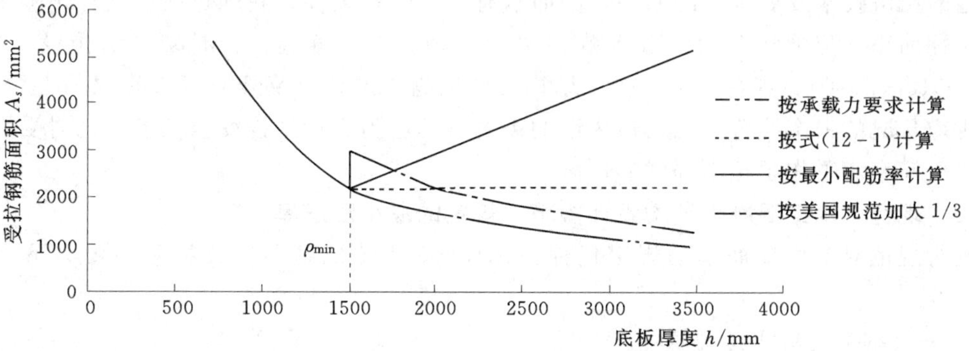

图 12-1 底板厚度与受拉钢筋截面面积的关系

3）除了规定最小配筋率 $\rho_{\min}$ 以外，再规定出一个配筋上限，以控制截面尺寸很大时配筋不至于过多。例如美国陆军工程师团《水工建筑物配筋细部设计指示书》中，对一面受约束的构件（如闸墩等底部受基岩约束的竖立墙体），规定在离约束边（基岩）$L/4$ 高度范围内（在此，L 为约束长度，即墙体长），墙体每一侧的水平钢筋配筋率应为 0.20%，但配筋量不多于Φ 28@300；上部其余高度范围内的水平钢筋以及墙体竖向钢筋的配筋率应各为 0.10%，但不多于Φ 19@300。这种方法比较简单，但对于承受不同荷载、具有不同截面尺寸的不同类别和功用的结构构件，分别给出不同的配筋上限，就不胜其烦而且几乎是不可能了。

4）对于按承载力计算出的配筋率小于最小配筋率时的大体积结构构件，配筋用量可由最小配筋率 $\rho_{\min}$ 乘以承载力所需的混凝土截面面积（而不是构件原有的全截面面积）来确定。

如美国 ACI 318 规范规定，受压构件截面大于承载力计算需要时，可按总面积的一半来计算配筋用量。但美国规范所规定的受压柱全部纵向钢筋的最小配筋率为 1.0%，比水工 96 规范的 0.40%高出一倍还多。显然，美国规范这种不问受力大小，单纯以截面面积来确定最小配筋率的办法，虽然十分简便，但显得有些粗糙。

5）认为当按承载力要求得出的截面配筋率 $\rho<\rho_{\min}$ 的大尺寸厚板，其截面承载力常常未被充分利用，也就是截面所承受的外力矩 $\gamma_d M$（γ_d 为结构系数，M 为弯矩设计值）小于该截面的极限弯矩 M_u，其受拉纵向钢筋的配筋量 A_s 可由最小配筋率 $\rho_{\min}$ 计算得出后，再乘以一个小于 1 的系数，该系数为截面所承受的外力矩 $\gamma_d M$ 与该截面的极限弯矩 M_u 的比值 $\frac{\gamma_d M}{M_u}$，即

$$A_s=\rho_{\min} b h_0\left(\frac{\gamma_d M}{M_u}\right) \tag{12-1}$$

水工 96 规范就是采用这一方法来处理大体积厚板的配筋的。该规范还给出了 M_u 的简明计算公式，使整个计算变得比较简单。用这一方法求得的受拉钢筋面积，不论板厚增加到什么程度，都将保持不变，见图 12-1 中按式（12-1）计算的曲线（虚线）。

从上述 5 种方法的分析比较，可以看出，以最后一种比较合理，也比较方便。

从本质上说，最小配筋率的具体数值的确定，并不完全是一个技术问题，它还受到当时当地的经济技术发展水平的制约，因而具有一定的政策性。我国过去的设计规范所制定的最小配筋率，与国际上大多数规范相比，数值上明显偏低。《混凝土结构设计规范》(GB 50010—2010)、现行水工混凝土结构设计规范考虑到改革开放以来我国国力的增强，钢材供应状况的根本改善，结构耐久性的需要以及适当增加结构安全储备，已对受力钢筋的最小配筋率水平作了相当程度的提高。

12.1.3　现行《水工混凝土结构设计规范》规定的最小配筋率

现行规范对最小配筋率的规定仍保持水工 96 规范的特色，其特色主要有下列几个方面。

1. 一般钢筋混凝土结构构件

规范规定，对于一般板、梁、柱构件，要求其配筋率不得小于本教材附录 4 表 3 的

要求。

从附录 4 表 3，可知规范仍主张：①最小配筋率与混凝土等级无关；②偏心受压构件的受拉纵筋与受压纵筋的最小配筋率取为同一值；③取消了偏心受拉构件受压钢筋的最小配筋率；④梁和板、柱和墩墙采用不同的最小配筋率。与水工 96 规范所列的最小配筋率（表 12－2）相比，规范的最小配筋率在数值上有适当的提高，特别对纵向受压钢筋的最小配筋率提高得相对多一些。由于受压钢筋的最小配筋率主要是从承载力要求考虑的，因此钢筋等级越低时最小配筋率数值越大。另外，由于纵向受拉钢筋的最小配筋率除考虑承载力要求外还兼顾到控制裂缝开展的需求，因此，除了光圆钢筋采用较大的数值外，对 HRB335 和 HRB400 等钢筋，最小配筋率的数值就保持为同一值。

2. 卧置在地基上的厚板

对卧置在地基上承受竖向荷载为主，板厚大于 2.5m 的底板，当按受弯承载力计算得出的配筋率 ρ 小于本教材附录 4 表 3 所规定的最小配筋率 $\rho_{\min}$ 时，配置的纵向钢筋截面面积 A_s 可由 $\rho_{\min}bh_0$ 再乘以一个小于 1 的系数，在 DL/T 5057—2009 规范中，该系数对底板为 $\dfrac{\gamma_d M}{M_u}$，即：

$$A_s = \rho_{\min} bh_0 \left(\frac{\gamma_d M}{M_u}\right) \tag{12-2}$$

对矩形截面实心板，$M_u = \xi(1-0.5\xi) f_c bh_0^2$，当配筋率很低时，$\xi$ 值极小，$\xi(1-0.5\xi) \cong \xi$，所以可得 $M_u = \xi f_c bh_0^2$，代入式（12－2），并取 $\xi f_c bh_0 = A_s f_y$，即得：

$$A_s = \rho_{\min} bh_0 \left(\frac{\gamma_d M}{\xi f_c bh_0^2}\right) = \rho_{\min} bh_0 \left(\frac{\gamma_d M}{f_y A_s h_0}\right)$$

因此

$$A_s = \sqrt{\frac{\gamma_d M \rho_{\min} b}{f_y}} \tag{12-3}$$

式中 γ_d——结构系数，按本教材第 2 章表 2－6 采用；

M——弯矩设计值，为荷载设计值产生的弯矩与结构重要性系数 γ_0、设计状况系数 ψ 三者的乘积，γ_0 和 ψ 按本教材第 2 章有关规定取用；

f_y——钢筋抗拉强度设计值，按本教材附录 2 表 3 取用；

$\rho_{\min}$——受拉钢筋最小配筋率，按本教材附录 4 表 3 取用；

b——为截面宽度。

底板受拉钢筋的配筋面积除按式（12－3）计算外，尚满足每米宽度内的钢筋截面积不少于 2500mm^2 的要求。

由式（12－3）可见，配筋面积 A_s 已与板厚 h 无关，不论板厚 h 增至多大，配筋量将始终保持在同一水平上。由式（12－3）求得的配筋面积 A_s 与水工 96 规范得出的配筋面积在原则上是一致的，但由式（12－3）直接求出配筋面积 A_s，更为简单明了。

还应注意，式（12－3）只能应用于“卧置在地基上”的厚板，这是因为卧置在地基上的板一旦开裂，地基反力会随之调整，不会像架空的梁板那样发生突然性破坏，所以确定其最小配筋量时可不考虑突然破坏这一因素。同时式（12－3）还只适用于“承受竖向荷载为主”的底板，以限定底板是受弯为主的构件。对于船闸闸室一类的底板，因受有由闸墙传来的巨大的侧向水压力，底板为一偏心受拉构件，式（12－3）就不再适用。

3. 厚度大于 2.5m 的墩墙

(1) 若墩墙属于大偏心受压构件，当承载力计算得出的墩墙一侧的竖向受拉钢筋的配筋率 ρ 小于本教材附录 4 表 3 所规定的最小配筋率 $\rho_{\min}$时，配筋面积仍可由式 (12-3) 计算，但式中的 M 要用 Ne_0 替代，即：

$$A_s=\sqrt{\frac{\gamma_d N e_0 \rho_{\min} b}{f_y}} \tag{12-4}$$

式中　N——轴向压力设计值，为荷载设计值产生的轴力与结构重要性系数 γ_0、设计状况系数 ψ 三者的乘积，γ_0 和 ψ 按本教材第 2 章有关规定取用；

e_0——轴向压力距截面重心轴的距离。

(2) 若墩墙属于小偏心受压构件或轴心受压构件，当其截面极限承载力没有充分利用时，其配筋面积 A_s'按 $\rho_{\min}'bh$ 计算后，同样可再乘以$\dfrac{\gamma_d N}{N_u}$的系数，即：

$$A_s'=\rho_{\min}'bh\left(\frac{\gamma_d N}{N_u}\right) \tag{12-5}$$

而

$$N_u=f_c bh+f_y'A_s' \tag{12-6}$$

对常用的混凝土和钢筋等级，在低配筋的情况，由钢筋承担的轴力只占总轴力的 5% 左右，因此可近似地略去不计，取 $N_u=f_c bh_0$。将 N_u 代入式 (12-5)，即可得出：

$$A_s'=\frac{\gamma_d N \rho_{\min}'}{f_c} \tag{12-7}$$

式中　N——轴向压力设计值；

f_c——混凝土轴心抗压强度设计值，按本教材附录 2 表 1 取用；

$\rho_{\min}'$——受压钢筋最小配筋率，按本教材附录 4 表 3 取用。

式 (12-4) 和式 (12-7) 与墩墙厚度无关，所以不论墩墙厚度增大到多少，纵向钢筋的总量将保持不变。当然，对墩墙而言，受压纵向钢筋的总量除按上式计算外，还应满足构造配筋要求。DL/T 5057—2009 规范规定，按轴心受压或小偏心受压构件计算的墩墙，全部竖向钢筋面积除按式 (12—7) 计算外，尚满足沿周长每米钢筋面积不少于 1000mm^2 的要求。

SL 191—2008 规范对最小配筋率的规定，在原则上与 DL/T 5057—2009 规范完全相同，但在 $\rho_{\min}$的具体数值上稍有差异，见本教材附录 4 表 3；对卧置在地基上的厚板和墩墙所规定的配筋下限也有所不同，详见规范。

12.2　温度作用下混凝土抗裂验算及温度配筋

大体积混凝土在硬结过程中会产生可观的水泥水化热，使浇筑块温度有明显上升。在升温期间，若遇外界温度骤降或块体内部温度过高，块体内部与表层形成很大温差时，就会使表层产生较大的拉应力，导致产生早期表层裂缝或进一步形成贯通性裂缝。

块体升温达最高值后，热量向周围介质（空气、水或基岩）传导或散发，温度开始下降。当结构底部的温度变形受到基岩或老混凝土的约束无法自由伸缩时，就有可能发生深层的基础裂缝。

当结构温度最终稳定后，外界温度（气温、库水温）的变化也有可能使结构构件开裂。

水工混凝土结构中的大部分裂缝属于温度裂缝或干缩裂缝，特别是在大体积混凝土结构中，由温度作用产生的应力常比其他外荷载产生的应力的总和还大。因此，大体积混凝土的温度控制计算是十分重要的。温度问题主要应从控制温度和改善约束两方面来解决：前者是指采用预冷骨料、冰屑拌和等措施来降低浇筑温度；改善级配、减少水泥用量、使用低热水泥等措施来减小水泥水化热；热天浇筑时遮阳防晒，严寒时隔温保温等措施来避免混凝土表层温度梯度过大；必要时，预埋冷却水管，通水降温。后者是指合理分缝分块、缩小约束范围，加快内部热量的散发；合理安排施工程序使相邻浇筑块的高差不过大等等。

想用配置钢筋的办法来防止温度裂缝的发生是完全不可能的，但配置适量的温度钢筋可以限制裂缝开展的宽度，有利于减轻发生裂缝后的严重性。

混凝土结构的温控设计计算是相当困难和复杂的，因此一般只对重要的大体积混凝土才计算温度作用。当结构纵向设有伸缩缝，其间距小于规定的伸缩缝最大间距时，对结构纵向分析中就可不计入温度作用。高度不大（15～30m）的混凝土块体，也可不进行温度计算，只需参照类似工程的经验，做好温控措施。本节介绍抗裂性验算及温度配筋所需的一些基本知识。

12.2.1 混凝土的热学性能指标

温控设计中用到的混凝土热学性能指标主要有：

（1）比热 c。1kg 质量的混凝土温度升高 1 度所需的热量称为比热，单位为 kJ/(kg·℃)。

（2）导热系数 λ。面积为 1m^2 及厚度为 1m 的混凝土，当其两侧面存在 1℃ 温差时，在 1h 中传导过来的热量，称为导热系数，单位为 kJ/(m·h·℃)。

（3）导温系数 a。在热传导计算中，c、λ 与质量密度 ρ 常以组合形式 $\frac{\lambda}{c\rho}$ 出现，取 $\frac{\lambda}{c\rho}=a$，称为导温系数，单位为 m^2/h。

（4）放热系数 β。设固体表面温度高于气温 1℃，在 1m^2 表面上每小时散发的热量称为放热系数，单位为 kJ/(m^2·h·℃)。

（5）线热胀系数 α_c。混凝土温度变化 1℃ 时单位长度的线性胀缩变形称为线热胀系数，它与骨料性质有关，单位为 1/℃。

混凝土的热学性能指标应由试验或专门研究确定。一般工程或初步设计时，则可参考表 12-3 所列数值。

表 12-3　　混凝土热学特性指标

序号	名称	符号	数值	单位
1	线热胀系数 石英岩混凝土 砂岩混凝土 花岗岩混凝土 玄武岩混凝土 石灰岩混凝土	α_c	 11×10^{-6} 10×10^{-6} 9×10^{-6} 8×10^{-6} 7×10^{-6}	1/℃

续表

序 号	名 称	符号	数 值	单 位
2	导热系数	λ	10.6	kJ/(m·h·℃)
3	比热	c	0.96	kJ/(kg·℃)
4	导温系数	a	0.0045	m^2/h
5	放热系数 散至空气(风速 2～5m/s) 散至宽缝、竖井等(风速 0～2m/s) 散至流水	β	50～90 25～50 ∞	kJ/(m²·h·℃)

12.2.2 浇筑温度、水化热绝热温升及外界温度

混凝土块体的温度场与块体的浇筑温度、本身的水泥水化热温升以及外界介质的温度有关。

1. 浇筑温度 T_p

浇筑温度 T_p 可按下式计算：

$$T_p = T_0 + \eta(T_a - T_0) \tag{12-8}$$

式中 T_0——混凝土拌和后的机口温度 T_0，忽略拌和过程中的热量流失或流入的影响；

T_a——混凝土浇筑时的平均气温；

η——考虑混凝土在拌和、装斗、运输、转运和浇筑过程中热量流失或流入的影响，在一般现场条件下，$\eta=0.2\sim0.3$；当运输距离较长，运转较多以及采用人工浇筑时，$\eta=0.4\sim0.5$。

混凝土的机口温度 T_0 可按下式计算：

$$T_0 = \frac{\sum W_i c_i T_i}{\sum W_i c_i} \tag{12-9}$$

式中 W_i——每立方体混凝土中各种原材料的重量；

T_i、c_i——各种原材料的温度与比热；各原材料的比热 c_i 可参考表 12-4。

表 12-4　混凝土组成成分的 λ_i 及 c_i

材料	λ_i/[kJ/(m·h·℃)]	c_i/[kJ/(kg·℃)]
水	2.16	4.19
水泥	4.57	0.52
石英砂	11.10	0.74
玄武岩	6.87	0.77
白云岩	15.31	0.82
花岗岩	10.48	0.72
石灰岩	14.25	0.76
石英岩	16.80	0.72
粗面岩	6.80	0.77

拌和时如掺加冰屑，则应计入冰的融解潜热，一般情况，1m³ 混凝土掺加 10kg 冰可降低机口温度 1℃。

2. 水化热绝热温升

浇筑块在硬结过程中出现的水泥水化热，因水泥品种不同，数量也不尽相同。水化热 Q_τ 曲线应由试验确定，粗估时可采用下式表示，式中系数可按表 12-5 取值。

$$Q_\tau = Q_0[1-\exp(-m\tau^n)] \tag{12-10}$$

式中　Q_0——水泥最终发热量，kJ/kg；

m、n——常数；

τ——龄期，d。

表 12-5　水泥水化热的 Q_0 及 m、n 值

水泥品种		Q_0/(kJ/kg)	m	n
普通硅酸盐水泥	42.5 强度等级	340	0.69	0.56
	32.5 强度等级	340	0.36	0.74
普通硅酸盐水泥	42.5 强度等级	280	0.79	0.70
矿渣硅酸盐水泥	32.5 强度等级	280	0.29	0.76

已知水泥的水化热 Q_τ 曲线后，水化热产生的浇筑块混凝土绝热温升 θ_τ 可用下式求得：

$$\theta_\tau = \frac{Q_\tau(1-0.75p)C}{c\rho} \quad (℃) \tag{12-11}$$

式中　C——包括水泥及粉煤灰的胶凝材料用量，kg/m³；

p——粉煤灰掺量的百分数；

c——混凝土比热，kJ/(kg·℃)；

ρ——混凝土质量密度，可取为 2400kg/m³。

3. 外界介质温度

外界介质温度主要是指气温、水温、表面日照辐射以及地温等。它们应取自工程附近气象水文部门的实测资料，或根据专门公式推算，或与其他工程类比确定。

气温有日变化和年变化两个明显的周期性变化，可近似地用正弦或余弦函数表示。库水温度与年气温一样呈周期性变化，但温度变化的幅度随库水深度的增加而减小，并在相位上滞后于气温。

对某些建筑物还需考虑日照辐射热的影响，它与工程所处的纬度、当地的云量及晴天太阳辐射能等有关。

上述各介质温度的数学表达式与计算方法可参阅相关参考文献❶。

12.2.3　混凝土块体的温度场计算

大体积混凝土结构的温度场可由热传导基本方程求解。对于均匀各向同性的具有内热源（水化热）的混凝土，其热传导微分方程为：

$$\frac{\partial T}{\partial \tau} = a\left(\frac{\partial^2 T}{\partial x^2}+\frac{\partial^2 T}{\partial y^2}+\frac{\partial^2 T}{\partial z^2}\right)+\frac{\partial \theta}{\partial \tau} \tag{12-12}$$

❶ 如参考文献［28］。

式中　$T(x、y、z)$ ——为各坐标点的温度；

τ——时间；

a——混凝土的导温系数；

θ——混凝土的绝热温升。

根据结构的边界条件和初始条件，求解上列微分方程，即可求得块体的温度场。初始条件就是计算采用的初始温度场，对于新浇筑块，初始瞬时温度一般认为是均匀的，取混凝土的入仓温度。边界条件是指混凝土块体表面与周围介质的热交换条件，如表面与流水接触、与空气接触、与基岩接触等。温度场计算时的边界条件可分为三类：

（1）第一类边界。第一类边界为混凝土表面的温度 T 是时间 τ 的已知函数，即

$$T=f(\tau) \tag{12-13}$$

（2）第二类边界。第二类边界为混凝土表面的热流量 q^* 是时间 τ 的已知函数，即

$$-\lambda\frac{\partial T}{\partial n}=q^*(\tau) \tag{12-14}$$

式中　n——混凝土表面的法向方向；

λ——混凝土的导热系数。

当表面热流量 $q^*(\tau)=0$ 时，$\frac{\partial T}{\partial n}=0$，这时称为绝热边界条件，混凝土与外界介质无热交换。

（3）第三类边界。第三类边界为混凝土与空气接触时的情况，即混凝土的表面热流量和表面温度 T 与气温 T_a 之差成正比，即

$$-\lambda\frac{\partial T}{\partial n}=\beta(T-T_a) \tag{12-15}$$

式中　β——放热系数，和风速及混凝土表面的粗糙度有关，可按表 12－3 所列数值粗估，也可由相关公式计算❶。

在水利工程，遇到较多的是第一类与第三类边界。当混凝土表面与流水直接接触，这时可按第一类边界计算，取混凝土表面的温度等于水温。从式（12－15）可知，当 β 趋于无穷大时（放热至流水）时，$T=T_a$，即混凝土表面温度等于介质（流水）温度，就转化为第一类边界。当 $\beta=0$ 时，$\frac{\partial T}{\partial n}=0$，就转化为绝热边界。

显然，只有在块体形状十分简单，如假定为无限大的自由板或嵌固板，并且边界条件和初始条件十分典型的情况，上述微分方程才有理论解。但以这些典型的理论解为基础，也可以计算出向基岩或老混凝土传热的浇筑块的绝热温升、向顶面和侧面二向散热的闸墩的平均最高温度、厚度很大的块体在天然冷却过程中的温度场、气温为正弦变化时的平板温度场等等一系列实际工程问题。当结构型式和边界条件比较复杂时，温度场的计算就应采用差分法或有限单元法，目前多采用有限单元法。

12.2.4　混凝土块体的温度应力

在温度作用下，混凝土块体将产生温度变形，从而将产生温度应力。温度应力可分为

---

❶　见参考文献［28］中的相关公式。

两种：一种是“自生应力”，指块体完全不受外界约束可以自由变形的情况下，因块体内部温度分布不均匀而产生的应力，其典型例子是自由板的温度应力；另一种是“约束应力”，指块体边缘受到基岩或老混凝土的约束，不能自由变形时产生的应力，典型的例子是浇筑在基岩上的平板整体均匀温降与温升时产生的应力。

由于外界温度、混凝土的绝热温升、弹性模量及徐变都随时间变化，特别在混凝土浇筑后的早期，绝热温升 θ、弹性模量 E 及徐变 ε_{cr} 变化十分剧烈。因而结构的温度场和温度应力都是采用增量法来求解的，即将整个计算历程分成若干时间段 τ_i（荷载步）来计算。在每一时段 τ_i 内，$\dfrac{\partial\theta}{\partial\tau}$、$E$ 及 ε_{cr} 假定为常数，取为该时段内的平均值。在早龄期，$\dfrac{\partial\theta}{\partial\tau}$、$E$ 和 ε_{cr} 变化大，$\Delta\tau$ 应划分得短些，在晚龄期，$\dfrac{\partial\theta}{\partial\tau}$、$E$ 和 ε_{cr} 的变化小，$\Delta\tau$ 可划分得长些。

根据弹性理论，施工期、运行期内由于变温和干缩引起的应力可用增量初应变法来计算。

设第 i 级荷载（包括变温、干缩等）作用后产生的应变为 $\{\varepsilon\}_i$，应力为 $\{\sigma\}_i$。第 $i+1$ 级荷载产生的应变增量为 $\{\Delta\varepsilon\}_{i+1}$，应力增量为 $\{\Delta\sigma\}_{i+1}$，则可得增量形式的物理方程

$$\{\Delta\sigma\}_{i+1}=[D]_{i+1}[\{\Delta\varepsilon\}_{i+1}-\{\Delta\varepsilon_0\}_{i+1}] \tag{12-16}$$

式中　$[D]_{i+1}$——第 $i+1$ 级荷载步时的弹性矩阵；

$\{\Delta\varepsilon_0\}_{i+1}$——第 $i+1$ 级荷载步时的初应变，由温度变化、干缩、徐变、自生体积变形等因素引起的应变增量组成。

和温度场一样，只有极少数问题才能求得弹性力学的解析解，目前工程上都采用有限单元法来求解温度应力。

图 12-2 为浇筑在基岩上的平板中间垂直截面各龄期的温度分布。可见板的中心部位温度最高，与空气接触的顶面温度最低，温度还向下传至基岩，这不仅使基岩有温度变化，也使得板中心的温度最高。当浇筑 5d 后，水化热温升最高，以后温度逐步降低。

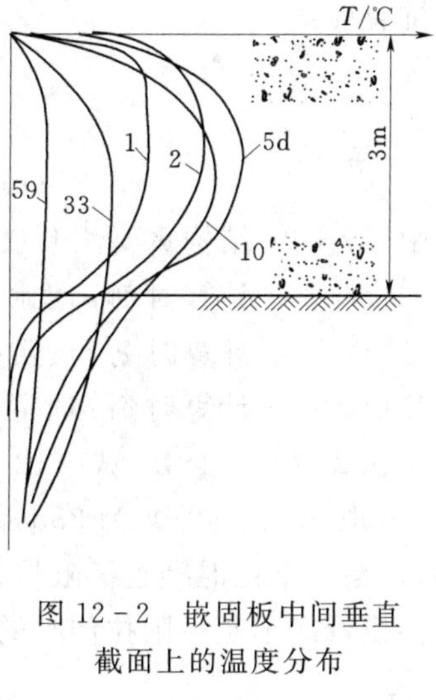

图 12-2　嵌固板中间垂直截面上的温度分布

图 12-3 为相应截面的温度应力分布，从图 12-3 可见：

（1）最初几天，发生大量水化热，使混凝土体积膨胀，由于底面受基岩（假定为完全刚性）约束，使板的整个截面上产生压应力。但因早龄期时混凝土的弹性模量很低，所以产生的压应力数值不大。

（2）当水化热衰减，顶面散热量大于内部放出的水化热时，板顶部温度首先下降，并发生收缩变形。由于此时弹性模量已提高，所以形成的拉应力比较大，在抵消原有的压应力后仍遗留下较大的拉应力。

（3）这种拉应力又逐步延伸到板中心以及板底，使整个截面均受拉。由于板中心升温最高，降温也最大，因而板中心部分最终的拉应力也最大。

(4) 当龄期 $t \to \infty$ 时，板内温度恢复到初始温度。若弹性模量 E 不变，且不考虑徐变 ε_{cr}，经过一个升温降温的循环，温度仍回到起始温度，则板内的最终应力应为零。但图 12-3 显示，板内有残余温度应力存在，这是由于混凝土的 E 和 ε_{cr} 随龄期而变化的结果。在早期混凝土温度升高阶段，由于混凝土的 E 小、ε_{cr} 大，温度升高 1℃所引起的压应力较小。到了后期降温阶段，混凝土的 E 大、ε_{cr} 小，温度下降 1℃所引起的拉应力较大，除了抵消早期升温阶段产生的压应力外，还有剩余的残余应力存在。这是混凝土温度应力区别于其他荷载效应的特点。混凝土温度应力的复杂性，都是由于 E 和 ε_{cr} 的不断变化引起的。

最后要指出的是，混凝土徐变会引起温度应力很大的松弛，在温度应力计算时必须要考虑徐变。

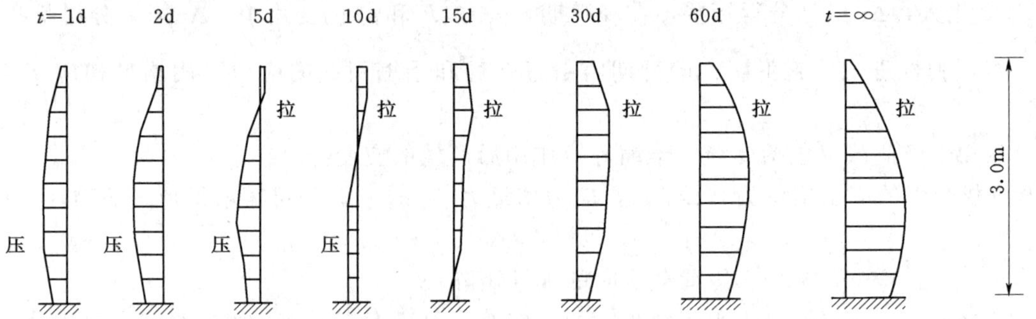

图 12-3　嵌固板中间垂直截面上的温度应力变化过程

12.2.5　大体积混凝土抗裂验算与温度配筋

大体积混凝土的温度应力求得后，不掺粉煤灰的混凝土可按下列经验公式验算混凝土的抗裂性：

$$\gamma_0 \sigma^*(t) \leqslant \varepsilon_t(t) E_c(t) \tag{12-17}$$

$$\varepsilon_t(t) = [0.655\tan^{-1}(0.84t)]\varepsilon_t(28) \tag{12-18}$$

$$E_c(t) = 1.44E_c(28)[1-\exp(-0.41t^{0.32})] \tag{12-19}$$

式中　γ_0——结构重要性系数，按本教材第 2 章表 2-3 查用；

$\sigma^*(t)$——计算时刻 t 时由温度作用产生的拉应力；

$\varepsilon_t(t)$——计算时刻 t 时混凝土允许拉应变；

$E_c(t)$——计算时刻 t 时混凝土弹性模量。

在式（12-18）、式（12-19）中，$\varepsilon_t(28)$ 为 28d 龄期的混凝土允许拉应变，可按表 12-6 取值；$E_c(28)$ 为 28d 龄期的混凝土弹性模量，可按本教材附录 2 表 2 取值。在此，$\varepsilon_t(t)$ 是一个比混凝土极限拉伸值小的值，这是因为相应的弹性模量 $E(t)$ 取为初始切线弹性模量而不是极限拉伸时的割线模量，同时 $\varepsilon_t(t)$ 也包含了必要的安全裕度在内。

表 12-6　　28 天龄期混凝土的允许拉应变（10^{-4}）

混凝土强度等级	C15	C20	C25	C30
$\varepsilon_{t(28)}$	0.50	0.55	0.60	0.65

对于必需抗裂的结构，如不满足式（12-17）时，必须加大结构截面尺寸，提高混凝

土强度等级或重新进行温度控制设计，如调整浇筑温度、减少水化热、调整分块尺寸等等。对于没有抗裂要求的结构，如底板、闸墩、尾水管、蜗壳一类结构，当不满足式（12-17）时，则可以配置一定数量的温度钢筋，温度钢筋虽不能提高结构的抗裂性，但可限制温度裂缝的开展宽度和开展深度。

温度应力是由于温度变形受到约束不能自由发生而引起的，当结构发生裂缝后，约束就能得以减小，温度应力就会降低。容许裂缝宽度越大，温度应力就松弛得越多。这是温度作用与其他外力荷载性质迥然不同的地方。在计算温度配筋时，必须考虑到裂缝宽度对温度效应的这种影响。但至今为止，还没有简便的考虑裂缝宽度影响的温度配筋计算方法。

由于温度配筋计算复杂，对于一些常见的不是特别重要的底板、墩墙类结构，也常按构造配置一定数量的温度钢筋，而不再进行配筋计算。根据工程经验，水工混凝土结构设计规范给出如下几点建议：

（1）闸墩等底部受基岩约束的竖直墙体［图 12-4（a)］：①在离基岩 $L/4$ 高度范围内，墙体每一侧面的水平钢筋配筋率宜为 0.20%，但每米配筋不多于 5 根直径为 20mm 的钢筋；②墙体竖直钢筋和上部 $3L/4$ 高度范围的水平钢筋的配筋率宜为 0.10%，但每米配筋不多于 5 根直径为 16mm 的钢筋。

（2）两端受大体积混凝土约束的墙体［图 12-4（b)］：①每一侧墙体水平钢筋配筋率宜为 0.20%，但每米配筋不多于 5 根直径为 20mm 的钢筋；②在离约束边 $H/4$ 长度范围内，每侧竖向钢筋配筋率宜为 0.20%，但每米不多于 5 根直径为 20mm 的钢筋；③其余部位的竖向钢筋配筋率宜为 0.10%，但每米不多于 5 根直径为 16mm 的钢筋。

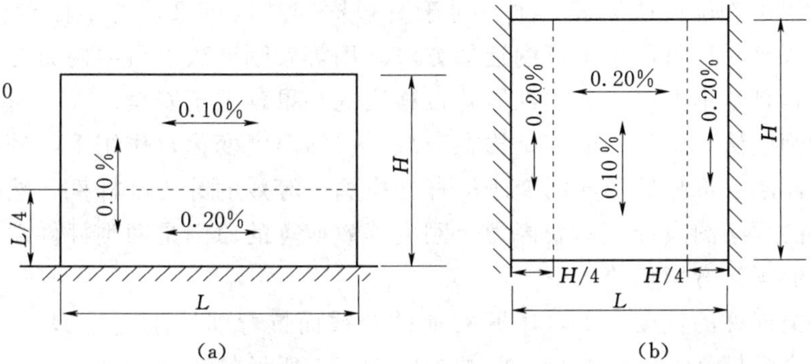

图 12-4 墙体温度钢筋配置

(a) 底部受约束的墙体；(b) 两端受约束的墙体

L—墙长；H—墙高

（3）底面受基岩约束的底板，应在板顶面配置钢筋网，每一方向的配筋率宜为 0.1%，但每米配筋不多于 5 根直径为 16mm 的钢筋。

（4）当大体积混凝土块体因本身温降收缩受到基岩或老混凝土的约束而产生基础裂缝时，应在块体底部配置限裂钢筋。

（5）温度作用与其他荷载共同作用时，当其他荷载所需的受拉钢筋面积超过上述配筋用量时，可不另配温度钢筋。

12.2.6　钢筋混凝土框架的温度配筋

我国水电站厂房上部结构设计时，习惯上都进行温度分析计算。

目前工程界对于钢筋混凝土框架结构的温度配筋设计，有以下几种方法：

（1）认为混凝土一旦开裂，温度应力自行松弛，无需专门配置温度钢筋。

（2）不进行温度应力计算，在按外力荷载配筋基础上按经验适当增配一些温度钢筋，或在按外力荷载配筋时适当提高安全系数 K（结构系数 γ_d）或降低钢筋强度设计值。

（3）温度应力计算时，适当降低结构构件的刚度，以考虑构件开裂后刚度的降低的影响。

（4）考虑混凝土的开裂，采用非线性框架矩阵位移法程序经多次叠代后，求得外力荷载与温度作用共同作用下的最终内力，并以此配筋。

上述四种处理方法中，（1）、（2）最为方便，但方法（1）有可能导致温度裂缝过宽；方法（2）则有较大随意性，理论根据也不足；方法（3）尚不能正确反映结构构件实际的刚度降低；唯有方法（4）比较合理，但计算繁琐，目前在一些特别重要的结构配筋设计中已有应用。

所谓非线性框架矩阵位移法，是将常规的杆件结构矩阵位移法与钢筋混凝土有限单元法中的层状单元结合起来求解框架结构在温度作用下的杆件内力及节点效应。它将框架各个构件分成若干梁单元，每一单元上的截面再分成若干层（包括钢筋层），用混凝土和钢筋的本构关系求出各层纤维的应力，进行截面特性分析，再求得实际的割线刚度系数，重新计算构件的固端力，再重新定义刚度矩阵，经反复叠代后，求得结构最终内力，并可得出开裂区域及裂缝宽度。如此计算，可较好考虑了混凝土开裂引起的温度应力松弛。

非线性框架矩阵位移法比较繁琐，对于一般框架结构可采用等效刚度法进行简化计算。等效刚度法是一种可用于手算的近似方法，用等效刚度法求得的内力与非线性矩阵位移法比较接近，且基本上大于非线性矩阵位移法的结果，偏于安全。

所谓等效刚度法，就是将框架结构在荷载（包括温度变化）作用下，杆件部分区段因混凝土开裂截面刚度下降后形成的变刚度杆件换算成等效的等刚度杆件，然后就可用一般的等刚度杆件的框架图表计算框架内力。刚度等效换算的原则是两类杆件端部发生的单位转角时所产生的固端弯矩相等。

设框架各类杆件的长度为 l_0，未开裂前的全截面抗弯弹性刚度为 B_0，当杆件部分区域开裂后，刚度沿杆件方向的变化可归纳为图 12－5 所示的三种类型：

（1）两端开裂（包括一端开裂、一端未裂的情况）、中间未裂，开裂区域长度分别为 l_1 和 l_2，相应的刚度分别为 B_1 和 B_2。

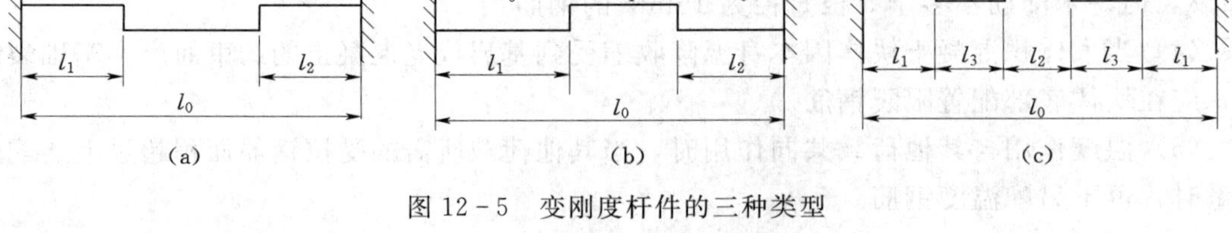

图 12－5　变刚度杆件的三种类型

(2) 中间开裂，两端未裂，未裂区域长度分别为 l_1 和 l_2，开裂区域的刚度为 B_1。

(3) 两端及跨中均开裂，假定开裂区域对称分布，两端及跨中区域长度分别为 l_1 和 l_2，相应的刚度分别为 B_1 和 B_2。

杆件的等效刚度 $B=\eta B_0$，式中 η 为刚度系数，它与 l_1/l_0、B_1/B_0 和 l_2/l_0、B_2/B_0 的大小有关，可从相关文献查到[1]。

按等效刚度法计算框架内力时，可采用如下的计算步骤：

(1) 按刚度 B_0 计算框架在荷载（包括温度作用）作用下的内力，并初步估算截面配筋量。

(2) 计算杆件的开裂弯矩 M_{cr}。

(3) 确定各杆件区域的长度 l_1 和 l_2，假定 $M \geqslant M_{cr}$ 的区域全部开裂。

(4) 按受弯构件刚度计算公式［式（8-45）］计算开裂区域的抗弯刚度 B_1 和 B_2。

(5) 由 l_1/l_0、B_1/B_0 和 l_2/l_0、B_2/B_0 查得刚度系数 η，计算杆件的等效刚度 $B=\eta B_0$。

(6) 按等效刚度 B 计算框架在温度作用下的内力。

(7) 按刚度 B_0 计算荷载（不包括温度作用）作用下的框架内力，并与步骤（6）所得内力叠加，即可得到结构在荷载（包括温度作用）作用下的内力，并依此最终确定配筋用量。

现有的研究表明：①对于框架结构，外力荷载与温度作用的加载先后次序对最终效应影响不大；②温度作用不是对框架所有截面发生不利影响，因此凭经验提高安全系数或降低钢筋强度的做法是不完全可取的；③温度作用并不影响框架的极限承载力，但对裂缝宽度有很大影响，温度配筋的主要目的是控制温度裂缝宽度。因而，温度配筋量的多少与结构所在环境类别有关。

12.3　非杆件体系结构的配筋设计

在水工建筑物中，有一些配筋结构，由于其形体复杂或尺寸比例特殊，无法将结构划分或简化为常规的梁、板、柱一类的基本构件，用结构力学方法计算出构件控制截面的内力（弯矩 M、轴力 N、剪力 V 或扭矩 T 等），而只能按弹性理论方法（弹性有限单元法或弹性模型试验等）求出结构各点的应力状态。因而，也就无法按截面极限承载力公式，即受弯、偏压、偏拉等构件的公式来计算钢筋用量。

这类结构大体可归纳为 4 类：

(1) 形体复杂的结构。例如水电站厂房的蜗壳与尾水管结构等（图 12-6、图 12-7），它们的轮廓尺寸在空间有很大的变化，其计算简图很难准确取定或简化为杆件。

(2) 尺寸比例超出杆件范围的结构。这类结构形状虽较规整，但其尺寸比例已超出一般杆件范畴。如深梁，当简支深梁的跨高比 $\frac{l}{h}<2.0$ 或连续深梁的跨高比 $\frac{l}{h}<2.5$ 时，截面应力图形不再为线性分布，因而不能作为一般受弯构件进行配筋计算。又如上闸首结构

[1] 周氏等．水工混凝土结构设计手册［M］．北京：中国水利电力出版社，1999.

等，这类结构底板很厚，底板应力沿高度的分布为非线性（图 12－8），也不能作为偏心受拉构件进行配筋计算。

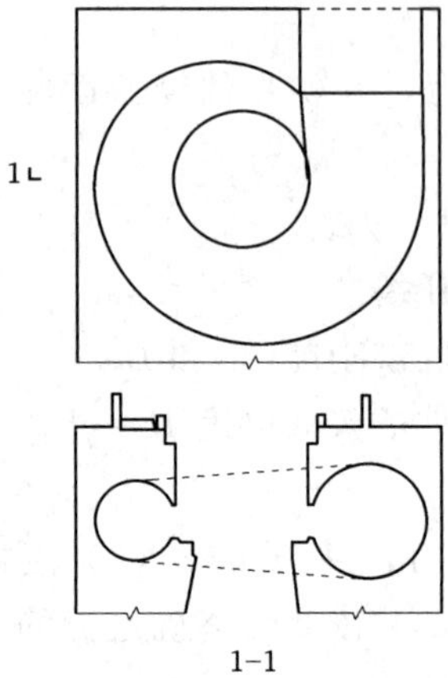

图 12－6　蜗壳

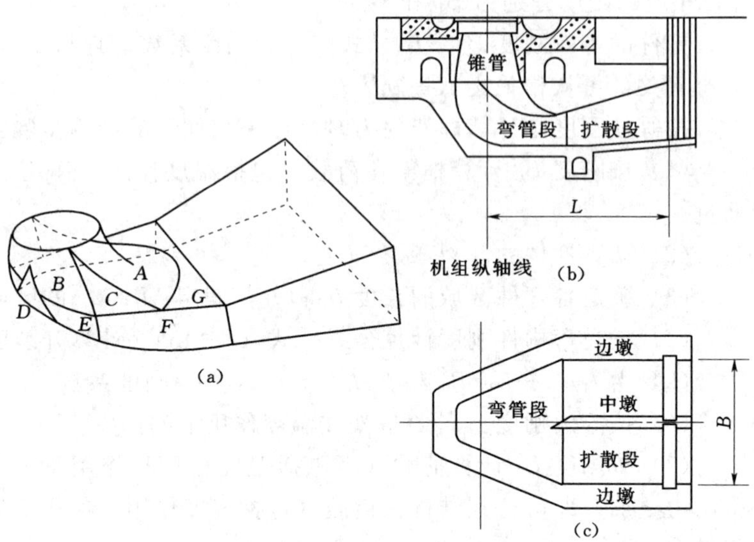

图 12－7　尾水管

（3）大体积混凝土结构的孔口。这类结构的外部混凝土范围较大，例如坝内引水管道、冲沙孔、泄水孔、引水道等（图 12－9），根本无法简化为杆件。

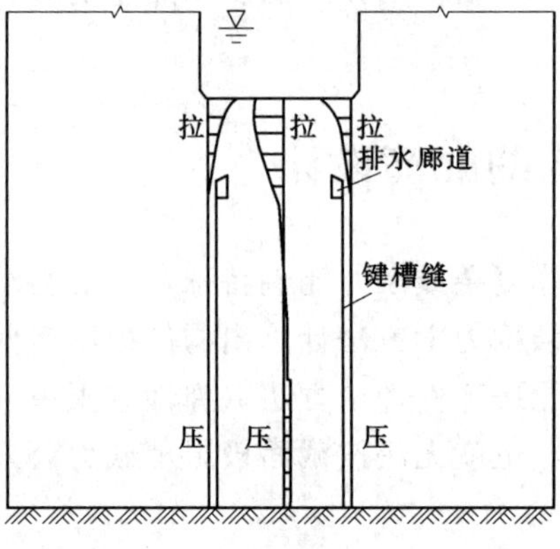

图 12－8　上闸首结构

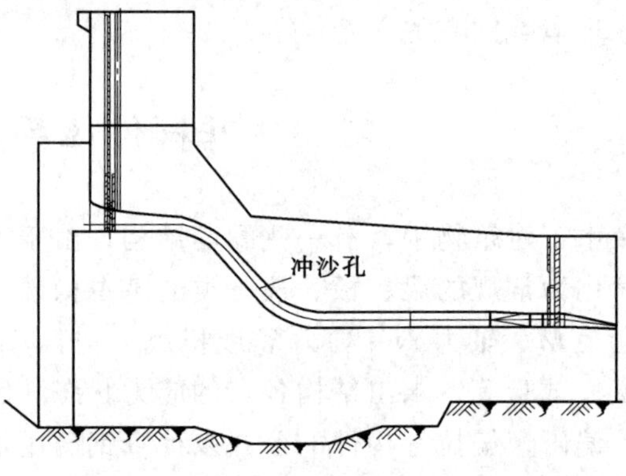

图 12－9　大坝冲沙孔

（4）与围岩连接的地下洞室。这类结构与外部围岩连接，如隧洞、地下厂房、地下岔管等，计算时必须考虑围岩的抗力作用。

非杆件体系结构一般具有如下特点：①有些结构除形体复杂外，同时还具有大体积混凝土结构的特点，必须考虑温度应力；②有些结构空间整体性强，如简化为平面问题分析会引起较大失真；③有些则缺乏实际工程的破损实例，很难提出承载能力极限状态的标志和计算模型。因此，到目前为止，这类结构的配筋计算理论尚不够完善。

对于这一类非杆件体系结构的配筋设计，目前有三种方法：①对某些常用的结构构件，已进行了一定数量的实测试验，根据试验成果，总结出这类结构的极限承载力配筋计算公式。但这只限于少数结构，目前已有的为深受弯构件、牛腿、弧门支座等；②按弹性应力图形面积计算钢筋用量的方法，可通用于所有非杆件体系；③按钢筋混凝土非线性有限单元法，用于复核配筋结构的承载力与裂缝的开展区域和性态。

现对后两种方法作一概略性的阐述。

12.3.1　按弹性应力图形面积配筋法

按弹性应力图形面积配筋就是通常所谓的应力图形法，这是工程界常用的方法。它的计算思路是，通过按弹性理论方法（弹性有限单元法或弹性模型试验等）得出结构的线弹性应力，根据配筋截面的拉应力图形面积，计算出拉应力的合力，按拉力的全部或部分由钢筋承担的原则，计算钢筋用量。在水工 78 规范、水工 96 规范和现行水工混凝土结构设计规范中，该方法的表达形式有所不同，但实质是相同的。在 DL/T 5057—2009 规范规范中，有关应力图形法的具体规定为：

（1）当应力图形接近线性分布时，可换算为内力，按杆件体系结构的配筋公式进行配筋及裂缝控制验算。

（2）当应力图形偏离线性较大时，可按主拉应力在配筋方向投影图形的总面积计算钢筋截面积 A_s，并应符合下列要求

$$T\leqslant\frac{1}{\gamma_d}(0.6T_c+f_yA_s) \tag{12-20}$$

式中　γ_d——结构系数，按本教材第 2 章表 2-6 采用；

f_y——钢筋抗拉强度设计值，按本教材附录 2 表 3 查用；

T——由荷载设计值（包括结构重要性系数 γ_0 及设计状况系数 ψ）确定的主拉应力在配筋方向上形成的总拉力，$T=Ab$，此处 A 为截面主拉应力在配筋方向投影图形的总面积，b 为截面宽度；

T_c——混凝土承担的拉力，$T_c=A_{ct}b$，此处 A_{ct} 为截面主拉应力在配筋方向投影图形中拉应力值小于混凝土轴心抗拉强度设计值 f_t 的图形面积，f_t 按本教材附录 2 表 1 查用。T_c 不宜超过总拉力面积的 T 的 30%，当弹性应力图形的受拉区高度大于结构截面高度的 2/3 时取 $T_c=0$。

（3）当弹性应力图形的受拉区高度小于结构截面高度的 2/3，且截面边缘最大拉应力 σ_0 小于或等于 $0.5f_t$ 时，可不配置受拉钢筋或仅配置构造钢筋。

（4）钢筋的配置方式应根据应力图形及结构受力特点确定。当配筋主要由承载力控制，且结构具有较明显的弯曲破坏特征时，受拉钢筋可集中配置在受拉区边缘；当配筋主要由裂缝宽度控制时，钢筋可在拉应力较大的范围内分层布置，各层钢筋的数量宜与拉应力图形的分布相对应。

在水工 96 规范中，T 是指主拉应力的合力。

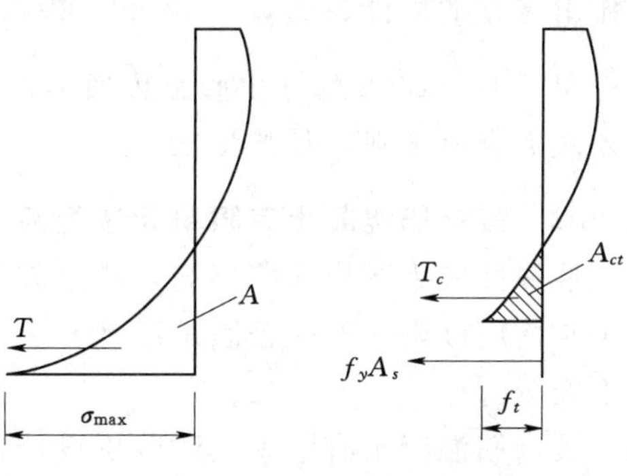

图 12-10　按弹性应力图形面积配筋

由于在结构截面上，各点的主拉应力方向不同，且也不可能与配筋方向一致，用主拉应力的合力来计算钢筋用量，是无法确定各方向的配筋量的。因而现行水工混凝土结构设计规范将 T 改成主拉应力在配筋方向投影的合力，即用主拉应力在配筋方向投影的合力来计算钢筋用量，解决了水工 96 规范这一缺陷。

主拉应力在配筋方向的投影可按下列方法计算。记配筋方向的方向向量为（ζ_1，ζ_2，ζ_3），空间一点的三个主应力为 σ_1、σ_2 和 σ_3，σ_1、σ_2 和 σ_3 的方向向量为（l_1，m_1，n_1）、（l_2，m_2，n_2）和（l_3，m_3，n_3），则 σ_1 和配筋方向夹角余弦为：

$$\cos\theta_1=\frac{|\zeta_1 l_1+\zeta_2 m_1+\zeta_3 n_1|}{\sqrt{\zeta_1^2+\zeta_2^2+\zeta_3^2}\sqrt{l_1^2+m_1^2+n_1^2}} \tag{12-21}$$

由于配筋方向向量和主应力方向向量皆为单位向量，则：

$$\sqrt{\zeta_1^2+\zeta_2^2+\zeta_3^2}=\sqrt{l_1^2+m_1^2+n_1^2}=1 \tag{12-22}$$

则式（12-21）简化为：

$$\cos\theta_1=|\zeta_1 l_1+\zeta_2 m_1+\zeta_3 n_1| \tag{12-23a}$$

同理可以求得 $\cos\theta_2$、$\cos\theta_3$：

$$\cos\theta_2=|\zeta_1 l_2+\zeta_2 m_2+\zeta_3 n_2| \tag{12-23b}$$

$$\cos\theta_3=|\zeta_1 l_3+\zeta_2 m_3+\zeta_3 n_3| \tag{12-23c}$$

主拉应力在配筋方向投影的取值可分为以下 4 种情况（$\sigma_1\geqslant\sigma_2\geqslant\sigma_3$）：

1）$\sigma_3>0$ 时，$\sigma=\cos\theta_1\sigma_1+\cos\theta_2\sigma_2+\cos\theta_3\sigma_3$

2）$\sigma_2>0$ 且 $\sigma_3<0$ 时，$\sigma=\cos\theta_1\sigma_1+\cos\theta_2\sigma_2$

3）$\sigma_1>0$ 且 σ_2、$\sigma_3<0$ 时，$\sigma=\cos\theta_1\sigma_1$

4）$\sigma_1<0$ 时，$\sigma=0$

求得主拉应力在配筋方向投影后，就可通过积分求得合力 T。

按应力图形面积配筋的方法，比较方便易行，应用得很广泛，但并不是一个合理的方法。因为它所依据的应力图形是未开裂前的弹性应力图形，当混凝土一旦开裂，钢筋发挥其受拉作用时，结构的应力图形可能完全改变。应力图形在开裂前后的变化规律是随着结构形式的不同而异的。在一般情况下，按应力图形法计算得到的配筋偏于保守，但对开裂前后应力状态有明显改变的结构有时也会偏于不安全。同时，应力图形法还无法对裂缝控制作出应有的估计。

SL 191—2008 规范中的应力图形法实质与 DL/T 5057—2009 规范没有差别，但在表达方式上有所区别，详见规范。

12.3.2　按钢筋混凝土有限单元法配筋

按弹性应力图形面积配筋，简单方便，但不能了解结构在各阶段的工作状态，无法判断正常使用极限状态能否满足设计要求，对开裂前后应力状态有明显改变的结构有时会偏于不安全。

按钢筋混凝土有限单元法分析设计，能了解结构从加载到破坏整个过程的工作状态，正确反映钢筋真实的受力情况，指出结构的薄弱部位，并可根据计算结果调整结构尺寸与钢筋布置，以达到最优的设计。特别是能考虑混凝土开裂引起的温度应力释放，了解结构的裂缝宽度和位移能否满足要求，弥补了按弹性应力图形面积配筋的不足，是目前非杆件体系结构的配筋设计最有发展前途的方法。下面简单介绍钢筋混凝土有限单元法的基本概念、计算步骤与计算原则。

12.3.2.1　钢筋混凝土有限单元法的基本概念

有限单元法的基本观点是将一连续结构离散化为有限个能满足一定连续性条件的单元，采用虚功原理，将单元的结点荷载 $\{F_e\}$ 与单元的结点位移 $\{q_e\}$ 通过单元刚度矩阵 $[K_e]$ 联系起来。然后，将结构的全部结点整体编号，归并所有单元的结点位移列阵 $\{q_e\}$ 和结点荷载列阵 $\{F_e\}$，分别组成整体位移列阵 $\{q\}$ 和整体荷载列阵 $\{F\}$，再将所有单元刚度矩阵 $[K_e]$ 集合成整体刚度矩阵 $[K]$，得到整个结构的平衡方程组

$$[K]\{q\}=[F] \tag{12-24}$$

由此线性代数方程组，结合边界条件，解出整体结点位移 $\{q\}$，由 $\{q\}$ 可得到单元结点位移 $\{q_e\}$，再由 $\{q_e\}$ 求出所需的单元应变 $\{\varepsilon_e\}$ 和单元应力 $\{\sigma_e\}$。

钢筋混凝土有限元分析也基于同样的原理，但也有它独特的地方。这是因为：①钢筋混凝土由钢筋和混凝土两种材料所组成，其中混凝土很容易出现裂缝；②混凝土和钢筋的应力-应变本构关系以及它们之间的粘结滑移关系都是非线性的；③混凝土的徐变收缩以及温度等因素与时间有关，对结构的影响也是非线性的。所以，钢筋混凝土有限单元法有它独特的内容，包括单元模型、混凝土多轴向强度及强度准则、混凝土本构关系、裂缝模型、钢筋与混凝土之间粘结滑移关系等。

1. 单元模型

钢筋混凝土结构是由两种不同性质的材料组成的，对钢筋处理的不同就形成了不同的单元模型。在钢筋混凝土有限元中，单元模型可分为分离式、组合式和整体式三种。

分离式模型是把钢筋和混凝土各自划分为足够小的单元，两者之间可用粘结单元来模拟其实际存在的粘结滑移；也可假定粘结十分良好，无滑移，两者之间是连续的。对于平面问题，混凝土单元常取为四边形单元或4～8结点等参单元；对于空间问题，混凝土单元常取为四面体单元或8～20结点等参单元（图12-11）。钢筋单元可以采用与混凝土相同的单元模型，但考虑到钢筋为细长杆件，其抗弯、抗剪能力可忽略不计，故一般将钢筋作为杆单元处理（图12-12）。

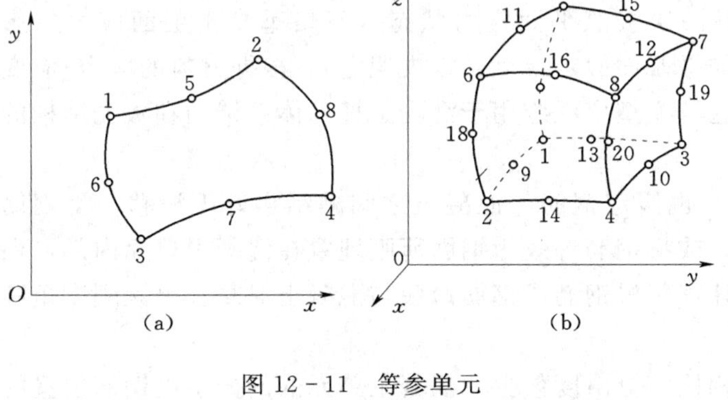

图12-11　等参单元

(a) 平面4～8结点等参单元；(b) 空间8～20结点等参单元

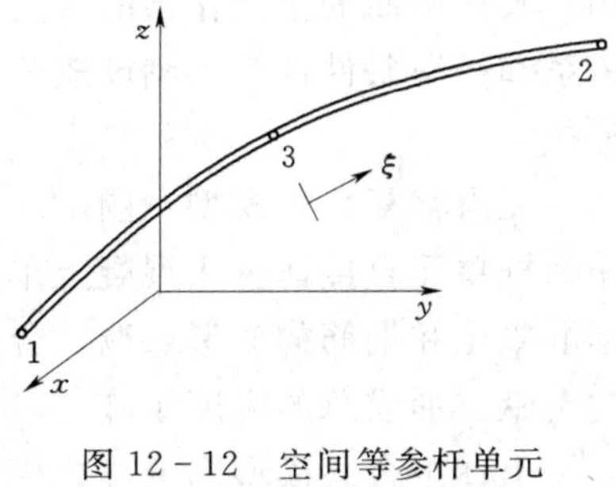

图12-12　空间等参杆单元

常用的粘结单元有双弹簧单元和界面单元。当需计算裂缝宽度时，应考虑钢筋与混凝土之间的粘结滑移。

双弹簧单元［图 12-13 (a)］设置在混凝土和钢筋的结点之间，由垂直和平行于钢筋轴线方向的两个互相垂直的弹簧所组成。这组弹簧具有一定的刚度，但无实际几何尺寸而不影响单元的几何划分。双弹簧单元沿 H 和 V 方向的刚度分别为 K_h 和 K_v，K_h 用来模拟钢筋和混凝土之间的粘结滑移关系，粘结滑移关系（$\tau-s$ 公式）可由粘结试验得出。K_v 用来模拟钢筋对混凝土的挤压，其取值甚为困难，通常假定混凝土和钢筋在垂直钢筋方向是刚接的，即可将 K_v 取为一个很大的值。

界面单元［图 12-13 (b)］是一种宽度为零的退化四边形单元，可以置于钢筋和混凝土之间而不影响单元的几何划分。它可采用与混凝土单元同样的位移插值函数，对钢筋和混凝土结合面的特性进行面的模拟，从而建立起比双弹簧单元更为协调合理的关系。同样，平行钢筋方向的刚度系数用来模拟钢筋和混凝土之间的粘结滑移关系，垂直于钢筋方向的刚度系数用来模拟钢筋对混凝土的挤压。刚度系数的取值方法与双弹簧单元相同。

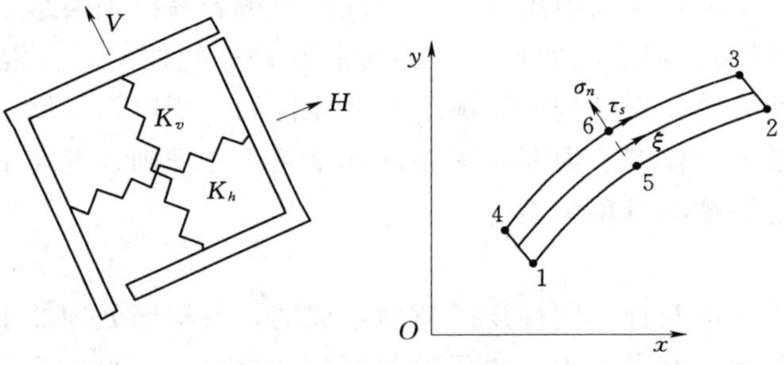

图 12-13　粘结单元

(a) 平面双弹簧单元；(b) 平面界面单元

组合式模型将混凝土和钢筋包含在一个单元之内，分别计算它们对单元刚度矩阵的贡献，再通过叠加得到单元的刚度矩阵。它可分为分层组合式、无滑移复合式与带滑移复合式三种。

分层组合式模型假定钢筋与混凝土之间粘结良好无滑移，将混凝土与钢筋沿截面高度或厚度分成若干层（图 12-14）。每一层按照平面应力状态（忽略垂直于层面应力的影响）及对截面的应变作出的假定（如平截面假定或克希霍夫假定），根据材料的应力-应变关系和平衡条件计算其刚度矩阵，这类模型广泛应用于混凝土杆件体系结构和板壳结构的分析。

无滑移复合式模型（图 12-15）也假定钢筋与混凝土之间粘结良好无滑移，将钢筋作为杆单元直接埋置入混凝土单元，或将钢筋等效为钢筋薄膜埋置在混凝土单元内部，根据混凝土和钢筋的变形协调，分别计算每根钢筋或钢筋薄膜与混凝土对复合单元刚度矩阵的贡献，形成总的刚度矩阵。

上述组合式模型和分离式模型相比，自由度数少，混凝土单元的剖分不受钢筋位置的限制，可先划分混凝土网格，再考虑钢筋，网格剖分方便。但它不能考虑钢筋与混凝土之

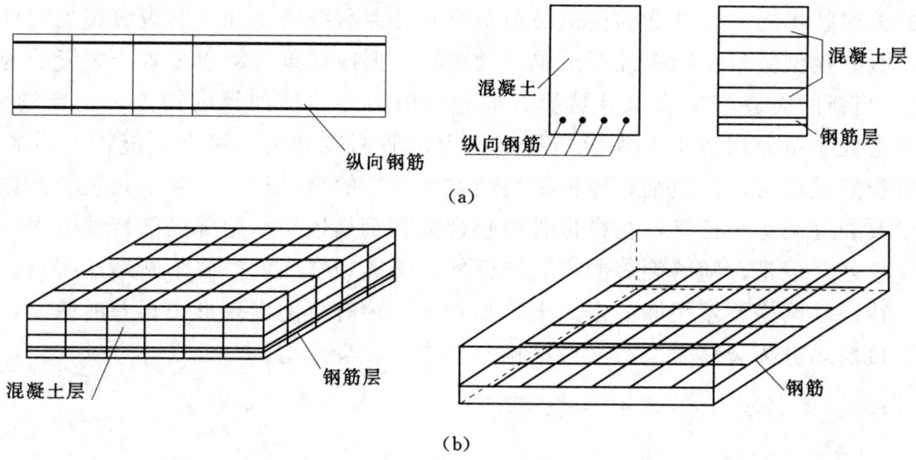

图 12-14 分层组合式

(a) 梁分层组合式；(b) 板分层组合式

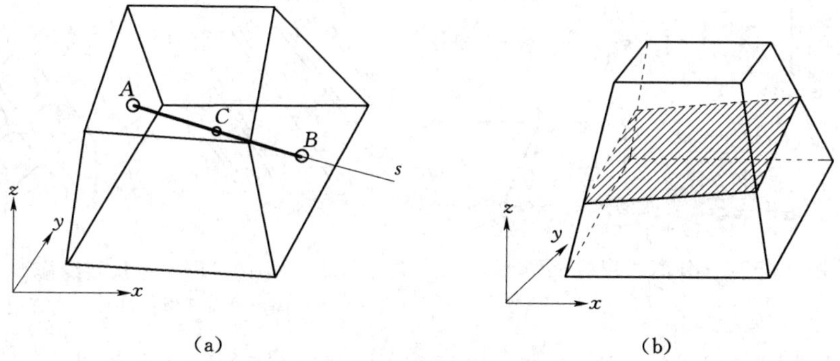

图 12-15 无滑移复合式模型

(a) 埋置杆单元；(b) 埋置薄膜组合单元

间的粘结滑移，计算裂缝宽度会引起相当的误差，一般只用于承载力校核计算。为了弥补这一缺陷，随后的研究给出了带滑移复合式模型，并已在多个工程中得到应用。该模型通过在单元中设置钢筋的虚结点来考虑钢筋与混凝土之间的粘结滑移，如此钢筋可放在混凝土单元内任意位置，混凝土网格划分不受钢筋位置的影响，同时又能考虑钢筋和混凝土之间的粘结滑移，综合了分离式模型与组合式模型的优点。

整体式模型仍忽略钢筋与混凝土之间的滑移，将钢筋均匀弥散于混凝土单元之中，从而把钢筋混凝土看成为一种匀质材料，用单一的本构关系来表示材料性能。如此，它可用匀质材料的常规方法寻求单元刚度矩阵。与组合式模型不同的是，整体式模型不是分别求出混凝土和钢筋对单元刚度的贡献，然后组合，而是先求出单元材料的折算弹性模量，然后一次求得综合的单元刚度矩阵。

这一模型计算简单，特别适用于分析区域较大，受计算机软件和硬件的限制，无法将钢筋和混凝土同时划分单元，同时人们所关心的结果只是结构在荷载作用下的宏观表现的情况。

2. 裂缝模型

裂缝是造成钢筋混凝土结构非线性的重要因素，对裂缝的正确模拟是钢筋混凝土有限单元法的关键技术之一。裂缝的模拟目前主要有分离裂缝模型和片状裂缝模型两种。

分离裂缝模型假定裂缝在混凝土单元的边界上形成，单元结点分置于裂缝的两侧（图 12-16）。当新的裂缝产生或原有裂缝开展延伸时，必须增加新的结点，重新划分单元，使裂缝总是处于单元边界上。为模拟裂缝面上的骨料咬合力，可在裂缝面上设置弹簧单元。分离裂缝模型可以比较细致地模拟裂缝发生发展的全过程，得到每条裂缝的宽度、延伸深度以及裂缝间距等信息，在模拟骨料咬合力和钢筋销栓作用等局部特性方面也有其特殊的方便之处。但是，随着裂缝的出现和延伸，分离裂缝模型需要不断增加结点，重新划分单元，特别是网格要按裂缝的走向来重新划分，很有可能出现形态很差的单元，影响计算精度。目前，分离裂缝模型在大型结构分析中已较少采用。

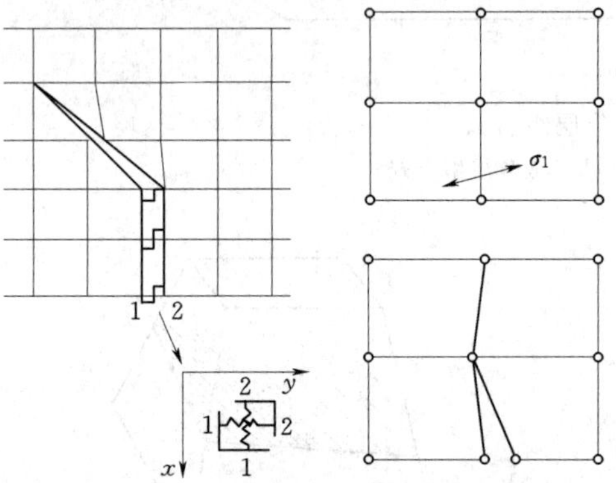

图 12-16　分离式裂缝模型

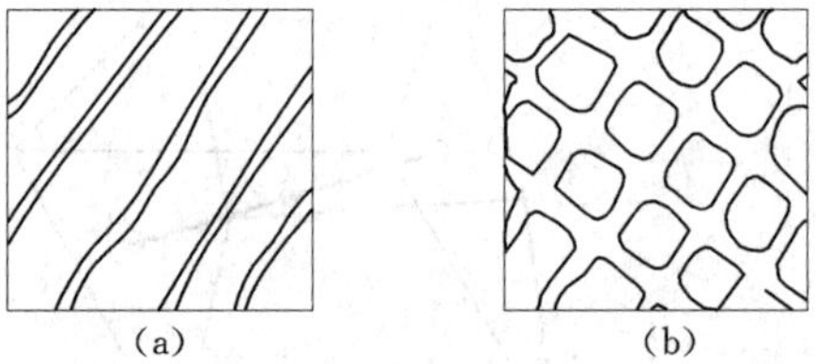

图 12-17　片状裂缝模型
(a) 单向开裂；(b) 双向开裂

片状裂缝模型（图 12-17）以在一个区域内均匀分布的一组相互平行的微细裂缝来代替单一裂缝。裂缝出现后，仍可将材料作为连续介质处理，只需对材料的本构矩阵加以修改即可。采用片状裂缝模型，在计算过程中裂缝能自动形成和发展，不必重新划分单元，计算可连续进行。以往认为片状模型不能较真实地模拟裂缝发生发展的全过程，无法得出裂缝开展宽度等信息。但随后的研究表明，若每次迭代只允许一个混凝土单元开裂，片状裂缝模型就可较真实地模拟结构的开裂过程和裂缝分布，从而得到裂缝宽度。

3. 本构关系

混凝土的本构关系是指混凝土的应力-应变关系，这是有限元计算中不可缺少的信息。当前，实用的混凝土本构关系主要有两类：①以弹性模型为基础的非线性弹性模型；②以经典塑性理论为基础的弹塑性模型。此外，还有将塑性理论和断裂理论组合建立的塑性断裂模型，由粘性本构关系发展起来的内时理论以及考虑损伤的内时损伤理论等等。但工程应用最多的还是非线性弹性模型和弹塑性模型。

计算结果表明，同一软件采用不同的本构关系所得结果有较大的差别，不同软件采用相同的本构关系所得结果也有较大的差别。由于混凝土的本构关系种类多样、概念和形式迥异，简繁程度悬殊、计算结果差别较大，难以求得统一。因而规范对本构关系的选取只作原则上的规定，建议平面问题采用非线弹性的正交异性模型及其他经过验证的本构关系，空间问题可采用非线弹性的正交异性关系、弹塑性模型及其他经过验证的本构关系，并不明确具体采用哪种本构关系。

4. 混凝土的多轴向强度

进行钢筋混凝土有限元计算时，另一个关键问题是正确确定材料的强度。在有限元计算时，对平面问题一般采用强度公式，对空间问题一般采用强度准则。

国内外曾进行过大量的双向及三向受力下的混凝土强度试验。它所采用的试件有正方形板、实心圆柱体、空心圆柱体、立方体等形状，试件尺寸小的边长为50mm，大的达到450mm。由于试验的规格、方法均未统一，特别在加压时，减少试件表面与承压板之间摩擦约束的措施不同，使得试验所得的强度有很大差异。

根据试验结果已提出了不少混凝土双向受力时的强度计算公式，它们表达式不同，相互之间强度计算值也有不小差异，但它们所表达的强度变化规律是相同的。在这些公式中，比较常用的是 Kupfer 和 Gerstle 公式。它的表达式为

双向受压（$0\leqslant\alpha\leqslant1$）：

$$\sigma_{2c}=\frac{1+3.65\alpha}{(1+\alpha)^2}f_c, \sigma_{1c}=\alpha\sigma_{2c} \tag{12-25}$$

一压一拉（$-0.17\leqslant\alpha\leqslant0$）：

$$\sigma_{2c}=\frac{1+3.28\alpha}{(1+\alpha)^2}f_c, \sigma_{1t}=\alpha\sigma_{2c} \tag{12-26}$$

一拉一压（$\alpha\leqslant-0.17$）：

$$\sigma_{2c}=0.65f_c \tag{12-27}$$

双向受拉：

$$\sigma_{1t}=f_t, \sigma_{2t}=f_t \tag{12-28}$$

式中 α——应力比，$\alpha=\sigma_1/\sigma_2$；

f_c——混凝土单轴抗压强度；

f_t——混凝土单轴抗拉强度。

清华大学提出的包络线以折线表示（图12-18）。该包络线被列入DL/T 5057—2009规范附录。

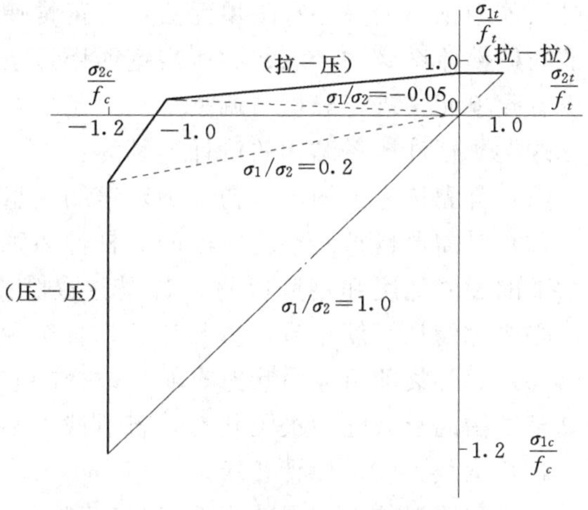

图12-18 清华大学二轴强度包络线

在三维应力状态的一般情况，混凝土的强度要用某一应力状态的函数来定义，即所谓的强度准则。混凝土强度准则一般用若干个参数（单轴抗拉强度、单轴抗压强度、双轴受压强度、多轴强度）来表达。用一个参数表达的强度准则称为单参数模型，用两个参数表达的强度准则称为双参数模型，至今参数最多的模型是五参数模型。目前工程比较常用有模型有：Ottosen四参数准则、W-W五参数模型

及清华大学提出的模型。其中，清华大学提出的模型被列入 DL/T 5057—2009 规范附录。

清华大学提出的模型综合考虑了国内外众多研究者的试验结果。它的子午线为幂函数，破坏包络面连续、光滑、外凸，具有混凝土破坏包络面的主要几何特征。其具体的数学表达式如下：

$$\tau_0 = a\left(\frac{b-\sigma_0}{c-\sigma_0}\right)^d \tag{12-29}$$

$$c = c_t(\cos 1.5\theta)^{1.5} + c_c(\sin 1.5\theta)^{2.0} \tag{12-30}$$

其中

$$\tau_0 = \frac{\tau_{oct}}{f_c},\ \sigma_0 = \frac{\sigma_{oct}}{f_c}$$

$$\tau_{oct} = \frac{1}{3}\sqrt{(\sigma_1-\sigma_2)^2+(\sigma_2-\sigma_3)^2+(\sigma_3-\sigma_1)^2}$$

$$\sigma_{oct} = \frac{\sigma_1+\sigma_2+\sigma_3}{3},\ \theta = \arccos\frac{2\sigma_1-\sigma_2-\sigma_3}{3\sqrt{2}\tau_{oct}}$$

式中　τ_{oct}——按混凝土多轴强度计算的八面体剪应力；

σ_{oct}——按混凝土多轴强度计算的八面体正应力；

θ——相似角；

a、b、d、c_t、c_c——参数值，可以用单轴抗压、单轴抗拉、二轴等压、三轴受压、三轴等拉 5 个特征强度值加以确定；无试验依据时可按下列数值取用：$a=6.9638$；$b=0.09$，$d=0.9297$，$c_t=12.2445$，$c_c=7.3319$。

钢筋混凝土有限单元法涉及许多理论及数值计算方法，详细内容请参阅有关专著。

12.3.2.2　按钢筋混凝土有限元单元法配筋的步骤与计算原则

虽然钢筋混凝土有限单元法是目前非杆件体系结构的配筋设计最有发展前途的方法，但它需要专门的程序，计算量大，且本构关系、强度准则、迭代方式，特别是有限元网格的大小与形态都会影响计算结果，这就要求计算者不但要熟悉有限单元法，而且要精通钢筋混凝土结构学，能对计算结果进行判断。因而目前，按钢筋混凝土有限单元法配筋还不够方便，也不便于大面积应用。但对于重要的、需严格控制裂缝宽度的非杆件体系结构，还必须采用钢筋混凝土有限单元法进行正常使用期的验算。对开裂前后应力状态有明显改变的非杆件体系结构，承载力所需钢筋用量按弹性应力图形面积确定后，也还宜用钢筋混凝土有限单元法进行分析与调整。

这类非杆件体系结构的设计步骤为：

(1) 首先按应力图形法初步确定钢筋用量与钢筋布置。

(2) 对需严格控制裂缝宽度的非杆件体系结构，采用钢筋混凝土有限单元法计算使用荷载下的裂缝宽度和钢筋应力，若裂缝宽度或钢筋应力大于相应的限值，则调整钢筋布置，必要时增加钢筋用量，重新计算，直至裂缝宽度或钢筋应力满足设计要求。

(3) 对开裂前后应力状态有明显改变的非杆件体系结构，采用钢筋混凝土有限单元法计算至结构的承载能力极限状态，若承载力不能满足要求，调整钢筋用量与布置，重新计算，直至承载力满足设计要求。

由于钢筋混凝土有限单元法尚未达到十分完善的程度，因而目前要给出细致的计算规定尚不现实，因此只能列出一些采用钢筋混凝土有限元单元法分析配筋结构时应遵守的一般原则，以供参考。

（1）非线性分析时，结构形状、尺寸和边界条件，以及所用材料的强度等级和主要配筋量等应预先设定。

（2）材料、截面、构件的非线性本构关系宜通过试验测定；也可采用经过验证的数学模型，其参数值应经过标定或有可靠的依据。

（3）对非杆件体系结构，按钢筋混凝土有限单元法进行非线性分析时，宜采用分离式或组合式单元模型及相应的材料本构关系。

必要时还应考虑混凝土随时间变化的特性，如长期加载时的徐变等。

（4）裂缝控制验算时应考虑钢筋和混凝土之间的粘结滑移。裂缝模型可取为分离模型或片状裂缝模型。

（5）宜用钢筋混凝土有限元程序直接得出裂缝的分布与裂缝的宽度；对可事先确定裂缝间距的结构，裂缝位置也可事先假定。

（6）结构设计时，无论承载力计算与裂缝控制验算，材料强度均可取为标准值。裂缝控制验算时，永久荷载和可变荷载均取荷载的标准值乘以 γ_0。承载力验算时，荷载取荷载效应组合设计值与增大系数的乘积。当结构为钢筋受拉破坏时，增大系数取为 $1.1\gamma_0\gamma_d\psi$；当结构为混凝土受压破坏时，增大系数取为 $1.4\gamma_0\gamma_d\psi$。其中，γ_0 为结构重要性系数，γ_d 为结构系数，ψ 为设计状况系数，按本教材第 2 章有关规定取用。

（7）单元的破坏准则可根据具体的研究目的取为：钢筋应力达到屈服强度，混凝土受拉达到极限抗拉强度或极限拉伸变形，混凝土受压达到极限强度或极限压缩变形等等。结构的破坏标志可定为：受拉钢筋屈服，混凝土裂缝开展过宽，变形过大，受压混凝土大范围压碎或重要部位局部压碎，结构刚度矩阵奇异，变形骤增等等。

（8）所采用的钢筋混凝土非线性有限元分析程序，必须经过试验的考证。考证时，材料及荷载的各项参数应取为实测值。

（9）单元网格的划分细度可根据弹性阶段的理论解或试验值与有限元数值解的对比确定。当需研究裂缝宽度等信息时，可采取局部加密网格，并使网格走向与裂缝开展方向一致。

（10）对特别重要的结构，宜配合进行专门的模型试验，与钢筋混凝土有限元分析计算相互验证。

附录1　结构环境条件类别

水工混凝土结构所处环境类别按表1划分为5个类别❶。

表1　　水工混凝土结构所处的环境类别

环境类别	环　境　条　件
一	室内正常环境
二	露天环境；室内潮湿环境；长期处于地下或淡水水下环境
三	淡水水位变化区；弱腐蚀环境；海水水下环境
四	海上大气区；海水水位变动区；轻度盐雾作用区；中度腐蚀环境
五	海水浪溅区及重度盐雾作用区；使用除冰盐的环境；强腐蚀环境

注　1. 大气区与浪溅区的分界线为设计最高水位加1.5m；浪溅区与水位变动区的分界线为设计最高水位减1.0m；水位变动区与水下区的分界线为设计最低水位减1.0m。

2. 重度盐雾作用区为离涨潮岸线50m内的陆上室外环境；轻度盐雾作用区为离涨潮岸线50m至500m内的陆上室外环境。

3. 冻融比较严重的三类、四类环境条件的建筑物，可将其环境类别提高一类。

❶　表1所列为DL/T 5057—2009规范的环境类别划分。SL 191—2008规范环境类别划分原则与DL/T 5057—2009规范相同，也划分为5个环境类别，只是"环境条件"的描述略有区别，读者可自行比较。

附录2　材料强度的标准值、设计值及材料弹性模量

1．混凝土的强度设计值与弹性模量

构件设计时，混凝土强度设计值和弹性模量应分别按表1、表2采用。

表1　　混凝土强度设计值（N/mm^2）❶

强度种类	符号	混凝土强度等级										
		C10	C15	C20	C25	C30	C35	C40	C45	C50	C55	C60
轴心抗压	f_c	4.8	7.2	9.6	11.9	14.3	16.7	19.1	21.1	23.1	25.3	27.5
轴心抗拉	f_t	0.64	0.91	1.10	1.27	1.43	1.57	1.71	1.80	1.89	1.96	2.04

注　计算现浇钢筋混凝土轴心受压和偏心受压构件时，如截面的长边或直径小于300mm，则表中的混凝土强度设计值应乘以系数0.8。

表2　　混凝土弹性模量（$\times 10^4 N/mm^2$）

混凝土强度等级	C10	C15	C20	C25	C30	C35	C40	C45	C50	C55	C60
E_c	1.75	2.20	2.55	2.80	3.00	3.15	3.25	3.35	3.45	3.55	3.60

2．钢筋的强度设计值与弹性模量

构件设计时，普通钢筋抗拉强度设计值 f_y 及抗压强度设计值 f'_y 应按表3采用，预应力筋抗拉强度设计值 f_{py} 及抗压强度设计值 f'_{py} 应按表4采用。钢筋弹性模量按表5采用。

表3　　普通钢筋强度设计值（N/mm^2）❷

钢筋种类		符号	f_y	f'_y
热轧钢筋	HPB300	Φ	270	270
	HRB335	Φ	300	300
	HRB400	Φ	360	360
	RRB400	Φ^R	360	360
	HRB500	Φ	420	400

注　1．在钢筋混凝土结构中，轴心受拉和小偏心受拉构件的钢筋抗拉强度设计值大于300 N/mm^2 时，仍应按300 N/mm^2 取用。

2．在《混凝土结构设计规范》（GB 50010—2010）中，HRB500钢筋的 f_y 和 f'_y 取为435N/mm^2 和410N/mm^2。

---

❶　C10混凝土因强度过低，不宜用于承载结构，故SL 191—2008规范未列入C10混凝土。

❷　钢筋强度设计值、标准值与弹性模量的取值，SL 191—2008规范与DL/T 5057—2009规范完全相同，但SL 191—2008规范未列入HRB500。两本规范还列入了HPB235钢筋，此种钢筋因强度太低目前已不再生产，故教材不再列入。若因库存而使用时，则其 f_y 和 f'_y 取210N/mm^2。

表 4　　预应力筋强度设计值（N/mm²）

预应力钢筋种类		符号	f_{ptk}	f_{py}	f'_{py}
钢绞线	1×2 1×3 1×3 I 1×7 (1×7) C	Φ^{S}	1470	1040	390
			1570	1110	
			1670	1180	
			1720	1220	
			1770	1250	
			1820	1290	
			1860	1320	
			1960	1380	
消除应力钢丝	光圆 螺旋肋 刻痕	Φ^{P} Φ^{H} Φ^{I}	1470	1040	410
			1570	1110	
			1670	1180	
			1770	1250	
			1860	1320	
钢棒	螺旋槽	Φ^{HG}	1080	760	400
			1230	870	
	螺旋肋	Φ^{HR}	1420	1005	
			1570	1110	
预应力螺纹钢筋	PSB785	Φ^{PS}	980	650	400
	PSB830		1030	685	
	PSB930		1080	720	
	PSB1080		1230	820	

注　1. 当预应力钢绞线、钢丝、钢棒的强度标准值不符合表 8 的规定时，其强度设计值应进行换算。

2. 表中消除应力钢丝的抗拉强度设计值 f_{py} 仅适用于低松弛钢丝。

表 5　　钢筋弹性模量（N/mm²）

钢　筋　种　类	E_s
HPB300 钢筋	2.1×10^5
HRB335、HRB400、RRB400、HRB500 钢筋	2.0×10^5
消除应力钢丝（光圆钢丝、螺旋肋钢丝、刻痕钢丝）	2.05×10^5
钢绞线	1.95×10^5
钢棒（螺旋槽钢棒、螺旋肋钢棒）、预应力螺纹钢筋	2.0×10^5

注　必要时钢绞线可采用实测的弹性模量。

3. 混凝土和钢筋的强度标准值

混凝土强度标准值按表 6 采用，普通钢筋强度标准值按表 7 采用，预应力筋强度标准值按表 8 采用。

表 6　　混凝土强度标准值（N/mm^2）

强度种类	符号	混凝土强度等级										
		C10	C15	C20	C25	C30	C35	C40	C45	C50	C55	C60
轴心抗压	f_{ck}	6.7	10.0	13.4	16.7	20.1	23.4	26.8	29.6	32.4	35.5	38.5
轴心抗拉	f_{tk}	0.9	1.27	1.54	1.78	2.01	2.20	2.39	2.51	2.64	2.74	2.85

表 7　　普通钢筋强度标准值（N/mm^2）

种　类		符号	d(mm)	f_{yk}
热轧钢筋	HPB300	Φ	6～22	300
	HRB335	Φ	6～50	335
	HRB400	Φ	6～50	400
	RRB400	Φ^{R}	8～40	400
	HRB500	Φ	6～50	500

注　1. 热轧钢筋直径 d 系指公称直径。
2. 当采用直径大于 40mm 钢筋时，应有可靠的工程经验。

表 8　　预应力筋强度标准值

预应力钢筋种类		符　号	公称直径 d/mm	f_{ptk}/(N/mm^2)
钢绞线	1×2	Φ^{S}	5，5.8	1570，1720，1860，1960
			8，10	1470，1570，1720，1860，1960
			12	1470，1570，1720，1860
	1×3		6.2，6.5	1570，1720，1860，1960
			8.6	1470，1570，1720，1860，1960
			8.74	1570，1670，1860
			10.8，12.9	1470，1570，1720，1860，1960
	1×3 I		8.74	1570，1670，1860
	1×7		9.5，11.1，12.7	1720，1860，1960
			15.2	1470，1570，1670，1720，1860，1960
			15.7	1770，1860
			17.8	1720，1860
	(1×7) C		12.7	1860
			15.2	1820
			18.0	1720

续表

预应力钢筋种类		符 号	公称直径 d/mm	f_{ptk}/(N/mm²)
消除应力钢丝	光圆 螺旋肋	Φ^{P} Φ^{H}	4，4.8，5	1470，1570，1670，1770，1860
			6，6.25，7	1470，1570，1670，1770
			8，9	1470，1570
			10，12	1470
	刻痕	Φ^{I}	≤5	1470，1570，1670，1770，1860
			>5	1470，1570，1670，1770
钢棒	螺旋槽	Φ^{HG}	7.1，9，10.7，12.6	1080，1230，1420，1570
	螺旋肋	Φ^{HR}	6，7，8，10，12，14	
预应力螺纹钢筋	PSB785	Φ^{PS}	18，25，32，40，50	980
	PSB830			1030
	PSB930			1080
	PSB1080			1230

注 1. 钢绞线直径 d 系指钢绞线外接圆直径，即《预应力混凝土用钢绞线》(GB/T 5224—2003) 中的公称直径 D_n；钢丝、钢棒和预应力螺纹钢筋的直径 d 均指公称直径。

2. 1×3 I 为三根刻痕钢丝捻制的钢绞线；(1×7) C 为七根钢丝捻制又经模拔的钢绞线。

3. 根据国家标准，同一规格的钢丝（钢绞线、钢棒）有不同的强度级别，因此表中对同一规格的钢丝（钢绞线、钢棒）列出了相应的 f_{ptk} 值，在设计中可自行选用。

附录 3　钢筋的计算截面面积表

表 1　　钢筋的公称直径、计算截面面积及理论质量

公称直径(mm)	不同根数钢筋的计算截面面积/mm²									单根钢筋理论质量/(kg/m)
	1	2	3	4	5	6	7	8	9	
6	28.3	57	85	113	142	170	198	226	255	0.222
6.5	33.2	66	100	133	166	199	232	265	299	0.260
8	50.3	101	151	201	252	302	352	402	453	0.395
10	78.5	157	236	314	393	471	550	628	707	0.617
12	113.1	226	339	452	565	678	791	904	1017	0.888
14	153.9	308	461	615	769	923	1077	1231	1385	1.210
16	201.1	402	603	804	1005	1206	1407	1608	1809	1.580
18	254.5	509	763	1017	1272	1527	1781	2036	2290	2.000
20	314.2	628	942	1256	1570	1884	2199	2513	2827	2.470
22	380.1	760	1140	1520	1900	2281	2661	3041	3421	2.980
25	490.9	982	1473	1964	2454	2945	3436	3927	4418	3.850
28	615.8	1232	1847	2463	3079	3695	4310	4926	5542	4.830
32	804.2	1609	2413	3217	4021	4826	5630	6434	7238	6.310
36	1017.9	2036	3054	4072	5089	6107	7125	8143	9161	7.990
40	1256.6	2513	3770	5027	6283	7540	8796	10053	11310	9.870
50	1964.0	3928	5892	7856	9820	11784	13748	15712	17676	15.420

表 2　　各种钢筋间距时每米板宽中的钢筋截面面积

钢筋间距/mm	钢筋直径（mm）为下列数值时的钢筋截面面积/mm²															
	6	6/8	8	8/10	10	10/12	12	12/14	14	14/16	16	16/18	18	20	22	25
70	404	561	718	920	1122	1369	1616	1907	2199	2536	2872	3254	3635	4488	5430	7012
75	377	524	670	859	1047	1278	1508	1780	2053	2367	2681	3037	3393	4189	5068	6545
80	353	491	628	805	982	1198	1414	1669	1924	2218	2513	2847	3181	3927	4752	6136
85	333	462	591	758	924	1127	1331	1571	1811	2088	2365	2680	2994	3696	4472	5775
90	314	436	559	716	873	1065	1257	1484	1710	1972	2234	2531	2827	3491	4224	5454
95	298	413	529	678	827	1009	1190	1405	1620	1868	2116	2398	2679	3307	4001	5167
100	283	393	503	644	785	958	1131	1335	1539	1775	2011	2278	2545	3142	3801	4909
110	257	357	457	585	714	871	1028	1214	1399	1614	1828	2071	2313	2856	3456	4462
120	236	327	419	537	654	798	942	1113	1283	1480	1676	1899	2121	2618	3168	4091
125	226	314	402	515	628	767	905	1068	1232	1420	1608	1822	2036	2513	3041	3927
130	217	302	387	495	604	737	870	1027	1184	1366	1547	1752	1957	2417	2924	3776
140	202	280	359	460	561	684	808	954	1100	1268	1436	1627	1818	2244	2715	3506
150	188	262	335	429	524	639	754	890	1026	1183	1340	1518	1696	2094	2534	3272

续表

钢筋间距 /mm	钢筋直径（mm）为下列数值时的钢筋截面面积/mm^2															
	6	6/8	8	8/10	10	10/12	12	12/14	14	14/16	16	16/18	18	20	22	25
160	177	245	314	403	491	599	707	834	962	1110	1257	1424	1590	1963	2376	3068
170	166	231	296	379	462	564	665	785	906	1044	1183	1340	1497	1848	2236	2887
180	157	218	279	358	436	532	628	742	855	985	1117	1266	1414	1745	2112	2727
190	149	207	265	339	413	504	595	703	810	934	1058	1199	1339	1653	2001	2584
200	141	196	251	322	393	479	565	668	770	888	1005	1139	1272	1571	1901	2454
220	129	178	228	293	357	436	514	607	700	807	914	1036	1157	1428	1728	2231
240	118	164	209	268	327	399	471	556	641	740	838	949	1060	1309	1584	2045
250	113	157	201	258	314	383	452	534	616	710	804	911	1018	1257	1521	1963
260	109	151	193	248	302	369	435	514	592	682	773	858	979	1208	1462	1888
280	101	140	180	230	280	342	404	477	550	634	718	814	909	1122	1358	1753
300	94	131	168	215	262	319	377	445	513	592	670	759	848	1047	1267	1636
320	88	123	157	201	245	299	353	417	481	554	630	713	795	982	1188	1534
330	86	119	152	195	238	290	343	405	466	538	609	690	771	952	1152	1487

注　表中钢筋直径有写成分式者如 6/8，系指直径 6mm、8mm 钢筋间隔配置。

表 3　　　预应力混凝土用钢绞线的公称直径、公称截面面积及理论质量

种　类	公称直径 /mm	公称截面面积 /mm^2	理论质量 /(kg/m)
1×2	5.0	9.8	0.077
	5.8	13.2	0.104
	8.0	25.1	0.197
	10.0	39.3	0.309
	12.0	56.5	0.444
1×3	6.2	19.8	0.155
	6.5	21.2	0.166
	8.6	37.7	0.296
	8.74	38.6	0.303
	10.8	58.9	0.462
	12.9	84.8	0.666
1×3 I	8.74	38.6	0.303
1×7	9.5	54.8	0.430
	11.1	74.2	0.582
	12.7	98.7	0.775
	15.2	140.0	1.101
	15.7	150.0	1.178
	17.8	191.0	1.500
(1×7) C	12.7	112.0	0.890
	15.2	165.0	1.295
	18.0	223.0	1.750

表 4　　预应力混凝土用钢丝的公称直径、计算截面面积及公称质量

公称直径 /mm	计算截面面积 /mm²	理论质量 /(kg/m)	公称直径 /mm	计算截面面积 /mm²	理论质量 /(kg/m)
4.0	12.57	0.099	7.0	38.48	0.302
4.8	18.10	0.142	8.0	50.26	0.394
5.0	19.63	0.154	9.0	63.62	0.499
6.0	28.27	0.222	10.0	78.54	0.616
6.25	30.68	0.241	12.0	113.10	0.888

表 5　　预应力混凝土用钢棒的公称直径、计算截面面积及理论质量

公称直径 /mm	不同根数钢棒的计算截面面积 /mm²									单根钢棒理论质量 /(kg/m)
	1	2	3	4	5	6	7	8	9	
6	28.3	57	85	113	142	170	198	226	255	0.222
7	38.5	77	116	154	193	231	270	308	347	0.302
7.1	40.0	80	120	160	200	240	280	320	360	0.314
8	50.3	101	151	201	252	302	352	402	453	0.395
9	64.0	128	192	256	320	384	448	512	576	0.502
10	78.5	157	236	314	393	471	550	628	707	0.617
10.7	90.0	180	270	360	450	540	630	720	810	0.707
12	113.1	226	339	452	565	678	791	904	1017	0.888
12.6	125.0	250	375	500	625	750	875	1000	1125	0.981
14	153.9	308	461	615	769	923	1077	1231	1385	1.210

表 6　　预应力混凝土用螺纹钢筋的公称直径、计算截面面积及理论质量

公称直径 /mm	计算截面面积 /mm²	理论质量 /(kg/m)	公称直径 /mm	计算截面面积 /mm²	理论质量 /(kg/m)
18	254.5	2.11	40	1256.6	10.34
25	490.9	4.10	50	1963.5	16.28
32	804.2	6.65			

附录4　一般构造规定

1. 混凝土保护层最小厚度

纵向受力钢筋的混凝土保护层厚度（从钢筋外边缘算起）不应小于钢筋直径及表1所列的数值，同时也不应小于粗骨料最大粒径的1.25倍。表中环境类别具体划分，见附录1。

板、墙、壳中分布钢筋的混凝土保护层厚度不应小于表1中相应数值减10mm，且不应小于10mm；梁、柱中箍筋和构造钢筋的保护层厚度不应小于15mm；钢筋端头保护层厚度不应小于15mm。

表1　　混凝土保护层最小厚度（mm）

项次	构件类别	环境条件类别				
		一	二	三	四	五
1	板、墙	20（20）	25（25）	30（30）	40（45）	45（50）
2	梁、柱、墩	30（30）	35（35）	45（45）	50（55）	55（60）
3	截面厚度不小于2.5m的底板及墩墙	30（—）	40（40）	50（50）	55（60）	60（65）

注　1. 表中数值为设计使用年限50年的混凝土保护层厚度，对于设计使用年限为100年的混凝土结构，应将表中数值适当增大。
2. 直接与地基接触的结构底层钢筋或无检修条件的结构，保护层厚度应适当增大。
3. 有抗冲耐磨要求的结构面层钢筋，保护层厚度应适当增大。
4. 钢筋表面涂塑或结构外表面敷设永久性涂料或面层时，保护层厚度可适当减小。
5. 严寒和寒冷地区受冰冻的部位，保护层厚度还应符合《水工建筑物抗冰冻设计规范》的规定。
6. 表中无括号的数值为DL/T 5057—2009规范规定的保护层厚度，有括号的数值为SL 191—2008规范规定的保护层厚度。除以上规定外，SL 191—2008规范还规定：混凝土强度等级不低于C30且浇筑质量有保证的预制构件或薄板，保护层厚度可按表中数值减小5mm。而DL/T 5057—2009则规定，处于一类环境、混凝土强度等级不低于C20且浇筑质量有保证的预制构件或薄板，保护层厚度可按表中数值减小5mm，但预应力筋的保护层厚度不应小于20mm。

2. 受拉钢筋的最小锚固长度

在支座锚固的纵向受拉钢筋，当计算中充分利用钢筋的抗拉强度时，伸入支座的锚固长度不应小于表2中规定的数值。纵向受压钢筋的锚固长度不应小于表2所列数值的0.7倍。

表2　　普通受拉钢筋的最小锚固长度 l_a

项次	钢筋种类	混凝土强度等级				
		C15	C20	C25	C30、C35	≥C40
1	HPB300	$40d$	$35d$	$30d$	$25d$	$20d$
2	HRB335		$40d$	$35d$	$30d$	$25d$

续表

项次	钢筋种类	混凝土强度等级				
		C15	C20	C25	C30、C35	≥C40
3	HRB400、RRB400		50d	40d	35d	30d
4	HRB500		55d	50d	40d	35d

注 1. 表中 d 为钢筋直径。
2. 表中光圆钢筋的锚固长度 l_a 值不包括弯钩长度。
3. 当 HRB335、HRB400、RRB400 和 HRB500 钢筋的直径大于 25mm 时，其锚固长度应乘以修正系数 1.1。
4. 当钢筋在混凝土施工过程中易受扰动（如滑模施工）时，其锚固长度应乘以修正系数 1.1。
5. 当 HRB335、HRB400、RRB400 和 HRB500 钢筋在锚固区的间距大于 180mm，混凝土保护层厚度大于钢筋直径 3 倍或大于 80mm 且配有箍筋时，其锚固长度可乘以修正系数 0.8。
6. 构件顶层水平钢筋（其下浇筑的新混凝土厚度大于 1m 时）的 l_a 宜乘以修正系数 1.2。
7. 除构造需要的锚固长度外，当纵向受力钢筋的实际配筋截面积大于其设计计算截面面积时，如有充分依据和可靠措施，其锚固长度可乘以设计计算截面面积与实际配筋截面面积的比值。但对有抗震设防要求及直接承受动力荷载的结构构件，不得采用此项修正。
8. 经上述修正后的锚固长度不应小于表 2 中的最小锚固长度的 0.7 倍，且不应小于 250mm。
9. SL 191—2008 规范除以上规定外，还规定：HRB335、HRB400 和 RRB400 的环氧树脂涂层钢筋，其锚固长度应乘以修正系数 1.25。

3. 钢筋混凝土构件的纵向受力钢筋最小配筋率 ρ_{min}

钢筋混凝土构件的纵向受力钢筋的配筋率不应小于表 3 规定的数值。

表 3　钢筋混凝土构件纵向受力钢筋的最小配筋率 ρ_{min}（%）

项 次	构 件 分 类	钢 筋 等 级		
		HPB300	HRB335	HRB400 RRB400 HRB500
1	受弯构件、偏心受拉构件的受拉钢筋 梁 板	 0.25（0.25） 0.20（0.20）	 0.20（0.20） 0.15（0.15）	 0.20（0.20） 0.15（0.15）
2	轴心受压柱的全部纵向钢筋	0.60（0.60）	0.50（0.60）	0.50（0.55）
3	偏心受压构件的受拉或受压钢筋 柱、拱 墩墙、板拱	 0.25（0.25） 0.20（0.20）	 0.20（0.20） 0.15（0.15）	 0.20（0.20） 0.15（0.15）

注 1. 项次 1、3 中的配筋率是指钢筋截面面积与构件肋宽乘以有效高度的混凝土截面面积的比值，即 $\rho=\frac{A_s}{bh_0}$或 $\rho'=\frac{A'_s}{bh_0}$；项次 2 中的配筋率是指全部纵向钢筋截面面积与柱截面面积的比值。
2. 温度、收缩等因素对结构产生的影响较大时，受拉纵筋的最小配筋率应适当增大。
3. 表中无括号的数值为 DL/T 5057—2009 规范规定的最小配筋率，有括号的数值为 SL 191—2008 规范规定的最小配筋率。

附录5　构件抗裂、裂缝宽度、挠度验算中的有关限值及系数值

1. 构件裂缝宽度限值

需要进行裂缝宽度验算的钢筋混凝土构件，其正截面的最大裂缝宽度计算值不应超过表1所规定的限值。表中环境类别的具体划分见附录1。

表1　钢筋混凝土构件的最大裂缝宽度限值（mm）

环境类别	一	二	三	四	五
最大裂缝宽度限值	0.40	0.30	0.25	0.20	0.15

注　1. 结构构件的混凝土保护层厚度大于50mm时，表列裂缝宽度限值可增加0.05。

2. 当结构构件承受水压且水力梯度 $i>20$ 时，表列最大裂缝宽度限值宜减小0.05。

3. 结构构件表面设有专门可靠的防渗面层等防护措施时，最大裂缝宽度限值可适当加大。

4. SL 191—2008还规定，当结构不具备检修条件时，表列最大裂缝宽度限值宜适当减小；严寒地区，当冻融循环次数大于100时，表列最大裂缝宽度限值宜适当减小。

预应力混凝土结构构件设计时，其裂缝控制等级及正截面抗裂验算拉应力限制系数应按表2根据环境条件类别选用，正截面的最大裂缝宽度计算值不应超过表2所规定的限值。

表2　预应力混凝土构件裂缝控制等级、混凝土拉应力限制系数及最大裂缝宽度限值

环境类别	一	二	三、四、五
裂缝控制等级	三级	二级	一级
最大裂缝宽度限值或拉应力限制系数 α_{ct}	0.20mm	$\alpha_{ct}=0.7$	$\alpha_{ct}=0.0$

注　1. 表中规定适用于采用预应力钢丝、钢绞线、钢棒及预应力螺纹钢筋的预应力混凝土构件，当采用其他类别的钢丝或钢筋时，其裂缝控制要求可按专门标准确定。

2. 当有可靠的论证时，预应力混凝土构件的抗裂要求可适当放宽。

2. 构件挠度限值

需要进行挠度验算的受弯构件，其最大挠度计算值不应超过表3规定的挠度限值。

表3　受弯构件的挠度限值

项　次	构　件　类　型	挠　度　限　值
1	吊车梁：手动吊车 电动吊车	$l_0/500$ $l_0/600$
2	渡槽槽身、架空管道：当 $l_0\leqslant 10$m 时 当 $l_0>10$m 时	$l_0/400$ $l_0/500$（$l_0/600$）

续表

项　　次	构　件　类　型	挠　度　限　值
3	工作桥及启闭机下大梁	$l_0/400$
4	屋盖、楼盖： 当 $l_0<7$m 时 当 7m$\leqslant l_0\leqslant$9m 时 当 $l_0>9$m 时	 $l_0/200$（$l_0/250$） $l_0/250$（$l_0/300$） $l_0/300$（$l_0/400$）

注　1. 表中 l_0 为构件的计算跨度。

2. 表中有括号的数字适用于使用上对挠度有较高要求的构件。
3. 若构件制作时预先起拱，则在验算最大挠度值时，可将计算所得的挠度减去起拱值；对预应力混凝土构件尚可减去预加应力所产生的反拱值。
4. 悬臂构件的挠度限值按表中相应数值乘2取用。
5. 表中数值为 DL/T 5057—2009 规范规定的挠度限值。在 SL 191—2008 规范中，对于屋盖和楼盖：当 $l_0\leqslant$6m 时，$l_0/200$（$l_0/250$）；当 6m$<l_0\leqslant$12m 时，$l_0/300$（$l_0/350$）；当 $l_0>$12m 时，$l_0/400$（$l_0/450$）；对于工作桥及启闭机下大梁，$l_0/400$（$l_0/500$）；其余与 DL/T 5057—2009 规范相同。

3. 截面抵抗矩的塑性系数

矩形、T形、I形等截面的截面抵抗矩的塑性系数 γ_m 值如表4所示。

表4　　截面抵抗矩的塑性系数 γ_m 值表

项次	截　面　特　征		γ_m	截　面　图　形
1	矩形截面		1.55	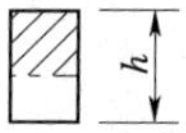
2	翼缘位于受压区的T形截面		1.50	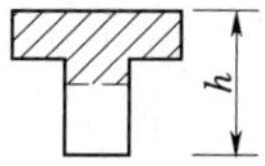
3	对称I形或箱形截面	$\frac{b_f}{b}\leqslant 2$，$\frac{h_f}{h}$为任意值	1.45	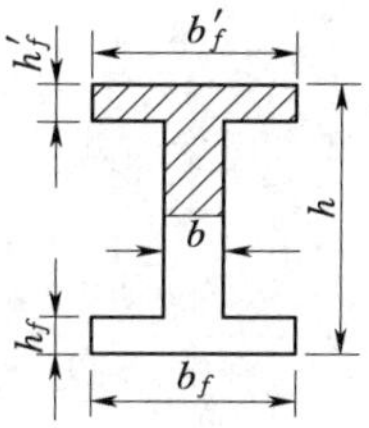
		$\frac{b_f}{b}>2$，$\frac{h_f}{h}\geqslant 0.2$	1.40	
		$\frac{b_f}{b}>2$，$\frac{h_f}{h}<0.2$	1.35	
4	翼缘位于受拉区的倒T形截面	$\frac{b_f}{b}\leqslant 2$，$\frac{h_f}{h}$为任意值	1.50	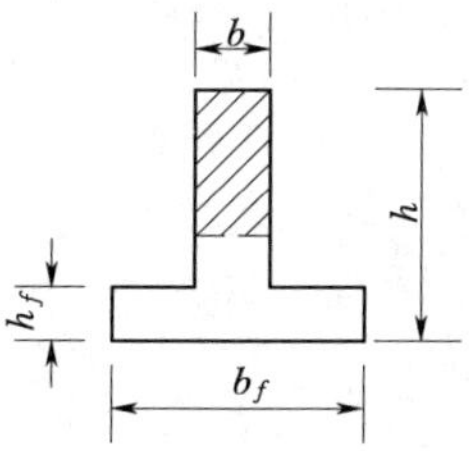
		$\frac{b_f}{b}>2$，$\frac{h_f}{h}\geqslant 0.2$	1.55	
		$\frac{b_f}{b}>2$，$\frac{h_f}{h}<0.2$	1.40	

续表

项次	截　面　特　征	γ_m	截　面　图　形
5	圆形和环形截面	$1.6-0.24\frac{d_1}{d}$	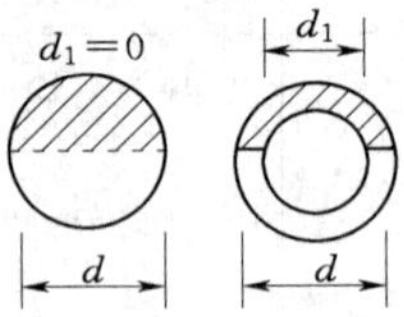
6	U形截面	1.35	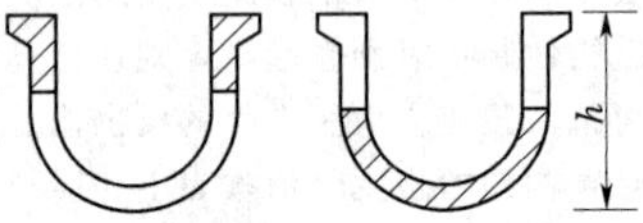

注　1. 对 $b'_f>b_f$ 的 I 形截面，可按项次 2 与项次 3 之间的数值采用；对 $b'_f<b_f$ 的 I 形截面，可按项次 3 与项次 4 之间的数值采用。

2. 根据 h 值的不同，表内数值尚应乘以修正系数（$0.7+300/h$），其值不应大于 1.1。式中 h 以 mm 计，当 $h>$ 3000mm 时，取 $h=3000$mm。对圆形和环形截面，h 即外径 d。

3. 对于箱形截面，表中 b 值系指各肋宽度的总和。

附录6 均布荷载作用下等跨连续板梁的跨中弯矩、支座弯矩及支座截面剪力的计算系数表

计算公式

$$M=\alpha g l_0^2+\alpha_1 q l_0^2$$

$$V=\beta g l_n+\beta_1 q l_n$$

支座反力为左右二截面的剪力绝对值之和。

表1 **双 跨 梁**

编号	荷载简图	α或α_1			β或β_1			
		跨中弯矩		支座弯矩	剪力			
		M_1	M_2	M_B	V_A	V_B^l	V_B^r	V_C
1	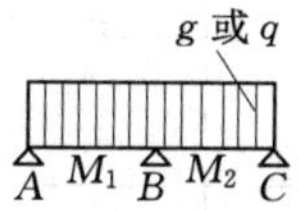	0.070	0.070	**−0.125**	0.375	**−0.625**	**0.625**	−0.375
2	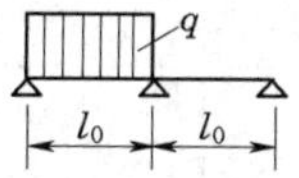	**0.096**	−0.025	−0.063	**0.437**	−0.563	0.063	0.063

表2 **三 跨 梁**

编号	荷载简图	α或α_1				β或β_1					
		跨中弯矩		支座弯矩		剪 力					
		M_1	M_2	M_B	M_C	V_A	V_B^l	V_B^r	V_C^l	V_C^r	V_D
1	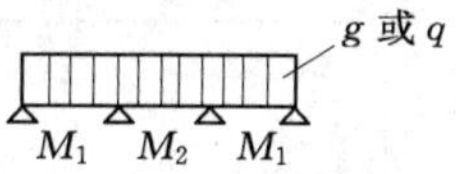	0.080	0.025	−0.100	−0.100	0.400	−0.600	0.500	−0.500	0.600	−0.400
2	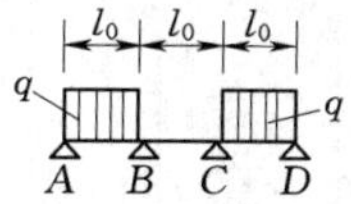	**0.101**	−0.050	−0.050	−0.050	**0.450**	−0.550	0.000	0.000	0.550	**−0.450**
3	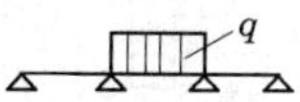	−0.025	**0.075**	−0.050	−0.050	−0.050	−0.050	0.500	−0.500	0.050	0.050
4	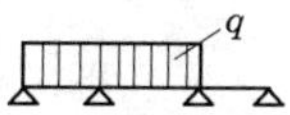	0.073	0.054	**−0.117**	−0.033	0.383	**−0.617**	**0.583**	−0.417	0.033	0.033
5	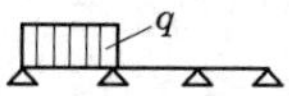	0.094	—	−0.067	0.017	0.433	−0.567	0.083	0.083	−0.017	−0.017

表 3 四 跨 梁

编号	荷载简图	α或α_1							β或β_1							
		跨中弯矩				支座弯矩			剪力							
		M_1	M_2	M_3	M_4	M_B	M_C	M_D	V_A	V_B^l	V_B^r	V_C^l	V_C^r	V_D^l	V_D^r	V_E
1	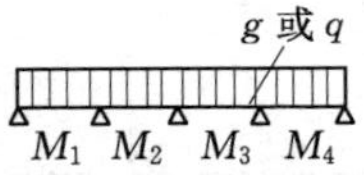	0.077	0.036	0.036	0.077	−0.107	−0.071	−0.107	0.393	−0.607	0.536	−0.464	0.464	−0.536	0.607	−0.393
2	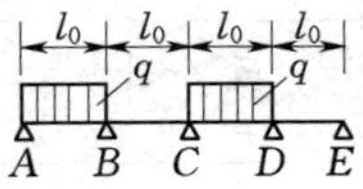	**0.100**	−0.045	**0.081**	−0.023	−0.054	−0.036	−0.054	**0.446**	−0.554	0.018	0.018	0.482	−0.518	0.054	0.054
3	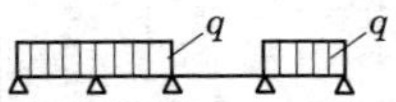	0.072	0.061	—	0.098	**−0.121**	−0.018	−0.058	0.380	**−0.620**	**0.603**	−0.397	−0.040	−0.040	0.558	−0.442
4	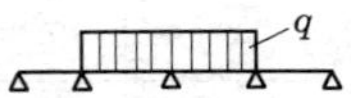	—	0.056	0.056	—	−0.036	**−0.107**	−0.036	−0.036	−0.036	0.429	**−0.571**	**0.571**	−0.429	0.036	0.036
5	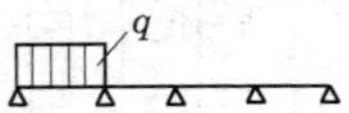	0.094	—	—	—	−0.067	0.018	−0.004	0.433	−0.567	0.085	0.085	−0.022	−0.022	0.004	0.004
6	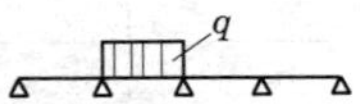	—	0.074	—	—	−0.049	−0.054	0.013	−0.049	−0.049	0.496	−0.504	0.067	0.067	−0.013	−0.013

表 4　　　　五　跨　梁

编号	荷载简图	α或α_1							β或β_1										
		跨中弯矩			支座弯矩				剪力										
		M_1	M_2	M_3	M_B	M_C	M_D	M_E	V_A	V_B^l	V_B^r	V_C^l	V_C^r	V_D^l	V_D^r	V_E^l	V_E^r	V_F
1	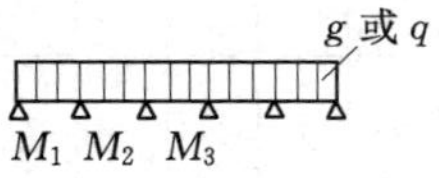	0.0781	0.0331	0.0462	−0.105	−0.079	−0.079	−0.105	0.394	−0.606	0.526	−0.474	0.500	−0.500	0.474	−0.526	0.606	−0.394
2	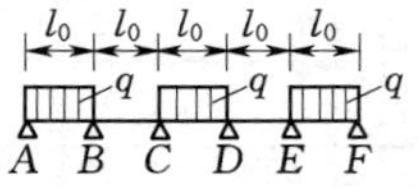	**0.100**	−0.0461	**0.0855**	−0.053	−0.040	−0.040	−0.053	**0.447**	−0.553	0.013	0.013	0.500	−0.500	−0.013	−0.013	0.553	**−0.447**
3	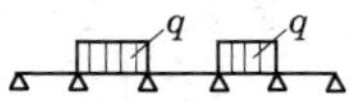	−0.0263	**0.0787**	−0.0395	−0.053	−0.040	−0.040	−0.053	−0.053	−0.053	0.0513	−0.487	0.000	0.000	0.487	−0.513	0.053	0.053
4	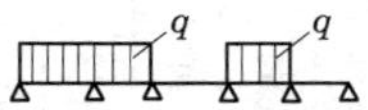	0.073	$\frac{0.059^*}{0.078}$	—	**−0.119**	−0.022	−0.044	−0.051	0.380	**−0.620**	**0.598**	−0.402	−0.023	−0.023	0.493	−0.507	0.052	0.052
5	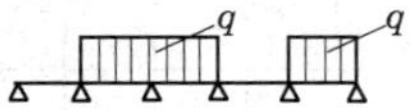	$\frac{-^{**}}{0.098}$	0.055	0.064	−0.035	**−0.111**	−0.020	−0.057	−0.035	−0.035	0.424	**−0.576**	**0.591**	−0.409	−0.037	−0.037	0.557	−0.443
6	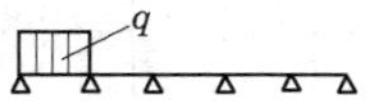	0.094	—	—	−0.067	0.018	−0.005	0.001	0.433	−0.567	0.085	0.085	−0.023	−0.023	0.006	0.006	−0.001	−0.001
7	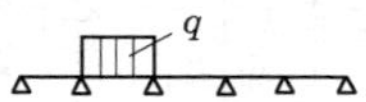	—	0.074	—	−0.049	−0.054	0.014	−0.004	−0.049	−0.049	0.495	−0.505	0.068	0.068	−0.018	−0.018	0.004	0.004
8	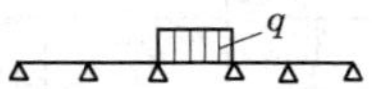	—	—	0.072	0.013	−0.053	−0.053	0.013	0.013	0.013	−0.066	−0.066	0.500	−0.500	0.066	0.066	−0.013	−0.013

*　分子及分母分别为 M_2 及 M_4 的 α_1 值。

**　分子及分母分别为 M_1 及 M_5 的 α_1 值。

附录 7　端弯矩作用下等跨连续板梁各截面的弯矩及剪力计算系数表

计算公式

$$M=\alpha' M_A$$

$$V=\beta' M_A/l_0$$

式中　M_A——端弯矩；

l_0——梁的计算跨度。

弯矩及剪力计算系数表

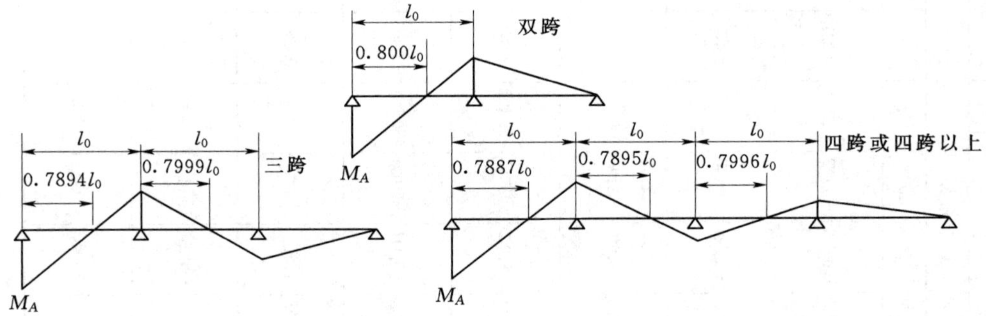

$\frac{x}{l_0}$	双　跨		三　跨		四跨或四跨以上	
	α'	β'	α'	β'	α'	β'
0.0	+1.0000	−1.2500	+1.0000	−1.2667	+1.0000	−1.2678
0.1	+0.8750	−1.2500	+0.8733	−1.2667	+0.8732	−1.2678
0.2	+0.7500	−1.2500	+0.7466	−1.2667	+0.7464	−1.2678
0.3	+0.6250	−1.2500	+0.6199	−1.2667	+0.6196	−1.2678
0.4	+0.5000	−1.2500	+0.4932	−1.2667	+0.4928	−1.2678
0.5	+0.3750	−1.2500	+0.3666	−1.2667	+0.3660	−1.2678
0.6	+0.2500	−1.2500	+0.2399	−1.2667	+0.2392	−1.2678
0.7	+0.1250	−1.2500	+0.1132	−1.2667	+0.1125	−1.2678
0.8	+0.0000	−1.2500	−0.0134	−1.2667	−0.0143	−1.2678
0.85	−0.0625	−1.2500	−0.0767	−1.2667	−0.0777	−1.2678
0.90	−0.1250	−1.2500	−0.1400	−1.2667	−0.1410	−1.2678

续表

$\frac{x}{l_0}$	双跨		三跨		四跨或四跨以上	
	α'	β'	α'	β'	α'	β'
0.95	−0.1875	−1.2500	−0.2033	−1.2667	−0.2044	−1.2678
1.0	−0.2500	{−1.2500 +0.2500	−0.2667	{−1.2667 +0.3334	−0.2678	{−1.2678 +0.3392
1.05	−0.2375	+0.2500	−0.2500	+0.3334	−0.2508	+0.3392
1.1	−0.2250	+0.2500	−0.2333	+0.3334	−0.2338	+0.3392
1.15	−0.2125	+0.2500	−0.2166	+0.3334	−0.2169	+0.3392
1.2	−0.2000	+0.2500	−0.2000	−0.3334	−0.1999	+0.3392
1.3	−0.1750	+0.2500	−0.1666	+0.3334	−0.1660	+0.3392
1.4	−0.1500	+0.2500	−0.1333	+0.3334	−0.1321	+0.3392
1.5	−0.1250	+0.2500	−0.0999	+0.3334	−0.0982	+0.3392
1.6	−0.1000	+0.2500	−0.0667	+0.3334	−0.0643	+0.3392
1.7	−0.0750	+0.2500	−0.0333	+0.3334	−0.0304	+0.3392
1.8	−0.0500	+0.2500	+0.0000	+0.3334	+0.0036	+0.3392
1.85	−0.0375	+0.2500	+0.0167	+0.3334	+0.0205	+0.3392
1.90	−0.0250	+0.2500	+0.0334	+0.3334	+0.0375	+0.3392
1.95	−0.0125	+0.2500	+0.0500	+0.3334	+0.0544	+0.3392
2.0	0.0000	+0.2500	+0.0667	{+0.3334 −0.0667	+0.0714	{+0.3392 −0.0893
2.05	—	—	+0.0634	−0.0667	+0.0669	−0.0893
2.1	—	—	+0.0600	−0.0667	+0.0625	−0.0893
2.2	—	—	+0.0534	−0.0667	+0.0535	−0.0893
2.3	—	—	+0.0467	−0.0667	+0.0446	−0.0893
2.4	—	—	−0.0400	−0.0667	+0.0357	−0.0893
2.5	—	—	−0.0334	−0.0667	+0.0268	−0.0893
3.0	—	—	0.0000	−0.0667	−0.0179	{−0.0893 +0.0179
3.5	—	—	—	—	−0.0090	+0.0179
4.0	—	—	—	—	0.0000	+0.0179

附录 8　移动的集中荷载作用下等跨连续梁各截面的弯矩系数及支座截面剪力系数表

计算公式

$$M=\alpha Q l_0$$
$$V=\beta Q$$

表 1　　**双　跨　梁**

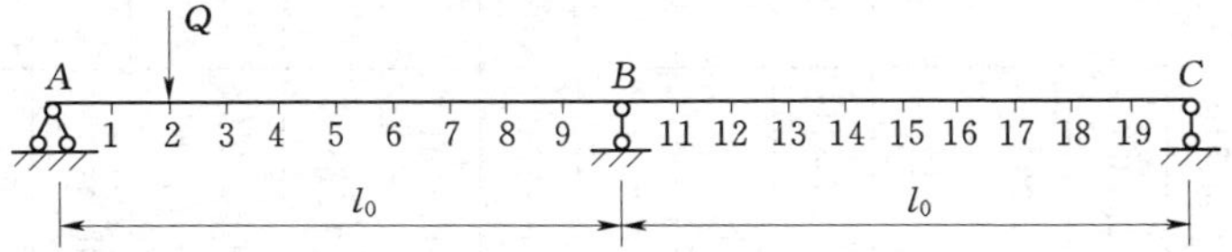

力所在的截面	系数 α										系数 β		
	所要计算弯矩的截面										支座截面的剪力		
	1	2	3	4	5	6	7	8	9	B	V_A	V_B^l	V_B^r
A	0	0	0	0	0	0	0	0	0	0	1.0000	0	0
1	0.0875	0.0751	0.0626	0.0501	0.0376	0.0252	0.0127	0.0002	−0.0123	−0.0248	0.8753	−0.1247	0.0248
2	0.0752	0.1504	0.1256	0.1008	0.0760	0.0512	0.0264	0.0016	−0.0232	−0.0480	0.7520	−0.2480	0.0480
3	0.0632	0.1264	0.1895	0.1527	0.1159	0.0791	0.0422	0.0054	−0.0314	−0.0683	0.6318	−0.3682	0.0683
4	0.0516	0.1032	0.1548	0.2064	0.1580	0.1096	0.0612	0.0128	−0.0356	−0.0840	0.5160	−0.4840	0.0840
5	0.0406	0.0812	0.1219	0.1625	0.2031	0.1438	0.0844	0.0250	−0.0344	−0.0938	0.4063	−0.5937	0.0938
6	0.0304	0.0608	0.0912	0.1216	0.1520	0.1824	0.1128	0.0432	−0.0264	−0.0960	0.3040	−0.6960	0.0960
7	0.0211	0.0422	0.0632	0.0843	0.1054	0.1265	0.1475	0.0686	−0.0103	−0.0893	0.2108	−0.7892	0.0893
8	0.0128	0.0256	0.0384	0.0512	0.0640	0.0768	0.0896	0.1024	0.0152	−0.0720	0.1280	−0.8720	0.0720
9	0.0057	0.0115	0.0172	0.0229	0.0286	0.0344	0.0401	0.0458	0.0515	−0.0428	0.0573	−0.9427	0.0428
B	0	0	0	0	0	0	0	0	0	0	0	{−1.0000 {0	{0 {+1.0000
11	−0.0043	−0.0086	−0.0128	−0.0171	−0.0214	−0.0257	−0.0299	−0.0342	−0.0385	−0.0428	−0.0428	−0.0428	0.9428
12	−0.0072	−0.0144	−0.0216	−0.0288	−0.0360	−0.0432	−0.0504	−0.0576	−0.0648	−0.0720	−0.0720	−0.0720	0.8720
13	−0.0089	−0.0179	−0.0268	−0.0357	−0.0446	−0.0536	−0.0625	−0.0714	−0.0803	−0.0893	−0.0893	−0.0893	0.7893
14	−0.0096	−0.0192	−0.0288	−0.0384	−0.0480	−0.0576	−0.0672	−0.0768	−0.0864	−0.0960	−0.0960	−0.0960	0.6960
15	−0.0094	−0.0188	−0.0281	−0.0375	−0.0469	−0.0563	−0.0656	−0.0750	−0.0844	−0.0938	−0.0938	−0.0938	0.5938
16	−0.0084	−0.0168	−0.0252	−0.0336	−0.0420	−0.0504	−0.0588	−0.0672	−0.0756	−0.0840	−0.0840	−0.0840	0.4840
17	−0.0068	−0.0137	−0.0205	−0.0273	−0.0341	−0.0410	−0.0478	−0.0546	−0.0614	−0.0683	−0.0683	−0.0683	0.3683
18	−0.0048	−0.0096	−0.0144	−0.0192	−0.0240	−0.0288	−0.0336	−0.0384	−0.0432	−0.0480	−0.0480	−0.0480	0.2480
19	−0.0025	−0.0050	−0.0074	−0.0099	−0.0124	−0.0149	−0.0173	−0.0198	−0.0223	−0.0248	−0.0248	−0.0248	0.1248
C	0	0	0	0	0	0	0	0	0	0	0	0	0

表 2　　　　三　跨　梁

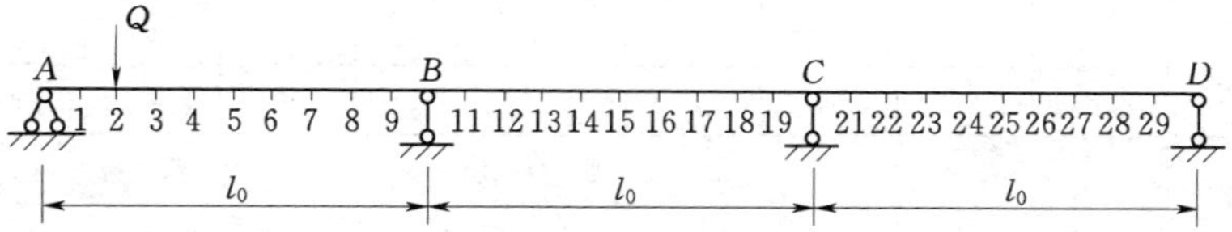

力所在的截面	系数 α 所要计算弯矩的截面															系数 β 支座截面的剪力		
	1	2	3	4	5	6	7	8	9	B	11	12	13	14	15	V_A	V_B^l	V_B^r
A	0	0	0	0	0	0	0	0	0	0	0	0	0	0	0	1.0000	0	0
1	0.0874	0.0747	0.0621	0.0494	0.0368	0.0242	0.0115	−0.0011	−0.0138	−0.0264	−0.0231	−0.0198	−0.0165	−0.0132	−0.0099	0.8736	−0.1264	0.0330
2	0.0749	0.1498	0.1246	0.0995	0.0744	0.0493	0.0242	−0.0010	−0.0261	−0.0512	−0.0448	−0.0384	−0.0320	−0.0256	−0.0192	0.7488	−0.2512	0.0640
3	0.0627	0.1254	0.1882	0.1509	0.1136	0.0763	0.0390	0.0018	−0.0355	−0.0728	−0.0637	−0.0546	−0.0455	−0.0364	−0.0273	0.6272	−0.3728	0.0910
4	0.0510	0.1021	0.1531	0.2042	0.1552	0.1062	0.0573	0.0083	−0.0406	−0.0896	−0.0784	−0.0672	−0.0560	−0.0448	−0.0336	0.5104	−0.4896	0.1120
5	0.0400	0.0800	0.1200	0.1600	0.2000	0.1400	0.0800	0.0200	−0.0400	−0.1000	−0.0875	−0.0750	−0.0625	−0.0500	−0.0375	0.4000	−0.6000	0.1250
6	0.0298	0.0595	0.0893	0.1190	0.1488	0.1786	0.1083	0.0381	−0.0322	−0.1024	−0.0896	−0.0768	−0.0640	−0.0512	−0.0384	0.2976	−0.7024	0.1280
7	0.0205	0.0410	0.0614	0.0819	0.1024	0.1229	0.1434	0.0638	−0.0157	−0.0952	−0.0833	−0.0714	−0.0595	−0.0476	−0.0357	0.2048	−0.7952	0.1190
8	0.0123	0.0246	0.0370	0.0493	0.0616	0.0739	0.0862	0.0986	0.0109	−0.0768	−0.0672	−0.0576	−0.0480	−0.0384	−0.0288	0.1232	−0.8768	0.0960
9	0.0054	0.0109	0.0163	0.0218	0.0272	0.0326	0.0381	0.0435	0.0490	−0.0456	−0.0399	−0.0342	−0.0285	−0.0228	−0.0171	0.0544	−0.9456	0.0570
B	0	0	0	0	0	0	0	0	0	0	0	0	0	0	0	0	{−1.0000 {0	{0 {+1.0000
11	−0.0039	−0.0078	−0.0117	−0.0156	−0.0195	−0.0234	−0.0273	−0.0312	−0.0351	−0.0390	0.0534	0.0458	0.0382	0.0306	0.0230	−0.0390	−0.0390	0.9240
12	−0.0064	−0.0128	−0.0192	−0.0256	−0.0320	−0.0384	−0.0448	−0.0512	−0.0576	−0.0640	0.0192	0.1024	0.0856	0.0688	0.0520	−0.0640	−0.0640	0.8320
13	−0.0077	−0.0154	−0.0231	−0.0308	−0.0385	−0.0462	−0.0539	−0.0616	−0.0693	−0.0770	−0.0042	0.0686	0.1414	0.1142	0.0870	−0.0770	−0.0770	0.7280
14	−0.0080	−0.0160	−0.0240	−0.0320	−0.0400	−0.0480	−0.0560	−0.0640	−0.0720	−0.0800	−0.0184	0.0432	0.1048	0.1664	0.1280	−0.0800	−0.0800	0.6160
15	−0.0075	−0.0150	−0.0225	−0.0300	−0.0375	−0.0450	−0.0525	−0.0600	−0.0675	−0.0750	−0.0250	0.0250	0.0750	0.1250	0.1750	−0.0750	−0.0750	0.5000
16	−0.0064	−0.0128	−0.0192	−0.0256	−0.0320	−0.0384	−0.0448	−0.0512	−0.0576	−0.0640	−0.0256	0.0128	0.0512	0.0896	0.1280	−0.0640	−0.0640	0.3840
17	−0.0049	−0.0098	−0.0147	−0.0196	−0.0245	−0.0294	−0.0343	−0.0392	−0.0441	−0.0490	−0.0218	0.0054	0.0326	0.0598	0.0870	−0.0490	−0.0490	0.2720
18	−0.0032	−0.0064	−0.0096	−0.0128	−0.0160	−0.0192	−0.0224	−0.0256	−0.0288	−0.0320	−0.0152	0.0016	0.0184	0.0352	0.0520	−0.0320	−0.0320	0.1680

续表

力所在的截面	系数 α 所要计算弯矩的截面															系数 β 支座截面的剪力		
	1	2	3	4	5	6	7	8	9	B	11	12	13	14	15	V_A	V_B^l	V_B^r
19	−0.0015	−0.0030	−0.0045	−0.0060	−0.0075	−0.0090	−0.0105	−0.0120	−0.0135	−0.0150	−0.0074	0.0002	0.0078	0.0154	0.0230	−0.0150	−0.0150	0.0760
C	0	0	0	0	0	0	0	0	0	0	0	0	0	0	0	0	0	0
21	0.0011	0.0023	0.0034	0.0046	0.0057	0.0068	0.0080	0.0091	0.0103	0.0114	0.0057	0.0000	−0.0057	−0.0114	−0.0171	0.0114	0.0114	−0.0570
22	0.0019	0.0038	0.0058	0.0077	0.0096	0.0115	0.0134	0.0154	0.0173	0.0192	0.0096	0.0000	−0.0096	−0.0192	−0.0288	0.0192	0.0192	−0.0960
23	0.0024	0.0048	0.0071	0.0095	0.0119	0.0143	0.0167	0.0190	0.0214	0.0238	0.0119	0.0000	−0.0119	−0.0238	−0.0357	0.0238	0.0238	−0.1190
24	0.0026	0.0051	0.0077	0.0102	0.0128	0.0154	0.0179	0.0205	0.0230	0.0256	0.0128	0.0000	−0.0128	−0.0256	−0.0384	0.0256	0.0256	−0.1280
25	0.0025	0.0050	0.0075	0.0100	0.0125	0.0150	0.0175	0.0200	0.0225	0.0250	0.0125	0.0000	−0.0125	−0.0250	−0.0375	0.0250	0.0250	−0.1250
26	0.0022	0.0045	0.0067	0.0090	0.0112	0.0134	0.0157	0.0179	0.0202	0.0224	0.0112	0.0000	−0.0112	−0.0224	−0.0336	0.0224	0.0224	−0.1120
27	0.0018	0.0036	0.0055	0.0073	0.0091	0.0109	0.0127	0.0146	0.0164	0.0182	0.0091	0.0000	−0.0091	−0.0182	−0.0273	0.0182	0.0182	−0.0910
28	0.0013	0.0026	0.0038	0.0051	0.0064	0.0077	0.0090	0.0102	0.0115	0.0128	0.0064	0.0000	−0.0064	−0.0128	−0.0192	0.0128	0.0128	−0.0640
29	0.0007	0.0013	0.0020	0.0026	0.0033	0.0040	0.0046	0.0053	0.0059	0.0066	0.0033	0.0000	−0.0033	−0.0066	−0.0099	0.0066	0.0066	−0.0330
D	0	0	0	0	0	0	0	0	0	0	0	0	0	0	0	0	0	0

表 3　　　　四跨梁

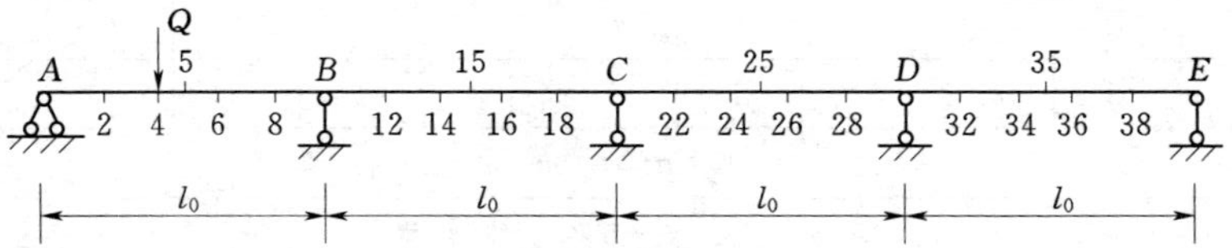

力所在的截面	系数 α 所要计算弯矩的截面												系数 β 支座截面的剪力				
	2	4	5	6	8	B	12	14	15	16	18	C	V_A	V_B^l	V_B^r	V_C^l	V_C^r
A	0	0	0	0	0	0	0	0	0	0	0	0	1.0000	0	0	0	
2	0.1497	0.0994	0.0743	0.0491	−0.0011	−0.0514	−0.0384	−0.0254	−0.0189	−0.0123	0.0007	0.0137	0.7486	−0.2514	0.0652	0.0652	−0.0171
4	0.1020	0.2040	0.1550	0.1060	0.0080	−0.0900	−0.0672	−0.0444	−0.0330	−0.0216	0.0012	0.0240	0.5100	−0.4900	0.1140	0.1140	−0.0300

续表

力所在的截面	系数 α												系数 β				
	所要计算弯矩的截面												支座截面的剪力				
	2	4	5	6	8	B	12	14	15	16	18	C	V_A	V_B^l	V_B^r	V_C^l	V_C^r
5	0.0799	0.1598	0.1998	0.1397	0.0196	−0.1004	−0.0750	−0.0496	−0.0368	−0.0241	0.0013	0.0268	0.3996	−0.6004	0.1273	0.1273	−0.0334
6	0.0594	0.1189	0.1486	0.1783	0.0377	−0.1029	−0.0768	−0.0507	−0.0377	−0.0247	0.0014	0.0274	0.2971	−0.7029	0.1303	0.1303	−0.0343
8	0.0246	0.0491	0.0614	0.0737	0.0983	−0.0771	−0.0576	−0.0381	−0.0283	−0.0185	0.0010	0.0206	0.1229	−0.8771	0.0977	0.0977	−0.0257
B	0	0	0	0	0	0	0	0	0	0	0	0	0	$\begin{cases}-1.0000\\0\end{cases}$	$\begin{cases}0\\+1.0000\end{cases}$	0	0
12	−0.0127	−0.0254	−0.0317	−0.0381	−0.0507	−0.0634	0.1024	0.0682	0.0511	0.0341	−0.0001	−0.0343	−0.0634	−0.0634	0.8291	−0.1709	0.0428
14	−0.0158	−0.0315	−0.0394	−0.0473	−0.0631	−0.0789	0.0432	0.1653	0.1263	0.0873	0.0094	−0.0686	−0.0789	−0.0789	0.6103	−0.3897	0.0863
15	−0.0147	−0.0295	−0.0368	−0.0442	−0.0589	−0.0737	0.0250	0.1237	0.1730	0.1223	0.0210	−0.0804	−0.0737	−0.0737	0.4933	−0.5067	0.1005
16	−0.0125	−0.0250	−0.0313	−0.0375	−0.0501	−0.0626	0.0128	0.0882	0.1259	0.1635	0.0389	−0.0857	−0.0626	−0.0626	0.3769	−0.6231	0.1072
18	−0.0062	−0.0123	−0.0154	−0.0185	−0.0247	−0.0309	0.0016	0.0341	0.0503	0.0665	0.0990	−0.0686	−0.0309	−0.0309	0.1623	−0.8377	0.0867
C	0	0	0	0	0	0	0	0	0	0	0	0	0	0	0	$\begin{cases}-1.0000\\0\end{cases}$	$\begin{cases}0\\+1.0000\end{cases}$
22	0.0034	0.0069	0.0086	0.0103	0.0137	0.0171	0	−0.0171	−0.0257	−0.0343	−0.0514	−0.0685	0.0171	0.0171	−0.0857	−0.0857	0.8377
24	0.0043	0.0086	0.0107	0.0129	0.0171	0.0214	0	−0.0214	−0.0321	−0.0429	−0.0643	−0.0857	0.0214	0.0214	−0.1072	−0.1072	0.6231
25	0.0040	0.0080	0.0101	0.0121	0.0161	0.0201	0	−0.0201	−0.0301	−0.0402	−0.0603	−0.0804	0.0201	0.0201	−0.1005	−0.1005	0.5067
26	0.0034	0.0069	0.0086	0.0103	0.0137	0.0171	0	−0.0171	−0.0257	−0.0343	−0.0514	−0.0686	0.0171	0.0171	−0.0857	−0.0857	0.3897
28	0.0017	0.0034	0.0043	0.0051	0.0069	0.0086	0	−0.0086	−0.0129	−0.0171	−0.0257	−0.0343	0.0086	0.0086	−0.0429	−0.0429	0.1708
D	0	0	0	0	0	0	0	0	0	0	0	0	0	0	0	0	0
32	−0.0010	−0.0021	−0.0026	−0.0031	−0.0041	−0.0051	0	0.0051	0.0077	0.0103	0.0154	0.0206	−0.0051	−0.0051	0.0257	0.0257	−0.0977
34	−0.0014	−0.0027	−0.0034	−0.0041	−0.0055	−0.0069	0	0.0069	0.0103	0.0137	0.0206	0.0274	−0.0069	−0.0069	0.0343	0.0343	−0.1303
35	−0.0013	−0.0027	−0.0033	−0.0040	−0.0054	−0.0067	0	0.0067	0.0100	0.0134	0.0201	0.0268	−0.0067	−0.0067	0.0335	0.0335	−0.1272
36	−0.0012	−0.0024	−0.0030	−0.0036	−0.0048	−0.0060	0	0.0060	0.0090	0.0120	0.0180	0.0240	−0.0060	−0.0060	0.0300	0.0300	−0.1140
38	−0.0007	−0.0014	−0.0017	−0.0021	−0.0027	−0.0034	0	0.0034	0.0051	0.0069	0.0103	0.0137	−0.0034	−0.0034	0.0171	0.0171	−0.0652
E	0	0	0	0	0	0	0	0	0	0	0	0	0	0	0	0	0

表 4　　五　跨　梁

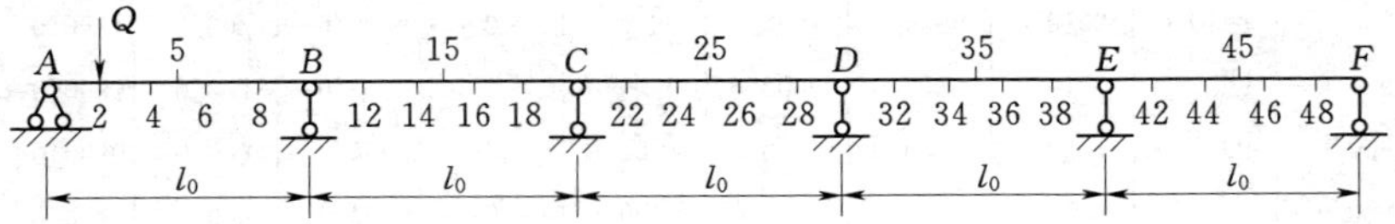

力所在的截面	系数 α															系数 β				
	所要计算弯矩的截面															支座截面的剪力				
	2	4	5	6	8	B	12	14	15	16	18	C	22	24	25	V_A	V_B^l	V_B^r	V_C^l	V_C^r
A	0	0	0	0	0	0	0	0	0	0	0	0	0	0	0	1.0000	0	0	0	0
2	0.1497	0.0994	0.0743	0.0491	−0.0012	−0.0515	−0.0384	−0.0254	−0.0189	−0.1230	0.0007	0.0138	0.0103	0.0068	0.0061	0.7485	−0.2515	0.0653	0.0653	−0.0175
4	0.1020	0.2040	0.1550	0.1059	0.0079	−0.0901	−0.0672	−0.0444	−0.0330	−0.0216	0.0013	0.0247	0.0184	0.0122	0.0091	0.5099	−0.4901	0.1142	0.1142	−0.0311
5	0.0800	0.1600	0.2000	0.1399	0.0197	−0.1005	−0.0749	−0.0495	−0.0368	−0.0241	0.0014	0.0269	0.0201	0.0133	0.0099	0.3995	−0.6005	0.1274	0.1274	−0.0341
6	0.0594	0.1188	0.1485	0.1782	0.0378	−0.1030	−0.0768	−0.0508	−0.0377	−0.0247	0.0014	0.0276	0.0206	0.0136	0.0101	0.2570	−0.7030	0.1306	0.1306	−0.0350
8	0.0246	0.0491	0.0614	0.0737	0.0962	−0.0772	−0.0576	−0.0381	−0.0282	−0.0185	0.0011	0.0206	0.0154	0.0102	0.0076	0.1228	−0.8772	0.0978	0.0978	−0.0261
B	0	0	0	0	0	0	0	0	0	0	0	0	0	0	0	0	$\begin{cases}-1.0000\\0\end{cases}$	$\begin{cases}0\\+1.0000\end{cases}$	0	0
12	−0.0127	−0.0254	−0.0316	−0.0381	−0.0508	−0.0635	0.1023	0.0681	0.0511	0.0340	−0.0002	−0.0344	−0.0256	−0.0170	−0.0127	−0.0635	−0.0635	0.8291	−0.1709	0.0436
14	−0.0158	−0.0315	−0.0394	−0.0473	−0.0630	−0.0788	0.0432	0.1652	0.1262	0.0672	0.0092	−0.0688	−0.0513	−0.0340	−0.0253	−0.0788	−0.0788	0.6100	−0.3900	0.0872
15	−0.0147	−0.0295	−0.0389	−0.0442	−0.0590	−0.0737	0.0250	0.1236	0.1729	0.1222	0.0208	−0.0805	−0.0600	−0.0398	−0.0296	−0.0737	−0.0737	0.4932	−0.5060	0.1018
16	−0.0125	−0.0250	−0.0313	−0.0375	−0.0500	−0.0625	0.0128	0.0881	0.1258	0.1634	0.0387	−0.0860	−0.0642	−0.0425	−0.0316	−0.0625	−0.0625	0.3765	−0.6235	0.1089
18	−0.0052	−0.0123	−0.0154	−0.0105	−0.0246	−0.0308	0.0016	0.0340	0.0502	0.0664	0.0988	−0.0688	−0.0513	−0.0340	−0.0253	−0.0308	−0.0360	0.1620	−0.8580	0.0872

续表

力所在的截面	系数 α															系数 β				
	所要计算弯矩的截面															支座截面的剪力				
	2	4	5	6	8	B	12	14	15	16	18	C	22	24	25	V_A	V_B^l	V_B^r	V_C^l	V_C^r
C	0	0	0	0	0	0	0	0	0	0	0	0	0	0	0	0	0	0	$\begin{cases}-1.0000\\0\end{cases}$	$\begin{cases}0\\+1.0000\end{cases}$
22	0.0034	0.0069	0.0086	0.0103	0.0138	0.0172	0	−0.0172	−0.0258	−0.0344	−0.0516	−0.0688	0.0983	0.0654	+0.0490	0.0172	0.0172	−0.0860	−0.0860	0.8356
24	0.0042	0.0084	0.0108	0.0127	0.0169	0.0211	0	−0.0211	−0.0317	−0.0422	−0.0634	−0.0845	0.0389	0.1624	+0.1242	0.0211	0.0211	−0.1057	−0.1057	0.6175
25	0.0040	0.0079	0.0099	0.0119	0.0158	0.0198	0	−0.0198	−0.0297	−0.0395	−0.0594	−0.0792	0.0208	0.1208	+0.1708	0.0198	0.0196	−0.0990	−0.0990	0.5000
26	0.0034	0.0067	0.0084	0.0101	0.0134	0.0168	0	−0.0168	−0.0252	−0.0336	−0.0504	−0.0671	0.0094	0.0859	+0.1242	0.0168	0.0168	−0.0839	−0.0839	0.3625
28	0.0017	0.0033	0.0042	0.0050	0.0066	0.0083	0	−0.0083	−0.0124	−0.0166	−0.0249	−0.0332	−0.0003	0.0326	+0.0490	0.0083	0.0083	−0.0415	−0.0415	0.1640
D	0	0	0	0	0	0	0	0	0	0	0	0	0	0	0	0	0	0	0	0
32	−0.0009	−0.0018	−0.0023	−0.0028	−0.0037	−0.0046	0	0.0046	0.0069	0.0092	0.0138	0.0134	0.0009	−0.0166	−0.0253	−0.0046	−0.0046	0.0230	0.0230	−0.0872
34	−0.0011	−0.0023	−0.0029	−0.0034	−0.0046	−0.0057	0	0.0057	0.0086	0.0114	0.0172	0.0229	0.0011	−0.0207	−0.0316	−0.0057	−0.0057	0.0286	0.0286	−0.1089
35	−0.0011	−0.0021	−0.0027	−0.0032	−0.0042	−0.0053	0	0.0053	0.0080	0.0106	0.0160	0.0213	0.0010	−0.0194	−0.0296	−0.0053	−0.0053	0.0265	0.0265	−0.1018
36	−0.0009	−0.0018	−0.0023	−0.0028	−0.0037	−0.0046	0	0.0046	0.0069	0.0092	0.0138	0.0184	0.0009	−0.0166	−0.0253	−0.0046	−0.0048	0.0230	0.0230	−0.0872
38	−0.0005	−0.0009	−0.0012	−0.0014	−0.0018	−0.0023	0	0.0023	0.0035	0.0046	0.0069	0.0092	0.0004	−0.0083	−0.0127	−0.0023	−0.0023	0.0115	0.0115	−0.0436
E	0	0	0	0	0	0	0	0	0	0	0	0	0	0	0	0	0	0	0	0
42	0.0003	0.0006	0.0007	0.0008	0.0011	0.0014	0	−0.0014	−0.0021	−0.0028	−0.0041	−0.0055	−0.0003	0.0050	0.0076	0.0014	0.0014	−0.0069	−0.0069	0.0261
44	0.0004	0.0007	0.0009	0.0011	0.0014	0.0018	0	−0.0018	−0.0028	−0.0036	−0.0058	−0.0074	−0.0004	0.0067	0.0101	0.0018	0.0018	−0.0093	−0.0093	0.0350
45	0.0004	0.0007	0.0009	0.0011	0.0014	0.0018	0	−0.0018	−0.0027	−0.0036	−0.0054	−0.0072	−0.0004	0.0065	0.0099	0.0018	0.0018	−0.0089	−0.0069	0.0341
46	0.0003	0.0006	0.0008	0.0010	0.0013	0.0016	0	−0.0016	−0.0024	−0.0032	−0.0048	−0.0064	−0.0003	0.0060	0.0091	0.0016	0.0016	−0.0081	−0.0061	0.0311
48	0.0002	0.0004	0.0005	0.0005	0.0007	0.0009	0	−0.0009	−0.0014	−0.0018	−0.0028	−0.0037	−0.0002	0.0033	0.0061	0.0009	0.0009	−0.0046	−0.0045	0.0175
F	0	0	0	0	0	0	0	0	0	0	0	0	0	0	0	0	0	0	0	0

附录 9　承受均布荷载的等跨连续梁各截面最大及最小弯矩(弯矩包络图)的计算系数表

计算公式

$$M_{max}=\alpha g l_0^2+\alpha_1 q l_0^2$$

$$M_{min}=\alpha g l_0^2+\alpha_2 q l_0^2$$

式中　g、q——单位长度上的永久荷载及可变荷载；

l_0——梁的计算跨度。

计　算　系　数　表

双跨(三支座)

(荷载位置由影响线决定)

$\frac{x}{l_0}$	弯矩		
	g 的影响	q 的影响	
	α	α_1	α_2
		(+)	(−)
0	0	0	0
0.1	+0.0325	0.0387	0.0062
0.2	+0.0550	0.0675	0.0125
0.3	+0.0675	0.0862	0.0187
0.4	+0.0700	0.0950	0.0250
0.5	+0.0625	0.0937	0.0312
0.6	+0.0450	0.0825	0.0375
0.7	+0.0175	0.0612	0.0437
0.8	−0.0200	0.0300	0.0500
0.85	−0.0425	0.0152	0.0577
0.9	−0.0675	0.0061	0.0736
0.95	−0.0950	0.0014	0.0964
1.0	−0.1250	0	0.1250
	gl_0^2	ql_0^2	ql_0^2

三跨(四支座)

	$\frac{x}{l_0}$	弯矩		
		g 的影响	q 的影响	
		α	α_1	α_2
			(+)	(−)
第一跨	0.1	+0.035	0.040	0.005
	0.2	+0.060	0.070	0.010
	0.3	+0.075	0.090	0.015
	0.4	+0.080	0.100	0.020
	0.5	+0.075	0.100	0.025
	0.6	+0.060	0.090	0.030
	0.7	+0.035	0.070	0.035
	0.8	0	0.0402	0.0402
	0.85	−0.0212	0.0277	0.0490
	0.9	−0.0450	0.0204	0.0654
	0.95	−0.0712	0.0171	0.0883
	1.00	−0.1000	0.0167	0.1167
第二跨	1.05	−0.0762	0.0141	0.0903
	1.1	−0.0550	0.0151	0.0701
	1.15	−0.0362	0.0206	0.0568
	1.2	−0.0200	0.030	0.050
	1.3	+0.005	0.055	0.050
	1.4	+0.020	0.070	0.050
	1.5	+0.025	0.075	0.050
		gl_0^2	ql_0^2	ql_0^2

续表

四跨(五支座)

	$\frac{x}{l_0}$	弯矩		
		g的影响	q的影响	
		α	α_1	α_2
			+	−
第一跨	0.1	+0.0343	0.0396	0.0054
	0.2	+0.0586	0.0693	0.0107
	0.3	+0.0729	0.0889	0.0161
	0.4	+0.0771	0.0986	0.0214
	0.5	+0.0714	0.0982	0.0268
	0.6	+0.0557	0.0879	0.0321
	0.7	+0.0300	0.0675	0.0375
	0.786	0	0.0421	0.0421
	0.8	−0.0057	0.0374	0.0431
	0.85	−0.0273	0.0248	0.0522
	0.9	−0.0514	0.0163	0.0677
	0.95	−0.0780	0.0139	0.0920
	1.0	−0.1071	0.0134	0.1205
第二跨	1.05	−0.0816	0.0116	0.0932
	1.1	−0.0586	0.0145	0.0721
	1.15	−0.0380	0.0198	0.0578
	1.20	−0.0200	0.0300	0.0500
	1.266	0	0.0488	0.0488
	1.3	+0.0086	0.0568	0.0482
	1.4	+0.0271	0.0736	0.0464
	1.5	+0.0357	0.0804	0.0446
	1.6	+0.0343	0.0771	0.0429
	1.7	+0.0229	0.0639	0.0411
	1.8	+0.0014	0.0417	0.0403
	1.805	0	0.0409	0.0409
	1.85	−0.0130	0.0345	0.0475
	1.9	−0.0300	0.0310	0.0610
	1.95	−0.0495	0.0317	0.0812
	2.0	−0.0714	0.0357	0.1071
		gl_0^2	ql_0^2	ql_0^2

五跨(六支座)

	$\frac{x}{l_0}$	弯矩		
		g的影响	q的影响	
		α	α_1	α_2
			+	−
第一跨	0.1	+0.0345	0.0397	0.0053
	0.2	+0.0589	0.0695	0.0105
	0.3	+0.0734	0.0892	0.0158
	0.4	+0.0779	0.0989	0.0211
	0.5	+0.0724	0.0987	0.0263
	0.6	+0.0568	0.0884	0.0316
	0.7	+0.0313	0.0682	0.0368
	0.8	−0.0042	0.0381	0.0423
	0.9	−0.0497	0.0183	0.0680
	0.95	−0.0775	−	0.0938
	1.0	−0.1053	0.0144	0.1196
第二跨	1.05	−0.0815	−	0.0957
	1.1	−0.0576	0.0140	0.0717
	1.2	−0.0200	0.0300	0.0500
	1.3	+0.0076	0.0563	0.0487
	1.4	+0.0253	0.0726	0.0474
	1.5	+0.0329	0.0789	0.0461
	1.6	+0.0305	0.0753	0.0447
	1.7	+0.0182	0.0616	0.0434
	1.8	−0.0042	0.0389	0.0432
	1.9	−0.0366	0.0280	0.0646
	1.95	−0.0578	−	0.0879
	2.0	−0.0790	0.0323	0.1112
第三跨	2.05	−0.0564	−	0.0873
	2.1	−0.0339	0.0293	0.0633
	2.2	+0.0011	0.0416	0.0405
	2.3	+0.0261	0.0655	0.0395
	2.4	+0.0411	0.0805	0.0395
	2.5	+0.0461	0.0855	0.0395
		gl_0^2	ql_0^2	ql_0^2

注　x为自左边支座至计算截面处的距离。

附录 10　按弹性理论计算在均布荷载作用下矩形双向板的弯矩系数表

1. 符号说明

M_x，$M_{x,\max}$——平行于 l_x 方向板中心点弯矩和板跨内的最大弯矩；

M_y，$M_{y,\max}$——平行于 l_y 方向板中心点弯矩和板跨内的最大弯矩；

M_x^0——固定边中点沿 l_x 方向的弯矩；

M_y^0——固定边中点沿 l_y 方向的弯矩；

M_{0x}——平行于 l_x 方向自由边的中点弯矩；

M_{0x}^0——平行于 l_x 方向自由边上固定端的支座弯矩。

代表固定边　　代表简支边　　代表自由边

2. 计算公式

$$弯矩 = 表中系数 \times q l_x^2$$

式中　q——作用在双向板上的均布荷载；

l_x——板跨，见表中插图所示。

表中弯矩系数均为单位板宽的弯矩系数。表中系数为泊松比 $\upsilon=1/6$ 时求得的，适用于钢筋混凝土板。表中系数是根据 1975 年版《建筑结构静力计算手册》中 $\upsilon=0$ 的弯矩系数表，通过换算公式 $M_x^{(\upsilon)}=M_x^{(0)}+\upsilon M_y^{(0)}$ 及 $M_y^{(\upsilon)}=M_y^{(0)}+\upsilon M_x^{(0)}$ 得出的。表中 $M_{x,\max}$ 及 $M_{y,\max}$ 也按上列换算公式求得，但由于板内两个方向的跨内最大弯矩一般并不在同一点，因此，由上式求得的 $M_{x,\max}$ 及 $M_{y,\max}$ 仅为比实际弯矩偏大的近似值。

(1)

边界条件	(1) 四边简支		(2) 三边简支、一边固定									
	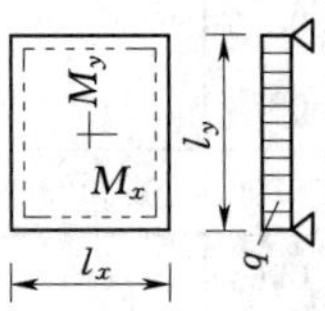		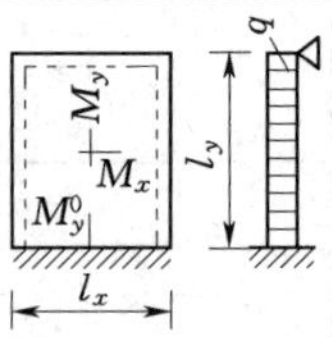					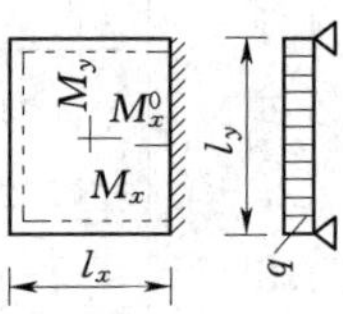				
l_x/l_y	M_x	M_y	M_x	$M_{x,\max}$	M_y	$M_{y,\max}$	M_y^0	M_x	$M_{x,\max}$	M_y	$M_{y,\max}$	M_x^0
0.50	0.0994	0.0335	0.0914	0.0930	0.0352	0.0397	−0.1215	0.0593	0.0657	0.0157	0.0171	−0.1212
0.55	0.0927	0.0359	0.0832	0.0846	0.0371	0.0405	−0.1193	0.0577	0.0633	0.0175	0.0190	−0.1187
0.60	0.0860	0.0379	0.0752	0.0765	0.0386	0.0409	−0.1166	0.0556	0.0608	0.0194	0.0209	−0.1158
0.65	0.0795	0.0396	0.0676	0.0688	0.0396	0.0412	−0.1133	0.0534	0.0581	0.0212	0.0226	−0.1124
0.70	0.0732	0.0410	0.0604	0.0616	0.0400	0.0417	−0.1096	0.0510	0.0555	0.0229	0.0242	−0.1087
0.75	0.0673	0.0420	0.0538	0.0549	0.0400	0.0417	−0.1056	0.0485	0.0525	0.0244	0.0257	−0.1048
0.80	0.0617	0.0428	0.0478	0.0490	0.0397	0.0415	−0.1014	0.0459	0.0495	0.0258	0.0270	−0.1007
0.85	0.0564	0.0432	0.0425	0.0436	0.0391	0.0410	−0.0970	0.0434	0.0466	0.0271	0.0283	−0.0965
0.90	0.0516	0.0434	0.0377	0.0388	0.0382	0.0402	−0.0926	0.0409	0.0438	0.0281	0.0293	−0.0922
0.95	0.0471	0.0432	0.0334	0.0345	0.0371	0.0393	−0.0882	0.0384	0.0409	0.0290	0.0301	−0.0880
1.00	0.0429	0.0429	0.0296	0.0306	0.0360	0.0388	−0.0839	0.0360	0.0388	0.0296	0.0306	−0.0839

(2)

边界条件	(3) 两对边简支、两对边固定						(4) 两邻边简支、两邻边固定					
	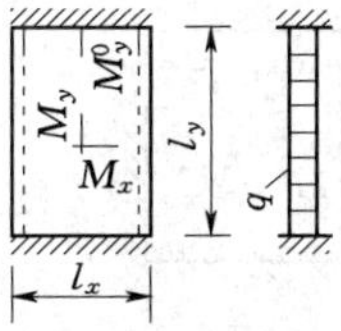			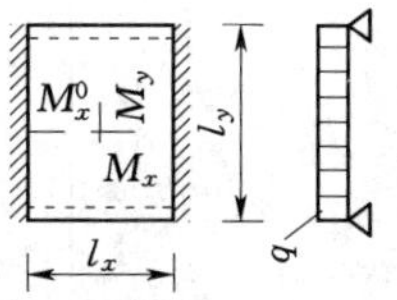			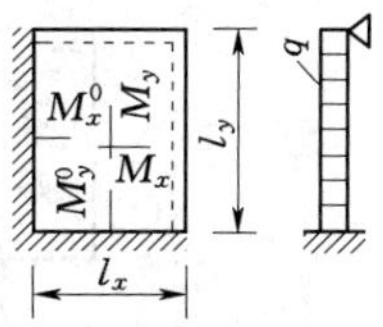					
l_x/l_y	M_x	M_y	M_y^0	M_x	M_y	M_x^0	M_x	$M_{x,\max}$	M_y	$M_{y,\max}$	M_x^0	M_y^0
0.50	0.0837	0.0367	−0.1191	0.0419	0.0086	−0.0843	0.0572	0.0584	0.0172	0.0229	−0.1179	−0.0786
0.55	0.0743	0.0383	−0.1156	0.0415	0.0096	−0.0840	0.0546	0.0556	0.0192	0.0241	−0.1140	−0.0785
0.60	0.0653	0.0393	−0.1114	0.0409	0.0109	−0.0834	0.0518	0.0526	0.0212	0.0252	−0.1095	−0.0782
0.65	0.0569	0.0394	−0.1066	0.0402	0.0122	−0.0826	0.0486	0.0496	0.0228	0.0261	−0.1045	−0.0777
0.70	0.0494	0.0392	−0.1031	0.0391	0.0135	−0.0814	0.0455	0.0465	0.0243	0.0267	−0.0992	−0.0770
0.75	0.0428	0.0383	−0.0959	0.0381	0.0149	−0.0799	0.0422	0.0430	0.0254	0.0272	−0.0938	−0.0760
0.80	0.0369	0.0372	−0.0904	0.0368	0.0162	−0.0782	0.0390	0.0397	0.0263	0.0278	−0.0883	−0.0748
0.85	0.0318	0.0358	−0.0850	0.0355	0.0174	−0.0763	0.0358	0.0366	0.0269	0.0284	−0.0829	−0.0733
0.90	0.0275	0.0343	−0.0767	0.0341	0.0186	−0.0743	0.0328	0.0337	0.0273	0.0288	−0.0776	−0.0716
0.95	0.0238	0.0328	−0.0746	0.0326	0.0196	−0.0721	0.0299	0.0308	0.0273	0.0289	−0.0726	−0.0698
1.00	0.0206	0.0311	−0.0698	0.0311	0.0206	−0.0698	0.0273	0.0281	0.0273	0.0289	−0.0677	−0.0677

(3)

边界条件	(5) 一边简支、三边固定					
	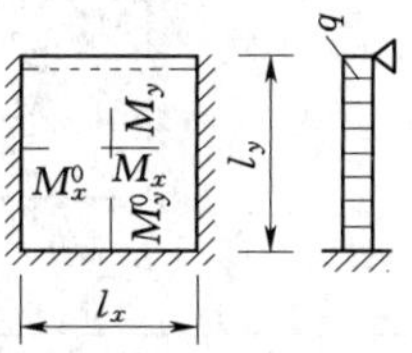					
l_x/l_y	M_x	$M_{x,\max}$	M_y	$M_{y,\max}$	M_x^0	M_y^0
0.50	0.0413	0.0424	0.0096	0.0157	−0.0836	−0.0569
0.55	0.0405	0.0415	0.0108	0.0160	−0.0827	−0.0570
0.60	0.0394	0.0404	0.0123	0.0169	−0.0814	−0.0571
0.65	0.0381	0.0390	0.0137	0.0178	−0.0796	−0.0572
0.70	0.0366	0.0375	0.0151	0.0186	−0.0774	−0.0572
0.75	0.0349	0.0358	0.0164	0.0193	−0.0750	−0.0572
0.80	0.0331	0.0339	0.0176	0.0199	−0.0722	−0.0570
0.85	0.0312	0.0319	0.0186	0.0204	−0.0693	−0.0567
0.90	0.0295	0.0300	0.0201	0.0209	−0.0663	−0.0563
0.95	0.0274	0.0281	0.0204	0.0214	−0.0631	−0.0558
1.00	0.0255	0.0261	0.0206	0.0219	−0.0600	−0.0500

(4)

边界条件	(6) 一边简支、三边固定						(7) 四边固定			
	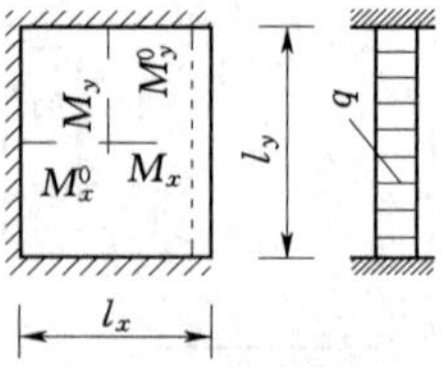						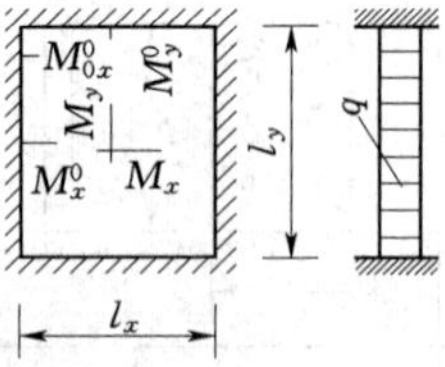			
l_x/l_y	M_x	$M_{x,\max}$	M_y	$M_{y,\max}$	M_y^0	M_x^0	M_x	M_y	M_x^0	M_y^0
0.50	0.0551	0.0605	0.0188	0.0201	−0.0784	−0.1146	0.0406	0.0105	−0.0829	−0.0570
0.55	0.0517	0.0563	0.0210	0.0223	−0.0780	−0.1093	0.0394	0.0120	−0.0814	−0.0571
0.60	0.0480	0.0520	0.0229	0.0242	−0.0773	−0.1033	0.0380	0.0137	−0.0793	−0.0571
0.65	0.0441	0.0476	0.0244	0.0256	−0.0762	−0.0970	0.0361	0.0152	−0.0766	−0.0571
0.70	0.0402	0.0433	0.0256	0.0267	−0.0748	−0.0903	0.0340	0.0167	−0.0735	−0.0569
0.75	0.0364	0.0390	0.0263	0.0273	−0.0729	−0.0837	0.0318	0.0179	−0.0701	−0.0565
0.80	0.0327	0.0348	0.0276	0.0276	−0.0707	−0.0772	0.0295	0.0189	−0.0664	−0.0559
0.85	0.0293	0.0312	0.0268	0.0277	−0.0683	−0.0711	0.0272	0.0197	−0.0626	−0.0551
0.90	0.0261	0.0277	0.0265	0.0273	−0.0656	−0.0653	0.0249	0.0202	−0.0588	−0.0541
0.95	0.0232	0.0246	0.0261	0.0269	−0.0629	−0.0599	0.0227	0.0205	−0.0550	−0.0528
1.00	0.0206	0.0219	0.0255	0.0261	−0.0600	−0.0550	0.0205	0.0205	−0.0513	−0.0513

(5)

边界条件	(8) 三边固定、一边自由											
	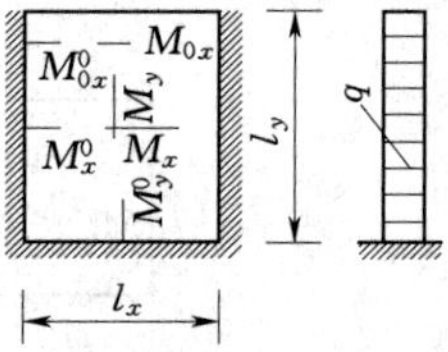											
l_y/l_x	M_x	M_y	M_x^0	M_y^0	M_{0x}	M_{0x}^0	l_y/l_x	M_x	M_y	M_x^0	M_y^0	M_{0x}	M_{0x}^0
0.30	0.0018	−0.0039	−0.0135	−0.0344	0.0068	−0.0345	0.85	0.0262	0.0125	−0.0558	−0.0562	0.0409	−0.0651
0.35	0.0039	−0.0026	−0.0179	−0.0406	0.0112	−0.0432	0.90	0.0277	0.0129	−0.0615	−0.0563	0.0417	−0.0644
0.40	0.0063	−0.0008	−0.0227	−0.0454	0.0160	−0.0506	0.95	0.0291	0.0132	−0.0639	−0.0564	0.0422	−0.0638
0.45	0.0090	0.0014	−0.0275	−0.0489	0.0207	−0.0564	1.00	0.0304	0.0133	−0.0662	−0.0565	0.0427	−0.0632
0.50	0.0166	0.0034	−0.0322	−0.0513	0.0250	−0.0607	1.10	0.0327	0.0133	−0.0701	−0.0566	0.0431	−0.0623
0.55	0.0142	0.0054	−0.0368	−0.0530	0.0288	−0.0635	1.20	0.0345	0.0130	−0.0732	−0.0567	0.0433	−0.0617
0.60	0.0166	0.0072	−0.0412	−0.0541	0.0320	−0.0652	1.30	0.0368	0.0125	−0.0758	−0.0568	0.0434	−0.0614
0.65	0.0188	0.0087	−0.0453	−0.0548	0.0347	−0.0661	1.40	0.0380	0.0119	−0.0778	−0.0568	0.0433	−0.0614
0.70	0.0209	0.0100	−0.0490	−0.0553	0.0368	−0.0663	1.50	0.0390	0.0113	−0.0794	−0.0569	0.0433	−0.0616
0.75	0.0228	0.0111	−0.0526	−0.0557	0.0385	−0.0661	1.75	0.0405	0.0099	−0.0819	−0.0569	0.0431	−0.0625
0.80	0.0246	0.0119	−0.0558	−0.0560	0.0399	−0.0656	2.00	0.0413	0.0087	−0.0832	−0.0569	0.0431	−0.0637

附录 11　各种荷载化成具有相同支座弯矩的等效均布荷载表

编号	实际荷载简图	支座弯矩等效均布荷载 p_E
1	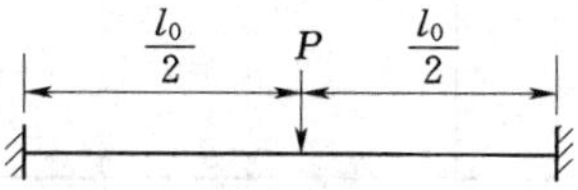	$\frac{3}{2}\frac{P}{l_0}$
2	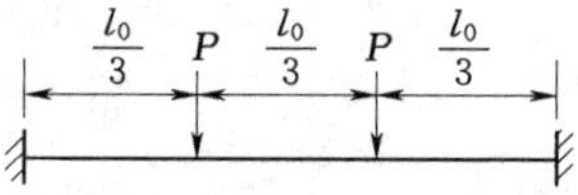	$\frac{8}{3}\frac{P}{l_0}$
3	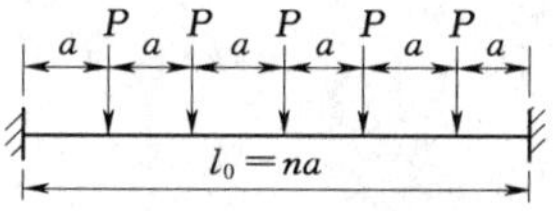	$\frac{n^2-1}{n}\frac{P}{l_0}$
4	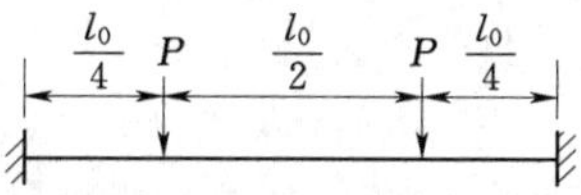	$\frac{9}{4}\frac{P}{l_0}$
5	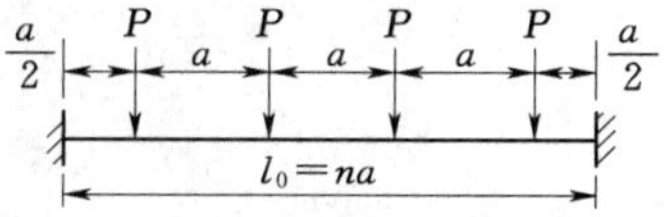	$\frac{2n^2+1}{2n}\frac{P}{l_0}$
6	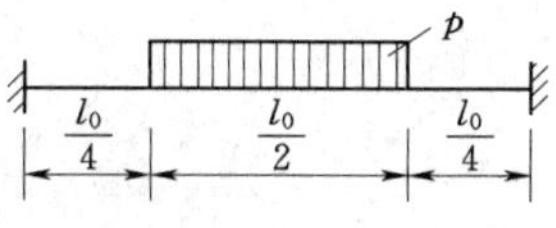	$\frac{11}{16}p$
7	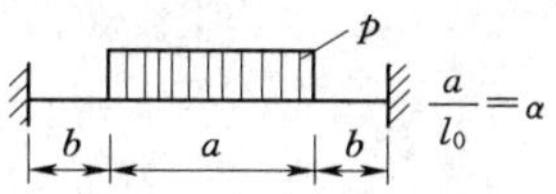	$\frac{\alpha(3-\alpha^2)}{2}p$
8	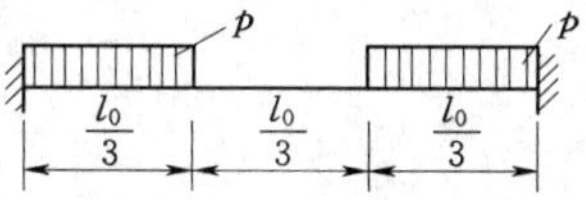	$\frac{14}{27}p$
9	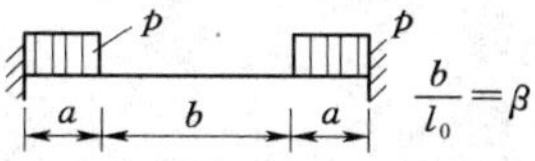	$\frac{2(2+\beta)\alpha^2}{l_0^2}p$
10	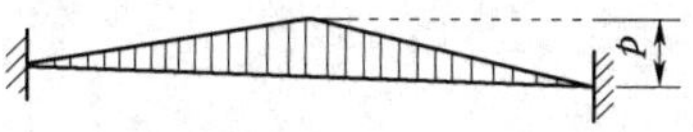	$\frac{5}{8}p$

续表

编号	实际荷载简图	支座弯矩等效均布荷载 p_E
11	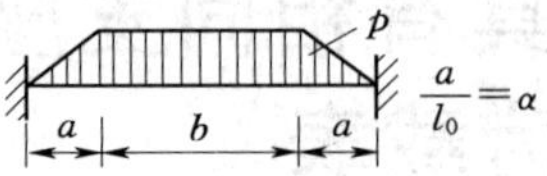	$(1-2\alpha^2+\alpha^3)p$
12	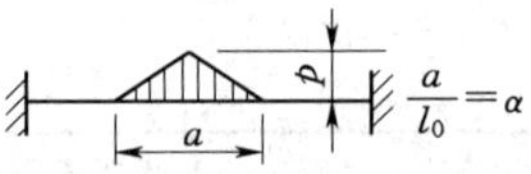	$\frac{\alpha}{4}\left(3-\frac{\alpha^2}{2}\right)p$
13	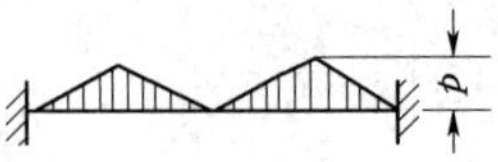	$\frac{17}{32}p$

注　对连续梁来说支座弯矩按下式决定：$M_c=\alpha p_E l_0^2$。式中：p_E 为等效均布荷载值；α 相当于附录6表中均布荷载系数。

参 考 文 献

[1] SL 191—2008 水工混凝土结构设计规范 [S]. 北京：中国水利水电出版社，2009.

[2] DL/T 5057—2009 水工混凝土结构设计规范 [S]. 北京：中国电力出版社，2009.

[3] DL/T 5057—1996 水工混凝土结构设计规范 [S]. 北京：中国电力出版社，1997.

[4] SL/T 191—1996 水工混凝土结构设计规范 [S]. 北京：中国水利水电出版社，1997.

[5] GB 50010—2010 混凝土结构设计规范 [S]. 北京：中国建筑工业出版社，2011.

[6] JTJ 267—98 港口工程混凝土结构设计规范 [S]. 北京：人民交通出版社，2001.

[7] JTG D 62—2012 公路钢筋混凝土及预应力混凝土桥涵设计规范 [S]. 北京：人民交通出版社，2012.

[8] SDJ 20—78 水工钢筋混凝土结构设计规范 [S]. 北京：水利电力出版社，1978.

[9] Building Code Requirements for Structural Concrete and Commentary (ACI 318M－05) [S]. American Concrete Institute，Farmington Hills，Mi.，2005.

[10] Urocode 2：Design of Concrete Structures—Part 1：General Rules and Rules for Buildings (pr EN 1992－1，2nd draft). CEN，January 2001.

[11] BS 8110：1997. Structural Use of Concrete：Part 1，Code of Practice for Design and Construction. 1997.

[12] GB 50009—2012 建筑结构荷载规范 [S]. 北京：中国建筑工业出版社，2012.

[13] SL 252—2000 水利水电工程等级划分及洪水标准 [S]. 北京：中国水利水电出版社，2001.

[14] DL 5180—2003 水电枢纽工程等级划分及设计安全标准 [S]. 北京：电力出版社，2003.

[15] DL/T 5077—1997 水工建筑物荷载设计规范 [S]. 北京：中国电力出版社，1998.

[16] DL 5073—2000 水工建筑物抗震设计规范 [S]. 北京：中国电力出版社，2001.

[17] GB 50011—2010 建筑抗震设计规范 [S]. 北京：中国建筑工业出版社，2010.

[18] 东南大学等三校. 混凝土结构（上册）——混凝土结构设计原理 [M]. 5版. 北京：中国建筑工业出版社，2012.

[19] 蓝宗建，朱万福. 混凝土结构与砌体结构 [M]. 2版. 南京：东南大学出版社，2007.

[20] 沈蒲生. 混凝土结构设计原理 [M]. 3版. 北京：高等教育出版社，2007.

[21] 叶列平. 混凝土结构（上册）[M]. 北京：清华大学出版社，2001.

[22] 马芹永. 混凝土结构基本原理 [M]. 北京：机械工业出版社，2005.

[23] 江见鲸. 混凝土结构工程学 [M]. 北京：中国建筑工业出版社，2001.

[24] 过镇海. 钢筋混凝土原理和分析 [M]. 北京：清华大学出版社，2003.

[25] 赵国藩. 高等钢筋混凝土结构学 [M]. 北京：机械工业出版社，2005.

[26] 周氏，等. 现代钢筋混凝土基本理论 [M]. 上海：上海交通大学出版社，1989.

[27] Park，R.，Paulay，T. Reinforced Concrete Structures [M]. New York：John & Wiley，1975.

[28] 朱伯芳. 大体积混凝土温度应力与温度控制 [M]. 北京：中国电力出版社，2003.